LANDSCAPE DESIGN WITH PLANTS

植物景观 规划设计

苏雪痕 ▣ 主编

U0199150

中国林业出版社

内容提要

　　《植物景观规划设计》是在1994年出版的《植物造景》的基础上,以作者多年的植物景观规划设计经验为基础,邀请当前在园林管理、科研及教学、设计等第一线从事风景园林建设的专家和领导共同编写而成。作者在书中提出植物景观规划设计应以"师法自然"为准则,并且在具体的设计中要坚持科学性、艺术性、文化性和实用性。该书图文并茂,案例丰富,既有理论依据,又有实践印证,可以为我国城乡园林建设提供决策依据。

　　本书内容地域覆盖面广,针对性强,对于城市乃至区域的植物景观规划设计具有重要的指导意义。可供从事园林植物景观规划设计的研究、教学及相关工作人员使用,也可作为科研机构、大专院校师生的参考用书。

图书在版编目(CIP)数据

植物景观规划设计 / 苏雪痕主编. – 北京:中国林业出版社,2012.2(2024.1重印)
ISBN 978-7-5038-6472-8
Ⅰ.①植⋯　Ⅱ.①苏⋯　Ⅲ.①园林植物—景观设计　Ⅳ.①TU986.2
中国版本图书馆CIP数据核字(2012)第005043号

责任编辑:贾麦娥

出版发行: 中国林业出版社(100009　北京西城区德内大街刘海胡同7号)

电　　话: (010)83143562
制　　版: 北京美光制版有限公司
印　　刷: 河北京平诚乾印刷有限公司
版　　次: 2012年8月第1版
印　　次: 2024年1月第7次
印　　张: 29
开　　本: 889mm×1194mm　1/16
定　　价: 168.00元

主　编　苏雪痕

副主编　董　丽　包志毅

编写分工

北京林业大学 苏雪痕	第一章，二章，四章，五章，六章，七章，十一章，十六章第一节、二节、三节、四节，十七章第十四节、十五节	福州市规划设计研究院　王文奎	第十七章第一节、二节、三节、五节、六节、七节、八节、九节、十一节、十二节，第十八章第四节
北京林业大学 蔡　君	第三章	重庆市风景园林规划研究院　苏　醒	第十七章第三节
北京林业大学 刘秀丽	第三章	北京林业大学 袁　涛	第十七章第五节
北京林业大学 李湛东	第五章第四节	四川农业大学 陈其兵	第十七章第四节，第十八章第三节
北京林业大学 董　丽	第七章，十二章，十五章	北京景观园林设计有限公司　仇　莉	第十七章第六节，附表
北京林业大学 李　雄	第八章，九章	北京林业大学 李庆卫	第十七章第十节
浙江农林大学 包志毅	第九章	中冶京诚工程技术有限公司　姚　瑶	第十七章第十三节
河南农业大学 田国行	第十章，十三章，十四章	浙江农林大学 蔡建国	第十七章第十四节
原杭州市园文局 张建庭	第十六章第四节	宁波鄞州园林 秦　雷	第十七章第十四节
原昆明园林规划设计院 陈海兰	第十六章第四节	傲思林艺规划设计咨询有限公司　苏晓黎	第十七章第十五节
华南农业大学 李　敏	第十六章第四节	北京东方利禾景观设计有限公司　王小玲	第十八章第一节，附表
东北林业大学 李　文	第十六章第四节	《中国园林》杂志社 金荷仙	第十八章第一节
沈阳农业大学 宋　力	第十六章第四节	傲思林艺规划设计咨询有限公司　黄冬梅	第十八章第二节
		浙江农林大学 邵　锋	第十八章第二节

序 *Foreword*

植物景观，主要指由于自然界的植被、植物群落、植物个体所表现的形象，通过人们的感观传到大脑皮层，产生一种实在的美的感受和联想。植物景观一词也包括人工的即运用植物题材来创作的景观。植物造景，就是运用乔木、灌木、藤本及草本植物等题材，通过艺术手法，充分发挥植物的形体、线条、色彩等自然美（也包括把植物整形修剪成一定形体）来创作植物景观。

要创作"完美的植物景观，必须具备科学性与艺术性两方面的高度统一，即既满足植物与环境在生态适应上的统一，又要通过艺术构图原理体现出植物个体及群体的形式美，及人们在欣赏时所产生的意境美"，这是植物造景的一条基本原则。植物造景的种植设计，如果所选择的植物种类不能与种植地点的环境和生态相适应，就不能存活或生长不良，也就不能达到造景的要求；如果所设计的栽培植物群落不符合自然植物群落的发展规律，也就难以成长发育达到预期的艺术效果。所以师法自然，掌握自然植物群落的形成和发育，其种类、结构、层次和外貌等是搞好植物造景的基础。

不同环境中生长着不同的植物种类。本书从生态角度论述环境因子中温度对植物的生态作用、物候的景观变化以及各气候带的植物景观；水分对植物的生态作用而有水生、湿生、沼泽、中生、旱生等生态类型及各种景观；光照对植物的生态作用则有阳性、阴性、耐阴植物的生态类型；土壤对植物的生态作用，不同基岩、不同性质的土壤有不同的植被和景观。以上是就温度、水分、光照、土壤等环境因子对植物个体的生态作用，形成其生态习性，这是植物造景的理论基础之一。

植物造景是应用乔木、灌木、藤本及草本植物为题材来创作景观的，就必须从丰富多彩的自然植物群落及其表现的形象汲取创作源泉。植物造景中栽培植物群落的种植设计，必须遵循自然植物群落的发展规律。本书论述了自然植物群落的组成成分、外貌、季相；自然植物群落的结构、垂直结构与分层现象，群落中各植物种间的关系等。这些都是植物造景中栽培植物群落设计的科学性理论基础。

植物造景的艺术性方面，作者不仅就造型艺术的基本原则，即多样统一，对比调和，对称均衡和节奏韵律，结合植物组景实例进行了阐述，而且对广州、杭州、北京等地植物造景进行了科学的分析和艺术的评价。例如，广州部分，从分析鼎湖山的自然群落类型及其丰富的植物资源（包括长期引种驯化的植物）开始，然后对广州各公园的植物景观，在科学性和艺术性两方面进行了详尽的分析和评价。杭州部分，以分析西湖山区次生自然群落类型及其植物资源开始，进而对杭州园林中植物造景的特色进行了详尽分析，对其科学性和艺术性水平作了高度评价。北京部分，作者分析了北京北部和西部山区自然群落类型和北京园林中植物造景特色后，提出了进一步提高其科学性、艺术性水平的建议。

风景或景观中，除了自然界的山水、日月、生物外，还有人工的建筑物、街道、广场等，

都是景观构成的要素。但童山秃秃，无景可言，只有披上了绿装，才有山林之美。一泓池水，晃漾弥渺，虽然有广阔深远的感受，但若在池中、水畔结合植物的姿态、色彩来组景，使水景平添几多颜色。园林中土山若起伏平缓，线条圆滑，种植尖塔状树木后，就改变了对地形外貌的感受而有高耸之势。高层建筑前种植低矮圆球状植物，对比中显得建筑的崇高；低层建筑前种植柱状、圆锥状树木，使建筑看来比实际的高。巧妙地运用植物的线条、姿态、色彩可以与建筑的线条、形式、色彩相得益彰。城市的街道是城市的走廊，主要职能是交通运输。街道两旁主要是各种建筑，即使其平面组合、立面形式以及线条、色彩不同所组成的街景，还只是"凝固的音乐"。街道绿化，包括街道树、街道绿地及防护绿带并联成一体，不仅使街景丰富多彩，也将使整个城市景观改貌，如花园一般。总起来说，由于植物造景形成山水—植物的综合景观，建筑—植物的综合景观，街道—植物的综合景观。本书的下半部就是专门论述这些综合景观的。

　　本书对水体与植物的结合组景上，分别就湖、池、溪涧、泉以及堤、岛、水畔、水面的植物造景进行论述。关于艺术构图、适用植物种类以著名城市的名园为实例，作了生动的描述。

　　本书对建筑与植物的结合组景上，强调了建筑与植物的结合要相互因借、相互补充，在形式、体量、色彩上相互协调，还具体到建筑的门、窗、墙、角隅的植物配植和造景手法。屋顶花园目前在我国仅个别公共建筑和少数饭店、宾馆有设置，本书简述了屋顶花园的植物配植。

　　将自然引入室内，尤其是客厅、接待室以及饭店、宾馆中共享空间，通过石、池、植物的布置构成室内庭园，是当前一门新课题。但室内环境条件大异于室外条件，通常室内光照不足，空气不太流通，相对湿度低，温度较恒定，不利于植物生长。本书通过资料搜集，对饭店、宾馆中不同地点的光照、相对湿度等进行了分析，例举了大量较能适应室内生长的观叶植物和少量赏花、赏果的植物种类，重点论述了室内庭园中植物景观设计，如何运用植物材料组织空间，突出主题，以及进行分隔、限定和导向等手法，怎样点缀与丰富室内植物景观和应有的气氛等。

　　本书对街道与植物的结合组景上，强调要在服从交通功能、交通安全前提下进行植物造景，分别就高速公路、车行道分隔带、街道树绿带、人行道绿带的种植设计进行了论述，尤其着重风景区、公园中园路的植物造景。

　　综观全书，这是一本系统的、比较完备的论述植物景观与植物造景的专著，是难能可贵的。本书的出版，将增强从生态的、美学的观点出发，重视园林中植物景观的意识，为提高植物造景的科学性、艺术性水平做出贡献。

汪菊渊

1991 年 2 月 11 日

前言 *Preface*

随着我国政治、经济、文化的不断发展，我国园林建设无论从内容、范围、风格、理念上均在不断变化，用在园林植物景观设计中的植物种类与品种也日益丰富。以往小比例的"植物配置"以及以植物与各园林要素组景的"植物造景"已满足不了当今园林建设的需要，因此有必要重新编写一本"植物景观规划设计"来适应当前的园林建设需要。

编写此书的主要目的是让风景园林规划设计从业人员、规划师、建筑师等认识到植物景观是要规划设计的，而且在规划和概念设计阶段就要和其他园林要素同时考虑。英国的George Anderson 先生（原爱丁堡皇家植物园校长）指出："不懂植物景观的设计是不可信任的"。植物景观规划设计以师法自然为准则，从中提炼出我们在设计中应遵循的科学性、艺术性、文化性和实用性。因此植物景观设计需要有植物学、生态学、地植物学、林学、园艺学以及美学、文学等综合知识。本书的特点如下：

一、将植物景观设计提高到规划层面上来。我国地域辽阔，气候带和植被带复杂，因此选择不同气候带中有代表性的城市介绍其"植物多样性规划"，使苗木生产纳入计划而避免盲目生产。将来随着对我国野生植物资源的引种应用，以及国外新优品种的引入，各城市的植物多样性规划在本书基础上可以增补或重新编写。这是进行植物景观设计的基础。

二、增加了植物专类园的规划设计。植物专类园设计提高了植物景观的营造水平，并为科研、科普提供了良好氛围，还可以组织以植物景观为主题的节日，如桃花节、牡丹节、荷花节、桂花节、梅花节等，以满足游人的游赏。

三、注意到植物景观规划设计的综合性，因此既有在项目规划设计中运用空间组合、营造的理论和实例分析，又有在运用植物时注意到植物多样性、植物个体生态及群体生态的科学性，以达到植物景观的可持续利用。

四、为达到实用及可操作性，并能体现一定的时代性，邀请了当前在园林管理、科研

及教学、设计等第一线从事风景园林建设的专家和领导共同来编写此书，同时，将近十余年的有关植物景观设计的优秀博士及硕士论文组织进来，文中的插图基本上是作者自己拍摄的，因而实践性和针对性很强。

由于编者大都工作繁忙，能在百忙中抽出时间来参与编写，实属不易。希望本书能让设计者明白园林建设最重要的责任是改善人居环境及国土治理，而只有植物景观才能完成这一重大使命。偏向硬质景观、忽视植物景观的设计，是不完整的甚至是失败的设计；否认园林建设的综合性，强调硬质景观、贬低植物景观的设计，更是错误的设计。

已故我国风景园林学科奠基人汪菊渊院士一贯极为重视和强调风景园林建设中的植物景观，1994 年出版的《植物造景》也是由他命名并作序，至今仍然指导着植物景观设计的方向与发展，故再次刊登汪老为《植物造景》所作的序，以此作为深切的怀念。

本书的编写还在初级阶段，不足之处希望同仁们批评指正。

苏雪痕

2011 年 12 月

目录 Contents

第一章 绪 论

第一节 植物配置、植物造景、植物景观规划设计的概念及现状

一、概念

（一）植物配置

从 20 世纪 50 年代初开设园林教育课程时，观赏树木学及园林设计学中均认可植物配置这一称谓。就是应用乔木、灌木、藤本及草本植物来营造植物景观，充分发挥植物本身形体、线条、色彩、季相等自然美，构成一幅幅动态而美丽的画面，供人们欣赏。在具体图纸上进行种植设计时，常学习画论等艺术理论，对不同株数植株的配置，要做到平面上有聚有散、疏密有致，立面上高低错落、深具画意。后来有学者提出改称植物配植，理由是植物最后是种植在地上的。从历史的观点来看，植物配置在尺度上是属于微观或是更适合营造写意园林中的私家小庭院植物景观。

（二）植物造景

20 世纪 90 年代初我国园林界第一位工程院院士汪菊渊教授提出植物造景的概念。他认为在园林中不只是植物景观的营造，植物必须和其他诸如园林建筑、园路、水体、山石等重要的园林元素组景。植物造景就是应用乔木、灌木、藤本及草本植物来创造景观，充分发挥植物本身形体、线条、色彩等自然美，与其他园林元素配植成一幅幅美丽动人的画面，供人们欣赏（苏雪痕，1994)(图 1-1)。

（三）植物景观规划设计

改革开放以来，随着我国政治、经济、文化不断变化，国家经济实力大大提升，政府和人民的环保意识不断提高，园林建设日益受到重视，被誉为城市活的基础设施。各地纷纷争当园林城市，努力提高绿地率、人均绿地率。此外，园林项目也逐渐向国土治理靠近，如沿海地区盐碱地绿化、废弃的工矿区绿化、湿地保护及治理等（图 1-2)。

图1-1

图1-2

图1-1 植物的形体、线条、色彩美(苏雪痕摄)
图1-2 内蒙古克什克腾旗野鸭湖湿地鸟瞰(苏雪痕摄)

因此植物景观的尺度和范围也大大提高了。每一个城市先要进行该市的植物多样性规划，其次对任何一个园林项目在概念规划及方案设计阶段时应同步考虑植物景观的规划与设计，把植物景观正式纳入规划设计的范畴内。

二、现状

首先，很多从事园林规划设计的人员并没有把植物景观设计视为是分内的业务。目前从事园林规划设计的人员来自多种渠道，有毕业于建筑学、城市规划、环境艺术、美术专业的，也有毕业于园艺、林学、园林、风景园林等专业的。从业人员知识背景各异，不少园林设计师缺乏植物分类、生态学、生长发育特性及植物地理分布的知识。由于不熟悉植物，导致了整个设计主要在概念上下功夫，大量运用国外的设计理念，如极简主义、架构主义等，但是缺乏对其是否符合我国国情的分析。其次目前项目往往小则数十公顷，大则数百公顷，面积大、尺度大，小尺度的植物配置及植物造景已不能适应了。由于园林建设的主要目的是改善人居环境，将生态效益放在首位，而此项任务只能由活体的植物来完成。而且任何一个项目，植物景观的比例往往要占70%～80%。由此可见，园林规划设计人员熟悉植物景观规划设计是何等重要。再次，植物景观是营造空间的要素之一，常用其来围合空间、分隔空间，尤其是植物结合地形分隔空间可以事半功倍，完善仅靠地形和建筑营造空间的效果。

每一个新建城市要达到园林城市的首要标准是要有一个植物多样性规划。可以从植物学角度来调查和规划，但更重要的是从园林植物景观应用的角度来进行植物多样性规划。有人提出1000万人口的大城市植物规划中应有1000种植物，也有人提出1hm^{2}的面积上至少要有20种植物，这就是说植物量化的概念已受到重视。当然种类的多寡是要看处于什么气候带以及什么生态环境之下，这是有非常大的差异的。如据1979年上海市园林局调查，上海有花木114科486种，其中草本花卉61科253种，木本花卉53科233种；1985年开展上海

园林绿化树种区域规划研究时，普查到395种绿化树种，其中乔木210种，藤本10种，灌木126种，地被34种，竹类15种。在395种绿化树种中，常绿阔叶树80种，占乔灌木总数的23.1%，落叶阔叶树218种，占63%，在出现频率最高的80个常见树种（包括园艺种）中，常绿阔叶树占28%，而落叶阔叶树占62.2%。2000～2002年，上海市绿化管理局实施了"上海城市绿化植物多样性行动计划"，在3年时间内，将上海常见园林绿化植物从500种增加到809种，绿化植物丰富度明显提高。有了园林植物的规划，苗圃、花圃才能按需求进行有计划的生产，以保证满足城市各类型绿地对苗木的需求，而不致陷于盲目性。

任何一个绿地类型的项目在概念设计阶段就要同时考虑到植物景观，不能做完方案再来填充植物。目前常提及的"生态"、"生物多样性"、"可持续利用"都要通过植物景观规划设计来完成。因此在竖向设计、空间组合等方面，首先要考虑到营造有利于植物生长的生态环境，来实现植物景观规划设计的科学性、文化性、艺术性及实用性。

综上所述，首先要明确园林植物景观规划设计是从事园林规划设计人员必备的知识及设计的内容，不要寄希望于他人来完成。其次从园林行业发展来看，过去的植物配置和植物造景的概念需要提升到规划的层面。而对于我们先辈通过辛勤劳动留下的传统古典园林艺术瑰宝，诸如师法自然，虽由人作、宛自天开，小中见大，步移景异，诗情画意，情景交融及含义丰富的花文化、比德思想等都是为国外同行所称道和学习的，这些宝贵精华可以在大尺度项目中各节点得以体现。英国园林由规则式风格向古典自然式及画意式园林风格转变的关键就是学习了我国自然山水写意园林中"师法自然"的理念，由此号召英国的造园家、画家、作家深入到本国的自然景观中去体验，再加以提炼后用到自己的作品中来。随着政治、经济、文化的不断发展变化，世界各国园林文化的相互交流及渗透非常必要。当今我国园林的范围、项目的尺度、综合功能中的主次都有极大的变化。这一阶段的植物景观规划设计更应传承

我国优秀的传统园林艺术理论和手法，并在符合国情的前提下，有分析有选择地学习国外一些新的理念。要认清民族性才具有世界性。切忌打着创新的旗号来否定几千年来前辈们积累的精华，而另立一些肤浅又不符合国情的所谓的新潮流及园林的新方向。

对于上述的想法目前不少园林设计院已认识到，并在招聘新的设计人员时已经重视观察应聘人员对植物景观设计方面的知识掌握与运用能力。

第二节　国内外植物景观规划设计的动态

一、　国外植物景观规划设计的动态

对植物景观的欣赏，世界各地人民的观点有所不同。法国、意大利、荷兰等国的古典园林中，植物景观以规则式为主。究其根源，主要是为了体现人类征服一切的思想，植物被整形修剪成各种几何形体及鸟兽形体，以体现植物服从人们的意志。当然，在总体布局上，这些规则式的植物景观与规则式建筑的线条、外形、乃至体量较协调一致，有很高的人工美的艺术价值。如用欧洲紫杉修剪成又高、又厚的绿墙（图1-3）；植于长方形水池四角的植物也常被修剪成正方形或长方形体；锦熟黄杨常被剪成各种模纹或成片的绿毯；尖塔形的欧洲紫杉植于教堂四周；甚至一些行道树的树冠都被剪成几何形体。规则式的植物景观具有庄严、肃穆的

图1-3 欧洲紫杉修剪成绿墙（苏雪痕摄）

图1-3

气氛，常给人以雄伟的气魄感。另一种则是自然式的植物景观，模拟自然界森林、草原、沼泽等景观及农村田园风光，结合地形、水体、道路来组织植物景观。体现植物自然的个体美及群体美，从宏观的季相变化到枝、叶、花、果、刺等细致的欣赏。自然式的植物景观容易体现宁静、深邃或活泼的气氛。随着各学科及经济飞速的发展，人们艺术修养不断提高，加之不愿再将大笔金钱浪费在养护管理这些整形的植物景观上，人们向往自然，追求丰富多彩、变化无穷的植物美。于是，在植物景观设计中提倡自然美，创造自然的植物景观已成为新的潮流。此外，人们更加重视的是植物所产生的生态效应。植物不仅能创造优美舒适的环境，更重要的是能创造适合于人类生存所要求的生态环境。随着世界人口密度的加大，工业的飞速发展，人类赖以生存的生态环境日趋恶化，工业所产生的废气、废水、废渣到处污染环境，酸雨到处发生，温室效应造成了很多气候的反常。人们不禁惊呼，如再破坏植物资源，必将自己毁灭自己，只有重视和遍植植物，才能拯救自己。为此，当今世界上对园林这一概念的范畴已不仅是局限在一个公园或风景点中，有些国家从国土规划就开始注重植物景观了。在保护自然植被的前提下，有目的地规划和栽植了大片绿带 (Green Belt)。英国一些新城镇建立之前，先在四周营造大片森林，如山毛榉林、桦木林等，创造良好的生态环境，然后再在新城镇附近及中心进行重点美化。英国在规划高速公路时，需先由风景设计师按地形设计蜿蜒曲折、波浪起伏的线路，前方常有美丽的植物景观，司机开车时，车移景异，一路上有景可赏，不易疲劳。在高速公路两旁结合保护自然资源，植有 20 余米宽的林带，使野生小动物及植物有生存之处。

1960 年后，英国很多中产阶级搬入了具有小花园的私人住宅，主人爱好和年龄不同，于是也创造了形式不同的小花园，如微型岩石园、微型水景园、微型台地园、墙园、花境、小温室等，并培育了与这些微型植物景观相适应的低矮的植物材料。

随着居民生活水平的提高及商业性需求，将植物景观引入室内已蔚然成风。耐阴的观叶植物、无土栽培技术大为发展。宾馆内外植物景观的好坏已成为其级别评比的重要条件之一。为了提高商业谈判的效果，一些出租以作商业谈判用的办公楼内有底层花园、屋顶花园、层间花园，透过办公室的落地玻璃窗，看到四周和谐、安静的植物景观，创造了良好的商业洽谈环境。超级市场内伴随着五光十色的霓虹灯，色彩艳丽的开花植物为商品增色不少。室内游泳池边种上几株高大的垂叶榕及一些其他热带植物，池边铺设大、小卵石，墙上画着椰子林、沙漠景观，真真假假，使游泳者犹如置身于热带环境中，畅游嬉戏。富有的家庭还提倡让每一房间都布置成花园一般，当然少不了各种植物，于是指导室内植物景观设计的书籍也不断出版了，如《您的室内花园》(Your Indoor Garden)、《室内花园》(Indoor Garden)、《室内景观》(Interior Landscape)、《每个房间似花园》(Every Room a Garden)、《室内景观设计》(Designing the Interior Landscape) 等。所有这些都体现了人们向往重返自然，在植物的景观中满足自己审美情趣，并置身于清新、幽静的环境中来消除疲劳，恢复精神和体力。

要创造出丰富多彩的植物景观，首先要有丰富的植物材料。一些经济发达的西方国家，本国植物种类少，就派人到国外搜寻植物资源，大量引入应用，如英、法、俄、美、德等国就是在 19 世纪从中国引走成千上万的观赏植物，服务于他们国家的植物景观设计。以英国为例，原产英国的植物种类仅 1700 种，可是经过几百年的引种，至今在其皇家植物园邱园中已拥有 50000 种来自世界各地的活植物，回顾一下历史，英国早在 1560～1620 年已开始从东欧引种植物；1620～1686 年去加拿大引种植物；1687～1772 年收集南美的乔灌木；1772～1820 年收集澳大利亚的植物；1820～1900 年收集日本的植物；从 1839～1938 年这一百年中，选择了我国甘肃、陕西、四川、湖北、云南及西藏作为重点，引种了大量的观赏植物，为英国园林中的植物景观提供了雄厚的物种基础。

植物景观的创造，仅靠这些自然的植物

种类是远远不够的，为此，园艺学科也随之迅速发展起来，尤其是选种、育种、创造新的栽培变种取得了丰硕的成果。如为了营造高山景观，模拟高山植物匍匐、低矮、叶小、花艳等特色，除了选择一些低矮植物如栒子属植物及花色鲜艳的宿根、球根花卉外，一些正常生长有几十米高的雪松、北美红杉、铁杉、云杉等都被育成了匍地的体形。由于岩石园往往面积较小，故需要小比例的植物，于是很多裸子植物都育成了高不到1m的低矮树形；为了丰富植物的色彩、体形和线条，很多垂枝类型的栽培变种应运而生。如垂枝北非雪松、垂枝欧洲山毛榉、垂枝桦、垂枝山楂、垂枝狭叶白蜡、垂枝枸骨冬青、垂枝桑、垂枝柳叶梨、垂枝榆、垂枝落羽松等。还有一些柱形的栽培变种，如柱形红花槭、塔形银槭、塔形欧洲七叶树、柱形欧洲鹅耳枥、柱形美洲花柏、塔形柏木、塔形铅笔柏、塔形欧洲云杉、新疆杨、钻天杨、柱形无梗花栎、塔形西洋接骨木和直立紫杉、肖鳞、意大利丝柏（图1-4）等。其他还有很多帚形、球形

等变种。为了丰富园林中的色彩，培育出大量的彩叶植物，如黄叶青皮槭、红叶青皮槭、黄叶复叶槭、花叶复叶槭、花斑复叶槭、深红挪威槭、黄叶美国木豆树、灰绿北非雪松、金黄美洲花柏、金叶花柏、花叶灯台树、紫叶榛、紫叶黄栌、紫叶欧洲山毛榉、黄叶红栎、紫叶英国栎、花叶英国栎、花叶苦栎、斑叶欧洲白蜡、金黄叶枸骨冬青、灰绿北美云杉、黄叶山梅花、黄叶加拿大接骨木、黄叶欧洲紫杉、红叶石楠（图1-5）等。

图1-4 意大利丝柏（*Cuprenssus sempervirens*）（苏雪痕摄）
图1-5 红叶石楠（*Photinia × fraseri* 'Red Robin'）（王小玲摄）

园林设计师对植物景观重视与否是植物景观设计成败的重要因素之一。值得一提的是英国园林设计师在设计植物景观时有一个很强烈的观点，那就是"没有量就没有美"，强调大片栽植，当然这与欣赏植物个体美并不是矛盾和对立的（图1-6）。要体现群体效果，就需要大量种苗，这就促使繁殖、栽培水平大大提高。

英国谢菲尔德公园(Sheffield Park) 内有4个湖面，遍植各种不同体形、色彩的乔灌木及奇花异卉，在介绍公园的导游小册子中就明确地指出，该园不是为欣赏喷泉、建筑等园林设施，主要是让游人欣赏植物景观的（图1-7）。

二、 国内植物景观规划设计的动态

（一）国内名称的讨论

当前围绕 Landscape Architecture 学科的中文名称如园林、风景园林、造园、景观建筑学、景观规划设计、景观设计、景观学等引发诸多争论。理工科院校最近提出的是以景观学为主的名称，也有称园林景观的，而农林院校提出的则称园林和风景园林的较多。这两大系统的传统知识结构很不一样，但都脱离不了园林景观。而园林景观需要综合的知识结构。我国第一个园林系的前身——城市及居民区绿化系的成立，就是1956年集北京农业大学园艺系及清华大学建筑系教师共同组成设立于北京林学院，标志着中国园林学科开始真正形成。目前理工学院所强调的景观学科背景包括环境空间艺术、环境生态绿化、人类环境活动行为等方面，并承认景观学专业核心知识是景观与风景园林规划设计，但其提出的相关专业及知识仅包括建筑学、城市规划、环境艺术、地理学、环境科学、社会学、心理行为科学、管理学等，很少提及植物学、树木学、花卉学、苗圃学、栽培养护管理及植物生态学等。没有后者如何提环境生态绿化？景观学中不管有多少景观，但重头戏是在植物景观。一些由钢筋、水泥、塑料、砖瓦等建材所创造出来的硬质景观，除了可满足人们的视觉效果外，起不到改善人居生态环境的作用。而唯有植物景观既能给人以动态美的享受，又具有降温、增湿、减尘、灭菌、降低噪音和风速等功能。而对于植物景观设计方面的知识在理工科院校中是一软肋。有识之士会全力加强和完善自己所短缺的知识，当然也不乏短视者对植物景观设计予以排斥甚至贬低。

（二）理念的分歧

一种是重园林建筑、假山、雕塑、喷泉、广场等硬质景观，而轻视植物景观。这在园林建设投资的比例及设计中屡见不鲜。更有甚者，某些偏激者认为中国传统的古典园林是写意自然山水园，山水便是园林的骨架，挖湖堆山理所当然，而植物只是毛发而已。仔细分析中国古典园林，尤其是私人宅园中各园林因素比例的形成是有其历史原因的。私人宅园的面积较小，园主人往往是一家一户的大家庭，需要大量居室、客厅、书房等，因此常常以建筑来划分园林空间，建筑比例当然很大。园中造景及赏景的标准常重意境，不求实际比例，着力画意，常以一亭一木、一石一草构图，一方叠石代巍峨高山，一泓池水示江河湖泊，室内案头置以盆景玩赏，再现咫尺山林。植物景观的欣赏常以个体美及人格化含义为主，如松、竹、梅为岁寒三友；梅、兰、竹、菊喻四君子；玉兰、海棠、牡丹示玉堂富贵等，因此植物种类用量都很少。这固然满足了一家一户的需要，但不是当今园林中植物景观设计的方向。现在人口密度、经济建设、环境条件、甚至人们的爱好与古代相比已相去甚远，故而，我们园林建设中除应保留古典园林中一些园林艺术的精华部分，还需提倡和发扬符合时代潮流的植物景观内容。某些人在园林建设中急于求成，而植物需要有较长时间的生长才见效果，可是挖湖堆山，叠石筑路，营造亭、台、楼、阁则见效快。由此也助长了轻植物景观的倾向，使本来就很有限的绿地面积得不到充分利用。更有甚者，在真山上叠假山，假山愈叠愈高，叠得收不住顶；有的将不同质地及颜色的石料，犬牙交错，粗糙地堆砌在一起，犹如刀山剑树，成为模仿传统园林的败笔。遗憾的是，有些建国后建起来的比例较大的新公园，也在这股风

图1-6

中大兴土木，筑台建亭，而且建筑体量愈来愈大，将本来的单体建筑扩大到建筑群，减少了绿地面积。最不能容忍的是，在景点周围随意建造大体量的高层建筑，以致缩小和破坏了园林景观。近年来兴起喷泉，有的追求喷得高，有的乱择地点，竟然在原来景观很好的湖中设喷泉，破坏了湖中倒影美景。

另一种观点是在认同硬质景观的同时强调园林的综合性，并提倡园林建设中应以植物景观为主。认为植物景观最优美，是具有生命的画面，而且投资少。自从我国对外开放政策实施后，很多人有机会了解西方国家园林建设中植物景观的水平，深感仅依靠我国原有传统的古典园林已满足不了当前改善生态环境及游人游赏的需要了。因此在园林建设中已有不少有识之士呼吁要重视植物景观。植物景观设计的观点愈来愈为人们所接受。近年来不少地方园林单位积极营造森林公园，有的已开始尝试植物群落设计。相应的部门也纷纷成立了自然保护区、风景区。另一方面园林工作者与环保工作者相互协

作，对植物抗污、吸毒及改善环境的功能作了大量的研究。

（三）园林专业的分合

我国的综合性园林教育走过曲折的道路。以北京林业大学为例，1984年曾将园林分成设计与植物两个专业，理由是学全不易，结果造成学生知识上的自残，各断一腿，不明所以的学生在工作后才痛感没有综合知识所带来的损失。之所以造成分专业的局面，也是由上文所提及的两种观点所造成的。1985年后将设计专业改为风景园林专业，植物专业恢复到原先综合性的园林专业。数

图1-6 北京妫河河岸两侧片植的火炬树(姚瑶摄)
图1-7 英国谢菲尔德公园（苏雪痕摄）

图1-7

年教学实践中都在加强综合知识的教学，最突出的一条就是在本科课程中都开设了园林植物种植设计及在研究生课程中开设了植物景观规划设计（原植物造景）的学位课。

（四）我国园林建设中园林植物景观规划设计现状

改革开放后，我国经济建设飞跃发展，人们环境意识不断提升，尤其是 1999 年昆明世界园艺博览会、2006 年沈阳世界园艺博览会、2008 年北京奥运会、2010 年上海世界博览会的成功举办，大大促进了当地城市园林建设的发展，同时也带动了全国各地的园林建设。各城市纷纷制订植物多样性规划。在摸清家底的基础上，根据园林植物景观设计中对植物材料的需求，各地大量引入国外新优植物种和品种，尤其是草本花卉、观赏草及地被植物；并使盲目的花木生产逐渐进行产品结构调整，纳入有计划生产的正规轨道。

随着国家园林城市评比工作的开展，各城市都在努力提高绿地率及建设园林精品，并把植物景观提高到前所未有的高度，大大宣传了植物景观对改善人居环境的作用。最令人感动的是上海延中绿地的建设。上海市政府在这块寸土寸金的黄金地带投入了 23 亿元拆房，3 亿元建绿，谱出了一曲美妙的蓝绿色交响曲。其产生的直接效益不但使周边地区的温度降低了 $0.6 \sim 1$ ℃，缓解了热岛效应，且为附近居民提供了一块游憩的绿地，大大增加了上海市中心的景观。

在 20 世纪 90 年代前后曾一时兴起草坪热，大块绿地铺设了从国外引入的冷季型草坪草种，由于栽植地与原产地气候条件差距太大，导致后期养护管理费用剧增，加之不耐践踏，大大缩小了游人游憩空间，成为观赏草坪。近年来冷季型草坪热已逐渐冷却下来，园林界大力提倡应用地被植物及国内原产的喜光暖季型草坪草，大大降低了植物景观的成本。园林植物专家也呼吁奥运会用国产的野生花卉资源，以海淀组培室及东升种业、北京植物园为首的园林科研机构及种业公司率先对华北、西北的野生花卉资源进行引种、繁殖，并以花境、花带、小品等不同的形式应用到园林中，使其在奥运期间一展芳容。上海上房园艺等公司大规模地引入了国外一些新优地被植物、宿根花卉以及观赏草，并在园林中大量应用，颇受群众欢迎。每年国庆，以北京天安门广场为首展示的气魄宏大的花坛、立体花坛景观也推动了立体花坛、花卉小品的发展和应用。上海于 2006 年继加拿大蒙特利尔之后，举办了"第三届上海国际立体花坛大赛"，来自 15 个国家 55 个城市的 82 件充满艺术魅力的参赛作品，将立体花坛的艺术水平又往前推进了一大步。

由建设部创立的中国国际园林花卉博览会（简称园博会），国家林业局全国绿化委员会创立的"绿化博览会"（简称绿博会），国家林业局中国花卉协会举办的"花卉博览会"（简称花博会），昆明、沈阳、西安举办的世界园艺博览会，以及香港一年一度由香港康乐及文化署举办的香港花卉展览会，大大推动了我国园林建设，尤其是植物景观的水平得到了极大的提高。这些博览会和展览会分别展出了各城市及国际园林界对园林景观在命题及植物景观创新点，既起到了相互交流的作用，也为游人提供了科普知识及参与的平台，园林植物的普及与提高更显突出。以香港花卉展览为例，从 2000 年到 2007 年都推出了花卉展览会的主题花，分别为洋凤仙（*Impatiens* spp.）、秋海棠（*Begonia* spp.）、蝴蝶兰（*Phalaenopsis* spp.）、三色堇（*Viola* spp.）、杜鹃（*Rhododendron* spp.）、石竹（*Dianthus* spp.）、天竺葵（洋葵）（*Pelargonium* spp.）等。上述 5 种展会中，园博会更注重整体园林风格，包括地方特色中的园林建筑、山水构造，在植物景观中突出乡土植物的展示，整体感觉比较大气。香港花卉展览会的小庭院整体风格比较细腻，尤其在新优植物品种的选用和苗木质量、养护管理水平等方面更为突出，让人印象深刻。其他几种展览会主要突出了绿化苗木、花卉展示及其在园林中的应用，各有所长，均为我国园林建设起到了交流、示范、推动的作用。

随着工业的崛起带来的环境破坏，把园林建设纳入国土治理中去势在必行。就以水质为例，我国不但缺水，而且污染严重。从国土治理的层面上看，保护湿地及湿地公园的建立已成为当今重要的课题。成都活水公园中展示了府南河受污染的水源通过物理方法及植物的净化作用，水质有所提高，此举不仅为游客展示了水生植物景观，还具有一定的科普教育意义。香港米浦湿地公园集游览、科普于一体，充分展示了水生植物景观及湿地生态系统、食物链、生物链，揭示了植物、昆虫、鱼类、鸟类之间相互依存的关系。杭州西溪湿地公园则重现了千年江南渔耕文化的特色，将鱼塘、柿林、桑地、茭白及当地农耕生活保留下来并加以完善和提升。北京海淀翠湖湿地则以开展生态旅游、科普和国际交流作为主要目的，采用生态工程的技术方法，重建食物链，大量投放田螺、河蚌、河虾、河蟹、泥鳅、花白鲢、黄鳝等，修复了荷花塘、芦苇荡、天鹅湖、雁鸭湖等，还人工引入鸟类。目前翠湖已有水生植物百余种，田螺、河蚌、河虾大量增殖，小田螺、小河虾随处可见，小型鱼类繁殖迅速。这一人工和自然复合的湿地系统的恢复，取得了良好的成果。

在房地产企业如雨后春笋般发展的情况下，全国各城市大量建住宅区，高层、小高层、多层及连体别墅、小别墅等形式不断出现。各地城建部门规定新建居住小区、社区中的绿地率不得少于30%，而且购房者也都重视绿地建设。绿化环境尤其是植物景观往往成为购房者的首要考虑因素。因此社区内中心花园、组团花园及小花园各种绿地形式应运而生。一些小区不仅植物景观优美，而且植物种类相当丰富，如海口"绿色佳园—天上人间"小区的绿地率为42%，小区内的植物种类有近140种。

自从兴起各大学合并之风后，不少城市辟地规划了大学城，一些大学的新校园动辄就占地三四千亩，一时间新的校园绿化此起彼伏，成为各设计院的重要项目。

但我国总体的园林植物水平与国外相比，还是存在着较大的差距。首先，我国园林中用在植物景观设计上的植物种类较贫乏。如国外公园中观赏植物种类可达近千种，而20世纪末我国广州也仅用了300多种，杭州、上海200余种，北京100余种，兰州不足百种。国外植物园的植物种类更加丰富，如英国皇家植物园邱园有50000种植物，爱丁堡皇家植物园有26000种植物，而我国植物园中所收集的活植物仅广州的华南植物园刚达到8000种，这与我资源大国的地位是极不相称的。难怪一些外国园林专家在撰写中国园林时对我国园林工作者置丰富多彩的野生植物资源而不用，感到迷惑不解。其次是观赏园艺水平较低，尤其体现在育种及栽培养护水平上。一些以我国为分布中心的花卉，如杜鹃、报春、山茶、丁香、百合、月季、翠菊等，不但没有加以很好利用，育出优良的栽培变种，有的甚至退化得不宜再应用了。最后，在植物景观设计的科学性和艺术性上也相差很远，我们不能只满足于现有传统的植物种类及配植方式，应向植物分类、植物生态、地植物学等学科学习和借鉴，提高植物景观设计的水平。

第三节　植物景观规划设计学习方法和涉及学科

植物景观规划设计最能体现园林设计的综合性。它涉及植物学、植物生态学、地植物学、观赏园艺学、森林学、造林及果树学、园林艺术、文学、美学等多个学科，所以要求知识面很广。在植物景观设计中提出的生物多样性需要有雄厚的植物分类学、观赏树木学、花卉学知识，植物生态学中有关各种植物的生态习性在设计中必须了解。为了提高生态效益，必须营建复层混交的人工植物群落，以提高单位面积的绿量，因此，地植物学中的群落类型、层次结构组成、生态位是人工群落设计时主要的依据。湿地公园设计中营建食物链、生物链及湿地生态系统，如果没有生态学基础也是设计不了的。此外园林中的植物景观美是很重要的，因此要学习一般的艺术规律（色彩、线条、姿态等）

来体现季相变化中的植物个体美及群体美。中国传统文化中有着丰富的花文化，比德、比兴及诗词歌赋大大提升了植物景观及园林的文化内涵。

随着园林的范围扩大，群众对环境要求愈来愈高。在城市中要营建森林公园、采摘果园，郊外及名胜的风景林改造，大量垃圾堆、废弃的工厂、漫长的海岸盐碱地、各种防护林带等均逐步纳入到园林中来了。由此可见，终有一天园林是国土规划中绿化、美化重要的一环。

种植设计施工图是植物景观规划设计最后的一个环节，要提出苗木种类、规格、数量等，因此要了解苗木的各种知识。学习方法主要是师法自然及做项目实践。大自然是最慷慨、最好的老师，因此园林景观设计者不能将自己局限在图书馆内，或仅仅参观别人做的人工景观来提升设计水平，而要到大自然中去汲取营养。所谓"行万里路，读万卷书"是永恒的真理。我国幅员辽阔，从热带到北温带，不同的气候带有不同的植被、不同的植物种类及植物群落结构，如密林、原始林、自然次生林中的混交林、人工林、疏林草地、灌丛草地、高山草甸等。不同的生境条件下的植物景观各异，如湿地植物景观、石山植物景观、沙生植物景观、盐碱地植物景观等。因此对一名优秀的植物景观设计者来说，木本、草本、野生、栽培的植物种类都是很重要而且必须掌握的。但是也不要以为在短期内可以提升设计水平，因为知识是要积累的，通过间接或自己直接获得的知识，还必须多做各种类型项目中的植物景观规划设计，而且在做概念设计、方案时就要介入，学以致用，这就是落实到实践中去。

 思考题

1. 如何理解园林建设的综合性？
2. 如何开发及利用我国丰富的野生植物资源？

第二章 我国园林植物种质资源及其对世界园林的贡献

园林植物种质资源是植物景观规划设计的基础。中国地大物博，园林植物资源丰富多彩，仅种子植物就超过 25000 种，其中乔灌木种类 8000 多种。很多著名的园林植物以我国为分布中心，为公认的"花卉王国"。

第一节 西方国家引种中国园林植物资源史实

16 世纪葡萄牙人首先从海上进入中国引走了甜橙，17 世纪英国人、荷兰人相继而来。1689 年最早来中国采集植物的是英国的外科医生詹姆斯·坎安宁，他收集有 600 份标本，并命名了杉木。专业引种开始于 19 世纪。

一、英国

1803 年，英国皇家植物园邱园派汤姆斯·埃文斯引走了中国的多花蔷薇、棣棠、南天竹、木香及淡紫百合，并将此百合繁殖了 1 万个种球。1815 年英国决定在中国建立使馆，指定植物学家克拉克·艾贝尔为使馆内科医生，他和助手引回 300 种植物种子，其中包括梅和六道木。罗夫船长引走了云南山茶和紫藤，这株紫藤 1818 年栽于花园中，至 1839 年已长达 55m，覆盖 167m² 的墙面，一次开 67.5 万朵花，被认为是世界上观赏植物中的一个奇迹（图 2-1）。从 1839 年起，英国多次派员来华收集园林植物资源，同时兼顾收集很多重要的经济植物资源，使我国很多珍贵、有价值的植物资源不断流向国外。其重要人员如下：

图2-1 一次开67.5万朵花的紫藤（苏雪痕摄）

罗伯特·福琼 (Robert Fortune) （图 2-2）由英国皇家园艺协会派遣，在 1839 ～ 1860 年中曾 4 次来华调查及引种。协会命他引种

图2-2

图2-3

图2-2　罗伯特·福琼(Robert Fortune)(乔治·安德森提供)

图2-3　亨利·威尔逊(E. H. Wilson)(乔治·安德森提供)

野生或栽培的观赏植物及经济植物的种子，收集花园、农业和气象情报资料，并特别要他收集北京故宫御花园中桃的栽培品种、不同品质的茶叶、在香港的灯笼花的生长环境，调查有无黄色重瓣月季、黄色山茶及蓝色芍药等，收集荷花的变种、佛手、金柑、食用百合及做宣纸的原料植物，分析植被生长茂密处自然土壤的理化性质及适合山茶、杜鹃、菊花、灯笼花等植物生长的栽培土壤理化性质。福琼从中国引走了秋牡丹、桔梗、金钟花、枸骨、石岩杜鹃、柏木、阔叶十大功劳、榆叶梅、柊树、溲疏、12～13种牡丹栽培品种、2种小菊变种和云锦杜鹃。2种小菊变种后来成为英国杂种满天星菊花的亲本。云锦杜鹃在英国近代杂种杜鹃中起了重要作用。在1851年2月他通过海运，运走2000株茶树小苗，1.7万粒茶树发芽种子，同时带走6名中国制茶专家到印度的加尔各答，使目前印度及斯里兰卡茶叶生产兴旺发达，在茶叶出口的国际市场上与我国竞争激烈。他将其在中国的经历写了4本书：《漫游华北三年》、《在茶叶的故乡——中国的旅游》、《居住在中国人之间》、《益都和北京》。

亨利·威尔逊(E. H. Wilson)(图2-3)于1899～1918年5次来华采集、引种。首次来华是专为威奇安公司引种珙桐的。他走遍了鄂西北、滇西南、长江南北，回国时带回906份标本，305种植物，35箱球根、宿根花卉。其中有著名的巴山冷杉、血皮槭、猕猴桃、大卫落新妇、绛花醉鱼草、小木通、藤绣球、铁线莲、矮生栒子、木帚栒子、珙桐、双盾、山玉兰、湖北海棠、金老梅、喇叭杜鹃、粉红杜鹃、红果树、皱皮荚蒾等。

第二次来华去了峨眉山、成都平原、川西北及甘肃的边界、鄂西，收集了很多草本观赏植物，尤其是绿绒蒿，又引种了很多矮小植物种类，如湖北小檗、金花小檗、川西报春、维氏报春、带叶报春、大苞大黄、美容杜鹃、隐蕊杜鹃、黄花杜鹃、苏氏杜鹃、华西蔷薇、西南荚蒾等。

第三次来华爬了峨眉山、华山、华武山气候潮湿的石灰岩三角地带，他发现了大片繁茂的杜鹃，如问客杜鹃、银叶杜鹃、美容杜鹃、臭枇杷、金顶杜鹃、石瓦杜鹃、宝兴杜鹃、绿点杜鹃、刺芒杜鹃、长毛杜鹃等。发现的乔灌木有青榨槭、猕猴桃、苍山冷杉、云南铁杉、峨眉蔷薇、威氏山梅花。回国时他带走了大量种子，如萨氏小檗、驳骨丹、连香树、四照花、散生枸子、柳叶枸子、湖北臭檀、绿柄白鹃梅、萨氏绣球、毛肋杜鹃、圆叶杜鹃、卵果蔷薇、膀胱果和巴东荚蒾等的种子。

第四次来华从湖北石灰炭山地的植被调查到四川红色砂岩上的植被，引走了成千上万的王百合球根，还有高原卷丹、威茉百合和云杉。

第五次于 1918 年他去台湾引走了秃杉、台湾百合、五爪金龙和台湾马醉木。1913 年在英国首次出版他的著作《一个植物学家在华西》，1929 年再版于美国，改名为《中国——花园之母》。书中介绍了中国丰富的园林植物资源及他采集、引种的工作过程，这对各国纷纷派员来华收集和引种园林植物资源起了很大的刺激和推动作用。

乔治·福礼士 (George Forrest)(图 2-4) 于 1904～1930 年曾七次来华，他花钱雇工及采集标本，引走了穗花报春、齿叶灯台报春、紫鹃报春、紫花报春、垂花报春、橘红灯台报春、小报春、指状报春、偏花报春、霞红灯台报春、玉亭报春、报春花、两色杜鹃、云锦杜鹃、腋花杜鹃、早花杜鹃、鳞腺杜鹃、绵毛杜鹃、似血杜鹃、杂色杜鹃、大树杜鹃、夺目杜鹃、绢毛杜鹃、高山杜鹃、黑红杜鹃、假乳黄杜鹃、镰果杜鹃、朱红大杜鹃、粉紫杜鹃、乳黄杜鹃、柔毛杜鹃、火红杜鹃及华丽龙胆等。

雷·法雷尔 (Regina Farrer) 热衷于引种岩石园植物。他到兰州南部、西宁、大同等地引走了杯花韭、五脉绿绒蒿、圆锥根老鹳草、线叶龙胆及台湾轮叶龙胆等。

法·金·瓦特 (Frank Kingdon Ward) 是来华次数最多、时间最长、资格最老的采集者。于 1911～1938 年间曾 15 次来华，在云南

的大理、思茅、丽江及西藏等地采集植物。他引走了滇藏槭、白毛枸子、棠叶山绿绒蒿、高山报春、缅甸报春花、中甸报春、美被杜鹃、金黄杜鹃、文雅杜鹃、羊毛杜鹃、大萼杜鹃、紫玉盘杜鹃、假单花杜鹃、灰被杜鹃、黄杯杜鹃及毛柱杜鹃等。

二、法国

19 世纪法国也同样派遣了很多植物学家来华采集、引种。

大卫 (Pere Jean Pierre Armand David) 首先在中国发现了珙桐。1860 年到中国后，从北京到重庆沿长江再到成都一路采集。1869 年 2 月去茅坪，当时茅坪是一个小小的州，住着藏族居民，他在海拔高达 4572m 的红山顶山区搜寻植物资源，发现在山脊上集中长着各种杜鹃，在一个小小地区中就发现有 16 种杜鹃。此外还有很多优秀的园林

图2-4 乔治·福礼士 (George Forrest) (乔治·安德森提供)

图2-4

植物,如柳叶梅子、红果树、西南荚蒾、美容杜鹃、腺果杜鹃、大白杜鹃、茂汶杜鹃、刺毛杜鹃、宝兴掌叶报春、高原卷丹。他寄往法国 2000 多种植物的标本。

德拉维 (Pere Jean Marie Delavay) 在 1867 年就在中国采集、引种植物。他在云南大理东北部山区住了 10 年,主要在大理和丽江之间寻找滇西北特产的园林植物。每种植物都采有花、果,一共收集有 4000 种,其中 1500 种是新种。寄回法国有 20 多万份蜡叶标本,真是一个惊人的数字。1895 年 12 月 30 日在他死前几个月,还采集 800 种植物,可以说是鞠躬尽瘁了。他所发现和寄回国的一些植物及种子与其他采集家相比都更珍贵,更适用于花园中,有 243 种种子直接就用于露天花园中,如紫牡丹、山玉兰、棠叶山绿绒蒿、二色溲疏、山桂花、偏翅唐松草、萝卜根老鹳草、睫毛萼杜鹃、露珠杜鹃、小报春、垂花报春、海仙报春等。另外,还有 108 种优秀的温室观赏植物也引回了法国。

法尔格斯 (Paul Guillaume Farges) 在 1867 年与德拉维同期到中国,1892 ～ 1903 年活动于四川的大巴山,采集有 4000 种标本。他很幸运地引走了很多美丽的观赏植物。如喇叭杜鹃、粉红杜鹃、四川杜鹃、山羊角树、云南大王百合、大花鸡肉参、猫儿屎,后来在重庆因病才放弃植物采集工作。

苏利 (Jean Andre Souliei)1886 年到西藏。10 年中他收集 7000 多种西藏高原的高山植物标本,其中有些植物是以他的名字命名的。如苏氏杜鹃、缺裂报春、苏氏豹子花等。由于他长期生活在野外,故引种了大量对法国园林影响很大的观赏植物。

三、俄国

俄国人主要在我国西北部采集、引种植物。波尔兹瓦斯基 (Nicolai Mikhailovich Przewalzki) 于 1870 ～ 1873 年来华穿越了蒙古边界、西藏北部、亚洲中部、天山、塔里木河、罗布—诺尔、甘肃、山西等。1883 ～ 1885 年又到戈壁沙滩、长江的源头——姆鲁苏河、大同等地采集有 1700 种植物,共 15000 份标本。其中著名的有五脉绿绒蒿、

甘青老鹳草、银红金银花、唐古特瑞香、蓝葱等,这些都已被引走。

波塔宁 (Grigori Nikolaevich Potanin) 在华采集了大量的标本及种子。仅第三次就采集有 12000 份标本,约 4000 种,第四次采集有 1 万份标本,约 1000 种。

马克西莫维兹 (Maximowizi) 到峨眉山和打箭炉采集,引走了一些美丽的观赏植物。如桦叶荚蒾、红杉、台湾轮叶龙胆和箭竹等。

四、美国

美国的植物采集家也不甘落后,纷纷来华采集引种。

迈尔 (Frank N. Meyer)4 次来华。第一次于 1905 ～ 1908 年去了长江流域、北京、华西、西藏、哈尔滨、青岛西部、五台山采集,引走了丝绵木、狗枣猕猴桃、黄刺玫、茶条槭、毛樱桃、七叶树、木绣球、红丁香、翠柏等。以后分别于 1909 ～ 1912、1913 ～ 1915、1915 ～ 1918 年来华,在内蒙古、秦岭、山西、陕西、甘肃、汉口、宜昌等地采集。1918 年 6 月 1 日,他的尸体发现在长江流域的安庆和芜湖之间,看来是淹死在去上海的途中。

洛克 (Joseph J Roch) 去了西藏、内蒙古、云南、喜马拉雅山,引走了白杆、木里杜鹃等。在他的采集记载中写到:"在台布县找到各种绣球属、荚蒾属、槭属植物的一些大树,大的栎属植物、大星海棠属、花楸属、泡花树属植物。一株高 18.3m,径 0.6m,叶光滑淡灰绿色的稠李属植物,一种五加属的植物具有一下垂的总花梗,长着大量黑果,有些花序长达 0.3m,还有具圆锥花序的楤木。长在干旱地区美丽的丁香、茶藨子、山梅花属、溲疏属、锦鸡儿属、桦木属植物。此外,还有椴树、枸子类、桧柏属、卫矛属、樱属、忍冬属、素馨属、山楂属、花椒属、杜鹃属等。所有这些都与我们以前引回的种子不一样。当然还有杨属、柳属、蔷薇属、悬钩子属、小檗属和冷杉属、云杉属植物。这次植物采集调查证明了贫瘠的西藏东部可获得更多的植物种类,也证明了台布县林区的价值……"。

第二节　我国园林植物对世界园林的贡献

表 2-1 所列举的是一些原产中国的园林植物种类与世界种类总数的比较。

表 2-1　原产中国的园林植物种类与世界种类总数的比较

属　名	拉丁名	国产种数	世界总种数	国产所占百分比 (%)
金粟兰	*Chloranthus*	15	15	100
山　茶	*Camellia*	195	220	89
猕猴桃	*Actinidia*	53	60	88
丁　香	*Syringa*	25	30	83
石　楠	*Photinia*	45	55	82
油　杉	*Keteleeria*	9	11	82
溲　疏	*Deutzia*	40	50	80
刚　竹	*Phyllostachys*	40	50	80
蚊　母	*Distylium*	12	15	80
槭	*Acer*	150	205	73
花　楸	*Sorbus*	60	85	71
蜡瓣花	*Corylopsis*	21	30	70
含　笑	*Michelia*	35	50	70
椴	*Tilia*	35	50	70
杜　鹃	*Rhododendron*	580	900	65
海　棠	*Malus*	22	35	63
木　犀	*Osmanthus*	25	40	63
枸　子	*Cotoneaster*	60	95	62
绣线菊	*Spiraea*	65	105	62
南蛇藤	*Celastrus*	30	50	60
绿绒蒿	*Meconopsis*	37	45	82
报　春	*Primula*	390	500	78
独花报春	*Omphalogramma*	10	13	77
菊	*Dendranthema*	35	50	70
兰	*Cymbidium*	25	40	63
李	*Prunus*	140	200	70

据 1930 年统计，英国邱园引种成功的园林植物为例，即可发现原产华东地区及日本的树种共 1377 种，占该园引自全球的 4113 种树木的 33.5%。据前苏联统计，在苏联栽培的木本植物，发现针叶树种原产于东亚者 40 种，占全数的 24%，阔叶树种原产于东亚者 620 种，占全数的 34%。分布地区北自列宁格勒，南到索契和巴图米。亚热带湿润地区的最重要果树、经济作物和绿化、美化树种是由中国的乔灌木所组成的。这可以说明，中国木本植物在前苏联园林中也占有极大的比重。英国爱丁堡皇家植物园拥有 2.6 万种活植物，据作者 1984 年夏统计，其中引自中国的活植物就有 1527 种和变种。

如杜鹃属306种、枸子属56种、报春属40种、蔷薇属32种、小檗属30种、忍冬属25种、花楸属21种、槭属20种、樱属17种、荚蒾属16种、龙胆属14种、卫矛属13种、百合属12种、绣线菊属11种、芍药属11种、醉鱼草属10种、虎耳草属10种、桦木属9种、溲疏属9种、丁香属9种、绣球属8种、山梅花属8种等。大量的中国植物装点着英国园林，并以其为亲本，培育出许多杂种。因此，连英国人自己都承认，在英国花园中，如没有美丽的中国植物，那是不可想象的。正因为如此，在花园中常展示中国稀有、珍贵的树种，建立了诸如墙园、杜鹃园、蔷薇园、槭树园、花楸园、牡丹芍药园、岩石园等专类园，增添了公园中的四季景观和色彩。

墙园源于引种抗性较弱的植物及美化墙面。邱园近60种墙园植物中有29种来自中国，其中重要的有紫藤、迎春、木香、火棘、连翘、蜡梅、藤绣球、冠盖藤（图2-5）、钻地风、狗枣猕猴桃、小木通、粉花绣球藤、女娄、木通、黄脉金银花、红花五味子、黑蔓、素方花、凌霄、粉叶山柳藤、绞股蓝等。

邱园的牡丹芍药园中有11种及变种来自中国，其中5种木本牡丹全部来自中国。如紫牡丹、黄牡丹、牡丹、大花黄牡丹（图2-6）、紫斑牡丹、金莲牡丹、银莲牡丹、波氏牡丹。草本珍贵种类如白花芍药、川赤芍、草芍药等。

槭树园中收集了近50种来自中国的槭树，成为园中优美的秋色树种，如血皮槭、青皮槭、青榨槭、疏花槭、茶条槭、地锦槭、桐状槭、红槭、鸡爪槭等。

岩石园中常用原产中国的枸子属植物及其他球根、宿根花卉及高山植物来重现高山植物景观。如匍匐枸子、黄杨叶枸子、矮生枸子、小叶黄杨叶枸子、平枝枸子、长柄矮生枸子、小叶枸子、白毛小叶枸子等。平枝枸子还常用来作基础栽植和地被植物，深秋季节，果和叶均红艳夺目。

英国公园的春景是由大量的中国杜鹃、报春和玉兰属植物美化的。如英国的苗圃可以提供14种原产中国的木兰属苗木，它们装点着英国园林的春、夏景色。它们的花期月份分别是：滇藏木兰花期2～3月，白玉兰花期3～5月，朱砂玉兰花期4～5月，紫玉兰花期4～7月，圆叶玉兰花期6月，厚朴花期初夏，天女花花期5～8月。冬天开花的木本观赏植物几乎都来自中国。如金缕梅花期2～3月，迎春花期11月至次年2月，蜡梅花期12月至次年2月，郁香忍冬花期12月至次年3月，香荚蒾花期11月至次年春初，杂种荚蒾花期从晚秋到冬天。英国公园中除了普遍应用来自中国的杜鹃、报春、山茶、玉兰、花楸、桦木、枸子、槭树、绣球、大花黄牡丹、紫藤、木香、荚蒾、落新妇外，还常以有中国特有的血皮槭、紫茎、栾树、水杉、银杏、珙桐、棕榈、香果树、华丽龙胆、金缕梅、蜡梅等而自豪。有些公园自建园起就广泛收集中国植物。如鲍特丘陵花园（Borde Hill Garden）就是当年威尔逊、法雷尔、福礼士、瓦特等播种成千上万中国植物种子之处。至今在园中还可见到川滇花楸、白叶花楸、优昙花、滇藏木兰、怒江红山茶、串果藤、西南荚蒾、萨氏绣球、长柄绣球、光叶珙桐、羊毛杜鹃、银叶杜鹃、腋花杜鹃、四川杜鹃、毛肋杜鹃、灰被杜鹃、白毛杜鹃、木里杜鹃等。

中国植物为世界园林培育新的杂交种中起到了举足轻重的作用。如杂种维氏玉兰的亲本就是原产中国的滇藏木兰和玉兰。杂种荚蒾的亲本就是原产中国的香荚蒾和喜马拉雅的大花荚蒾。很多杂种杜鹃的亲本都是原产中国的高山杜鹃。如杂种杜鹃（*Rhododendron intricatum* × *Rhododendron fastgiatum*）的亲本就是中国的隐蕊杜鹃和密枝杜鹃。

现代月季品种多达2万种，但回顾育种历史，原产中国的蔷薇属植物起了极为重大的作用。欧洲各国花园中原来只有夏季开花的法国蔷薇、突厥蔷薇和百叶蔷薇。享利博士于1900年在华中发现了四季开花的中国月季，1889年在华南、西南发现了巨花蔷薇，并都引入欧洲。其中最重要的4个中国月季品种是矮生红月季、宫粉月季、彩晕香水月季和黄花香水月季。这些品种的引进大大丰富了欧洲蔷薇园的色彩，并延长了蔷薇园的花期。欧洲园艺工作者利用这些品种和伊朗的麝香蔷薇杂交，形成了著名的努瓦赛

图2-5 冠盖藤 (*Pileostegia viburnoides*) (苏雪痕摄)

图2-6 大花黄牡丹 (*Paeonia ludlowii*) (苏雪痕摄)

蒂蔷薇 (Noisette) 品种群。和突厥蔷薇杂交就形成了波邦蔷薇 (Bourbon) 品种群。与法国蔷薇杂交、回交就形成了新型的杂种长春月季 (Hybrid perpetual) 和杂种香水月季 (Hybrid Tea) 品种群。这些杂交品种群,从1840年直到今日还是欧洲花园中最重要的观赏品种。

原产中国的野蔷薇和光叶蔷薇是欧洲攀缘蔷薇杂交品种的祖先。此外,还有木香、华西蔷薇、刺梗蔷薇、施氏蔷薇、大卫蔷薇、黄刺玫、黄蔷薇、报春刺玫和峨眉蔷薇等都曾引入欧美栽培和进行种间杂交培育新品种。

1937年后,一些重瓣的山茶园艺品种从中国沿海口岸传到西欧,至今已培育出新品种3000个以上。但在近年来,在欧洲最流行的是从云南省引入的怒江山茶及怒江山茶与山茶的一些杂交种。这些杂交种比山茶花更为耐寒,花朵较多,花期较长,且更美丽动人,深受欧美人士喜爱。美国近30年来搜集了山茶属及其近缘属的许多野生种与栽培品种。他们利用这批包括山茶属20个种和4个近缘属植物71个引种材料作为主要杂交亲本,经过十多年的努力,终于在全世界首次育成了抗寒和芳香的山茶新品种,并正式投入生产。在这项工作中,我国丰富

的山茶种质资源所起作用尤大。比如培育芳香山茶新品种的杂交育种中,我国的茶梅、连蕊茶、油茶和希陶山茶等4种都起了巨大的作用。自从1965年我国发现金花茶 (图2-7) 后,世界各国竞相获得金黄色山茶花的原始种质资源。

综上所述,难怪威尔逊在1929年写的《中国——花园之母》的序言中说:"中国确是花园之母,因为我们所有的花园都深深受惠于她所提供的优秀植物,从早春开花的连翘、玉兰;夏季的牡丹、蔷薇;到秋天的菊花,显然都是中国贡献给世界园林的珍贵资源。"

图2-7 柠檬黄金花茶 (*Camellia nitidissima*) (苏雪痕摄)

第三节　我国园林植物资源开发利用现况

我国园林植物资源极为丰富，可是大量可供观赏的种类仍然处于野生状态，而未被开发利用。另一方面在园林中感到最大的问题是植物种类贫乏，园艺栽培品种不足及退化，大大影响了植物景观规划设计。一些西方国家尽管在植物种类的收集、园艺栽培品种的培育及植物造景的水平大大超过我国，但是他们的一些植物学家和园艺家还整天叫喊着资源应是世界共同的财富，要加强国际协作来交流种质资源。可是他们对观赏植物育种工作的点滴成就都作为商业秘密不予泄露，还窥视我国野生资源中的最优单株，以期进一步提高育种的成果。

1987 年 4 月 1 日至 7 日，中国园艺学会观赏园艺专业委员会在贵阳召开了全国观赏植物种质资源研讨会。与会代表来自全国 25 个省、市、自治区，73 个单位，这是新中国成立以来规模宏大、意义深远的一次学术性聚会，为促进开发利用野生观赏植物资源及推动植物造景起到了巨大的作用。会议一致认为观赏植物在园林绿化建设、保护生态环境、丰富人民生活和发挥经济效益等方面逐步得到全社会的认识，这为发展我国观赏植物事业创造了良好的条件。会议还认为，观赏植物种质资源是我国的宝贵财富，是发展园林事业的物质基础。目前，急切的任务是进一步开展资源考察，摸清家底，加强和完善自然保护区的工作；对观赏植物种质资源的保存应以就地保存和转地保存相结合；积极引种，开展种质资源研究和选育良种工作。对现有的珍贵种类应明确保护是手段，开发利用是目的。保护是为了更好的利用。开发利用当地野生观赏植物资源，既能丰富园林植物种类，克服各地园林植物种类单调，又能突出地方特色和克服从外地长途贩运苗木的弊端，具有事半功倍的效果。

近年来，各地在观赏植物资源调查及引种、推广中已初见成效，沈阳园林科学研究所、太原园林科学研究所都连续 8 年进行此项工作，1989 年课题鉴定取得很大成就，云南热带植物研究所写出了西双版纳热带野生花卉专着。木兰科植物是多种用途的优良树种，广州华南植物园、昆明园林科学研究所、浙江富阳亚热带林业研究所、武汉园林科学研究所等已引种 200 余号，近 90 种，相当于国产木兰科植物种数的 80%，其中有不少是我国特有植物和新发现种类。上海植物园收集国内外小檗属、槭属植物各数十种、栒子属植物 60 余种。北京植物园引种小檗、丁香等 20 余种。华南植物园引种石斛属植物近 40 种。广西南宁树木园和南宁市园林局收集金花茶 20 余种。武汉东湖磨山植物园收集梅花 150 多个品种。沈阳园林科研所引种辽宁地区野生花卉 70 余种获得成功，并在公园应用推广 20 多种。山西太原园林科学研究所采集鉴定野生观赏植物标本 2500 号，隶属 97 科 168 属 326 种；引种成功 103 种，隶属 43 科 72 属。昆明植物研究所在参考有关名录和调查采集研究的基础上统计云南观赏植物共 2040 种，其中裸子植物计 8 科 25 属 66 种；双子叶植物 78 科 248 属 1504 种；单子叶植物 8 科 73 属 296 种；蕨类植物 22 科 47 属 174 种；其中以杜鹃花科、兰科、报春花科、龙胆科为最多，均超过 100 种。为了迎接 2008 年北京奥运会的绿色奥运、科技奥运，北京市 10 名花卉专家联名建议组委会应用华北乡土植物。为此北京海淀组培室、东升种业等引种驯化了乡土野生花卉 70 余种，提供奥运公园等绿地使用，不但培育了容器小苗，很多种类已形成种业生产大量种子。

 思考题

1. 如何看待西方国家对中国园林植物资源引种的史实？

2. 我国园林植物对世界园林有哪些重要的贡献？

3. 作为本专业的学生，结合自己的研究方向谈谈我国园林植物开发利用方面存在哪些不足。

第三章 中国植物景观审美与实践

对于中国古典园林植物景观特色的研究，旨在对凝聚其中的优秀文化遗产加以借鉴，予以发展，更加科学地在新园林中体现民族风格及传统文化精华。一方面，中国传统文化注重人与自然之间的协调感应，体现在园林中，植物景观富于自然情趣并充满诗情画意，同时呈现一种与生态紧密结合的审美精神环境。这种民族文化的传承，具有强大持久的生命力，这是需要我们正确、深入地认识、借鉴和弘扬的宝贵文化遗产。另一方面，随着社会的发展，自然环境的改变以及服务对象的变更，植物景观及其所营造的环境气氛等必然要发生相应的改变。在这样的形势下，如何运用科学、如何继承传统、如何满足现代人的喜好，成为我国当今植物景观规划设计的新课题。

第一节 中国古代自然美学思想

一、自然审美观念的萌芽

人类社会的原始时期，中国古代先民靠采集和狩猎为生，生产力十分低下，几乎完全被动地依赖大自然，自然界中的高山大泽、风雨雷电、洪水猛兽也使古人对自然产生畏惧崇拜心理。原始的自然崇拜使种种自然现象和山河大川被赋予灵性，出现了日神、月神、山神、海神等诸神，同时人们为了求得风调雨顺、五谷丰登，对这些神进行不同形式和规格的祭祀活动，这种民间的自然崇拜也影响到统治阶层，史料记载第一位封禅泰山的帝王是秦始皇，而雄才大略的汉武帝多次封禅泰山，祭祀山川，因此以泰山为首尊的五岳系列名山在中国历史上具有显赫的神圣光环和浓厚的政治色彩。这种对自然的神化是人类童年时期对种种不能解释的自然现象的一种精神折射，同时也促使人们在观照天地中萌发了对自然美的认识。

另外，中国传统的大陆型农业文明使人们在生产实践中萌发了对自然的审美意识。我国最早的一部诗歌总集《诗经》，对山川草木的描写，虽然经常是作为形象的譬喻而出现的，但其中包含了人对自然审美感受的萌芽。"秩秩斯干，幽幽南山。如竹苞矣，如松茂矣。"（《小雅·斯干》）。这是一首叙述周王宫落成的诗，其宫室选址，溪涧流水潺潺，终南山上林木幽幽，绿竹繁茂青松苍翠，自然环境非常优美。

秦汉以前，已经出现了"士"这个阶层，

追求一种自然的生活。《诗经》中有："园有桃，其实之殽。心之忧矣，我歌且谣。不知我者，谓我'士'也骄。……园有棘，其实之食……"（《诗经·魏风·园有桃》）。

到了春秋战国时期，儒道两家学者都把这种自然的生活奉为最高理想。一次，孔子的弟子曾点说："暮春者，春服既成，冠者五六人，童子六七人，浴乎沂，风乎舞雩，咏而归。夫子喟然叹曰，吾与点也。"曾点这种对浴于沂水的郊外游赏活动的向往，也深得孔子的赞赏。庄子则生动地叙述了这种自然的生活："刻意尚行，离世异俗，……此山谷之士、非世之人……就薮泽，处闲旷，钓鱼闲处，无为而矣已，此江海之士，避世之人，闲暇者之所好也"（《庄子》外篇《刻意》）。这种超越政治权势，摆脱物累、崇尚自然生活的理想开启了士这个阶层对自然美的体悟，并对后世产生了深远的影响。

自然审美观念的萌芽从人们对自然风景游赏的侧面也得到体现。秦汉之际，王公贵族在风景佳处修建离宫别苑的情形已很普遍，西汉的上林苑规模宏大，风景壮丽。司马相如在《上林赋》中表现了上林苑恢宏壮丽的山水景观，丰富的动植物种类。这时的宫苑多利用自然风景，造园手法还处于比较粗放状态，但也从一个侧面说明了人们对自然美的认识和领悟。

二、中国古代生态美学观

中国自古以农立国，古代先民对自然的变化采取敬畏顺服的态度。而后在长期的生产实践中，认识到自然可以利导，人与自然可以相安默契，和谐共处。《淮南子·主术训》说"昔者神农之治天下也，……甘雨时降，五谷蕃植，春生夏长，秋收冬藏"。人将自然时序变化应用于农作，大地即可创生化育万物。《周易·干卦》中则言"夫大人者，与天地合其德，与日月合其明，与四时合其序，与鬼神合其吉凶，先天而天弗违，后天而奉天时"。体现了人与天地之德，日月之明，四时之序，以及鬼神之吉凶的和合，即与自然规律的和谐，充溢着"天人合一"的整体宇宙观念。

早在先秦时期，作为中国文化主流的

儒、道两家都从不同角度不同侧面提出"天人合一"的思想。如儒家的"上下与天地同流"，道家的"独与天地精神相往来"。所不同的是，儒家从动入，以人驭天以求得天人和谐；道家从静入，以人合天，强调顺应自然，尊重事物自身规律。"辅万物之自然而不敢为"（《老子·第六十四章》）。如果人不背离自然规律去追求自己的目的，那他就能达到"无为而无不为"的理想境地。至汉代，董仲舒利用阴阳五行学说，更加具体地描绘人是自然的组成部分。他认为："天亦有喜怒之气，哀乐之心，与人相符，以类合之，天人一也。"（《阴阳义》）。

"天人合一"思想在中国的哲学体系中，长期影响着中国人的意识形态和生活方式。儒道两家都把个人的命运同宇宙融为一体，作为对人生境界的至高追求，而这种对人生境界的追求引向了审美。自古至今，自然不单是人类赖以生存的物质源泉，而且同人类精神生活发生密切关系。"山林与，皋壤与，使我欣欣然而乐欤"（《庄子·知北游》）。所以，中国人的审美观是浪漫的，崇尚自然的。"江山扶绣户，日月近雕梁"（杜甫，唐）。表现了一种网罗天地、饮吸山川的宇宙意识和情怀；同时也体现了中国人对自然有情，与自然亲和的环境观。正如李约瑟所说："再没有其他地方表现得像中国人那样热心体现他们伟大的设想'人不能离开自然'的原则"。这种顺应自然与自然相亲和的思维和行为方式，体现着中国古人独特的生态美学观。

三、自然审美观念的形成

在中国历史上，南北朝时期宗炳的《画山水序》亦提出"山水以形媚道，而仁者乐"。仁者乐在山水，因其能以形貌体现自然之道。因为正是通过这种人观照天地而达于道的思辨过程，激发了人们对自然山水审美意识的觉醒。

寄情山水和崇尚隐逸并行而出，隐逸在中国由来已久，老庄哲学中的崇敬自然超然物外的思想，儒家的舍行藏、舒卷自如的处世原则，都可促使士人归隐。孔子说："邦有道，则仕，邦无道，则可卷而怀之"，又说："贤者避世，其次避地"。

在陶渊明归隐田园思想出现以前，高士们大都本于老庄方外之隐的思想，在离世绝俗的山林中修道成仙。这从当时的招隐诗、游仙诗中可看出这一点。如陆机在一首《招隐诗》中写道："踯躅欲安之，幽人在浚谷，朝采南涧藻，夕息西山足。轻条象云构，密叶成翠幄，激楚伫兰林，回芳薄秀木"，高士栖息的隐居环境，林木高耸，茂密的树叶形成绿色帷幄。郭璞在他的《游仙诗》其一中说："京华游侠窟，山林隐遁栖。朱门何足荣，未若托蓬莱，临源挹轻波，陵冈掇丹荑。灵溪可潜盘，安事登云梯"。诗中指出山林隐栖中自有仙境，何必真去求仙。所以，隐士在自然空灵、草木葱茏、林水翳然的隐居环境，更容易达到高蹈尘外的境界，自然山水林木成为士人追求冥寂超俗的代表环境。

对自然山水的游赏也促进了山水文学、山水画、山水园林的长足进展，山水诗文大量涌现，谢灵运、陶渊明是山水田园诗的代表人物。绘画方面，开始出现独立的山水画。宗炳在《画山水序》中提出"畅神"之说，主张山水画创作借助自然山水形象，抒发胸怀，达到主观和客观的统一。自然的功利象征意义逐渐淡化，由原始的宗教崇拜对象转化为审美对象，不仅赏心悦目，而且畅情抒怀，

刘勰在《文心雕龙·神思》中说："登山则情满于山，观海则意溢于海"。士在自然中领悟宇宙、历史、人生的精蕴，在游赏山水之际完善自己，体悟深沉的使命感，人与自然完全和合一致，山水不仅是自然界最典型的景观，而且具有德行，热爱山水，是人和天地宇宙亲和一致的表现，也是一种高尚的情操。

而山林田园都是雅士体悟自然的审美对象。"简文入华林园，顾谓左右曰：会心处不必在远，翳然林水便自有濠濮间想也。觉鸟兽禽鱼，自来亲人"（《世说新语》），所以文人雅士并非一定要在幽深绝俗的山林中完善自己，体味人生，使心灵化入宇宙最深处；在自家的丘园中一样可以俯仰自得。东晋士族都有大规模的庄园，集山林田园于一区。这种以创造幽美的生活环境为目的的庄园，因士族对自然生活的追求而被要求具有自然的风格。返归山林田园就是摒除虚伪矫饰，保持人性的淳朴，人的自然天性与自然界的天然存在冥合为一，即是"顺万物之性"。因此寄情山林田园就是返归自然。中国古典园林美学观也就是在这个时期形成的。人们崇尚自然，力图开掘自然美的奥秘。在以后对诸如意境、构图、手法等方面的探索，都是在这个基础上发展起来的。

第二节 古典园林中的山水田园景观

东晋时期，由于玄言诗与佛理的结合，加深了士人对山川草木的审美意识。顾长康赞山川之美，云"千岩竞秀，万壑争流，草木蒙笼其上，若云蒸霞蔚"。欣赏自然山水成为一种风气，一种文化时尚。伴随着对隐逸生活的崇尚，对自然山水审美意识的觉醒，体现自然风貌的园林随之产生。这种对自然美深刻细腻的体验，使造园的主要目的并不是客观的描摹自然山水，而是要强调和表现自然景观所激发的情趣，是一种物我同一的生活美和自然美融合的极致。山水田园意境，是从南朝到明清以来一直为历代园主所力求体现的，而植物是再现这种意境不可缺少的要素。研究古典园林植

物景观的构成，应首先从文化的深层含义，从山林田园入手。

一、山林景观

（一）自然山林的因凭

因真正能在幽深绝俗的山林中餐霞饮露的人毕竟不多。而在自己的园林中体味老庄玄虚，寄心林泉丘壑则要方便、容易得多。郊野较之城市有良好的山水植被等自然条件，在郊野营造园墅，有置身自然的超尘离俗，而无栖身岩穴的餐风露宿之苦，孙绰在《遂初赋》叙言中说："余少慕老庄之道，仰其风流久矣。却感于陵贤妻之言，怅然悟之。乃经始东山，建五亩之宅。带长阜，倚

茂林，孰与坐华幕、击钟鼓者同年而语其乐哉"。倚借自然山林建宅构园，不仅有优美的自然景观，而且繁密葱郁的林木可以衬托主人的隐逸情调。

东晋时期谢灵运（公元 385～433）卜宅相地，营造山庄别业，更加注重对自然风景的选择和利用，约在公元 427～433 年，谢灵运隐居始宁（今浙江上虞县），"选自然之神丽，尽高栖之得意。"精心选择自然山水中风景秀丽的境域，作为隐居之地。谢为此作长篇大赋《山居赋》，对其山居作了细致的描写，并自己作了注释。

以山水为主的风景园到了唐代有了进一步的发展。著名山水诗人王维的辋川别业建构在陕西蓝田县西南约 20km 处，是唐代一座具代表性的别墅园林。王维在《辋川集序》中写到："余别业在辋川山谷，其游止有孟城坳、华子冈、文杏馆、斤竹岭、鹿柴、木兰柴……"，从景题看，辋川别业是一座以自然景观为主的山水园林。王维晚年辞官终老于辋川，辋川亦是退隐、参悟、游息的隐居之地。

（二）城市山林的建构

早在魏晋时期，城市私园已经非常注重山林野趣的塑造。"伦造景阳山，有若自然，其中重岩复岭，嵚崟相属，深蹊洞壑，逦递连接。高林巨树，足使日月蔽亏；悬葛垂萝，能令风烟出入。崎岖石路，似壅而通；峥嵘涧道，盘纡复直。是以山情野兴之士，游以忘归"（《洛阳伽蓝记》）。从文中描述看出，景阳山是一座土石相间、体形庞大的假山，结构相当复杂。山上林木高大繁茂，人在其中，不见天日，悬葛垂萝，风烟出入其间，极富山林野趣，无怪乎山情野兴之士，游以忘归。

城市私家园林发展到唐代，较之魏晋时期更为兴盛。同时，山水诗文的兴旺发达，山水画的内容丰富，促使园林创作跃入一个新境界。文人园林出现萌芽，白居易在洛阳履道里的宅园是一个很突出的例子。白居易曾作《池水篇》记这处宅园的情况："……地方十七亩，居室三之一，水五之一，竹九之一，而岛树桥道间之……"。白居易在文中提出土地规划的比例关系，而在《池水篇》诗中白居易对这一规划思想作了一般性的概括："十亩之宅，五亩之园，有水一池，有竹千竿。勿谓土狭，勿谓地偏，足以容膝，足以息肩。有堂有庭，有桥有船，有书有酒，有歌有弦。……灵鹤怪石，紫菱白莲，皆吾所好，尽在吾前。……"

园虽小，但有水一池，种竹千竿，植物在园中所占的比例并不小，以此来创造清新幽雅的城市山林气氛。同时也体现了当时文人的园林观——以泉石竹树养心，借诗酒琴书怡性。

至宋代，文人园形成私家造园的主流，并影响到皇家园林，诗、画与园林进一步结合，意境的创造受到重视。植物在园林中的应用，多成片种植以成林成景，突出幽深、自然的意趣。但已经注意到欣赏植物的个体姿态，这与宋代绘画艺术的高度发达不无关系。如朱长文（宋）的《乐圃记》："草堂西南有土而高者，谓之'西丘'。其木则松、桧、梧、柏、黄杨、冬青、椅桐、柽、柳之类，柯叶相幡，与风飘扬，高或参云，大或合抱，或直如绳，或曲如钩，或蔓如附，或偃如傲，或参如鼎足，或并如钗股，或圆如盖，或深如幄，或如蜕虬卧，或如惊蛇走，名不可以尽记，状不以殚书也。虽霜雪之所摧压，飙霆之所击撼，槎枒摧折，而气象未哀。其花卉则春繁秋孤，冬曝夏倩，珍藤幽，高下相依。兰菊猗猗，蒹葭苍苍，碧鲜覆岸，慈筠列砌，药录收所，雅记所名，得之不为不多"。乐圃中所用植物种类繁多，但已非常注意各种姿态植物之间的互相配合。常绿针、阔叶树占有一定比例，所以虽霜雪摧压，气象未哀。难能可贵的是对于植物的药用价值及所用植物的名称，有所记录，对植物的生态习性亦注意观察有所了解，并正确运用，如"慈筠列砌"，使建筑与花木之间有个很好的过渡构成生动画面。同时，慈竹丛生而根不外窜，阶下种植，亦不伤屋基。

现存苏州的宋代园林沧浪亭，建园之始即"草树郁然"，"不类乎城中"，后经策划，成一代名园。至今，沧浪亭土山上古树三五成丛，下有遍地箬竹，野趣横生，苍古入画。苏舜钦正是在他所创造的山林意境中，"觞而浩歌，踞而仰啸，野老不至，鱼鸟共乐"，以排遣愁怀。

明清时期，中国古典园林发展进入鼎盛阶段。园林著述也空前繁荣。城市私园尤其是文人园林秉承文化脉息，园林是抒发灵性、表现情趣的生活场所，仍具有隐逸情调，只是手法更加细腻。如沈复在《浮生六记·浪游记快》中评当时的江南名园"安澜园"："游陈氏'安澜园'，……池甚广，桥作六曲形，石满藤萝，凿痕全掩，古木千章，皆有参天之势，鸟啼花落，如入深山。此人工而归于天然者，余所历来地之假山园亭，此为第一。"

随着人们对自然美的领域不断深化，造园的至高水准是"虽由人作，宛自天开"。人的智巧就是不露痕迹地创造一种人工的自然山水环境，植物景观一方面掩盖人工痕迹，一方面创造自然的山林气氛。因此，人工叠石植藤萝以掩盖凿痕，在土墙的根部滋养青苔，使狭小的庭院获得意念上的扩大。而参天古木则是构成人工山林的骨架。在有限的空间内构成山林氛围，是"宛自天开"的艺术境界，是回归自然与造化冥和为一的生活理想和审美趣味。同时，这亦是随社会经济的发展，园林与居住生活更为密切结合的结果，因而居住生活的园林化，不仅仅在于模山范水，小小的庭院、天井经过竹石点缀，即可达到幽寂深广的新境界。使人"观亭中一树可想见千林，对盆里一拳，亦即度知五岳"。在有限的空间里感受自然万物的勃勃生机。

从现存江南明清园林看，山林意境的创造手法是灵活多样的。园内主体山水空间的山体，或以土为主，或以石为主，或土石相间，往往需茂木美荫，以达到顿开尘外之想的山林意趣，但树木又不可繁杂。所谓"山藉树而为衣，树藉山而为骨。树木不可繁，要见山之秀丽，山不可乱，须显树之光辉。"

土山的山麓种植，一般以低矮灌木为主。如箬竹、凤尾兰、丝兰、杜鹃等，适当间以小乔木，以丰富层次，石阶、蹬道则点缀少量植物，并有闲花野草丛生林间，形成幽深的婉转山径。山腰处间植大小乔木，山顶则以乔木为主，形成山林骨架，这样"仰瞻俯窥，足以荡涤尘襟矣"。而从山麓到山顶都有很好的照顾，层次非常丰

富。如苏州拙政园的中部湖山及艺圃的主山，山林气氛浓郁。

石山表现峰峦叠嶂，植物不宜过茂，并要着重体现苍古画意。清代文人高士奇，在其江春草堂之兰渚的石山上的植物布置，很具代表性。

"叠石成山，小峰嵌窦，黄山松数株，扶疏掩映，幽兰被壑，芳杜匝阶，杜鹃两枝，花开弥月。又有蜡梅、木瓜、樱桃、荼蘼，周布左右。"(《江春草堂记》)，掇石成山，常在适当位置留出花台，栽植姿态扶疏的花木或藤本植物。如梅、蜡梅、山茶、桂花、紫薇、白皮松、罗汉松、南天竹、紫藤、凌霄、薜荔、络石以及竹、草等。既可掩饰人工凿痕，又添野趣。所谓"叠石成山，栽花取势"。悬崖峭壁处，常植枝干虬曲的树木以模仿自然山峦，达到乱真的效果。马尾松、黑松、黄杨、紫薇等，经常被选用。体量较大的石山，山上留有种植穴在涧谷两侧或接近山峰处植几株高大乔木，使之负势竞茂，互相轩邈，便有山阴古道间的真趣。

明清时期，由于住宅与园林的紧密结合，植物成为融会建筑空间和山水空间最为重要的素材。空间上的限制，使园林布局以小中见大的艺术手法见长。植物景观极具写意性，并充满诗情画意。庭院、天井、廊旁曲折处、墙面等，石几块、花木一两株，稍事点缀，便略具丘壑，透过门、窗等构成生长流动的空间，从而使整座园林生趣盎然。文震亨在《长物志·山斋》中说："中庭亦须稍广，可种花木，列盆景……庭际沃以饭渖，雨渍苔生，绿褥可爱。绕砌可种翠芸草令遍，茂则春葱欲浮。前垣宜矮，有取薜荔根瘗墙下，洒鱼腥水于墙上以引蔓者，虽有幽致，然不如粉壁为佳"。

沈复(明)则在《浮生六记》对"大中见小"、"小中见大"做如下解释："……大中见小者，散漫处植易长之竹，编易茂之梅以屏之。小中见大者，窄院之墙宜凹凸其形，饰以绿色，引以藤蔓，嵌大石，凿字作碑记形，推窗如临石壁，便觉峻峭无穷"。

网师园殿春簃庭院，一角略置湖石，一株枝干斜曲的白皮松，石隙间点缀书带草，花栏内植以芍药，"尚留芍药殿春风"，此

院因此得名，整个小院特色鲜明，爽洁而富有诗意。再如网师园的梯云室前院，两株桂树顾盼生情，几块乱石如地上生出一般，书带草遍布，花栏内植以蝴蝶花，极富自然野致。

江南园林在庭园、天井的墙隅处，廊旁曲折处，散置或丛植芭蕉、竹子、南天竹等，可令建筑围合的空间活泼而富自然生趣。

园墙除作为底色背景外，亦常植以乔灌木或藤蔓加以绿化，所谓"围墙隐约于萝间"，多用于园界墙。如艺圃草香居水院的围墙，从近处山石缝隙中的书带草，到墙面地锦，连绵不断，扩大了空间感觉，增强了山林气氛。怡园一处院落，在月洞门一侧植一丛南天竹，与墙另一侧攀缘而上的木香相衔接，几块山石苍古可爱，地面冰裂铺装，古朴自然，石板缝隙中的野草与山石、阶砌及门外草色，深浅不同，互相呼应。门外数株梅树，映入眼中，园门另一侧额上题"春先"，而园门这一侧的紫薇，枝干斜曲，似乎也是探春的消息。门内外空间春意流动，极富自然深情。

二、田园景观

东晋诗中的隐士，大多不在幽深绝俗的山林，只是在自家的丘园中俯仰自得："挂长缨于朱阙，反素褐于丘园。靡闲风于林下，镜洋流之清澜，仰浊酒以箕踞，间丝竹而晤言"。因此山水与丘园都是士人体悟自然的审美对象，不同的只是居家为丘园，外出则为山水。晋宋之交谢灵运的山水诗和陶渊明的田园诗同时出现，也正是基于这同样的旨趣。陶渊明不肯为五斗米折腰，隐居田园，躬身参加农业生产劳动，在平凡的田园生活中参悟人生，对后世产生了深远影响。因此，这种隐遁的归田意识亦在后世的园林中多有体现。

田园不同于山林，它有产品产出，具有很强的实用价值。而这种突出价值，在农业社会中是不容忽视的，因此探讨田园景观，自先从经济实用的田园开始。

（一）经济实用的田园

植物一直与人的生活密切相关。古人在自己的居住环境周围种植果实甘美的果树，材质坚韧的树木，该是很自然的事。《诗经·郑风·将仲子》记载："将仲子兮！无逾我里，无折我树杞。……，将仲子兮！无逾我墙，无折我树桑。……，将仲子兮！无逾我园，无折我树檀。……"

这首诗表现一位姑娘无奈地拒绝情人。诗中所提到的杞可编制器具；桑可养蚕；檀材质坚硬，可制车，无不与当时的生活联系密切。清代钱大晰在《网师园记》中说："古人为园以树果，为圃以种菜。《诗》三百篇，言园者，曰'有桃有棘，有树檀'，非以侈游观之美也。"这种从经济实用的角度种植经济果木菜蔬的情况，一直延续到后来的游玩观美为主的皇家宫苑和私家园林。汉武帝的上林苑也曾是"庐橘夏熟，黄甘橙榛，枇杷燃柿，亭奈厚朴，樗枣杨梅，樱桃蒲陶，隐夫薁棣，答沓离支，罗乎后宫，列乎北园……"（《上林赋》）。《洛阳伽蓝记》所记载的华林园也是果木成林，"……景阳山南有百果园，果列作林，林各有堂。……"

追溯这种栽植实用果木于园内的原因，主要是由于以农为本的思想自古以来就一直被人所推崇，中国早期的园墅大都与庄园经济相结合，如前一节所提到的谢灵运的山居别业，其中有农田、果园，并大量种植水生植物及蔬菜、中草药等。这种建于自然山水之中的自然经济庄园，不仅可以游目骋怀，有着优美的景观构成，而且置身自然可以有安顿的人生享受。

唐代王维的辋川别业，也有水田、漆园、椒园等生产性园林。王维在《积雨辋川庄作》写到："积雨空林烟火迟，蒸藜炊黍饷东菑。漠漠水田飞白鹭，阴阴夏木啭黄鹂。"描绘了一幅宁静的田园风光。

唐代白居易的庐山草堂，只有"三间两柱，二室四牖"，但也有药圃茶园作为产业，如白居易在《香炉峰下新卜山居草堂初成偶题东壁》诗云："长松树下小溪头，斑鹿胎巾白布裘。药圃茶园为产业，野麋林鹤是交游。"

宋代以后，庄园经济近乎绝迹，城市商业经济有了长足发展，园林的形式由规模宏大的融自然山水田园于一体的山庄别墅转向城市园林，空间上有了一定的限制，郊野园墅占地也不十分广阔。所以即使园有田地、果园、蔬圃，也只是作为一种辅助的经济来源。如宋代朱长文的乐圃，"桑柘可蚕，麻纻可缉，时果分蹊，嘉蔬满畦，摽梅沈李，剥瓜断壶，以娱宾友，以酌亲属，此其所有也"（《乐圃记》）。这些实用的果木菜蔬只是作为园居生活的一项辅助性的收获，可以怡宾悦友。明代苏州洞庭东山的"集贤圃"在"圃之极北，连冈谐土坊培，种茶数亩，有茗可采，圃之极西，橘、柚、桃、梨、缭以短垣，有果可俎"。此其附庸于圃而藉为外藩者（《集贤圃记》）。茶圃、果园作为园的附属部分，可以采茶，可以摘果，并且可以作为园林的屏障。清代随园也有这种以生产实用目的为主的辅助性园圃。"附园有水田菜畦百亩，足供春秋祭扫及岁修之资。"（《随园图说》）。

中国古典园林中的田地、果园、蔬圃，虽有一定的经济效益，具有实用价值，但往往还具有超出实用价值之外的美学价值，蕴含着深刻的文化内涵。一方面，士人追求隐逸生活，力图超越现实，找寻心灵的纯真和解脱，另一方面，在农业社会，田园蔬圃可以给士人的这种闲逸予生活保障。同时，田园生活也是接近自然的一种生活，更为重要的是晋代陶渊明为这种田园生活灌注了具有深刻哲理的美学思想，田园生活、田园之乐也就成为士人所追求、所醉心的园林内容。

（二）田园景观的美学内涵

"少无怡俗韵，性本爱山丘。误落尘网中，一去三十年。……开荒南野际，守拙归田园，方宅十余亩，草屋八九间。榆柳荫后檐，桃李罗堂前。暧暧远人村，依依墟里烟；狗吠深巷中，鸡鸣桑树巅。户庭无尘杂，虚室有余闲。久在樊笼里，复得返自然"（《归田园居五首》）。

"孟夏草木长，绕屋树扶疏，众鸟欣有托，吾亦爱吾庐。既耕亦已种，时还读我书……"（《读山海经十三道》）。

陶渊明把当时黑暗的社会比作"尘网"和"樊笼"，认为归复田园是获得一种精神上的解脱和身心的自由。其诗中的境界，清新淡雅，于平淡之中见深刻。而诗中所描写的村居景象，虽不是严格意义上的园林，但那榆柳桃李环绕宅居，本身即是一幅淳朴恬淡的动人图画。而他布置的"日涉成趣"的小园，门前只以柳树为荫，园内则是竹篱茅舍，但却是"凯风因时来，回飚开我襟"。而陶诗中所描写的村居生活："种豆南山下"，"带月荷锄归"；以及"抚孤松而盘桓"，"乐琴书以消忧"；"登东皋以舒啸，临清流而赋诗"等，在农业生产劳动的余暇中，以松菊为友、琴书作伴，怡然自足，安贫乐道。体现着深刻的哲学思想和独到的审美情趣，被后人奉为隐逸生活的最高代表，对后世影响深远。流风所及，唐以后涌现过许多著名的田园诗人，如唐代孟浩然、王维，宋代的范成大等，通过这些历代文人对田园生活的歌咏，使田园成为与山水并行而出、并列而存的士人的雅逸好尚。因此，造园者也有意邻借、远借田园景色，在林麓之间设置竹篱茅舍，或在园中辟地置田畴农舍，栽植果木菜蔬，展示耕耘稼穑于游眺之间，这已不仅仅是因为果木桑麻、禾粟菜蔬所具有的实用价值，更有一层蕴涵着中国传统文化的"平淡"的美学倾向，寄托着士人的生活理想和志趣。正所谓"种木灌园，寒耕暑耘，虽三事之位，万种之禄，不足以易我乐也"（《乐圃记》）。

帝王宫苑也颇留意这种田园景观，如宋徽宗营艮岳，苑内有西庄，"植禾麻菽麦、黍豆篙一秋，筑室若农家"（《御制艮岳记》）。清代帝苑圆明园也有多处体现田园村舍的景点。如"多稼如云"，可隔墙垣观看农家景象。而"杏花春馆"则是"矮屋疏篱，东西参错，环植文杏，……前辟小圃，杂莳蔬蓏，识野田村落景象"（《圆明园四十景图咏》）。另外像"北远山村"、"鱼跃鸢飞"、"映水兰香"等都是与田园风光有关的景点。这些景点集中分布的圆明园的西北隅，形成一片以水乡村居为特色的景区。皇家苑囿设置田畴农舍，一方面是体现其重农意识，重视农业生产。另一方面，帝王经常处在戒备森严的奢华的宫殿之中，极少有机会体味平民的生活及某些乐趣，在农业社会，农民的耕耘稼穑，及其村居田园，是最具代表性的大众化的生活图像。因此，皇帝可以从园中的田园景区，接近平民生活，体会平凡人的生活乐趣。同时，也是受文士推崇散淡闲逸的隐居生活的影响，是一种道德的昭示和标榜。

（三）田园景观的设置

计成在《园冶·相地·村庄地》一节，对于园址位于村庄的田园景观的建构、植物的选择作了如下论述："古之乐田者，居于畎亩之中；今耽丘壑者，选村庄之胜，团团篱落，处处桑麻；凿水为濠，挑堤种柳；门楼知稼，廊庑连芸。约十亩之基，须开池者三，曲折有情，疏源正可；余七分之地，为垒土者四，高卑无论，栽竹相宜，堂虚绿野犹开，花隐重门若掩。……桃李成蹊，楼台入画。……"

在计成的构园思想中，非常注意对园林周围环境的选择、利用。园址处于"团团篱落，处处桑麻"的村庄之中，建筑、山水、植物的安排都尽量与乡村氛围相协调，并借景田园蔬圃。所以堤上种柳，山上栽竹，由门楼可观农事，廊外连接着蔬圃。花树掩映，桃李满园，一派迷人的田园风光。

田园村舍的设置，更多的则是在园内另辟一区。文震亨在《长物志·花木》中说，"他如豆棚、菜圃、山家风味，固自不恶，然必辟隙地数顷，别为一区，若于庭际种植便非韵事"。植物的选择，多富乡土气息，美观实用，如榆、柳、桑、麻、桃、李、杏、梅以及稻黍菜蔬等，如明代顾大典的"谐赏园"。

"享之阳，诛茅为屋，园丁时酿酯酪以待客，扁曰：'宜沽'，野店青帘，宛有流水孤村之致。旁植梅、杏、桃、梨，各数株，花时与客倾壶而醉，醉则相与枕藉，落红万片，满人衣裙，不减许谨花茵也"（《谐赏园记》）。

野店青帘，以梅、杏、桃、梨的烘托，呈现出流水孤村的风致。

明代文人祁彪佳醉心田园生活，他的"寓园"，园内有豳圃，更具田园风味。

"有余地焉，……以五之三种桑，其二

种梨、橘、桃、李、杏、粟之属。……于树下栽紫茄、白豆、甘瓜、樱粟，又以海外得红薯异种，第一本可植二、三亩，每亩可收得薯一、二车，以代粒，足果百人腹，常咏陶靖节诗：'欢然酌春酒，摘我园中蔬'"。豳圃之中，完全是一派农家田园景象，植物以实用为主，并充分利用土地，于树下种菜蔬。其主人怡然自乐于这种宁静的田园生活。从劳动和收获中得到极大的乐趣。从中可以看出陶渊明归田隐居思想的深刻影响。

清代著名小说家曹雪芹所著《红楼梦》中的大观园，也有一处以体现农家风味为主的景点"稻香村"。但在整个封建社会，如陶渊明一样决绝归隐田园的人毕竟很少，大多数士人徘徊于儒家的热中进取和道家的超然退隐之间，这种矛盾始终存在。园林中设置农舍、果园、蔬圃，在一定的经济收入之外，只是一点理想的寄托，一点精神的慰藉，或者只是一个标榜。因此，城市园林中的田园，常常是"远无邻村，近不负郭"，是一个"人力穿凿扭捏而成"的孤立存在，它同时也是士人那种矛盾心境的物化。但无论如何归田隐居的思想，在田园生活之中追求任情适意、快然自足的乐趣，使山水、田园在精神旨趣上趋于一致，丰富了园林美的内容。

现存苏州古典园林拙政园，其园名取自晋代文学家潘岳的《闲居赋》，"……灌园鬻蔬，以供朝夕之膳，此亦拙者之为政也"，表现出园主失意之后的清高。园东部原为"归田园居"景区，以体现田园风光为主，后荒废。

由于中国古人注重宅居的选址，自然田园村落本身就呈现着非常优美的景观构成。因此，除在园中设置田园茅舍之外，邻借或远借田园景色，也成为园主的一种雅逸情趣。"启堂后北窗，则稻畦千顷，不复有缭望焉。此中听布谷声与农歌互答，顾安得先生遂归而老其农斯乎？"（《游勺园记》），这种凭窗远眺农夫稼穑，听布谷与农歌互答的情致，极其散淡。

中国古人对于田园景观的重视以及灌注其中的美学思想，使果木桑麻、农作物等在产出产品的经济价值之外，还有一层美学价值蕴涵其中。这种融美观、实用于一体的田园植物景观，对于当今的农业景观规划、风景旅游以及郊野公园设计等，仍有其现实意义。

第三节　园林植物景观审美意境的生成

意境理论是中国古代美学中内涵最丰富、最能代表艺术作品审美特征的一个美学范畴。其主要的理论观点与思维方式，由佛学的境界说引申、转化而来。它是艺术家的主观情调和客观物境相互作用而形成的情景交融物我合一的艺术境界。而对意境的追求则源于崇尚自然、"天人合一"及"天人感应"的哲学思想。清代王国维在《人间词话》中提出："境独非景物也。喜怒哀乐，亦人心中之一境界，故能写真景物、真感情者，谓之有境界。否则谓之无境界"。由于意境是艺术家心灵与客观物境相融之后而产生的一种精神产品，它既是艺术家从客观物境那里获得的，又是经过艺术家心灵所陶铸的，其特征有虚实结合二重性，它以有形含蕴无形；以有限的具体形象生发无穷想象；以实在的物境象征、暗示更为幽邃深广的境界。

园林作为与山水诗画并行而出的一门综合艺术，由于文人、画家对诗情画意逐境而求，具有强烈的抒情色彩。植物与山水、建筑等所构成的景观，已不仅仅局限于其可视的形象实体上，而是传达了园主特定的思想情感。同时，古代的园林审美主体大都具备深厚的传统文化的知识积累和闲适的心境，这样外界的各种因素，如文字、形体、色彩、气味以及季节交替、天气的阴晴雨雪变化等都能通过人的感官作用于人的大脑，从而生发出不同的联想、感受，产生不同的意境。而园林植物本身所构成的景观也是动态的，极富变化的。其景观审美意境的生成大体而言，有以下几种类型：

一、比德状兴

"比"与"兴"本是文学上的概念。所谓"比"者，有拟喻之意，是把所要叙写的事物借比为另一事物来加以叙述的一种表达方法；所谓"兴"者，有感发兴起之意，是因某一事物之触发而引出所要叙写之事物的一种表达方法（叶朗，2005）。

中国古人常把人的精神品质同自然现象相联系，并从这种联系中感受到自然美，如孔子说："智者乐水，仁者乐山"（《论语·雍也》），"岁寒，然后知松柏之后凋也"（《论语·子罕》）。这种从人的伦理道德的观点去看自然现象，把自然现象看做是人的某种精神品质的表现和象征，使人与自然的关系十分亲近。至汉代，董仲舒在《春秋繁露·山川颂》中把这种人与自然之间存在着的某种内在的同形同构的对应关系，发展成比德说。刘向在《说苑·杂言》中大体复述了董仲舒的话，但更清晰一些，刘向说："夫智者何以乐水也？曰：泉源溃溃，不释昼夜，其似力者；循理而行，不遗小间，其似持平者；动而之下，其似有礼者；赴千仞之壑而不疑，……其似有德者；淑淑渊渊，深不可测，其似圣者；通润天地之间，国家以成，是知智者之所以乐水也。……夫仁者何以乐山也？曰：夫山笼撽冥靠，万民之所观仰，草木生焉，众物立焉，飞禽萃焉，……四方并取，而不限焉，出云风通气于天地之间，国家以成，是仁者所以乐山也……"。

魏晋时期，崇尚道家思想的人们普遍接受儒家的比德说，品评人物多以山水、自然为喻，如《晋书·张天赐传》中"观朝荣则敬才秀之士，玩芝兰则爱德行之臣，睹松竹则思贞操之贤，临清流则贵廉洁之行，览蔓草则贱贪秽之吏"。又如，《世说新语》描写嵇康的人品："嵇叔夜之为人也，岩岩若孤松之独立；其醉也，傀俄若玉山之将崩"。后来人们又附会梅之标清、荷之出淤泥而不染、菊之傲霜等，这在历代文学、绘画、音乐、园林里多有体现。

松、竹、梅、兰、菊、荷与人的精神品

质相联系，受到文人雅士的喜爱，他们直接参与造园后，这些被赋予高洁品质的植物便成了园林中不可缺少的景物。如果把文人的园林比作一首诗，那么，这些花木所起的即是"比"和"兴"的作用。就如《诗经·采薇》中的诗句："昔我往矣，杨柳依依，今我来思，雨雪霏霏"。这首描写戍边兵士归乡感怀的诗，以柳代春，以雪代冬，借景表达感时伤事，极富形象性和感染力。而古典园林中的松、竹、梅、兰等，则是对士人隐逸生活的道德、理想、情趣的烘托。"王子献尝暂寄人空宅住，使令种竹。或问：'暂住何烦尔'？王啸咏良久，直指竹曰：'何可一日无此君'！"（《世说新语》）。李格非在《洛阳名园记》中记："松、柏、枞、桧、栝皆美木，洛阳独爱栝而敬松"。明代郑元勋则称桧为"小友"。"石下古松一，偃蹇盘蹙，拍肩一桧，亦寿百年，然呼'小友'矣"（《影园自记》）。

在江南古典园林中，梅与竹一样，是万不可少的。安旋曾在《胶山山水志》中记"嘉荫园"："阁南下，湖石为台，参差曲折，梅廿余本，乱缀石次，花对香雪高下，韵甚"。因此园林中有很多与梅有关的景题，如苏州狮子林有"问梅阁"，临窗植数株梅花，以待春之讯息。拙政园则有雪香云蔚亭。

菊因具百花凋后，傲霜而开，受到人们赞美。张风翼在《乐志园记》中把菊比为高士。"圃中有海棠数株，花时颇妨种菊，有议他徙者，余谓：'美人与高士，气韵正不相妨耳'！"（《吴兴园林记》）。

这些植物被赋予人的品格后，所形成的植物景观充满了诗情画意，因此中国古典园林具有很强的抒情性。

拙政园有一扇面亭，名曰"与谁同坐轩"（图3-1）。由苏轼《点绛唇》一词中："与谁同坐——清风、明月、我"而来。在其附近植以竹、桧，每当月夜清风徐来，竹影摇曳，很好地烘托了这种具有无限诗意的意境。

扬州个园园门两侧植以翠竹，间以石笋。使人联想到园记所说："主人性爱竹，盖以竹本固。君子见其本，则思树德之先沃其根，竹心虚，君子观其心，则思应用之务宏其量。至夫体直而节贞，则立身砥行之攸系者实大且远。岂独冬青夏彩，玉润碧鲜，着斯州筱

荡之美云尔哉！主人爱称个园。"

因此，文人雅士在园林中植苍古清雅的植物，用以抒发情怀，用以明其志。这是"比"。而其他人或是后人触到这类景物，这些松、竹、梅、兰所构成的植物景观，而引发联想，感受园主人的清高散逸，这是"兴"。

由于松、竹、梅、兰、菊等所展示的，不仅仅是其可视的形象，还具有高尚的人格化的内涵，加之这些植物都是我国原产的，适应性强，并具有独特的姿态、花型、花色、芳香等，而历代文人画家对这些植物不断地吟咏、描绘，使它们成为我国人民所共同喜爱的观赏植物，在栽培史上凝聚了众多人民的智慧和劳动，因而像梅、兰、竹、菊等，都有丰富的品种，并且至今仍被大众所喜闻乐见。因此，在各类园林中，如果风土适宜，利用这些植物组织设计的景观，将具有文化承传、教育意义、美学表现等多方面的综合内涵。

二、诗文典故

早在先秦时期，民间的修禊活动已是一种带有宗教性质的郊游活动。到魏晋时期，则演变成为三月早春在水滨举行的大规模的群众性的活动。而王羲之等名人雅士在会稽山阴举行的兰亭修禊盛会，传为千古韵事，并被后代的文人墨客所仿效。

古代诗文典故中所涌现的与隐逸生活有关、与士人审美情趣相契合的篇句，常被后人运用于园林之中，以创造高远的意境。如桂花四季常绿，秋季花开时节，香气袭人，江南园林多用之。若是岩上桂树丛生，常有"小山招隐"、"小山丛桂"之题。其典故源于汉淮南王刘安招集文士作辞赋，其篇名为"大山"、"小山"，或以"大山"、"小山"为人名，王逸云："《招隐士》者，淮南小山之作也。"赋语有"丛桂山之幽"，沿用为桂树经典。江南古典园林沿用其典故，喻示隐居之处，如"室隅有岩，岩上多植桂，缭枝连卷，溪谷崭岩，似小山招引处"（《影园自记》）。苏州网师园也有"小山丛桂轩"。其庭院多植桂花，并间以鸡爪槭、玉兰、西府海棠、蜡梅等，次第花开，配以山石，既突出了"小山丛桂"的主题，又有季相变化。

图3-1

中国园林是以天地自然为基调发展起来的，园林创作立意、构思的根本来源是大自然。但在某些时候，也以诗文中的风景和意境作为造景依据。如陶渊明的《桃花源记》，描绘了一幅理想的小农社会的美好图景，在以后的诗文、园林中也多有再现。唐代诗人张旭曾有诗："隐隐飞桥隔野烟，石矶西畔问渔船，桃花尽日随流水，洞在清溪何处边？"园林中多以石洞、溪水、桃花构成一幅武陵源图。圆明园有一景为"武陵春色"。"循溪流而北，复古环抱。山桃万株，参差林麓间，落英缤纷，浮出水面……"（《圆明园四十图咏》）。园林中的桃花、溪水、石洞已不仅仅限于其具体实在的物境，还有一层更深远的理想社会的意境蕴涵其中，而桃花已成为其象征。

由于陶渊明在《桃花源记》中，以一片绝美的桃花林把人引入和平宁静的理想社会，予人以持久、生动、温暖悠远的想象。至今，在现代园林中，这种桃源意境仍继续被再现。合肥庐阳饭店位于环城公园的山景区，临水依山，山上林木茂盛，景色清幽。在建筑所围合的半开敞的庭院内，从河岸起，叠置山石，周围多植碧桃，构成一幅桃源图画。

三、再现著名风景

历史上，许多著名风景是与植物相关的。如兰亭之修竹；孤山之梅影；西湖堤上之桃柳等，历代文人墨客的吟咏使这些风景闻名遐迩并形成一种文化的积淀，看到这些风景，便会联想到相关的植物。

晋永和九年王羲之在山阴兰亭修禊盛会上，着有《兰亭集序》，兰亭也因此成为传世名胜。后人多在园林中仿建。明代张岱在《陶庵梦忆》中记范长白园："渡涧为'小兰亭'，茂林修竹，曲水流觞，件件有之"。明代王雅登所记的寄畅园也是"引'悬淙'之流，为曲涧，茂林在上，清泉在下，奇峰秀石，含雾出云，于焉修禊，于焉浮杯，使兰亭不能独盛"。

宋代诗人林逋隐居于孤山，酷爱梅、鹤。有著名的咏梅诗句："疏影横斜水清浅，暗香浮动月黄昏"。后人在园中栽梅花，也会联想到孤山梅影。《横山草堂记》所记横山草堂："藩内复开辟旷地，植梅数十本，冬月雪平铺，亦不减'孤山'疏影"（《横山草堂记》）。

杭州西湖堤岸多桃柳相间，桃红柳绿时，呈现一派迷人的江南春色。南京随园在园中"垆土一长堤，间植桃柳，蜿蜒仿'西泠'里、外湖"（《随园图说》）。并称此堤为"桃花堤"。清代帝苑颐和园之昆明湖，仿杭州西湖布局，并在西堤间植桃柳，更多几分婉约秀丽。北京北护城河边桃柳相间种植，仿西湖堤岸景观，效果较佳（图3-2）。

图 3-1 拙政园"与谁同坐轩"（王丹丹摄）
图3-2 北京北护城河桃柳相间种植（姚瑶摄）

图3-2

四、运用声音、色彩、光影、姿态、气味

（一）声音

园林中常用风吹树声使空间感觉变化万千，产生悠远意境。拙政园有"松风亭"（图3-3），"长松数植，风至泠然有声"。听松比看松又多了一层韵味。避暑山庄也有一景："万壑松风"（图3-4），一样是松风，却气势磅礴。"万壑松风"这组建筑踞岗临湖，建筑西北两面峰峦叠嶂，近处古松苍翠，每当风过，松涛声起，非常有气势。

另外，雨雪敲打植物叶面，也给人诗意感受。如拙政园之"听雨轩"（图3-5）和"留听阁"，取"雨打芭蕉淅沥沥"及"留得残荷听雨声"之意。听雨轩后院植芭蕉数株，透过漏窗隐约可见，蕉影玲珑，至雨时，又是另一番意境。留听阁东南两面临池，池内植荷，是一听雨佳处。

高濂在《遵生八笺》记"山窗听雪敲竹"："飞雪有声，唯在竹间最雅，山窗寒夜时听雪洒竹林，淅沥萧萧，连翩瑟瑟声韵悠然，逸我清听"。因此，在闲适的情境下营造听觉形象，能令人在有限的空间中产生无限的遐想。

（二）色彩

植物的叶色、花色、果色以及树干的颜色各有不同，并随年龄、季节的变化而变化。不同色彩的植物互相搭配，会给人不同的意境感受。另外，花开花落，叶色变化等植物季相的改变，意境也会有所不同。

颐和园之谐趣园（图3-6）环池植柳，夏季"丝迢迢似风，阴隆隆以日"，与园外油松之苍绿，园内池中莲荷之翠洁，构成一幅绿色的清凉世界。承德避暑山庄的"金莲映日"遍植金莲花，金彩焕目，康熙《金莲映日》诗云："正色山川秀，金莲出五台。塞北无梅竹，炎天映日开"。现在国内各公园4月份盛行郁金香花展，有红、橙、黄、绿、粉、紫、黑、白、复色等花色，常组成花带，色彩缤纷（图3-7）。

（三）光影

自然光投照于物体，会产生明暗、光影对比，花木随着日照或月光投映于墙体、地面、门窗上，落影斑驳，产生不同的景观效果和意境，有时植物投射的影像比植物本身更动人。李斗在《扬州画舫录》中记"净香园"："'涵虚阁'之北，树木幽邃，声如清瑟凉琴。半山槲叶当窗槛间，影碎动摇，斜晕静照，野色连山，古木色变，异艳奇采，不可殚记"。景色非常静幽。

南京清凉山公园，黑麦草地上散植雪松，夕阳西下时，草地上斑驳的落影使整个环境气氛十分静谧。

（四）姿态

草木本身各具线条、姿态，或苍虬入画，或柔条依人。如近水堤岸多植垂柳，不仅因为柳性近水，而且"柔条拂水，弄绿搓黄大有逸致"，人行其间，微风吹拂，亦与人相亲。松、柏、梅等老树则枝干苍虬，园林中常以粉墙为纸作为背景，极具画意。北京北海公园的一株遮阴侯（油松），一株白袍将军（白皮松）（图3-8），古拙苍劲，令人想到凝聚其中的悠悠岁月。

（五）气味

许多草木具清香，可令人身心舒畅，神骨俱清。狮子林燕誉堂洞门上有砖额"听香"，更多一层深远意境。梅疏影横斜，暗香浮动，游人常寻香而至。李斗在《扬州画舫录》记九曲池："任嘉卉恶木，不加斧斤，令其气质敦厚。中有古梅数株，游人不能辨识，惟花时香出，拔荆斩棘巡，乃可得见"。苏州拙政园之"雪香云蔚亭"，其周围多种植梅花。

荷香远益清，出淤泥而不染，园林的池中多植。拙政园有"远香堂"，一池碧荷，夏季荷风扑面，满堂清香。

桂花清馥，苏州留园有"闻木樨香"轩（图3-9），周围遍植桂花，花开时节，珠英琼树，有香满空山的意境。

图3-3

图3-4

图3-5

第三章 中国植物景观审美与实践

图3-6

图3-7

图3-9

图3-8

图3-3 拙政园"松风亭"（王丹丹摄）

图3-4 避暑山庄"万壑松风"（仇莉摄）

图3-5 拙政园"听雨轩"（姚瑶摄）

图3-6 颐和园之谐趣园"饮绿"（仇莉摄）

图3-7 北京植物园郁金香（王小玲摄）

图3-8 北京北海公园的白袍将军（白皮松）（仇莉摄）

图3-9 苏州留园"闻木樨香"轩（姚瑶摄）

（六）春、夏、秋、冬季相变化

一年四季春夏秋冬有序的变化，除表现为气候的温暖冷凉之外，植物也以其春华秋实的具体形象随季节而变化。吴自牧在《梦粱录》中记杭州西湖："春则花柳争妍，夏则荷榴竞放，秋则桂子飘香，冬则梅花破玉，瑞雪飞瑶，四时之景不同，而赏心乐事者亦与之无穷矣"。

如"苏堤春晓"之桃红柳绿，芳草如茵，给人以明媚的春天的感受。再如夏之莲荷盛开，秋之霜叶如染等，人可以因植物季相的变化而感知季节。冬季，尤其在北方，总是比较萧索，但树叶脱落后，可以完全呈现植物枝干的姿态，体现其他季节无法具有的效果。

五、古代朴素的生态美学思想

古人对植物景观塑造、环境气氛的表现及审美情趣等方面蕴涵着中国古代朴素的生态美学思想，主要体现在以下几个方面：

（一）顺应物情

在中国古典园林中，对于植物的处理，从一开始就是以自然手法为主。即便是皇家宫苑为体现肃穆严整的气氛，将松柏列植，但绝少像西方古典园林那样，把植物修剪成几何形状。这主要源于东西方对待自然截然不同的态度。西方人对体现人的力量存在一种渴望，对自然的态度是征服、主宰。园林中对植物的处理，多运用人工修剪方式，并采取整齐、对称的布局。而中国人受"天人合一"的哲学思想的影响，凡事追求一种与自然相协调的方式，顺应物情，使万物顺其自然性情生长。同时，中国古代人民在长期的实践过程中，对某些花木的生态习性有了朴素的认识，耐旱者植丘冈，喜湿者植水畔，向阳者植于南，耐阴者植于北。

（二）直觉感知，心验体悟，人对自然充满深情

中国古人注重人与自然之间种种整体关系的把握，其思维方式有着重直觉感知、心验体悟，轻逻辑推理的特点。植物景观对于欣赏者来说已不止于外部可视的形貌特征，人的心灵与之相融和后，可以产生更为广大的境界。所以"观亭中一树可想见千林"，表现了主客观相结合后的情境的流动，具有强烈的抒情色彩。这种抒情性使园林中的植物景观充满情意。梅花为伴，松竹为友，并赋予某些植物以人的性格，人与它们在感情上非常亲近。

（三）整体观念

虽然文人写意园常以小观大，以少胜多，植物材料的使用很有节制，但园中的自然景观却能予人以草木繁盛的感觉。造园者胸有丘壑，从园的整体山水形象入手，植物景观由山际水畔到建筑庭院甚至石隙、阶下，无不有很好的设计。

（四）重视自然环境原貌，充分利用自然环境

中国人历来对择居非常注重，园林的选址更是注重追求优美的自然环境，所谓"居山水间者为上，村居次之，郊居又次之"。环境优美之地常草树郁然，有良好的因凭条件，可以不烦人事之工，自成天然之趣。同时注重对原址的大树、古树加以利用和保护。明代王世贞高价购地得一老朴树，他说："山水台榭，皆人力易为之，树不可易使古也"，计成也在《园冶》中提出："斯谓雕栋飞楹构易，荫槐挺玉成难"。古代造园者对于古树、大树的价值有着充分的认识。

第四节 中国古典园林植物景观设计

一、中国古典园林植物景观设计理论

中国艺术与西方艺术，中国美学与西方美学，其重要的区别之一就是是否强调审美意境的创造，中国古典园林无论是北方的皇家园林，还是江南、岭南的私家园林，手法不一，形式有别，但意境之美，寓意之深则是它们共同的特点。正由于意境涵蕴的如此深广，中国古典园林所达到的情景交融的境界，也就远非其他园林体系所能企及了。由于受中国传统文化的影响，植物作为园林的构成要素，其植物景观在展示其天然姿态时往往体现其象征含意。游人所领略的就不仅是眼睛和感官上的享受，而是"象外之象，景外之景"了。

（一）中国画论的影响

作为历史遗产，中国园林有其独特的历史地位，它的发展时期正是以山水画从开始出现到具有卓越成就的时期，山水画的风格是形成园林风格的基础，陈从周先生的《梓室谈美》中曾有："不知中国画理，无以言中国园林"，道出了中国古典园林与中国古典绘画的相互渗透的美学关系。

苏州是画家辈出的文化名城，以"明四家"为代表的吴门画派，开创了画中有诗，诗画相融的画风，他们对造园、植物配置等产生了潜移默化的影响，园景融进了画意，画理指点了植物配置。

1. 神似

中国山水画借笔墨以写天地万物，强调"外师造化，内得心源"，注重"神似"，追求气质俱盛，而在植物景观的创造中，便可运用"神似"的画理，结合植物文化的内涵，来塑造雄深幽秀的自然风光，即所谓"多方胜景，咫尺山林"（《园冶》）。小中见大的手法得以具体体现。

2. 形似

画理说的形似对植物景观来说就是数量不在多，树姿要适宜，栽植位置要符合画面需要，"正标侧抄，势以能透而生，叶底花间，景以善漏为豁"（《画筌》）。这几句画论，不但可以指导植物配置，也符合其生长习性。

3. 追求意境

"凡画山水，意在笔先"（《山水论》），受山水画的影响，中国古典园林中的植物配置注重"写意方能传神"。

4. 布局

传统山水画布局强调"主景突出，客景烘托"，植物景观设计也是如此，"林石，先理会一大松，名为宗老。宗老已定，方作以次，朵嫘，小卉，女萝，碎石……"（《山水诀》）。说明植物景观设计时要有主次，体量要有区别，忌等同。

5. 配合

《林泉高致》中提到"山以水为血脉，以草木为毛发，以烟云为神采"，点出了植物与山石的搭配成景。"山有载土，山有载石。土山载石，则林木瘦耸；石山载土，则林木繁茂。木有在山，木有在水。在山者，土厚处有千尺之松；在水者，土薄处有数尺之蘖"，《山水诀》中指出了山水之间的植物种植要注意立地条件，石山种树贵简重形，土山则可群植成林，渲染野趣。园林中树木配置，首先要考虑适地适树，另外，要考虑植物的习性和园林特点以及艺术效果上树木的姿态和附近景物的协调，它很多地方依合画论，如"松、桧、梧、竹、湖石，用巧法布置，作杴曲之状者，宜于园亭景致……；林木丛杂，不加芟作，或苔藓蔓衍；野竹纷披，宜山村野店；若叠峦重嶂，以平正见古茂，方为大家手笔。"（《读画记闻》）。

园林主景树的配置方法，亦多用画法：

两株一丛的要一俯一仰（图3-10），三株一丛的要分主客，四株一丛的株距不应一样，多丛树木组成的大丛不妨杂些小树等（《龚安先生画决》），这一论述完全符合树木生长对环境的要求，这和现代丛植、群植的理论是十分接近的，如拙政园中部岛山上的丛林，留园西部的枫林，都与画理十分相符。株距无一相等，在不等中有共性，中间较稀、周缘较密，因树冠大小、高低不同，所以俯仰之状也处处可见，主客之势更是一目了然（图3-11）。

另外，画论中对四时山景的描述尤为精妙，韩拙（宋）在《山水纯全集》中提出："春英、夏荫、秋毛、冬骨"，用植物的季相变化表现了叶细而花繁的春意，叶密而茂盛的夏荫，叶疏而飘寒的秋毛，叶枯而枝槁的冬骨。

唐代王维所写的《山水诀》和《山水论》，曾有这样的论述："平地楼台，偏宜高柳映人家"，"有路处则林木"，"水断处则烟树"，点出了植物与建筑、道路、水体之间的联系。山水画为了加深层次，常用散点透视法，而植物景观设计也吸取了山水画中建筑与树木交叠的方法，"树石排挤，以屋宇间之，屋后再做树石，层次更深"。如北海静心斋后院自东向西望，可以看到，由于树木的交叠，层次十分丰富（图3-12）。

总之，按画理取材的植物景观，是师法自然又不拘泥于自然的写意手法。

（二）古诗词与植物造景

历史上文人雅士，有在一起作文赋诗的习惯，所涌现的与隐逸生活有关、与士人审美情趣相契合的篇句，又指导了后人对植物景观的创作和审美。"栽花种草全凭诗格取裁"（《醉古堂剑扫》），更点明了诗文内容对植物景观设计的指导作用。

在中国古典园林，特别是北方大量皇家宫苑里，历史上有些富于意境的著名诗文，往往直接用于园林的设计中，如在杜牧的《清明》诗中曾有"牧童遥指杏花村"之句，而圆明园的"杏花春馆"就是根据诗意设计的；圆明园还把陶渊明的《桃花源记》移植进来，建构"武陵春色"，其桃花已不仅仅限于具体实在的物境，还有一层更深远的意境含蓄其中。

明代画家董其昌曾说："诗以山川为境，山川亦以诗为境"，足以说明诗与园可以互相影响，互相渗透。拙政园的雪香云蔚亭，来自唐·韩偓《和吴子华侍郎令狐昭代舍人叹白菊哀谢之绝次用本韵》诗："正怜香雪飞千片，忽讶残霞覆一丛"。我国古代许多植物景观都是根据诗意进行设计的，如拙政园的"海棠春坞"，用海棠表现姿色占春荣的繁荣景象，园内栽植几株海棠和一丛绿竹，使小园充满春坞的氛围。

江南园林中以桂花为主题的景点很多，网师园中部山水大空间之南，有一轩依环境而选用"桂树丛生兮山之幽，偃蹇连卷兮枝相缭"（《楚辞》）的诗意，将此轩命名为"小山丛桂轩"，桂树间杂以海棠、蜡梅、南天竹、慈孝竹等，一方面使其"枝相缭"，另一方面又丰富了冬春景色。

另外，植物本身有其自己的生长周期，年代久远，后世难以目睹曾经存在过的植物景观，但流传下来的诗文无疑为我们提供了很好的借鉴基础。我们从王维的诗句中可以领略到1000多年前辋川别业的"当轩对尊酒，四面芙蓉开"，"分行接绮树，倒影入清漪"的景观，而这种湖畔植柳，水面铺荷，临湖设亭的组景方式，已被广泛应用于园林中。唐代大诗人白居易的《草堂记》，被誉为中国古代自然园林的代表作，从其文中我们可以了解到，草堂门扉之外，斜竹拂窗，青萝为墙垣，环池多山竹野卉，涧水旁有古松老杉。长长的柯干穿入云霄，低低的枝条轻拂潭水，松树下有灌木丛，茑萝等爬藤植物缀织攀绕，遮天蔽日，充分体现了白居易"植物为主，尤癖嗜竹"的自然园林思想。

古典园林中的植物配置以诗入景，又通过题咏和匾额，深化其审美的意境，如苏堤春晓，曲院风荷，柳浪闻莺等，比具体的园林景物唤起的同类内容更富有诗意。如下列植物景观均直接取意古诗词。

杏花春馆——《述异记》："天台山有五色的杏花，六瓣，是仙人杏"

武陵春色——陶渊明《桃花源记》，取意世外桃源

芝径云堤——吴融诗"已熟前峰采芝径"

梨花伴月——杜甫《阙题》诗："只缘

春欲尽，留着伴梨花"

曲水荷香——王羲之《兰亭集序》

青枫绿屿——李白诗："青枫满潇湘"，韩翃诗"青林朝送客，绿屿晚回舟"

香远益清——周敦颐《爱莲说》："香远益清，亭亭净植"

（三）古代审美心理与植物景观设计

古人倡导寓善于美，反对以感官享受衡量美、丑，而以内涵特性作为审美标准，把素朴自然作为崇高追求的审美意识，这是中华民族特有的古典审美观，受其影响，中国古人对于植物的观赏和认识不仅仅是停留在色彩姿态等外观上，而更注重植物的意境美，这就促进了某些富有文化内涵的植物在造园活动中的广泛应用，"梅令人高，兰令人幽，菊令人野，莲令人淡，松令人逸，柳令人感"（《幽梦影》），把植物的人文意趣表现得淋漓尽致。而正是这种审美心理的影响，而使我国古代园林的植物景观的更具意境。

我国古人认为天、地、人是互为联系、紧密相依的，天主宰万物，"天人之际和谐合一"（《深察名号》）。因此在天人和谐思想的支配下，力求最大限度地让自然山水渗入生活的周围，并幻化成人格的象征，以此作为最高的审美情趣。所以造园配景，便外师天地造化，处处借得天然景色，人工造景力求仿效自然为最高追求。这也促使植物景观设计重视文化内涵，构成了极富文化意趣的古典审美意识。

植物是天地自然间景物体系中必不可少的，"天人之际和谐"的人生哲理，也是有赖于植物而存在的。植物随时令的改变，都会引起观者的"喜怒哀乐，感于吾心"（《虔州八境图·序》）。所以，士人造园无不重视林木的应用。不论松柏枫栝、植林开涧、采菊东篱，都需要植物相伴随。而文人也从"法天象地"（《西都赋》）中得到启发，在植物景观设计上，或大或小、或疏或密地自然栽植，园地植树也是有高有低，这种"法天象地"的设计原则，既流露了文人的宇宙观，又和"俯仰、宾主"……的画论吻合不悖。

图3-10　南京中山陵内两棵平头赤松一俯一仰（苏雪痕摄）
图3-11　拙政园中部岛山上的丛林（王丹丹摄）
图3-12　北海静心斋后院（王小玲摄）

二、中国古典园林植物景观设计手法

中国人对自然的态度一直是亲和的，他们认为只有与自然和睦共处，自然才能给人以更多的回报，中国古代园林对植物的利用则是人们对自然有情的一种体现，它在一开始就非常重视花木的栽植，但是关于植物景观设计方面的论著却很少，直至明代末年，计成的《园冶》一书问世后，才开始有了关于植物景观设计的论述。之后，明代文震亨的《长物志》，清代陈淏子的《花镜》，李渔的《闲情偶寄》等，均对植物景观设计有所论及，而在古典园林中对此均有体现。

（一）关于植物景观的总体规划

造园时首先考虑的是房屋、水池、道路，但对植物景观设计也在关注之中。《园冶》认为园林要由植物来围绕置身于绿色环境之中，故提出："围墙隐约于萝间"，同时"架屋蜿蜒于木末"，即使碰到"多年树木，碍筑檐垣"也要贯彻"让一步可以立根"的思想。

1. 植物在种植上要满足其生态学习性

古人关于植物的生长习性，对生长环境的要求，在长期的实践中早有总结，《花镜》中说得好："草木之宜寒宜暖，宜高宜下者，天地虽能生之，不能使之各得其所，赖种植位置有方耳"，"花之喜阳者，引东旭而纳西晖，花之喜阴者，植北苑而领南熏"，牡丹喜光而不耐水湿，故《长物志》中说："文石为栏，参差数级，依次列种"，便是为了排水，；根据松树耐干旱的习性，则"松柏骨苍，宜峭壁奇峰"。

2. 突出植物景观的季相变化

古典园林非常重视四季植物景观的创造，《园冶》中有许多诗句，涉及花木的开谢与时令的变化，如"苎衣不耐新凉，池荷香馆，梧叶忽惊秋落，虫草鸣幽"，"但觉篱残菊晚，应探岑暖梅先"，《长物志》中说："草木不可繁杂，随处植之，取其四时不断，皆入图画"，陈淏子在《花镜》序中曰，春时"梅呈人艳，柳破金茅，海棠红媚，兰瑞芳绮，梨梢月浸，柳浪风斜……"，夏日，"榴花烘天，葵心倾日，荷盖摇风，杨花舞雪，乔木郁蓊……"；秋时"云中桂子，月下梧桐，篱边丛菊，沼上芙蓉，霞升枫柏……"；冬至，"于众芳摇落之时，而我圃不谢之花，尚有枇杷累压，蜡瓣舒香……"，把一年四季庭园花木景色，描写得如诗如画。

（二）关于植物景观的局部设计

1. 庭院的植物景观设计

《园冶》中说在规则式的庭院中，常采用"院广堪梧"的手法，并以能否达到"梧荫匝地"为鉴定标准，在较庄严的庭院中，则"唯植槐楸"，达到"槐荫当庭"的目的。《长物志》中认为芭蕉叶大，极易招风，故常将其配置在小庭院中，形成"绿窗分映"的景观"。《中国建筑史》庭园论中，分别指出了各类庭园中适宜的种植方式，"庭中之树一株者，宜在一隅或一方，两株者可并列堂前"，"庭其修广，可做树畦"，"庭园之树可较庭中为多，但宜偏重一方或一隅，不可左右对称"，"庭以花为主，庭园花木并重，至园至园林，则树实为此中之主人翁，花此处不过点缀。树之植法分四种，一成林者，二成丛者，三成行列者，四依附他物之侧者。成林者宜在山谷，成丛者可在平地，成行列者应在水边路侧，至依附他物之侧者，则宜大小相间，数尤不能预定。"

2. 山间的植物景观设计

《园冶》中说："岩曲松根盘礴"、"苍松蟠郁之麓"；《长物志》说："山松宜植土岗之上"；《花镜》也说："松骨苍，宜高山，宜幽洞，宜怪石一片，宜修竹万竿，宜曲涧粼粼，宜寒烟漠漠"。这些论述虽侧重某一树种之设计要领，但山间宜松是众所公认的，山中如有苍虬根系裸露，最是古雅，应予以保护，根旁如能栽植地被植物则可保持水土，衬托园景，也体现了明代程羽文在《清闲供》中所写的"树荫有草草欲青"的手法。另外《醉古堂剑扫》中有句"松下灌丛杂木茑萝骈织"，这很清楚地说明了以松树为乔木主景的林下，应有灌丛等"下木"，成为天然林相。对于石山的植物配置，植物多为灌木、小乔木或一部分能在石隙中生长的草本植物，《长物志》中列举了适于石隙中生长的植物：梅、映山红、小竹、松、柏、紫薇、萱草等。

3. 水边的植物景观设计

水边植树，常随堤岸而定，堤岸曲折便用"堤湾宜柳"（《园冶》）的手法，也可溪湾柳间栽桃，如同弘历《苏堤》诗"一株杨柳一株桃"的湖中风光。岸边的植物选择上，体形要求高矮错落、疏密有致，并注意倒影的吸取，则是桃花"夭冶，宜小桥溪畔，横参翠柳，斜映明霞"（《花镜》），柳须"临池种之。柔条拂水，弄绿搓黄，大有雅致"（《长物志》），"园有水一池，有竹千竿是也"（《洛阳名园记》），"瀍水莳绛桃、海棠、芙蓉、垂柳，略无隙地"（《艮岳记》），《花镜》中说"荷之肤妍，宜水阁南轩，使熏风送麝，晓露擎珠"，于是筑亭赏荷，领略如珠的晨露，滚转于花瓣之上，享受随晨间清风带来的阵阵荷香。

4. 其他传统的植物景观设计

（1）古树的保留与利用

我国历来重视古老树木的保留与利用，古籍中也不乏记载，尤其寿命长的松、柏、银杏、梅、杏等，在古典园林中很受重视并加以赞颂。白居易在《庐山草堂记》中谓："夹涧有古松、老杉，大仅十人围，高不知几百尺，修柯云，低枝拂潭……"，"老杏一株，横卧水上，夭矫屈曲，莫可名状。"（《扬州画舫录》）。

（2）关于绿篱的传统设计

近代有人认为绿篱的设计手法来自国外，其实，以活植物为篱，我国早有记载："长杨映沼，芳枳树篱"（《闲居赋》），"章江编篱插棘俱用茉莉"（《长物志》）；"以木槿、山茶、槐、柏等树为墙"（《花镜》）；《红楼梦》第十七回，记大观园内"桑、榆、槿、柘各色树稚新条，随其曲折，编就两溜青篱"……

（3）关于攀缘植物的传统设计

用花架形成花棚的做法，古已有之。唐诗中有"水晶帘动微风起，满架蔷薇一院香"，胡皓"蔷薇一架紫，石竹数重青"等，可见，1000年前的园林中就有蔷薇花架的设计。

（三）个体植物的景观设计

1. 《花镜》中关于个体植物景观设计的论述

《花镜》中认为：牡丹、芍药之姿艳，宜砌雕台，佐以嶙峋怪石，修篁远映；梅花、蜡瓣之标清，宜疏篱竹坞，曲栏暖阁，红白间植，古干横施；杏花，繁灼，宜屋角墙头，疏林广榭。梨之韵，李之洁，宜闲庭旷圃，朝晖夕蔼；或泛醇醪，供清客茗以延佳客；榴之红，葵之璨，宜粉壁绿窗，夜风晓月，时闻异香，拂尘尾以消长夏；菊之操介，宜茅舍清斋，使带露餐英，临流泛蕊；海棠韵娇，宜雕墙峻宇，障以碧纱，烧以银烛，或凭栏，或敧枕其中；……藤萝掩映，梧竹致清，宜深院孤亭……

2. 《长物志》中关于个体植物景观设计的论述

《长物志》中说，桃李，不可植庭除，似宜远望；红梅、绛桃，俱借以点缀林中，不宜多植；梅生山中，有苔藓者，移置药栏，最古；杏花差不耐久，开时多值风雨，仅可作片时玩；玉兰，宜种厅事前，对列数株；山茶，人家多配以玉兰，以其花同时，红白灿然；桃，为仙木，能制百鬼，种之成林，如入武陵桃源；杏，宜筑一台，杂植数十本；梅，幽人花伴，取苔护藓封，枝稍古者，移植石岩或庭除，最古，另种数亩，花时坐卧其中，令神骨俱清；槐榆，宜植门庭，板扉绿映，真如翠幄，梧桐，"株绿如翠玉，宜种广庭中"，等等。

3. 《园冶》中关于个体植物景观设计的论述

《园冶》中也指出了园林中一些常见的植物景观设计，如"梧阴匝地，槐荫当庭，插柳沿堤，栽梅绕屋"，"芍药宜栏，蔷薇未架，不妨凭石"，"偏篱护菊，锄岭栽梅"，等等。

第五节　植物景观的文化延续性及文化多样性

文化是在一定时期和一定地点由社会群体所提出的一系列价值和理想，其价值和理想包括了一系列行为，特别是经过了时间的考验。

文化的延续性是保持一个国家或地区的内在气质和风格特色。它涉及不同文化背景、不同阶层的各类人的心理行为、审美习惯等。

文化多样性涉及保护地方内在特性的需要、尊重其他人类文化的存在，以及吸取其他人类文化的长处等。

随着科学技术的进步，当代时空观念发生了巨大变化，时空的"深度感"和"距离感"随之减弱，世界在变小，世界在趋同。因此，人们也更加渴望了解、感受一个国家或地区的传统文化及其内在气质。而传统文化中所积淀的超越时空的理想和价值，也值得人们对其深入探讨，反复思索，从中汲取适于当今时代的养分精华。

中国传统的整体思维方式，其自然哲学及自然观，被西方学术界视为人类智慧的结晶。发之于艺术创造，中国古典园林是物我同一的生活美和自然美融合的极致，充满诗情画意，具有深刻的意境构成。其中蕴涵着的朴素的生态智慧，是其生命力所在，并对东西方园林产生过深刻影响。而对这些精华的运用，应体现在"形"和"神"两方面。

虽然园林作为一种时空艺术，应随着每一时代的社会生产力发展水平的提高，以及科学技术的进步而赋予其新的审美标准。但中国有着几千年未曾中断的文化传统，深深根植于民族心灵之中，这种历史文化的积淀是不可能轻易被去除或替代的，并且深深影响着我们民族的心理、行为及审美情趣。为了弘扬和传播传统文化，满足人们了解和感受传统文化的渴望，适应特定环境、特定主题的需要，园林的布局形式借鉴古典园林的艺术手法，可以说是一种"形"似的继承。例如再现取自传统文学、典故特定场景的园林，或利用名胜古迹所形成的园林绿地，也可以将古典园林的艺术手法应用在大比例园林绿地的节点部位、小花园、宾馆或饭店的庭园等。曹雪芹在《红楼梦》中所描写的"大观园"，曾对其后的园林设计产生过相当的影响。北京和上海所建成的大观园，力求再现原著的时代风尚和具体描述。它的可视性满足了人们对小说中"大观园"这个重要生活场景的探求心理。对于园中的植物景观，忠实于原著，再现了园中的翠竹深柳、红蓼花深、桐剪秋风以及芦荻夜雪等四时景色，主要是对"形"的继承。

当代解释学大师伽达默尔 (H.G.Gadamer)

说："传统并不只是我们继承得来一宗现成之物，而是我们自己把它生产出来的，因为我们理解着传统的进展并且参与在传统的进展之中，从而也就靠我们进一步地规定了传统"(《真实与方法》)。因此，对于传统的继承，更重要的是把古典园林的精华转变成创造新形式、新风格的源泉，而非单纯的抄袭模仿。只有这种追求"神"似的继承也才能使文化的延续性更具生命力。

另一方面，中国人的传统思维方式重"情"，但在"理"上有所欠缺，西方近现代在生态学方面取得了长足进展，对景观的生态规划设计方法进行过深入研究，而我们则刚刚起步，需要学习和借鉴。同时，自19世纪末以来，西方文化对中国传统文化产生了强烈的冲击，中国园林艺术的表现形式，也融合了外来文化的影响。而随着时代的变更，人类生存环境问题日益突出、生活节奏加快，园林的形式和内容必然也要发生相应的改变。现代园林应从改善环境质量、调节生态平衡的角度出发，以大面积的绿色植物为主。现代的人们不只需要那些幽曲的小空间，那种一丛竹子和几株梅花所构成的意境。他们更需要具有时代气息，适于现代人们休息、交往、娱乐的新的园林形式。尤其是在缺少自然因素的城市，应利用植物设计丰富多样的环境空间及风景布局，使城市居民享受自然景观带来的愉悦。因此，植物景观也应体现着文化的多样性。

现代园林植物景观的风格特征应是多元化的，这种多元化并不是杂乱无章的拼凑，而是需要景观规划设计者具有多方面的综合知识。在传承中国古代园林的审美理念、风格特征、设计手法的基础上，立足当代，汲取新的科学内容，对生态、美学、文化、使用功能等做多方考虑，创造富有民族特色、文化内涵和时代精神的植物景观。

🌿 思考题

1. 中国古典园林植物景观设计理论主要受到哪些因素的影响？

2. 我国古代朴素的生态美学思想和现代的景观生态学有何异同？

3. 在科技飞速发展，时空观念和人民的审美要求都发生了巨大变化的今天，如何保持植物景观的文化延续性和文化多样性？

第四章 植物景观规划设计的基本原则

植物景观规划设计的基本原则包括科学性、文化性、艺术性、实用性。在评审植物景观时是有客观标准的。这也说明设计者不能随意动笔，必须按项目所在的气候带、植被带及现场环境条件，再根据项目的性质、功能及甲方的要求，按照植物景观的四性来进行设计。

第一节 植物景观规划设计的科学性

科学性是植物景观规划设计文化性、艺术性、实用性的基础，没有科学性其他一切都不存在了。科学性的核心就是要符合自然规律。因此师法自然是唯一正确的途径。最忌在南方设计北国植物景观，或在北方滥用南方树种，这种做法没有不失败的。既然要师法自然，就要熟悉自然界的南、北植物种类及自然的植物景观，如密林、疏林、树丛、灌丛、纯林、混交林、林中空地、林窗、自然群落、草甸、湿地等。由于南北各气候带的自然植物景观及植物种类差异很大，不同海拔植物景观及植物种类也迥然不同，所以要顺应自然。但也有特例，如西安与北京同属暖温带，西安北靠秦岭，因此形成了良好的小气候环境，竟然有近60种常绿阔叶植物生长良好，可以恰当地应用这些植物，以体现北亚热带植物景观。一些中亚热带城市如温州、柳州、重庆及云南的澄江，露地生长的棕榈科植物竟有八九种之多，多数榕属树种也生长良好，一些原产热带、南亚热带的开花藤本，诸如三角花、炮仗花、大花老鸦嘴、西番莲均能生长良好，安全过冬，因此为营建热带或南亚热带植物景观奠定了物质基础。

目前营建湿地项目越来越多，在植物景观规划设计时应首先注意建立食物链、生物链，形成科学的湿地生态系统。如重庆的白鹭山庄，大树上群居着数百只白鹭，因为山庄前有水稻田、河流，为它们提供了泥鳅、螺蛳、小鱼、虾等食物。一些飞禽除觅食昆虫外，对一些可食的观果植物也很钟爱，如苦楝、火棘、桑、柿、杏、毛樱桃、樱桃、山里红、枇杷等。蜜蜂则喜采集槐、刺槐、枣、椴树、荆条等植物的花蜜。蝴蝶幼虫及成虫最爱觅食具有精油细胞的叶片及花香花蜜的植物，如云南蝴蝶泉边群集蝴蝶的是一棵合欢，四周有黄连木、香樟、阴香，过去还有大量的柑橘，但由于后来大量施用农药，蝴蝶几乎绝迹。而诸如一串红、一串蓝、红蓼、龙船花、细叶萼距花、五色梅等均是蝴蝶成虫钟爱的花卉。

目前园林项目面积越来越大，很多风景区内的山体需要用植物美化，营建风景林。如昆明西山石灰岩上生长着华山松，而花岗岩上则生长着云南松。柳州龙潭湖公园内的石灰岩山体欲建石山植物园。石灰岩主要由碳酸钙组成，属钙质岩类风化物。风化过程中，碳酸钙可被酸性水溶解，大量随水流失，土壤缺乏磷和钾，多具石灰质，故呈中性或微碱性，风化的土壤黏实、干燥，不宜针叶树生长，宜喜钙耐旱植物生长，如南天竹和白瑞香是典型的石灰岩指示植物。桂林石灰岩上就野生有石山紫薇、石山油桐、石山巴豆、石山合欢，适合石灰岩的上层乔木主要是榆属、朴属、榉属、青杆、无患子、复羽叶栾树、南酸枣、翅荚香槐、桂林紫薇、槭属的落叶种类、八角枫等，季相明显，秋色叶绚丽夺目。而常绿树种有柏木、石山润楠、石山海桐、石山榕、石山棕榈、石山桂花、仪花、相思红豆等，这些常绿乔木与落叶植物混交，冬季景观仍然生机勃勃。基岩种类决定土壤的理化性质，不同性质的土壤上适生着不同的植物类群。在设计垂直结构的人工群落时，处于第二、三层的灌木与草本植物必须要有耐阴性。通过野外调查可以确定植物的耐阴性，如杜鹃在赤松林下，光强在全日照21%时，花叶并茂，生长健康；而在全日照下，花朵虽然繁茂，但叶片被灼伤，植株衰弱，观赏效果不佳。也可用仪器来测定不同种类植物的光补偿点、光饱和点、光量子、光响应曲线等来了解其耐阴性。如

果设计具有热带风情的植物景观，则要体现其层次丰富的群落，有附生现象的空中花园、板根、独木成林、绞杀现象、大藤本、木本蕨、开大花或具大叶的植物、棕榈科植物、丛生竹等。尤其在北方建的温室中，设计出上述的景观就可以充分体现热带的植物景观。

目前随着各地社会经济的发展，植物园规划设计项目在各中小城市此起彼落地提上日程。植物园不比一般公园绿地，要具备科学内容、园林外貌和艺术内涵。在科学内容上首先要展示植物之间的亲缘和进化的关系。全世界有近30余个植物分类系统，在分类系统中植物进化的亲缘关系都非常严谨，唯独纽约中央公园主任 Cronquest（克朗奎斯特）的分类系统，将被子植物分成11个亚纲，它们之间虽有联系，但都相对独立，不像其他分类系统有严格的前后次序。因此可以根据现场及通过竖向设计改造形成不同的生态环境，对这11个亚纲进行合理的布置。由于各亚纲植物科属不同，有的可设计成绚丽多彩的各种专类园，有的可设计成疏林草地、密林以及缀花草地，由这些内容组成园林外貌。在园中可介绍中国的花文化并按一般艺术规律来塑造植物景观，展示我国独特的民族文化的同时极富艺术感染力。

第二节　植物景观规划设计的艺术性

植物景观规划设计同样遵循着绘画艺术和造园艺术的基本原则，即统一、调和、均衡和韵律四大原则。

一、统一的原则

也称变化与统一或多样与统一的原则。进行植物景观规划设计时，树形、色彩、线条、质地及比例都要有一定的差异和变化，显示多样性，但又要使它们之间保持一定的相似性，产生统一感。这样既生动活泼，又和谐统一。变化太多，整体就会显得杂乱无章，甚至一些局部感到支离破碎，失去美感。过于繁杂的色彩会容易使人心烦意乱，无所适从。但平铺直叙，没有变化，又会单调呆

板。因此要掌握在统一中求变化，在变化中求统一的原则。

运用重复的方法最能体现植物景观的统一感。如街道绿化带中行道树绿带，用等距离设计同种、同龄乔木树种，或在乔木下设计同种、同龄花灌木，这种精确的重复最具统一感。一座城市中树种规划时，分基调树种、骨干树种和一般树种。基调树种种类少，但数量多，形成该城市的基调及特色，起到统一作用；而一般树种，则种类多，每种数量少，五彩缤纷，丰富植物景观，起到变化的作用。

裸子植物区或俗称松柏园保持冬天常绿的景观是统一的一面。松属植物都统一于松

图4-1

图4-2

图4-3

图4-4

图4-1 广州中山纪念堂两侧白兰花(苏雪痕摄)
图4-2 南京中山陵两侧用高大的雪松与雄伟庄严的陵墓相协调(姚瑶摄)

图4-3 英国威斯利公园(苏雪痕摄)
图4-4 云南昆明民族风情园"万绿丛中一点红"(苏雪痕摄)

针、松果,但黑松针叶质地粗硬、浓绿,而华山松、乔松针叶质地细柔、淡绿;油松、黑松树皮褐色粗糙,华山松树皮灰绿细腻,白皮松干皮白色、斑驳,美人松树皮棕红若美人皮肤,富有变化。柏科植物叶形有鳞叶、刺叶或钻叶等,但尖峭的台湾桧、塔柏、蜀桧、铅笔柏,圆锥形的花柏、凤尾柏,球形、倒卵形的球桧、千头柏,低矮而匍匐的匍地柏、砂地柏、鹿角桧体现出不同种的姿态万千。合理搭配这些植物,形成特色鲜明、四季常青的植物景观。

二、调和的原则

即协调和对比的原则。植物景观设计时要注意相互联系与配合,体现调和的原则,让人产生柔和、平静、舒适和愉悦的美感。找出近似性和一致性,才能产生协调感。相反地,用差异和变化可产生对比的效果,具有强烈的刺激感,让人产生兴奋、热烈和奔放的感受。因此,植物景观规划设计中常用对比的手法来突出主题或引人注目。

当植物与建筑物组景时要注意体量、重量等比例的协调。如广州中山纪念堂主建筑两旁各用一棵庞大的、冠径达25m的白兰花与之相协调(图4-1);南京中山陵两侧用高大的雪松与雄伟庄严的陵墓相协调(图4-2);英国勃莱汉姆公园大桥两端各用由9棵椴树和九棵欧洲七叶树丛植组成似一棵完整大树与之相协调,高大的主建筑前用9棵大柏树紧密地丛植在一起,形成外观犹如一棵巨大的柏树与之相协调。一些粗糙质地的建筑墙面可用粗壮的紫藤等植物来美化,但对于质地细腻的瓷砖、马赛克及较精细的耐火砖墙,则应选择纤细的攀缘植物来美化。

南方一些与建筑廊柱相邻的小庭院中,宜栽植竹类,竹竿与廊柱在线条上极为协调。一些小比例的岩石园及空间中的植物景观设计则要选用矮小植物或低矮的园艺变种(图4-3)。反之,庞大的立交桥附近的植物景观宜采用大片色彩鲜艳的花灌木或花卉组成大色块,方能与之在气魄上相协调。

色彩构图中红、黄、蓝三原色中任何一原色同其他两原色混合成的间色组成互补色,从而产生一明一暗,一冷一热的对比色。它们并列时相互排斥,对比强烈,呈现跳跃新鲜的效果。用得好,可以突出主题,烘托气氛。如红色与绿色为互补色,黄色与紫色为互补色,蓝色和橙色为互补色。我国造园艺术中常用"万绿丛中一点红来"进行强调就是一例(图4-4)。英国威斯利花园,路

图4-6

图4-5

图4-7

图 4-5 英国威斯利公园（苏雪痕摄）

图 4-6 新疆天山云杉（苏雪痕摄）

图 4-7 英国某公园植物色彩、形体、质地对比（苏雪痕摄）

旁草地深处一株红枫，鲜红的色彩把游人吸引过去欣赏，改变了游人的路线，成为主题（图 4-5）。梓树金黄的秋色叶与浓绿的栲树，在色彩上形成了鲜明的一明一暗的对比。而我国新疆天山山峰的体量和外貌与天山云杉森林外貌非常协调（图 4-6）。这种处理手法在北欧及美国也常采用。上海西郊公园大草坪上一株榉树与一株银杏组景。秋季榉树叶色紫红，枝条细柔斜出，而银杏秋叶金黄，枝条粗壮斜上，二者对比鲜明。英国某公园蒲苇与钻天杨在形体、色彩和质地上形成鲜明的对比（图 4-7）。法国尼斯路边月季、蒲苇和松树等组成层次、色彩丰富的植物群落（图 4-8）。浙江自然风景林中常以阔叶常绿树为骨架，其中很多是栲属中叶片质地硬、且具光泽的照叶树种，与红、紫、黄、橙四

图4-8

图4-9

图4-10

图4-8　法国尼斯路边植物（苏雪痕摄）

图4-9　明、暗对比（苏雪痕摄）

图4-10　花开似一片红云的凤凰木（苏雪痕摄）

色均有的枫香、乌桕在一起组景具有强烈的对比感，致使秋色极为突出。公园的入口及主要景点常采用色彩对比进行强调。恰到好处地运用色彩的感染作用，可使景色增色不少。黄色最为明亮，象征太阳的光源。幽深浓密的风景林，使人产生神秘和胆怯感，不敢深入。如设计一株或一丛秋色或春色为金黄色的乔木或灌木，诸如桦木、无患子、银杏、黄刺玫、棣棠或金丝桃等，将其植于林中空地或林缘，即可使林中顿时明亮起来，而且在空间感上能起到小中见大的作用（图4-9）。红色是热烈、喜庆、奔放，为火和血的颜色。刺激性强，为好动的年轻人所偏爱。园林植物中如火的石榴、映红天的火焰花，花开似

一片红云的凤凰木都可应用（图4-10）。蓝色是天空和海洋的颜色，有深远、清凉、宁静的感觉。紫色具有庄严和高贵的感受。园林中除常用紫藤、紫丁香、蓝丁香、紫花泡桐、阴绣球等外，还有高山上生长着的很多花和果为蓝紫色的野生花卉急待开发利用。如乌头、高山紫菀、楼斗菜、水苦荬、大瓣铁线莲、大叶铁线莲、牛舌草、勿忘我、蓝靛果忍冬、七筋菇、野葡萄、白檀等。白色悠闲淡雅，为纯洁的象征，有柔和感，使鲜艳的色彩柔和。园林中常以白墙为纸，墙前设计姿色俱佳的植物为画，效果奇佳。校园绿地中如有白色的教师雕像，雕像后以常绿树做背景，周围配以紫叶桃、红叶李，在色彩上

红白相映，同时桃李满天下的主题也得以体现。将开白花及叶片具有银灰色毛的植物种类，诸如银蒿、绵毛水苏、雪叶菊等组景在一起可组成白色园。园内气氛雅静，夏日更感凉意，最受中老年人及性格内向的年轻人喜爱。园林中植物种类繁多，色彩缤纷，常用灰色叶植物达到调和各种不同色彩的效果。

三、均衡的原则

这是在景观设计时植物布局所要遵循的原则。将体量、质地各异的植物种类按均衡的原则组景，景观就显得稳定、顺眼。如色彩浓重、体量庞大、数量繁多、质地粗厚、枝叶茂密的植物种类，给人以凝重的感觉；相反，色彩素淡、体量小巧、数量简少、质地细柔、枝叶疏朗的植物种类，则给人以轻盈的感觉；根据周围环境，在设计时有规则式均衡（对称式）和自然式均衡（不对称式）。规则式均衡常用于规则式建筑及庄严的陵园或雄伟的皇家园林中。如门前两旁设计对称的两株桂花；楼前设计等距离、左右对称的南洋杉、龙爪槐等；陵墓前、主路两侧设计对称的松或柏等。自然式均衡常用于花园、公园、植物园、风景区等较自然的环境中。一条蜿蜒曲折的园路两旁，路右若种植一棵高大的雪松，则邻近的左侧须植以数量较多，单株体量较小，成丛、成片的花灌木，以求均衡。

四、韵律和节奏的原则

植物景观有规律的变化，就会产生韵律感。杭州白堤上间棵桃树间棵柳就是一例。又如数十里长的分车带，取其2km为一段植物景观设计单位，在这2km中应用不同树形、色彩、图案、树阵等设计手法尽显其变化及多样，以后不断同样的重复，则会产生韵律感。

第三节 植物景观规划设计的文化性

文化性历来是设计的灵魂，植物景观规划设计也不例外。除了遵循科学性、艺术性、实用性以外，还要根据特定的文化内涵及环境来进行合理配置，使植物景观具有相应的文化氛围。

没有民族性就无从谈起世界性。我国古人在造园中对于植物的运用匠心独具，创造了具有鲜明民族特色和独特文化意趣的植物景观。我国古典园林中的植物景观受佛、道、儒的思想影响很深。禅宗主张"一切众生皆有佛性"，重视人的"悟性"。道家思想则强调自然和无为。儒家思想主张以仁为本，以乐为熏陶，"仁者乐山，智者乐水"，注重人格的锤炼和品性的培养。而园林植物景观的营造在此基础上提出了意境，即植物景观和欣赏者的思想感情融为一体，升华成情景交融的境界。通过植物景观的比德、比兴等手法，并"以诗情画意写入园林"，形成了园林植物景观中的意境、情境、画境，达到"虽由人作，宛自天开"的效果。

比德是儒家的自然审美观。它主张从伦理道德（善）的角度来体验自然美，在植物景观中欣赏和体会到人格美。在"以儒化民"的文化氛围中，人们总会寻找植物的某些内在特性，赋予文化的内涵，构成赏景、赏花与文化相关联的特有的传统审美方式。如以松柏的凌寒不凋比德于君子的坚强性格，"岁不寒，无以知松柏；事不难，无以知君子"；竹被喻为君子，虚心劲节，"未曾出土先有节，纵凌云处仍虚心"；同样被誉为"岁寒三友"之一的梅也是古来传诵的名花，陆游赞其"零落成泥碾作尘，只有香如故"；东晋陶渊明以爱菊著称，"怀此贞秀姿，卓为霜下杰"，比颂菊花高洁，卓尔不群；牡丹多被认为是"富贵花"，然而它不与百花众香争春斗妍，单选谷雨潮，百花盛开之后开放，"非君子而实亦君子者也，非隐逸而实亦隐逸者也"，象征中华民族虚怀若谷、谦虚礼让、宽厚容人的品格，更因不听武则天而贬洛阳的传说彰显了不畏强权的精神，清代学者刘灏在《广群芳谱》中赞美牡丹"不特芳姿艳质足压群葩，而劲骨刚心尤高出万卉"（图4-11）；再

图4-11　菏泽牡丹园（刘玉英摄）

如荷花之出淤泥而不染，蜡梅之标清，木犀之香胜，梨之韵，李之洁……凡此种种不胜枚举。

比兴是借花木形象含蓄地传达某种情趣、理趣，"比者，以彼物比此物也"，"兴者，先言他物以引起所咏之词也"。早在《诗经》中，人们在用比兴手法咏志、抒情时，就已引用了逾百种植物，这些植物渗透着人们的好恶和爱憎，成为某种精神寄托。如"维士与女，伊其相谑，赠之以芍药"，"参差荇菜，左右流之。窈窕淑女，寤寐求之"，都是借植物表达爱慕之情。《楚辞》中也有赞美柑橘的《橘颂》，"后皇嘉树，橘徕服兮。受命不迁，生南国兮"，以比拟人的坚贞和忠诚。我国传统的花文化还赋予众多植物象征意义，如紫薇象征高官，桂花意为折桂中状元，桑梓代表故乡，竹报平安，石榴有多子多福之意，紫荆象征兄弟和睦……这些花文化都在古典园林植物景观中得到了体现。

中国古典园林通常可分为皇家园林、私家园林、寺观园林三大类型，不同风格的园林植物景观各有特色。皇家园林代表着至高无上的皇权，故而植物景观也要处处彰显气势恢宏、庄重华贵的皇家气派，体现皇权文化。松柏常作为基调树种，象征其统治长存。

避暑山庄处处可见苍劲的古松，更有多处以松命名的景点，如可聆听阵阵松涛的万壑松风，代表松鹤延年的松鹤清樾，以及云帆松扉、松鹤斋等。另外，以玉兰、海棠、牡丹象征"玉堂富贵"，搜集天下各地的珍奇花木等，无一不显出皇家的华丽富贵。私家园林的面积相对皇家园林要小得多，往往充满诗情画意，体现仕文化或隐逸文化。在私家园林中常用梅、兰、竹、菊"四君子"，荷花的高洁，芭蕉的洒脱，兰花的幽芳等作为比德、比兴的意境。如留园"五峰仙馆"厅内楹联："读《书》取正，读《易》取变，读《骚》取幽，读《庄》取达，读《汉文》取坚，最有味卷中岁月；与菊同野，与梅同疏，与莲同洁，与兰同芳，与海棠同韵，定自称花里神仙"。表达了园主治学的品格和隐逸洁身自好的情操。拙政园的海棠春坞小庭院中，一丛翠竹，数块湖石，以沿阶草镶边，点题的海棠仲春开放，表现了"山坞春深日又迟"的意境。传说中凤凰"非梧桐不栖，非竹实不食"，因此古人多莳梧竹待凤凰之至，梧竹幽居便借用这一典故，一株梧桐和翠竹数竿的配置形式简洁却又富有文化意蕴。幽静神圣的寺观园林将宗教与游览融为一体。寺观园林中的植物有助于烘托宗教气氛，突出宗教文化。佛祖释迦牟尼降生于无忧树下，成佛于菩提树下，圆寂于娑罗树下，这三种植物常作为圣树在佛寺中种植。傣族佛教有"五树六花"之说，"五树"指的是菩提树、铁力木、贝叶棕、大青树、槟榔树，"六花"指莲花、黄缅桂（黄兰）、文殊兰、鸡蛋花、黄姜花和地涌金莲。而桃花代表女色，香椿、葱、蒜、韭菜、大葱代表荤是忌讳。另外供奉观音菩萨处必种紫竹和垂柳。而道教崇尚自然，故道观植物景观尽显自然。桃树则非种不可，因桃木剑是道家驱灾辟邪之仙木。

我国古典园林中的花文化大大丰富了园林文化的民族性。不管我国政治、经济、文化如何朝前变化，园林的范围如何扩展以及项目的比例如何增大，古典园林中这些植物景观的精华一直都是体现中华民族园林文化的精髓。改革开放以来国外的园林文化、设计理念大量进入国内，正当中西文化交融中。一些海归的年青园林设计师更应学习、尊重和继承这些精华，才不失为明智之举，反之则会被国内外的一些有识之士看轻。

在现代园林设计中，我们应在继承发扬古典园林精华的基础上，结合新时代对植物景观的需求，融入现代文化。从植物规划的层面上看，市树、市花的应用对于保持和塑造城市文脉和特色具有重要作用。如北京的市树槐树、侧柏都是长寿的乡土树种，在旧城区和历代园林中种植较多，广泛应用于现代园林绿地中有助于体现古都风貌，而市花月季和菊花都是传统名花，装点城市的同时也赋予了植物景观深刻的文化内涵。此外，其他乡土植物的应用不仅符合科学性，也是最能体现地域文化的，如棕榈类植物是南国风光的代表，"生而千年不死，死而千年不倒，倒而千年不朽"的胡杨则构成了西部荒漠地区一道独特的风景线。引种驯化外来植物也是园林绿化中必不可少的一项工作。新优植物的应用可以丰富城市面貌，为传统文化注入新鲜血液。曾是"十里洋场"的上海中西文化兼容并蓄，充满异国风情的法租界离不开法国梧桐的点缀，现代园林中新优植物的应用也总是走在我国的最前沿，为迎接2010年世博会而举办的花展便是一个良好的新优植物展示平台。古树名木是一个城市历史的见证，是活的文物，加强对古树名木的保护和管理对于保护城市的文脉尤为重要。如北京潭柘寺有两棵植于辽代的银杏，被乾隆皇帝分别封为帝王树和配王树，至今已有千年树龄，仍枝繁叶茂，成为著名的人文景观。

在进行具体的植物景观设计时，要根据园林绿地的文化环境来选择相应的植物材

图4-12　龙柏列植——黄花岗
（姚瑶摄）

图4-12

料和配植形式。如纪念性园林要突出庄严肃穆的气氛，多用常绿松柏植物对称列植，开花植物则多选代表纯洁、肃穆的白花、黄花。黄花岗七十二烈士陵园的墓道两旁列植龙柏，形成一条中轴线，使前来瞻仰的人肃然起敬（图4-12）。园内栽有各种黄花植物，如黄素馨、桂花、黄花夹竹桃等，四季黄花不断，象征烈士精神不朽。公园的儿童游乐区和幼儿园的种植设计要活泼有趣，多用鲜艳的彩叶植物如紫叶小檗、金叶女贞等修剪成绿篱或各种造型，以及叶形奇特的银杏、马褂木等，以满足儿童的好奇心。

现以珠海滨海情侣路的植物景观设计为例，来探讨如何在设计中体现运用我国的花文化。情侣由相知相恋到白头偕老，分为以下六个阶段来演绎：①帅哥靓女，可用木棉（英雄树）、大王椰子、国王椰子等树姿伟岸的树木代表帅哥，凤凰木、皇后葵、梧桐、碧桃、垂丝海棠等代表美女，表现情侣初识的场景；②含情脉脉，"花开不张口，含笑又低头。拟似玉人笑，深情暗自流"，含笑可代表初恋时的含情脉脉。同样，笑靥花、含羞草、深山含笑、乐昌含笑等也有此意；③热恋如火，花色火红艳丽的凤凰木、火焰木、石榴，暗示如胶似漆的糖胶树，代表爱情的玫瑰、醉香含笑等展现了热恋的阶段；④相思鸳鸯，鸳鸯茉莉、海南红豆树（红豆生南国，此物最相思）、鄂西红豆树、台湾相思等表达恋人分别时的相思之情；⑤喜结良缘，经历了相识、相恋和相思，到了喜结连理的日子，可用喜树、拱手花篮、结香、花烛、花环菊、爆仗竹、炮仗花、连理藤、并蒂莲等名称吉祥的植物展现喜庆的氛围；⑥百年好合，代表百年好合、合家欢乐的百合、合欢，早生贵子的桂花，多子多福的石榴、百子莲，有"助情花"之称的茉莉，代表吉祥如意的常春藤、夜香树、万年青、吉祥草、千日红、富贵草等，都可用在情侣路的最后一个阶段，预祝新人百年好合。文化的涵蕴、细腻的风格、循序渐进的景观使情侣路充满了温馨、浪漫的休闲情调。

第四节 植物景观规划设计的实用性

植物景观规划设计的实用性主要体现在植物景观的生态功能、保健功能、社会功能与经济功能等几方面，具体内容详见第五章植物景观的效益。

 思考题

1. 为何说民族性就是世界性？

2. 我国古典园林艺术有哪些精华需要继承？

3. 如何看待小比例和大比例项目中的植物景观规划设计？

第五章　植物景观的效益

植物景观的效益即指植物景观对于人类社会、生态环境等的价值,既有直接的、可以衡量的价值,也有间接的、无法度量的价值,主要表现在生态功能、保健功能、社会功能和经济功能四个方面。

第一节　植物景观的生态功能

植物在绿化中的生态功能主要体现在以下四个方面:

一、净化空气作用

绿色植物进行光合作用时,吸入二氧化碳,释放出氧气,而新鲜的氧气有利于人的健康。据统计,$1hm^2$ 阔叶林在生长季节每天能吸收 1t 二氧化碳,增加 700kg 的氧。不同植物固定二氧化碳的能力不同,阔叶大乔木 $0.9kg/10m^2$ 天,小乔木和针叶乔木 $0.63kg/10m^2 \cdot$ 天, 灌木 $0.24kg/10m^2 \cdot$ 天,多年生藤本 $0.10kg/10m^2 \cdot$ 天,草本及草地 $0.05kg/10m^2 \cdot$ 天。由以上数据可知,乔木固定二氧化碳的能力大约是灌木的 3.7 倍,是草花的 17.5 倍。植物不仅能调节小环境内氧气含量,有些植物还能吸收土壤、水、空气中的某些有害物质和有害气体,阻滞粉尘、烟尘,或通过叶片分泌出杀菌素,具有较强的净化空气的作用。如龙柏、罗汉松、樟树、女贞具有较强的抗二氧化硫能力,棕榈、大叶黄杨、紫薇、桂花具有抗氟化氢的能力。据数据显示,每公顷柳杉林每年可吸收 720kg 的二氧化硫。桦木、桉树、梧桐、冷杉、白蜡等都有很好的杀菌作用,$1hm^2$ 松柏林每天能分泌 20kg 杀菌素,能杀死空气中的白喉、肺结核、伤寒、痢疾等细菌。每公顷绿地每天平均滞留粉尘约 $1.6 \sim 2.2t$。因此,在园林中绿色植物可以维持空气中氧和二氧化碳的平衡,有效阻挡尘土和有害微生物的入侵,防止疾病的发生。

二、调温调湿作用

在炎热的夏季,林荫下与水泥地之间温差十分显著,这是因为植物茂密的枝叶能够直接遮挡部分阳光,并通过自身的蒸腾和光合作用消耗热能,起到了调节温度的作用。据测定,绿色植物在夏季能吸收 $60\% \sim 80\%$ 日光能,70% 辐射能;草坪表面温度比裸露地面温度低 $6 \sim 7℃$,有垂直绿化的墙面与没有绿化的墙面相比,其温度相差约 5℃,乔灌草群落结构的绿地降温效益是草坪的 2.6 倍;而在冬季,绿色树木可以阻挡寒风袭击和延缓散热,树林内的温度比树林外高 $2 \sim 3℃$。植物的光合作用和蒸腾作用,都会使植物蒸发或吸收水分,这就使植物在一定程度上具有调湿功能,在干燥季节里可以增加小环境的湿度,在潮湿的季节又可以降低空气中的水分含量。因此以植物来改善室外环境,尤其是在街道、广场等行人较多处是很有意义的。

图5-I

三、降声减噪作用

噪音作为一种污染，已备受人们关注。它不仅能使人心烦意乱，焦躁不安，影响正常的工作和休息，还会危及人们的健康，使人产生头昏、头疼、神经衰弱、消化不良、高血压等病症，甚至在一些极端的、高分贝噪音环境下会致人死亡。植物大多枝叶繁茂，对声波有散射、吸收的作用，例如，高6～7m的绿带平均能减低噪声10～13dB，对生活环境有一定的改善作用。

四、涵养水源及固沙作用

济南是有名的泉城，最负盛名的有趵突泉、珍珠泉、黑虎泉等。之所以形成众多的泉景，是因为地势南高北低，南山多为石灰岩，北面是花岗岩。南山的植被可以蓄积大量雨水、涵养水源，当地下水充裕时就会向地势较低的北面流去。碰到不透水的花岗岩，水只能冒出地面而形成众多的泉。如果南山的植被遭到破坏则雨水随着地表径流流失，

而渗不到地下，致使地下水缺乏，甚至枯竭，因而泉也变小，甚至消失。为了让泉城名副其实，首先要在南山造林，可以种植适宜石灰岩的侧柏、枣、荆条和榆科的植物。种植面积至少要超过30%～50%，则能涵养足够降水，充实地下水。这一事例充分证明了植物涵养水源的重要意义。陕西榆林的群众具有强烈的固沙意识，他们常用沙地柏来固定流沙，再进一步用其他的治沙植物如沙棘、沙枣、北沙柳、沙蒿、小叶杨、樟子松等来进行沙漠的绿化（图5-1）。

五、维持生物多样性功能

自然界具有丰富多样的生物。生物多样性至少包括了3个层次的含义，即生物遗传基因的多样性、生物物种的多样性和生态系统的多样性。在生态园林设计中作为一大要素的植物景观设计，丰富多样的生态环境就是为生物多样性而设计的。多层次的植物群落，提高了单位面积的绿量，也比零星分布的植物个体更具观赏价值。

图5-1　陕西榆林利用沙地柏固定流沙（苏雪痕摄）

从林冠线来看，高大的乔木层参差错落的树冠组成了优美的天际线，从林缘来看，乔木、灌木、草坪、花卉或地被植物高低错落，平稳过渡，自然衔接，形成了自然柔曲的林缘线。植物多样性是营造生物多样性的重要基础，只有通过用植物营建食物链，才能进一步建立生物链，从而逐步达到生物多样的生态系统。

第二节　植物景观的保健功能

绿色植物所构成的环境，关系到人体身心健康与生理健康。现代科学的发展，国内外的环境心理学和医学渗透到园林绿化景观、绿地中，创造人与自然和谐的人文生态美。日本提出森林环境是"保健之母"。选择具有防病、强身、延长生命之潜在价值、具有保健功能的植物集于一个空间，再现第二自然。利用花香治疗疾病古来有之，更成为现代医学的一种手段。"健康花园"，即是医生根据患者的病情，将患者送进特定的花园去闻花的香味，帮助患者恢复健康。"森林浴"，指人们在大自然环境里，会不知不觉地调整反应，使得在都市生活中患有文明病和忙人病的人恢复原先的步调。据德国专家研究报告：清新空气以及散发自树叶、树干含有挥发性物质的天然烟雾，对于支气管哮喘、肺部吸尘所引起的炎症、肺结核等的治疗效果优于使用化学合成的人工喷雾式药剂。古老的治疗方式——森林环境疗养法较为有效，可与现代医术并用不悖。花香鸟语等大自然的气息令人心旷神怡，对于镇静自律神经特具功效；也可以启迪智慧，诱发艺术灵感。森林植物散发的"芬多精"，可以杀死空气中的细菌。如在百日咳的病房地板散放冷杉枝叶，可将空气中的细菌量减至原有的10%。而矮紫杉、檀香、沉香等香气，可使人心平气和，情绪稳定。森林中山溪、瀑布、喷泉的四溅水花，植物光合作用所产生的新鲜氧气，以及太阳的紫外线等，均可产生无数负离子，又称"空气维他命"，附着于周围空气分子，对人体健康有益。可镇静自律神经，消除失眠、头痛、焦虑等，有益呼吸器官和肺功能，增进血液循环与心脏活力，减轻高血压及预防血管硬化，促进全身细胞新陈代谢、美颜及延年益寿等。

而国际流行的"园艺疗法"是指人们在从事园艺活动中，在绿色的环境中得到情绪的平复和精神安慰，在清新和浓郁的芳香中增添乐趣，从而达到治病、保健的目的。有着精神方面和身体方面的双重功效。精神方面可消除不安心理与急躁情绪，增加活力，培养忍耐力与注意力，增强责任感和自信心，还可以提高社交能力、增强公共道德观念；身体方面，可刺激感官，强化运动机能。

植物气味治疗疾病，已为许多国内外科学家证实。医学界已发现有150多种香气可用来防病治病。树木在生长季节所散发的气体，其中含有丰富的臭氧、大气维生素及生物能，人体吸收之后可增加机体的生物电，是一种具有生命力的物质。

第三节　植物景观的社会功能

一、美化功能

园林植物具有丰富的色彩，优美的形态，并且随着季节的变化，呈现出不同的色彩和形态，其动态的景观给人们的生存环境带来大自然的勃勃生机，使原本冷硬的建筑空间变得温馨自然。植物的美化功能主要表现在以下三个方面：

其一，个体美与群体美。园林树木种类繁多，每个树种都有自己独具的形态、色

彩、风韵、芳香等美的特色。这些特色又能随着季节及树龄的变化而有所丰富和发展。例如春季梢头嫩绿、花团锦簇；夏季绿叶成荫、浓影覆地；秋季嘉实累累、色香俱备；冬则白雪挂枝、银装素裹。植物一年之中四季各有不同的风姿与妙趣。以年龄而论，树木在不同的年龄时期均有不同的形貌，例如油松在幼龄时全株团簇似球，壮龄时亭亭如华盖，老年时则枝干盘虬而有飞舞之姿。将植物通过孤植、对植、列植、丛植、群植等不同设计手法组合在一起，则能体现植物的群体美。乔木层位于植物群落的最上层，起到骨架作用。灌木层对整个群落在景观上具有承上启下的作用，增加群落的层次感，并且色彩丰富、景色宜人。植物群落的地表用草坪、低矮的花灌木或地被植物覆盖，避免了黄土裸露，使地表绿荫覆地，鲜花盛开，观赏效果明显提高。不同的植物群落能够产生不同的景观效果：乔木、灌木、草本均衡搭配形成的群落层次分明，比例协调，错落有致；而以乔木和草本为主组成的植物群落中，灌木层植物较少或不明显，主要靠平整翠绿的草坪地被或鲜艳的草本花卉衬托乔木的群体美或个体美；以小乔木和灌木为主体的植物群落则主要展示灌木树种丰富的色彩和姿态，大乔木和草本植物用量较少，只起陪衬和点缀的作用。为增加观赏性，有时对灌木树种进行人工整形和修剪。

其二，衬托作用。庭院绿化植物所具备的自然美与建筑、小品、道路等所展现出的人工美形成强烈而又鲜明的对比，并且使得各自特点得到充分体现。园林中的建筑、雕像、溪瀑、山石等，均需有园林树木与之相互衬托，掩映以减少人工做作或枯寂气氛，增加景色的生趣。例如庄严宏伟、金瓦红墙的宫殿式建筑，配以苍松翠柏，则无论在色彩和形体上均可以起到"对比"、"烘托"的效果（图5-2）；又如在庭前朱栏之外、廊院之前对植玉兰，春来万蕊千花，红白相映，会形成令人神往的环境（图5-3）。

其三，组织空间作用，表现在庭园绿化起到作为分隔空间、沟通空间、填充空间等作用。如果运用绿化植物来组织空间，可以使相互有关联的空间之间达到似隔非隔、互相包容的效果。

二、文化功能

自古以来，人们就用植物来表达自己的某种情感，例如在庭园中植松，表现了主人的坚强不屈，不怕风雪之意；而在庭园中栽竹，表现了主人谦虚谨慎，高风亮节的性格；又如用梅表现不畏严寒，纯洁高尚；用兰表现居静幽香，超凡脱俗……

植物的这种源自中国传统文化的内涵仍旧反映在现代园林设计中。例如四季常青、抗性极强的松柏类，常用以代表坚贞不屈的革命精神；而富丽堂皇、花大色艳的牡丹，则被视为繁荣兴旺的象征，表现主人雍容华贵、富贵昌盛。在佛寺中，运用体现佛教文化的植物如菩提树（北方用椴树或暴马丁香替代）、娑罗树（北方用七叶树替代）、无忧树、吉祥草等，佛教用的

图5-2 颐和园佛香阁宫殿式建筑前植松柏（仇莉摄）
图5-3 颐和园乐寿堂后对植玉兰（仇莉摄）

第五章 植物景观的效益

其他树种还有罗汉松、南天竹、桂花、香樟、银杏、松、柏、楠木、青桐、茉莉花、栀子花、紫竹、朴树、枇杷、结香、瑞香等。缅寺中种植贝叶棕，因为古代经文常撰写在其叶片上。在其他国家植物也有着丰富的文化内涵，如在欧洲许多国家均以月桂代表光荣，油橄榄象征和平，鸢尾象征圣子、圣母、圣灵……

三、休闲游憩功能

随着社会的进步，生活节奏的加快，人们迫切需要在工作之余有一片温馨舒适的天地来放松自己的身心，缓解生活压力。园林植物景观可以帮助人们来实现这个愿望，通过营造生机盎然、鸟语花香的环境，令人们暂时放开紧张的工作和学习，享受植物景观带来的惬意，消除疲劳，振奋精神。同时，小庭园中绿化需要管理，还要一定量的轻微劳动。通过轻微劳动，老人们在精神上得到怡情养性。在现代社会人口老龄化的情况下，使老人们的生活更丰富。

第四节　植物景观的经济功能

园林绿化的经济效益是多方面的，从直接经济效益来讲诸如药用、菜用、果用、材用等，从绿化设计、施工到养护、管理这一系列过程中充分带动了相关产业的发展。从间接经济效益来讲，由于绿化改善了环境，人们生病少了，出勤多了，空调用的时间少了，节约了用电量，在自然的绿化环境中休闲，大大缓解了心理压力，提高免疫力和健康水平。再以房地产开发为例，通常情况下，绿地质量的优劣直接影响到周边房产的销售情况，因此，样板间的庭院式绿化，常可以作为一幢别墅、一栋住宅最好的卖点。其次，庭园绿化的生态效益也是一笔巨大的无形资产，据美国科研部门研究资料统计，绿化间接的社会经济价值是其直接经济价值的18～20倍。

一、城市绿地生态效益的复杂性

一直以来，人们对于城市中良好生态环境的需求的高涨，使得无论是城市的管理者还是普通居民以及专业的规划师和设计师都把城市绿地系统的生态作用放在了非常重要的地位来讨论，充分发挥绿地的生态效益也一直是城市的绿地管理者与建设者们工作的重要依据之一。为了充分了解城市以及城市周边绿地对于城市的总体生态效益，有关城市园林植物的生态功能或者是改善环境的功能以及防护功能的研究就有很多。从生态学角度来讲，这些研究大多是集中在个体水平的研究，群体（或者说群落）水平的研究就很少了。进一步地，从景观生态学的角度来研究城市绿地的整体功能的基本上没有，更多的是一些景观结构的分析。然而，目前的问题是，无论以上提到的研究有多么的深入和广泛，其结果总是与城市绿地的管理者、绿地系统的规划师以及绿地的使用者——城市居民们的实际需要距离很远。这主要是因为，生态效益的评价往往牵扯到生态和环境许多方面的因子，各因子量纲不同，造成其评价结果较难以一种单一的直观的数值方式表达。

二、城市绿地价值的复合性

城市绿地的价值到底是多少？这是一个长期以来人们在不断提问的问题，不同时期有不同的答案，一直到现在，答案也仍然不是让所有人满意。这主要是由于人们对于价值的理解不同，因而计算就会不同，更关键的一个原因是绿地所包含的价值是复合的而不是单纯的，也就是说，绿地不仅仅具有经济价值，还具有生态价值，此外还有社会价值等（Miller，1997）。所以评价城市树木的经济价值是很困难的事情。比如，树木的个体效益方面包括提高房地产的价值以及木材本身的价值，同时，对于环境的调节作用可以降低人们的空调使用费（Heisler，

1986）。社会价值和环境价值方面包括美化环境（Dwyer et al，1993）、减少社区的噪声和空气污染问题（Reethof et al，1978；Rowntree，1989）以及增加生物多样性。

城市绿地的生态功能多种多样，一般认为包括空气质量方面如吸收二氧化碳放出氧气、分泌杀菌素、吸收有毒气体、阻滞和吸附尘埃等；在温度、湿度方面可以有效缓解城市热岛效应、增加空气湿度等；水分方面有湿地的综合作用、减缓降雨过程对城市下水管道的压力等；此外如改善光照条件、减少噪声污染、防风固沙、涵养水源、保持水土等方面。如何将如此多的生态效益综合表达成人们习惯的方式是当前园林研究的重点内容之一。

三、城市绿地的间接价值高于直接价值

城市绿地在公共空间和城市树木本身具有广泛的效益，而且通常直接用多少钱的方式来评价这些效益有很大的难度（Jessie L. et al，2000）。从这个意义上说，要想精确地计算哪怕是一棵树的价值都是很困难的。

说到一棵树的价值，不能不提到人们会反复说起的一个例子，即印度加尔各答大学达斯教授对一株生长了 50 年的大树所产生的价值做的系统研究。他研究的结果表明，大树如以木材卖到市场，价值不过 50 ～ 125 美元，但它真正的价值（包括生态价值、社会价值等）至少是木材价值的 1500 倍。以累计计算，50 年中产生的氧气约值 31200 美元；吸收有毒气体，防止大气污染带来的价值约 62500 美元；增加土壤肥力而提高的价值约 31200 美元；涵养水源而带来的价值约为 37500 美元；为鸟类及其他动物提供繁衍场所的价值约 31250 美元；产生蛋白质的价值量约为 2500 美元；除去花、果实和木材的直接价值，总计创造价值约 196000 美元。

目前，普遍存在于公众宣传媒体中的价值估算方法是砍一棵树生态价值的损失是其木材价值的 9 倍。据报道，美国森林的间接效益价值为木材价值的 9 倍。1999 年北京市采用替代法对全市森林的生态价值进行核

算，森林生态价值为 2119.88 亿元人民币，是森林经济价值的 13.3 倍。国内也曾有人做过测算，森林的生态效益大体为直接经济效益的 8 ～ 10 倍。据四川省林业厅报道，森林生态价值是其木材价值的 31.3 倍。也有人算出森林间接经济价值是直接经济价值的 29.5 倍（成克武 等，2000）。吉林省环境保护研究所计算森林间接经济价值是直接经济价值的 12.2 倍（于连生，2004）。

目前一些相关的研究更多的是针对森林的研究，城市绿地的效益研究还比较少见。针对园林绿地而言，即使达斯的计算也没有将园林绿化中很重要的价值考虑进去，如绿地的社会效益，具体的就是城市绿地的美学效益。绿地美化环境的效益在很大程度上是间接效益，计算（或者估算）起来更是没有依据可循。在没有一个很好方法来估算城市绿地的美学效益的情况下，即便就目前的一些效益的计算结果也仍然让我们对绿地不可小视。

虽然树木改善环境的生态价值本来就被人们所认识，然而直到最近还是难以量化到树木的作用上来。目前对城市植被的生态效益研究尚处于起步阶段，国内对城市植被生态效益的评价工作起源于对园林绿化生态效益的研究。早期的相关工作是对绿地改善空气质量、释氧固碳、调节小气候等方面的研究。如陈健等对北京夏季绿地小气候效应的研究，以 1979 ～ 1981 年作为研究时段，根据 C.A.Federer 的城市气候三类法，在城区内确定 8 个观测区，从太阳辐射、温度、相对湿度等气候因素来研究夏季绿地小气候的效应；李嘉乐等对北京市绿地净化空气效应进行了研究，比较了污染源附近的绿地、居民区、工业区及空旷地二氧化硫浓度含量，进而测定污染源附近的成片树木对二氧化硫的净化能力，最后得出绿地内的二氧化硫浓度最低，成片树木对二氧化硫有滞留作用等结论。这些研究侧重于从某些环境因子入手，通过对绿地和其他土地利用类型的比较来证实植被对城市环境具有的改善作用，是研究植被生态效益的基础工作。陈自新、苏雪痕等对北京市生态效益的研究可以说是目前比较全面的基础工作。

20 世纪 90 年代后对绿地生态效益的评价开始注重定量化的研究。李晶等通过观测盛夏西安市不同植被景观区的温度、湿度日变化，研究植被对温度和湿度的调节作用，并计算出植被对温度调节作用的生态效益。李俊祥等对上海市外环线以内地区进行城市地表温度与绿地系统相关性的研究，以延安中路绿地为例进行分析，结果表明，绿地建成后，地表温度降低了 0.87～1.29℃，大大减缓周围地区的热岛效应。这一阶段的研究已不再限于对效益的考证，侧重了对经济效益的定量化研究，向定量化、应用性迈进了一步。

四、城市绿地效益的计算方法

绿地中树木木材的直接价值已经有现成的结果，这里主要介绍绿地的生态效益的计算，至于间接效益中的社会效益还需要人们继续努力寻找更合理的方法，这样绿地的综合价值才能全面体现。

生态效益评价方法主要有费用支出法、市场替代法、影子价格法、旅行费用法和模拟市场法等。此外，还有近年来发展起来的结合 3S 技术模型进行绿地生态效益计算的方法。

（一）费用支出法

费用支出法是从消费者的角度出发，以人们对某种生态效益的费用支出来表示其经济价值。例如，对于森林的景观游憩效益，可以用游憩者支出的货币费用总和（往返交通费用、餐饮费用、住宿费用、门票费、入场费、设施使用费、摄影费、购买纪念品和当地特产所支出的费用、购买或租用设备费、停车费、电话费等所支出的费用）作为绿地游憩的参考经济价值。

这种方法的优点是资料获取容易，便于统计和计算；不足之处在于费用支出法通常不计算消费者进行消费的机会成本，因而不能全面客观反映游客的实际支付意愿，使绿地的生态效益评价值偏小。

（二）替代市场法

所谓替代市场法，就是指当研究对象本身的价值因缺乏市场交易而无法用价格直接衡量时，可以用市场上同类替代物的价格作为参照来计量研究对象的价值。

市场替代法虽然简便易行，但它存在的不足之处也显而易见，由于等效物品不可能与研究对象的效用完全相等，因此等效物品未必等价。

替代市场技术又可分为两类：

效益评价法：首先根据绿地提供的效益计算出效益量，再根据效益的替代市场价格计算其经济价值。

损失评价法：损失评价法与效益评价法是一个问题的两个方面，是根据绿地遭受破坏损失后而造成的损失量表示森林可避免或减少的损失量，然后根据其替代市场价格来计算经济价值。例如，评价绿地保护土壤的经济价值时，用绿地受到破坏时土壤的侵蚀量来表示绿地保护土壤的效益价值。

（三）影子价格法

按《牛津经济学词典》的定义，影子价格是指在考虑外部经济性或外部不经济性影响的情况下，与商品、劳务或资源的机会成本相等的价格。因此可以利用机会成本来计量影子价格。机会成本是指当把稀缺的资源用于某一方案时所放弃的将资源用于其他方案中所能获得的最大经济效益。

同样，影子价格法也分为效益评价和损失评价两个方面。

（四）旅行费用法

旅行费用法（简称 TCM 法）是目前应用较为广泛的一种森林景观游憩价值评价方法。它以消费者剩余理论为基础。由于在效用价值论中商品的价值以其效用的大小来衡量，因此经济学家将消费者剩余加入所消费商品的市场价格中，以正确估算该商品的实际价值的大小。

TCM 法评价的森林景观游憩价值与区域社会经济条件密切相关。TCM 法计算出的消费者剩余是区域社会经济结构的一种反映，以此为基础得到的森林游憩价值会因经济发展状况的不同而不同（陈应发 等，1994）。

（五）模拟市场法

生态效益评价过程中，有时是找不到市场和替代市场的，因此只能人为创造假想的市场来衡量生态效益的经济价值，从而形成了模拟市场法。

按西方经济学中效用价值论的观点，支付意愿是人们一切行为价值表达的自动指示器，被认为是一切商品价值唯一合理的表达方法，因此支付意愿（WTP）与商品价值之间存在如下关系：

商品的价值＝人们的支付意愿

模拟市场法就是通过直接访问或发放调查问卷的方式，直接获得人们对环境商品的最大支付意愿，进而推出环境商品的经济价值。

从理论上讲，模拟市场法的评估结果应是最接近森林生态效益价值的。但由于这种方法评估的是调查对象本人所宣称的意愿，而不是他们的市场行为，所以往往存在失真的问题，导致大量偏差的出现。从而使评估结果存在偏差。此外，模拟市场法的评估结果还会受到调查对象的环境意识、收入水平、受教育程度等因素的影响，故采用这种方法时，为了尽可能减少偏差，必须做精心的设计和细致的准备。

（六）"3S"技术在绿地效益计算中的应用

近年来，作为信息化和数字化的重要手段，遥感和 GIS 技术发展迅速，成为目前应用最为广泛的技术之一。遥感是一种以物理手段、数学方法和地学分析为基础的综合性应用技术，其最大优势在于强大的数据获取能力，主要应用于各种自然资源的调查（土地资源调查、植被资源调查等）、环境监测和规划管理等。地理信息系统（GIS）是由计算机系统、地理数据和用户组成，通过对地理数据的集成、存储、检索、操作和分析，生成并输出各种地理信息，从而为土地利用、资源管理、环境监测、交通运输、城市规划以及政府各部门行政管理提供决策服务的应用性技术。遥感和 GIS 技术的应用也为城市植被生态效益的评价提供强大的技术支持，

能有效地提取和处理植被覆盖信息，并能及时、动态地更新研究成果。

美国的 AMERICAN FOREST 研制的 CITYgreen v5.2 软件是用来计算城市环境树木价值的基于 ARCview 地理信息系统的程序，能对城市生态系统进行系统的分析，即计算出城市森林改善空气质量、碳储存和吸收、能量利用、降雨缓排功能评价等生态效益，还能将其转为经济价值。并通过建立模型，模拟树的生长，对其生态效益作出动态预测。

CITY green V5.2 的软件能利用多光谱、高分辨率影像通过数字化过程建立"绿色数据层"准确勾画出整个研究区域的绿化格局，进而对小区域（如一个公园、一个社区范围）乃至大区域（如整个县、市区）的城市绿化进行结构分析与生态效益评价，模拟树在未来和不同的生长环境下的生长情况，同时将结果以报告形式输出。

美国城市林业协会采用这套软件正在对美国城市森林效益进行分析评价，目前已完成了包括亚特兰大、新奥尔良、休斯顿、华盛顿特区和圣安东尼奥州 20 多个城市的生态分析。这些分析将城市森林改善空气质量、碳储存和吸收、能量利用、防洪控制等生态效益转化为经济价值。这些分析结果对于提高公众对城市树木和森林效益的认识起到了十分重要的作用。最近美国政府也将城市林业资金从 1990 年的 270 万美元提高到 3500 万美元。

CITYgreen 分析结果帮助各层次的决策者认识到城市绿色基础设施的价值，并可为制订科学的城市绿色基础设施管理决策提供依据。美国城市森林效益一般都可以定量计算，并以价值的形式给出。例如，在亚特兰大市区覆盖率为 29%，城市森林生态经济效益包括：每年防洪效益价值为 8590 万美元；每年减轻大气污染物价值为 4700 万美元；每年节约能量价值为 282 万美元；碳储存量达到 800 万 t，每年碳的吸收为 58000t。最近对路易斯安那州新奥尔良市城市生态系统的分析表明，目前该市林木覆盖率为 24.5%，其效率包括：每年减少 1294t 大气污染物，净价值为 7103 美元；每年防

洪效益价值为741万美元；碳储存为130万t和每年碳固定为10000t。Jan Faris用CITYgreen测定印第安纳波利斯的树提供了价值超过1100万美元的储蓄能源。

尽管使用CITYgreen看起来比较便捷，事实上它的研发是基于大量的基础研究之上的。对于碳的固定与氧气的释放、污染物的吸收、冠层对雨水的截留等一系列的基础数据都是需要详细的科学研究才可以获得，尤其是植物的基本生态功能的信息更是这样。

五、城市绿地价值评价展望

利用3S技术构建绿地效益评价模型来进行绿地效益的计算必然是未来发展的一个趋势。目前，不仅美国有这样的软件，欧洲也在开展这方面的研究并取得了初步成果（第三届亚欧城市林业研讨会，2008年）。最近，美国又推出了一款I-Tree Eco的软件，功能更是多样。而要实现这一目标，最重要的还是要进行大量的基础研究。实际上，具体的某块绿地效益的计算结果当然很重要，但更重要的是使人们认识到城市绿地的重要性。

随着全球气候变化的形势越来越剧烈，环境问题进一步的突出，国际上开始推出新的重视森林，重视城市绿地的措施，那就是"碳汇"（Carbon equestration）概念的引入。通俗地说，碳汇主要是指森林吸收并储存二氧化碳的多少，或者说是森林吸收并储存二氧化碳的能力。

所谓碳汇机制的引入就是指通过植树造林、森林管理、植被恢复等措施，利用植物的光合作用吸收大气中的二氧化碳，并将其固定在植被或土壤中，从而减少温室气体在大气中浓度的过程、活动或机制。树木通过光合作用吸收了大气中大量的二氧化碳，减缓了温室效应。这就是通常所说的森林的碳汇作用。

各种树木的碳汇能力又不尽相同。不同的树木对二氧化碳的吸收能力相差很大。如毛竹、杉木、热带雨林、元宝枫、黄栌、栎树等的碳汇能力依次下降。碳汇能力以吸收二氧化碳的多少和固碳的能力大小来衡量。

城市绿地在碳汇概念的引入下又有了新的价值和作用，人们将要为各自的二氧化碳的消耗而更加珍惜城市中的绿地。

 思考题

1. 如何看待植物景观的直接经济效益和间接经济效益？
2. 你认为生态、美观、社会、经济等功能孰重孰轻？

第六章　环境与植物景观的生态关系及景观效果

第一节　生态因子与植物的生态习性

植物生长环境中的温度、水分、光照、土壤、空气等因子都对植物的生长发育产生重要的生态作用，因此，研究环境中各因子与植物的关系是植物景观规划设计的理论基础。某种植物长期生长在某种环境里，受到该环境条件的特定影响，通过新陈代谢，于是在植物的生活过程中就形成了对某些生态因子的特定需要，这就是其生态习性。有相似生态习性和生态适应性的植物则属于同一个植物生态类型。如水中生长的植物叫水生植物、耐干旱的叫旱生植物、需在强阳光下生长的叫阳性植物、在盐碱土上生长的叫盐生植物，等等。

环境中各生态因子对植物的影响是综合的，也就是说植物是生活在综合的环境中。缺乏某一因子，或光、或水、或温度、或土壤，植物均不可能正常生长。环境中各生态因子又是相互联系及制约的，并非孤立的。如温度的高低和地面相对湿度的高低受光照强度的影响，而光照强度又受大气湿度、云雾所左右。

尽管组成环境的所有生态因子都是植物生长发育所必需的，缺一不可的，但对某一种植物，甚至植物的某一生长发育阶段的影响，常常有 1～2 个因子起决定性作用，这种起决定性作用的因子就叫"主导因子"。而其他因子则是从属于主导因子起综合作用的。如橡胶是热带雨林的植物，其主导因子是高温高湿；仙人掌是热带稀树草原植物，其主导因子是高温干燥。这两种植物离开了高温都要死亡。又如高山植物长年生活在云雾缭绕的环境中，在引种到低海拔平地时，空气湿度是存活的主导因子，将其种在树荫下，一般较易成活。

因此，植物景观规划设计中要考虑两个方面：适地适树，适树适地。首先要充分了解立地条件下生态环境的特点，如各个生态因子的状况及其变化规律，包括环境的温度、光照、水分、土壤、大气等，掌握环境各因子对花木生长发育不同阶段的影响；在此基础上，根据具体的生态环境选择适合的花木种类。下面简述环境各因子对植物的生态作用及其与景观效果的关系。

第二节　温度对植物的生态作用及景观效果

温度是植物极重要的生活因子之一。地球表面温度变化很大。空间上，温度随海拔升高、纬度（北半球）的北移而降低；随海拔降低、纬度的南移而升高。时间上，一年有四季的变化，一天有昼夜的变化。温度的这种变化对植物的生长发育、分布乃至景观都具有重要作用。

一、温度与植物的分布

地球上温度的规律性和周期性的变化首先影响植物在地球上的分布，使得不同地理区域分布不同的种类从而形成特定的植物生态景观，如热带的雨林、季雨林景观，亚热带的常绿阔叶林、常绿硬叶林景观，温带的夏绿阔叶林、针叶林景观，寒带的苔原等。在四季分明的地区，自然界温度的周期性变化还造成植物景观的季相变化。

二、温度与植物的生长发育

温度的变化直接影响着植物的光合作用、呼吸作用、蒸腾作用等生理活动。每种植物的生长都有最低、最适、最高温度，热带植物如椰子、橡胶、槟榔等要求日平均温度在18℃以上才能开始生长；亚热带植物如柑橘、香樟、油桐、竹等在15℃左右开始生长；暖温带植物如桃、紫叶李、槐等在10℃，甚至不到10℃就开始生长；温带树种紫杉、白桦、云杉在5℃时就开始生长。一般植物在0～35℃的温度范围内，随温度上升生长加速，随温度降低生长减缓。一般地说，热带干旱地区植物能忍受的最高极限温度为50～60℃左右；原产北方高山的某些杜鹃花科小灌木，如长白山自然保护区白头山顶的牛皮杜鹃、苞叶杜鹃、毛毡杜鹃都能在雪地里开花（图6-1）。

除了植物种类不同对温度要求不同外，同一种类在生长发育的不同阶段对温度要求亦有差异。许多植物在生长发育周期中要求变温，如多数分布于温带地区的植物在生长发育过程中要求有一段时间的低温休眠，有的在从营养生长向生殖生长转化过程中要求低温春化作用。如为了打破休眠期，桃需400小时以上低于7℃的温度，越橘要800小时，苹果则更长。

三、逆境温度对植物的伤害

不利于植物生长发育的温度称为逆境温度，主要是低温和高温。低温会使植物遭受寒害和冻害。在低纬度地方，某些植物即使在温度不低于0℃，也能受害，称之寒害。高纬度地区的冬季或早春，当气温降到0℃以下，导致一些植物受害，叫冻害。冻害的严重程度视极端低温的度数、低温持续的天数、降温及升温的速度而异，也因植物抗性大小而异。如1975～1976年冬春，全国各地很多植物普遍受到冻害，而昆明更为突出，主要是那次寒潮的特点是冬寒早而突然，4天内共降温22.6℃，使植物没有准备。春寒晚而多起伏，寒潮期间低温期长，昼夜温差大而绝对最低温度在零下的日数多。受害最严重的是从澳大利亚引入作为行道树种的银桦和蓝桉。而原产当地的乡土树种却安然无恙。因此，在进行植物景观规划设计时，应尽量提倡应用乡土树种，控制南树北移，北树南移，最好经栽培试验后再应用，较为保险。如椰子在海南岛南部生长旺盛，结果累累，到了北部则果实变小，产量显著降低，在广州不仅不易结实，甚至还会遭受寒害。凤凰木原产热带非洲，在当地生长十分旺盛，花期长而先于叶放。引至海南岛南部，花期明显缩短，有花叶同放现象。引至广州，大多变成先叶后花，花的数量明显减少，大大影响了景观效果。

高温逆境同样对植物的生长发育产生不利的影响，从而给植物造成伤害。园林实践中，常常发生高海拔地区的优良植物栽植到低海拔后生长不良，甚至死亡，大多数情况是由于忍受不了低海拔地区炎热的夏季所致。高温同样会影响一些植物果实的质量，如使得果实的果形变小，成熟不一，着色不艳等。

2006年北京海淀组培室结合"绿色奥运"进行了耐热性研究，对植物进行了可溶性蛋白含量、脯氨酸含量、MDA含量、SOD酶活性和CAT酶活性等理化指标的测定分析和指标评价研究。最终优选出耐夏季炎热高温高湿、植株形态各异、色彩丰富、观赏性好的23种花卉，包括大花金鸡菊、花叶蒲苇、紫花地丁、半枝莲、欧亚旋覆花、金叶紫露草、华北香薷、金叶景天、金叶佛甲草、千屈菜、夏菊'夏-03'、藤本月季'月-08'、甘野菊、蛇莓、连钱草、重瓣萱草、白花酢浆草、重瓣黑心菊、圆叶牵牛、白蓼、

地涌金莲、玉簪、荚果蕨。

四、温度与植物景观

（一）温度与植被类型

由于温度影响植物的分布而形成不同的植被类型，也因此形成自然界不同的植物景观。在园林绿化中，各地由于温度不同，只能选取适宜于当地自然气候的植物材料营造人工植物景观，从而形成人工植物的地域性特色。

1. 寒温带针叶林景观

黑龙江、内蒙古北部属寒温带。海拔300～1000m。年均温 -2.2～-5.5℃，最冷月均温 -28～-38℃，极端低温 -53℃，最热月均温 16～20℃，活动积温 1100～1700℃。年降雨量 300～500mm。植物 800余种，主要乔木有兴安落叶松、西伯利亚冷杉、云杉、樟子松、偃松、白桦、山杨、蒙古栎。林内结构简单，多为乔木和草本，中间灌木层少。

2. 温带针阔叶混交林景观

黑龙江大部、吉林东部、辽宁北部、哈尔滨、牡丹江、佳木斯、长春、抚顺等地属于此。长白山、小兴安岭海拔 500～1500m，年均温 2.0～8.0℃，最冷月均温 -10～-25℃，极端低温 -35℃，最热月均温 21～24℃，活动积温 1600～3200℃。生长期 120～150 天。年降雨量 600～800mm。植物 1900 余种，长白山自然保护区主要植物有落叶松、红松、美人松、臭冷杉、紫杉、白桦、岳桦、蒙古栎、山杨、黄檗、槭树属、榛子、忍冬、牛皮杜鹃（图6-2）、苞叶杜鹃、毛毡杜鹃、越橘等木本植物；有长白罂粟、长白米努草、长白楼斗菜、高山乌头、假雪委陵菜、大白花地榆、长白虎耳草、长白山龙胆、珠芽蓼、松毛翠、高山紫菀等高山野生花卉。少许藤本植物出现在林内，

图6-1　长白山自然保护区白头山顶的苞叶杜鹃（苏雪痕摄）

图6-2　长白山山顶岳桦林下牛皮杜鹃（苏雪痕摄）

如北五味子、深山木天蓼、半钟铁线莲等。群落结构简单，层次少（图6-3）。

3. 暖温带落叶阔叶林景观

辽宁大部、河北、山西大部、河南北部、陕西中部、甘肃南部、山东、江苏北部、安徽北部。北起渤海湾，西至内蒙古高原，南临秦岭，包括黄土高原、辽东半岛、山东半岛，有著名的华山、泰山、嵩山、太白山、崂山等，地形起伏，海拔高低不均。秦岭海拔3000m以上，而华北平原仅50m。年均温9.0～14.0℃，最冷月均温 -2～-13.8℃。极端最低温：沈阳 -30.5℃，北京 -27.4℃，青岛 -16.4℃。最热月均温24～28℃，活动积温3200～4500℃，年降雨量一般为500mm。植物3500余种。

这一区域自然植被破坏严重，原始林和次生林主要是松栎混交林，其他如椴、椴、白蜡、杨、柳、榆、槐、椿、栾等树种。人工的经济林中以果树较多，有杏、桃、枣、苹果、梨、山里红、柿、葡萄、核桃、板栗、海棠果等（图6-4）。

青岛崂山南部，背山面海，小气候条件极佳。有很多别处不宜生长的亚热带植物，如红楠、香叶树、山茶、络石、野茉莉、白辛、竹叶椒、金钱松等树种。

4. 亚热带常绿阔叶林景观

江苏、安徽大部、河南南部、陕西南部、四川、天目山、梵净山、武夷山、衡山、苍山等。地形复杂，植物种类极为丰富，尤其华西山区是很多有名观赏植物的世界分布中心。年均温14～22℃，最冷月均温2.2～13℃，最热月均温28～29℃，活动积温4500～8000℃。自然植物景观中常绿阔叶林占绝对优势，其中山毛榉科、山茶科、木兰科、金缕梅科、樟科、竹类资源丰富。孑遗植物有银杏、水杉、银杉、金钱松等。平原地区自然的原始植被遭到破坏，有很多次生的马尾松、枫香及杉木林。经济树种有油桐、茶、油茶、漆、山核桃、香樟、棕榈、乌桕、桑等。果树有柑橘、枇杷、桃、李、花红、石榴、杨梅、银杏、柿、梅等。药材有杜仲、厚朴、木通、五味子等。由于东、西部雨量不一，西部10月至翌年5月为干季，干旱期较长，故植物景观中有较多的落叶树种（图6-5）。

5. 热带季雨林、雨林景观

云南、广西、广东、湖南、台湾等地南部地区属于此带。如景洪、南宁、北海、湛江、海口、高雄等地。年均温22～26.5℃，最冷月均温16～21℃，极端低温大于5℃，最热月均温26～29℃，活动积温8000～10000℃，这里没有真正的冬天，全年基本无霜，降雨丰沛，约1200～2200mm。植物种类极为丰富：棕榈科、山榄科、紫葳科、茜草科、木棉科、楝科、无患子科、梧桐科、桑科、龙脑香科、橄榄科、四数木科、大戟科、番荔枝科、肉豆蔻科、藤黄科、山龙眼科等树种较多。雨林内植物种类繁多，层次结构复杂，少则4～5层，多则7～8层，藤本植物种类增加，尤其多木质大藤本。出现层间层、绞杀现象、板根现象、附生景观，林下有极耐阴的灌木、大叶草本植物和大型蕨类植物（图6-6、图6-7）。

（二）物候与植物景观

自古诗人留下不少诗句反映物候、温度变化与植物景观的关系。南宋诗人陆游作《初冬》诗："平生诗句领流光，绝爱初冬万瓦霜，枫叶欲残看愈好，梅花未动意先香……"。由于我国地大物博，各地温度和物候差异很大，所以植物景观变化很大。唐朝宋之问写的《寒食还陆浑别业》诗中："洛阳城里花如雪，陆浑山中今始发"。白居易游庐山大林寺诗："人间四月芳菲尽，山寺桃花始盛开"。庐山植物园海拔在1100～1200m，估计平均温度要比山下低5℃，春季的物候可能就要相差20天之多。白居易还在《溢浦竹》的诗中写到："浔阳十月天，天气仍湿燠，有霜不杀草，有风不落木……吾闻晋汾间，竹少重如玉"。白居易是北方人，看到南方竹林如此普遍，感到惊异。

植物景观依季节不同而异，季节以温度作为划分标准。如以每候平均温度10～22℃为春、秋季，22℃以上为夏季，10℃以下为冬季的话，我国主要城市四季长短之不同可见表6-1。

由上表可知，广州夏季长达6个半月，春、秋连续不分，长达5个半月，没有冬季；昆明因海拔高达1890m以上，夏日恰逢雨季，实际上没有夏季，春秋季长达 10 个半月，冬季只有 1 个半月；东北夏季只 2 个多月，冬季 6 个半月，春秋 3 个多月，由于同一时期南北地区温度不同，因此植物景观差异很大。

春季：南北温差大，当北方气温还较低

图6-3 长白山自然保护区植物群落结构(苏雪痕摄)
图6-4 北京百花山白桦群落（苏雪痕摄)
图6-5 天目山植物群落中的金钱松(苏雪痕摄)
图6-6 海南鹦哥岭的热带雨林（苏雪痕摄)
图6-7 云南猛醒河的季雨林（苏雪痕摄)

第六章 环境与植物景观的生态关系及景观效果

表 6-1　我国主要城市四季长短及其始期

城市名	春始	日数	夏始	日数	秋始	日数	冬始	日数
广州	11 月 1 日	170	4 月 20 日	195			12 月 12 日	50
昆明	1 月 13 日	315						
福州	10 月 18 日	205	5 月 11 日	160			12 月 17 日	60
重庆	2 月 15 日	80	5 月 6 日	145	9 月 28 日	80	12 月 17 日	60
汉口	3 月 17 日	60	5 月 16 日	135	9 月 28 日	60	11 月 27 日	110
上海	3 月 27 日	75	6 月 10 日	105	9 月 23 日	60	11 月 22 日	125
北京	4 月 1 日	55	5 月 26 日	105	9 月 8 日	45	10 月 23 日	165
沈阳	4 月 21 日	55	6 月 15 日	75	8 月 29 日	50	10 月 18 日	185
乌鲁木齐	4 月 26 日	50	6 月 15 日	65	8 月 19 日	55	10 月 13 日	195

时，南方已春暖花开。如杏树分布很广，南起贵阳，北至东北的公主岭。从 1963 年记载的花期发现，除四川盆地较早外，贵阳开花最早，为 3 月 3 日，公主岭最迟，为 4 月 20 日，南北相差 48 天。从南京到泰安的杏树花期中发现，每差 1° 纬度，花期平均延迟约 4.8 天。又据 1979 年初春记载，西府海棠在杭州于 3 月 20 日开花，北京则于 4 月 21 日开花，两地相差 32 天。

夏季：南北温差小，如槐树在杭州于 7 月 20 日始花，北京则于 8 月 3 日开花，两地相差 13 天。

秋季：北方天气先凉。当南方还烈日炎炎，而北方却已秋高气爽了，那些需要冷凉气温才能于秋季开花的树木及花卉，则比南方要开得早。如菊花虽为短日照植物，但 14 ～ 17℃ 才是始花的适宜温度。据 1963 年的物候记载，菊花在北京于 9 月 28 日开花，贵阳则于 10 月底始花，南北相差 1 个月。此外，秋叶变色也是由北向南延迟。如桑叶在呼和浩特于 9 月 25 日变黄，北京则于 10 月 15 日变黄，两地相差 20 天。

第三节　光照对植物的生态作用及景观效果

光是植物生长发育的必需条件。植物是依靠叶绿素吸收太阳光能，利用光能进行物质生产，把二氧化碳和水加工成糖和淀粉，放出氧气供植物生长发育，这就是光合作用，亦是植物与光最本质的联系。光照状况也具有规律性和节律性的变化，如光照强度随纬度增加而减弱，随海拔升高而增强，在特定区域还受到坡向、朝向等影响。光质即光谱的组成，也随着海拔的升高或群落中位置的不同而发生变化，如不同的群落中，由于群落的结构和层次不同，以及上层植物因叶的厚薄、构造、颜色的深浅以及叶表面性质的不同而导致对光的吸收、反射和透射的差异。日照长度还随四季而发生周期性变化。光因子在光强、光质及日照时间长短方面的这些变化，极大地影响着植物的分布和个体的生长发育。

一、光照强度与植物的分布、生长发育及植物的耐阴性

（一）光照强度与植物的生长发育

由于不同的地域、海拔、坡向、群落位置等光照状况不同，也因此分布着不同的植物。如在自然界的植物群落组成中，可以看到乔木层、灌木层、地被层。各层植物所处的光照条件都不相同，这是长期适应的结果，从而形成了植物对光的不同生态习性。

植物对光强的要求，通常通过光补偿点和光饱和点来表示。光补偿点又叫收支平衡点，就是光合作用所产生的碳水化合物达到动态平衡时的光照强度。在这种情况下，植物不会积累干物质，即光强降到一定限度

时，植物的净光合作用等于零。能测出每种植物的光补偿点，就可以了解其生长发育的需光度，从而预测植物的生长发育状况及观赏效果。在补偿点以上，随着光照的增强，光合强度逐渐提高，这时光合强度就超过呼吸强度，开始在植物体内积累干物质，但是到一定值后，再增加光照强度，则光合强度却不再增加，这种现象叫光饱和现象，这时的光照强度就叫光饱和点。对于特定植物而言，光照强度过弱或过强（如低于植物光合作用的光补偿点和超过光饱和点）都会导致光合作用不能正常进行而影响植物正常生长发育。根据植物对光照强度的要求，传统上将植物分成阳性植物、阴性植物和居于这二者之间的耐阴植物。

阳性植物：要求较强的光照，不耐蔽荫。一般需光度为全日照的70%以上的光照，在自然植物群落中，常为上层乔木。如木棉、桉树、木麻黄、椰子、杧果、杨、柳、桦、槐、油松及许多一、二年生植物。

阴性植物：在较弱的光照条件下，比在强光下生长良好。一般需光度为全日照的5%～20%，不能忍受过强的光照，尤其是一些树种的幼苗，需在一定的蔽荫条件下才能生长良好。在自然植物群落中常处于中、下层，或生长在潮湿背阴处，是群落结构中相对稳定的主体。如红豆杉、三尖杉、粗榧、香榧、铁杉、可可、小果咖啡、中果咖啡、大果咖啡、肉桂、萝芙木、珠兰、茶、柃木、紫金牛、中华常春藤、地锦、三七、草果、人参、黄连、细辛、宽叶麦冬及吉祥草。

耐阴植物：一般需光度在阳性和阴性植物之间，对光的适应幅度较大。在全日照下生长良好，也能忍受适当的蔽荫。大多数植物属于此类。如罗汉松、竹柏、山楂、椴、栾、君迁子、桔梗、白及、棣棠、珍珠梅、虎刺及蝴蝶花等。

（二）植物的耐阴性及其研究

耐阴性是指植物在弱光照条件下的生活能力。这种能力是一种复合性状。植物为适应变化了的光照条件而产生一系列的变化，从而保持自身系统的平衡状态，并能进行正常的生命活动。在荫蔽的条件下，植物一方面通过充分吸收低光量子密度下的能量，提高光能利用效率，使之高效率地转化成化学能；另一方面降低用于吸收及维持其生长的能量消耗，使光合作用所获得的能量以最大比例贮存在光合作用组织中等途径来适应低光照环境，维持其正常生存生长。

植物景观规划设计时，对温度、水分、土壤因子都可通过适地适树以及加强管理、换土等措施来满足与控制，可是对在露地生长的植物人们没法控制自然界阳光的变化。只有通过对各种树种及草本植物耐阴幅度的了解，才能在顺应自然的基础上，科学地配植，组成既美观又稳定的人工群落。必须指出，植物的耐阴性是相对的，其喜光程度与纬度、气候、年龄、土壤等条件有密切关系。在低纬度的湿润、温热气候条件下，同一种植物要比在高纬度较冷凉气候条件下耐阴。如红椆在桂北（北纬25°）为阴性树种，到了闽北（北纬27°）成为较喜光树种。在山区，随着海拔高度的增加，植物喜光程度也相应增加。

根据经验来判断植物的耐阴性是目前在植物景观规划设计中的依据，但是极不精确。如昆明常用树种按对光强要求由强到弱的排列次序如下：

针叶树：云南松→侧柏→桧柏→油杉→华山松→肖楠→冷杉。

阔叶树：蓝桉→滇杨→黄连木→麻栎→旱冬瓜→合欢→无患子→红果树→青冈→香樟。

作者于1978年春4～7月分别在杭州、上海、黄山与学生一起对比了解了自然群落与栽培群落，并对毛白杜鹃、山茶、含笑、碧桃、垂丝海棠等分别选点，作了照度、生长发育的记载和光合强度、光补偿点的测定，以及叶肉组织徒手切片观察，作出了合理的分析。

通常都认为杜鹃是很耐阴的。杭州西湖山区野生映山红在光强为全日照20%的赤松林下生长发育良好，开花中等，叶片健壮，无灼伤现象。在全日照的山坡上，开花繁茂，叶片受灼伤。这说明其对光的适应幅度很大。

在杭州植物园的槭树杜鹃园中，选择了一组栲树—鸡爪槭—毛白杜鹃的人工群落作

表 6-2　毛白杜鹃一二年生枝的生长量、开花数测定　1978 年 4 月 7 日

部位	照度 (lx)	相对照度	一年生枝		二年生枝		开花数
			长度 (cm)	直径 (cm)	长度 (cm)	直径 (cm)	
A1	1000	3.6	2.2	0.10	1.77	0.10	无
A2	1400	5	5.6	0.15	5.90	0.35	无
A3	4800	17	8.8	0.17	11.3	0.36	2 朵
A4	18000	64	12.6	0.25	22.70	0.38	5 朵
全日照	28000	100					

表 6-3　毛白杜鹃光合强度及光补偿点

光照强度 (lx)	光合强度 mgCO$_2$/dm^2·h
750	-2.26
1000	-0.71
1400	±0
1500	+0.35
3100	+0.54
4800	+0.81
18000	+1.57

测定对象。由于鸡爪槭枝下高很低，大枝平展，小枝细密，叶片多，故树冠下漫射光不易射入。冠下的毛白杜鹃靠近主干的枝条已枯死，稍离开的枝条则生长很弱，靠近树冠边缘的枝条生长强壮，花朵茂密。针对这 4 种情况，分别选择典型的枝条，用 2F-2 型照度计测定了各枝条部位的照度，同时以空旷地全日照的照度作对比；记载了生长量、开花数；对各枝条的叶片作了不离体的光合强度测定（采用比色法的定量分析）和不离体的密闭反应试验。最后用盆栽的毛白杜鹃，分别移至各不同照度处测其补偿点。试验结果见表 6-2、表 6-3。

从上述两项记载和测定数字中显示出照度强弱与生长量、开花数的关系，光合强度大，有利于有机物质积累，故生长量大，开花数多；反之，光合强度小，甚至只有呼吸作用消耗体内有机物质，处于饥饿状态，则开不了花，生长极端衰弱，处于死亡状态。测出毛白杜鹃光补偿点为 1400lx，因此说明其具有一定的耐阴性，但并不似经验中认为的非常耐阴。

在测定、记载的基础上，再对杭州植物园人工配植的杜鹃群落进行分析。发现配植在紫楠林下，光照强度仅为全日照的 3% 左右，杜鹃全部阴死。配植在悬铃木大树树冠下的毛白杜鹃，靠近树干处不开花，因该处光照强度仅为全日照的 8%（即 2000 lx/25000 lx）；稍离树干远处，光强增至全日照的 20%～30% 处（即 5000～8000 lx/25000 lx），开花显著增多；接近悬铃木树冠正投影的边缘处，光强强度远远超过 8000 lx，则开花繁茂，配植在金钱松林下的锦绣杜鹃在林的中央，光照强度仅为全日照的 6.6%（即 2000 lx/30000 lx），开花不良，在林缘光照强度超过 21%，开花良好（图 6-8）。配植在三角枫下的毛白杜鹃，在林中光照强度为全日照的 7.4%～9%（即 2600～3200 lx/35000 lx），不开花；林缘为 15%～20%（即 5200～7000 lx/35000 lx），或有少量开花。配植在以枝叶稀疏的榔榆、臭椿、马尾松混交林下的毛白杜鹃，则开花良好，尤其在林中空地上的毛白杜鹃，花、叶均茂。综上所述，毛白杜鹃一般要求光照强度超过全日照 20% 的情况下，才能正常发育，所以在植物景观规划设计时，宜配植在林缘、孤立树的树冠正投影边缘或上层乔木枝下高较高，枝叶稀疏，密度不大的情况下，生长才能较好（图 6-9）。

在对含笑、山茶、碧桃、垂丝海棠等树种补偿点的测定中，发现这 4 种植物耐阴的序列分别为：含笑（90 lx）＞山茶（200～

图6-8 杭州植物园金钱松林下的锦绣杜鹃(苏雪痕摄)

图6-9 毛白杜鹃植于悬铃木树冠边缘(苏雪痕摄)

1200lx)> 垂丝海棠 (600 lx)> 碧桃 (2000 lx)。

从补偿点测定中证明碧桃为最不耐阴的阳性树种,杭州在配植"间棵桃树间棵柳"时,应有合适的距离,避免柳荫遮住碧桃,导致每年砍柳冠保桃花。另外,碧桃可适当丛植,增添色块效果。山茶配植在广玉兰和白玉兰下的观赏效果要视其枝下高而异。但总的说来,白玉兰枝下高较高,且为落叶树种,树冠下光照强度常在全日照 30% 以上,故树下的山茶花、叶均茂,早春红、白花朵相继而开,满地落英缤纷,令人陶醉,观赏效果较好;广玉兰一般枝下高偏低,又是常绿树种,荫质好,树下光照强度低,如枝下高在 1.5m 左右处,光照强度仅为全日照的 5% 左右,山茶生长发育不良,开花极少。一般以为苹果属都较喜光,但垂丝海棠耐阴能力却令人感到意外。在测定补偿点后,从进一步调查中,发现垂丝海棠配植在桂花丛中、香樟树下及建筑物北面均不乏有开花茂盛的。含笑最为耐阴,在混交林下,尽管枝条及节间很长,叶片大而薄,但仍能开花。由此可见,很有必要把园林中常用的植物都进行一下在不同光照强度下生长发育、光合强度及光补偿点的测定,根据数据来划分其耐阴等级。

从解剖学观点来看,阴性植物叶片的海绵组织发达。我们对 4 种植物作了徒手切片,在显微镜下观察,结果如表6-4。

如按海绵组织比例大小为标准来衡量其耐阴性,其序列应为山茶 > 含笑 > 垂丝海棠 > 毛白杜鹃。当然,这也只能作为一种参考。

另外,北京林业大学园林学院王雁博士的论文也曾对北京市 81 种园林植物的耐阴性进行过研究,通过分析各个种的光补偿点和光饱和点,并对其进行聚类分析,发现所测试的植物对光能的利用能力是不同的,可以将其划分为以下 4 种类型:

(1) 具有较低的光补偿点 (10 ~ 40 μmolm^{-2}s^{-1}),同时光饱和点亦较低 (<450 μmolm^{-2}s^{-1}) 的植物。这是典型的耐阴植物,能够充分利用弱光,是园林植物景观设计中,最希望得到的、完全能够适合于林下或建筑物北面的植物。属于此类的植物有:枸橘、五叶地锦、金银花、扶芳藤、紫花地丁、鸢尾、蝴蝶花 (图 6-10)、黄花菜、大花萱草、宽叶麦冬、山麦冬、涝峪苔草、荚果蕨、粗榧、大叶黄杨、鸡麻、连翘、小花溲疏、天目琼

表6-4 毛白杜鹃、垂丝海棠、山茶及含笑栅栏组织与海绵组织的比例

植物名称	栅栏组织厚度（μm）	海绵组织厚度（μm）	比 例
毛白杜鹃	116	102	1：0.9
垂丝海棠	130	130	1：1
含笑	83.5	152.1	1：1.8
山茶	150.3	350.7	1：2.3

图6-10 杭州植物园林下蝴蝶花(姚瑶摄)

花、金银木、红瑞木、棣棠、柳叶绣线菊等。

（2）具有较低的光补偿点（40～80μmolm^{-2}s^{-1}），但光饱和点却较高的植物（>850μmolm^{-2}s^{-1}）。该类植物对有效光能辐射的利用范围较宽，且亦具有较强的耐阴能力，同时又具有一定的喜阳性，表现出较宽的生境（光强）范围。因而，这一类植物在园林植物配置中的应用范围较广，具有极大的应用潜力。属于此类的植物包括臭椿、旱柳、槐树、桧柏、白皮松、山荞麦、沙地柏、碧桃、小叶黄杨、紫荆、猬实、太平花、珍珠梅、紫叶小檗、郁香忍冬、圆锥绣球等。

（3）具有较高的光补偿点（>80μmolm^{-2}s^{-1}），但其光饱和点却较低（450～850μmolm^{-2}s^{-1}）。这类植物对光能辐射利用的范围较窄，对生境光照状况要求比较苛刻。在园林植物配置中，适宜于林缘或疏林草地，或无遮阴条件下应用。属于该类的植物有：柿树、银杏、山楂、杜仲、流苏、龙桑、白榆、地锦、紫藤、地被菊、白三叶、雪叶菊、芍药、野棉花、玉簪、二月蓝、华北紫丁香、黄栌、西府海棠、银芽柳、紫叶李、矮紫杉、牡丹、香茶藨子、丰花月季、榆叶梅、秋胡颓子、锦带花等。

（4）具有较高的光补偿点（>80μmolm^{-2}s^{-1}）的同时，光饱和点亦高（>850μmolm^{-2}s^{-1}）的植物。这类植物为典型喜阳植物，其对光能的有效利用率较高。在园林植物景观设计中，适宜于全光照条件下应用。属于该类植物有毛白杨、枣树、山桃、白蜡、火炬树、日本晚樱、侧柏、木槿、美国凌霄、马蔺等。

研究也发现植物叶片解剖构造与植物耐阴性具有一定的相关关系，其中以叶片厚度、栅栏组织/海绵组织、上表皮层厚度，以及栅栏组织厚度为主导因子，对植物耐阴能力的大小具有决定性意义。但对于各类植物，叶片解剖构造的不同项目，与植物耐阴性的相关关系是不同的，在实际应用中，以叶片解剖构造来判断植物耐阴能力时，必须针对植物所属类群来进行，同时结合叶绿素含量及植物利用光能的有关因子、特性来综合分析。

2006年夏季，海淀组培室以小冠花为对照，对优选的9种阴生地被植物玉簪、金边玉簪、小冠花、紫萼、连钱草、紫花地丁、蛇莓、常春藤、荚果蕨在不同遮阴处理条件下进行了栽培试验，并对植株生长状态、光照强度、温湿度进行了观察记录，对光合作用特性（光饱和点、光补偿点、最大净光合速率）、叶绿素含量、叶片显微结构和理化指标（可溶性蛋白含量、脯氨酸含量和超氧化物歧化酶活性）等几个方面进行了测定分析和指标评价研究，为阴生地被植物的优选和栽培应用提供了科学的参考依据。通过为期3个月的试验处理，得出以下结论：

（1）3种玉簪属植物和荚果蕨的叶肉中没有栅栏组织和海绵组织的分化；叶片的光饱和点和光补偿点都较低。在遮阴的条件下生长良好，而在全光照下叶肉细胞发生皱缩，甚至死亡；表现为叶片枯死，株高、冠幅和叶面积都减小，生长受到抑制。3种玉簪属植物和荚果蕨不耐强光，是典型的阴生植物。

（2）紫花地丁、连钱草、蛇莓和常春藤的叶肉中有较明显的栅栏细胞和海绵细胞；光饱和点高，光补偿点低。遮阴时，栅栏组织细胞排列变为疏松，海绵组织的细胞间隙明显加大，光饱和点也随之下降，以适应遮阴的环境。这4个品种叶片对光强利用的有效范围大，在不同光照条件下均生长良好。紫花地丁、连钱草、蛇莓和常春藤是既喜阳又耐阴的植物。

（3）小冠花叶肉中栅栏细胞和海绵细胞分化非常明显，具有两层栅栏组织；光饱和点高，光补偿点低。遮阴后，随遮阴层数的增加，栅栏组织细胞和海绵组织细胞发生明显的皱缩，退化，甚至死亡；此时的净光合速率较低，植物体生长情况不良。小冠花不耐阴，是典型的阳生植物。

（4）从供试9种植物材料的叶绿素变化情况分析可知：遮阴可以提高植物体叶片中的叶绿素含量。大部分耐阴性强的植物随着遮阴程度的提高，植物体叶片中的叶绿素含量也会相应提高，以保证光合作用能力不下降。

（5）从供试8种植物材料的理化指标变化情况分析可知：大部分耐阴植物在适当遮阴条件下植物体内的可溶性蛋白含量和脯氨酸含量会有所提高；不耐阴的小冠花随着遮阴程度的加大，植物体内的可溶性蛋白含量和脯氨酸含量下降明显。植物体内的 SOD 酶活性在 Trl 处理中的均明显高于其他处理，这在一定程度上说明 SOD 活性在适当遮阴条件下（光照强度 10000～20000lx、遮光率 30%～45%）活性最高，但与植物的耐阴性之间没有太大的相关性。

从供试 9 种植物材料的结果分析可以看出，玉簪、金边玉簪、紫萼和荚果蕨最适宜在阴生或半阴生条件下（光照强度 5000～20000lx、遮光率 20%～45%）生长。紫花地丁、连钱草、蛇莓和常春藤既喜阳（光照强度 >50000lx）又很耐阴（光照强度 <5000lx、遮光率小于 15%）。小冠花为典型的阳性植物。

二、光照长度与植物的生长发育

适应于日照长度随四季发生的周期性变化，植物有长日照、短日照及中性植物之分。主要表现于植物在成花及开花过程中对日照长度的特定需求。长日照植物要求在较长的光照条件下才能成花，而在较短的日照条件下不开花或延迟开花，短日照植物的成花要求较短的光照条件，在长日照下不能开花或延迟开花，中性植物对光照长度的适应范围较宽，较短或较长的光照下均能开花。

在园林实践中，常通过调节光照来控制花期以满足造景需要。如一品红原产墨西哥，在华南露地栽培，北京用作温室盆栽。一品红为短日照植物，正常花期在 12 月中下旬，花期长，可开至 4 月。为了提前在"七一"、"十一"开花，就需用遮光处理，缩短每天的光照时间。一般在密闭的黑色塑料棚内进行，早上 8:00 打开棚布，下午 17:00 再遮严，一天见光时间在 8～10 小时，这样，单瓣品种在 8 月上旬开始遮光处理，经 45～55 天，"十一"就开花了。

菊花原产我国，为短日照植物，在北京的自然花期是 10 月底开放。因北京 7 月份日照平均为 146 小时，8 月份 136 小时，9 月份 123 小时，菊花要在少于 12 小时日照才能开花。如要"十一"开花，就需在 8 月 1 日开始每天从下午 17:00 时开始遮光，清晨 7:00 打开，经 21～25 天就可现蕾，60 天左右就可在"十一"开花。如要"五一"开花，可于 12 月初将开过花的植株剪去上部，换盆后在温室内培养，使新芽继续生长。1 月中旬将温度增至 21℃左右，并予以保持。2 月初（立春）开始孕蕾，并遮光，每天只给 10 小时光照，2 月底，3 月初就可现蕾，4 月下旬开始陆续开放。如要"七一"开放，把在阳畦或低温温室内过冬的菊芽，在 4 月中旬开始作遮光处理（10 小时），方法同上，至 6 月底就能开花。目前国内外对菊花切花生产，在温室内通过遮光处理，可以对植物的花期进行调节，使它节日开花，用来布置花坛、美化街道以及各种场合造景的需要。

三、光质与植物的生长发育

不同的光谱成分不仅对花卉生长发育的作用不同，而且会直接影响花卉的形态特征，如紫外线可以抑制植株的高生长，并促进花青素的形成，因而高山花卉一般低矮且色彩艳丽，热带花卉也大多花色浓艳。

第四节　水分对植物的生态作用及景观效果

水分是植物体的重要组成部分，一般植物体都含有 60%～80%，甚至 90% 以上的水分。植物对营养物质的吸收和运输，以及光合、呼吸、蒸腾等生理作用，都必须在有水分的参与下才能进行，水是植物生存的物质条件，也是影响植物形态结构、生长发育、繁殖及种子传播等重要的生态因子。因此，水可直接影响植物能否健康生长，也可形成多种特殊的植物景观。

自然界水的状态有固体（雪、霜、霰、雹）、液体（雨水、露水）、气体（云、雾等）。雨水是主要来源，因此年降雨量、降雨的次数、强度及其分配情况均直接影响植物的生长及景观。

一、水分与植物分布

不同的植物种类，由于长期生活在不同

水分条件的环境中，形成了对水分需求关系上不同的生态习性和适应性。根据植物对水分的不同要求，可把植物分为水生、湿生（沼生）、中生、旱生等生态类型。它们在外部形态、内部组织结构、抗旱、抗涝能力以及植物景观上都是不同的。旱生植物能忍受较长时间的空气或土壤干燥。为了在干旱的环境中生存，这类植物往往在外部形态和内部结构上都产生许多适应性变化，如仙人掌类植物。湿生植物在生长期间要求大量的土壤水分和较高的空气湿度，不能忍受干旱；典型的水生植物则需在水中才能正常生长发育。中生植物要求适度湿润的环境，分布最为广泛，但极端的干旱及水涝都会对其造成伤害。

二、水与植物景观

不同的环境由于水分状况的差异分布着不同的植物，从而形成各具特色的植物景观。下面分别叙述。

（一）水生植物及其景观

生活在水中的水生植物，有的沉水，有的浮水，有的部分器官挺出水面，因此在水面上景观很不同。由于植物体所有水下部分都能吸收养料，根往往就退化了。例如槐叶

苹属是完全没有根的；满江红属、浮萍属、水鳖属、雨久花属和大藻属等植物的根形成后，不久便停止生长，不分枝，并脱去根毛；浮萍、杉叶藻、白睡莲都没有根毛。

水生植物枝叶形状也多种多样。如金鱼藻属植物沉水的叶常为丝状、线状，莕菜、萍蓬等浮水的叶很宽，呈盾状心形或卵圆状心形（图6-11）。

不少植物，如菱属有两种叶形，沉水叶线形，浮水叶菱形。表6-5列举了常见的园林水生植物。

（二）湿生植物及其景观

湿地生态系统是由喜湿生物和积水环境构成的独特自然综合体，但湿地环境对绝大多数生物具有许多不利的胁迫压力。水生生物不能适应湿地的干旱期，陆生生物不能忍受湿地长期积水的厌氧还原条件，生活在湿地中的生物必须能够忍受或抵抗这种干湿交替的水文环境。生长于该地带的植物称为湿生植物。它是水生植物和陆生植物之间的过渡类型。这类植物在空气中的部分具有陆生植物的特征，生长在水中的部分（主要指其地下茎或根）通常有发达的通气组织，具有水生植物的特征。这类植物主要有莎草科藨

表6-5　常见园林水生植物

植物名称	科别	特性	水深度
菱	菱科	一年生浮叶水生草本	3～5m
莲	睡莲科	多年生水生草本	0.5～1.5m
睡莲	睡莲科	多年生水生草本	25～35cm
萍蓬	睡莲科	多年生浮水草本	浅水
芡实	睡莲科	一年生大型水生草本	1～1.5m
凤眼莲	雨久花科	多年生水生草本	0.3～1m
水浮莲	天南星科	浮水草本	0.6～1.5m
慈姑	泽泻科	宿根水生草本	10～15cm
水芋	天南星科	多年生草本	15cm以下
席草	灯芯草科	宿根沼泽草本	以水田最宜
蒲草	香蒲科	多年生宿根草本	0.3～1m
水葱	莎草科	多年生挺水草本	沼泽或浅水
莕菜	龙胆科	多年生浮水草本	0.3～1m
莼菜	睡莲科	多年生宿根草本	0.3～1m
水芹	伞形科	多年生沼泽草本	0.3～1m

草属、飘拂草属、莎草属、苔草属、荸荠属及水莎草、湖瓜草，禾本科的芦苇、菰及稗属，香蒲科，黑三棱科，泽泻科，天南星科的菖蒲属和芋属，雨久花科的雨久花属，睡莲科的莲以及蓼科的蓼属等植物。在木本植物中，则有落羽杉、池杉、墨西哥落羽杉、水松等，通常具有板根或膝根来适应湿地特殊的环境。海滩红树林（图 6-12）是一类特殊的湿生植物群落，因其生境与海洋相连，所以只出现在海滨城市。湿生植物中除莲等水生性状较强的种类外，通常具有较强的陆生性，离水仍能生长，为水陆两栖类植物。在同一水域中的分布据其对水位的要求有一定的地带性。如自然湿地系统最常见的几种湿地植物由岸边向较深区域分布的次序一般是芦、荻、水烛、菰、莲等。这里的湿生植物涵盖了园林水体配置中称作挺水、湿生、沼生植物的所有种类。在园林水体中一般生长在靠近岸边浅水区域以及沼园中，下部或基部沉于水下泥中，而上面绝大部分挺出水面。

（三）旱生植物及其景观

通常将自然生长在干旱地区，在年降雨量超过 300mm 以上的地区即生长不良或不能生存的植物称为旱生植物。生长于旱生环境的植物具有特殊的逃避或忍耐干旱胁迫的能力。除了生理代谢上的特点以外，这类植物的形态特征通常也发生一系列的特化以适应旱生生境，这些特化的形态又从另一方面使得这类植物具有特殊的景观效果。实际上，旱生植物由于适应于旱生环境的生存方式不同，形成的观赏效果也不同。概言之，有以下几种类型：

图6-11 内蒙古克什克腾旗野鸭湖苔菜（苏雪痕摄）
图6-12 深圳大梅沙海边红树林（苏雪痕摄）

（1）植物体不同组织大量储存水分并通过不同途径减少蒸腾，如乔木落叶并在树干中储存水分，形成"瓶型"树干，如猴面包树属的瓶干树（图6-13）和异木棉属；茎储存水分，叶片部分或全部特化成膜质或刺状而降低蒸腾，如常见的仙人掌科的金琥、仙人掌（图6-14）、量天尺、山影拳等及大戟科的霸王鞭、火殃勒、金刚纂、光棍树（图6-15）等；叶组织储存水分而成多肉类植物，如龙舌兰科的龙舌兰、百合科的芦荟类、番杏科的生石花类等。

（2）根系伸长至数米或数十米深，吸取地下水，如红柳及同属的柽柳（图6-16）等。

（3）通过缩短生命周期或以变态的地下器官适应干旱环境，如一年生短命植物，在雨季来临后迅速生长开花，以耐干旱的种子度过干旱期。有肉质地下器官的块茎、鳞茎、根茎类花卉则在雨季短期内利用储存的营养迅速开花，然后再以新形成的肉质地下器官度过随后而来的干旱阶段。

在旱生植物中，应用最为广泛的是仙人掌类和多肉多浆类植物。这类植物也最能代表旱生生境的景观特点，因此常常以专类园的形式展示。可用于城市绿化中的中生抗旱型观赏植物有紫穗槐、紫藤、合欢、苦槠、石栎、栓皮栎、白栎、君迁子、黄连木、槐、杜梨、臭椿、桧柏、樟子松、青杨、小叶杨、小叶锦鸡儿、旱柳、绣线菊、构树、榆、朴、胡颓子、皂荚、柏木、侧柏、木麻黄、夹竹桃等。

（四）空气湿度与植物景观

除了基质的含水量影响植物的生长发育、分布以及景观之外，空气湿度对植物的生长也起很大作用。在云雾缭绕、高海拔的山上，有着千姿百态、万紫千红的观赏植物，它们或长在岩壁、石缝瘠薄的土壤母质上，或附生于其他植物上。这类植物没有坚实的土壤基础，它们的生存与空气湿度休戚相关。如在高温高湿的热带雨林中，高大的乔木上常附生有大型的蕨类，如鸟巢蕨、崖姜蕨、鹿角蕨（图6-17）、书带蕨、星蕨等，植物体呈悬挂、下垂姿态，抬头观望，犹如空中花园。这些蕨类都发展了自己特有的储水组织。海南岛尖峰岭上，由于树干、树杈以及地面长满苔藓，地生兰、气生兰到处生长；天目山、黄山的云雾草必须在高海拔处，达到具有足够的空气湿度才能附生在树上，花朵艳丽的独蒜兰和吸水性很强的苔藓一起生长在高海拔的岩壁上；黄山鳌鱼背的土壤母质上生长着绣线菊等耐瘠薄的观赏植物，但主要还是依靠较高的空气湿度维持生长。上述自然的植物景观可以模拟，只要控制相对空气湿度不低于80%时，我们就可以在展览温室中创造人工的植物景观，一段朽木上可以附生很多开花艳丽的气生兰、花叶俱美的凤梨科植物以及各种蕨类植物（图6-18）。

第五节　土壤对植物的生态作用及景观效果

植物生长离不开土壤，土壤是植物生长的基质。土壤对植物最明显的作用之一就是提供植物根系生长的场所。没有土壤，植物就不能站立，更谈不上生长发育。根系在土壤中生长，土壤提供植物需要的水分、养分。除了氮、磷、钾外，还有13种主要的微量元素。植物每产生一份干物质约需500份水，均由土壤提供。土壤还为根系呼吸供应丰富氧气。为使植物生长良好，土壤环境不应过酸、过碱、含过量盐分或被污染。一种理想的土壤是保水性强，有机质含量丰富，中性至微酸性。

一、基岩与植物景观

不同的岩石风化后形成性质不同的土壤，不同性质的土壤上生长着不同的植被，形成风格迥异的植物景观。

岩石风化物对土壤性状的影响，主要表现在物理、化学性质上。如土壤厚度、质地、结构、水分、空气、湿度、养分以及酸碱度等。

如石灰岩主要由碳酸钙组成，属钙质岩类风化物。风化过程中，碳酸钙可受酸性水溶解，大量随水流失，土壤中缺乏磷

图6-13 瓶干树
（*Brachychiton rupestris*）（王小玲摄）

图6-14 仙人掌
（*Opuntia imbricata*）
（苏雪痕摄）

图6-15 光棍树
（*Euphorbia tirucalli*）
（黄冬梅摄）

图6-16 柽柳
（*Tamarix chinensis*）
（苏雪痕摄）

图6-17 泰国热带兰园外小叶榕上附生的鹿角蕨和崖姜蕨（苏雪痕摄）

图6-18 新加坡植物园朽木上附生的凤梨（苏雪痕摄）

和钾，多具石灰质，呈中性或碱性反应。土壤黏实，易干。不宜针叶树生长，宜喜钙耐旱植物生长，上层乔木则以落叶树占优势。如杭州龙井寺附近及烟霞洞多属石灰岩，乔木树种有珊瑚朴、大叶榉、椭榆、杭州榆、黄连木，灌木中有石灰岩指示植物南天竹和白瑞香。植物景观常以秋景为佳，秋色叶绚丽夺目。

砂岩属硅质岩类风化物，其组成中含大量石英，坚硬，难风化，多构成陡峭的山脊、山坡。在湿润条件下，形成酸性土。沙质，营养元素贫乏。

流纹岩也难风化，在干旱条件下，多石砾或沙砾质，在温暖湿润条件下呈酸性或强酸性，形成红色黏土或沙质黏土。

杭州云栖及黄龙洞分别为砂岩和流纹岩。植被组成中以常绿树种较多，如青冈栎、米槠、苦槠、浙江楠、紫楠、绵槠、香樟等，也适合马尾松、毛竹生长，植物景观郁郁葱葱。

二、土壤物理性质对植物的影响

土壤物理性质主要指土壤的机械组成。理想的土壤是"疏松、有机质丰富，保水、保肥力强，有团粒结构的壤土"。团粒结构内的毛细管孔隙 < 0.1mm，有利于储藏大量水、肥；而团粒结构间非毛细管孔隙 > 0.1mm，有利于通气、排水。植物在理想的土壤上生长得健壮长寿。

城市土壤的物理性质具有极大的特殊性。很多为建筑土壤，含有大量砖瓦与渣土，如其含量低于 30% 时，还有利于在城市践踏剧烈条件下的通气，根系尚能生长良好；如高于 30%，则保水不好，不利根系生长。城市内由于人流量大，人踩车压，增加土壤密度，降低土壤透水和保水能力，使自然降水大部分变成地面径流损失或被蒸发掉，不能渗透到土壤中去，造成缺水。土壤被踩踏紧密后，造成土壤内孔隙度降低，土壤通气不良，抑制植物根系的伸长生长，使根系上移（一般地说土壤中空气含量要占土壤总容积 10% 以上，才能使根系生长良好，可是被踩踏紧密的土壤中，空气含量仅占土壤总容积的 2% ～ 4.8%）。人踩车压还增加了土壤硬度。一般人流影响土壤深度为 3 ～ 10cm，土壤硬度为 14 ～ 18 kg/cm²；车辆影响深度 30 ～ 35cm，土壤硬度为 10 ～ 70 kg/cm²；机械反复碾压的建筑区，深度可达 1m 以上。经调查，油松、白皮松、银杏、元宝枫在土壤硬度 1 ～ 5 kg/cm² 时，根系多；5 ～ 8 kg/cm² 时较多；8 ～ 15 kg/cm² 时，根系少量；大于 15 kg/cm² 时，没根系。栾、臭椿、刺槐、槐树在 0.9 ～ 8 kg/cm² 时，根系多；8 ～ 12 kg/cm² 时，根系较多；12 ～ 22 kg/cm² 时，根系少量；大于 22 kg/cm² 时，没根系，因为根系无法穿透，毛根死亡，菌根减少。

城内一些地面用水泥、沥青铺装，封闭性大，留出树池很小，也造成土壤透气性差，硬度大。大部分裸露地面由于过度踩踏，地被植物长不起来，土壤温度较高。如天坛公园夏季裸地土表温度最高可达 58℃；地下 5 cm 处高达 39.5℃；地下 30cm 处 27℃ 以上，影响根系生长。

三、土壤不同酸碱度的植物生态类型

据我国土壤酸碱性情况，可把土壤碱度分成五级：pH 值 <5 为强酸性；pH 值 5 ～6.5 为酸性；pH 值 6.5 ～7.5 为中性；pH 值 7.5 ～ 8.5 为碱性；pH 值 >8.5 为强碱性。

酸性土壤植物在碱性土或钙质土上不能生长或生长不良。它们分布在高温多雨地区，土壤中盐质如钾、钠、钙、镁被淋溶，而铝的浓度增加，土壤呈酸性。另外，在高海拔地区，由于气候冷凉、潮湿，在针叶树为主的森林区，土壤中形成富里酸，含灰分较少，因此土壤也呈酸性。柑橘类、茶、山茶、白兰、含笑、珠兰、茉莉、檵木、枸骨、八仙花、肉桂、高山杜鹃等都属于这类植物。

土壤中含有碳酸钠、碳酸氢钠时，则 pH 值可达 8.5 以上，称为碱性土。如土壤中所含盐类为氯化钠、硫酸钠，则 pH 呈中性。能在盐碱土上生长的植物叫耐盐碱土植物，如新疆杨、合欢、文冠果、黄栌、木槿、柽柳、紫穗槐、油橄榄、木麻黄、杜梨、黄花补血草、碱莲等。

土壤中含有游离的碳酸钙称为钙质土，有些植物在钙质土上生长良好，这称为"钙质土植物"（喜钙植物），如南天竹、柏木、青檀、臭椿等。

第六节 空气对植物的生态作用及景观效果

空气中二氧化碳和氧都是植物光合作用的主要原料和物质条件。这两种气体的浓度直接影响植物的健康生长与开花状况。树木有机体主要是由碳、氢、氧、氮等组成，在树木干重中，碳占45%，氧占42%，氢占6.5%，氮占1.5%，其他占5%。其中碳、氧都来自二氧化碳。如空气中的二氧化碳含量由0.03%提高到0.1%，则大大提高植物光合作用效率。因此在植物的养护栽培中有的就应用了二氧化碳发生器等。

空气中还常含有植物分泌的挥发性物质，其中有些能影响其他植物的生长，还有的具有杀菌驱虫作用。如铃兰花朵的芳香能使丁香萎蔫。洋艾分泌物能抑制圆叶当归、石竹、大丽菊、亚麻等生长。天竺葵、除虫菊等能分泌杀菌素，具有杀菌驱虫、净化空气的作用。

一、风对植物的生态作用及景观效果

风是空气流动而形成的，对植物有利的生态作用表现为帮助授粉和传播种子。兰科和杜鹃花科植物的种子细小，杨柳科、菊科、萝藦科、铁线莲属、柳叶菜属植物有的种子带毛。榆、槭属、白蜡属、枫杨、松属某些植物的种子或果实带翅。铁木属(Ostrya)的种子带气囊。这些植物的种子都借助于风来传播。此外，银杏、松、云杉等的花粉也都靠风传播。

风对植物有害的生态作用表现在台风、焚风、海潮风、冬春的旱风、高山强劲的大风等。沿海城市树木常受台风危害，如厦门台风过后，冠大荫浓的榕树可被连根拔起，大叶桉主干折断，凤凰木小枝纷纷吹断，盆架树由于大枝分层轮生，风可穿过，只折断小枝，只有椰子树和木麻黄最为抗风。四川渡口、金沙江的深谷、云南河口等地，有极其干热的焚风，焚风一过植物纷纷落叶，有的甚至死亡。海潮风常把海中的盐分带到植物体上，如抗不住高浓度的盐分，就要死亡。青岛海边的红楠、山茶、黑松、南洋杉、大叶黄杨、

大叶胡颓子、柽柳的抗性就很强。北京早春的干风是植物枝梢干枯的主要原因。由于土壤温度还没提高，根部没恢复吸收机能，在干旱的春风下，枝梢失水而枯。强劲的大风常在高山、海边、草原上遇到。由于大风经常性地吹袭，使直立乔木的迎风面的芽和枝条干枯、侵蚀、折断，只保留背风面的树冠，如一面大旗，故形成旗形树冠的景观。在高山风景点上，犹如迎送游客。有些吹不死的迎风面枝条，常被吹弯曲到背风面生长，有时主干也常年被吹成沿风向平行生长，形成扁化现象。为了适应多风、大风的高山生态环境，很多植物生长低矮、贴地，株形变成与风摩擦力最小的流线形，成为垫状植物。北方冬春季节的旱风也对当地植物造成伤害，尤其是一些边缘植物。笔者曾对北京地区园林中的常绿阔叶植物的越冬适应性进行研究，结果表明常绿阔叶植物在北京地区越冬后翌年春季景观效果差的原因不仅仅是低温，而与冬春季节的干旱，尤其是旱风造成蒸腾加强从而使植物同时遭受低温和水分胁迫有关。

二、大气污染对植物的影响

随着工业的发展，工厂排放的有毒气体无论在种类和数量上都愈来愈多，对人民健康和植物都带来了严重的影响。美国在1970年，1年内向大气排放的有害气体和粉尘就达2.64×10^8t，平均每人1t。如我国上海等城市，虽无详细的统计资料，但因工厂集中，设备陈旧，还要加强运转、生产，三废同样相当可观。尤其是油漆厂、有机化工厂、染化厂等有机化工厂中一些苯、酚、醚化合物的排放物，对植物和人体的影响巨大。

（一）植物受害症状

1. 二氧化硫(SO_2)

进入叶片气孔后，遇水变成亚硫酸，进一步形成亚硫酸盐。当二氧化硫浓度高过植物自行解毒能力时（即转成毒性较小的硫酸盐的能力），积累起来的亚硫酸盐可使海绵

细胞和栅栏细胞产生质壁分离，然后收缩或崩溃，叶绿素分解。在叶脉间，或叶脉与叶缘之间出现点状或块状伤斑，产生失绿漂白或褪色变黄的条斑。但叶脉一般保持绿色不受伤害。受害严重时，叶片萎蔫下垂或卷缩，经日晒失水干枯或脱落。

2. 氟化氢(HF)

进入叶片后，常在叶片先端和边缘积累，到足够浓度时，使叶肉各细胞产生质壁分离而死亡。故氟化氢所引起的伤斑多半集中在叶片先端和边缘，呈环带状分布，然后逐渐向内发展，严重时叶片枯焦脱落。

3. 氯气(Cl₂)

对叶肉细胞有很强的杀伤力，很快破坏叶绿素，产生褪色伤斑，严重时全叶漂白脱落。其伤斑与健康组织之间没有明显界限。

4. 光化学烟雾

使叶片下表皮细胞及叶肉中海绵细胞发生质壁分离，并破坏其叶绿素，从而使叶片背面变成银白色、棕色、古铜色或玻璃状，叶片正面会出现一道横贯全叶的坏死带。受

害严重时会使整片叶变色，很少发生点、块状伤斑。

（二）植物受害结果

由于有毒气体破坏了叶片组织，降低了光合作用，直接影响了生长发育。表现在生长量降低、早落叶、延迟开花结实或不开花结果、果实变小、产量降低、树体早衰等，见表6-6、表6-7。

三、我国各地抗污染树种介绍

近年来我国园林、植物、防疫诸方面科技人员以及有关重工、化工、轻工等单位都极为重视城市环境防污工作，并横向联合、共同研究探讨解决办法，做出了很大成绩。测定的方法也由感性认识到有精确的数据，科学性越来越强，资料愈来愈多。下面列举各大行政区及一些主要城市的抗污树种。这些树种成为工矿区、厂房周围园林绿化中植物景观规划设计的宝贵财产，见表6-8、表6-9、表6-10。

表6-6 悬铃木在工厂污染区的枝叶生长量比较

测点	有害气体	污染源距离 (m)	枝条年生长量 (cm)	叶平均鲜重 (g)	叶平均面积 (cm²)
1	氯气 二氧化硫	300	42.2	1.88	106.95
2	氟化氢	100	43.9	2.32	135.3
3	氟化氢 二氧化硫	100	54.6	2.89	90.7
4	二氧化氮 二氧化硫	550	51.9	3.77	153.4
5	对照区		130.3	4.81	204.6

表6-7 受二氧化硫危害结果

浓度 (mg/L)	受害程度
0.2～0.3	短时间内一般植物无妨
1～2	某些树木在32小时内出现受害症状
3～5	许多植物在十几小时内出现急性症状
6～7	抗性强者在24小时内也呈急性症状
10	各种植物均现急性症状
20	树木大量落叶
30～50	接触15分钟树木严重受害
>100	几小时内死亡

表6-8 我国北部地区（包括华北、东北、西北）的抗污树种

有毒气体	抗性	树种
二氧化硫 (SO₂)	强	构树、皂荚、华北卫矛、榆树、白蜡、沙枣、柽柳、臭椿、旱柳、侧柏、小叶黄杨、紫穗槐、加杨、枣、刺槐
	较强	梧桐、丝绵木、槐、合欢、麻栎、紫藤、板栗、杉松、柿、山楂、桧柏、白皮松、华山松、云杉、杜松
氯气 (Cl₂)	强	构树、皂荚、榆、白蜡、沙枣、柽柳、臭椿、侧柏、杜松、枣、五叶地锦、地锦、紫薇
	较强	梧桐、丝绵木、槐、合欢、板栗、刺槐、银杏、华北卫矛、杉松、桧柏、云杉
氟化氢 (HF)	强	构树、皂荚、华北卫矛、榆、白蜡、沙枣、柽柳、臭椿、云杉、侧柏、杜松、枣、五叶地锦
	较强	梧桐、丝绵木、槐、桧柏、刺槐、杉松、山楂、紫藤、构树、臭椿、华北卫矛、榆、沙枣、柽柳

表 6-9　我国中部地区（包括华东、华中、西南部分地区）的抗污树种

有毒气体	抗性	树种
二氧化硫 (SO₂)	强	大叶黄杨、海桐、蚊母、棕榈、青冈栎、夹竹桃、小叶黄杨、石栎、绵槠、构树、无花果、凤尾兰、枸橘、枳橙、蟹橙、柑橘、金橘、大叶冬青、山茶、厚皮香、冬青、枸骨、胡颓子、樟叶槭、女贞、小叶女贞、丝绵木、广玉兰
	较强	珊瑚树、梧桐、臭椿、朴、桑、槐、玉兰、木槿、鹅掌楸、紫穗槐、刺槐、紫藤、麻栎、合欢、泡桐、樟、梓、紫薇、板栗、石楠、石榴、柿、罗汉松、侧柏、楝、白蜡、乌桕、榆、桂花、栀子、龙柏、皂荚、枣
氯气 (Cl₂)	强	大叶黄杨、青冈栎、龙柏、蚊母、棕榈、枸橘、枳橙、夹竹桃、小叶黄杨、山茶、木槿、海桐、凤尾兰、构树、无花果、丝绵木、胡颓子、柑橘、枸骨、广玉兰
	较强	珊瑚树、梧桐、臭椿、女贞、小叶女贞、泡桐、桑、麻栎、板栗、玉兰、紫薇、朴、楸、梓、石榴、合欢、罗汉松、榆、皂荚、刺槐、栀子、槐
氟化氢 (HF)	强	大叶黄杨、蚊母、海桐、棕榈、构树、夹竹桃、枸橘、枳橙、广玉兰、青冈栎、无花果、柑橘、凤尾兰、小叶黄杨、山茶、油茶、茶、丝绵木
	较强	珊瑚树、女贞、小叶女贞、紫薇、臭椿、皂荚、朴、桑、龙柏、樟、榆、楸、梓、玉兰、刺槐、泡桐、梧桐、垂柳、罗汉松、乌桕、石榴、白蜡
氯化氢 (HCl)		小叶黄杨、无花果、大叶黄杨、构树、凤尾兰
二氧化氮 (NO₂)		构树、桑、无花果、泡桐、石榴

表 6-10　我国南部地区（包括华南及西南部分地区）的抗污树种

有毒气体	抗性	树种
二氧化硫 (SO₂)	强	夹竹桃、棕榈、构树、印度榕、樟叶槭、楝、扁桃、盆架树、红背桂、松叶牡丹、小叶驳骨丹、杧果、广玉兰、细叶榕
	较强	菩提榕、桑、鹰爪、番石榴、银桦、人心果、蝴蝶果、木麻黄、蓝桉、黄槿、蒲桃、阿珍榄仁、黄葛榕、红果仔、米仔兰、树波罗、石栗、香樟、海桐
氯气 (Cl₂)	强	夹竹桃、构树、棕榈、樟叶槭、盆架树、印度榕、松叶牡丹、小叶驳骨丹、广玉兰
	较强	高山榕、细叶榕、菩提榕、桑、黄槿、蒲桃、石栗、人心果、番石榴、木麻黄、米仔兰、蓝桉、蒲葵、蝴蝶果、黄葛榕、鹰爪、扁桃、杧果、银桦、桂花
氟化氢 (HF)		夹竹桃、棕榈、构树、广玉兰、桑、银桦、蓝桉

据沈阳园林科学研究所对抗污树种选择试验研究报道：

抗以二氧化硫为主的复合气体的树种：

花曲柳、桑、旱柳、银柳、皂荚、山桃、黄波罗、赤杨、紫丁香、刺槐、臭椿、茶条械、忍冬、柽柳、叶底珠、枸杞、水蜡、柳叶绣线菊、银杏、龙牙楤木、刺榆、夹竹桃、东北赤杨等。

抗以氯气为主的复合气体的树种：

花曲柳、桑、旱柳、银柳、山桃、皂荚、忍冬、水蜡、榆、黄波罗、卫矛、紫丁香、茶条械、刺槐、刺榆、黄刺玫、木槿、枣、紫穗槐、复叶械、夹竹桃、小叶朴、加杨、柽柳、银杏、臭椿、叶底珠、连翘等。

据北京市环境保护研究所在《北京东南郊植物净化大气研究》一文中报道：

抗二氧化硫强的植物：

桧柏、侧柏、白皮松、云杉、香柏、臭椿、槐、刺槐、加杨、毛白杨、马氏杨、柳属、柿、君迁子、核桃、山桃、褐梨、小叶白蜡、白蜡、北京丁香、火炬树、紫薇、银杏、栾树、悬铃木、华北卫矛、桃叶卫矛、胡颓子、桂香柳、板栗、太平花、蔷薇、珍珠梅、山楂、枸子、欧洲绣球、紫穗槐、木槿、雪柳、黄栌、朝鲜忍冬、金银木、连翘、大叶黄杨、小叶黄杨、地锦、五叶地锦、木香、金银花、英蒾、菖蒲、鸢尾、玉簪、金鱼草、蜀葵、野牛草、草莓、晚香玉、鸡冠花、酢浆草等。

抗氯气强的植物：

桧柏、侧柏、白皮松、皂荚、刺槐、银杏、毛白杨、加杨、接骨木、臭椿、山桃、枣、欧洲绣球、合欢、柽柳、木槿、大叶黄杨、小叶黄杨、紫藤、虎耳草、早熟禾、鸢尾等。

抗氟化氢强的植物：

白皮松、桧柏、侧柏、银杏、构树、胡颓子、悬铃木、槐、臭椿、龙爪柳、垂柳、泡桐、紫薇、紫穗槐、连翘、朝鲜忍冬、金银花、小檗、丁香、大叶黄杨、欧洲绣球、小叶女贞、海州常山、接骨木、地锦、五叶地锦、菖蒲、鸢尾、金鱼草、万寿菊、野牛草、紫茉莉、半支莲、蜀葵等。

抗汞污染的植物：

刺槐、槐、毛白杨、垂柳、桂香柳、文冠果、小叶女贞、连翘、丁香、紫藤、木槿、欧洲绣球、榆叶梅、山楂、接骨木、金银花、大叶黄杨、小叶黄杨、海州常山、美国凌霄、常春藤、地锦、五叶地锦、含羞草等。

据甘肃省林业科学研究所、兰州市园林局、兰州大学生物系、甘肃省环境保护兰州中心监测站等单位合作，对兰州市大气污染对园林植物危害进行调查的报道，并对植物的抗性由强至弱进行了排列。

抗氟化氢的植物：

刺槐、槐、旱柳、臭椿、河北杨、栾树、侧柏、青杨、龙爪柳、核桃、箭杆杨、五角枫、白蜡、小叶杨、加拿大杨、油松、枣、桃、柽柳、葡萄、丁香、连翘、玫瑰、榆叶梅、波斯菊、菊芋、金盏菊、大丽花、唐菖蒲等。

抗以二氧化硫为主的复合有毒气体的植物：

臭椿、槐、刺槐、龙爪槐、白蜡、沙枣、冬果梨、核桃、旱柳、连翘、紫丁香、榆叶梅、榆、龙爪柳、箭杆杨、复叶槭等。

抗以硫化氢为主的复合有毒气体的植物：

臭椿、栾树、银白杨、刺槐、泡桐、新疆核桃、桑、榆、桧柏、连翘、小叶白蜡、皂荚、龙爪柳、五角枫、梨、苹果、悬铃木、青杨、毛樱桃、加拿大杨等。

据上海园林局对100余家工厂调查后报道：

抗以二氧化硫为主的有毒气体的植物：

抗性强：大叶黄杨、夹竹桃、女贞、臭椿、紫薇、桑、构树、无花果、木槿、紫茉莉、凤仙花、菊花、一串红、牵牛、金盏菊、石竹、西洋白菜花、紫背三七、青蒿、扫帚草。

较强者：温州蜜柑、广玉兰、香樟、棕榈、海桐、石榴、楝、白蜡、泡桐、大关杨、白杨、八仙花、美人蕉、蜀葵、蓖麻。

抗以氯气为主的有毒气体的植物：

抗性强：樱花、丝绵木、楝、臭椿、小叶女贞、接骨木、木槿、乌桕、龙柏。

较强者：海桐、大叶黄杨、小叶黄杨、女贞、棕榈、丝兰、香樟、枇杷、石榴、构树、泡桐、刺槐、葡萄、天竺葵。

抗以氟化氢为主的有毒气体的植物：

抗性强：夹竹桃、龙柏、罗汉松、小叶女贞、桑、构树、无花果、丁香、木芙蓉、黄连木、竹叶椒、葱兰。

较强者：大叶黄杨、珊瑚树、蚊母、海桐、杜仲、胡颓子、石榴、柿、枣。

据桂林市对工厂气体污染区树木调查报道：

抗二氧化硫的植物：

细叶榕、石山榕、棕榈、广玉兰、女贞、银桦、樟叶槭、长果冬青、厚皮香、酸柚、柑橘、橙、构树、无花果、臭椿、楝、斜叶榕、天仙果、竹叶榕、珍珠莲、掌叶榕、大叶黄杨、夹竹桃、山茶、胡颓子、海桐、枸骨、珊瑚树。

抗氯气的植物：

细叶榕、石山榕、棕榈、蒲葵、构树、无花果、柘、龙柏、斜叶榕、天仙果、竹叶榕、石山棕榈、珍珠莲、掌叶榕、大叶黄杨、夹竹桃、山茶、胡颓子、海桐、枸骨、珊瑚树等。

抗氟化氢的植物：

细叶榕、棕榈、广玉兰、蒲葵、大叶桉、柑橘、橙、构树、无花果、竹柏、大叶黄杨、夹竹桃、山茶、胡颓子、海桐等。

思考题

1. 试述温度因子对植物景观的影响。
2. 如何看待"适地适树，适树适地"，具体的设计中如果不能做到这两点，该怎样处理？
3. 如何了解植物的需光度（耐阴性）？

第七章 植物群落景观设计

植物群落景观设计具有高度的科学性和艺术性。必须首先了解各地区大的植被类型，不同立地条件上的自然植物群落的结构、成分、特点。虽师法自然，但却要高于自然而不能纯自然主义，同时又要有较为完整的植物规划作为保证。

第一节 自然植物群落种间结构组成
对营造人工植物群落景观的启示

一、自然群落的组成

（一）自然群落的组成成分

群落是由不同植物种类组成，这是群落最重要的特征，是决定群落外貌及结构的基础条件。因此首先要查明群落内每种植物的

名称。各个种在数量上是不等同的，通常称数量最多、占据群落面积最大的植物种，叫"优势种"。"优势种"最能影响群落的发育和外貌特点。如云杉、冷杉或水杉群落的外轮廓的线条是尖峭耸立（图7-1）；高山的偃柏群落则见一片贴伏地面，宛若波涛起伏的

图7-1 青海互助北山上的云杉和冷杉（苏雪痕摄）

外貌；热带榕树占优势的群落，则见悬挂大小粗细不等的气生根，以及独木成林的景观（图7-2）；海湾胎生的红树林，在海水退潮后就显露一片圆柱形的支柱根（图7-3）。

（二）自然群落的外貌

群落的外貌除了优势种外，还决定于植物种类的生活型、高度及季相。

1. 生活型

是长期适应生活环境而形成独特的外部形态、内部结构和生态习性。因此，生活型也可认为是植物对环境的适应型。同一科的植物可以有不同的生活型。如蔷薇科的枇杷、樱桃、稠李呈乔木状；毛樱桃、榆叶梅、绣线菊呈灌木状；木香、花旗藤、太平莓呈藤本状；龙芽草、心叶地榆为草本。反之，亲缘关系很远，不同科的植物可以表现为相同的生活型。如旱生环境下形成的多浆植物，除主要为仙人掌科植物外，还有大戟科的霸王鞭，菊科的仙人笔，番杏科的松叶菊，萝摩科的大花犀角，葡萄科的青紫葛，百合科的芦荟、沙鱼掌、点纹十二卷、卷边十二卷以及景天科、龙舌兰科、马齿苋科等植物种类。只有极少数的科，如睡莲科，其不同的种具有大致相同的生活型。如莼菜、芡实、莲、睡莲及萍蓬草等。

2. 群落的高度

群落的高度也直接影响外貌。群落中最高一群植物的高度，也就是群落的高度。群落的高度首先与自然环境中海拔高度、温度及湿度有关。一般说来，在植物生长季节中温暖多湿的地区，群落的高度就大；在植物生长季节中气候寒冷或干燥的地区，群落的高度就小。如热带雨林的高度多在25～35m，最高可达45m以上；亚热带常绿阔叶林高度在15～25m，最高可达30m。山顶矮林的高度一般为5～10m，甚至只有2～3m。

3. 群落的季相

群落的季相在色彩上最能影响外貌，而优势种的物候变化又最能影响群落的季相变化，峻峭的黄山，5、6月相当于山下春季，鲜花盛开。在各不同的群落中可常见花团锦簇、粉红色的黄山杜鹃、黄山蔷薇；枝头挂满水红色下垂似灯笼的吊钟花；岩壁上成片鲜红的独蒜兰，以及万绿丛中一片片白色的四照花（图7-4），绚丽的色彩更增添了黄山春季的明媚。

夏季的群落则呈现一片绿色（图7-5），由于树种不同，叶片的绿色度是不同的，有嫩绿、浅绿、深绿、墨绿等。秋季的红叶如火如荼，红色调的秋叶有枫香、垂丝卫矛、爬山虎、樱、野漆、野葡萄、青柞槭、荚蒾等；紫红色调的有白乳木、五裂槭、四照花、络石、天目琼花、水马桑等；黄色调的有棣棠、紫荆叶、银杏、白蜡（图7-6）、甘檀、蜡瓣花、秦氏莓、紫萼等。

群落中累累红果更增添了秋色的魅力，如黄山花楸、中华石楠、野鸦椿、垂丝卫矛、安徽小檗、四照花、红豆杉、黄山蔷薇、天南星等。秋季群落中色彩鲜艳的开花地被植物同样装点着迷人的秋景。如蓝色的黄山乌头、杏叶沙参、野韭菜；黄色的小连翘、月见草、野黄菊、蒲儿根、苦荬；粉红色的秋牡丹、瞿麦、马先蒿类；紫色的紫香薷；白色的山白菊、鼠曲草、獐耳菜等。冬季雪压枝头，雾凇均为奇景。

（三）自然群落的结构

1. 群落的多度与密度

多度是指每个种在群落中出现的个体数目。多度最大的植物种就是群落的优势种。

密度是指群落内植物个体的疏密度。密度直接影响群落内的光照强度，这对该群落的植物种类组成及相对稳定有极大的关系。总的来说，环境条件优越的热带多雨地区，群落结构复杂，密度大。反之，则简单和密度小。

2. 群落的垂直结构与分层现象

各地区各种不同的植物群落常有不同的垂直结构层次，这种层次的形成是依植物种的高矮及不同的生态要求形成的。除了地上部的分层现象外，在地下部各种植物的根系分布深度也是有着分层现象的。通常群落的多层结构可分3个基本层：乔木层、灌木层、草本及地被层。荒漠地区的植物常只有1层；热带雨林的层次可达6～7层以上。在乔木层中常可分为2～3个亚层，枝桠上常有附生植物，树冠上常攀缘着木质藤本，

图7-2　桂林阳朔小叶榕的独木成林景观（苏雪痕摄）

图7-3　海口海湾红树林的支柱根（苏雪痕摄）

图7-4　北京植物园的四照花（王小玲摄）

图7-5　北京南馆公园夏季的植物景观（黄冬梅摄）

图7-6　北京林业大学的洋白蜡（姚瑶摄）

图7-2

图7-3

图7-4

图7-6

图7-5

在下层乔木上常见耐阴的附生植物和藤本；灌木层一般由灌木、藤本及乔木的幼树组成，有时有成片占优势的竹类；草本及地被层有草本植物、巨叶型草本植物、蕨类以及一些乔木、灌木、藤本的幼苗。此外，还有一些寄生植物、腐生植物在群落中没有固定的层次位置，不构成单独的层次，所以称它为层外植物。

二、自然群落内各种植物的种间关系

自然群落内各种植物之间的关系是极其复杂和矛盾的，其中有竞争，也有互助。

（一）寄生关系

菟丝子属 (Cuscuta) 是依赖性最强的寄生植物，常寄生在豆科、唇形科，甚至单子叶植物上。我们常可以在绿篱、绿墙、农作物、孤立树上见到它，它们的叶已退化，不能制造养料，是靠消耗寄主体内的组织而生活的。

还有一种半寄生植物，它们用构造特殊的根伸入寄主体内吸取养料，另一方面又有绿色器官，可以自己制造养料，如桑寄生属 (Loranthus)、槲寄生，檀香科的寄生藤，远志科的莎萝莽属 (Epirrhizanthes)，玄参科的独脚金，樟科的无根藤等。

（二）附生关系

常以他种植物为栖居地，但并不吸取其组织部分为食料，最多从它们死亡的植株上取得养分。在寒冷的温带植物群落中，苔藓、地衣常附生在树干、枝桠上；在亚热带，尤其是热带雨林的植物群落中，附生植物有很多种类。蕨类植物中常见的有肾蕨、岩姜蕨、鸟巢蕨、鹿角蕨、星蕨、抱石莲、石韦、圆盖阴石蕨（图 7-7）等，天南星科的龟背竹、麒麟尾、蜈蚣藤等，还有诸多的如兰科、萝摩科等植物。这些附生植物往往有特殊的根皮组织，便于吸水的气根，或在叶片及枝干上有储水组织，或叶簇集成鸟巢状以收集水分、腐叶土和有机质，这种附生景观如加以模拟应用在植物景观设计中，不但增加了单位面积中绿叶的数量，增大了改善环境的生态效益，还能使美丽的植物景观多样化，既适合热带和亚热带南部、中部地区室外植物景观设计，也可应用于寒冷地区高温展览温室内的植物景观设计。

（三）共生关系

蜜环菌常作为天麻营养物质的来源而共生；地衣就是真菌从藻类身上获得养料的共生体。根据菌根菌与植物根部的共生关系，已知松、云杉、落叶松、栎、栗、水青冈、桦木、鹅耳枥、榛子等均有外生菌根；兰科植物、柏、雪松、红豆杉、核桃、白蜡、杨、楸、杜鹃、槭、桑、葡萄、李、柑橘、茶、咖啡、橡胶等均有内生菌根；松、云杉、落叶松、栎等有内、外生菌根，这些菌根有的可固氮，为植物吸收和传递营养物质，有的能使树木适应贫瘠不良的土壤条件。大部分菌根有酸溶、酶解能力，依靠它们增大吸收表面，可以从沼泽、泥炭、粗腐殖质、木素蛋白质，以及长石类、磷灰石或石灰岩中，为树木提供氮、磷、钾、钙等营养。作者于 1978 年在广西龙川大青山中见到苏铁在野外直接长在石灰岩上，说明苏铁根部共生的藻类确实能分解石灰岩，使之释放出苏铁生长所需的养分。1976 年在海南尖峰岭见到春兰直接长在伐倒木新鲜的断面上，毫无一点土壤或腐叶土的痕迹。春兰的根部扎在木内，说明兰科植物确实可依赖着内生菌根分解木质素摄取一定的营养。植物与菌根共生关系的深入研究将大大有利于植物景观规划设计。

（四）生理关系

群落中同种或不同种的根系常有连生现象。砍伐后的活树桩就是例证。这些活树桩通过连生的根从相邻的树木取得有机物质。连生的根系不但能增强树木的抗风性，还能发挥根系庞大的吸收作用。前苏联地植物学家尤诺维多夫指出欧洲云杉、西伯利亚红松、落叶松、香杨、疣桦、尖叶槭、桠叶槭、麻栎、榆树、山杨、常春藤等的根系都有连生现象。园林中也不乏模拟树木地上部分合生在一起的偶然现象或借此现象巧立名目来作为景点。如鼎湖山龙眼和木棉合抱生长，北京天坛公园槐柏合抱生长，等等。

图7-7

（五）生物化学关系

黑胡桃地下不生长草本植物，因为其根系分泌胡桃酮，使草本植物严重中毒；灌木鼠尾草（*Salvia leucophylla*）下以及其叶层范围外 1～2m 处不长草本植物，甚至 6～10m 内草本植物生长都受到抑制，这是因为鼠尾草叶中能散发大量桉树脑、樟脑等萜烯类物质，它们能透过角质层，进入植物种子和幼苗，对附近一年生植物的发芽和生长产生毒害；赤松林下桔梗、苍术、茸、结缕草生长良好，而牛膝、东风菜、灰藜、苋菜生长不好。可见在植物景观规划设计中选用植物时也必须考虑到这一因素。

（六）机械关系

在自然植物群落内植物种类众多，一些对环境因子要求相同的植物种类，就表现出相互剧烈的竞争；一些对环境因子要求不同的植物种类，不但竞争少，有时还呈现互惠，例如松林下的苔藓层保护土壤不致干化，有利于松树生长，反过来松树的树荫也有利于苔藓的生长。而机械关系主要是植物相互间剧烈竞争的关系，尤其以热带雨林中缠绕藤本、绞杀植物与乔木间的关系最为突出（图7-8）。如油麻藤、绞藤、榕属及鹅掌柴属的一些种类常与其他乔木树种之间产生着你死我活的剧烈斗争。这些木质缠绕藤本幼年时期，当它遇到了粗度适度的幼树时，就松弛地缠绕在其树干上，借以支柱向上生长，这时矛盾不显著，随着幼树树干不断增粗，就受到了藤本缠绕的压迫，妨碍着幼树增粗生长，幼树的形成层开始产生肿瘤组织，向藤本进行强烈的反包围，矛盾开始剧烈起来。

随着肿瘤组织活跃生长，奇形怪状，将藤本的缠绕部分反包围在内，相互间压力达到顶点。其结果，或是树干被压迫而死；或是藤茎被压迫而死；也有可能两者在剧烈竞争的情况下转化为连生现象，使局部矛盾得到统一，共同生存下去；还有藤本和支柱木在支结点以上均死去，在支结点以下又萌发新枝条，解除了原有的矛盾，重新开始幼树、幼藤的生长发育过程。

号称绞杀植物的榕属植物，在雨林中常见的有小叶榕、高山榕、钝叶榕、垂叶榕。鸟喜食其果实，种子随鸟粪排泄到大树顶部枝桠上，种子发芽后就附生在大树上，附生的榕树幼苗迅速生长出气生根和附生根。气根悬空吊挂，呈网状贴在树干上，入土后即转化为茎干。因此，原来附生在其他大树上的网状根系变成了网状茎干。随着茎干的增粗、愈合，使许多细小的网眼愈合成整块粗厚的网壁，加强了对大树的包围压箍，使之失去增粗生长的可能，终于被绞杀致死。在大树枯死腐烂后，榕树的网状树干成为独立生长的筒状树干，完全成为一株新的巨大的乔木，再经过大量的愈合组织后，成为更接近正常树干的外部形态，但树干内部却是空心的。

图7-8

图7-7 福州森林公园小叶榕上附生圆盖阴石蕨（苏雪痕摄）
图7-8 广东肇庆鼎湖山小叶榕绞杀桄榔（苏雪痕摄）

第七章 植物群落景观设计

第二节 植物群落景观的设计

我国自然环境复杂多样,植物种类丰富多彩。在自然界,任何植物都不是单独地生活,总是与许多其他种的植物生活在一起。这些生长在一起的植物种,占据了一定的空间和面积,按照自己的规律生长发育,演变更新,并同环境发生相互作用,称为植物群落。按其形成可分为自然群落和人工群落。自然群落是在长期的历史发育过程中,在不同的气候条件下及生境条件下自然形成的群落。各自然群落都有自己独特的植物种类组成,一定的外貌、层次、结构、季相变化等。一般情况下,环境越优越,群落中植物种类就越多,群落结构也越复杂。人工群落是按人类需要,把同种或不同种的植物通过景观设计形成的,是服从于人们生产、观赏、改善环境条件等需要而组成的。如果园、苗圃、行道树绿化带、林荫道、林带、树丛、树群等。植物景观设计中人工群落的设计,必须遵循自然群落的生长发育规律,并从丰富多彩的自然群落的组成、结构中借鉴,方能在科学性、艺术性上获得成功。切忌单纯追求艺术效果及刻板的人为要求,不顾植物的习性要求,硬凑成一个违反植物自然生长发育规律的群落,则其后果是没有不失败的。群落中不同植物的生态位、密度、种间附生、共生、生理、生化等关系均反映了其生活型和生态习性,正是植物景观设计时科学性的依据。群落中植物高低错落、季相变化又是植物景观设计时艺术性的启迪。

一、热带、南亚热带的植物景观特色和人工植物群落景观设计

(一)植物景观特色

1. 茎花植物及具板根植物的运用

老茎生花是热带植物的特征,如番木瓜、阳桃、水冬哥、木波罗、大果榕、炮弹树(图7-9)、可可、咖啡、叉叶木等。板根(图7-10)的产生是由于雨林中第一层高大的乔木为了稳固地支撑其庞大树体而在历史的系统发育过程中慢慢形成的。如木棉、四数木、高山榕、人面子等。

2. 榕树景观

榕树在园林中应用最多的就是小叶榕,其次是高山榕、菩提榕、垂叶榕、大果榕、大叶橡胶榕、斑叶橡胶榕、柳叶榕、对叶榕、琴叶榕、枕果榕、三角榕、斜叶榕等。榕树原产我国东南部至西南部、亚洲热带及大洋洲。树姿雄伟,树大荫浓,大量气根下垂入土后成为粗壮树干,形成了独木成林景观。果熟味甜,鸟类喜食,种子随鸟类传布,在树上落种发芽后,长大气根抱树,入土成干,长粗后绞杀被落种的树木。广东多榕树景观。如新会天马河中"小鸟天堂",系河中一 $2hm^2$ 小岛上的一棵巨榕,独木成林,榕树高达15m,树冠投影达 $1.15hm^2$,枝柯交织,浓荫蔽日,引来成千上万各种飞鸟栖息其间。"小鸟天堂"系巴金亲笔题写。词作家田汉赋诗赞曰:"三百年来榕一章,浓荫十亩鸟千双。并肩祇许木棉树,主脚长依天马江。新枝更比旧枝壮,白鹤能眠灰鹤床。历靠经灾全不犯,人间毕竟有天堂。"顺德桂洲镇水仙宫附近的鹏涌上飞架着一座榕根桥,200多年前,当地木匠在建杉木桥的桥头种了两棵榕树,一为斜叶榕,一为小叶榕,长大后双榕连理,人们将榕根用人工牵引,使之跨过5.6m宽的鹏涌,引根架桥的为斜叶榕,主干胸围近4m,树高16m,冠幅15m,在主干离地面0.7m高处,引出一条气生根为扶栏,根中部围粗55cm,横过鹏涌后,扎进一石柱小孔,然后扎入地下,牢固扶栏;4条气生根引为桥梁,中部围粗分别为25cm、65cm、55cm和70cm,垫铺上水泥桥板。桥面与扶栏之间高度为50cm。曾有诗赞曰:澄碧鹏溪少俗嚣,喜看奇景树生桥;引根作架工何巨,分干为栏艺更超。荫是宽垂劳可憩,材虽有用宠难邀;井名无叶清桥畔,桥井相邻景倍饶。"榕根桥不愧

图7-9

图7-10

图7-11

图7-9　美国夏威夷炮弹树老茎生果(苏雪痕摄)
图7-10　印度尼西亚茂物植物园榕树板根(苏雪痕摄)
图7-11　美国迈阿密弗尔恰尔德植物园棕榈园(苏雪痕摄)

为劳动人民独具匠心的杰作。

3. 附生植物景观的应用

在一棵树上附生多种植物乃是热带特有的一种植物景观。西双版纳热带植物园内一棵油棕，在其残留的叶鞘内曾附生有40余种植物，分属8科20余属。将这样的景观借鉴到植物景观设计中不但饶有趣味，同时也可开展科普教育。一些气生兰、凤梨科植物、露兜、巢蕨、肾蕨、崖姜、书带蕨、星蕨、蜈蚣藤、绿萝、龟背竹、麒麟尾等均是常见的附生观赏植物，可以形成空中花园景观。

4. 选用大量棕榈科植物、竹类、大型木质藤本及蕨类植物

棕榈科植物、丛生竹、大型木质藤本、大型木本蕨类是热带植物景观特点之一，也是构成热带和亚热带南部自然群落的主要组成成分。如白背瓜馥木、禾雀花、白花鱼藤、眼镜豆、扁担藤等，前者藤茎粗壮，相互攀搭在或近或远的大树上，后者藤茎扁平如扁担，浆果橙黄，半倚在大树上或横跨于半空中。棕榈科中大王椰子、椰子、枣椰子、长叶刺葵(加那利海枣)、董棕、假槟榔、鱼尾葵、桄榔、霸王棕等都可作为姿态优美的孤立园景(图7-11)。有些可片植成林，如椰子林、大王椰子林、油棕林、桄榔林等，有些常作

行道树，如蒲葵、大王椰子、鱼尾葵、老人葵等。而一些灌木如散尾葵、棕竹、红棕榈、三药槟榔、软叶刺葵、轴榈、燕尾棕、山桄榔、琼棕等可点缀在大草坪上，也可作为耐阴下木配植。广州流花湖公园在湖堤两旁种植各两行蒲葵，由于水面反光强，植物的趋旋光性致使外排树干朝向水面，各排树干弯曲度各异，富具动势，气魄很大，远眺疑为椰林，足见热带气氛浓厚。热带多丛生竹，可植成竹林，或丛植湖旁、河旁。大型蕨类如桫椤、金毛狗、观音莲座蕨、苏铁蕨、华南紫萁等如与苏铁、泽米以及一些孑遗植物如银杏、水杉、金钱松、银杉等配植在一起，辅以恐龙模型，是侏罗纪植物景观最好的体现了(图7-12)。

图7-12

图7-12　深圳园博园笔筒树(仇莉摄)

（二）植物景观设计

1. 丰富的时令开花植物种类

（1）春花植物

乔木：白玉兰、深山含笑、观光木、木棉、红花荷、杜果、扁桃。

灌木：非洲芙蓉、虾子花、夜合、云南黄馨。

（2）春夏开花植物

乔木：金叶含笑、亮叶含笑、醉香含笑、银桦、蒲桃、紫叶李、楹树、南洋楹、刺桐、鸡冠刺桐、印度紫檀、麻楝、蓝花楹、吊瓜树、海南菜豆树。

灌木：含笑、冬红、红花檵木、锦绣杜鹃、小蜡、小驳骨丹、石海椒。

藤本：鸡蛋果、云实、连理藤、白花油麻藤。

草本：朱顶红、益智、旱金莲。

（3）夏花植物

乔木：台湾相思、合欢、腊肠树、凤凰木、无忧花、白榄、岭南酸枣、糖胶树、广玉兰、山玉兰、黄兰、苦梓、含笑、乐东拟单性木兰、大花紫薇、大花第伦桃、木荷、青梅、洋蒲桃、铁刀木、长芒杜英、水石榕、长柄银叶树、假苹婆。

灌木：南天竹、桃金娘、银毛野牡丹、秋茄、大花栀子、珊瑚树、假茉莉。

藤本：多花紫藤、麒麟花。

草本：草珊瑚、金鸟赫蕉、艳山姜、闭鞘姜、郁金、吉祥草。

（4）夏秋开花植物

乔木：喜树、灰莉、尖叶木犀榄、木本曼陀罗、木蝴蝶、紫薇、红千层、柠檬桉、棱果蒲桃、海南蒲桃、黄槿、阔荚合欢、复羽叶栾树。

灌木：朱砂根、黄蝉、龙船花、凤尾兰、红纸扇、白纸扇、粉纸扇、郎德木、白马骨、黄钟花、赪桐、鹰爪花、金粟兰、散沫花、南美稔、地稔、木芙蓉、阴绣球、粉扑花、九里香。

藤本：珊瑚藤、使君子、凌霄、龙吐珠、龟背竹、蓝花藤。

草本：红蕉、文殊兰、蜘蛛兰、葱兰、乳茄。

（5）秋花植物

乔木：紫薇、海南红豆、幅叶鹅掌柴、桂花、猫尾木、柚木。

灌木：糯米条、野牡丹、茶梅。

藤本：星果藤。

草本：旅人蕉、姜花。

（6）秋冬开花植物

乔木：马占相思、铁刀木、油茶。

灌木：茶梅、地稔、野牡丹、美丽赪桐、鹅掌藤、鹅掌柴。

草本：一串红。

（7）冬春开花植物

小乔木：金花茶、山茶、大头茶、梅花、绿荆树、银荆树。

灌木：一品红、蜡梅。

（8）一年三季开花植物

乔木：海南菜豆树、白兰花、红苞花、龙牙花、黄花夹竹桃。

灌木：金脉爵床、假连翘、茉莉、软枝黄蝉、狗牙花、鸡蛋花、蓝雪花、希茉莉、鸳鸯茉莉、黄花夜香树、夜香树、紫叶夜香树、硬骨凌霄、虾夷花、紫玉盘、细叶萼距花、紫雪茄花、野牡丹、钉头果、地稔、金丝桃、灯笼花、金英、狗尾红、月季、美蕊花、翅荚决明、沙漠玫瑰、硬枝山牵牛。

藤本：炮仗花、黑眼睛、蒜香藤、蝶豆。

草本：细叶美女樱、肾茶、地涌金莲、红花酢浆草。

（9）全年开花植物

乔木：火烧树、黄槐、红花羊蹄甲。

灌木：金凤花、萼距花、扶桑、拱手花篮、垂花悬铃花、琴叶珊瑚、双荚决明、大花假虎刺、夹竹桃、五色梅、华南忍冬、长春花、蔓马缨丹。

藤本：三角花、大花老鸦嘴、三裂蟛蜞菊、粉花凌霄、马鞍藤、蔓马缨丹。

草本：大花美人蕉、马利筋、爆仗竹。

2. 大量的彩叶植物

乔木及小乔木：黑叶印度橡胶榕、美叶印度橡胶榕、锦叶印度橡胶榕、花叶垂叶榕、金叶垂叶榕、金叶小叶榕、斑叶澳洲鸭脚木、花叶马拉巴栗、金脉刺桐、紫叶李、红枫。

灌木：肖黄栌、红桑、乳叶红桑、彩叶红桑、洒金铁苋、金边铁苋、银边旋叶铁苋、红背桂、变叶木类、红花檵木、斑叶水蜡、金叶女贞、金脉爵床、花叶假连翘、金叶假连翘、金叶小叶榕、花叶水栀子、朱蕉、亮叶朱蕉、彩叶朱蕉、丽叶朱蕉、翡翠朱蕉、红边朱蕉、彩虹竹蕉、彩纹竹蕉、金黄朱蕉、黄边短叶竹蕉、银边富贵竹、金边富贵竹、金边龙舌兰、银边菠萝麻、黄纹万年麻、黄边万年麻、金边千手兰、花叶凤尾兰、金心巴西铁、金边巴西铁、菲黄竹、菲白竹、斑叶熊掌木、黄斑南洋参、锦叶扶桑、金叶小檗、紫叶小檗、银边黄杨、金边大叶黄杨、金心大叶黄杨、洒金东瀛珊瑚、银边孔雀木。

藤本：斑叶鹅掌藤、黄金鹅掌藤、金边鹅掌藤、银叶常春藤、金容常春藤、美斑常春藤、花叶蔓长春花、斑叶小龟背竹、星点藤、黄金葛、金叶葛、白金葛、白蝶合果芋、翠玉合果芋、彩叶番薯。

草本：红苋草、绿苋草、红龙草、白苋草、紫杯苋、紫绢苋、血苋、黄脉洋苋、金叶文殊兰、白线文殊兰、斑叶石菖蒲、蚌花、金钱蚌花、小蚌花、红点草、金叶拟美花、紫鸭跖草、吊竹梅、彩叶紫露草、斑叶紫露草、花叶芦竹、银边香根鸢尾、彩叶草、皱叶薄荷、斑叶一叶兰、星点一叶兰、银纹沿阶草、斑叶山菅兰、金叶山菅兰、金边山菅兰、银边山菅兰、斑叶玉竹、肖竹芋属、竹芋属、金心露兜、金边露兜、斑叶鱼腥草、花叶冷水花、花叶艳山姜。

3. 常见的行道树种类

竹柏、异叶南洋杉、广玉兰、白兰花、醉香含笑、阴香、天竺桂、香樟、大花紫薇、银桦、柠檬桉、白千层、鱼木、洋蒲桃、榄仁树、长芒杜英、木棉、石栗、黄槿、秋枫、蝴蝶果、血桐、台湾相思、楹树、南洋楹、雨树、盾柱木、红花羊蹄甲、黄槐、凤凰木、枫香、垂柳、木麻黄、木波罗、小叶榕、大叶榕、垂叶榕、高山榕、麻楝、桃花心木、无患子、人面子、杧果、扁桃、喜树、火焰木、假槟榔、椰子、油棕、蒲葵、长叶刺葵、大王椰子、金山葵、老人葵、粗壮老人葵等。

4. 热带人工观赏植物群落景观设计实例

(1) 木棉 + 木莲—大花紫薇 + 红花羊蹄甲 + 鱼尾葵—含笑 + 鹰爪花 + 桃金娘 + 野牡丹 + 金丝桃 + 锦绣杜鹃 + 八仙花—葱兰 + 蜘蛛兰 + 千年健；层间藤本：禾雀花。

(2) 凤凰木 + 白兰—黄槐 + 紫花羊蹄甲—夜合 + 茶梅 + 展毛野牡丹 + 金铃花 + 凤凰杜鹃 + 九里香—韭兰 + 黄花石蒜 + 紫三七；层间藤本：华南忍冬。

(3) 火焰树 + 黄兰—双翼豆 + 羊蹄甲 + 刺桐—轴榈 + 刺轴榈 + 垂花悬铃花 + 红绒球 + 金凤花 + 双荚决明 + 白花杜鹃—石蒜 + 姜花 + 仙茅；层间藤本：薜荔 + 绿萝。

(4) 蓝花楹 + 无忧树 + 大花第伦桃—龙牙花 + 紫玉兰—银毛野牡丹 + 粉花杜鹃 + 米仔兰—姜 + 益智 + 红花酢浆草；层间藤本：龟背竹。

(5) 复羽叶栾树 + 乐东拟单性木兰—木荷 + 糖胶树—光叶决明 + 火红杜鹃 + 黄馨 + 软枝黄蝉 + 大花栀子 + 海桐—穿心莲 + 花叶艳山姜—肾蕨；层间藤本：麒麟尾。

(6) 吊瓜木 + 火力楠—蒲桃 + 水石榕 + 水栀子 + 希茉莉 + 红英丹 + 白纸扇 + 金苞花 + 美丽赪桐—接骨草 + 蛇根草 + 丁癸草 + 蕨类；层间藤本：多果猕猴桃 + 凌霄。

(7) 秋枫 + 深山含笑—鱼木 + 阳桃—映山红 + 黄蝉 + 狭叶栀子 + 白英丹 + 红纸扇 + 金脉爵床—红豆蔻 + 砂仁 + 大叶油草；层间藤本：使君子 + 龟背竹。

(8) 乐昌含笑 + 长芒杜英—山茶花 + 东兴金花茶 + 黄槿—萝芙木 + 宫粉龙船花 + 白叶金花 + 黄花夜香树 + 虾夷花—朱顶红 + 鹤望兰 + 金鸟赫蕉 + 地毯草；层间藤本：西番莲 + 龟背竹。

(9) 楹树 + 银桦—长柄银叶树 + 猫尾木—紫蝉 + 粉叶金花 + 鸳鸯茉莉 + 瓶儿花 + 假茉莉—黄鸟赫蕉 + 红蕉 + 肾蕨；层间藤本：珊瑚藤 + 连理藤。

(10) 海南菜豆树 + 假苹婆 + 海红豆—台湾相思 + 紫薇—大花软枝黄蝉 + 鸡蛋花 + 赪桐 + 五色梅 + 玉叶金花 + 夜香树—长春花 + 郁金 + 莪术 + 高良姜；层间藤本：炮仗花 + 硬枝老鸦嘴。

5. 热带自然雨林群落实例选用

将海南珍稀植物、野生观赏植物、热带灌木群落植物及雨林观赏植物中的乔、灌、藤、草本植物一起应用，设计成 10 个群落。

(1) 海南粗榧 + 海南木莲 + 高山榕—石

硬含笑＋长叶垂枝暗罗＋海南大头茶＋琼崖海棠＋绢毛木兰＋白背黄肉楠＋多瓣核果茶＋卵叶石笔木—长叶木兰＋含笑＋皂帽花＋假鹰爪＋海南木姜子＋十大功劳＋海南线果兜铃＋厚叶槌果藤＋腋花瑞香—海南凤仙花＋海南秋海棠＋海南草珊瑚＋金粟兰＋双扇蕨；层间藤本：眼镜豆＋麒麟尾。

(2) 观光木＋海南暗罗＋小叶榕—山榄＋水石榕＋黄牛木—保亭琼楠＋莲桂＋多核果＋褐背蒲桃＋附生美丁花—海南冷水花＋异色雪花＋海南常山＋喜光花＋弯梗紫金牛＋琼紫叶＋燕尾叉蕨；层间藤本：龟背竹＋红血藤。

(3) 白花含笑＋皱皮油丹＋海红豆—长柄琼楠＋无腺杨桐＋美丽梧桐＋银叶树—海南山胡椒＋海南新木姜子＋尖峰蒲桃＋大果破布木—长叶哥纳香＋海南草珊瑚＋细花短蕊茶＋海南枵＋海南美丁花＋展毛野牡丹＋单花山竹子＋崖县扁担杆—海南雪花＋琼崖蛇根草＋刺冠菊＋九管血＋毛姜＋莪术＋柊叶＋乌毛蕨；层间藤本：海南鹿角藤＋红花青藤。

(4) 东方琼楠＋绢毛木兰＋白兰＋滑桃树—锈叶琼楠＋琼中杨桐＋五月茶＋红翅槭—乐会润楠＋海南大头茶＋短叶水石榕＋海南核果木—海桐＋鹰爪＋同色扁担杆＋五月茶—海南蛇根草＋海南赛爵床＋草珊瑚＋海南鳞花草＋姜黄＋郁金＋艳山姜；层间藤本：海南地不容＋龙须藤。

(5) 长序厚壳桂＋海南合欢＋小花五桠果＋黄兰＋猫尾木—钝叶厚壳桂＋隐脉红淡比＋黄钟花—茶槁楠＋多花五月茶＋密核果木＋洼皮冬青—细叶谷木＋柳叶密花树＋方枝蒲桃＋五柱枵＋中间型蒲桃＋海南金锦香＋大苞血桐＋红叶下珠＋异叶三宝木—皂叶山蓝＋矮爵床＋海南叉柱花＋细孔紫金牛＋华山姜＋假益智＋长叶球子草＋海南金星蕨；层间藤本：扁担藤。

(6) 长圆叶新木姜子＋海南菜豆树＋火焰花—木荷＋毛萼紫薇＋大叶广东山胡椒＋皱萼蒲桃—乌桕＋文昌锥＋长柄冬青—小叶九里香＋钟萼木＋基及树＋窄叶金锦香＋海南常山＋倒卵叶石楠＋短枝鱼藤—保亭叉柱花＋海南水虎尾＋海南锥花＋大高良姜＋罗伞树＋距花山姜＋海芋＋大羽铁角蕨；层间藤本：鹿角蕨＋黄藤。

(7) 青梅＋坡垒＋海南风吹楠—尖峰润楠＋灰毛杜英＋缘毛红豆＋硬叶蚊母树—赛木患＋鳞花木＋坝王栎—九里香＋金莲木＋柳叶红千层＋海南鱼藤＋棱枝冬青＋乐东卫矛＋折角杜鹃＋粗脉紫金牛＋橄榄山矾—中华叉柱花＋海南黄芩＋兰花蕉＋海南柊叶＋多脉紫金牛＋草豆蔻＋高良姜＋大叶仙茅＋珊瑚姜＋羽裂短肠蕨；层间藤本：海南羊蹄甲＋台湾追果藤。

(8) 蝴蝶树＋红花天料木＋麻楝＋秋枫—荔枝叶红豆＋海南槭＋海南山矾＋圆萼柿—海南假韶子＋琼岛柿＋石枣冬青—米仔兰＋桃金娘＋多花野牡丹＋肖槿＋洋金凤＋长柄卫矛＋块根紫金牛＋枪叶山矾—兰花蕉＋花叶山姜＋海南砂仁＋海芋＋海南叉柱花＋海南莲楠草＋海南千年健＋菜蕨；层间藤本：东方瓜馥木＋少叶野木瓜。

(9) 海南梧桐＋海南紫荆＋假苹婆—保亭梭罗木＋东方水青冈＋东方肖榄—琼刺榄＋单花山矾＋海南黄皮—野牡丹＋郎伞木＋海南龙船花＋黄钟花＋海南卫矛＋密鳞紫金牛＋吊罗山萝芙木—海南蜘蛛抱蛋＋沿阶草＋益智＋长柄豆蔻＋仙茅＋箭根薯＋海南凤丫蕨；层间藤本：海南崖爬藤＋乐东玉叶金花。

(10) 琼崖柯＋海南柿＋木棉—五蒂柿＋孔雀豆—吊钟山矾＋海南厚壳树—白树卫矛＋海南虎刺＋琼棕＋轴桐＋刺轴榈＋红腺紫珠＋海南玉叶金花＋椭圆叶乌口树＋轮叶紫金牛—露兜草＋假海芋＋长柄豆蔻＋红球姜＋广东万年青＋万年青＋大花益母草＋海南耳草＋三叉凤尾蕨；层间藤本：海南忍冬＋红叶藤＋红花羊蹄甲。

二、中、北亚热带的人工植物群落景观设计

亚热带中部的自然群落常以阔叶常绿树种为主，常绿与落叶阔叶树种混交的基本外貌，而亚热带北部则常绿成分减少，落叶成分大大增多。

（一）中、北亚热带植物景观群落设计

1. 选择有代表性的高大上层乔木

香樟、枫香、枫杨、广玉兰、白玉兰、

无患子、麻栎、银杏、重阳木、皂荚、悬铃木、合欢、珊瑚朴、河柳、金钱松、黑松等。

2. 耐阴的木本植物

南方红豆杉、香榧、粗榧、三尖杉、罗汉松、竹柏、桂花、含笑、山茶、油茶、厚皮香、柃木属、大叶冬青、红茴香、海桐、崖花海桐、卫矛、八仙花、圆锥八仙花、伞形八仙花、木绣球、琼花、野珠兰、马银花、毛白杜鹃、锦绣杜鹃、米饭花、六月雪、金银木、刺五加、赤楠、棕榈、楝棠、箬竹属、八角金盘、桃叶珊瑚、洒金东瀛珊瑚、小叶黄杨、雀舌黄杨、南天竹、小檗属、十大功劳属、枸骨、栀子、虎刺、杜茎山、紫金牛、朱砂根、瓶兰、老鸦柿、络石、中华常春藤、洋常春藤等。

3. 耐阴的草本及蕨类植物

吉祥草、宽叶麦冬、麦冬、沿阶草、连钱草、红花酢浆草、虎耳草、石蒜、苍术、蝴蝶花、萱草、大吴风草、蛇根草、八角莲、二月蓝、紫堇、紫萼、玉簪、垂盆草、圆叶景天、葱兰、韭兰、马蹄金等。蕨类如石韦、抱石莲、江南星蕨、肾蕨、铁线蕨、翠云草、紫萁、海金沙、圆盖阴石蕨、井口边草、凤丫蕨、贯众、狗脊、胎生狗脊蕨等。

4. 人工植物群落景观设计实例

河柳—枸骨—吉祥草

麻栎—厚皮香—沿阶草

香樟—瓶兰+海桐+栀子—红花酢浆草

香樟—小叶黄杨+洒金东瀛珊瑚—石菖蒲

枫香+麻栎—厚皮香+红茴香—南天竹—沿阶草

黑松—毛白杜鹃+锦绣杜鹃—二月蓝+石菖蒲

悬铃木—楝棠—沿阶草

广玉兰+白玉兰—山茶—阔叶麦冬

深山含笑—含笑+茶梅—石菖蒲

枫香—桂花—水栀子+蝴蝶花

金钱松—西洋杜鹃（杂种杜鹃）—苔草

黑松—楝棠+马银花—蝴蝶花

珊瑚朴—南天竹—石蒜

（二）体现常绿与落叶阔叶混交林外貌，选用乡土树种

在遵循自然规律的基础上，为了使植物景观既美观又稳定，可以挑选樟科、壳斗科、冬青科、金缕梅科、山茶科、豆科、漆树科、木兰科、蔷薇科、杜鹃花科、小檗科、山矾科中观赏价值高的树种来进行植物景观设计。如枫香树体高大、挺拔，秋叶迷人；香樟则树态饱满，浓荫蔽日（图 7-13）；银杏高耸雄伟，春叶嫩绿，秋叶金黄。木兰科的广玉兰、白玉兰、紫玉兰、朱砂玉兰、含笑、深山含笑、乐昌含笑、醉香含笑、红花木莲、木莲、厚朴、鹅掌楸、红茴香等都是色、香俱佳的观赏乔、灌木。山茶科中的山茶、红花油茶、厚皮香、紫茎、杨桐、梨茶等多为优良的耐阴小乔木，花朵美艳。杜鹃花科中的毛白杜鹃、锦绣杜鹃、映山红、满山红、闹羊花、石岩杜鹃、杂种西洋杜鹃、马银花、鹿角杜鹃、云锦杜鹃以及马醉木、米饭花、小果南烛等观花灌木都可配植在林下、林缘、路旁、水际、石隙，以其艳丽鲜亮的色彩装点春色。蔷薇科中各种海棠、碧桃、樱花、楝棠、梅花、火棘、绣线菊属、蔷薇属、贴梗海棠属等妩媚动人（图 7-14）。小檗科中的南天竹、十大功劳属、小檗属等都是观果的耐阴灌木，可配植作下木用。山矾科中的白檀、川山矾、老鼠矢，尤其是留

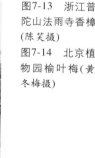

图7-13 浙江普陀山法雨寺香樟（陈笑摄）

图7-14 北京植物园榆叶梅（黄冬梅摄）

图7-13

图7-14

春树，早春一树白花，衬托着圆浑端整的常绿树冠。

（三）花、叶并重，达到四季常青，四时花香

由于亚热带植物种类丰富，在植物景观上完全可以达到像宋朝欧阳修要求的"深红浅白宜相间，先后仍需次第栽，我欲四时携酒赏，莫叫一日不花开。"如何做到红白相间、次第花开呢？春季可用杜鹃、玉兰、含笑、碧桃、樱花、绣线菊、海棠、贴梗海棠、棣棠、溲疏、迎春、紫藤等；夏季可选择荷花、睡莲、广玉兰、栀子、石榴、木槿、紫薇、醉鱼草、合欢、复羽叶栾树、金丝桃、夹竹桃、荻等；秋景主要有秋色叶树种银杏、金钱松、水杉、连香树、枫香、乌桕、毛黄栌、黄连木、野漆、肉花卫矛、小鸡爪槭、五角枫、秀丽槭、橄榄槭、毛鸡爪槭、无患子、蓝果树、四照花等，还有甜香的桂花相伴；冬季有梅花、蜡梅、山茶、茶梅、八角金盘、枇杷等，另外一些树皮斑驳状树种如木瓜、斑皮柚水树、紫茎、悬铃木、油柿、天目木姜子、豹皮樟等。此外还有不少彩叶树种如红枫、紫叶李、红花檵木、金叶女贞、金叶锦熟黄杨、金叶国槐、金叶美国三齿皂荚、金叶刺槐、金叶风箱果、红叶石楠、雪叶菊等。

三、暖温带人工植物群落景观设计

暖温带的自然群落主要是落叶阔叶林以及针阔叶混交林。

（一）模拟自然群落外貌，应用乡土植物

以北京西部和北部山区次生林为例，海拔800m以下阳坡主要为油松、槲栎、槲树组成的松栎林，间杂有平基槭、栾树、臭椿、鹅耳枥等。灌木有荆条、酸枣、小叶鼠李、蚂蚱腿子、薄皮木等。土层瘠薄的石灰岩地区有侧柏；土层深厚处有核桃、板栗、苹果、梨、桃等果树。海拔800～1200m处，油松大为减少，主要有辽东栎林，间有椴属、榆属、大叶白蜡等落叶阔叶林。灌木有鼠李属、榛属、忍冬属、太平花、东陵八仙花、天目琼花、茶藨子、绣线菊类、大花溲疏、小花溲疏、

二色胡枝子。海拔1200～1500m处是以华北落叶松与辽东栎为主的针阔叶混交林。沿沟有核桃楸、青杨、辽杨、百花花楸、石灰树、蒿柳等。海拔1500m至山顶主要是华北落叶松、青杆、白杆、白桦、红桦、辽东栎、平基槭、黄花柳等，灌木有柔毛绣线菊、三裂绣线菊、六道木、毛榛、平榛、沙梾、红丁香、照山白、迎红杜鹃、北京丁香、辽东丁香、美蔷薇、小花溲疏等。山顶高山草甸（图7-15），有野生花草200余种，色彩艳丽，如金莲花、狗娃花、红旱莲、山大烟、草乌、牛扁、石竹、瞿麦、蚤缀、麦瓶草、轮叶沙参、展枝沙参、紫沙参、华北蓝盆花、大花蓝盆花、胭脂花、轮叶马先蒿、返顾马先蒿、中华马先蒿、拳参、手参、蓬子菜、翠菊、梅花草、铃兰、百里香、升麻、独活、落新妇、多种风毛菊、草芍药、山萝花、长梗葱、天蓝韭、大叶龙胆、花锚、岩青兰、假报春、北京虎耳草、鹿蹄草、虎耳草、黄精、玉竹、歪头菜、北重楼、华北耧斗菜、仙鹤草、东亚唐松草、瓣蕊唐松草、大叶铁线莲、棉团铁线莲、短尾铁线莲、大瓣铁线莲、舞鹤草、小黄花菜、秋海棠、水金凤、翠雀、蓝刺头、橐吾、多种委陵菜、广布野豌豆、狼尾花、地榆、太阳花、黄芩、婆婆纳、糖芥、香花芥、紫菀、华北景天、小丛红景天等。以上很多野生植物资源，尤其是宿根花卉还有待开发利用。

（二）暖温带植物群落景观设计

1. 选择有代表性的高大上层乔木

毛白杨、北京杨、垂柳、旱柳、馒头柳、金丝柳、榆、槐、金叶槐、刺槐、金叶刺槐、臭椿、白蜡、金叶白蜡、栾树、金叶栾、泡桐、银杏、蒙椴、油松、白皮松、华山松、侧柏、桧柏等。

2. 耐阴的木本植物

白杆、青杆、云杉、山楂、五角枫、珍珠梅、金银木、天目琼花、欧洲琼花、紫丁香、白丁香、波斯丁香、香荚蒾、香茶藨子、郁香忍冬、猬实、锦带花、红瑞木、枸杞、糯米条、小花溲疏、菱叶绣线菊、麻叶绣球、珍珠花、笑靥花、棣棠、太平花、胡枝子、小蜡、连翘、矮紫杉、粗榧等。

3. 耐阴的藤本植物

金银花、地锦、美国地锦、扶芳藤、爬

行卫矛、洋常春藤等。

4. 耐阴的草本植物

二月蓝、紫花地丁、玉簪、萱草、阴地堇菜、山麦冬、紫萼、芍药、铃兰、连钱草、羊胡子草、涝峪苔草、宽叶麦冬、富贵草、荚果蕨等。

5. 人工植物群落设计实例

侧柏—太平花—萱草

毛白杨—金银木—羊胡子草

槐—珍珠梅—紫花地丁

油松—丁香+白玉棠—剪股颖

栾树—天目琼花—大叶铁线莲

泡桐—绣线菊属—垂盆草

为改善北京地区隔离片林种植结构，提出下列人工植物群落结构模型：

(1) 水景植物群落设计

栾树+绦柳+水杉—柳叶绣线菊+红瑞木+粗榧—银芽柳—玉簪+金银花+山麦冬

白蜡+丝绵木+华山松—小花溲疏+天目琼花+紫薇+黄栌—苦荬菜+涝峪苔草

(2) 春景植物群落设计

元宝枫+毛泡桐+海棠花—连翘+鸡麻+粗榧—爬行卫矛

旱柳+流苏树+油松—金银木+天目琼花+连翘—二月蓝+荚果蕨

(3) 夏景植物群落设计

栾树+刺槐+华山松—珍珠梅+鸡麻+紫薇+玫瑰—大花萱草+宽叶麦冬

槐+合欢+臭椿—圆锥绣球+大叶黄杨+太平花—富贵草+玉簪

(4) 秋景植物群落设计

元宝枫+山楂+白皮松—红瑞木+黄栌+胡枝子+木槿—五叶地锦+羊胡子草

银杏+刺槐+柿树—糯米条+多花胡枝子+矮紫杉—地被菊+涝峪苔草

(5) 冬景植物群落设计

刺槐+杜仲+白皮松—红瑞木+棣棠+迎春+大叶黄杨—冷季型草+爬行卫矛

华山松+馒头柳+桧柏—金叶女贞+紫叶小檗+连翘+小叶黄杨—金银花+洋常春藤

(6) 四季景观植物群落设计

绦柳+银杏+雪松—柳叶绣线菊+猬实+紫薇+矮紫杉—金银花

柿树+栾树+白皮松—天目琼花+郁香忍冬+大叶醉鱼草+大叶黄杨—玉簪+冷季型草

(7) 林果景观植物群落设计

柿树+山里红+海棠果—香茶藨子+秋胡颓子+天目琼花+枸杞—宽叶麦冬

图7-15　百花山草甸(王小玲摄)
图7-16　北京植物园春景(姚瑶摄)
图7-17　美国纽约公园紫叶李(苏雪痕摄)

植物景观规划设计

(8) 林蜜景观植物群落设计

刺槐＋枣树＋蒙椴—荆条＋柳叶绣线菊＋天目琼花＋木槿—二月蓝

(9) 林药景观植物群落设计

侧柏＋银杏＋杜仲—连翘＋刺五加＋枸杞＋紫叶小檗—金银花＋芍药＋宽叶麦冬

(10) 防护植物群落设计（以抗污染为主）

构树＋毛泡桐＋皂荚＋白皮松—珍珠梅＋连翘＋华北紫丁香＋木槿—山荞麦＋地锦

(11) 耐瘠薄植物群落设计

臭椿＋侧柏＋刺槐—小花溲疏＋金银木＋黄栌—金银花＋沙地柏＋金叶莸

（三）花、叶并重，达到四季常青，三季有花

暖温带植物种类特点突出，种类也很丰富。常绿树种以针叶树为主，常用的松柏类有油松、白皮松、华山松、桧柏、侧柏、雪松、龙柏、云杉、白杆、矮紫杉。阔叶常绿树种有大叶黄杨、小叶黄杨、锦熟黄杨、凤尾兰、扶芳藤、爬行卫矛、女贞、火棘、常春藤、黄槽竹、早园竹、斑竹、筇竹、箬竹等。在引种过程中有极少量在小气候条件下存活下来，并能结种子的有广玉兰、石楠、棕榈。有一些在小气候条件下存活，但生长并不很强壮的如桂花、柊树、络石。而常绿地被如麦冬、宽叶麦冬均可在小气候条件下安全越冬。春季是华北最热闹的季节，仅蔷薇科中就有70种左右的花灌木竞相开放（图7-16），如白鹃梅、珍珠花、麻叶绣球、菱叶绣线菊、笑靥花、风箱果、白玉棠、木香、黄刺玫、黄蔷薇、棣棠、金露梅、紫叶李、杏、碧桃、山桃、榆叶梅、郁李、欧李、樱花、东京樱花、水枸子、山楂、木瓜、贴梗海棠、海棠花、垂丝海棠、白梨、杜梨等。加上其他科属中如白玉兰、望春玉兰、朱砂玉兰、迎春、紫丁香、白丁香、波斯丁香、蓝丁香、欧洲丁香、暴马丁香、连翘、香荚蒾、天目琼花、欧洲琼花、木本绣球、锦带花、海仙花、猬实、金银木、郁香忍冬、鞑靼忍冬、金银花、红瑞木、紫藤、牡丹、芍药、小蜡、雪柳、二月蓝、雏菊、金盏花、紫花地丁等共有百余种开花植物，夏季的荷花、睡莲、栾树、合欢、醉鱼草、紫薇、凤尾兰、广玉兰、毛刺槐、槐树、灯台树、木本香薷、美国凌霄、鹿葱、玉簪等种类虽不多，但花期很长；秋季除少量开花植物如荻、糯米条、丰花月季、海州常山外，有不少秋色叶树种如银杏、黄栌、五角枫、茶条槭、火炬树、黄连木、柿、平枝枸子、复叶槭、七叶树、洋白蜡、水杉、四照花、地锦、五叶地锦、山楂叶悬钩子、红瑞木、沙梾、胡枝子等。而近来已引种推广的及正在扩繁、区域化试验的彩叶植物日渐增多（图7-17），如紫叶李、紫叶矮樱、紫叶桃、紫叶小檗、金叶女贞、金叶连翘、金山绣线菊、金叶锦熟黄杨、金边锦熟黄杨、金叶刺槐、金叶国槐、金叶白蜡、金叶栗等都已能组培及扦插大量繁殖；金叶皂荚、紫叶梓树、紫叶榛、紫叶黄栌、银边复叶槭、金叶北美花柏、银蓝北美花柏、蓝灰北美花柏等均在扩繁的研究中，不日也可推广应用。

（四）大量开发野生花卉资源及藤本植物

野生的宿根、球根花卉是因为气候恶劣在长期的系统发育过程中形成的。野生花卉又能最快地美化环境，而北方地区资源又极其丰富，没有不重视的理由。为了大量发展垂直绿化，增加城市绿量，暖温带可资利用的藤本植物也不少。如地锦、五叶地锦、紫藤、美国凌霄、金银花、木香、粉团蔷薇、白玉棠、十姐妹、花旗藤、胶东卫矛、南蛇藤、扶芳藤、洋常春藤、猕猴桃、深山木天蓼、三叶木通、葛藤、野葡萄、蛇葡萄、乌头叶蛇葡萄、白蔹、山荞麦、北五味子、木防己、何首乌等。

思考题

1. "师法自然"应从哪些方面入手？

2. 如何利用植物来创造景观中的地域特色？

3. 以北京地区为例，谈谈如何营造"源于自然"而又"高于自然"的人工植物群落景观？

第八章 园林植物景观规划设计的程序

> 园林植物景观规划设计是园林规划设计的重要组成部分，从园林用地的基本构成可以看出，绿化用地在整个园林用地中所占的比重最大，园林植物景观是园林景观的重要载体和表现层面。园林植物景观规划设计的基本程序包括以下几个方面：调查与分析、园林植物景观规划、园林植物景观设计、种植施工与管理。

第一节 园林植物景观规划设计的基本程序

一、调查与分析

（一）地域资料的采集与分析

在进行园林植物景观规划设计时，首先应针对规划设计任务所处的地域进行相关资料的采集与分析。主要包括以下内容：

地域植被自然分布带与分布特征：应参照《环境景观——绿化种植设计》GJBT-599对中国主要城市园林区划中，将全国划分为11个不同的植被区域，核对项目所在城市的植被分布情况。

城市物种多样性保护规划、城市树种规划、城市乡土植物种类和植物引种驯化情况、地方苗木生产情况、地域病虫害情况、地域气候资料（光照、温度、风向、降水量、蒸发量）、水文资料（河流、湖泊、水渠的分布，防洪水位与要求）和社会人文资料（地方志、民间传说、民俗文化等）。

（二）基址周边区域的资料采集与分析

应对规划设计基址周边区域的资料进行采集与分析，主要包括：设计基址周边用地性质、建筑状况、交通状况和污染状况的调查与分析。

对所规划设计的绿地性质依据城市绿地系统规划进行分析与确认。根据《城市绿地分类标准》（CJJ/T88-2002）中将城市绿地划分为：公园绿地、防护绿地、附属绿地、生产绿地和其他绿地五种类型。植物景观规划设计前应明确绿地的性质和定位，依据其性质的差异和对绿化水平与效果的不同要求来确定合理的植物景观规划设计方案。

（三）基址现状调查与生态因子分析

基址现状调查包括：红线范围、现状高程、现状植被、现状土壤、现状管网分布与埋置深度等。

针对现状调查的资料与总体规划设计方案，应对影响植被生长的重要生态因子进行分析，主要包括以下主要因子：

光照因子——应全面调查和分析基址范围内一天的光照条件，可利用 Sketchup 等软件进行光影分析，分析一天内和一年内光照条件的变化，分析光照条件的差异和变化，以便合理地选择植物材料。

土壤因子——分析了解基址范围内的土壤类型、土壤肥力、土壤 pH 值、土层厚度和地表土层厚度。

水文因子——自然降水量、蒸发量，天然水源、人工水源和人工灌溉的条件和灌溉方式等。

（四）图件资料的调查与分析

主要包括：规划基址的区位图、现状图、地下管网图等，在现场踏查时，应仔细核对图纸与现状的吻合程度。

二、园林植物景观规划

园林植物是园林设计中重要的景观元素，与园林中的地形、水体、建筑等要素共同构成丰富多彩的景观形式。随着生态、环境意识的加强，在园林规划设计中更加关注和重视园林植物景观的营建。园林植物景观成为园林景观表达的最主要手段，是园林规划设计中的重要层面。

因此，从当今风景园林的发展与变化的趋势来看，应明确提出和强调园林植物景观规划设计的概念。特别是对园林植物景观规划层面的理解应体现在以下几个方面：

（一）扩大植物景观的研究内涵，使其延伸至园林规划的层面

传统的植物配置和植物造景的思想本质，主要停留在植物的景观设计层面，注重局部的植物景观视觉艺术效果。随着风景园林研究领域的扩张，要求园林植物景观也应从传统的视觉领域中突破，从国土区域、城市大环境等不同的角度来构筑合理的园林植物景观体系和相应的植物景观表达形式。园林植物景观的科学性应该体现在植物景观规划设计的不同层面，不仅体现在对植物种植立地条件的科学选择、植物群落的科学结构等层面，还应该体现在区域、城市或整体的科学布局结构。根据绿地的不同功能属性，来确定其规划设计形式和植物景观的艺术表达手法。

（二）拓展局部的植物景观设计观念，注重植物景观整体结构

传统的植物配置思想是把园林植物景观理解为园林景观中的配景，过多地关注植物与建筑、山水、道路等元素的局部组合搭配关系。强调采用孤植、对植、丛植和群植等局部的植物景观设计手法，忽略对于园林植物景观整体结构的把握，脱离了对场所整体的结构性理解。对于尺度较大的场所，局部的植物景观设计方法往往是无能为力的。

（三）改变对于视觉景观实体重视的传统思维模式，强化由实体构成园林植物空间的景观意义

在以往的园林植物景观设计中，对于园林植物不同的观赏特性，如形态、质感、线条和色彩进行了较全面的阐述和研究，植物景观所关注的是景观实体——园林植物本身。而风景园林艺术是多维的艺术形式，空间性和时序性是其基本的属性，园林植物景观是通过不同的空间形态表现出来的。因而，对于园林植物实体所构成的植物景观空间应该加以重视。

园林植物景观规划常用图纸的比例尺为 $1:500 \sim 1:1000$。

三、园林植物景观设计

园林植物景观设计是在园林总体规划和园林植物景观规划的指导下，进一步深化的过程。重点是选择适宜的植物种类来体现和落实园林植物景观规划中的各种目标与概念。如选定植物景观群落的栽植方式与构成的植物种类，孤植、丛植、群植的植物种类。

花境、花坛和色带植物的材料等。

园林植物景观设计通常分为初步设计（详细设计）和施工设计两个不同的阶段。初步设计（详细设计）需要绘制出种植设计平面图，图纸上应明确标注出常绿乔木、落叶乔木、常绿灌木、落叶灌木及非林下草坪等不同的种植类别，重点表示其位置和范围。应编制出初步设计的苗木表，表示出植物的中文名称、拉丁学名、种类、胸径、冠幅、树高等，统计种植技术指标。图纸绘制常用比例为1:300～1:1000。

施工图设计应满足施工安装及植物种植需要、满足设备材料采购、非标准设备制作和施工需要、满足编制工程预算的需要。

设计文件一般包括设计说明和图纸，种植施工设计图纸常用比例1:500～1:1000，局部节点施工图设计可采用比例为1:300。

四、种植施工与管理

种植工程施工前必须做好各项施工的准备工作，以确保工程顺利进行。准备工作内容包括：掌握资料、熟悉设计、勘查现场、制定方案、编制预算、材料供应和现场准备。

掌握资料：应了解掌握工程的有关资料，如用地手续、工程投资来源、工程要求等。

熟悉设计：应熟悉设计的指导思想、设计意图、图纸、质量、艺术水平的要求，并由设计人员向施工单位进行设计交底。

现场勘查：施工人员了解设计意图及组织有关人员到现场勘查，一般包括：现场周围环境、施工条件、电源、水源、土源、交通道路、堆料场地、生活设施暂设的位置，以及市政、电讯应配合的部门和定点放线的依据。

制定方案：工程开工前应制定施工组织设计，包括以下内容：工程概况，确定施工方法，编制施工程序和进度计划、施工组织的建立，制定安全、技术、质量、成活率指标和技术措施、现场平面布置图等。

编制预算：编制施工预算应根据设计概算、工程定额和现场施工条件、采取的施工方法等编制施工预算。

材料供应：如特殊需要的苗木、材料应事先了解来源、材料质量、价格、可供应情况。

现场准备：做好现场的三通一平，搭建暂设房屋、生活设施、库房。与市政、电讯、公用、交通等有关单位配合好，并办理有关手续。

第二节　园林植物景观规划

一、园林总体规划中的植被规划

在园林总体规划方案中，植被规划是与竖向规划、道路系统规划等平行的分项规划。在此层面的植被规划主要应反映出以下内容：

总体规划层面下的植被规划图纸应表述清楚植被规划的范围、规划范围内的乔木、灌木和非林下草坪的位置，布置形态。应明确提出植物景观规划的原则、植被景观规划的主题、植物景观空间的主要类型、栽植的主要类型和方式、乔木与灌木的栽植控制比例、常绿树与落叶树栽植控制比例。应提供植被规划的植物名录、骨干树种、基调树种等，对主要观赏植物的形态应提供参考图片。图纸常用的比例尺为1:500～1:1000。

图8-1为晋商公园5标段总体规划中园林植物景观的分项规划图，在规划说明书中

图8-1　晋商公园与标段总体规划图（李雄自绘）

图8-1

宏观地提出了晋商公园5标段园林植物景观规划的基本原则为：遵循适地适树与物种多样的原则，选择在晋中市可以露地越冬的植物种类。以自然式复层栽植的方法构成景观良好的人工景观群落（图8-2）。园内植物景观注重四季景观的变化，形成鲜明的植物景观特色。常绿树与落叶树比为3:7，乔木与灌木比为1:3。

骨干树种建议采用乔木：油松、白皮松、华山松、银杏、红叶椿、金丝柳、金叶槐。小乔木或灌木：海棠、碧桃、丁香、紫薇、珍珠梅、紫叶李等。

主要常绿乔木树种为油松、白皮松、华山松、桧柏、龙柏、云杉等。

主要落叶乔木为银杏、毛白杨、金枝槐、千头椿、红叶椿、金丝柳、槐树、合欢、栾树、紫花泡桐、白蜡、白玉兰、元宝枫等。

主要小乔木或花灌木以金银木、紫叶矮樱、樱花、海棠类、碧桃、紫荆、紫薇、榆叶梅、黄刺玫、木槿、丁香、锦带花、月季类、红瑞木、绣线菊、迎春、连翘等为主。

为减轻养护管理的压力，建议在重点区域采用冷季型草坪，其他区域多采用白三叶、麦冬、沙地柏和景天类等地被植物。

水生、湿地植物种类以荷花、芦苇、千屈菜、水烛、黄菖蒲、菖蒲等为主。并在总体规划说明书中提供晋商公园植物名录。

二、园林植物景观规划

（一）整体结构的景观意义

园林景观的构成中园林植物起着重要的作用，是形成园林外部空间的重要要素。凯文·林奇在《总体设计》中指出："就重要性而言，除水而外，其次就是活的种植材料，树木、灌木、草本植物，与造景有密切关系的材料，对此，通常的考虑只是在布置完建筑和道路之后，在总平面上点缀树木而已。更正确的做法是把植物覆盖作为室外空间组织的要素之一……总体设计考虑植物群体和种植地段的一般特征，而不是单个树种……。"

人们对于植物景观的欣赏与认识是由对园林植物的个体审美开始的，首先人们更多关注的是植物鲜艳的花朵、优美的形态等。随着人类社会的进步与艺术思想的发展，在园林植物景观中产生了将植物进行人工组合的景观意识，产生出模纹花坛、节结园、植物景观群落等不同的植物景观类型，将植物个体的审美转向了植物的景观组合。所有这些不同的组合方式均可以理解为园林植物景观的局部表象。

然而，园林是一个艺术的整体，对于景观的感知应该是整体的。从法国巴黎索园的航片中（图8-3），可以感受出园林植物在整体结构形成中的意义和作用。在索园中，我们所感受到的是园林的局部景观特征，如刺绣花坛、几何式草坪绿毯和林中空间等。在同一时间内我们无法感受到不同的局部景观。因此，局部景观之间应该形成相互联系的、有机的整体是索园布局成败的关键性因素。意大利文艺复兴时期艺术家帕拉第奥指出："美的形式是由整体与局部的呼应，各局部之间的相互呼应以及各个局部与整体的呼应所产生的。"在园林植物设计的过程中，对植物景观格局整体的把握具有重要的结构性意义。英国风景园林师 Brian Clouston 在其《风景园林植物配置》中指出："对所有的艺术家，其中包括园林设计师来说，探求局部和整体的关系，并体现出整体大于局部总和的真理是非常重要的。我认为解决这一问题的完美结论应该是，如同任何能使人们产生激情的伟大艺术作品一样，整体的效果和水平应高于一切。"

在园林植物景观规划设计中，很多现有研究的侧重点均放在了植物景观的局部表象特征上，对植物景观的整体性、结构性还缺乏科学、系统的研究。1994年，由彼德·沃克（Peter Walker）和墨菲/杨（Murphy/Jahn）设计建成的德国慕尼黑凯宾斯基酒店花园，反映出沃克对园林植物景观结构整体性的良好把握能力。在设计中沃克采用了简洁的植物景观语汇：绿篱、林荫道、规则式的林阵、草坪和多年生花卉，植物种类的选择也比较简单。使用绿篱等传统的植物景观设计手法反映出沃克对欧洲古典规则式园林的理解和传递景观文脉的设计理念。新的结构形式表现出其对现代艺术的偏爱和追求。花园是以流动观赏和酒店的鸟瞰观赏为主，其布局结构强调

整体形式的秩序与变化，由点、线、面三种元素构成（图8-4）。

花园布局采用了网格式的形式，斜插的道路将绿地的不同部分联系起来，形成

栾树、合欢—山桃—地被菊、野牛草　　　　刺槐—大花醉鱼草—地被菊

图8-2

图 8-2　人工景观群落模式（李雄自绘）

图 8-3　法国巴黎索园卫星影像（引自 Google-earth）

图 8-4　凯宾斯基酒店花园景观轴线构成分析（李雄自绘）

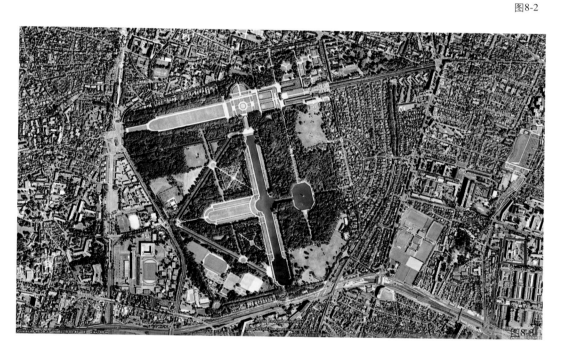

图8-3

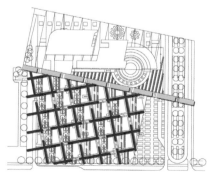

图例：　一级轴线
　　　　二级轴线
　　　　三级轴线

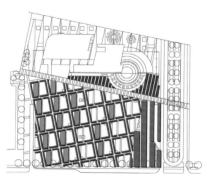

图例：　树线
　　　　绿篱线
　　　　花卉线

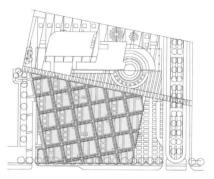

图例：
　□ 面

图8-4

主要的功能通道。网格与建筑的轴线形成10°左右的角度,增加了景观的变化与活跃,与建筑轴线垂直种植的杨树与建筑构图产生对接关系。通过在网格的边缘栽植绿篱强调线性的几何秩序,又形成了绿篱围合的小面状空间。在网格轴线的交点,布置方形的绿篱块,形成局部节点空间的强调(图8-5)。

图8-6是2005年德国慕尼黑的园林博览会中的叶园(Leave garden)设计方案。该方案的布局结构采用象形的叶片形式,周边采用3m高的梯形台地围合空间,为游人提供鸟瞰叶片图案的观赏点。由于设计整体结构的不当,导致植物景观的表达形式与设计的整体意图相违背,实际的景观空间感受是混乱与无序。

(二)景观形式的动态与科学性

园林植物景观设计艺术的最大特征是空间艺术与时间艺术的完美结合。随着年代的变化和更替,园林中的植物景观呈现出不同的景观外貌。随着季节的差异,园林植物景观形成了不同的季相植物景观,甚至一天中的阴晴变幻,也给园林植物景观带来了不同的艺术情感。"所有景观是动态的,变幻不定的。随着时间的流逝,景观也在不断变化着,由一种形态变成另一种形态……"。园林中的景观组成与建筑等其他艺术不同点在于构成园林景观的主体性因素,园林植物是有生命的、活的有机体,而建筑等其他艺术往往是由无机的材料所构成。植物材料在一年四季和整个生命过程中都是发展变化的。

目前我国的城市化进程和风景园林事业飞速发展,对于园林植物景观建设也极其重视。但表现出许多急功近利的做法:将大树移植进城、植物栽植的高密度、大量栽植冷季型草坪而忽略乡土植物、湿地风、生态风等,希望通过当年的栽植就形成良好的景观。这种无视园林植物景观基本科学规律的做法,只能是对于自然资源产生极大的破坏和造成不必要的经济浪费。应该提倡的是科学的、动态的园林植物景观设计方法。

Hellennikon公园位于雅典以西20km,原为废弃的雅典国内机场,总面积为530hm²。在2004年,由风景园林师David Serero等负责规划设计(图8-7)。在对原地形充分分析的基础上,总体规划方案构建了6条200～300m宽的绿色廊道,将城市与海滨区域连接为一个整体。通过设计不同的台地,进行雨水的收集和安排不同的游憩活动项目。根据立地条件中水分状况的不同,植物规划为湿生和旱生两种类型的多种生态栽植模式。植物景观体系的形成是通过自然植被演替的过程来实现(图8-8)。从2004年以乡土灌木为先锋树种的群落逐渐转化到2024年的松、栎混交的顶级群落模式。图8-9具体展示了由灌木向松、栎混交顶级群落的演替过程和植物景观的变化。

(三)通用美学原则的局限性

从目前园林植物景观设计的理论研究状况来看,指导园林植物景观设计的艺术原则体现在以下几个不同的层面:

通用层面:是对普遍性艺术法则的引用,如多样统一的原则、调和的原则、均衡的原则、韵律和节奏的原则等,这些原则对于所有的艺术形式都具有普遍的指导意义和价值,也是园林植物景观设计应该遵循的基本艺术原则。但笼统的艺术法则在园林植物景观设计的过程中,有时难以把握和体现。

微观层面:是园林植物景观局部构图的艺术手法,如自然式植物种植的美学三角形(图8-10),草坪空间中的植物设计(图8-11),这些设计手法对形成局部的植物景观的构图和形式具有重要的指导意义。当规划设计区域面积加大,很难用这些法则来控制植物景观的整体结构。

结构层面:是针对园林整体用地结构,在园林总体规划布局的指导下,对园林植物景观进行总体的规划布局,是园林总体规划设计中的一个重要层面,是形成园林植物景观的整体性、结构性的艺术法则。但对于中观层面的园林植物景观设计的理论目前缺乏深入的研究。

图8-5

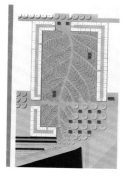

图8-6

图8-7

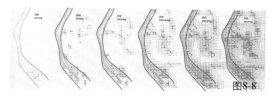

图8-8

图8-9

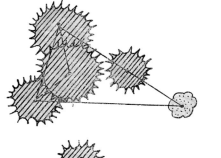

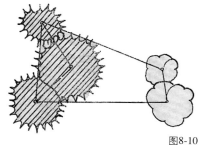

图8-10

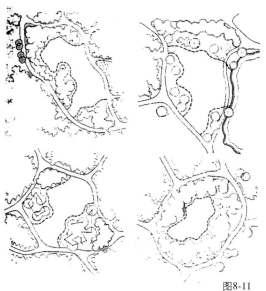

图8-11

图8-5　凯宾斯基酒店花园景观轴线构成分析（李雄 摄，右图引自王向荣《西方现代景观设计的理论与实践》）

图8-6　慕尼黑园林博览会叶园平面图（左图引自《国际新景观》2006年3月，p71；右图李雄 摄）

图8-7　海伦尼肯公园平面图（引自 *Landscape Architecture in Germany* IV.84）

图8-8　2004-2024年植物演替的分析图（引自*Landscape Architecture in Germany* IV.84）

图8-9　由灌木向松、栎混交顶级群落的演替过程（引自*Landscape Architecture in Germany* IV.87）

图8-10　自然式种植的三角形构图（引自孙筱祥《园林艺术及园林设计》1981，p120）

图8-11　草坪空间构成的比较（引自《杭州园林植物配置》城市建设专刊，1981，p11）

三、园林植物景观规划实例分析

园林植物景观规划实例分析选取了作者几年前承担的晋商公园的总体规划案例。晋商公园位于山西省晋中市新旧城区的交接地带，为分隔新旧城区的城市带状公园，规划总占地面积为52.1hm²。规划用地由7标段组成，其中晋商公园5标段规划用地面积为10.4hm²。针对这样尺度的园林规划设计，在植物景观规划设计中首先要充分分析总体规划方案的特点与要求。在此基础上确定植物的栽植类型，植物空间的分布，空间的尺度、形态，空间之间的相互关系，空间的序列，植物景观空间与地形、水体、建筑和园路之间的关系进行深入的比较和研究，形成植物景观的整体结构，在其指导下逐步完成植物景观的初步设计和施工设计。

首先，针对晋商公园5标段的山水间架结构进行了系统的分析（图8-12），山水的布局方式构成了公园外部空间的基本结构，园林植物是依附在山水结构体系上外部空间的进一步完善。不同的水域形成了各自相对独立的空间体系，园林中的地形设计也从根本上决定了外部空间大的结构体系。

图8-13进一步分析了由地形所构成的外部空间的基本属性，分为三面围合、一面开敞的"U型空间"；相对四面围合的"O型空间"；滨水的"平坦开敞空间"；由园林建筑围合构成的"建筑庭院空间"和与城市景观密切关联的"边界带状空间"。这些不同的空间品质和特征，构成了外部空间的本底，对园林植物景观规划具有重大的影响和制约。

图8-14是在对山水间架构成空间体系分析的基础上，加入了园林植物景观元素叠加到山水结构上所形成的外部空间系统。根据园林植物构成空间的特点分为：U型空间、O型空间、郁闭空间、模糊空间、点阵空间等不同的空间类型。这个过程中应充分重视园林植物景观元素构成的空间体系与山水间架结构的统一性。

图8-15针对山水间架和园林植物复合的空间体系所做的空间与视线关系分析，进一步推敲和考虑园林植被空间类型的空间尺度、空间之间的关联性，实现园林植被空间的群落构成、栽植手法与方式分析。园林植被空间中透景线、空间视线的构成分析。

图8-16是在空间构成基础上发展的园林植物栽植主题，园林植物栽植主题是公园内有别于一般绿化种植，而构筑和突显的景观点，是一般绿化种植的"底"上突显的"图"。应根据总体规划布局的要求，充分考虑不同区段的植物景观主体，增加植物景观的季相变化。本区植物主题选定了碧桃油松观赏林、金枝槐观赏林、月季景观带、牡丹景观带、垂柳碧桃观赏林、西府海棠观赏带等不同的植物景观主题。

图8-17是重点考虑表达园林植物景观的种植类型和种植形式，本案例中主要采用了自然式密林、自然式疏林草地、规则式树阵、庭院种植和色带、花带等不同的种植类型和形式。

图8-18所示是园林植物景观规划的最后步骤，即确定主要栽植树种的种类，以此总体控制园林植物景观设计和施工图设计。对自然式密林应明确密林的主要构成树种种类、构成控制比例等。如落叶阔叶林"毛白杨2、红叶椿6、杜仲2"；落叶常绿混交林"毛白杨3、华山松3、合欢2、臭椿2"。自然式疏林草地也需给定主要构成树种的种类；规则式树阵、色带和花带应明确植物种类。庭院种植区域应明确使用的主要植物种类。

第三节　园林植物景观设计

一、园林植物景观设计的基本表现方式

园林植物景观设计的基本表现方式建议参照和采用《风景园林图例图示标准》CJJ67-95（图8-19）和《建筑构造通用图集》88J-10标准（图8-20）。

二、园林植物景观初步设计

园林植物景观初步设计是园林植物景观规划工作的进一步深化，是园林植物景观施工设计的基础。在实际工作中，园林植物景观初步设计往往与施工设计的深度要求差别不大。总体来讲，初步设计应遵循《建筑场地园林景观设计深度要求》06SJ805的要求。

园林植物景观初步设计应明确提出种植设计原则，应对原有古树、名木和其他植被的保护利用提出明确的措施与方法，应提交完善的植物设计方案，包括：主要树种的选择、特殊功能树种的选择、观赏树种的选择，

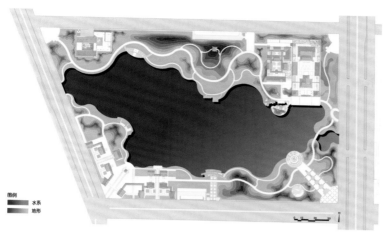

图8-12

第八章　园林植物景观规划设计的程序

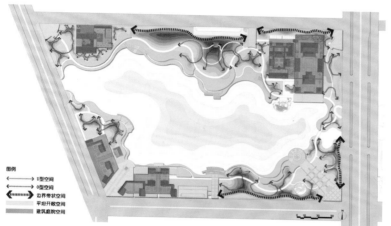

图8-13

图8-14

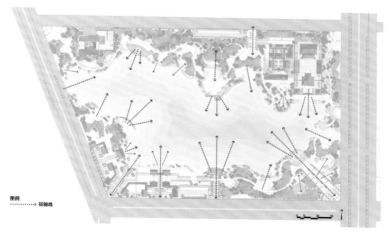

图8-15

图 8-12　山水间
架结构分析（李雄
自绘）

图 8-13　空间体
系分析（李雄自绘）

图 8-14　植被空
间类型分析（李雄
自绘）

图 8-15　空间与
视线关系分析（李
雄自绘）

图 8-16　植物主题的确定（李雄自绘）
图 8-17　种植类型的确定与调整（李雄自绘）
图 8-18　基本构成树种的确定（李雄自绘）

图8-16

图8-17

图8-18

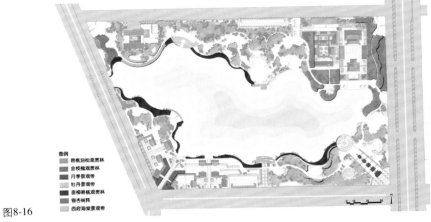

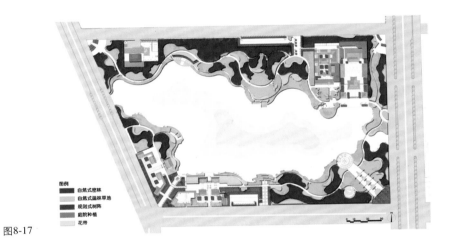

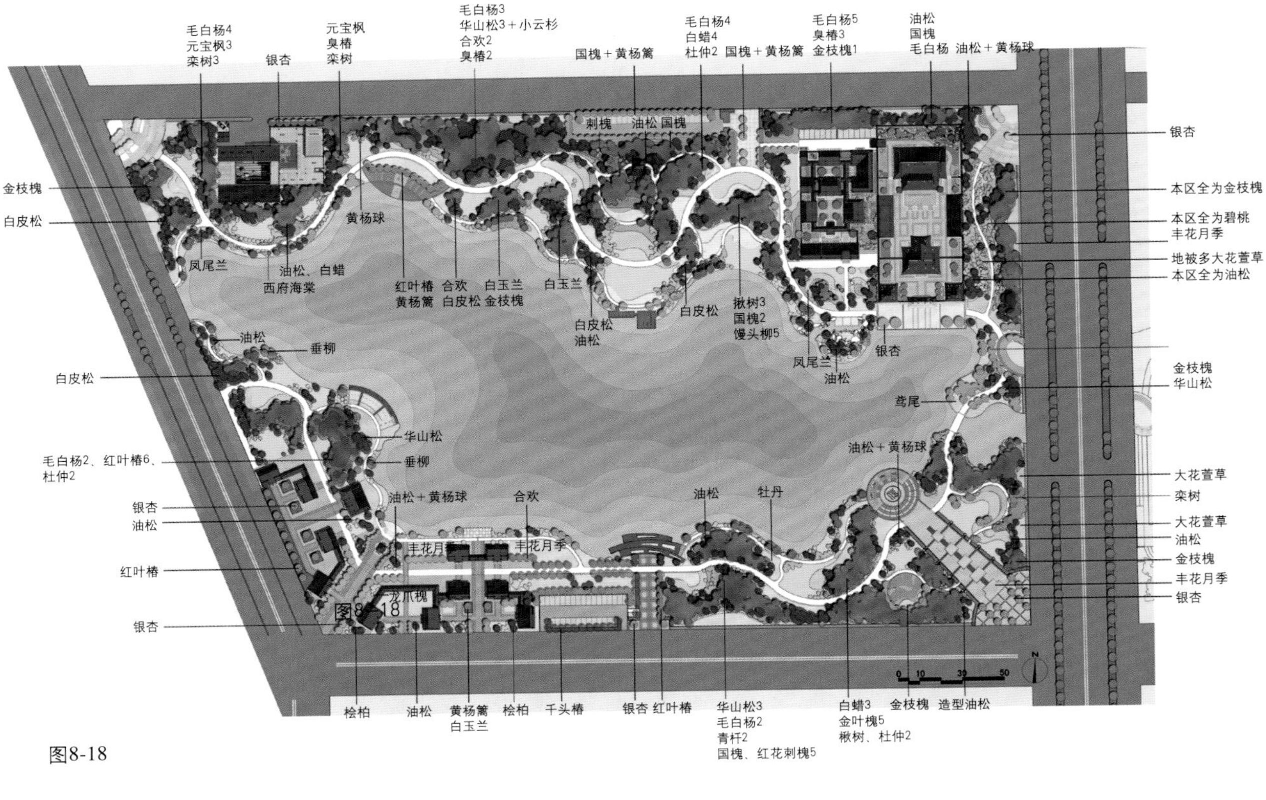

3.6 植物

(续)

序号	名称	图例	说明
3.6.1	落叶阔叶乔木		3.6.1～3.6.14中落叶乔、灌木均不填斜线；常绿乔、灌木加画45度细斜线。阔叶树的外围线用弧裂形或圆形线；针叶树的外围线用锯齿形或斜刺形线。 乔木外形呈圆形，灌木外形呈不规则形；乔木图例中粗线小圆表示现有乔木，细线小十字表示设计乔木。 灌木图例中黑点表示种植位置。凡大片树林可省略图例中的小圆、小十字及黑点。
3.6.2	常绿阔叶乔木		
3.6.3	落叶针叶乔木	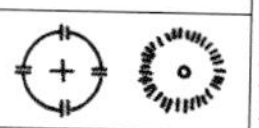	
3.6.4	常绿针叶乔木	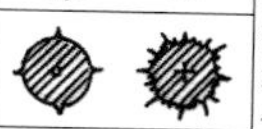	
3.6.5	落叶灌木		
3.6.6	常绿灌木	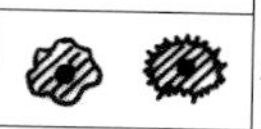	
3.6.7	阔叶乔木疏林		
3.6.8	针叶乔木疏林	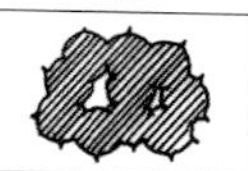	常绿林或落叶林根据图面表现的需要加或不加45度细斜线
3.6.9	阔叶乔木密林		

图8-19-1

(续)

序号	名称	图例	说明
3.6.10	针叶乔木密林	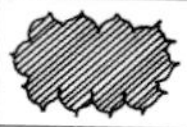	
3.6.11	落叶灌木疏林		
3.6.12	落叶花灌木疏林		
3.6.13	常绿灌木密林		
3.6.14	常绿花灌木密林	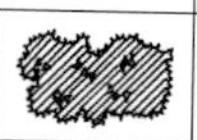	
3.6.15	自然形绿篱		
3.6.16	整形绿篱		
3.6.17	镶边植物		
3.6.18	一、二年生草本花卉		
3.6.19	多年生及宿根草本花卉		

图8-19-2

(续)

序号	名称	图例	说明
3.6.20	一般草皮	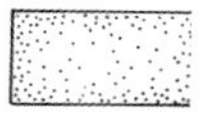	
3.6.21	缀花草皮		
3.6.22	整形树木		
3.6.23	竹丛		
3.6.24	棕榈植物		
3.6.25	仙人掌植物		
3.6.26	藤本植物		
3.627	水生植物	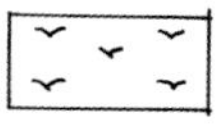	

图8-19-3

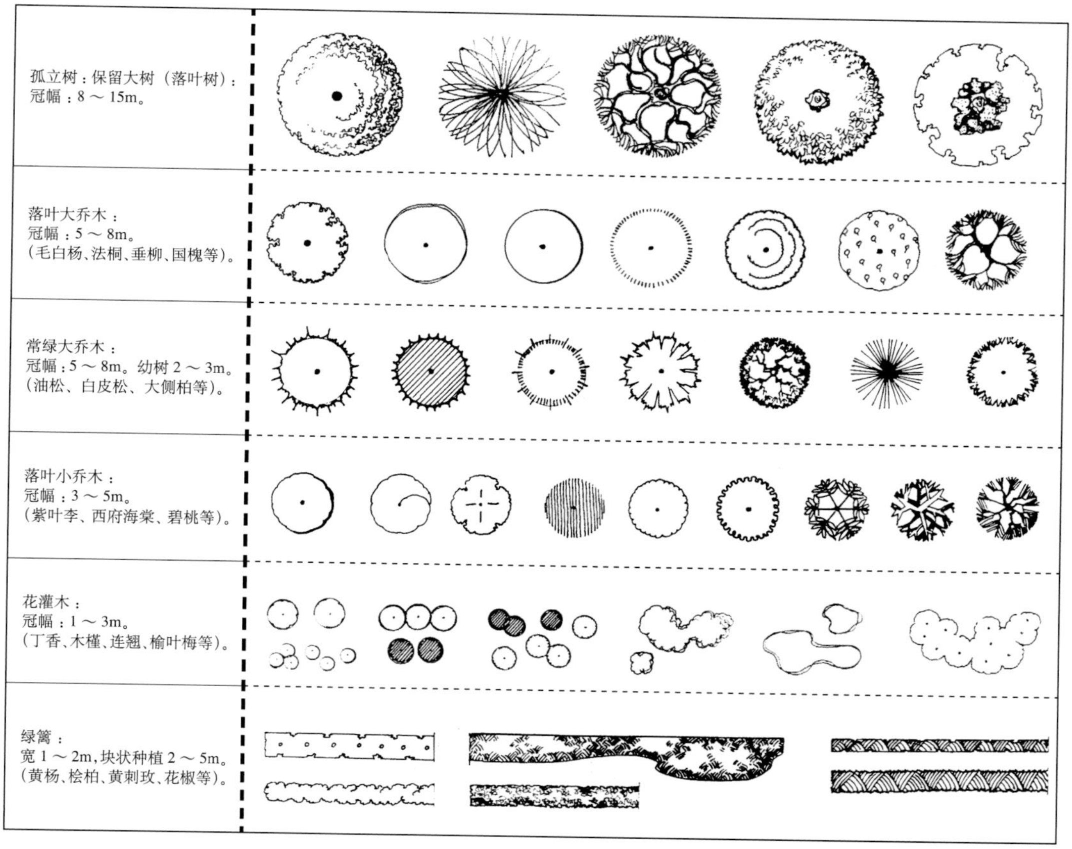

孤立树：保留大树（落叶树）：冠幅：8～15m。	
落叶大乔木：冠幅：5～8m。（毛白杨、法桐、垂柳、国槐等）。	
常绿大乔木：冠幅：5～8m。幼树2～3m。（油松、白皮松、大侧柏等）。	
落叶小乔木：冠幅：3～5m。（紫叶李、西府海棠、碧桃等）。	
花灌木：冠幅：1～3m。（丁香、木槿、连翘、榆叶梅等）。	
绿篱：宽1～2m，块状种植2～5m。（黄杨、桧柏、黄刺玫、花椒等）。	

图8-19 风景园林图例图示标准（引自《风景园林图例图示标准》）

图8-20 《建筑构造通用图集》88J-10标准中的园林植物图例

图8-20

提出屋面种植特殊处理措施。

园林植物景观初步设计应提交种植技术指标。包括种植总面积：＿＿＿m²（其中包括地下建筑物上覆土种植面积，屋顶花园种植面积）、乔木树种名称及总棵树、灌木名称及总面积：＿＿＿m²、地被名称及总面积：＿＿＿m²、草坪名称及总面积：＿＿＿m²。

园林植物景观初步设计应提交种植平面图。常用比例 1:300 ～ 1:1000。图纸中应分别表示不同的种植植物的类别，如：乔木（常绿、落叶）灌木（常绿、落叶）及非林下草坪，重点表示其位置、栽植范围；应标明主要树种名称、种类、可以参考图片的方式表明植物主要的观赏特征。对于屋顶花园种植初步设计，可依据需要单独出图。初步设计图中应标明指北针和风玫瑰图。

园林植物景观初步设计应提交种植苗木表。苗木表中应表示出植物的中文名称、植物的拉丁学名、类型、胸径、冠幅、树高等。

三、园林植物景观施工设计

园林植物景观施工设计的标准应参考《建筑场地园林景观设计深度要求》06SJ805 的要求来完成。施工图设计文件应包括设计说明及图纸两个部分，其内容应达到以下要求：满足施工安装及植物种植需要；满足设备材料采购、非标准设备制作和施工需要；能够作为依据来编制工程预算。

园林植物景观施工设计图纸常用比例为

1:300 ～ 1:500，应注明指北针和风玫瑰图。应明确标注出场地范围内的各种植物种植类别、位置，以图例或图例与文字标注结合等不同的方式区别常绿乔木、落叶乔木、常绿灌木、落叶灌木、藤本植物、多年生宿根花卉、草坪地被植物等。

种植施工设计的苗木表应重点标明植物的中文名称、拉丁学名、苗木规格、数量、修剪要求等。乔木应明确树高、胸径、定干高度、冠幅等；灌木和树篱可按高度、棵数与行数计算，应标明其修剪高度等；草坪地被植物应明确标注出栽植要求和栽植面积；水生植物标注出名称、数量（图 8-21）。

对于种植层次较为复杂的区域应该绘制分层种植图，即分别绘制上层乔木的种植施工图和中下层灌木及地被等的种植施工图。晋商公园 5 标段由于对植物景观要求较高，种植层次丰富而复杂，在施工图设计中采用了乔木、灌木和草坪地被三层的分层绘制。三层采用了相同的方格网定位，在乔木层的图纸中用灰色线标明了灌木层的位置，在灌木层的图纸中用灰色线标明了乔木层的位置，图纸表达清晰，非常便于施工（图 8-22、图 8-23、图 8-24）。

植物景观施工设计说明书应符合城市绿化工程施工及验收规范的要求。具体表述对种植土要求、种植场地平整要求、苗木选择要求、种植季节施工要求、栽植间距要求、屋顶种植的特殊要求和其他需要说明的内容。

Ⅴ号地块乔木规格表

种名	数量	胸径/地径(cm)	冠幅	高度
垂柳	90	地径20-25	冠幅4-4.5米	高度7.5米
速生油松	71	地径22-25	冠幅3.5-4米	高度4-4.5米
油松	228	地径18-20	冠幅3-3.5米	高度4-4.5米
白皮松	231	地径18-20	冠幅3-3.5米	高度4.5-5米
桧柏	48	地径18-20	冠幅3-3.5米	高度5-5.5米
华山松	174	地径18-20	冠幅2.5-3米	高度4.5-5米
元宝枫	49	胸径12-15	冠幅3-3.5米	高度5-5.5米
国槐	101	胸径15-18	冠幅3-3.5米	高度5.5-6米
毛白杨	178	胸径15-18	冠幅3-3.5米	高度5.5-6米
丝棉木	43	胸径15-18	冠幅3.5-4米	高度4-4.5米
白蜡	84	胸径15-18	冠幅3.5-4米	高度5.5-6米
臭椿	64	胸径15-18	冠幅3-3.5米	高度5-5.5米
红叶椿	154	胸径12-15	冠幅3-3.5米	高度5-5.5米
合欢	78	胸径12-15	冠幅3-3.5米	高度5-5.5米
紫玉兰	35	胸径10-12	冠幅2.5-3米	高度4-4.5米
白玉兰	60	胸径10-12	冠幅2.5-3米	高度4-4.5米
栾树	64	胸径15-18	冠幅3-3.5米	高度5-5.5米
朴树	66	胸径15-18	冠幅3.5-4米	高度5-5.5米
金叶榆	73	胸径12-15	冠幅3-3.5米	高度4-4.5米
红花碧桃	37	胸径12-15	冠幅3-3.5米	高度4-4.5米
金枝槐	126	胸径12-15	冠幅3-3.5米	高度4-4.5米
杜种	37	胸径18-20	冠幅3-3.5米	高度4.5-5米
楸树	13	胸径18-20	冠幅3.5-4米	高度4.5-5米
金枝垂柳	14	胸径12-15	冠幅3-3.5米	高度3.5-4米
千头椿	30	胸径15-18	冠幅3-3.5米	高度4-4.5米
大绣球	4	胸径25-30	冠幅4-4.5米	高度8米
无花果	35	胸径12-15	冠幅3-3.5米	高度3.5-4米

Ⅴ号地块灌木规格表

种名	数量	冠幅(m)	高度(m)	备注
红王子锦带花	68	冠幅1-1.2	高度1.2-1.5	
金叶锦带花	142	冠幅1-1.2	高度1.2-1.5	
榆叶梅	486	冠幅1.5-1.8	高度1.5-1.8	
白碧桃	155	冠幅1.5-1.8	高度1.5-1.8	
小石榴	639	冠幅1.2-1.5	高度1.5-1.8	
黄栌	470	冠幅1.2-1.5	高度1.5-1.8	
黄叶梅	226	冠幅1.2-1.5	高度1.5-1.8	
大叶竹叶	16	冠幅1.5-1.8	高度2.2-2.5	
珍珠梅	475	冠幅1-1.2	高度1.2-1.5	(精品)
金露梅	574	冠幅1-1.2	高度1.2-1.5	
大花溲疏	20	冠幅1-1.2	高度1.5-1.8	
大叶黄杨	5	冠幅1.5-1.8	高度1.8-2	
黄刺玫	97	冠幅1-1.2	高度1-1.2	
接骨木	76	冠幅1-1.2	高度1-1.2	
紫叶风箱果	29	冠幅1-1.2	高度1.8-2	
珍珠绣线菊	165	冠幅1-1.2	高度1.8-2	
高丛珍珠梅	10	冠幅1-1.2	高度1.8-2	
大绣球	6	冠幅1-1.2	高度1.8-2	
紫枝忍冬	29	冠幅1-1.2	高度1.8-2	
金焰绣线菊安	11	冠幅1-1.2	高度1.8-2	
羊毛莠连翘裳	35	冠幅1-1.2	高度1.8-2	
红瑞木	12	冠幅1-1.2	高度1.8-2	
红巴比伦海棠	20	冠幅1-1.2	高度1.8-2	
海棠春	23	冠幅1-1.2	高度1.8-2	
海棠雪球	19	冠幅1-1.2	高度1.8-2	
钻石海棠	46	冠幅1-1.2	高度1.8-2	
海棠果	32	冠幅1-1.2	高度1.8-2	
紫叶海棠	5	冠幅1-1.2	高度1.8-2	
珍珠梅球	42	冠幅1-1.2	高度1.2-1.5	
大叶黄杨球	413	冠幅1-1.2	高度1.2-1.5	
大大叶黄杨球	4	冠幅1.5-1.8	高度1.5	
大叶黄杨球	1	冠幅1.5-1.8	高度1.8-2	
黄叶榆球	101	冠幅1-1.2	高度1.2-1.5	
榆叶梅	70	冠幅1-1.2	高度1.5-1.8	
紫薇球	182	冠幅1-1.2	高度1.5-1.8	
红瑞木	126	冠幅1-1.2	高度1-1.2	(精品)
丁香	49	冠幅1-1.2	高度1-1.2	(精品)
金叶榆	61	冠幅1-1.2	高度1-1.2	
暴马丁香	218	冠幅1.5-1.8	高度1.8-2	
欧洲丁香	231	冠幅1-1.2	高度1.5-1.8	
白丁香	122	冠幅1-1.2	高度1.5-1.8	
红丁香	20	冠幅1-1.2	高度1.5-1.8	
紫丁香	174	冠幅1-1.2	高度1.5-1.8	
蓝丁香	47	冠幅1-1.2	高度1.5-1.8	
玫瑰丁香	31	冠幅1-1.2	高度1.5-1.8	
小叶丁香	81	冠幅1-1.2	高度1.5-1.8	

Ⅴ号地块地被及绿篱规格表

种名	总面积(m2)	冠幅(m)	高度(m)	种植密度	备注
丰花月季	787.4	冠幅0.3	高度0.4-0.5	16株/m2	
藤月	231.4	冠幅0.3	高度0.5-0.8	36株/m2	堵墙花卉
八宝景天	60.5	冠幅0.25	高度0.3-0.5	25株/m2	宿根花卉 蔓播
四季海棠	14994.5			30盆/m2	
粉海棠丰花月季	252.6	冠幅0.3	高度0.4-0.5	16株/m2	
黄杨篱	824.8	冠幅0.3	高度0.4	25株/m2	
天竺葵篱	396.3			36株/m2	宿根花卉
金叶女贞	112.5	冠幅0.3	高度0.4	25株/m2	
鸢尾	90.3			36株/m2	宿根花卉
紫花地丁	90	冠幅0.3	高度0.1	36株/m2	宿根花卉
萱草	25		高度0.5-0.8		宿根花卉
玉簪	85.7			25株/m2	宿根花卉
荷兰菊	193.1	冠幅0.4	高度0.8-1.0	9盆/m2	
鼠尾草月季	1305			3盆/m	三年生
千屈菜	11			36株/m2	水生植物
水葱	18.3			株/m	丛状播植,不分盆
菖蒲	27.3			36株/m2	宿根花卉
荷花	285.2			9盆/m2	
金叶苔	141.4	冠幅0.3	高度0.5	25株/m2	宿根花卉
沙地柏	24.7	冠幅0.5	高度0.3	12盆/m2	

种名	数量	冠幅(m)	高度(m)	备注
木槿	79	冠幅1-1.2	高度1.5-1.8	
凤尾兰	846	冠幅0.5-0.6	高度0.8-1	
金山绣线菊	27	冠幅1-1.2	高度0.8-1	(精品)
榔榆绣线菊丘	45	冠幅1-1.2	高度0.8-1	(精品)
金焰绣线菊	47	冠幅1-1.2	高度0.8-1	(精品)
铃铛绣线菊	102	冠幅1-1.2	高度0.8-1	(精品)
铃铛绣线红	42	冠幅1-1.2	高度0.8-1	(精品)
铃铛绣线菊	29	冠幅1-1.2	高度0.8-1	(精品)
铃铛绣小公主	54	冠幅1-1.2	高度0.8-1	(精品)
铃铛绣线菊	21	冠幅1-1.2	高度0.8-1	(精品)
三桠绣线菊	8	冠幅1-1.2	高度0.8-1	(精品)
粉花绣线菊	12	冠幅1-1.2	高度0.8-1	(精品)
柳叶绣线菊	8	冠幅1-1.2	高度0.8-1	(精品)
玫瑰	49	冠幅1-1.2	高度0.8-1	(精品)
紫穗槐	7	冠幅1.5-1.8	高度2.2-2.5	
溲疏篱	3	冠幅2-2.2	高度2.5-3	
溲州雪山	9	冠幅1-1.1	高度0.6-0.8	
平枝栒子	9	冠幅1-1.2	高度0.6-0.8	

图8-21

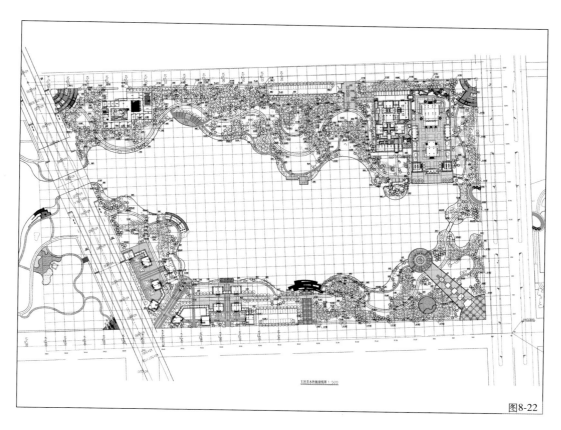

Ⅴ区乔木种植线图1:500

图8-22

图8-21 晋商公园5标段种植苗木表（李雄自绘）
图8-22 晋商公园5标段种植施工图（乔木层）（李雄自绘）

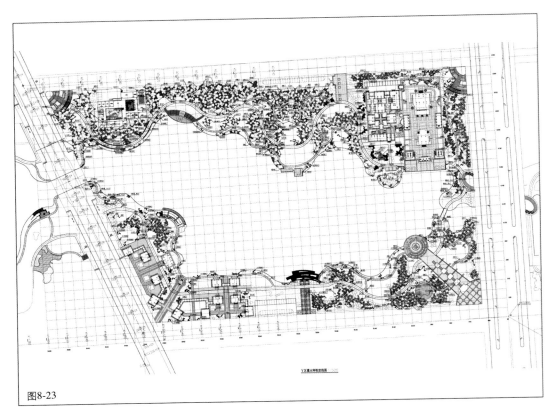

图8-23

图8-23　晋商公园5标段种植施工图（灌木层）（李雄自绘）

图8-24　晋商公园5标段种植施工图（草坪地被层）（李雄自绘）

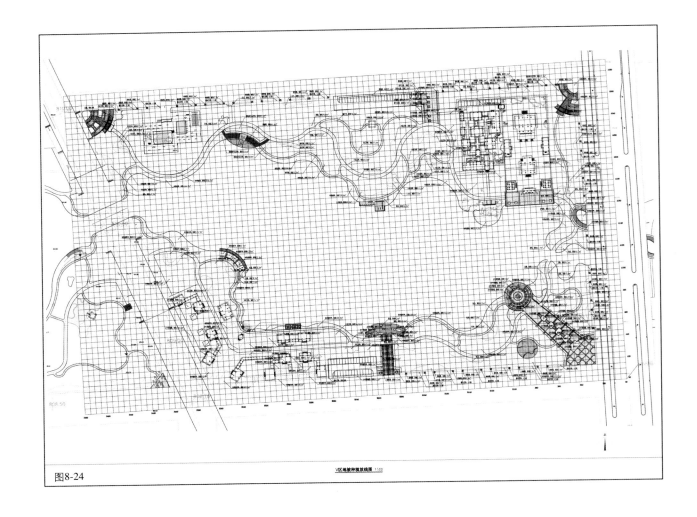

图8-24

第九章　植物景观空间营造

园林空间是由山、水、建筑、植物等诸多因素所构成，其中植物以其既能改善人类赖以生存的生态环境，又能创造优美的境域空间，成为风景园林规划设计和建设的主要材料，在园林空间营造中具有非常重要的作用。

第一节　空间的概念及植物景观空间营造的重要性

一、空间的概念

"空间"（space）一词源于拉丁文"spatium"，它不仅是人们描述位置、地方和体会虚空的经验，也是一个传统的哲学命题。《辞海》中把"空间"解释为："在哲学上，与'时间'一起构成运动着的物质存在的两种基本形式。空间指物质存在的广延性；时间指物质运动过程的持续性和顺序性。空间和时间具有客观性，同运动着的物质不可分割……"。人类具有认识空间的能力，更具有所有其他物种所不具备的创造空间的能力。

二、植物景观空间营造的重要性

园林空间是由山、水、建筑、植物等诸多因素所构成的，在古典园林中涉及空间，往往首先会想到建筑对空间的组织与划分作用，中国古典园林营造非常重视空间的构建和组合，可以说是"尽错综之美，穷技巧之变"，将空间设计水平推到了至高境界。中国古典园林中善于利用亭台楼阁、假山、云墙、回廊、漏窗等组织空间。

在现代风景园林规划设计中，空间的构成与设计仍然是最重要的内容，随着空间尺度、使用功能和环境的变化，植物以其既能改善人类赖以生存的生态环境，又能创造优美的境域空间，成为风景园林规划设计和建设的主要材料，在园林空间营造中具有非常重要的作用。巧妙地运用不同高度、不同种类的植物，通过控制种植形式、空间布局、规格及其在空间范围内的比重等，形成不同类型的空间，既经济又富有变化，往往能形成特殊的景观，以植物作为材料形成的植物景观空间更具有多变的个性及迷人的外观，更能给人带来丰富的视觉享受和强烈的空间感，给人留下深刻的印象。

（一）丰富园林空间光影变化

植物时序景观的变化，极大地丰富了园林空间构成，也为人们提供了各种各样可选择的空间环境。尤其是植物本身的形貌特征或通过不同植物的相互组合，能产生丰富的空间光影变化效果，增强其艺术感染力。植物种植密度大的空间显得暗，而一片开阔的草坪则显得亮，二者由于对比而使各自的空间特征得到了加强。而同样的地域，由于一天之内的光线的变化，也会使空间环境形成不同的光影变化，为人们带来了美的空间感受。

（二）协调园林空间

植物可以充当园林空间的协调者，因为植物的基本色彩是绿色，它使园林环境形成统一的空间环境色调，在变化多样中求得统一感，也使人们在绿色的优美环境中感受到轻松与舒适。另外，园林空间无论是大是小，适当地运用植物材料往往能够使空间环境显得更为协调，如大空间选用体形高大的树种或以植物群体造景，小空间则选择体形相应较小的树种，便可满足空间比例、尺度协调的要求。

（三）满足园林空间构图要求

植物多种多样的配置方式可满足园林不同空间风景构图的要求。采用自然式种植形式，有利于表现自然山水的风貌；采用规则式种植形式，则宜于协调规整的建筑环境；宽阔的草坪、大色块、对比色处理的花丛、花坛可以烘托明快、开朗的空间气氛；而林木夹径、小色块、类似色处理的花境，则更容易表现幽深、宁静的山林野趣。

第二节　植物景观空间构成要素

一、植物景观空间中的实体要素

（一）植物的整体形态

植物个体是构成植物景观空间的实体元素，植物个体的整体形态是指植物的外部轮廓，它是植物的树枝、树干、生长方向、树叶数量等因素的整体外观表象。园林中植物的形态可分为自然形态和人工形态两种类型。人工形态是通过人为地修剪来改变植物的自然形态所形成的各种艺术造型。植物的自然形态是其自然生长过程与自然环境因子相互作用的结果，可分为乔木、灌木、藤本、地被草坪和花卉等。

乔木：是具有明显主干的直立树木，高度一般在5m以上。按其高度的差异分为大乔木（20m以上）、中乔木（10～20m）和小乔木（5～10m）；按其生活类型的不同分为落叶乔木和常绿乔木。对于植物景观影响最大的是乔木的整体形态，它是最直观的视觉形象因素。从形态上可将乔木划分为：棕榈型、圆柱型、尖塔型、圆锥型、扁球型、垂枝型、窄卵型、卵型、圆球型、伞型、半圆型、倒钟型、风致型等（图9-1）。

灌木：一般高度低于5m，没有明显主干。按形态可分为：直立型、丛生型、垂枝型和匍匐型。

藤本：是指多年生木本有缠绕茎、缠绕他物者为缠绕藤本，用变态器官攀缘他物者为攀缘藤本。藤本植物整体形态的表现与其所攀缘的自然或人工的背景有关。

地被和草坪：是指园林中用于覆盖地面的植物，高度一般在0.3m以下，主要为木本，也有宿根草本。部分藤本或匍匐型灌木也用于地被植物。草坪是以栽植人工选育的草种

图9-1　树冠类型（引自中国勘察设计协会园林设计分会编《园林植物种植设计》p15）

图9-1

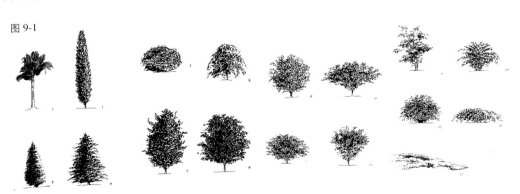

密集地覆盖地面，一般为多年生草本植物。

在植物景观规划设计中，植物的整体形态具有很强的艺术感染力。通过不同植物的组合，不仅形成了多样的植物景观空间，而且组合出变幻的植物景观局部构图。植物整体形态的差异也表现出其不同的艺术品质，如高耸的毛白杨给人以向上的象征，垂柳下垂的枝条又表现出流动、优雅与欢畅。

（二）植物的局部特征

植物不同的叶形叶色、花形花色、枝形枝色、果形果色、质感、芳香等是其局部的重要特征，是人们近距离观赏的对象，而质感和色彩是人最容易体会和感受的特征。

质感是指植物材料的表面质地，是通过植物的叶、枝、干的大小、形状、数量和排列不同所体现的，包含了植物表面的触觉和视觉特征。植物质感的差异可归结为3种类型：细质感、中质感、粗质感。植物质感的不同也影响到人对植物景观空间的切身感受，如以粗质感的植物组合的植物景观空间具有减小空间尺度的作用，而精细质感的植物组合又使空间扩大。单纯的质感可以使植物景观空间统一，而多样的质感可使植物景观空间活跃变化或杂乱无章。

丰富多彩的色彩是植物最引人注目的局部特征。阳光是植物色彩的来源，植物对于阳光反射波长的差异，决定了其外在色彩视觉特征。人们对于色彩的偏爱差异性很大，但也存在着共同的心理特征。明亮的色彩令人兴奋和刺激，柔和的冷色使人平静放松。植物景观空间的距离感和尺度感也受到植物色彩的影响。鲜艳的色彩使空间距离变短、尺度缩小，冷色能增大空间的尺度感。红色能穿透距离迅速作用于人的眼睛，拉近空间的距离感。

（三）植物的变化因素

植物随季节、时间的变化而产生的不同景观效果是植物景观实体的变化性因素。植物的春花、夏荫、秋叶和冬实形成了植物的季相景观。植物由幼年向成熟的转化表现出植物的年相景观特征。

植物景观空间与建筑空间的最大差异表现为植物景观空间的四维界面"时间"。时间的因素包括时期、季节和时刻等，它是植物景观中不可忽视的重要因素。园林中不同的季节植物景观各异，不同的天气特征对同一植物景观的理解也有较大的差别，一天中的不同时段，也随光影产生无穷的变化。时间在空间的体验中起着重要的作用，时间是空间的流程，空间是时间的容器。

植物景观空间的变化还体现在不同季节中空间形态和品质的差异上。以落叶树组成的覆盖空间，在冬季时，可能倾向开敞的特征。在以落叶植物围合的空间中，随季节的变化，空间的围合性可能产生很大的变化。植物盛花和凋零、绿色和秋色叶的不同时段，形成了植物空间不同的风格和品质。

（四）植物的文化内涵

植物在外在形态下还蕴涵了不同的精神意蕴，这在中国园林对植物审美的传统中得到了充分的体现。中国人不仅欣赏植物的"形"，更重视植物特有的"神"，将植物"拟人化"地赋予其特殊的精神品质。从屈原《楚辞》中的《橘颂》，到体现"岁寒三友"的松、竹、梅的栽植模式，无不体现了这种思想和传统。"兰令人幽、菊令人野、莲令人淡、竹令人雅、桐令人清、牡丹令人艳……"这些都是以植物来比喻人格品质。在寺观园林中同样存在以植物来表达精神内涵的传统，如寺院中经常栽植的荷花暗示着"莲花生佛"的哲理，原产于印度的茉莉花，其洁白的花色、清香的芬芳成为了佛教吉祥的象征。

二、植物景观空间中的形态要素

植物景观空间中的形态要素是水平要素、垂直要素和顶面要素。这3种要素的组合形成了形式多样的植物景观空间。所有的植物景观空间都是从其组成要素中获得生命和个性的。因为每一种空间组成要素的自身性质都包容在空间中，并与其他构成要素形成良好的关联性。

（一）水平要素

凯文·林奇在《总体设计》中指出："空

间主要是由垂直的面限定的，但唯一的连续的面却在脚下。"水平要素形成了最基本的空间范围，保持着空间视线与其周边环境的通透与连续。植物景观空间中，常使用的水平要素有：草坪 (Lawn)、绿毯 (Green Carpet)、牧场草甸 (Meadow)、模纹花坛 (Parterre)、花坛 (Flower bedding)、地被植物 (Ground cover plants) 等。

草坪 (Lawn)：是园林中最常用的地表覆盖方法，它形成了植物景观中统一的绿色基面，植物景观空间中的不同实体要素通常是以草坪的形式联系起来，草坪是西方园林中首先使用的设计元素，也是当代中国园林设计中最常见的水平限定要素。自 19 世纪割草机发明后，人们不再通过手工及牛羊等动物来维护园林中的草坪，使草坪在园林中的应用得到了很大的发展。童寯先生在其《园论》中阐述："中国园林是一种精致艺术的产物，其种植物却常不带任何人工痕迹。那里没有修剪整齐的树篱，也没有按几何图案排列的花卉。欧洲造园家在植物上所倾注的任何奇思构想，中国人都容入了园林建筑中。虽师法自然，但中国园林绝不等同于植物园。显尔易见的是没有人工修剪的草地，这种草地对母牛具有诱惑力，却几乎不能引起有智人类的兴趣。"

绿毯 (Green carpet)：是指形式为方形、长方形或其他几何形的规则式草坪，这种形式在巴洛克园林中经常采用，通常布置在主体建筑前面或沿轴线展开。主要用来强调一条可视的虚轴线，使观赏者的注意力聚集于某一景观。

牧场草甸 (Meadow)：通常指由野生的牧场植物所组成开敞起伏的草地。往往位于园林与自然环境的交错过渡区域，是人工的园林与自然野趣之间的一个过渡性场所。在中世纪的浪漫派的美术作品中，美丽的牧场风光就是重要的描绘对象。19 世纪的英国风景园林师威廉·罗宾逊 (William Robinson) 首先倡导和提出了牧场草的种植设计理念，在其《郊野公园》一书中对此进行了详细的描述，他指出：开满鲜花的高山牧场景观具有无限的魅力。在当代植物景观设计中，人们认识到观赏性的草坪不仅造成了养护管理的浪费，而且也使植物景观特色趋同。而采用乡土的野生草本植物可以表现出植物景观的地方特色。

模纹花坛 (Parterre)：用黄杨类的植物按一定的图案进行修剪和栽植，在花坛中栽植花卉和草坪，或铺设沙石、红黏土形成美丽的图案，是西方园林中常见的植物种植形式。一般布置在主体建筑周围或主要轴线的两侧。主要类型有：刺绣花坛、组合花坛、草坪花坛、盛花花坛等。

地被植物 (Ground cover plants)：是指以低矮的地被植物替代草坪来覆盖园林的基面。

（二）垂直要素

垂直要素是植物景观空间形成中最重要的要素，它可以形成明确的空间范围和强烈的空间围合感，在植物景观空间形成中的作用明显强于水平要素。主要包括：绿篱和绿墙 (Hedge)、树墙 (Espalier)、树群 (Clump)、丛林 (Bosket)、草本边界 (Herbaceous border)、格栅和棚架 (Pergola) 等多种形式。

绿篱和绿墙 (Hedge)：在园林种植设计中，绿篱和绿墙占有相当的比重和多样的表现形式。绿篱最早的功能是防止牲畜进入、标识人类对自然征服和控制的区域、限定私人的领地等实用功能，随后才逐渐具有了景观的意义。在意大利文艺复兴时期的园林和巴洛克园林中，绿篱和绿墙在植物景观空间的构成中起着重要的作用。在当代的植物景观设计中，绿篱和绿墙也是重要的空间构成元素。绿篱和绿墙的差别仅仅体现在其高度的不同，一般低于视线高度的为绿篱，高于视线高度的为绿墙。通过绿篱可以构成中小尺度的休息或娱乐空间。绿篱也经常被应用在自然林缘下，形成人工的空间边缘。绿篱在园林中常用作背景，以衬托出雕塑或其他的植物，在杰基尔设计的草本花卉边界中，采用的手法就是将欧洲紫杉绿篱与多年生花卉结合起来。

树墙 (Espalier)：是对自然的乔木进行人工整形修剪所形成的，是巴洛克园林中轴线空间与自然丛林过渡转换时经常采用的植物造景方式。

树群 (Clump)：是自然式园林中划分植

物景观空间的主要手段，以同种或不同种的植物组合成自然式的栽植群落，限定和形成不同的植物景观空间。

丛林 (Bosket)：是自然式或几何式大面积栽植的树木形成园林中的绿色背景，在植物景观中常占有主导性地位。

草本边界 (Herbaceous border)：是以具有一定高度的多年生草本植物所形成的空间边界。

格栅和棚架 (Pergola)：是攀缘植物与建筑小品组合形成的绿色屏障，是明确的、限定性较强的垂直要素。

植物作为垂直视觉要素组合植物景观空间时，主要表现在视觉性封闭和物质性封闭两个不同的层面。视觉性封闭是利用植物进行空间的划分和视觉的组织，而物质性封闭

表现为利用植物的栽植来形成容许或限制人进出的空间暗示（图 9-2）。

在自然植物群落中，由于自然因子的作用使植物群落处于动态的平衡之中，呈现出分层分布的结构特征。最常见的结构类型为"乔木 + 灌木 + 地被"的三层结构（图 9-3），"乔木 + 灌木"、"乔木 + 地被"、"灌木 + 地被"两层结构（图 9-4）和由单一的植物类型所组成的单层结构（图 9-5）。

在植物景观设计中，不仅仅是确定植物材料的平面布局形式，而且要重视植物群落立体的层次设计，形成符合植物生长、景观优美的植物群落。应根据功能的不同来选择合理的结构形式，如对于以野生动物庇护、环境教育为主要功能的绿地，应采用三层结

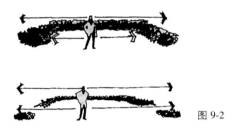

图 9-2

图 9-3

图 9-4

图 9-5

图 9-2　视觉性完全开敞、物质性完全封闭的植物空间（引自 Nick Robinson *The Planting Design Handbook* p49）

图 9-3　三层植物结构（引自 Nick Robinson *The Planting Design Handbook* p49）

图 9-4　两层植物结构（引自 Nick Robinson *The Planting Design Handbook* p49）

图 9-5　单层植物结构（引自 Nick Robinson *The Planting Design Handbook* p49）

构的栽植模式。而在城市园林中，考虑到尺度、采光、人的活动等不同因素，植物栽植的模式可能采用比较简单的群落结构。

（三）顶面要素

植物景观空间与建筑空间相比，最大的差别表现为植物景观空间一般是由水平要素和垂直要素形成的，芦原义信在《外部空间设计》中指出："外部空间就是用比建筑少一个要素的二要素所创造的空间。"

天空是植物景观空间中最基本的顶面要素，另一种是伞形结构的树种，是由单独的树木林冠所形成的伞形顶部界定和成片的树木形成的规则或自然的顶部覆盖空间。园林中的建筑或与攀缘植物结合的棚架，也是重要的顶部界定的空间构成元素。

第三节　植物景观空间类型及其组合设计

一、植物景观空间类型

植物景观空间是一个有机的整体，在大多数情况下，植物景观空间都是通过水平要素和垂直要素的相互组合、作用而形成的。根据构成方式的不同，将植物景观空间划分为口型、U 型、L 型、平行线型、模糊型、焦点型等不同的类型。

（一）"口型"植物景观空间

为四面围合的植物景观空间，界定出了明确而完整的空间范围，空间具有内向的品质，是封闭性最强的植物景观空间类型（图 9-6）。要创造一个有效的、生动的外部空间，必须有明确的围合。人们对围合空间的喜爱出于人类非常原始的本能，主要是因围合所产生的安全感。古代埃及的园林完全封闭的空间结构就是要抵御恶劣的自然环境的结果，城市中的绿地也经常采用封闭的栽植结构，用以躲避喧闹的城市环境。在园林中具有不同使用功能的场地均需要通过完全封闭的栽植形式来形成各自独立的空间，如儿童游乐区、露天剧场等。从植物景观空间的整体结构布局需求上来讲，"口型"植物景观空间也形成了景观空间的多样与变化。

（二）"U 型"植物景观空间

为三面封闭的植物景观空间，限定出了明确的空间范围。形成了一个内向的焦点，同时又具有明确的方向性，与相邻的空间产生相互延伸的关系（图 9-7）。在植物景观空间设计中，完全围合的空间常使人感觉过于

图 9-6 "口型"
植物空间组合模
式（李雄自绘）
图 9-7 "U 型"
植物空间组合模
式（李雄自绘）

图 9-6

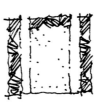

图 9-7

110

植物景观规划设计

封闭和压抑。英国风景园林师克莱尔·库珀(Clare Cooper)在她对公园中植物景观空间的研究中发现，人们寻求的是"别太开放、也别太封闭"的部分围合和部分开放的地方。在园林中，草坪空间经常采用"U型"的空间形式。

（三）"L型"植物景观空间

为两面封闭的植物景观空间，在转角处限定出一定的空间区域，具有较强的空间围合感。当从转角处向外运动时，空间的范围感逐步减弱，并于开敞处全部消失。空间具有较强的指向性（图9-8）。利用这种模式，可以形成局部安静、稳定的植物景观空间，又可将人的视线引导到其他区域，形成良好的对景关系。

（四）"平行线型"植物景观空间

为一组相互平行的垂直界面，如绿篱、绿墙、林带等所围合形成的植物景观空间。空间的两端开敞，使空间具有较强的方向性，形成向两端延伸的趋势（图9-9）。

（五）"模糊型"植物景观空间

是指在园林中植物散植界定不清的树丛、孤植树所形成的空间环境，或边缘性空间、亦此亦彼的中介性的空间领域。在英国的自然风景园和东方的园林中经常存在着模糊型植物景观空间形态，植物景观空间在边角处流动，暗示着空间的无限延伸（图9-10）。

（六）"焦点型"植物景观空间

是指园林中的孤植树所标志的空间中的一个位置，是集中的、无方向性的，是空间中的视觉焦点。空间中孤植树数量的不同，所表现出来的空间意义差别也很大。当一个孤植树位于空间的中心位置时，将围绕它的空间明确化（图9-11）。当孤植树位于空间的非中心位置时，只能增强局部的空间感，但同时减弱了空间的整体感（图9-12）。当出现2棵孤植树时，可以界定一个虚的空间界面，利用植物组合成框景的手法就是基于这个道理。当孤植树数量增加到3棵时，构成了虚面围合而成的通透空间。当数量进一步增加，而个体之间构成秩序不明确时，空间就转化为"模糊型"的植物景观空间了。焦点与空间的关系可以表现为三种类型：焦点位于空间内、焦点位于空间外和焦点位于空间的边界上（图9-13）。焦点位置的偏移，可以使静态的植物景观空间中产生一定的动势，同样，在动态的空间中，通过焦点的设置使空间产生停顿和强调（图9-14）。

在景观植物空间组织时，上述空间构成的基本形式往往是综合地应用，这样可以产生多样的空间类型和空间变化。以最常用的绿篱为例，依据基本的空间构成方式可以组合出许多变化（图9-15）。1929年，密斯·凡·德罗设计的巴塞罗那国际博览会的德国馆，把空间从墙体的封闭中解放出来，改变了传统的室内外空间分离的状态，使室内外空间相互穿插、融合和流动。在风景园林师亚克布

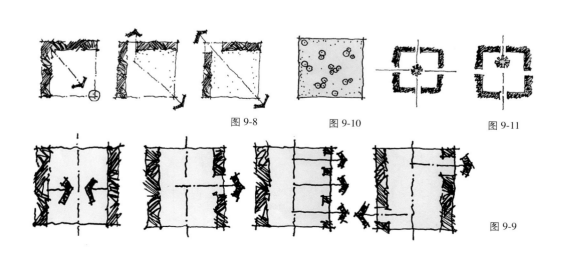

图 9-8

图 9-10

图 9-11

图 9-9

图 9-8 "L型"植物空间组合模式（李雄自绘）
图 9-9 "平行线型"植物空间组合模式（李雄自绘）
图 9-10 模糊型"植物空间（李雄自绘）
图 9-11 对称式焦点结构（引自 Nick Robinson *The Planting Design Handbook* p60）

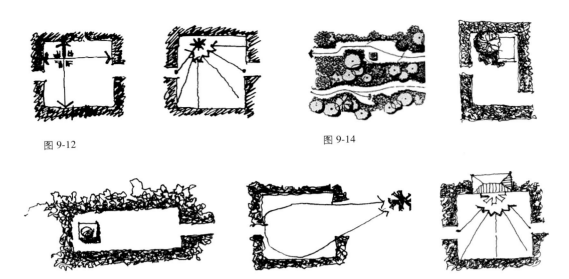

图 9-12

图 9-14

图 9-13

图 9-12 不对称式的焦点结构（引自 Nick Robinson *The Planting Design Handbook* p60）

图 9-13 空间焦点与空间的关系（引自 Nick Robinson *The Planting Design Handbook* p60）

图 9-14 静态空间中的动态焦点（引自 Nick Robinson *The Planting Design Handbook* p60）

图 9-15 绿篱的不同空间组合方式（引自 Brain Clouston《风景园林植物配置》p78）

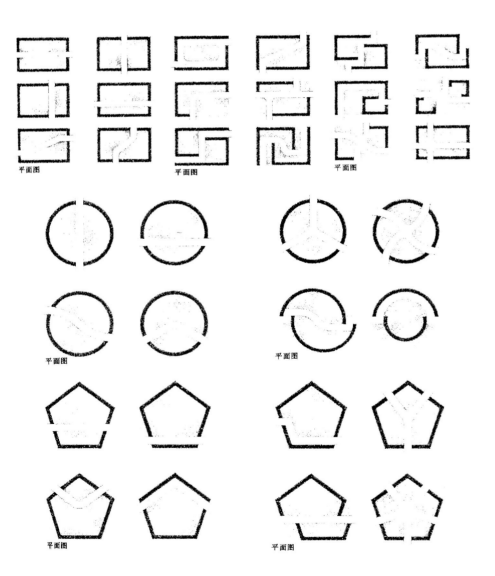

平面图 平面图 平面图

平面图 平面图

平面图 平面图

图 9-15

森 (Jackobsen) 设计的 BOAC 训练中心的庭院环境中，明显地受到"流动空间"思想的影响，放弃了传统的镶边栽植绿篱的传统，用绿篱形成了流动的空间结构 (图 9-16)。

二、植物景观空间组合设计

在植物景观中，单一的空间构成是很少有的，一般都是由许多不同的植物景观空间共同构成的整体。因此，探讨植物景观空间之间的组合关系就极为重要了。植物景观空间的组合方式主要有：线式组合、集中式组合、放射式组合、组团式组合、包容式组合和网格式组合等 6 种方式。

（一）线式组合

线式组合 (Linner) 指一系列的空间单元按照一定的方向排列连接，形成一种串联式的空间结构。可以由尺寸、形式和功能都相同的空间重复构成，也可以用一个独立的线式空间将尺度、形式和功能不同的空间组合起来。线式组合的空间结构包含着一个空间系列，表达着方向性和运动感。可采用直线、折线等几何曲线，也可采用自然的曲线形式。就线与植物景观空间的关系，可划分为串联的空间结构和并联的空间结构类型 (图 9-17)。

（二）集中式组合

集中式组合 (Centralized) 是由一定数量的次要空间围绕一个大的、占主导地位的中心空间构成，是一种稳定的、向心式的空间构图形式 (图 9-18)。中心空间一般要有占统治性地位的尺度或突出的形式。次要空间形式和尺度可以变化，以满足不同的功能与景观要求。在植物景观设计中，许多草坪空间的设计均遵循这种结构形式。以花港观鱼公园的草坪空间为例 (图 9-19)，空旷草坪中心空间的形成主要依靠空间尺度的对比，以 120m 左右的尺度形成了统治性的主体空间。其他树丛之间以不太确定的限定形式形成小尺度的空间变化。集中式组合方式所产生的空间向心性，将人的视线向丛植的雪松树丛集中。在英国的密尔顿住宅区公园 (Milton Residential Park) 的植物景观规划中，设计师以明确的圆形空间形态与林带间自然形的空间形成差别，圆形空间的尺度也占统治性地位，因而，空间的结构形式十分明确 (图 9-20)。

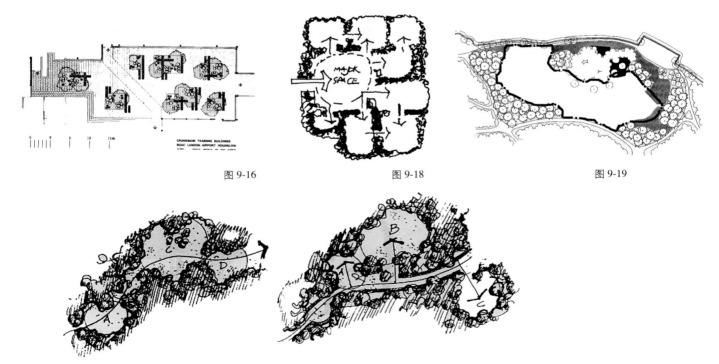

图 9-16　　　　　　　图 9-18　　　　　　　图 9-19

图 9-17

图 9-20　密尔顿住宅区公园平面（引自 Nick Robinson *The Planting Design Handbook* p68）

图 9-21　丢勒里花园平面图（引自 Filippo Pizzoni *The Garden* p84）

图 9-22　组团式组合的植物空间类型（引自 Nick Robinson *The Planting Design Handbook* p67）

图 9-23　组团式组合的植物空间类型（引自 Nick Robinson *The Planting Design Handbook* p68）

图 9-24　组团式植物空间性质的变化（引自 Nick Robinson *The Planting Design Handbook* p73）

图 9-25　包容式组合的植物空间类型（引自 Nick Robinson *The Planting Design Handbook* p68）

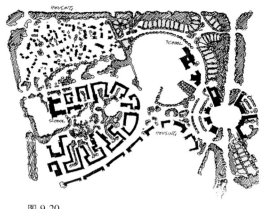

图 9-20

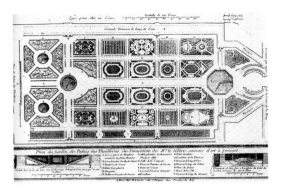

图 9-21

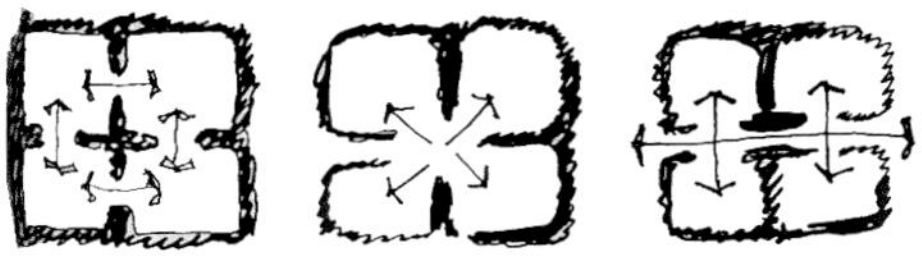

图 9-22

图 9-23

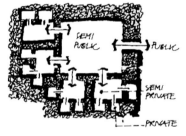

图 9-24

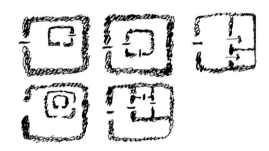

图 9-25

（三）放射式组合

综合了线式与集中式两种组合要素，由具有主导性的集中空间和由此放射外延的多个线性空间构成。放射组合的中心空间也要有一定的尺度和特殊的形式来体现其主导和中心的地位。在勒·诺特设计的丢勒里花园 (The Tuileries Garden) 中，采用了放射式空间组合的结构形式（图 9-21）。

（四）组团式组合

组团式组合 (Clustered) 是指形式、大小、方位等因素有着共同视觉特征的各空间单元，组合成相对集中的空间整体。其组合结构类似细胞状的形式，通过具有共同的朝向和近似的空间形式，紧密结合为一个整体的结构方式（图 9-22、图 9-23）。与集中式不同的是它没有占统治地位的中心空间，因而，缺乏空间的向心性、紧密性和规则性。

各组团的空间形式多样，没有明确的几何秩序，所以空间形态灵活多变，组团式是植物景观空间组合中最常见的形式。由于组团式组合中缺乏中心，因此，必须通过各个组成部分空间的形式、朝向、尺度等组合来反映出一定的结构秩序和各自所具有的空间意义（图 9-24）。

（五）包容式组合

包容式组合 (Contained) 是指在一个大空间中包含了一个或多个小空间而形成的视觉及空间关系（图 9-25）。空间尺度的差异性越大，这种包容的关系越明确，当被包容的小空间与大空间的差异性很大时，小空间具有较强的吸引力或成为了大空间中的景观节点。当小空间尺度增大时，相互包容的关系减弱（图 9-26）。空间穿插的关系是来自 2 个空间领域的相互重叠，出现一个共享的区域。这种

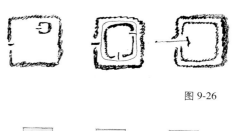

图 9-26

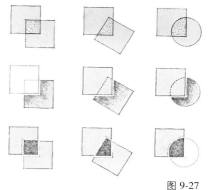

图 9-27

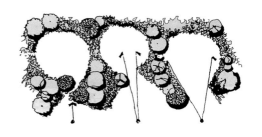

图 9-28

生等级差异，网格的形式也可以中断，从而产生出构图的中心。也可以局部位移或旋转网格而形成变化（图9-30）。网格式组合的设计方法在现代景观设计中被广泛使用，其代表人物是美国风景园林师丹·凯利。在他众多的设计作品中很多都采用网格的结构来形成秩序与变化统一的空间环境。美国风景园林师玛莎·施瓦茨（Martha Schwartz）在1991年设计的加利福尼亚科莫斯城堡方案中，也采用了网格结构的设计。在方形网格的控制下，她栽植了250株椰枣，形成了景观特色鲜明的植物景观（图9-31）。

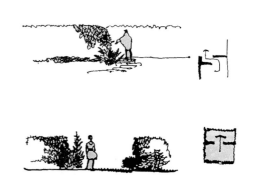

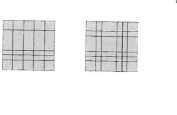

图 9-29

结构形式产生出3种空间关系的变化：共享部分为2个空间共有；被其中一个合并和作为连接2个空间的独立性元素（图9-27）。2个空间相邻是最常见的空间结合形式，在保证2个空间各自独立性的基础上，相邻2个空间之间的关系可概括为：间接联系、视觉联系、贯通联系三种方式（图9-28）。在植物景观设计中，相邻2个空间之间也可以采用一系列的手法强调或减弱二者的关系（图9-29）。

（六）网格式组合

网格式组合(Grid)是指空间构成的形式和结构关系是受控于一个网格系统，它是一种重复的、模数化的空间结构形式。采用这种结构形式容易形成统一的构图秩序。当单元空间被削减、增加或重叠时，由于网格体系具有良好的可识别性，因此，使用网格式组合的空间在产生变化和灵活时不会丧失构图的整体结构。为了满足功能和形式变化的要求，网格结构可以在一个或2个方向上产

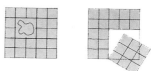

图 9-30

图9-26　被包容空间尺度的变化（引自 Nick Robinson *The Planting Design Handbook* p73）
图9-27　空间重叠的类型（引自程大锦《建筑·形式·空间和秩序》p182）
图9-28　相邻植物空间的关联（引自 Nick Robinson *The Planting Design Handbook* p77）
图9-29　相邻植物空间的转换（引自 Nick Robinson *The Planting Design Handbook* p77）
图9-30　网格式组合的变化（引自程大锦《建筑·形式·空间和秩序》p221）

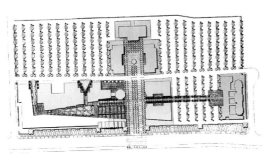

图 9-31 加利福尼亚州科莫斯城堡平面与景观（引自王向荣《西方现代景观设计的理论与实践》p247）

图 9-31

三、植物与其他要素构成空间

园林是时间与空间的艺术，而植物不仅具有丰富的时序变化，赋予园林四季不同的风貌，而且也是构造园林空间的要素之一。园林空间通常是由地形、水体、建筑、植物等诸多要素共同营造的，在设计中，不同构成要素组合以及量的比例关系的运用则是灵活多样的。

（一）植物与地形构成空间

园林中将植物与地形相结合，营造丰富的环境空间，增加景观层次，这是室外空间营造的一个重要手段，可以增强单纯由地形构成的空间效果。在植物景观设计时，要善于营造多样的地形，不同尺度的地形能够从宏观层面上提供不同类型的植物景观空间营造的条件，同时要重视微地形的处理，微地形设计时可以结合树丛、树群等形式，将大尺度的空间环境进行细化，以达到"大中见多"的空间景观效果。

（二）植物与建筑构成空间

现代园林设计中，建筑作为一个配角点缀园林空间是一个重要的趋势。根据建筑的功能、位置、形式和色彩等不同的要求，合理选择植物材料，并尽可能地将建筑融入整个园林环境中。可以将建筑作为园林构图中心，周围形成丰富的植物景观，形成外向的空间形态，或以建筑和植物共同组合，围合

形成内聚的植物景观空间形态，但不管什么样的空间布局，都要强调植物景观的主题性，以及空间尺度、形式的丰富性。

（三）植物与水体构成空间

水是园林的灵魂，水体根据大小又有河、湖、溪、池等各种不同的形态。植物景观设计时，要考虑水面大小，选择体量合适的植物材料，营造空间感适宜的植物景观。如湖的植物景观设计，可以以某种植物作为湖岸边的主体，以群植的方式，形成壮观的植物景观效果，同时在湖面运用岛、半岛、堤等造景手段，丰富空间层次，增加景深，但一定要保证观景视线的通透性。而在尺度较小的池，植物景观设计时要精致，以体量较小的水生植物点缀，形成视线开阔的空间。

（四）植物与道路构成空间

道路在园林中不仅起到组织交通构成园景的功能，还是组织和划分空间的有效途径。根据道路的宽窄，营造不同的植物景观层次。在植物景观设计时，要根据道路的平面布局，设计树丛、树群，增加道路两侧的空间变化，可以形成"步移景异"的景观效果。在道路的交叉口或转弯处，设计树丛，起到障景作用，不仅增加空间尺度对比，还引导人的行动。道路两侧也可以形成特殊的空间效果，如密植常绿乔木，形成"甬道"，这样的空间效果更加强烈。

第四节　植物景观空间设计方法和实例分析

一、植物组织空间的基本方法

（一）小的空间的营造

设计小的植物景观空间时，植物种植应遵循"金角银边、中间留白"的原则，即植物密集以边角为主。能使空间完整，小而不拥挤，小中见大。反之，要是在小空间中心位置进行植物种植，就会造成没有空间。杭州很多小的空间虽然只有一、两百平方米，但是植物的空间组织很合理，同样能形成很好的效果。

（二）大的空间的营造

在营造大的空间时，首先要根据整个空间的总体布局利用地形和植物进行空间分割，使空间尺度宜人，视角加大。如果视角很小，那么空间会显得非常平淡和空洞，这样会造成人们不愿进入空间中进行各项活动，使空间失去使用价值。

（三）空间之间的联系与过渡

进行规划布局时，第一步就是划分空间大小；第二步是考虑空间之间的相互联系。空间不应该是独立的而应该是相互之间有联系的，所以在植物景观空间设计时一定要让空间留有缺口，使得大小空间形成系列，利用植物种植的疏密、缺口的大小进行联系和过渡。不同种类的植物景观设计，可产生不同的冠形、色彩、叶形、高低等变化，引导视线，引起不同的视觉感受，产生不同的景观效果。如在一条稍有弯曲的园路旁，分段设计不同的植物，也可结合山水、亭廊等，用花木或衬托、或掩映，使游人稍一变换位置，便能看到不同的植物景观，或看到不同的花木与相应的山池亭廊，这"步移景异"的空间效果之所以形成，就是依赖植物的烘托和掩映，由此联系和扩展空间感，最易为人理解和体验。

（四）特定空间中的植物主题和特色

空间尺度和形态很重要，通过空间尺度、变化、边缘线等营造空间，但是仅有空间营造还不够，空间中的植物景观主题和特色也很重要。植物景观主题的营造往往依赖植物空间边缘，即密林和草坪之间的中层植物形成主题，如设计一定量的樱花就成为樱花主题。还可以增添桂花、鸡爪槭、垂丝海棠、枇杷等形成主题，从而使特定空间的植物景观特色鲜明。因为植物景观空间的营造既是满足人的功能需求，如休憩、游览等活动；又是欣赏特定的观赏植物。

（五）孤植树和树岛

如果空间较大，可以在中间安排树岛或孤植树使空间产生变化，利用植物的种植形式形成不同的景观效果，或独立成景，或群体成势（图9-32至9-43）。

图9-32　广玉兰四季常绿，树体丰满，树形高大，用作孤植树突出于花港观鱼藏山阁前草坪上（包志毅摄）

图 9-32

图 9-33

图 9-34

图 9-35

植物景观规划设计

图 9-36

图 9-37

图 9-33　草坪边缘的三角枫由于具有充足的生长空间，树体高大丰满（包志毅摄）

图 9-34　大雪松孤植于略抬高的微地形坡顶，十分醒目（包志毅摄）

图 9-35　美国某高尔夫球场的北美红杉，树体高大、伟岸，十分壮观（包志毅摄）

图 9-36　木麻黄树体高大，其灰绿色、细软下垂的小枝与嫩绿的草坪和深绿的背景林对比明显，成为草坪主景（深圳荔枝公园）（包志毅摄）

图 9-37　柠檬桉灰白色的树皮、高耸的树干极易从绿色的背景中分离出来，成为焦点（包志毅摄）

图 9-38　5 株树龄不一的栾树，形成完整的树丛，成为草坪的主景（包志毅摄）

图 9-38

图 9-39 6 株 金山棕形成树丛，突出主景（包志毅摄）

图 9-40 密集种植的棕榈可表现群体美，成为空间中的主景（包志毅摄）

图 9-41 蒲葵丛植于草坪中间，四周空旷，视野开阔，主景突出（包志毅摄）

图 9-42 苏铁形成缓坡上的特色主景（包志毅摄）

图 9-43 群植的油棕既是主景，又划分了空间（包志毅摄）

（六）密度和光影的变化

光线和阴影是形成立体空间效果的重要因素。在立体空间中，善加利用不同环境中的阴影，就可以对大小和深度的知觉产生决定性的作用。植物景观在空间中的光影变化较之建筑、山石等更为丰富，主要有以下几种形式：

（1）植物特别是草坪、地被等可以作为基底，表现光影的变化，其上的植物设计应注意疏密搭配，让人在平和的气氛中感受自然的变化（图9-44、图9-45）。

（2）密林形成的阴影，与远处的景物或近处浅色的草坪等可形成对比，划分空间。为加强对比，在林下栽种地被植物，效果更好（图9-46）。

（3）自然疏林或成行种植，能产生富有韵律和节奏的变化，落叶林在冬季也能形成类似的景观（图9-47至图9-49）。

（4）同一植物在不同光线条件下，能使人对空间产生错觉，或拉近或退远，引发不同的游览兴趣（图9-50至图9-53）。

（七）地形、道路、水体、与植物景观空间组织

现代风景园林经常通过植物与水体、地形、道路组景来营造空间。

1. 地形

杭州花港观鱼公园红鱼池与雪松大草坪间，通过地形处理和植物设计，使两个空间在视线上隔绝。种植树体高大、分枝点低的广玉兰作为主要的空间分隔树种，同时在两侧种植含笑和山茶等强化中下层（图9-54至图9-56）。

图 9-44 中华常春藤由于光影的变化而显得生动（杭州曲院风荷公园）（包志毅摄）

图 9-45 起伏有致的缓坡草坪和刺槐林，光影变化生动（包志毅摄）

图 9-44

图 9-45

图 9-46

图 9-47

图 9-48

图 9-49

第九章　植物景观空间营造

图 9-50

图 9-51

图9-46　枫香密林下密植深绿色的书带草，与明亮的草坪空间形成鲜明的对比（包志毅摄）

图9-47　不等距种植的刺槐，分割空间并形成富有节奏的光影效果（包志毅摄）

图9-48　林下八角金盘与香樟嫩叶，与明亮的草坪形成强烈对比，清晰的界定了植物景观空间（包志毅摄）

图9-49　枫杨林枝干投影富有变化，使草地空间更加突出（包志毅摄）

图9-50、图9-51　不同光照条件下的国槐林，光影富有变化（包志毅摄）

植物景观规划设计

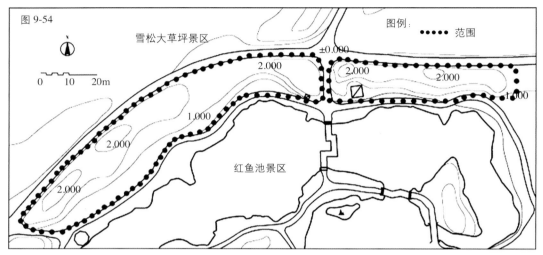

图 9-52 香樟林浓荫匝地,内外空间分明(包志毅摄)

图 9-53 鸡爪槭林下的中华常春藤加强了明暗对比,无形中扩大了草坪空间(包志毅摄)

图 9-54 地形和常绿树木结合形成自然的空间分割带(李珏绘)

图 9-55 杭州花港观鱼公园主园路。园路左侧为雪松大草坪景区;右侧为红鱼池景区;以广玉兰等分隔空间(包志毅摄)

图 9-56 红鱼池一侧,广玉兰下配置山茶,加强了分隔的效果且具有一定的隔音作用。缓坡地形可容纳一定的游人(李珏摄)

2. 道路

园林中道路布局灵活,曲线流畅,兼具交通及导游作用,路旁植物景观设计自然多变,远近各景随势构成一幅连续的动态画卷,具有步移景异的空间效果。植物与道路构成的景观空间主要可归为以下几种类型:

(1) 乔木自然植于路边,形成"林中穿路"的景观空间。浙江西天目山的柳杉林列植于道路两侧,十分古朴、苍劲(图 9-57)。

(2) "绿竹人幽径,青萝拂行衣","竹径通幽处,禅房花木深"。清秀挺拔的竹类,能营造出幽静深邃的园路环境。杭州的云栖竹径,长达 800m,两旁毛竹高达 20 余米,竹林两旁宽厚望不到边,穿行在这曲折的竹径中,很自然地产生一种"夹径萧萧竹万枝,云深幽壑媚幽姿"的幽深感。

(3) 花径:以花的姿态和色彩造成一种浓郁的气氛(图 9-58)。如北京静明园山坡的盘行小径,形成了鸟语花香的"采芝云径"。

3. 水体

园林中各类水体,可以借助植物来丰富水体景观空间,使之更富自然情趣,构

筑园林水体景观幽静含蓄的空间基调（图
9-59、图9-60）。水面景观低于人的视线，
与水边景观呼应，加上水中倒影，最宜游
人观赏。水面似一块平洁明镜，四周景物
反映水中形成倒影，上下交映，景深增加，
空间扩大，犹如一幅清丽的山水画，其植
物景观以保持必要的湖光天色、倒影鲛宫
的景色观赏为原则。

（八）空间的围合度

空间的围合度太高或太低都达不到很好
的效果。围合度太高，没有透视线和适当的
缺口，则会导致人们心情压抑，空间缺乏通
道，无法利用；围合度太低，空间不完整，

空间感不强。空间的边缘线清晰与否很关键，
边缘界线清晰就会形成良好的空间感，空间
界限明确。

通过乔木、中层植物、灌木和地被植物
的多层次设计可以强化空间边缘。

图 9-57

图 9-58

图 9-59

图 9-60

第九章　植物景观空间营造

图 9-57　浙江西
天目山的柳杉林
列植于道路两侧，
十分古朴、苍劲
（包志毅摄）
图 9-58　植物自
然伸入路面，游
人宛如走在丛林
中（包志毅摄）
图 9-59　广州流
花湖公园湖面与
城市间以树形高
大姿态飘逸的南
洋楹作为分隔，
使内外空间相互
渗透（包志毅摄）
图 9-60　浙江大
学华家池校区岛
上种植湿地松和
黑松，划分湖面
空间，增加景深，
水面空间更加丰
富（包志毅摄）

二、植物景观空间营造典型案例

（一）杭州花港观鱼公园雪松大草坪

花港观鱼雪松大草坪面积约14080m²，是花港观鱼公园内最大的草坪活动空间，也是杭州疏林草地景观的杰出代表。雪松大草坪以高大挺拔的雪松作为主要的植物材料，在体量上相互衬托，十分匹配。雪松单一树种的集中种植体现树种的群体美；适当的缓坡地形，更强调了雪松伟岸的树形。四角种植的方式，既明确限定了空间，又留出了中央充分的观景空间和活动空间，景观效果与功能都得到了极大的满足。根据植物景观的平面布局，雪松大草坪可基本划分为3组植物（图9-61），下面分别分析各组植物的景观特色。

A组植物。为强调公园的休闲性质、适当缓和雪松围合形成的肃穆气氛，设计者在本组雪松林缘错落种植了8棵樱花，春季景观效果突出。该组植物结构简单、层次分明。深绿色的青松为盛开的樱花提供了极佳的背景，折线状自然种植的单排樱花恰似一片浮云，蔚为壮观。其合理的间距与冠幅体现了整体性与连续性。由于樱花的观赏时间较短，故大多数时间仍以欣赏雪松群植的形体美为主（图9-62、图9-63）。

图9-61 花港观鱼雪松大草坪平面图（李珏绘）

樱花的平均高度约为雪松平均高度的1/3，上下层次清晰。樱花间距5～8m，为现有平均冠幅的1倍以上，三三两两的组合彼此呼应，体现了视觉上的连续性，并预留了较大的生长空间。在平面图上还可以发现，8株樱花的疏密变化与12株雪松的组合颇为类似，中间紧，两头松，模拟自然界从密林至林缘的生长模式产生自然的景观效果，并以类似的组合方式使两种植物具有内在的联系，和谐统一。

B组植物。该组植物为雪松大草坪的中心和主景，植物种类包括雪松、香樟、无患子、枫香、乐昌含笑、北美红杉、桂花、茶梅、大叶仙茅、麦冬等，是雪松大草坪中物种最为丰富的一组。该组植物岛状点缀于草坪中央，自南侧主路望去，成为观赏的主景；自草坪东西两头望去，则划分了草坪空间，增加了长轴上的层次，延长了景深。无患子、枫香的秋色叶为整个草坪空间增加了绚烂的秋色（图9-64），桂花的香味则拓展了植物景观的知觉层次。该组植物中的北美红杉据说是美国前总统尼克松访华时从美国带来赠送给中国的礼物之一，颇具历史文化价值。为了使该草坪空间增加夏季景观，在东侧靠近翠雨厅附近的列植雪松间，增添了火棘球与紫薇的组合，丰富了季相景观。

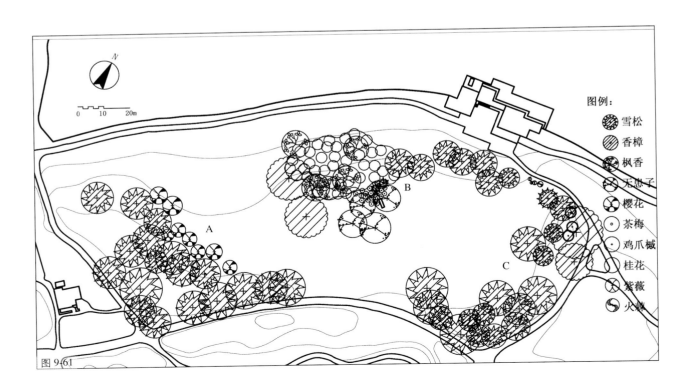

图9-61

图例：
- 雪松
- 香樟
- 枫香
- 无患子
- 樱花
- 茶梅
- 鸡爪槭
- 桂花
- 紫薇
- 火棘

图9-62 A组植物
春景（李珏摄）
图9-63 A组植物
冬景（包志毅摄）

表9-1　花港观鱼雪松大草坪植物种类组成及其特征

植物种类	学　名	科	属	数量/盖度	生活型	类型	形态	胸径/cm	冠幅/m	高度/m
雪松	*Cedrus deodara*	松科	雪松属	42	乔木	常绿	单干	51.7	11.9	16.7
香樟	*Cinnamomum camphora*	樟科	樟属	4	乔木	常绿	单干	60.8	15.7	15.2
无患子	*Sapindus mukurossi*	无患子科	无患子属	4	乔木	落叶	单干	30.8	10.9	9.7
枫香	*Liquidambar formosana*	金缕梅科	枫香属	5	乔木	落叶	单干	28.8	7.1	13.9
乐昌含笑	*Michelia chapensis*	木兰科	含笑属	2	乔木	常绿	单干	17.0	2.5	2.8
北美红杉	*Sequoia sempervirens*	杉科	北美红杉属	2	乔木	常绿	单干	15.0	3.7	6.9
桂花	*Osmanthus fragrans*	木犀科	木犀属	39	乔木	常绿	多干	18.8	4.2	4.5
樱花	*Prunus serrulata*	蔷薇科	蔷薇属	8	小乔木	落叶	单干	13.1	5.6	5.1
鸡爪槭	*Acer palmatum*	槭树科	槭树属	3	小乔木	落叶	单干	12.0	4.1	3.2
紫薇	*Lagerstroemia indica*	千屈菜科	紫薇属	3	灌木	落叶	单干	8.7	1.3	1.8
火棘	*Pyracantha fortuneana*	蔷薇科	火棘属	1	灌木	常绿	丛生	/	2.2	1.4
凤尾兰	*Yucca gloriosa*	百合科	丝兰属	9	灌木	常绿	丛生	/	1.5	1.3
茶梅	*Camellia sasanqua*	山茶科	山茶属	24	灌木	常绿	丛生	/	0.7	0.6
紫金牛	*Ardisia japonica*	紫金牛科	紫金牛属	1%	小灌木	常绿	丛生	/	/	0.3
大叶仙茅	*Curculigo capitulata*	百合科	仙茅属	1%	草本	常绿	丛生	/	/	0.4
羊齿天门冬	*Asparagus filicinus*	百合科	天门冬属	1%	草本	常绿	丛生	/	/	0.4
沿阶草	*Ophiopogon japonicus*	百合科	沿阶草属	1%	草本	常绿	丛生	/	/	0.2
麦冬	*Liriope spicata*	百合科	山麦冬属	1%	草本	常绿	丛生	/	/	0.2
红花酢浆草	*Oxalis rubra*	酢浆草科	酢浆草属	1%	草本	常绿	丛生	/	/	0.2

图 9-64

植物景观规划设计

图 9-64 B 组植物中部秋景（李珏摄）
图 9-65 C 组植物春景（包志毅摄）
图 9-66 C 组植物冬景（包志毅摄）
图 9-67 分别于草坪东西驻足观望可获得极为强烈的空间感（李珏摄）

C 组植物。该组植物为雪松纯林，植株较其他两组高大，主要是为了体现雪松的个体美和群体美，其中最大的一株雪松胸径达 72cm，冠幅达 16m；最高的一株雪松高达 17m（图 9-65、图 9-66）。

总体而言，雪松大草坪是非常成功的植物景观规划设计实例，设计者以大量的常绿针叶树种围合空间（图 9-67），奠定了

雄浑的气势，体现出南方少有的硬朗，又在局部穿插具有本地特色的代表树种和观花树种，表现出刚柔并济的植物景观效果，不得不让人为设计师的匠心与植物的美所折服。

（二）杭州花港观鱼公园悬铃木、合欢草坪

该组植物景观面积约 2150m²，在同一草坪空间中种植由合欢、悬铃木构成的两组纯林式树丛，随时间演变体现不同的景观效果，体现了园林种植设计之初对近、中、远期景观的统筹兼顾（图 9-68 至图 9-71）。

在 1981 年完成的对杭州园林植物配置的研究中提到："面积 2150m²，地形呈东南向倾斜，四周以树木围成较封闭的空间。主景为自由栽植的 5 株合欢树，位于草坪的最高处。主景树对面坡下为 9 株悬铃木……"。经过 20 多年以后，该处的景观格局发生了

图 9-65

图 9-66

图 9-67

变化，不仅表现为数量上的增减，也体现在主景的变更上。由于合欢体量较小，树高一般不过 16m 左右，虽有将近 2.5m 的地形抬高，但与成年悬铃木相比，在高度与冠幅上都不具优势。这样的设计方式，使在目标主景形成以前也能保证良好的景观效果。其设计者也在论著中谈及类似的设计理念：在用一般苗木 (3～5 年生苗木) 建园的园林种植设计时，作为孤植树的设计，常常在同一草坪或同一园林局部中，设计两套孤植树，一套是近期的，一套是远期的。远期的孤植树，在近期可 3～5 成丛种植，近期作为灌木丛或小乔木树丛来处理，随着时间的演变，把生长势强的、体形合适的保留下来，把生长势弱的、体形不合适的移出……总体而言，该组植物景观以简单的树种形成了持续变化、效果强烈的主景，其设计手法值得借鉴。

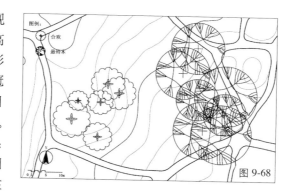

图 9-68

（三）杭州柳浪闻莺公园枫杨林

枫杨为乡土树种，从苗木价格、观赏价

值而言，该树种并不具有突出的优势。但柳浪闻莺群植的枫杨随着树龄的增长，自然郁闭成林，冠盖相接，成为草坪上的主景，其林下也提供了适宜各个季节活动的空间（图 9-72 至图 9-75）。枫杨林面积约 3000m²，枫杨生长健壮、野性十足，具有自然之趣，且管理维护成本低。林下适当点缀常绿或开花的灌木、地被，增加近景，从而进一步吸引游人观赏停留。入口处间植常绿乔木，丰富了局部林相变化，也为香樟提供了适宜的生长空间。总体景观效果较为理想。

图 9-69

图 9-70

图 9-71

图 9-68 花港观鱼悬铃木合欢草坪平面图（李珏绘）
图 9-69、图 9-70 分别从合欢树丛和悬铃木树丛观察（李珏摄）
图 9-71 悬铃木合欢草坪全景（李珏摄）

表 9-2 花港观鱼悬铃木合欢草坪植物种类组成及其特征

植物种类	学名	科	属	数量／盖度	生活型	类型	形态	胸径 /cm	冠幅 /m	高度 /m
悬铃木	*Platanus × acerifolia*	悬铃木科	悬铃木属	7	乔木	落叶	单干	62.7	15.5	27.6
合欢	*Albizia julibrissin*	豆科	合欢属	6	乔木	落叶	单干或多干	24.1	9.0	14.4

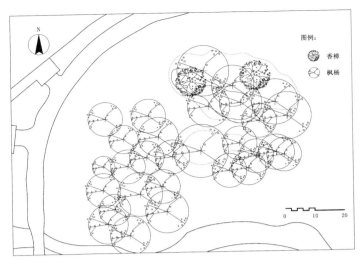

图 9-72

图 9-73

图 9-72　杭州柳
浪闻莺公园枫杨
林平面图（李珏
绘）

图 9-73　植物景
观外貌（春季）
（李珏摄）

图 9-74　植物景
观外貌（冬季）
（李珏摄）

图 9-74

表 9-3　柳浪闻莺枫杨林植物种类组成及其特征

植物种类	学名	科	属	数量 /盖度	生活型	类型	形态	胸径 /cm	冠幅 /m	高度 /m
枫杨	*Pterocarya stenoptera*	胡桃科	枫杨属	29	乔木	落叶	单干	52.6	13.7	22.3
香樟	*Cinnamomum camphora*	樟科	樟属	2	乔木	常绿	单干	38.6	7.7	14.9
杜鹃	*Rhododendron simsii*	杜鹃花科	杜鹃花属	5%	灌木	落叶	丛生	/	0.4	0.6
八角金盘	*Fatsia japonica*	五加科	八角金盘属	10%	灌木	常绿	单干	/	0.9	0.8
沿阶草	*Ophiopogon japonicus*	百合科	沿阶草属	25%	草本	常绿	丛生	/	/	0.3

（四）杭州花港观鱼公园南门入口草坪空间

位于花港观鱼南门入口草坪是以欣赏秋色为主的活动空间，面积约4730m²，但通过林缘线的变化，使空间收放适宜，较好地体现了植物在空间构成中的作用。

岛状布置的一组植物位于主要的透景线尽头，团状结构的较小体量，划分层次，并在视觉上拓展了空间范围。立体多层次的植物景观设计起到了很好的阻隔视线的作用，特别是中层常绿成分——洒金东瀛珊瑚、桂花的应用，使空间界定明确。林缘线的鸡爪槭、红枫由于对光的需求，树形自然偏向开敞的草坪空间，飘逸自然。林中乡土树种的密植，利用其相互间的竞争，优胜劣汰，形成较好的背景。在该处草坪空间中，随着行进不断转换的视角引导视线从不同角度观赏该组植物景观（图9-76至图9-87）。总体而言，该组植物景观种类丰富、结构合理、季相分明、养护简易、效果稳定，其林缘的处理是其最精彩之处。

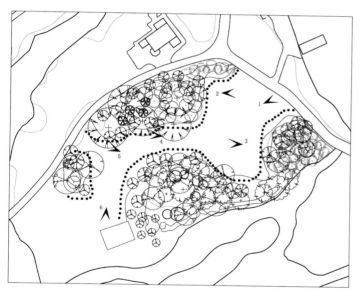

N

0　10　20m

图例：

⊕ 枫杨
⊗ 无患子
⊛ 枫香
⊛ 紫楠
○ 浙江润楠
⊙ 浙江楠
⊛ 乐昌含笑
⊗ 鸡爪槭
⊛ 石楠
⊛ 红叶李
⊛ 桂花

图 9-76

图 9-75　枫杨林下是市民良好的休闲活动场所（李珏摄）

图 9-76　花港观鱼公园南门入口草坪空间平面图（李珏绘）

图 9-77　从视角1看到的春季景观（李珏摄）

图 9-78　从视角1看到的冬季景观（李珏摄）

图 9-77

图 9-78

植物景观规划设计

图 9-79 从视角
2 看到的早春景
观（李珏摄）
图 9-80 从视角
2 看到的夏季景
观（李珏摄）
图 9-81 从视角
3 看到的春季景
观（李珏摄）
图 9-82 从视角
3 看到的秋季景
观（李珏摄）

图 9-79

图 9-80

图 9-81

图 9-82

图 9-83

图 9-84

图 9-85

图 9-86

图 9-83 从视角
4 看到的冬季景
观（李珏摄）
图 9-84 从视角
4 看到的夏季景
观（李珏摄）
图 9-85 从视角
5 看到的春季景
观（李珏摄）
图 9-86 从视角
5 看到的秋季景
观（包志毅摄）
图 9-87 从视角
6 看到的夏季景
观（李珏摄）

图 9-87

表 9-4 花港观鱼南门入口草坪植物种类组成及其特征

植物种类	学名	科	属	数量	生活型	类型	形态	胸径/cm	冠幅/m	高度/m
无患子	*Sapindus mukurossi*	无患子科	无患子属	10	乔木	落叶	单干	28.3	9.2	10.9
紫楠	*Phoebe sheareri*	樟科	楠木属	14	乔木	常绿	单干	16.4	4.6	8.2
浙江楠	*Phoebe chekiangensis*	樟科	楠木属	16	乔木	常绿	单干	13.5	5.8	4.9
浙江润楠	*Machilus chekiangensis*	樟科	润楠属	6	乔木	常绿	单干	14.1	3.4	4.6
乐昌含笑	*Michelia chapensis*	木兰科	含笑属	4	乔木	常绿	单干	12.3	3.6	6.3
枫香	*Liquidambar formosana*	金缕梅科	枫香属	2	乔木	落叶	单干	25.2	6.0	10.3

植物种类	学名	科	属	数量	生活型	类型	形态	胸径/cm	冠幅/m	高度/m
枫杨	*Pterocarya stenoptera*	胡桃科	枫杨属	5	乔木	落叶	单干	43.7	12.5	21.3
石楠	*Photinia serrulata*	蔷薇科	石楠属	1	乔木	常绿	多干	16.0	4.8	3
桂花	*Osmanthus fragrans*	木犀科	木犀属	34	乔木	常绿	多干	14.2	4.0	4.1
红叶李	*Prunus ceracifera* 'Pissardii'	蔷薇科	梅属	11	乔木	落叶	单干	9.6	3.1	3.3
鸡爪槭	*Acer palmatum*	槭树科	槭树属	31	乔木	落叶	单干	15.2	4.0	4
'洒金'东瀛珊瑚	*Aucuba japonica* 'Variegata'	山茱萸科	桃叶珊瑚属	69丛	灌木	常绿	单干	/	2.1	1.7
长柱小檗	*Berberis lempergiana*	小檗科	小檗属	35丛	灌木	常绿	丛生	/	1.4	1.1
'十姐妹'	*Rosa multiflora* 'Platyphylla'	蔷薇科	蔷薇属	3	灌木	落叶	丛生	/	1.6	1.5
棣棠	*Kerria japonica*	蔷薇科	棣棠属	18	灌木	落叶	丛生	/	0.9	1.1
柳叶绣线菊	*Spiraea salicifolia*	蔷薇科	绣线菊属	5	灌木	落叶	丛生	/	1.2	1.1
南天竹	*Nandina domestica*	小檗科	南天竹属	1%	灌木	常绿	丛生	/	0.6	0.5
杜鹃	*Rhododendron simsii*	杜鹃花科	杜鹃花属	1%	灌木	半常绿	丛生	/	0.3	0.3
狭叶十大功劳	*Mahonia fortunei*	小檗科	十大功劳属	1	灌木	常绿	丛生	/	2.0	0.8
棕榈小苗	*Trachycarpus fortunei*	棕榈科	棕榈属	2	灌木	常绿	丛生	/	1.0	0.9
沿阶草	*Ophiopogon japonicus*	百合科	沿阶草属	5%	草本	常绿	丛生	/	/	0.2
中华常春藤	*Hedera nepalensis* var. *sinensis*	五加科	常春藤属	5%	藤本	常绿	丛生	/	/	0.2
葱兰	*Zephyranthes candida*	石蒜科	葱兰属	1%	草本	常绿	丛生	/	/	0.3
吉祥草	*Reineckia carnea*	百合科	吉祥草属	5%	草本	常绿	丛生	/	/	0.2
麦冬	*Liriope spicata*	百合科	山麦冬属	5%	草本	常绿	丛生	/	/	0.2
二月蓝	*Orychophragmus violacens*	十字花科	诸葛菜属	1%	草本	冬绿夏枯	丛生	/	/	0.4
红花酢浆草	*Oxalis rubra*	酢浆草科	酢浆草属	1%	草本	常绿	丛生	/	/	0.2

思考题

1. 为什么说植物景观空间营造在风景园林建设中特别重要？
2. 植物景观营造的基本原则和方法有哪些？

第十章　建筑的植物景观设计

　　植物与建筑的结合是自然美与人工美的结合，处理得当，二者关系可求得和谐一致。植物以其丰富的自然色彩、柔和多变的线条及优美的姿态风韵为建筑增添美感，使之产生一种生动活泼而具有季节变化的感染力，给人带来艺术的享受，使建筑与周围环境更为协调。

第一节　植物与建筑景观设计的相互作用

一、植物对建筑空间的柔化作用

　　建筑的线条往往比较直硬，而植物枝干多弯曲，线条柔和、活泼（图10-1）；若植物景观设计得当，能使建筑突出的体量与生硬的轮廓柔化在绿树环绕的自然环境之中，使建筑物旁的景色取得一种动态均衡的效果（图10-2）。植物的颜色，是调和建筑物各种色彩的中间色，如白色的丁香花衬托于灰色或黑色、红色的墙前，尤为醒目；墙面上的爬山虎更突出了这种色彩的对比。还可在建筑的屋顶上进行植物美化，如在建筑屋顶爬满炮仗花，开花时，一片繁花似锦，可丰富建筑的色彩；无花时，又犹如乡间茅舍，充满田园情趣。

二、植物与建筑的风格协调

　　由于地域的差异及园林功能的不同，导致园林建筑风格各异，因此植物景观设计应随建筑风格的变化而与之相协调、相适应。

图10-1　植物柔化建筑的线条（王小玲摄）

图10-2　颐和园之谐趣园(苏醒摄)

图10-3

图10-4

图10-3 承德避暑山庄外八庙松柏衬托了皇家建筑至高无上的尊严(姚瑶摄)
图10-4 上海龙柏饭店英国式园林(苏雪痕摄)
图10-5 卢森堡建筑融入丛林中(王莲英摄)

在北方的皇家园林中，为了反映帝王至高无上、尊贵无比的思想，宫殿建筑一般都体量庞大、色彩浓重、布局严整，多种植侧柏、桧柏、油松、白皮松等树体高大且长寿的常绿树种。这些华北的乡土树种，耐旱耐寒、生长健壮、树姿雄伟，堪与皇家的建筑相协调（图10-3）。而苏州的私家文人园林中，灰瓦白墙，暗栗色的柱栏，建筑色彩淡雅，以体现文人士大夫清高、风雅的情趣。由于园林面积不大，造园上力求小中见大，通过"咫尺山林"来营造大自然的美景，植物景观要体现诗情画意的意境。窗前一株铁杆虬枝、清标雅韵的古梅，墙角一丛潇洒挺拔、清丽俊逸的秀竹……无不衬托出吴中文人超尘隐逸的情致；常用的植物除梅、兰、竹、菊"四君子"外，还有桂花、丁香、石榴、海棠、玉兰、紫薇、南天竹、芍药、牡丹、芭蕉、杨、柳、槐树、梧桐等。

以欧式建筑为主的园林，植物景观设计中可用开阔的、略有起伏的草坪为底色，其上配植雪松、龙柏、月季、杜鹃等色泽艳丽的花木，或丛植，或孤植，营造田园牧歌式的景色，以此获得植物与建筑风格的协调（图10-4）。

此外，园林中的某些服务性建筑，如厕所、电话亭、商店等，由于位置的不合适也会破坏景观，可以借助植物来处理和改变这种情况，如苏州园林中的厕所常用珊瑚树作缘墙来围合。

三、建筑对植物的点景作用

园林中一些自然风景园林具有天然景观的特点，占地面积大，植物占有比重高，并以当地自然生态群落为主，人工栽植为辅，具有各种动人的风景空间。在景区中，大部分建筑轮廓"融化"在绿色丛林之中（图10-5），隐藏在山际、林冠线之内，宛若天成，不落斧凿。如杭州西湖十景之一的"柳浪闻莺"，在这个景点里，"柳浪"通过种植大量柳树来体现，但主景则是通过标志性建筑闻莺馆和"柳浪闻莺"碑亭点出，使得建筑与植物相得益彰，突出主题。北京颐和园中的知春亭小岛上遍植桃树和柳树，桃柳报春信，点出知春之意，小亭隐现其间，春光无限。

图10-5

第二节 植物与古典园林建筑的景观设计

在中国古典园林中，建筑样式多变，有廊、榭、厅堂、亭、舫、楼阁、轩、馆、斋、塔等多种类型。园林中的建筑大多讲究立意，以营造出大自然鸟语花香、充满生机的氛围以及体现园主的情操为目的，而这种气氛的营造，在很大程度上依赖于周围的植物景观设计。建筑的形式不同、性质不同，对环境植物的要求也不同。

一、厅堂

在中国古典园林中，尤其是私家园林，厅堂主要是供园主团聚家人、会聚宾客、交流文化、处理事务以及进行其他种种活动的主要场所。《园冶·立基》说："凡园围立基，定厅堂为主"。厅堂是全园的主体建筑，应居于宽敞显要之地，必须朝南向阳且有景可取，其建筑空间要求宏敞精丽、堂堂高显，表现出严正的气度，体现出其独特的建筑性格美。

不过，由于传统的惰性和功能的要求，其性格往往流于一般化，显得厅堂严正有余，活泼变化不够，这就要求通过合理的植物景观设计，来打破板律沉闷的局面，进而创造出丰富多彩的园林景观。

厅堂前的植物种类多选用玉兰、海棠、碧桃、牡丹、桂花等，以喻"玉堂春富贵"之美好寓意，如北京颐和园玉兰堂（图10-6）。

二、亭

亭是园林中最为重要、最富于游赏性的建筑，同时也是应用最广、形式最多样的建筑。亭的形式从平面上分有圆形、长方形、三角形、四角形、六角形、八角形、扇形等；从屋顶形式上分为单檐、重檐、三重檐、攒尖顶、平顶、歇山顶、单坡顶、褶板顶等；从位置上分有山亭、半山亭、桥亭、沿山亭、廊亭以及与墙结合的半亭及路亭等。

在古典园林中，时常将亭建于大片丛林中，使其若隐若现，令人有深郁之感。对于丛植林的配置，有将同一树种种植成林的，如苏州拙政园的雪香云蔚亭，周围遍植白梅，待至早春，花开如雪，暗香浮动，景色迷人；亦有用多种树种配置的，这种形式要注意树种的大小，开花季节的先后，色彩的调和与对比，以及常绿树与落叶树的搭配等，如苏州沧浪亭中的沧浪亭，四周古木葱郁，一派山林景象（图10-7）。在丛植林景观中，往往以一种或数种树木作为主题，寻求意境上的营造。主题植物多选择一些形神俱备、立意高远的植物，如"岁寒三友"松、竹、梅，"四君子"梅、兰、竹、菊等。

在古典园林中，有许多亭是利用花木为主题来命名的，此种命名方法有画龙点睛之妙。如苏州拙政园中的梧竹幽居，既有韵雅圣洁的梧桐，又有潇洒挺拔的翠竹（图10-8）。"萧条梧竹月，秋物映园庐"，身居其中，神骨俱清、心志涤荡、宠辱皆忘。再如拙政园朱红栋梁的荷风四面亭，夏日里四面荷花三面柳，柳丝如披、荷香四溢，情景交融，欣然而忘我。小小亭子，将生活诗意化、艺术化，形羁一亭中，而得置身丹崖碧水、幽谷丛林之感。建筑的精巧之美与环境的隐逸

图10-6 颐和园玉兰堂(仇莉摄)
图10-7 葱郁的古木环抱沧浪亭(田国行提供)
图10-8 苏州拙政园绿荫中的梧竹幽居(田国行提供)

图10-6

图10-7

图10-8

之善，在小亭身上合二为一了。

古典园林中的廊、榭、舫、楼阁等不同的建筑类型，其旁的植物主要根据这些建筑物的外形特征及意境要求进行布置，建筑物前还应留出少许的空地，以便游人活动，使其视野开阔，便于凭眺。

总之，园林中的各种建筑物，无论位于山上或水涯，必翼以树木，不使孤立，如能将建筑与植物合理组景，便会使之成为园林整体中一个完美的组合。

第三节　庭院空间的植物景观设计

庭院的设计有着几千年的悠久历史，从古希腊的实用型庭院到中世纪的修道庭院，以及近代的观赏型庭院，无不显示着庭院与人类生活的密切联系。今天，庭院的种类和设计风格愈加丰富多彩了，有规则式的，自然式的，还有在传统的各种典范的基础上加以演变而成的。然而，无论你选择何种方式，一定要慎重考虑园林植物的体量、形状和规模以及与庭院的整体平衡和比例。为了达到整体和谐的效果，务必要自始至终保持一个主题，使之接近某种风格，并与建筑风格融为一体。同时结合传统建筑的色彩、搭配、结构以及附属建筑的设计思想，建造出一个令人愉悦的、个性化的户外空间。

一、庭院植物景观设计的形式

（一）规则式

规则式的特点是运用直线条。笔直、对称、平衡的树篱和灌木修剪得非常整齐，如果庭院中有草坪，要求坚持定期修剪，保持平整。装饰品和润饰物在风格上应力求大胆，但在形式上则最好古典一些，应该与规则式庭院相互和谐一致（图10-9）。在这种类型的庭院内一般都建有十分规则的花坛和草坪，在花坛里整齐地种有各种植物，构成一幅幅美丽的镶嵌图案，就连果树和蔬菜也都像大花坛一样以规则式的整形和图案式的精心设计而种植，园地的两边常种以低矮且修剪整齐的树篱。

（二）自然式

在花园里不规则地栽植小片树丛、草坪或花卉，使生硬的道路、建筑轮廓变得柔和，在景观上具有随意性和灵活性（图10-10）。在自然式花园里，可以因地就势地创造一些自然景观，造价不高，但收效很好，形成园中园。如可以利用水池种植水生植物，既可以种植精致的荷花、睡莲等水生植物，也可以种植富有野趣的芦苇；可以利用地势高差的变化，布置错落有致的花池，即使是简单地种上几竿修竹或几丛草花，也能使花园变得富有动感和生命力；还可以用石块堆砌花台、花池，在上面随意种植一些岩生植物，模拟高山植物景观。

图10-9　英国皇家汉普顿宫内小庭院(苏雪痕摄)
图10-10　英国别墅的小庭院(苏雪痕摄)

图10-9

图10-10

图10-11 英国某家庭前花园植物色彩、层次、形态的组合形成一幅美丽画卷（苏雪痕摄）

图10-11

二、庭院植物景观设计

人类理想的居所是自然场址与景观环境的最佳组合。植物作为人类与自然亲近的一种重要媒介，其景观的好坏可作为衡量庭院造景设计成败的标准。因此，在庭院建造之前，要先确定庭院环境的类型，进行初步"规划"，列出所需植物的种类，并考虑每一种植物的特点：形体、高度、冠幅、叶簇、颜色、质地、季相等；同时要考虑植物对光照、温度、土壤理化性质、空气、水分等生态因子的要求，以便选择合适的植物种类及营造适宜的生态环境（图10-11）；此外，应注意随着植物的成长，庭院可能发生的各种变化。只有对庭院植物景观有一个清晰的计划，才能营造出一个既连贯又富美感的庭院。

（一）植物景观设计的要求

（1）满足室外活动的需要，将室内室外统一起来安排，创造合理的空间。

（2）方便、亲切、实用、自由，利于家庭成员间的沟通交流，增加亲情。

（3）在一定范围内具有私密性，但也不是和外界完全隔绝，也要让人体会到广阔的自由感。表面空间的大小可以通过巧妙的透视或微型化加以拓展；另外，通过植物材料的选择以及安排恰当的墙和对外开口，设计

出的视域可以涵盖当地或邻域的诱人景致，也可一直延伸至远山或地平线；即使是在围墙花园或庭院中，利用蓝天、白云和夜晚的星空亦可使开放空间最大化。同时，植物景观也可赋予空间以双重性，对于园内的人是开敞的，而对于园外的人而言则是封闭的。

（4）体现主人的风格，使花园具有个性。如种植果树、蔬菜形成果蔬园，植物景观形式可规则，或自然，使其既绿化、美化了庭园，又满足了日常生活食用的需要。也可种植生长健壮的、不需要细致管理的植物，不需花费太多的时间和精力，随着植物的茁壮成长，便能形成一个野趣横生的杂木庭园，朴素的形态及生长繁茂的自然景观，不会产生拘束严谨之感，使主人的内心充满安详、闲逸的感受，别有一番情趣。如果园主喜欢运动，或者是家中有孩子的，则可将植物材料布置在周边，中间留出较宽敞的铺装或草坪，供家人闲暇时运动、锻炼。

（二）不同类型庭院的植物景观设计

庭院的类型直接影响着植物的选择与设计，表达不同的主题需要通过不同的植物景观设计来实现。

1. 花园

花卉作为一种最受人们喜爱的庭院要素

图10-12

图10-13

图10-14

图10-12　香港
花展某花园设计
(苏雪痕摄)
图10-13　蔷薇
园(苏雪痕摄)
图10-14　北京龙
园别墅儿童游戏
园地(苏雪痕摄)

出现在许多不同风格的庭院里，以此为主题可以达到许多迷人的效果。为了建造一个成功的庭院，必须全面考虑所选开花植物的全部特征，如高度、色彩、开花时间及其寿命等，以便让这些植物能长期开花（图10-12）。

最有效的办法是将多年生植物与少量的花灌木、球根花卉和一、二年生花卉种在一起，使得花期此起彼伏，一直延续到晚秋。

同时，应确保植物的形状各异，并把叶形不同的植物种在一起。鲜花与花灌木不仅有缤纷的色彩，而且还散发着芳香，可以招蜂引蝶，增加庭院的整体魅力。

2. 蔷薇园

蔷薇通常被视为花中贵族，深受人们的喜爱。在春夏两季它们会带给人们绝妙的视觉享受。当然，还有出于实际的考虑，将它们种植在同一块地方以便剪枝和施肥。蔷薇园的大小并不重要，如果庭院很大，可以在庭院里遍植蔷薇灌丛和藤本蔷薇；如果庭院较小，则可把蔷薇种植在一小块园地中，同样可以享受蔷薇的芬芳和艳丽（图10-13）。

3. 儿童游乐园

如果庭院有足够大的空间，可以用来建造富有刺激性的户外儿童游戏场地；如攀援架、绳梯、秋千、滑梯和沙坑等。另外，还需留出一些空旷的草地供孩子们嬉戏玩耍，或者留出几个阳光充足的花坛，以便孩子们在里面种植一些长势旺盛的蔬菜和需要剪枝的漂亮花草（图10-14）。总之，尽量为儿童创造接近奇妙大自然的机会。

4. 岩石园

受面积的限制，庭院中常植成岩石园，模拟高山植物景观，选择低矮的花灌木，但主要选用宿根、球根花卉。由于高山紫外线强，故花色宜选用蓝色、紫色的种类。营建时土、石结合，留出栽植穴，并能自然截留雨水。

5. 菜园

菜园多位于庭院的僻静之处，其位置不是人们首要考虑的因素，重要的是它的地势要求相对平坦，易于排水且土地肥沃。菜园的布局主要由所选园地的大小和要种植的蔬菜和香料植物的种类来确定，可将菜园划成几块相对独立的菜地，以便进行轮作。如在种植时，先以豆科植物（如大豆、豌豆）打好底肥，将足够的氮肥留在地里，然后就可以根据季节种植韭菜、洋葱、大白菜、萝卜和胡萝卜、花菜等。如果想进一步节约空间，还可以种植蔓性植物如黄瓜、葫芦、西红柿和菜豆等，让它们爬上铁网或木棚架，将会取得良好的效果。

6. 果园

广阔的果园一般在农场中才能见到，但这并不等于说在较狭小的庭院里就不可以精心安排一个袖珍果园。庭院中建造小果园最重要的环节是对果树的整形、修剪，一般都是整成篱壁式，倚墙而植。另外选用矮化砧嫁接，大大减小个体的体量。当然，种植水果并不纯粹是为了满足口腹之欲，果树还能为庭院增添亮丽的风景，尤其是在鲜花盛开的时候。果树还可被当做园墙的一部分而种植，这样就可以节约很大的空间；另外还可以将一些结果实的灌木及多年生植物（如草莓等）也混植在花卉和草本植物之中。果树种类可选择苹果、梨、李子、桃、葡萄和杏等。

7. 药草园

随着人们对有益健康和具备治疗价值的植物的逐渐感兴趣，越来越多的庭院开始栽种药用植物。药草既可种在花盆里，成为人们观赏的焦点；也可用做地被植物、绿篱甚至是庭荫树等。药园最简单的种植方式，莫过于将药草和其他植物混在一起，沿着园径、房屋或者篱笆种植。至于植物的选择，那就更广泛了：乔木有银杏、杜仲、厚朴、苦丁茶等；灌木有牡丹、十大功劳、小檗、枸杞、刺五加等；藤本有金银花、绞股蓝、雷公藤、何首乌、五味子等；草本有芍药、玉簪、麦冬、沿阶草、射干、黄精、玉竹、白及等。

第四节　门、窗的植物景观设计

门窗洞口在园林建筑中除具有交通及采光通风作用外，在空间上，它可以把两个相邻的空间既分隔开，又联系起来。在园林设计中经常利用门窗洞口，通过植物景观设计，形成园林空间的渗透及空间的流动，以实现园内有园，景外有景，变化多姿的意境。

一、门的植物景观设计

门是游客游览的必经之处，主要用于组织游览路线和形成空间的流动，其造型主要可分为三类：

（1）曲线型：如月洞门（图10-15）、花瓶门（图10-16）、葫芦门、圈门、梅花门以及形状更为自由的如意门和贝叶门等。

图10-15　图10-16

（2）直线型：如方门、六方门、八方门、长八方门、挂圭门，以及把直线门程序化的各种样式。

（3）混合型：即以直线为主体，在转折部位加入曲线进行连接，或将某些直线变为曲线。

在进行植物景观设计时，要充分利用门

图10-15　苏州拙政园枇杷园月洞门（田国行提供）
图10-16　花瓶门（苏雪痕摄）

植物景观规划设计

图10-17 尺幅
画(苏雪痕摄)

窗与花窗之分，在组景中能起到框景的作用，另外花窗自身成景，窗花玲珑剔透，具有含蓄的造园效果。

以窗框景、以窗漏景又称之为"尺幅画"、"无心画"。窗外一丛修竹、一枝古梅、数株芭蕉或几块小石、一弯小溪，及至小山丛林、重崖复岭，配上窗框图案，皆可成为"尺幅画"、"无心画"的题材。人们凭借窗框，捕捉天籁，可将自然界的种种微妙变化，融入意识，引起朦胧的诗意，铸就一幅幅迷离幻妙的图画。

在进行窗外的植物景观设计时须注意，由于窗框的尺度是固定不变的，而植物却不断生长，体量不断增大，会破坏原来的画面，因此要选择生长缓慢、变化不大的植物，如芭蕉、南天竹、孝顺竹、苏铁、棕竹、软叶刺葵等种类，近旁可配些尺度不变的剑石、湖石，增添其稳固感，这样有动有静，构成相对稳定持久的画面。如网师园殿春簃北墙正中有一排长方形窗户，红木镶边，十分精巧，窗后小天井中置湖石几块，饰以芍药、翠竹、芭蕉、蜡梅、南天竹，组成生机勃勃、色彩秀丽的画面（图10-17）；最妙的是以上画面，恰似镶嵌在红木窗框之中，构成春、夏、秋、冬四景图，妙趣横生。

的造型，以门为框，通过植物景观设计，与路、石等进行精心的艺术构图，不但可以入画，而且可以扩大视野，延伸视线。

苏州园林中的门洞植物景观设计，其艺术之精湛、文化内涵之丰富，堪称天下一绝。如拙政园"梧竹幽居"方亭，东西翠竹碧梧相拥，环境雅致，透过方亭的四个圆洞门看中部景物，通过不同的角度，可以得到不同的景致，山水清风扑面而来，犹若人在画中游。上海豫园中的花瓶门，在颜色与形体上同园中翠竹形成很好的对比效果，显得自然新颖。

二、窗的植物景观设计

窗是园林建筑中的重要装饰小品，有空

第五节 阳台植物景观设计

图10-18 阳台
植物景观(田国
行提供)

阳台是建筑立面上的重要装饰部位，是室内外联系与接触的媒介，通过植物景观设计，用各种花卉、盆景装饰绿化阳台，不仅能使室内获得良好景观，还能丰富建筑立面，

同时美化城市景观，这种方式称之为阳台植物景观设计。

阳台有凸、凹、半凸半凹三种形式，结构形式不同，所得到的日照与通风情况不同，形成的小气候也不同，这对植物选择会有一定的影响。若阳台为凸式，三面外露，通风和日照条件较好，可以搭设花架或砌制花槽种植花叶茂盛的攀缘植物，或在阳台围栏板上设盆架，摆放一些时令盆栽花卉。若为凹式阳台只有一面外露，受采光和通风条件限制，可于阳台两侧立支架摆设盆花。若是长廊式阳台，可用盆悬、盆摆，亦可基础种植一些攀缘植物（图10-18）。

另外，阳台的朝向不同，所选植物材料也不同。朝南阳台光线充足，可选择喜光的开花植物，如寿星桃、微型月季、石榴、菊花、多肉植物等；朝北阳台可选择耐阴的观叶植物，如一叶兰、秋海棠、西瓜皮椒草、冷水花等；东西向阳台则选择既喜光又耐阴的植物，如杜鹃、含笑、山茶花、茶梅、凤仙花等。

阳台和窗体的绿化装饰常采用的形式有：

（1）垂吊式：一般是利用垂吊花卉摆在阳台式窗子上。根据垂吊的部位不同，又可分为顶悬垂吊、围栏垂吊和底悬垂吊。可根据需要选择合理的方式，顶悬垂吊可以弥补阳台和窗体空间的空洞感；围栏垂吊则是利用盆栽的藤蔓植物，如垂盆草、灰绿马蹄金等，垂吊于阳台的围栏外侧；底悬垂吊是选择枝叶可以斜出或下垂的植物，如矮牵牛、盾叶天竺葵等，悬吊于阳台或窗台的底部外沿，以美化外侧底部景观。

（2）屏风式：利用牵引法，把种植在花盆或木箱内的植物牵引至用竹竿、绳索等构成的扇形或条形花式屏风上，一般选用茑萝、牵牛花较多。

（3）花槽、花篮固定式：在阳台上设置固定的花槽，种植花卉或直接用花篮摆放，植物选择可灵活多样。

阳台的植物景观设计，要选择叶片茂盛、花美色艳的植物，才能引人注目，另外还要使花卉与墙面及窗户的颜色、质感形成对比，相互映衬。此外，最重要的是我国夏季炎热，墙体温度极高，要选择耐高温及耐干旱的植物。

第六节　墙、隅的植物景观设计

墙是建筑微域环境的实体部分，其主要功能是承重和分隔空间；在园林中还具有丰富景观层次及控制、引导游览路线的功能，是空间构图的一项重要手段。墙的植物景观设计形式主要有两种，一是垂直绿化，用攀缘植物或其他植物装饰建筑物墙面和围墙；二是立体绿化，以墙为背景，在其前种植观赏植物，通过植物自然的姿态与色彩造景（图10-19）。

一、垂直绿化

墙面垂直绿化方式，具有点缀、烘托、掩映的效果（图10-20）。在进行墙面绿化时需要注意以下几个方面：

（一）墙面的类型

根据墙面类型选择恰当的攀缘植物是墙面绿化成功与否的关键。水硬性建筑材料，如黄沙水泥砂浆、水刷石、马赛克等，其强度高且不溶于水，加之其表层结构粗糙，可用地锦、常春藤等植物。而气硬性建筑材料，强度低且抗水性差，可以选择木香、藤本月季等加以扶持进行绿化。

（二）墙面的朝向

不同朝向的墙面，光照、干湿条件不同，植物选择也不同。木香、紫藤、藤本月季、凌霄属喜阳植物，不适宜用在光照时间短的北向或蔽荫墙体上，只能用在南向和东南向

图10-19　英国某苗圃办公室白墙前配植樱花和杜鹃(苏雪痕摄)

图10-20　英国某建筑墙面藤绣球(苏雪痕摄)

植物景观规划设计

图10-21 英国某建筑上地锦的秋景(苏雪痕摄)
图10-22 英国某庄园垂直绿化与建筑及周围环境的协调(苏雪痕摄)
图10-23 英国斯蒂林大学学生食堂(苏雪痕摄)
图10-24 苏州留园(黄冬梅摄)

墙体上。薜荔、常春藤、扶芳藤、地锦等耐阴性强,适宜背阴处墙体绿化。

(三)季相景观

地锦等攀缘植物的季相变化非常明显,故不同建筑墙面应合理搭配不同植物。考虑到不同的季相景观效果,必要时可增加其他方式以弥补景观的不佳(图10-21)。另外,墙面绿化设计除考虑空间大小外,还要顾及与建筑物和周围环境色彩相协调(图10-22)。

二、立体绿化

一般指除去必要墙面垂直绿化外,在墙前栽植观花、观果的灌木,以及少量的乔木来美化墙面,同时辅以各种球根、宿根花卉作为基础栽植,常用种类有紫藤、木香、藤本月季、地锦、猕猴桃、葡萄、金银花、迎春、连翘、火棘、平枝枸子、银杏、广玉兰等。经过美化的墙面,自然气息倍增(图10-23)。

苏州园林中的白粉墙常起到画纸的作用,墙前以观赏植物,自然的姿态和色彩作画。常用的植物有红枫、山茶、木香、杜鹃、枸骨、南天竹等,红色的叶、花、果跃然于墙上。欲取姿态效果的常选用一丛芭蕉或数竿修竹(图10-24);为加强景深,可在围墙前作些高低不平的地形,将高低错落的植物植于其上,使墙面若隐若现,产生远近层次延伸的视觉效果。

植物景观设计时,要注意植物色彩与墙面色彩的协调。在一些黑色的墙面前,宜选择些开白花的植物,如木绣球、白玉兰等,使硕大饱满的白色花序明快地跳跃出来,起到了扩大空间的视觉效果;如将红枫种植在黑墙前,不但显不出红枫的艳丽,反而感到又暗又脏,是个败笔。对于一些山墙、城墙,可用薜荔、何首乌等植物覆盖遮挡,极具自然之趣;墙前的基础栽植宜规则式,与墙面平直的线条取得一致,但应充分了解植物的生长速度,掌握其体量和比例,以免影响室内采光。在一些花格墙或虎皮墙前,宜选用草坪和低矮的花灌木以及宿根、球根花卉,高大的花灌木会遮挡墙面的美观,变得喧宾夺主。

建筑的角隅线条生硬，空间较为闭塞，通过植物景观设计进行缓和是最为有效的手段，可选择一些观果、观叶、观花、观干等种类成丛种植，也可略作地形，竖石栽草，再种植些优美的花灌木组成一景，为建筑景观锦上添花。

第七节　屋顶花园的植物景观设计

一、屋顶花园概述

屋顶花园是指在一切建筑物、构筑物的顶部、天台、露台之上所进行的绿化装饰及造园活动的总称。它是人们根据屋顶结构特点及屋顶上的生境条件，选择生态习性与之相适应的植物材料，通过一定的技术处理和艺术构思，从而达到丰富园林景观的一种形式。

目前公认的世界上最早的屋顶花园是公元前604年至公元前562年古巴比伦兴建的"空中花园"（图10-25）。台地架立于石墙拱券之上，高大雄伟，台上种植花草及高大的乔木，并将河水引上台地，筑成溪流和瀑布……被称为古代世界七大奇观之一。现代屋顶花园的发展始于1959年，美国加利福尼亚奥克兰市凯泽中心的六层办公大楼的楼顶上，建成了一个面积1.2hm^{2}的美丽的空中花园（图10-26）。从此，屋顶花园便在许多国家相继出现，并日臻完美。如日本东京赤坂大型综合设施"阿克海姿"建筑群，屋顶建起了数千平方米的屋顶花园，乔灌木错落有致，假山流水别有风情，其景观犹如南国风光；韩国某酒店屋顶花园，利用低矮的彩叶植物，依建筑物的自然曲线修剪成形，结合蓝色的园路铺装及块石点缀，塑造出一种海滨沙滩的意境。

我国从20世纪60年代以来也建造了不少屋顶花园，最早的如广州东方宾馆。但由于受资金、技术、材料等多种因素的影响，发展较为缓慢。近几年来随着社会的进步和经济实力的迅猛增长，有个别大城市的屋顶花园已初见成效，出现了一批较为著名的屋顶花园。如广州的中国大酒店，北京长城饭店、王府饭店、中央组织部，成都饭店，兰州市园林局办公楼，上海金桥大厦等建筑物上的屋顶花园。屋顶花园利用有限的建筑物顶层，创造出绿色空间，为居民提供了一个更具新意的活动空间，对于城市绿化具有极其重要的现实意义（图10-27）。

二、屋顶花园的功能

现代城市正不断向高密度、高层次、集约化发展，居民所需要的绿色空间日益被

图10-25　古巴比伦的空中花园（选自黄金琦《风景建筑构造与结构》p296）
图10-26　美国凯泽中心屋顶花园平面（选自黄金琦《风景建筑构造与结构》p297）
图10-27　西安某单位屋顶花园（田国行提供）

图10-25

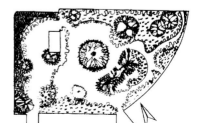

图10-26

图10-27

蚕食。因此在现代城市绿化中不仅要注重地面绿化，还应探索发掘城市空间的绿化，即在城市横向土地的使用和纵向可能的空间领域，尽量发展绿色植物，拓展绿量空间，扩大城市多维的自然因素。屋顶花园的出现使传统的地面绿化上升到主体空间，是一种融建筑和绿化为一体的综合性现代技术，使城市建筑物的空间潜能与绿化植物的多种效益得到完美的结合和充分的发挥，是城市绿化发展的崭新领域，具有广阔的发展前景。

（一）改善城市生态环境

屋顶花园中的植物材料与平地的植物一样，具有吸收二氧化碳，释放氧气，吸收有毒气体，阻滞尘埃等作用；能调节空气湿度，使城市空气清新、洁净。由于屋顶花园中的植物生长位置较高，能在城市空间中多层次地净化空气，是城市空间空气净化的途径之一。据重庆市测定，有绿化的屋顶比没有绿化的平屋顶，空气中二氧化碳含量平均低 56.7% ~ 77.8%。

另外，屋顶花园具有显著的蓄水功能，能够减少雨水排放量。据《住宅绿化》一书介绍，一般平屋顶约有 80% 的雨水排入下水道，而建造有屋顶花园的屋顶只有 32% 的雨水排入下水道。这一方面可以减少市政设施的投资，另一方面截流 70% 的雨水渗入土壤中，被各类树木、花卉和地被植物吸收，并通过蒸发和植物蒸腾作用扩散到大气中，使城市上空的空气保持湿润，从而达到改善城市空气与生态环境的目的。

（二）增加城市绿化面积，丰富城市景观

目前城市往高密度、高层建筑发展，若能在高层建筑周围的低层或多层建筑物的屋顶上建造屋顶花园，它几乎可以偿还建筑所侵占的原绿地面积。在旧有多层居住建筑屋顶和新建多层、高层建筑屋顶上进行绿化或建造屋顶花园的潜力是很可观的，它不仅可增加城市"自然"的绿色空间层次，还能使居住或工作在高层上的人们俯瞰到更多的绿化景观，享受到更丰富的园林美景。

建有屋顶花园的建筑，还能够丰富城市建筑群体的轮廓线，充分展示城市中各局部建筑的面貌，从宏观上美化城市环境，满足不同的需要，构成城市现代化的新视觉。同时，精心设计的屋顶花园，将同建筑物完美融合，并通过植物的季相变化，赋予建筑物以时间和空间的变化，把建筑物这一凝固的音符变成一篇流动的乐章。

（三）减少屋顶眩光，调节人们的心理和视觉感受

城市中的多层、低层屋顶上的白色、灰色、黑色在阳光反射下的眩光，将产生不良的生态影响，而屋顶花园中的绿色，代替了建筑材料的白、灰、黑色，减轻了阳光照射下反射的眩光，增加了人与自然的亲密感。同时，屋顶花园把大自然的景色移到建筑物上，把植物的形态美、色彩美、芳香美、韵律美展示在人们面前，对缓解人们的紧张度、消除工作中的疲劳、缓解心理压力、保持正常的心态起到良好的作用。更为重要的是，屋顶花园能陶冶情操，改变人们的精神面貌，推动社会进步，有利于城市各种功能的发挥，树立良好的城市形象。

（四）保护建筑物，起到保温隔热、隔音减噪的作用

屋顶花园能够直接保护建筑物顶端的防水层及建筑结构构件，防止其由于温度变化而引起的防水层老化及建筑物外围墙身被拉裂；同时起到夏季隔热冬季保温的作用，达到冬暖夏凉的目的。在炎热的夏季，照射在屋顶花园上的太阳辐射热，多被消耗在土壤水分蒸发之上或被植物吸收，有效地阻止了屋顶表面温度的升高。随着种植层的加厚，这种作用会愈加明显。在

图10-28 不同屋面的保温隔热效果（引自黄金琦《风景建筑构造与结构》p305)

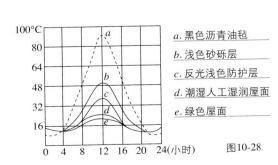

a. 黑色沥青油毡
b. 浅色砂砾层
c. 反光浅色防护层
d. 潮湿人工湿润屋面
e. 绿色屋面

图10-28

寒冷的冬季，外界的低温空气将由于种植层的作用而不能侵入室内，室内的热量也不会轻易通过屋顶散失。据有关资料证明，具有屋顶花园的平顶楼，在夏季顶层室内温度比室外低 5～6℃，最高可达 8℃，冬季室内温度比室外高 2～3℃（图 10-28）。同时，屋顶绿化也增强了建筑物顶层的隔音减噪功能。

三、屋顶花园的生态因子

（一）土壤

土壤因子是屋顶花园与平地花园差异较大的一个因子。由于受建筑结构承重能力的制约，屋顶花园的荷载只能控制在一定范围之内，土层厚度不能超出荷载标准。一般情况下自然式种植土层的厚度要求如下：地被、草坪 15～30cm，花卉灌木 30～60cm；浅根乔木 60～90cm，深根乔木 90～150cm。另外由于种植土层较薄，土壤水分易排除和风干，不仅极易干燥，使植物缺水，而且土壤养分含量较少，对植物生长发育不利，需要定期浇水和添加土壤腐殖质。为减轻屋顶负荷，国外很多代替土壤的介质技术不断被引进：台湾赖明洲教授利用化纤废料，通过化学、物理技术处理成轻质的人工土壤；德国屋顶花园技术的引入不仅包括代替土壤的介质，还包括防水、蓄水及排水技术。在植物选择上，不少城市选用了根系浅且耐旱的佛甲草，在 5～10cm 深的介质土壤上生长得非常好。

（二）光照

屋顶花园一般高出地面几米至几十米，光照强，植物接受日辐射较多，为植物光合作用创造了良好条件，有利喜光植物生长发育。例如北京市东城区园林局在进行屋顶绿化试验时，在屋顶上种植的草莓比地面对照点种植的，提前 7～10 天成熟。又如上海某屋顶种植的月季花，比露地种植的叶片厚实、浓绿、花朵大、色质艳丽，花蕾数增加 2.31 倍，花期由早春 5 月提前到 4 月，秋花也由原来的 10 月份延长到 11 月份。同时，高层建筑的屋顶上紫外线较强，日照时间比地面显著增加，这就为某些植物，尤其是沙生植物的生长提供了较好环境。

（三）温度

由于建筑材料的热容量大，加之屋顶种植层较薄，又处于高空，受外界气温影响较大，白天接受太阳辐射后迅速升温，晚上受气温变化的影响又迅速降温，致使屋顶上的最高温度要高于地面最高温度，最低温度又低于地面温度，日温差和年温差均比地面变化大。过高的温度会使植物的叶片焦灼，根系受损，过低的温度又给植物造成寒害或冻害，与植物生长发育所需的理想环境相差甚远。但是另一方面，屋顶上日照时间长，昼夜温差大，这种较大的温差对依赖阳光和温度进行光合作用的植物，在体内积累有机物十分有利。例如，北京市东城区园林局屋顶上种植的草莓比地面上的含糖量提高 5 度，四川某园林所在屋顶上种植的西瓜甜度也比露地种植的高。

（四）空气

屋顶上气流通畅清新、污染明显减少，受外界人为、交通等干扰小，为植物生长提供了良好的环境条件。但屋顶上空气对流较快，易产生较强的风，而屋顶花园的土层较薄，故抗风、浅根、露地能过冬而根系发达的植物是优先选择的品种，较大型的乔木屋顶上应尽量少用或不用为宜。就我国北方而言，春季的强风和夏季的干热风会使植物干梢落叶，对植物的生长造成很大伤害，在选择植物时需充分考虑。另外，屋顶上空气温度情况差异较大，高层建筑上的空气湿度由于受气流的影响大，明显低于地表，干燥的空气往往成为一些植物生长的限制因子。

四、屋顶花园的基本构造与植物选择

（一）屋顶花园的基本构造

屋顶花园建于建筑物的结构楼板、保温隔热层和屋顶防水层之上，它与普通屋顶不同之处是增加了为植物生长所必需的构造做法。种植区层面剖面分层是：植被、种植土层、过滤层、排水层、蓄水层、防水层、保温隔热层和结构楼板层等（图 10-29）。

图10-29 屋顶花园种植区构造图(选自黄金琦《风景建筑构造与结构》p309)
图10-30 游览性屋顶花园(田国行提供)

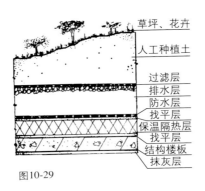

草坪、花卉
人工种植土
过滤层
排水层
防水层
找平层
保温隔热层
找平层
结构楼板
抹灰层

图10-29

图10-30

（二）屋顶花园的植物选择要点

由于屋顶花园其所在的场址特殊，在植物的选配上较露地花园限制多，在种植规划前应充分考虑该场地的条件。一般来说，屋顶花园的植物选配主要考虑到以下几点：

（1）屋顶花园的空间布局受到建筑固有平面的限制和建筑结构承重的制约，屋顶上的风力较地面大，乔木的比例应相应减少，为了便于管理，宜选择一些树型矮小的抗风树种，并以灌木、草本为主营造绿色空间。

（2）屋顶土层薄，光照时间长，昼夜温差大，湿度小，水分少，宜选择一些喜光、耐寒、耐热、耐干旱瘠薄、耐移植，水平根系发达的园林植物。从长远利益出发，还应选择生长缓慢的树种。在某些特定的小环境中，如花架下面或靠墙边的地方，日照时间较短，可适当选用一些半阳性的植物种类，以丰富屋顶花园的植物品种。

（3）植物的选择应尽可能以常绿为主，宜用叶形和株形秀丽的种类，为了使屋顶花园更加绚丽多彩，体现花园的季相变化，还可适当栽植一些彩叶树种；另在条件许可的情况下，可布置一些盆栽的时令花卉，使花园四季有花。

（4）尽量选用乡土植物，适当引种绿化新品种。乡土植物对当地的气候有高度的适应性，在环境相对恶劣的屋顶花园，选用乡土植物有事半功倍之效。

五、屋顶花园的形式及植物景观设计

屋顶花园的类型和形式按使用要求的不同有多种多样。不同类型的屋顶花园，在规划设计上亦应有所区别。

（一）按使用要求区分

1. 游览性屋顶花园

这种类型的屋顶花园，在国内外均为屋顶绿化的主要形式之一。该形式的屋顶花园除具有绿化效益外，还可为工作和生活在该楼的人们提供休息场所。因为是公共场所，在设计上应考虑到它服务对象的公共性，在出入口、园路、场地布局、植物景观设计等方面要满足人们在屋顶上活动、休息等需要。如重庆园林局办公楼上的屋顶花园，它以自由式种植区的地被草坪、花灌木为主，除少量坐椅外，屋顶上没有任何园林小品，曲折园路较宽，便于人们闲暇时活动（图10-30）。

香港太古城居民小区天台花园，是国内外居住区目前已建成的较大型的、为公众开放的屋顶花园。它的道路、各种活动场地、休息坐椅等，均适合"公共"的需要，既宽敞数量又多；而植物的种植则多采用规整的种植池，既便于管理又有一定的绿化效果。为公众服务的大型公共建筑屋顶，以香港湾仔艺术中心的天台花园最为出色，它场地宽阔、游路四通八达，大型水池叠水塑石体量大、气势雄浑，为天台花园的人工主景；各种花池、花坛种植池高低错落、布置合理，地被、花灌木及乔木层次分明，已形成一定的绿化效果。

2. 赢利性屋顶花园

多用于旅游宾馆、酒店、夜总会和在夜晚开办的舞会，以及夏季夜晚营业的茶室、冷饮、餐室等。因它居高临下，夜间风凉且能观赏城市夜景，深受人们的欢迎。这类屋顶花园一般场地窄小，除应留有一定位置设置舞池外，还要摆设餐桌椅，因此，花园中的一切景物、花卉、小品等均应以小巧精美

图10-31　广州中国大酒家屋顶花园（苏雪痕摄）

为主。植物景观设计应考虑使用特点，选用傍晚开花的芳香种类。花园四周要设置可靠的安全防护措施，并注意夜间照明设施的位置，做到精美、适用、安全（图10-31）。

3. 家庭式屋顶花园

近年来随多层阶梯式住宅公寓及别墅的出现，使这类屋顶小花园走入家庭。家庭式屋顶花园一般面积较小，多为 10～20m²（图10-32）。它的重点放在种草养花方面，不宜设置园林小品、假山、水体等，但可充分利用墙体和栏杆进行垂直绿化。如北京清华大学教工阶梯式住宅楼等。

4. 绿化、科研生产为目的的屋顶花园

利用屋顶结合科研和生产要求，种植各类树木、花卉、果树、蔬菜和养鱼。除去管理所必需的小道外，屋顶上多成行成列种植，屋顶绿化效果和绿化面积一般均好于其他类型。20世纪80年代重庆园林局、建筑研究所共同在屋顶上种植园林观赏植物、瓜果、油料和蔬菜等，进行无土栽培科学研究；成都原子能研究所利用办公楼屋顶进行菊花新品种的辐射选育研究，既有绿化效益，又取得了很好的科研成果。

（二）按屋顶花园的空间位置区分

屋顶花园的位置随建筑物、构筑物的高度及层数而定。建筑物分单层、多层（2～8层）、高层（50层以下）和超高层（50层以上）几类。

1. 单层、多层建筑屋顶花园

单层建筑上建造屋顶花园，多为取得绿化环境效果，为周围多层或高层建筑俯视效果服务。由于单层建筑不具备楼梯设备，因此，一般游人不能登顶观景。

多层建筑上的屋顶花园有独立式和附建式两种。所谓独立式是在整幢多层建筑的屋顶上建造花园，如兰州园林局；而附建式则是多层建筑依靠在其旁的高层建筑的一侧，也就是高层建筑前的裙楼，如北京长城饭店屋顶花园。在多层建筑屋顶上建园，使用和管理方便，服务面积大，改善、美化城市环境效益显著。因此，可在城市旧建筑物上改建、增建屋顶花园。

2. 高层建筑屋顶花园

在高层或超高层建筑的屋顶上建造屋顶花园，从技术上和效益上都不如在多层建筑上建屋顶花园。首先，高层建筑的每层建筑面积均较小，楼层愈高，顶层面积愈小；从建筑结构上分析，楼层愈高，顶层荷重传递的层次愈多，对抗震也愈加不利。因此，建造屋顶花园定会增加建筑造价，而且它的服务面积和服务对象也少。其次，高层或超高层建筑的屋顶给排水比多层建筑要困难得多，同时高层建筑屋顶的植物生长尚有很多困难有待研究解决。据有关资料反映，高层建筑屋顶风力很大，而屋顶上为减轻荷重，

图10-33

图10-32 家庭式屋顶花园（田国行提供）

图10-33 利用构筑物顶层进行绿化，将建筑融于绿色之中（选自应立国、束晨阳《城市景观元素——国外城市植物景观》2002，p93）

种植土较薄、较轻，这就使得一些灌木易被风吹倒，甚至连根拔起；另外，夏季屋顶的干热风对植物的影响更为严重，常造成植物叶片被烤干，引起整棵死亡。

当然，不能因此而全面否定在高层建筑屋顶上建造花园，应认真研究解决上述技术和管理方面问题。如屋顶花园的平面位置能否挡风、遮阳，并选用抗风、抗干热风等植物种类等。广州东方宾馆总统套房屋顶花园、加拿大温哥华凯泽资源大楼18层顶上"燕巢"式屋顶花园等都是高层建筑屋顶花园成功之作。

（三）按空间开敞程度区分

按屋顶花园空间开敞程度，可分为开敞式、封闭式和半开敞式三种。

1. 开敞式

居于建筑群体的顶部，屋顶四周不与其他建筑相接。视野开阔，可不受障碍地观赏城市的美景；通风良好，日照充足，有利于屋顶花园植物的生长发育。如重庆市会仙宾馆、兰州园林局屋顶花园等。

2. 封闭式

屋顶花园四周均有建筑物包围，形似天井式空间。这种花园采光和通风不如开敞式屋顶花园，因此，花园四周的建筑物不宜太高，一般以2～3层为好。如果花园与四周建筑物高差太大，除对植物生长不利外，还会使在花园中的人们产生心理上的沉闷压抑感。在植物景观设计上选用耐阴植物为宜。

3. 半开敞式

屋顶花园的一面、二面或三面被建筑物包围，为半开敞式。此类花园一般是为其周围的主体建筑服务，因此，这种形式多为旅游宾馆、饭店的夜花园、办公楼及为私家服务的屋顶小花园，在国内外已建成的大中型屋顶花园中广泛应用。虽然花园的一面或多面有建筑物的墙体或门窗，对通风、光照不利，但在某种特定的条件下，可化不利为有利，如利用墙面进行垂直绿化，在背风面种植不耐强风的花卉、树木，运用日照变化安排好植物种类，使耐阴植物有蔽光场地等。另外，半敞式屋顶花园还可为其周围房屋室内提供隔窗观景的可能，如北京的长城饭店、杭州黄龙宾馆、上海华亭宾馆、美国华盛顿的水门饭店等。

（四）按植物景观设计形式区分

屋顶花园的主体应是绿色植物。不同使用要求的屋顶花园，植物的种类、搭配层次以及种植形式，均有所不同。国内外通常采用的形式有：

1. 地毯式

主要是在承载力较小的屋顶上以地被、草坪或其他低矮花灌木为主进行造园的一种方式（图10-33）。屋顶上几乎种满各类植物，其他设施很少，主要为改善城市生态，并为在比它高的建筑上生活和工作的人们俯视造景。一般土层的厚度为10～20cm。植物营造时应选用抗旱、抗寒力强的低矮植物，可选野牛草、苔草、羊胡子草、酢浆草、佛甲草、垂盆草等，植物匍匐的根茎往往可以迅速地覆盖屋顶，并延伸到屋檐下形成悬垂的植物景观。另外，也可以选仙人掌及多浆植物，多浆植物生境条件较适宜屋顶绿化，可选用费菜、八宝、瓦松、石莲花等，在小气候条件下，这些植物会生长更好。小灌木选择范围较广，如枸杞、蔷薇类、迎春、紫叶小檗、紫荆、十大功劳、枸骨、南天竹、苏铁、福建茶、金叶小叶榕、变叶木、鹅掌楸、龙舌兰、假连翘等。

2. 群落式

这类屋顶花园对屋顶的荷载要求较高，一般不低于400kg/m²，土层厚度30～50cm。植物景观设计时要考虑乔、灌、草本的生态习性，按自然群落的形式营造成复层人工群落（图10-34）。它除了考虑植物的生态效益，最大限度地发挥植物改善城市生态环境的功能外，重要的是考虑植物的美学特性，并预见性地配置植物，使植物与周围环境之间有机协调，组成和谐的城市景观。

群落式的植物选择范围可适当扩大，由于乔木层的遮阴作用，草坪、地被就可选一些稍耐阴的植物，如麦冬、葱兰、沿阶草、箬竹、八角金盘、桃叶珊瑚、杜鹃、美女樱、半支莲、蔓花生（长喙花生）、蟛蜞菊、马缨丹、吊竹梅等，但乔木选择仍只能局限于生长缓慢的裸子植物或小乔木，且裸子植物多经过整形修剪。在我国比较适宜的乔、灌木有：矮紫杉、鹿角桧、云杉、平头赤松、罗汉松、红枫、龙爪槐、石榴等。

3. 中国古典园林式

这种形式的屋顶花园多见于我国一些宾馆屋顶之上，实际是将露地庭园小花园建到屋顶上，运用中国园林中"小中见大"的造园手法，把我国传统的写意山水园林加以取舍，以少而精的内容来造景、隔景，创造出优美的园林环境。一般通过构筑小巧的亭台楼阁，堆山理水，筑桥设舫，利用有限的空间，形成富有诗情画意的庭院环境。这类屋顶花园绿化空间变化丰富，应注意各类景物风格、质量与造园意境的协调，不宜喧宾夺主，植物景观设计要从意境上着手，小中见大，如用一丛修竹来表现高风亮节，用几株曲梅去写意"暗香浮动"。

4. 现代园林式

这类屋顶花园在造园风格上不一而足，有以水景为主体并配上大色块花草组成的屋顶花园；有把雕塑和枯山水等艺术融入园林的屋顶花园；有在屋顶上设置花坛、花台、花架，种植适宜植物的屋顶花园。现代园林式屋顶花园营造主要突出其明快的时代特点，可以选用简洁、色彩明快的一些彩叶植物或草本花卉，如紫叶小檗、红叶李、洒金榕、绣线菊、彩叶草等。

图10-34

图10-34 利用建筑楼顶平台，布置园路、草坪、树丛、花坛，形成大型的"空中花园"景观（选自应立国、束晨阳《城市景观元素——国外城市植物景观》2002, p89）

第八节 展览温室的植物景观设计

一、展览温室概述

展览温室是一个由人工控制、展示生长在不同地域和气候条件的植物及其生存环境的室内空间（胡永红，2005）。

展览温室最早始于17～18世纪的欧洲，由于受建筑材料和技术的限制，一般规模不是很大，且以维多利亚传统式屋顶为主，如剑桥大学植物园的展览温室，建于1880年，温室的高度远低于现代的展览温室。

近年来，随着科技的发展和展出植物的需要，展览温室的外形、材料、结构、空间分隔、温湿度调节手段等也日新月异。网架结构在建筑上的应用，使得展览温室在跨度和高度上都有了突破性的进展，棕榈科植物及其他热带科属的高大植物开始能够进入展览温室，温室内出现了热带雨林等景观，丰富了温室内的物种。展览温室也由过去的一个建筑整体，出现了分散的、体现不同生态环境的新格局，如北京植物园新建的大型展览温室，占地约11000m²，高约20m，由3种不同环境的温室组合而成，展示着热带雨林及热带植物的美丽景观（图10-35）。

在人类科学技术迅猛发展的今天，温室已成为人类进行生态平衡研究的理想场所，如美国于1990年建成的大型人工气候室——生物圈2号（Biosphere 2），占地10000多平方米，包含雨林区、草原区（热带、亚热带）、沙漠区、沼泽区、海洋区、居住区、农田区等 7 大生态区，是人类模拟地球生境的大胆尝试（图 10-36）。

二、展览温室的类型

世界上展览温室主要分布在温带，因此在其内布置出热带、亚热带和高山寒带景观将有助于更好地丰富当地自然景观。

展览温室的种类很多，通常依据温室内植物的生长温度、原产地、类别以及景观的不同等进行分类。

（一）依据温度不同而分类

①低温温室：室温保持在 3～8℃之间；②中温温室：室温保持在 8～15℃之间；③高温温室：室温在 15℃以上，甚至高达 30℃左右。

（二）依据植物原产地不同而分类

①非洲植物温室；②大洋洲植物温室；③美洲植物温室。

（三）依据植物类别不同而分类

①兰花温室；②蕨类温室；③秋海棠和苦苣苔温室；④药用植物温室；⑤多肉植物温室；⑥棕榈温室。

（四）依据景观不同而分类

一般多以自然为模板，创造多层次丰富的室内景观。如加拿大蒙特利尔生态馆中的热带雨林馆和海洋生态馆，就是以亚马孙热带雨林和圣劳伦斯河口为模板建造的，完全模拟自然生境及植物景观，使人进入温室后，如临其境。

三、展览温室的分区

就一般展览温室而言，主要展示热带植物种类及其植物景观，主要有 5 个分区组成：

（一）热带雨林区

热带雨林的群落结构十分复杂，群落非常致密，植物的个体数很多，乔木高矮不同，常见的乔木层下有荨麻科、茜草科、桃金娘科、胡椒科、棕榈科、蕨类等灌木层，其下又有草本层及寄生和腐生植物的地面层。雨林中乔木的茎干高大耸直，分枝很不发达，树冠都发育在茎的顶端，也有完全不分枝的乔木，如棕榈科的乔木。乔木的茎干上稠密地附着着多种附生植物，常见的有天南星科、兰科、凤梨科、胡椒科和蕨类植物等（图 10-37）。另外，雨林中还分布着种类繁多的藤本植物，这些藤本植物又分为缠绕藤本植物（如夹竹桃科、萝藦科的某些种类）、针刺藤本植物（如省藤）和有卷须或攀缘枝的藤本植物（如葡萄科植物）三大类，长的可达 300m。此外，绞杀现象也是雨林中常见的一种景观。

展览温室中要真正建立起热带雨林的天然成熟群落是比较困难的，一般布置景观时往往抓住热带雨林的典型特征，即用热带雨林中特有的植物去反映群落的外貌。其典型特征有：独木成林、老茎生花、空中花园、分层现象、滴水叶尖、绞杀现象、板根现象等。

（二）热带观花植物区

该展区主要布置原产于热带的观花、观叶植物，在温带地区不能露地越冬，故只能

图10-35　北京植物园展览温室（田国行提供）

图10-36　美国生物圈2号(选自赵世伟、张佐双《风景园林植物景观设计与营造》2002，p449)

图10-37 热带兰的附生景观(陈笑摄)

摆放在温室中，以取得四季百花不绝的观赏效果，如北京植物园展览温室中的"四季花厅"等。

该区常种植的植物主要有兰科的热带兰类，如蝴蝶兰、卡特兰等，凤梨科的水塔花属、羞凤梨属，报春花科的仙客来，秋海棠科的四季秋海棠，天南星科的马蹄莲、花烛属等。

除了观花植物外，一些观叶类植物也多布置于该区作衬托，常用的有冷水花、海芋、竹芋类、朱蕉类、龙血树类、红背桂类、袖珍椰子等。

（三）热带水生植物及阴生植物区

水生植物区主要用于表现热带水体的自然景观。由于受温室面积的限制，在水池的造型上要十分精细，很多温室都采用自然式的手法建造水池，池内利用植物遮掩，营造出曲折变幻的水体；在山石之间的进水处，营造些瀑布、跌水等极富动感的景观，同时在水中养殖观赏鱼类烘托出自然气氛。

最能反映热带水景特点的植物是王莲。它是原产于南美洲的大型观叶植物，成熟叶直径可达100～250cm，表面粉绿色，宛如圆盘浮于水面，被广泛种植于展览温室中的水生区。除了热带植物外，水生植物区内往往把原产亚热带、温带的水生植物也配置在一起，以丰富植物景观。常用的植物有：荷花、睡莲、白睡莲、黄菖蒲、凤眼莲等。另外，在水池驳岸旁的石缝中可栽植花色美丽的低矮水生植物，如石菖蒲、黄花蔺、泽苔草等。

热带植被群落结构复杂、层次多，故下层有大量的耐阴植物，高大的如桫椤、金毛狗、观音莲座蕨；低矮的如一叶兰、冷水花、翠云草；藤本的如扁担藤、龟背竹等。

（四）仙人掌及多浆植物区

仙人掌和多浆植物种类繁多，外形奇特，是温室中展示热带沙漠景观的理想植物（图10-38）。

图10-38 北京植物园温室热带沙生植物景观（黄冬梅摄）

该区多采用自然式布局，以高大的种类作背景或直接作主景，如雪白的翁柱、吹雪柱等毛柱类品种；浅绿色的大戟科柱状种类，如霸王鞭等。矮生的青锁龙属、景天属的种类布置于小路边，具有典型特色的种类可种植在一起。如金琥碧绿的球体衬着金色的刺丛，数十株群植会产生金光闪闪的效果；又如生石花属的植物，外形如小卵石，不同品种配植在一起，开花时美不胜收，是观赏的奇品。

（五）珍奇植物及热带果树区

此区最吸引游客，因热带多珍奇植物，如腊肠树、箭毒木、猫尾木、菜豆树、神秘果、吊瓜木、炮弹树等；热带果树，如榴莲、山竹子、红毛丹、杧果、莲雾、蛋黄果、人心果、火龙果、木波罗、阳桃等。

 思考题

1. 如何根据建筑的风格、体量进行植物材料的选择？

2. 在进行墙、隔的植物景观设计时需要考虑哪些因素？

3. 屋顶花园的形式有哪些？在进行各类屋顶花园植物景观设计的过程中需要注意哪些问题？如何选择屋顶花园的植物材料？

4. 展览温室的出现具有什么意义？如何通过展览温室中植物景观的设计加强游人的参与性和趣味性？

第十一章　室内植物景观设计

室内植物景观设计需科学地选择耐阴植物并进行合理的设计和艺术布局以及给予细致、特殊的养护管理，利用现代化的采光、采暖、通风、空调等人工设备来改善室内环境条件，创造出既利于植物生长，也符合人们生活和工作要求，同时满足生理和心理要求的环境，让人感到舒适、雅致、美观，犹如处于宁静、优美的自然界中。

室内植物景观设计是人们将自然界的植物进一步引入居室、客厅、书房、办公室等自用建筑空间以及超市、宾馆、咖啡馆、室内游泳池、展览温室等公共的共享建筑空间中。自用空间一般具有一定的私密性，面积较小，以休息、学习、交谈为主，植物景观宜素雅、宁静；共享空间以游赏为主，当然也有坐下饮食、休息之用，空间一般较大，植物景观宜活泼、丰富多彩，甚至有地形、山、水、小桥等构筑物，如广州天鹅湖宾馆及北京昆仑饭店大厅共享空间的景观。

早在 17 世纪室内绿化已处于萌芽状态，一叶兰和垂笑君子兰是最早被选作室内绿化的植物。19 世纪初，仙人掌植物风行一时，此后蕨类植物、八仙花属等植物相继被采用，种类越来越多，使得室内绿化在近几十年的发展过程中达到繁荣兴盛的阶段。

第一节　室内环境、生态条件

室内生态环境条件大异于室外条件，通常光照不足，空气湿度低，空气不大流通，温度较恒定，因此并不利于植物生长。为了保证植物的生长条件，除选择较能适应室内生长的植物种类外，还需通过人工装置的设备来改善室内光照、温度、空气湿度、通风等条件，以维持植物生长。

一、光照

（一）室内光照概况
室内限制植物生长的主要生态因子是光，如果光照强度达不到光补偿点，将导致植物生长衰弱甚至死亡。综合国内外各方面光照与植物生长关系的资料，一般认为低于 300lx 的光照强度，植物不能维持生长；照度在 300～800lx，若每天保证能持续 8～12 小时，则植物可维持生长，甚至能增加少量新叶；照度在 800～1600lx，若每天能持续 8～12 小时，则植物生长良好，可换新叶；照度在 1600lx 以上，若每天持续 12 小时，甚至可以开花。现列举北京、杭州某些宾馆、饭店室内光照测定数据如下，见表 11-1 和表 11-2。

表 11-1　北京各饭店、宾馆室内光照测定　　　　　1986.04.05

地点	窗户朝向	平均照度 (lx)	全日照	相对湿度 (%)	时间
建国饭店前厅	天窗	4700	67500	7	10：00
兆龙饭店四季厅	天窗	3840	62430	6.2	10：00
香山饭店四季厅	天窗	2400	58750	4.1	15：00
北京饭店前厅	南窗	380	63830	0.6	10：00
西苑饭店前厅	无窗	80(人工)	55650	—	16：00
友谊宾馆前厅	无窗	50(人工)	63200	—	11：00

表 11-2　杭州各饭店、宾馆室内光照测定　　　　　1987. 冬

测点	位置	光照强度 (lx)	备注
杭州饭店 (20 世纪 50 年代建)	门厅	70	室内漫射光
	南边廊	160	室内漫射光
	侧门厅	160	全封闭人工光
黄龙饭店 (20 世纪 80 年代建)	门厅	1500	有天窗
	西边廊	3300	全部茶色玻璃
	北边廊	1100	全部茶色玻璃
望湖宾馆 (20 世纪 80 年代建)	门厅	180	
	南边廊	380	
友好饭店 (20 世纪 80 年代建)	门厅	1000	有天窗
	门厅楼道东侧	2600	
	门厅楼道西侧	420	

　　从上表可见，室内除了有天窗或落地窗条件外，仅靠漫射光，不能满足植物的正常生长。

(二)室内光照来源及分布状况

1. 自然光照

　　来源于顶窗、侧窗、屋顶、天井等处。自然光具有植物生长所需的各种光谱成分，无需成本，但是受到纬度、季节及天气状况的影响，室内的受光面也因朝向、玻璃质量等变化不一。一般屋顶及顶窗采光最佳，受干扰少，光照及面积均大，光照分布均匀，植物生长匀称。而侧窗采光则光强较低，面积较小，且导致植物侧向生长，侧窗的朝向同样影响室内的光照强度。

　　直射光：南窗、东窗、西窗都有直射光线，而以南窗直射光线最多，时间最长，所以在南窗附近可配植需光量大的植物种类，甚至少量观花种类。如仙人掌、蟹爪兰、杜鹃花等。当有窗帘遮挡时，可植虎尾兰、吊兰等稍耐阴的植物。

明亮光线：东窗、西窗除时间较短的直射光线外，大部分为漫射光线，仅为直射光20%～25%的光强。西窗夕阳光照强，夏季还需适当遮挡，冬季可补充室内光照，也可配植仙人掌类等多浆植物。东窗可配植些橡皮树、龟背竹、变叶木、苏铁、散尾葵、文竹、豆瓣绿、冷水花等。

中度光线：在北窗附近，或距强光窗户2m远处，其光强仅为直射光的10%左右，只能配植些蕨类植物、冷水花、万年青等种类。

微弱光线：室内4个墙角，以及离光源6.5m左右的墙边，光线微弱，仅为直射光的3%～5%，宜配植耐阴的喜林芋、棕竹等。

2. 人工光照

室内自然光照不足以维持植物生长，故需设置人工光照来补充。常见的有白炽灯和荧光灯。二者的优缺点如下：白炽灯的外形很多，可设计成各种光源的聚光灯或平顶型灯。优点是光源集中紧凑，安装价格低廉，体积小，种类多，红光多。缺点是能量功效低，光强常不能满足开花植物的要求；温度高、寿命短；光线分布不均匀，蓝光低等。故应用于居住环境中宜与天然光或具蓝光的荧光灯混合使用，并要考虑与植物的距离不宜太近，以免灼伤。荧光灯是最好的人工光照，其优点是能量功效大，比白炽灯放出的热量少；寿命长；光线分布均匀，光色多，蓝光较高，有利于观叶植物的生长。缺点是安装成本较高；光强不能聚在一起，灯管中间部分光效比两端高，红光低。此外，还有水银灯常用于高屋顶的商业环境，但成本很高。

二、温度

用做室内造景的植物大多原产在热带和亚热带，故其有效的生长温度以18～24℃为宜，夜晚也以高于10℃为好，最忌温度骤变。白天温度过高会导致过度失水，造成萎蔫；夜晚温度过低也会导致植物受损。故常设置恒温器，以便在夜间温度下降时增添能量。另外顶窗的启闭可控制空气的流通及调节室内温度和湿度。

三、湿度

室内空气相对湿度过低不利于植物生长，过高人们会感到不舒服，一般控制在40%～60%。如降至25%以下，则会导致植物生长不良，因此要预防冬季供暖时空气湿度过低的弊病。室内造景时，设置水池、叠水、瀑布、喷泉等均有助于提高空气湿度。如无这些设备时，可以增加喷雾或采用套盆栽植等手段来提高空气湿度。

四、通风

室内空气流通差，常导致植物生长不良，甚至发生叶枯、叶腐、病虫滋生等现象，故要通过开启窗户来进行调节。此外，还可以设置空调系统的冷、热风口予以调节。

第二节 室内植物的选择

近十年来，室内绿化发展迅速，不仅体现在植物种类增多，与此同时配植的艺术性及养护的水平也愈来愈高。室内植物主要以观叶种类为主，间有少量赏花、赏果种类。现例举如下：

一、攀缘及垂吊植物

常春藤类、绿萝、薜荔、玉景天、吊金钱、吊兰、银边吊兰、吊竹梅、鸭跖草、紫鹅绒、球兰、贝拉球兰、心叶喜林芋、小叶喜林芋、琴叶喜林芋、安德喜林芋、长柄合果芋、白蝴蝶、南极白粉藤、白粉藤、紫青葛、条纹白粉藤、菱叶白粉藤、麒麟尾、龟背竹、垂盆草。

二、观叶植物

海芋、旱伞草、一叶兰、虎尾兰、金边虎尾兰、桂叶虎尾兰、短叶虎尾兰、广叶虎尾兰、鸭跖草、冷水花、花叶荨麻、透茎冷水花、透明草、文竹、鸡绒芝、天门冬、佛甲草、虎耳草、紫背竹芋、斑纹竹芋、大叶竹芋、花叶竹芋、孔雀竹芋、白纹竹芋、竹芋、豹纹竹芋、皱纹竹芋、柊叶、花烛、深裂花烛、网纹草、白花网纹草、白花紫露草、含羞草、大叶井口边草、鹿角蕨、巢蕨、铁角蕨、铁线蕨、波士顿蕨、肾蕨、圣诞耳蕨、麦冬类、剑叶朱蕉、朱蕉、长叶千年木、紫叶朱蕉、细紫叶朱蕉、龙血树、巴西铁树、花叶龙血树、白边铁树、星点木、马尾铁树、富贵竹、珊瑚凤梨、彩叶凤梨、凤梨、艳凤梨、水塔花、狭叶水塔花、姬凤梨、花叶万年青、广东万年青、红背桂、二色红背桂、孔雀木、八角金盘、鸭脚木、南洋杉、苏铁、篦齿苏铁、刺叶苏铁、橡皮树、垂叶榕、琴叶榕、变叶木、袖珍椰子、茸茸椰子、三药槟榔、散尾葵、软叶刺葵、燕尾棕、棕竹、筋头竹、轴榈、短穗鱼尾葵、花叶芋、皱叶椒草、银叶椒草、翡翠椒草、卵叶椒草、豆瓣绿、虾脊兰类、秋海棠类、香茶菜属。

三、芳香、赏花、观果植物

栀子花、桂花、大岩桐、春兰、铃兰、含笑、米兰、夜合、玉簪、水仙、金粟兰、九里香、君子兰、火鹤花、报春花、羊蹄甲、非洲紫罗兰、伽蓝菜、杜鹃属、山茶、八仙花、龙吐珠、黄蝉、金脉爵床、球兰、四季海棠、朱砂根、紫金牛、枸骨、南天竹、日本茵芋。

第三节　室内庭园植物景观设计

室内植物景观设计首先要服从室内空间的性质、用途，再根据其尺度、形状、色泽、质地，充分利用墙面、天花板、地面来选择植物材料，加以构思与设计，达到组织空间、改善和渲染空间气氛的目的。

一、组织空间

大小不同的空间通过植物配植，可以突出空间的主题，并能用植物对空间进行分隔、限定与疏导。

（一）组织游赏

近年来许多大、中型公共建筑的底层或层间常开辟高大宽敞，具有一定自然光照和控制一定温、湿度的"共享空间"，用来布置大型的室内植物景观，并辅以山石、水池、瀑布、小桥、曲径，形成一组室内游赏中心。广州小白天鹅宾馆充分考虑到接待旅游者的特点，采用我国传统的写意自然山水园，结合小中见大的布置手法，在底层大厅中贴壁建成一座假山，山顶有亭，山壁瀑布直泻而下，壁上除种植各种耐阴湿的蕨类植物、沿阶草、龟背竹外，还根据华侨思乡的旅游心理，刻上了"故乡水"三个大字。瀑布下连曲折的水池，池中有鱼，池上架桥，并引导游客欣赏珠江风光。池边种植旱伞草、艳山姜、棕竹等植物，高空悬吊巢蕨。优美的园林景观及点题手法使游客留连忘返。

西欧各国有很多超级市场，室内绿化设计非常成功，还建设了全气候、室内化的商业街，成为多功能的购物中心（图11-1）。为

图11-1

图11-2

图11-1　超市内植物景观(苏雪痕摄)
图11-2　英国某室内游泳池(苏雪痕摄)

提高营业额，特别重视植物景观的设计，使顾客犹如置身于露天商场。商场内不但有绿萝、常春藤等垂吊植物，还有垂叶榕大树、应时花卉及各种观叶植物。日本妇女善插花，一般超级市场及大百货商店常举行插花展览，吸引女顾客光临参观并购物；也常设置鲜花柜台，既营业又美化商业环境。底层或层间常设置大型树台，宽大的周边可供顾客坐下略事休息，更有在高大的垂叶榕下设置桌椅，供饮食、休息。

大型室内游泳池为使环境更为优美自然，在池边摆置硕大真实的卵石，墙边种植大型树木及椰子等棕榈科植物，墙上画上沙漠及热带景观，真真假假，以假乱真，使游泳者犹如置身在热带河、湖中畅游（图11-2）。为使植物生长茁壮，屋顶常用透光的玻璃纤维或玻璃制成。

一些租借性商业用办公室的办公大楼，为提高甲、乙方谈判的成功率，以及宁静、优美的办公环境，则更注重室内植物景观。在建筑设计时就已为植物景观留出空间，如英国某办公大楼，办公室布置在楼的周边，而楼的中心空出来布置层间及底层花园，电梯面向花园处为有机玻璃，故在电梯上下时乘客可以一直观景。办公室内面对各层花园处都用落地玻璃墙，因此虽在室内谈判交易，犹如置身于自然的环境中，气氛和谐、惬意，从心理上分析，增加了交易的成功率（图11-3）。

英国伦敦希思罗机场旁的咖啡馆内用棕榈科植物及垂叶榕等大树布置热带景观，用带树皮的松树原木造成小桥、栏杆、小亭，顾客饮咖啡时，犹如身处热带丛林的自然环境中，感到非常轻松愉快（图11-4）。

（二）分隔与限定空间

某些有私密性要求的环境，为了交谈、看书、独乐等，都可用植物来分隔和限定空间形成一种局部的小环境。某些商业街内部，甚至动物园鸣禽馆中也用植物进行分隔。

分隔：可运用花墙、花池、桶栽、盆栽等方法来划定界线，分隔成有一定透漏，又略有隐蔽的空间。要做到似隔非隔、相互交融的效果，但布置时一定要考虑到行走及坐下时的视觉高度。

限定：花台、树木、水池、叠石等均可成为局部空间中的核心，形成相对独立的空间，供人们休息、停留、欣赏。英国斯蒂林超级市场电梯底层有一半圆形大鱼池，池中游着锦鲤鱼，池边植满各种观叶植物，吸引很多儿童及顾客停留池边欣赏（图11-5）。近旁就被分隔成另一种功能截然不同的空间，在数株高大的垂叶榕下设置餐桌、坐椅，供顾客休息和饮食，在熙攘的商业环境中辟出一块幽静的场所，通过植物组织这两个邻近的空间，使它们互不干扰。

（三）提示与导向

在一些建筑空间灵活而复杂的公共娱乐场所，通过植物景观的设计可起到组织、疏导的作用，主要出入口的导向可以用观赏性强的或体量较大的植物引起人们的注意，也可用植物做屏障来阻止错误的导向，使之不自觉地随着植物布置的路线疏导人流。

二、改善空间感

室内植物景观设计主要是创造优美的视觉形象，也可通过嗅觉、听觉及触觉等生理及心理反应，感觉到空间的完美。

图11-3 英国某办公大楼（苏雪痕摄）
图11-4 英国伦敦希思罗机场旁的咖啡馆（苏雪痕摄）

第十一章 室内植物景观设计

植物景观规划设计

图11-5

图11-6

图11-7

图11-8

图11-5 英国斯蒂林超级市场电梯底层(苏雪痕摄)
图11-6 英国某餐厅玻璃墙外植物景观的渗透(苏雪痕摄)
图11-7 上海龙柏饭店(苏雪痕摄)
图11-8 广州中山纪念堂内粉单竹(苏雪痕摄)

（一）连接与渗透

建筑物入口及门厅的植物景观可以起到从外部空间进入建筑内部空间的自然过渡和延伸的作用，有室内、外动态的不间断感，达到连接的效果。室内的餐厅、客厅等大空间也常透过落地玻璃窗使外部的植物景观渗透进来，既作为室内的借鉴，又扩大了室内的空间感，给枯燥的室内空间带来一派生机。日本、欧美很多大宾馆以及我国北京的香山饭店都采用了此法（图11-6）。

植物景观不仅能使室内外空间互相渗透，也有助于相互连接，融为一体。如上海龙柏饭店（图11-7）用一泓池水将室内外三个空间连成了一体，前边门厅部分池水仅仅露出很小一部分，大部分为中间有自然光的水体，池中布置自然山石砌成的栽植池，栽植了南迎春、菖蒲、水生鸢尾等观赏植物，后边很大部分水体是在室外。一个水体连接三个空间，而中间一个空间又为两堵玻璃墙分隔，因此渗透和连接的效果均佳。

（二）丰富与点缀

室内的视觉中心也是最具有观赏价值的焦点，通常以植物为主体，以其绚丽的色彩和优美的姿态吸引游人的视线。除活植物外，也可用大型的鲜切花或干花的插花作品。有时用多种植物布置成一组植物群体，或花台、或花池；也有更大的视觉中心，用植物、水、石，再借助光影效果加强变化，组成有声有色的景观。墙面也常被利用布置成视觉中心，最简单的方式是在墙前放置大型优美的盆栽植物或盆景，也有在墙前辟栽植池，栽上观赏植物，或将山墙有意凹入呈壁龛状，前面配植粉单竹、黄金间碧玉竹或其他植物，犹如一幅壁画（图11-8），也有在墙上贴挂山石盆景、盆栽植物等。

（三）衬托与对比

室内植物景观无论在色彩、体量上都

要与家具陈设有所联系，有所协调，也要相互衬托及对比。苏州园林常以窗格框以室外植物为景，在室内观赏，为了增添情趣，在室内窗框两边挂上两幅图画，或山水、或植物，与窗外活植物的画面形成对比，相映成趣。北方隆冬天气，室外白雪皑皑，室内暖气洋洋，再将观赏植物布置于窗台、角隅、桌面、家具顶部，显得室内春意盎然，对比强烈，一些微型盆栽植物，如微型月季、微型盆景摆置在书桌、几案上，衬托主人的雅致。

（四）遮挡、控制视线

室内某些有碍观瞻的局部，如家具侧面，夏日闲置不用的暖气管道、壁炉、角隅等都可用植物来遮挡。

三、渲染气氛

不同室内空间的用途不一，植物景观的合理设计可以给人不同的感受。现举例如下：

（一）入口

公共建筑的人口及门厅是人们必经之处，逗留时间短，交通量大。植物景观应具有简洁鲜明的欢迎气氛，可选用较大型、姿态挺拔、叶片直上，不阻挡人们出入视线的盆栽植物，如棕榈、椰子、棕竹、苏铁、南洋杉等。也可用色彩艳丽、明快的盆花，盆器宜厚重、朴实，与入口体量相称，并可在突出的门廊上沿柱种植木香、凌霄等藤本观花植物。室内各入口，一般光线较暗，场地较窄，宜选用修长耐阴的植物，如棕竹、旱伞草等，给人以线条活泼和明朗的感觉。

（二）客厅

是接待客人或家人聚会之处，讲究柔和、谦逊的环境氛围。植物配植时应力求朴素、美观大方，不宜复杂，色彩要求明快，晦暗会影响客人情绪。可在客厅的角落及沙发旁，放置大型的观叶植物，如南洋杉、垂叶榕、龟背竹、棕榈科等植物；也可利用花架来布置盆花，或垂吊或直上，如绿萝、吊兰、蟆叶秋海棠、四季秋海棠等，使客厅一角多姿多态、生机勃勃。角橱、茶几上可置小盆的

兰花、彩叶草、球兰、万年青、旱伞草、仙客来等，或配以插花。橱顶、墙上配以垂吊植物，可增添室内装饰空间画面，使其更具立体感，又不占客厅的面积，常用吊竹梅、白粉藤类、蕨类、常春藤、绿萝等植物。如适当配上字画或壁画，环境则更为素雅。

（三）居室

居室为休息及安睡之用，通常要求营造轻松的气氛，但对不同性格者可有差异。对于喜欢宁静者，只需少许观叶植物，体态宜轻盈、纤细，如吊兰、文竹、波士顿蕨、茸茸椰子等。选择应时花卉也不宜花色鲜艳，可选非洲紫罗兰等。角隅可布置巴西铁树、袖珍椰子等。对性格活泼开朗，充满青春活力者，除观叶植物外，还可增加些花色艳丽的火鹤花、天竺葵、仙客来等盆花，但不宜选择大型或浓香的植物。儿童居室要特别注意安全性，以小型观叶植物为主，并可据儿童好奇心强的特点，选择一些有趣的植物，如三色堇、蒲包花、变叶木、捕虫草、含羞草等，再配上有一定动物造型的容器，既利于启迪儿童思维，又可使环境增添欢乐的气氛。

（四）书房

作为研读、著述的书房，应创造清静雅致的气氛，以利聚精会神钻研攻读。室内布置宜简洁大方，用棕榈科等观叶植物较好。书架上可置垂蔓植物，案头上放置凤尾竹等小型观叶植物，外套竹制容器，倍增书房雅致气氛。

（五）楼梯

建筑的楼梯常形成阴暗、不舒服的死角。配植植物既可遮住死角，又可起到美化的效果。一些大型宾馆、饭店，为提高环境质量，对楼梯部位的植物配植极为重视。较宽的楼梯，每隔数级置一盆花或观叶植物。在宽阔的转角平台上，可配植一些较大型的植物，如橡皮树、龟背竹、龙血树、棕竹等。扶手的栏杆也可用蔓性的常春藤、薜荔、喜林芋、菱叶白粉藤等，任其缠绕，使周围环境的自然气氛倍增（图11-9）。

图11-9 英国某建筑内楼梯间绿萝(苏雪痕摄)
图11-10 英国某家庭厨房垂吊植物(苏雪痕摄)

（六）厨房

一般来讲，建筑的厨房是环境条件最差的，温度最高，空气中含油烟，空气湿度不稳定，所以，一般用抗性最强的植物，如吊兰、吊竹梅等吊挂类植物（图11-10）。

第四节　室内植物的养护管理

由于室内环境条件的特殊性，因此养护管理也相应地较为独特。

一、室内植物的"光适应"

室内光照低，植物突然由高光照移入低光照下生长，常因适应不了导致死亡。因而最好在移入室内之前，先进行一段时间的"光适应"，置于比原来生长条件光照略低，但高于将来室内的生长环境中。这段时间植物由于光照低，受到的生理压力会引起光合速率降低，利用体内贮存物质。同时，通过努力增加叶绿素含量、调整叶绿体的排列、降低呼吸速率等变化来提高对低光照的利用率。适应顺利者，叶绿素增加了，叶绿体基本进行了重新排列。可能掉了不少老叶，而产生了一些新叶，植株可以存活下来。一些阴生观叶植物，如从开始繁殖到完成生长期间都处于遮阴条件则是最好的光适应方式，所获得的植株光补偿点低，能有效地利用室内的低光照，而且寿命长。一些耐阴的木本植物，如垂叶榕需在全日照下培育，以获得健壮的树体，但在移入室内之前，必须先在比原来光照较低处得以适应，以后移到室内环境后，仍将进一步加深适应，直至每一片叶子都在新的生长环境条件下产生后才算完成。植物对低光照条件的适应程度与时间长短及本身体量、年龄有关，也受到施肥、温度等外部因素的影响。通常需6周至6个月，甚至更长时间，大型的垂叶榕，至少要3个月，而小型的盆栽植物所需的时间则短得多。正确的营养，对帮助植物适应低光照环境是很重要的，一般情况下，当植物处于光适应阶段，应减少施肥量。温度的升高会引起呼吸率和光补偿点的升高，因此，在移入室内前，低温栽培环境对光适应来讲较为理想。

有些植物虽然对光量需求不大，但由于生长环境光线太低，生长不良，需要适时将它们重新放回到高光照下去复壮。由于植株在低光照下产生的叶片已适应了低光照的环境，若突然光照过强，叶片会产生灼伤、变褐等严重的伤害。因此，最好将它们移入比原先生长环境高不到5～10倍的光强下适应生长。

二、栽培容器

室内绿化所用的植物材料，除直接地栽外，绝大部分植于各式的盆、钵、箱、盒、篮、槽等容器中。由于容器的外形、色彩、质地各异，常成为室内陈设艺术的一部分。

容器首先要满足植物的生长要求，有足够体量容纳根系正常的生长发育，还要有良好的透气性和排水性，坚固耐用。固定的容器要在建筑施工期间安排好排水系统。移动的容器，常垫以托盘，以免玷污室内地面。

容器的外形、体量、色彩、质感应与所栽植物协调，不宜对比强烈或喧宾夺主，同时要与墙面、地面、家具、天花板等装潢陈设相协调。

容器的材料有黏土、木、藤、竹、陶质、石质、砖、水泥、塑料、玻璃纤维及金属等。黏土容器保水透气性好，外观简朴，易与植物搭配，但在装饰气氛浓厚处不相宜，需在外面套以其他材料的容器。木、藤、竹等天然材料制作的容器，取材普通，具朴实自然之趣，易于灵活布置，但坚固、耐久性较差。陶制容器具多种样式，色彩吸引人，装饰性强，目前仍应用较广，但重量大、易打碎。石、砖、混凝土等容器表面质感坚硬、粗糙，不同的砌筑形式会产生质感上有趣的变化，因重量大，设计时常与建筑部件结合考虑而做成固定容器，其造型应与室内平面和空间构图统一构思，如可以与墙面、柱面、台阶、栏杆、隔断、座椅、雕塑等结合。塑料及玻璃纤维容器轻便，色彩、样式很多，还可仿制多种质感，但透气性差。金属容器光滑、明亮，装饰性强，轮廓简洁，多套在栽植盆外，适用于现代感强的空间。

三、栽培方式

（一）土培

主要用园土、泥炭土、腐叶土、沙等混合成轻松、肥沃的盆土。香港优质盆土的配制是黏土：泥炭土：沙：蛭石=1:2:1:1。每盆栽植一种植物，便于管理。如果在一大栽植盆中栽植多种植物形成组合栽植则管理较为复杂，但观赏效果大大提高。组合栽植要选择对光照、温度、水分、湿度要求差别较小的植物种类配植在一起，高低错落，各展其姿，也可在其中插以水管，插上几朵应时花卉。如可将孔雀木、吊竹梅、紫叶秋海棠、变叶木、银边常春藤、白斑亮丝草等配植在一起。

（二）介质培和水培

以泥土为基质的盆栽虽历史悠久，但因卫生差，作为室内栽培方式已不太相宜，尤其是不宜用于病房，以免土中某些真菌有损病人体质，但介质培和水培就可克服此缺点。作为介质的材料有陶砾、珍珠岩，蛭石、浮石、锯末，花生壳、泥炭、沙等。常用的比例是：泥炭：珍珠岩：沙=2:2:1；泥炭：浮石：沙=2:2:1；泥炭：沙=1:1；泥炭：沙=3:1等。加入营养液后，可给植物提供氧、水、养分及对根部具有固定和支持作用。适宜作为无土栽培的植物，常见的有鸭脚木、八角金盘、熊掌木、散尾葵、金山葵、袖珍椰子、龙血树类、垂叶榕、橡皮树、南洋杉、变叶木、龟背竹、绿萝、铁线蕨、肾蕨、巢蕨、朱蕉、海芋、洋常春藤、孔雀木等。

（三）附生栽培

热带地区，尤其在雨林中有众多的附生植物，它们不需泥土，常附生在其他植株、朽木上。利用被附生植株上的植物纤维或本身基部枯死的根、叶等植物体作附生的基质。附生植物景观非常美丽，常为展览温室中重点景观的主要栽培方式。作为附生栽培的支持物可用树蕨、朽木、棕榈干、木板甚至岩石、篮等，附生的介质可采用蕨类的根、水苔、木屑、树皮、椰子或棕榈的叶鞘纤维、椰壳纤维等。将植物根部包上介质，再捆扎，附在支持物上。日常管理中要注意喷水，提高空气湿度即可。常见的附生栽培植物有兰科植物、凤梨科植物，蕨类植物中的铁线蕨、水龙骨属、鹿角蕨、骨补碎属、肾蕨、巢蕨等。

（四）瓶栽

需要高温高湿的小型植物可采用此种栽培方式。利用无色透明的广口瓶等玻璃器皿，选择植株矮小、生长缓慢的植物如虎耳草、豆瓣绿、网纹草、冷水花、吊兰及仙人掌类植物等植于瓶内，配植得当，饶有趣味。瓶栽植物可置于案头，也可悬吊。

四、浇水、施肥与清洁

室内植物由于光照低，生理活动较缓慢，浇水量大大低于室外植物，故宁可少浇水，不可浇过量。一般每 3～7 天浇水一次，春、夏生长季适当多浇。目前很多国家室内栽培采用介质培和水培，容器都备有半自动浇灌系统，植物所需的养分也从液体肥料中获得。容器底层设有水箱，一边有注水孔，一边有水位指示器显示最高水位及最低水位。容器中填充的介质，利用毛细管作用或纱布条渗水作用将容器底部的水和液体肥料吸收到植株的根部。

通常对室内植物施肥前，先浇水使盆土潮湿，然后用液体肥料来施肥。观叶和夏季开花的植物在夏季和初秋施肥；冬季开花的植物在秋末和春季施肥。

用温水定时、细心地擦洗大的叶片，叶面会更加光洁美丽，清除尘埃后的叶面也可更多地利用二氧化碳。对于叶片小的室内植物，定期喷水也会起到同样效果。

 思考题

1. 室内生态环境对植物生长存在哪些不利的因素？
2. 如何根据不同的室内空间进行植物选择及设计？

第十二章　水体的植物景观设计

在古今中外的园林中，水是不可或缺的造园要素，常被称为园林的"血液"或"灵魂"，这不仅仅因为水是自然环境和人类生存条件的重要组成部分，人类有一种亲水的本能，而且因为水所具有的奇特的艺术感染力。

第一节　水和水生植物景观

一、水景

水面反射太阳的光、天空的光，因此亮度高，在局部狭小的空间，能起到小中见大的作用，使空间开朗；水面有恬静的倒影，对景成双，使人感到奇幻，虚实对比，正倒相接，趣味无穷；水面映出蓝天白云，坐在水边如临天空，空间无限延伸；水的形象有多变的可塑性，可动可静，可有声响效果，使人感到活跃、生动、兴奋；水中生物繁衍，鱼跃虫鸣，鸟啼花香，使人不禁赞叹自然界的奇妙，放松平日紧张的节奏；水在气象因素的作用下，形成冰、雪、雨、雾、彩虹，千变万化的自然景观，使人浮想联翩、遐想古今。

自古以来多少诗人画家为水的景色而吟咏挥毫，李清照感叹"山光水色与人亲"，王维临汉江而感到"江流天地外，山色有无中"，孟浩然见到洞庭湖边的渔翁而写到："坐观垂钓者，徒有羡鱼情。""仁者乐山，智者乐水"，寄情山水的审美理想和艺术哲理，深深地影响着中国园林，不仅有如白居易那样"穿篱绕舍碧逶迤，十亩闲居半是池"对私家园林中水景的独特爱好，皇家园林也几乎是无园不水。同样在西方园林中，不仅在古埃及和古波斯的庭园中都已构筑水池，文艺复兴后园林艺术的突出成就即表现为喷泉和水池的构筑艺术和技术，到了17世纪法国路易十四王朝更是以凡尔赛宫的水景而驰名于世，均说明水景之永久的魅力。

园林中构筑水景不仅有其他景观元素不可比拟的艺术效果，水体的实用功能同样不可忽略。首先是水体对环境的生态效益。园林中的水体可以降低空气温度，增加空气湿度，减少空气中的尘埃，从而改善环境卫生，提高环境质量。当今城市园林水体还具有滞洪防汛等功能，成为城市不可缺少的组成部分。

二、植物与水景

园林中只有水，常常是不够的，还需要有植物与之组景。将这两种自然界中最有代表性的元素组合在一起，自可形成最具特色、最宜人的景观空间。事实上，园林水体的另一个重要的功能，就是为水生植物及湿生、沼生植物的栽培提供载体。可以说水生植物的应用几乎和水景的应用有着同样悠久的历史。

在西汉时长安城的昆明池在水边就有了柳

树的使用，张衡《西京赋》记载"乃有昆明灵沼，黑水玄址。周以金堤，树以柳杞……"；《三辅黄图》记载琳池"昭帝始元元年（公元前86年），穿琳池，广千步……池中植分枝荷，一茎四叶，状如骈盖……"；张衡《东京赋》这样描写东汉时洛阳城内的濯龙园："濯龙芳林，九谷八溪。芙蓉覆水，秋兰被涯……"，表明陆地和水体绿化。唐时长安兴庆宫苑内不仅林木蓊郁，楼阁高低，而且宣宗与宠妃杨玉环乘坐画船，形游池上，"……波摇岸影随桡转，风送荷香逐酒来。"白居易《香炉峰下新置草堂，即事咏怀，题于石上》："何以洗我耳？屋头飞洛泉；何以净我眼？砌下生白莲。……"。"池晚莲芳榭，窗秋竹意深"，"履道西门有弊居，池塘竹树绕吾庐"，充分表明了他对水景及莲、竹之喜爱。

在中国的古典园林中，对荷花情有独钟。不仅有历代诗人对其姿容、色香之传神描述，如梁朝萧纲《采莲曲》"晚日照空矶，采莲承晚晖。风起湖难渡，莲多摘未稀。棹动芙蓉落，船移白鹭飞。荷丝傍绕腕，菱角远牵衣。"宋朝欧阳修《彩莲》"池面风来波艳艳，陂间露下叶田田。谁于水上张青盖，罩却红妆吐彩莲。"宋朝杨万里《莲花》"红白莲花开共塘，两般颜色一般香。恰如汉殿三千女，半是浓妆半艳妆。"及《晓出净慈寺送林子方》"毕竟西湖六月中，风光不与四时同。接天莲叶无穷碧，映日荷花别样红。"金完颜畴《池莲》"轻轻资质淡娟娟，点缀园池亦可怜。数点飞来荷叶雨，暮香分得小江天。"更有将其比德，赋予其深刻的文化内涵，如宋周敦颐的《爱莲说》描写荷花"……出淤泥而不染，濯清涟而不妖，中通外直，不蔓不枝，香远益清，亭亭净植，可远观而不可亵玩焉。"即是从荷花的自然属性而引申出其品格。这种独特的审美思想成为园林中长久不衰的造园主题。

与荷花在习性及观赏特色上有异曲同工之妙的睡莲则为古代西方水生花卉应用之先。从古埃及应用蓝睡莲及埃及白睡莲，4000多年来，睡莲一直是一种受到崇敬的花卉。在埋葬埃及历代皇室成员及第19代和第21代的祭司们时，他们的尸体上均覆盖有睡莲的花瓣（Brian Clouston,1977），阿马尔那时代的庭园壁画中就记载有种植睡莲、纸莎草、芦苇、藻类的下沉式水池（李尚志，2000）。

第二节　水体的植物景观设计艺术原理和构图特点

一、水体植物景观设计的原则

（一）科学性原则

植物与水体景观设计，概言之即通过广义的水生植物（包括沼生及湿生植物）与水体以及不同类型的植物之间的合理配置，创造优美的景观。这一合理配置的过程，便是建立人工水生植物群落的过程。为了达到最佳的和持久的景观效果，除了要遵循植物景观设计中的艺术原理外，满足植物的生态需求是根本的原则。这其中，充分了解自然界水生植物群落的特点及其演替规律，全面了解特定种类的生态习性，然后在此基础上根据园林水体的类型、构图、大小、部位等及景观设计的艺术原理选择合适的植物种类，并合理地构筑种植设施，加上群落建成后合理的人工干预及养护管理，才能充分展示水生花卉的观赏特点，创造出源于自然、高于自然的艺术风貌。

自然界，水生植物群落同样时刻处于动态的演替过程之中，其演替方向通常是沉水植物群落→浮水植物群落→挺水植物群落。生长于深水处的浮水植物生长过密时，会影响阳光的透入，进而影响同样生长于深水处的沉水植物的生长，甚至引起死亡，从而发生了沉水植物群落演变为浮水植物群落的过程。另一方面，由于挺水植物位于近岸处，首先拦截了冲刷下来的大量泥沙及有机物质，加上其残体不断积累，使临近的水域变浅，创造了适合挺水植物生长的区域，它们那繁殖力很强的地下根茎就向变浅的区域侵移，迅速繁殖，并占据优势，迫使原来生长于此的浮水植物失去生存所需的条件，而逐渐消亡，这样浮水植物带就演变成挺水植物带。这种水生植物群落演化的典型特征在自然界大型水域中表现最为明显。因为这一由沉水植物带到浮水植物带到挺水植物带的演变过程正是湖泊逐渐变浅人工干预，也会发生类似的群落演替，造成植物景观的变化。如凤眼莲等在数年后变为优势种甚至单一种，严重降低园林水体的景观效果。

因此，充分了解水生植物群落的演替规律，了解不同类型水生植物的生长习性及对环境的要求，在园林水体的植物景观设计中，既要保证其互不侵犯，和平共处，又要体现自然、合理、美丽的群落景观。这需要从种类的选择、种植设施的设置及建成后的管理等方面采取措施。

（二）艺术性原则

与所有其他形式的植物景观设计一样，水生植物的种植设计同样要遵循相关的艺术原理，如变化与统一、协调与对比、对称与均衡以及韵律与节奏等的设计规律。但是，与陆地相比，水景因具有特殊的景观效果可以通过一些特殊的构图手法，创造出虚实相生、如诗如画、变化无穷的园林景观。

二、水体植物景观设计的构图特点

（一）色彩构图

淡绿透明的水色，是调和各种园林景物色彩的底色，如水边碧草绿叶，水面的绚丽花卉，岸边的亭台楼阁，头顶的蓝天、白云都可以在透明而又变化万端的水色的衬托下达到协调。

（二）线条构图

平直的水面通过具有各种姿态及线条的植物组景，可取得不同的景观效果。平静的水面如果植以睡莲，则飘逸悠闲、宁静而妩媚；若点缀萍蓬、莕菜，则随风花颤叶移，姿态万端；加以浮石如鸥，随波荡漾，一幅平和、静谧的图画跃然眼前。相反，如果池边种植高耸、尖峭的水杉、落羽杉等，则直立挺拔的线条与平直的水面及水岸均形成强烈的对比，景观生动而具有强烈的视觉冲击力（图12-1）。而水面荷花亭亭玉立，水边

图12-1

图12-2

图12-3

图12-1 英国水边黑杨(苏雪痕摄)
图12-2 北京中科院植物园水景园(苏雪痕摄)
图12-3 英国某公园水边植物景观(苏晓黎摄)

香蒲青翠挺拔，波动影摇，则别有一番情致。我国传统园林中自古以来水边植柳，创造出柔条拂水，湖上新春的景色（图12-2）。此外，水边树木探向水面的枝条，或平伸，或斜展，或拱曲，在水面上都可形成优美的线条，创造出独特的景观效果（图12-3）。

图12-4 英国谢菲尔德公园湖面植物倒影（苏雪痕摄）

（三）倒影的运用

水景的最大特点就是产生倒影。水面不仅是调和各种植物的底色，而且能形成变化莫测的倒影。无论是岸边的一组树丛、亭台楼榭，还是一弯拱桥，甚或挺立于水面的田田荷叶，都会在水面形成美丽的倒影，产生对影成双、虚实相生的艺术效果。不仅如此，静谧的水面还可以倒映蓝天白云，云飘影移，变化无穷，静中有动，似动似静，有色有形，景观之奇妙陆地不可复有。正因为此，水景园中，无论多小的水面，都切忌将水面植物种满，需至少留出2/3的面积供欣赏倒影，而且水面花卉之种植位置，也需根据岸边的景物仔细经营，才可以将最美的画面复现于水中。如若植物充满水面，不仅欣赏不到水中景观，也会失去水面能提高空间亮度、使环境小中见大的作用，水景的意境和赏景的乐趣也就消失殆尽。

（四）透景与借景

水边植物景观是从水中欣赏岸上景色及从岸上欣赏水景的中介，因此水边植物景观设计切忌封闭水体，既免失去画意，又留出透景线供岸上、水中彼此赏景，通过疏密有致的配植做到需蔽者蔽去，宜留者留之，方可互为因借。

三、水体植物景观设计

（一）水面景观

水面景观低于人的视线，在湖、池中遵循上述艺术构图原理，通过浮水、漂浮及适宜的挺水植物的景观设计，结合岸边景观的倒影，在水面形成美丽的景观。景观设计时注意花卉彼此之间在形态、质地等观赏性状的协调和对比，尤其是植物和水面的比例关系。

杭州植物园裸子植物区旁的湖中，可见水面上有控制地种植了一片萍蓬，金黄色的花朵挺立水面，与水中水杉倒影相映，犹如一幅优美的水面画。英国谢菲尔德公园沿湖植物景观处处倒影如画（图12-4）。西双版纳植物园湖中种植的王莲、睡莲太拥挤，岸边优美的大王椰子的树姿以及蓝天、白云的倒影却无法展望，甚是可惜。北京北海公园东南部的一片湖面，遍植荷花，倒是体现了"接天莲叶无穷碧，映日荷花别样红"的意境，每当游人环湖漫步在柳林下，阵阵清香袭来，非常惬意。当朵朵莲蓬挺立水面时，又是一番水面庄稼丰硕景象。遗憾的是水面看不到白塔美丽的倒影。因此，在岸边若有亭、台、楼、阁、榭、塔等园林建筑，或种植有优美树姿、色彩艳丽的观花、观叶树种，则水中的植物切忌拥塞，必须予以控制，留出足够空旷的水面来展示倒影。对待一些污染严重、具有臭味的水面，则宜用抗污染能力强的凤眼莲、水浮莲以及浮萍等，布满水面，隔臭防污，使水面犹如一片绿毯或花地。西方某些国家的园林中提倡野趣园，野趣最宜以水面植物景观设计来体现。通过种植些野生的水生植物，如芦苇、蒲草、香蒲、慈姑、莕菜、浮萍、槐叶苹，水底植些眼子菜、玻璃卵形藻、黑藻等，则此水景野趣横生。

（二）岸边景观

各种水体的岸边景观主要通过湿生的乔灌木及挺水花卉来体现。乔木的枝干不仅可以形成框景、透景等特殊的景观效果，不同形态的乔木还可组成丰富的天际线或与水平面形成对比，或与岸边建筑组景，形成强烈的景观效果。岸边的灌木或柔条拂水，或临水相照，成为水景的重要组成内容。岸边的挺水花卉虽然多数矮小，但或亭亭玉立，或呈大小群丛与水岸组景，点缀池旁桥头，极富自然之情趣。线条构图是岸边植物景观最重要的表现内容。

岸边植物景观设计不仅对水体空间景观具有主导作用，还能使水与周围的山体等景观融为一体。驳岸有土岸、石岸、混凝土岸等不同材质之分，又有自然式和规则式之不同形式。我国园林中采用石驳岸及混凝土驳岸居多。

1. 土岸

自然式土岸边的植物忌等距离，用同一树种，同样大小，甚至整形式修剪，绕岸栽植一圈。应结合地形、道路、岸线组景，有近有远，有疏有密，有断有续，曲曲弯弯，自然有趣。英国园林中自然式土岸边的植物景观，多半以草坪为底色，为引导游人到水边赏花，常种植大批宿根、球根花卉，如落新妇、围裙水仙、雪钟花、绵枣儿、报春属以及蓼科、鸢尾属、毛茛属植物，红、白、蓝、黄等色五彩缤纷，犹如我国青海湖边、新疆哈斯纳湖边的五花草甸。为引导游人临水观倒影，则在岸边植以大量花灌木、树丛及姿态优美的孤立树。尤其是变色叶及常色叶树种，一年四季具有色彩。土岸常稍许高出最高水面，站在岸边伸手可及水面，便于游人亲水、嬉水。我国上海龙柏饭店内的花园设计属英国风格。起伏的草坪延伸到自然式的土岸、水边。岸边自然式配植了鲜红的杜鹃花和红枫，反衬出嫩绿的垂柳，以雪松、龙柏为背景，水中倒影清晰。杭州植物园山水园土岸边的植物景观具有4个层次，高低错落，延伸到水面，上层的合欢枝条及其水中倒影颇具自然之趣。早春有红色的山茶、红枫，黄色的南迎春、黄菖蒲，白色的毛白杜鹃及芳香的含笑；夏有合欢；秋有桂花、枫香、鸡爪槭；而马尾松、杜英则四季常青，整个景观色香俱备。

2. 石岸

规则式的石岸线条生硬、枯燥，柔和多变的植物枝条可补其拙。自然式的石岸线条丰富，优美的植物线条及色彩可增添景色与趣味。

图12-5

图12-5 四川九寨沟珍珠滩（苏雪痕摄）

一些大水面规则式石岸很难被全部遮挡，只能用些花灌木和藤本植物，诸如夹竹桃、南迎春、地锦、薜荔等来局部遮挡，稍加改善，增加些活泼气氛。苏州拙政园规则式的石岸边种植垂柳和南迎春，细长柔和的柳枝下垂至水面，圆拱形的南迎春枝条沿着笔直的石岸壁下垂至水面，遮挡了石岸的生硬。

自然式石岸的岸石，有美，有丑。植物景观设计时要露美遮丑，得当而不过，如苏州网师园的湖石岸用南迎春遮得太满，北京北海公园静心斋旁的石岸、石矶也被地锦几乎全部覆盖，不分美、丑，失去了岸石的魅力。

（三）沼泽景观

自然界沼泽地分布着多种多样的沼生植物，成为湿地景观中最独特和丰富的内容。在现代的园林水景中有专门供人游览的沼泽园。其内布置各种沼生植物，姿态娟秀，色彩淡雅，分布自然，野趣尤浓。游人沿岸游览，欣赏大自然美景的再现，其乐无穷。在面积较大的沼泽园中，种植沼生的乔、灌、草多种植物，并设置汀步或铺设栈道，引导游人进入沼泽园的深处，去欣赏奇妙的沼生花卉或湿生乔木的膝根、板根等奇特景观。在小型水景园中，除了在岸边种植沼生植物外，也常结合水池的形态构筑适宜的沼园或沼床，栽培沼生花卉，丰富水景园的植物景观。

（四）滩涂景观

滩涂是湖、河、海等水边的浅平之地。大自然常有动人的滩涂景观，如九寨沟的珍珠滩（图12-5）。园林中早就有对滩涂景观的借用和营造，如王维辋川别业中有栾家濑，是一段因水流湍急而形成平濑水景的河道。王维诗"飒飒秋雨中，浅浅石溜泻；跳波自相溅，白鹭惊复下"生动地描写了滩涂的景色，还有白石滩，湖边白石遍布成滩，裴迪诗云"跂石复临水，弄波情未极；日下川上

寒，浮云澹无色。"可见其对滩涂景观的喜爱。在园林水景中可以再现自然的滩涂景观，结合湿生植物的配植，带给游人回归自然的审美感受。有时将滩涂和园路相结合，让人在经过时不仅看到滩涂，而且需跳跃而过，顿觉妙趣横生，意趣无穷。

第三节　园林中各种水体的植物景观设计

综观园林水体，不外乎湖、池等静态水景及河、溪、涧、瀑、泉等动态水景。

一、湖

湖是园林中最常见的水体景观。如杭州西湖、武汉东湖、北京颐和园昆明湖、南宁的南湖、济南大明湖，还有广州华南植物园、越秀公园、流花湖公园等都有大小不等的湖面。

杭州西湖，湖面辽阔，视野宽广。沿湖景点突出季节景观，如苏堤春晓、曲院风荷、平湖秋月等。春季，桃红柳绿，垂柳、悬铃木、枫香、水杉、池杉新叶一片嫩绿；碧桃、东京樱花、日本晚樱、垂丝海棠、溲疏、迎春先后吐艳，与嫩绿叶色相映，春色明媚，确似一袭红妆笼罩在西湖沿岸。西湖的秋色更是绚丽多彩。红、黄、紫色俱备，色叶树种丰富。有无患子、悬铃木、银杏、鸡爪槭、红枫、枫香、乌桕、三角枫、柿、

油柿、重阳木、紫叶李、水杉等。广州流花湖公园内湖岸有几处很优美的植物景观，采用群植的方式，大片的落羽杉林、假槟榔林（图12-6）、散尾葵群；鹿湖四周探向水面的红花羊蹄甲。西双版纳植物园内湖边的大王椰子及丛生竹等都是湖边引人入胜的植物景观。

二、池

在较小的园林中，水体的形式常以池为主。为了获得"小中见大"的效果，植物景观设计常突出个体姿态或利用植物分割水面空间、增加层次，同时也可创造活泼和宁静的景观。如苏州网师园（图12-7），池面才410m²，水面集中。池边植以柳、碧桃、玉兰、黑松、侧柏、白皮松等，疏密有致，既不挡视线，又增加了植物层次。池边一株苍劲、古拙的黑松，树冠及虬枝探向水面，倒

图12-6　广州流花湖公园假槟榔（苏雪痕摄）
图12-7　苏州网师园（王小玲摄）

图12-6

图12-7

图12-8　英国皇家园艺协会的威斯利公园（苏雪痕摄）

图12-8

169

第十二章　水体的植物景观设计

影生动，颇具画意。在叠石驳岸上配植了南迎春、紫藤、络石、薜荔、地锦等，使得高于水面的驳岸略显悬崖野趣。

无锡寄畅园的锦汇漪，面积1667m²。池中部的石矶上有两株枫杨斜探水面，将水面空间划分成南北有收有放两大层次，似隔非隔，有透有漏，连绵的流水似有不尽之意。

杭州植物园百草园中的水池四周，植以高大乔木，如麻栎、水杉、枫香。岸边的鱼腥草、蝴蝶花、石菖蒲、鸢尾、萱草等作为地被。在面积仅168m²的水面上布满树木的倒影，因此水面空间的意境非常幽静。

三、溪涧与峡

《画论》中曰："峪中有水曰溪，山夹水曰涧"。由此可见溪涧与峡谷最能体现山林野趣。自然界这种景观非常丰富。如北京百花山的"三叉垄"，就是三条溪涧。溪涧中流水琤琮，山石高低形成不同落差，并冲出深浅、大小各异的水池，造成各种水声。溪涧石隙旁长着野生的华北楼斗菜、升麻、落新妇、独活、草乌以及各种禾草。溪涧上方或有东陵八仙花的花枝下垂，或有天目琼花遮挡。最为迷人的是山葡萄在溪涧两旁架起天然的葡萄棚，串串紫色的葡萄似水晶般的垂下。

贵州花溪公园一条长形河道中有长条洲滩。原先据说其上种满木芙蓉，如恢复原貌，收集全国优良的木芙蓉品种植于洲上，成为名副其实的芙蓉洲，再沿水边植以奇花异卉，花溪公园则真的成为花溪了。

杭州玉泉溪位于玉泉观鱼东侧，为一条人工开凿的弯曲小溪涧。引玉泉水东流入植物园的山水园，溪长60余米，宽仅1m左右，两旁散植樱花、玉兰、女贞、南迎春、杜鹃、山茶、贴梗海棠等花草树木，溪边砌以湖石，铺以草皮，溪流从矮树丛中涓涓流出，每到春季，花影堆叠婆娑，成为一条蜿蜒美丽的花溪。

英国皇家园艺协会的威斯利公园，在岩石园下有两条花溪，溪边种满了五光十色的奇花异卉（图12-8）。鸢尾属的燕子花、金脉鸢尾、溪荪、道格拉斯鸢尾等；报春花属的琥珀报春、高穗报春等；蓼属的拳参；各种落新妇栽培品种；牻牛儿苗属、岩白菜属、玉簪属、毛茛属等花卉，真是妖媚动人。

北京颐和园中谐趣园的玉琴峡长近20m，宽1m左右，两岸巨石夹峙，其间植有数株挺拔的乔木，岸边岩石缝隙间有荆条、酸枣、蛇葡萄等藤、灌，形成了一种朴素、自然的清凉环境，保持了自然山林的基本情调。峡口配置了紫藤、竹丛，颇有江南风光。可惜紫藤旁架设的钢架十分人工气，应拆除。

图12-9 北京颐和园后湖榭栎(苏雪痕摄)

四、泉

由于泉水喷吐跳跃，吸引了人们的视线，可作为景点的主题，再配植合适的植物加以烘托、陪衬，效果更佳。以泉城著称的济南，更是家家泉水，户户垂柳。趵突泉、珍珠泉等名泉的水底摇曳着晶莹碧绿的各种水草，更显泉水清澈。广州矿泉别墅以泉为题，以水为景，种植榕树一株，辅以棕竹、蕨类植物，高低参差，构成具岭南风光的、"榕荫甘泉"庭园。杭州西泠印社的"印泉"，面积仅1m²，水深不过1m。池边叠石间隙夹以沿阶草，边上种植孝顺竹一丛，梅花一株探向水面，形成疏影横斜，暗香浮动的雅静景观。

日本明治神宫的花园布置既艳丽，又雅致，是皇后常来游憩玩赏之处。花园中有一天然泉眼，并以此为起点，挖成一长条蜿蜒曲折的花溪，种满由全国各地收集来的花菖蒲。开花时节，游客蜂拥而至，赏花饮泉，十分舒畅。英国塞翁花园是在小地形高处设置人工泉，泉水顺着曲折小溪流下，溪涧、溪旁布石，石隙、溪旁种植各种匍地的色叶裸子植物以及各种宿根、球根花卉，与缀花草坪相接，谓之花地，景观宜人。

五、河

在园林中，直接运用河的形式不常见。颐和园的后湖实为六收六放的河流。两岸种植高大乔木，形成"两岸青山，一江碧波"的意境。在全长1000余米的河道上，以夹峙两岸的峡口、石矶，形成高低起伏的岸路，同时也把河道障隔、收放成六个段落，在收窄的河边植上庞大的榭栎，分隔的效果尤为显著（图12-9）。沿岸的柳树、白蜡，山坡上的油松、栾树、元宝枫、侧柏，加之散植的榆树、刺槐，形成一条绿色长廊，山桃、山杏点缀其间，益显明媚。行舟漫游，最得山重水复、柳暗花明之趣。站在后湖桥凭栏而望，两岸古树参天，清新秀丽，一带河水映倒影，正是"两岸青山夹碧水"的写照。

西欧各国一些古典规则式园林中，常有规则式的运河，两岸常植以高大的椴树等乔木。18世纪英国伟大的造园大师布朗一人就改造200余个规则式园林，成为自然式园林。取消了直线条，代之以流线形的曲线条，将规则式的河道改成曲折有致、有收有放，有河湾，有岛屿，两岸有自然式的树丛、孤立树和花灌木，倒也自然有趣。

第四节　堤、岛的植物景观设计

水体中设置堤岛是划分水面空间的主要手段。而堤、岛上的植物景观设计，不仅增添了水面空间的层次，而且丰富了水面空间的色彩，形成的倒影成为独特的虚实景观。

一、堤

堤在园林中虽不多见，但杭州的苏堤、白堤，北京颐和园的西堤，广州流花湖公园及南宁南湖公园都有长短不同的堤。堤常与桥相连，故也是重要的游览路线之一。苏堤、白堤除桃红柳绿、碧草的景色外，各桥头植物景观各异。苏堤上还设置有花坛。北京颐和园西堤以杨、柳为主，玉带桥以浓郁的树林为背景更衬出桥身洁白。又如扬州瘦西湖堤桥两边浓绿的垂柳（图12-10）；广州流花湖公园湖堤两旁，蒲葵的趋光性，导致朝向水面倾斜生长，极具动势，远处望去，游客往往疑为椰林。南湖公园堤上各处架桥，最

图12-10

佳的植物景观是在桥的两端很简洁地种植数株假槟榔，潇洒秀丽，水中三孔桥与假槟榔的倒影清晰可见。

二、岛

岛的类型众多，大小各异。有可游的半岛及湖中岛，也有仅供远眺、观赏的湖中岛。前者在植物景观设计时还要考虑导游路线，不能有碍交通；如不考虑导游，则植物景观密度较大，且要求四面皆有景可赏。

北京北海公园琼华岛面积 5.9hm²，孤悬水面东南隅。古人以"堆云"、"积翠"来概括琼华岛的景色。其中"积翠"，就是形容岛上青翠欲滴的古松柏犹如珠玑翡翠的汇积。全岛植物种类丰富，环岛以柳为主，间植刺槐、侧柏、合欢、紫藤等植物。四季常青的松柏不但将岛上的亭、台、楼、阁掩映其间，并以其浓重的色彩烘托出岛顶白塔的洁白。

杭州三潭印月可谓是湖岛的绝例。全岛面积约 7hm²。岛内由东西、南北两条堤将岛划成田字形的四个水面空间。堤上植大叶柳、香樟、木芙蓉、紫藤、紫薇等乔灌木，疏密有致，高低有序，增加了湖岛的层次、景深，并丰富了林冠线，构成了整个西湖湖中有岛、岛中套湖的奇景。而这种虚实对比、交替变化的园林空间在巧妙的植物景观设计

图12-11

下，表现得淋漓尽致。综观三潭印月这一庞大的湖岛，在比例上与西湖极为相称。

公园中不乏小岛屿组成园中景观。北京什刹海的小岛上遍植柳树。长江以南各公园或动物园的水禽湖、天鹅湖中的岛上常植以池杉，林下遍种较耐阴的二月蓝、玉簪，岛边配植十姐妹等开花藤灌，探向水面，浅水中种植黄花鸢尾、千屈菜等，既供游客赏景，也是水禽良好的栖息地。英国的邱园及屈来斯哥教堂花园中的湖岛，突出杜鹃，盛开时湖中倒影一片鲜红，白天鹅自由自在地游戏在湖中，非常自然（图 12-11）。也有有意粗放管理，使岛上植物群落富具野趣。

图12-10 扬州瘦西湖玉带桥（苏雪痕摄）

图12-11 英国屈来斯哥教堂的湖岛（吉尔提供）

第五节　污染水体的修复及湿地生态系统的营建

园林中的水景及湿地设计不能光考虑景色美，要保持景色美的前提是水质。水固然有一定的自净能力，即通过微生物将有机物分解成无机物，再由植物通过光合作用转化成植物生长所需的碳水化合物。如果水中的有机物质大大超标，超出水的自净能力，则正常的生物循环和生态平衡就被破坏，变成黑臭的水体、棕色的水体，大量蓝、绿藻的水华。

正因为植物对水体的洁净能力不是无限的，所以要借助物理、化学以及其他生物的净水作用。可采取以下几种措施：

（1）切断污染源。生活污水、家畜和家禽等排泄的污水内含有高浓度的氮、磷等元素。工业污水中的有害物质更是多种多样，所以不切断污水源，是治不了本的。

（2）水体的驳岸应采用有利于浅水、沼泽植物生长的自然土驳岸，或掺有卵石和沙的土驳岸，给净水的植物提供生长的空间。坡度较陡的驳岸为稳固岸线，可在岸边水下设置沉箱、混凝土预制构件、石材，坡度较缓的驳岸可打树桩稳固岸线，结合水、陆种植植物，保证岸栖植物生长环境。而钢筋水泥的硬质驳岸就起不了这一作用。

（3）水底也要有一定的土层供沉水植物生长。如水底也是钢筋水泥或没有土的防渗膜，则沉水植物没法生长，大大减弱了净污植物的生力军的作用。

（4）植物景观设计要最大化地起到净水作用。从植物个体净水能力来讲，旱伞草、姜花吸收氮素能力强；香蒲、花菖蒲吸收磷能力强；水烛、香菇草、美人蕉吸收钾能力强；茭白、花叶芦竹、旱伞草、泽泻吸收钙能力强；花叶芦竹、再力花、水禾吸收镁能力强；千屈菜、香蒲、慈姑吸收铁能力强；花叶芦竹、旱伞草、泽泻、千屈菜、水禾、荇菜吸收锌能力强；慈姑、睡莲、水禾、香蒲、梭鱼草吸收铝能力强；旱伞草、泽泻、梭鱼草、慈姑、水禾、花菖蒲吸收钠能力强。

在岸边植物景观设计时，常水位以上的乔木可用柿、桑、枫杨、钻天杨、河柳、垂柳、水冬瓜、桤木、苦楝、乌桕、枫香、落羽杉、池杉、水杉、女贞、白蜡、丝绵木、水翁、各种榕树、羊蹄甲、假苹婆、水石榕、糖胶树、椰子、木麻黄、南洋杉等；灌木可用夹竹桃、银芽柳、柽柳、紫穗槐、草海桐、车轮梅、柳叶绣线菊、木芙蓉、南迎春等；观赏草则常用芦竹、蒲苇、荻、芒等。

在水深0.3m以下可种植芦苇、芦竹、香蒲、菖蒲、茭白、花蔺、美人蕉、姜、旱伞草、莼菜、千屈菜、红蓼、水葱、苔草、三白草、花菖蒲、溪荪、灯心草、水芹、慈姑、水芋、薏苡、再力花、梭鱼草、泽苔草、驴蹄草、蕹菜、黄菖蒲、海菜花、苹、问荆、水蕨、蘑草、黄花蔺、马蹄莲、鸭舌草、雨久花；在水深0.3～1m处可种植荷花、睡莲、萍蓬草、荇菜、慈姑、水芋、泽泻、黄花水龙、芡实、菱、王莲、水禾、水鳖等；水深在1～2.5m处可植金鱼藻、狐尾藻、黑藻、苦草、眼子菜、菹草、槐叶苹、大漂、凤眼莲、紫萍、绿萍等。

举一个植物净化水体、循环利用形成生物链的例子。养鸭场大量鸭粪排入河、池水中，氮、磷所引起的水的富营养化极度严重。用水葫芦净水效果良好，对氮、磷的去除率可达30%左右，而且水葫芦生长极快，可定期收割作为喂鸭的青饲料。如把水葫芦和黄菖蒲作为污水的一级处理，然后排入鱼塘作为二级处理，再用来种植茭白、慈姑等作为三级处理的水可用来灌溉稻田或返回鸭场的水体。三级处理后的水体大大降低了氮、磷的含量。对磷的吸收还可用蕹菜和螺蛳、河蚌来净化。螺蛳、河蚌不仅能直接吸收水中有机物质，其分泌的黏液还是一种优良的絮凝剂。沉水植物净水能力强，在浅水中可植多年生常绿的密刺苦草，其繁殖能力不强，不会形成优势种，而对于繁殖力强易形成优势种的聚草、菹草必须控制一定的量。睡莲的地下茎十分发达，如量大又不能及时去除死亡的植物体反会影响水质。就如太多、太密的轮叶黑藻的植物体腐烂造成水质发黑、发臭。为抑制过量的沉水植物可放养草鱼，每尾重 0.35～0.6kg 的老口草鱼每年能消耗 110kg 水草，每尾重 0.05～0.1kg 的子口草鱼每年可消耗水草 35kg。但草鱼对沉水的水草喜爱食用的顺序是苦草＞眼子菜＞伊乐藻、轮叶黑藻＞菹草＞聚草＞茨藻。水体呈浓厚的深绿色或棕黑色或棕红色藻类层时，是由于水中营养物质太丰富造成藻类大量繁殖，如微束藻、鱼腥藻、水华束丝藻、裸藻、硅藻等。微束藻、鱼腥藻形成绿色的水华；裸藻形成红棕色水华。合理放养滤食性鱼类和螺、蚌等水生动物可有效控制水华。白鲢对鱼腥藻的滤食可达 35% 以上。还可用挺水、浮水的水生植物做成大面积的浮岛，水底种植沉水植物进行综合生物治理。据经验，较合适的螺蛳的放养量为 0.2～

0.4kg/m²，河蚌 0.7～1.0kg/m²，蕹菜 0.15～0.3kg/m²，沉水植物 0.15～0.25kg/m²。但螺蛳、河蚌在浮岛的植物中，悬挂在水体中才能最大化吸收水中有机物质，一旦沉入水底则其作用大为减弱。

湿地景观设计主要是通过营建食物链才能达到生物多样性，形成食物链而初具湿地生态系统。水生植物、鱼、螺蛳、虾等形成食物链，在岸上再种植桑、柿树、梨、海棠果、山里红、樱桃、火棘、苦楝等提供鸟类喜食的果实，则水中和陆地的食物链就能引来大量的鸟类。种植槐树、刺槐、枣树、椴树、荆条等就能引来大量蜜蜂，种植合欢、黄连木、香樟、阴香、一串红、一串蓝、大王龙船花、五色梅、细叶萼距花、柑橘、柚子等就能引来大量蝴蝶的成虫和幼虫。因此湿地植物景观所选用的植物不但要符合湿生的生态环境，还须在形成食物链中起到不可替代的作用。

 思考题

1. 为何说水是园的灵魂？

2. 如何体现水生植物景观设计的科学性？

3. 园林中有哪些水体景观，其植物景观有何特点？

第十三章　道路的植物景观设计

随着城市建设飞速发展、道路增多、功能各异，形成了各种绿带；也有将行道树、林荫道与防护林带共同联成绿色走廊。一些发达国家和我国某些城市更是将私宅、公共建筑周围的植物景观纳入到街道绿化，并连成一体，构成了整个花园城市，为此大大改善了城市环境条件和丰富了城市植物景观。

第一节　园路的植物景观设计

在风景区、公园、植物园中，道路的面积占有相当大的比例，约占总面积的12%～20%，且遍及各处。道路除了集散、组织交通外，也有导游的作用，因此园路两旁植物景观设计的优劣直接影响全园的景观。园路的宽窄、线路的高低起伏要根据园林中地形以及各景区相互联系的要求来设计。园路的布局要自然、灵活、流畅，又要有变化，道路两旁可用乔木、灌木、草皮以及地被植物多层次结合，形成自然多变，不拘一格，具有一定情趣的景观。

一、园路与植物景观的关系

（一）植物对园路空间的限定

利用植物大小和树姿形体，通过疏密围合，可创造出封闭或者开放的空间。空间虚实明暗的互相对比，互相烘托，形成丰富多变、引人入胜的道路景观。封闭处幽深静谧，适合散步休憩；开阔处明朗活泼，宜于玩赏活动。

植物对园路空间的限定，通常采用对植与列植的形式。对植是指用两株或两丛相同或相似的树种，按照一定的轴线关系，作相互对称或均衡的种植，主要用于强调道路的出入口，在构图上形成配景与夹景。列植是指乔灌木按一定的株行距成排成行地种植，多运用于规则式园林绿地中，形成的景观比较整齐、单纯、有气势，与道路配合，可起到夹景作用。另外利用植物对视线的遮蔽及引导作用，在道路借景时做到"嘉则收之，俗则屏之"，丰富道路植物景观的层次与景深。

（二）园路对植物的视觉引导

我国自古就有"曲径通幽"之说，唐代诗人常建在《题破山寺后禅院》中写下脍炙人口的诗句："竹径通幽处，禅房花木深。"形象地点出了道路对于景观的导向性和对植物的视觉引导，通过道路引人入胜，引导游人进入情景之中（图13-1）。这就要求园路有

图13-1　竹径通幽（苏雪痕摄）

图13-1

生动曲折的布局,做到"出人意外,入人意中";另外通过巧妙布置植物,步移景异,让人感到"山重水复疑无路,柳暗花明又一村",给人带来愉悦和美的享受,使道路充满人情味。

二、不同类型园路的植物景观设计

(一)园林主路的植物景观设计

主路是沟通各活动区的主要道路,一般设计成环路,宽3～5m,游人量较大。园林主路的植物景观设计要特别注意树种的选择,使之符合园路的功能要求(包括观赏功能),同时要特别考虑路景的要求。

平坦笔直的主路两旁常用规则式配置,由整齐的行道树构成一点透视,形成对景,强调气氛;植物景观设计上多采用同一树种为主的形式,如上海植物园园路两侧树姿挺立的广玉兰(图13-2)。另外也可种植观花乔木,并以花灌木为衬托,丰富园内色彩。

蜿蜒曲折的园路,其两侧的植物不宜成排成行,亦不可只用一个树种,否则会显单调,不易形成丰富多彩的路景,应采用自然式配置为宜。沿路的植物景观在视觉上应有疏有密、有高有低、有挡有敞,可观赏到草坪、花地、灌丛、树丛、孤植树,还可观赏到水面、山坡、建筑小品等。路旁若有微地形变化或园路本身高低起伏,宜进行自然式配置,在路旁微地形隆起处配置复层混交的人工群落,最得自然之趣,有山野气息。如华东地区可用马尾松、黑松、赤松等作上层乔木,用毛白杜鹃、锦绣杜鹃等作下木,用络石、宽叶麦冬、沿阶草、常春藤等作地被,游人步行于松下,与杜鹃擦肩而过,顿感幽静、优美异常。

路边无论远近,若有景可赏,则在配置植物时必须留出透视线;如遇水面,对岸有景可赏,则路边沿水面一侧不仅要留出透视线,在地形上还需稍作处理,在顺水面方向略向下倾斜,再植以草坪,诱导游人走向水边去欣赏对岸景观。路边地被植物的应用不容忽视,可根据环境不同,种植耐阴或喜光的观花、观叶的多年生宿根、球根草本植物或藤本植物,既组织了道路景观,又使环境保持清洁卫生。

图13-2

图13-2 上海植物园园路两侧广玉兰(苏雪痕摄)

(二)园林支路的植物景观设计

支路是园中各景区内的主要道路,一般宽2～3m。支路多随地形、景点设置蜿蜒曲折,支路的植物景观形式亦灵活多样。支路两侧可只种植乔木或灌丛,也可乔灌木相搭配,观赏效果较好的同时又能起到遮阴的作用。植物种类可根据各景区的主题来选择,如北京植物园的一条支路是碧桃园和丁香园的分界,于邻碧桃园的路侧栽植蟠桃为主,丁香园一侧则以北京丁香为主作自然式栽植,道路两侧亦分别点缀丁香和碧桃数株作呼应,形成了灵活自然的园路景观。

(三)园林小径的植物景观设计

小径是园林中的小支脉,虽长短不一,但大多数为羊肠小道,宽度一般在1～1.5m。它随功能用途、所处地形及周围环境的不同而不同。其植物景观设计的作用,主要在于加强游览功能和审美效果。

在树林中开辟的小径,应以浓荫覆盖,形成比较封闭的道路空间。在一些人工建造的山石园或自然山林中狭小的石级坡道,可在其旁栽植藤蔓植物,如络石和薜荔等,凭添了小径的趣味。另一种是布置比较精细,但又很自然的花园小径(图13-3),其径旁置以散石,或与沿阶草结合,或嵌于草坪中,路旁树林有高有低、疏密有间,树下花开似锦。有些小径路缘只种沿阶草,不作生硬处理,在适当的地段种一些小乔木,构成画框,亦独具情趣。

图13-3

图13-4

图13-3　杭州孤
山山路两旁马尾
松下杜鹃(苏雪
痕摄)
图13-4　杭州凤
凰山山路植物景
观(苏雪痕摄)
图13-5　濮阳公
园水杉路(苏雪
痕摄)

图13-5

1. 山林野趣之路

这类园路多位于人流少、没有喧哗的地方，特别是在自然风景区中，林中穿路是最为常见且极具山林野趣的道路形式（图13-4）。在山地或平地树丛中的园路，可加强其自然静谧的气氛。在植物景观设计上要选用树姿自然、体形高大的树种，切忌采用整形的树种，布置要自然，树种不宜太多，乔木以数种左右为宜。

无论是自然山道或人工园路，通过植物景观设计，使之具有山林之趣，应注意以下几个方面：

（1）路旁树要有一定的高度，以便有高耸之感，路宽与树高之比在1:6～1:10之间，效果较显著。树种宜选用高大挺拔的乔木，树下覆以低矮的地被植物，少用灌木，以免降低高狭对比的"山林"效果（图13-5）。

（2）树木要冠大荫浓，种植要密，使道路具有一定的郁闭度，光线要暗一些，以产生如入山林之感。周围树木要有一定的厚度，使人感受到"林中穿路"的氛围。

（3）道路要有一定的坡度，但一般坡度不大，只要加强其他处理，如降低路面，坡上种高树，利用方向的转换，增加上、下层相互透视的景深等，也可以创造出山林的效果。

（4）注意利用周围自然山林的气氛，植物景观设计要尽量结合自然山谷、溪流、岩石等。

2. 花径

花径在园林中具有独特的风趣，它是在一定道路空间里，以花的姿态和色彩创造出

图13-6

图13-7

图13-6 杭州花港观鱼花径(苏雪痕摄)
图13-7 杭州西湖小瀛洲竹径通幽(仇莉摄)

一种浓郁的气氛，给游人以艺术的享受，特别是盛花时期，这种感染力就更为强烈（图13-6）。国外多在道路两旁配置花境或花带，此外，也可用不同的花木创造出竹径、桂花径、玉兰花径等。总之，花径的形成，要选择开花丰满、花形美丽、花色鲜明、有香味、花期较长的植物；花径中植物株距要小，采用花灌木时，既要密植，又要有背景树。如河南农业大学校园的樱花径盛开时充满了诗情画意，杭州的樱花径、桂花径、碧桃径以及北京颐和园中的连翘径等。

3. 竹径

竹径是中国园林中极为常见的造景手法。竹径的营造要注意园路的宽度、曲度、长度和竹的高度。过宽、过于平直或短距离的竹径都不能使人产生"曲径通幽"的感觉，而过长的竹径则会给人单调感，两旁竹子的高度也应与园路的宽度和长度相协调。杭州西湖小瀛洲的竹径通幽是古典园林中竹径的典范之作（图13-7）。竹径通幽位于三潭印月的东北部，入口是风格别致的隔墙漏窗，月洞门上匾额书"竹径通幽"。竹径两旁近水，长约50m，宽1.5m。竹种以刚竹为主，高度2.5m左右，游人漫步小径，感觉清静幽闭，看不到堤外水面。沿小径两侧是十大功劳绿篱，沿阶草镶边，刚竹林外围配置了乌桕和重阳木，形成富有季相变化的人工群落。竹径在平面处理上采取了三种曲度，两端曲度大，中间曲度小，站在一端看不到另一端，使人感到含蓄深邃。竹径的尽头是一片开旷的草坪，营造出奥旷交替的园林审美空间。

第二节　城市道路的植物景观设计

城市道路植物景观设计指道路两侧、中心环岛、立交桥四周的植物种植，即将乔、灌、地被和草坪科学合理地搭配起来，创造出优美的街道景观。城市道路是构成一个城市的骨架，而城市道路绿化则直接反映了一个城市的精神面貌和文明程度，一定意义上体现了一个城市的政治、经济、文化总体水平。

一、城市道路植物景观的作用

城市道路植物景观在城市中具有举足轻重的作用。城市道路的功能主要有以下3个方面：交通运输，布置城市其他基础设施，组织沿街建筑及划分城市空间。依据其上植物对城市道路所产生的各种效应进行分析，城市道路植物景观的主要作用有：

（一）提高交通效率和保障交通安全

合理的植物景观设计可以有效地协助组织车流、人流的集散，保障交通运输的畅通。从人生理方面的感受来看，司机在长时间的

植物景观规划设计

图13-8 上海香樟行道树(苏醒摄)
图13-9 厦门道路绿化(苏雪痕摄)

物可以遮阴降暑，在炎炎夏季，树荫下的气温比硬质铺装路面低16℃，如果走在绿树成荫的人行道上，会相当轻松惬意(图13-8)。

（三）美化街景

将植物材料通过变化和统一、平衡和协调、韵律和节奏等配置原则进行配置后，就会产生美的艺术、美的景观。花开花落、树影婆娑，与成几何图形的临街建筑物产生动与静的统一，它既丰富了建筑物的轮廓线，又遮挡了有碍观瞻的景象。因而，道路的景观是体现城市风貌特色最直接的一面。如果能和周围的环境相结合，选择富有特色的树种来布置，则可尽显街道的个性。

二、城市道路生态廊道的建设

景观生态学认为，景观由斑块、基质和廊道组成。城市道路生态廊道作为城市景观生态园中的重要组成部分，在运输、保护资源和美学等方面的应用，几乎以各种方式渗入到每一个景观元素中，对城市经济、文化、环境质量、城市美观等起着重要的作用。它决定着城市景观结构和人口空间分布模式，为城市的景观结构优化提供了新的思路。

城市道路生态廊道的建设是城市可持续发展的组成部分，它协调了城市自然保护和经济发展的关系，为城市的可持续发展奠定了基础。城市道路生态廊道具有以下3个主要功能：首要功能是它的空间功能，它为物质运输、迁移和取食提供了保障；其次是生态功能，它不仅形成了城市中的自然系统，而且对维持生物多样性提供了保障；第三是游憩功能，尤其是沿着小径、滨水的道路生态廊道。

城市道路生态廊道主要有两种形式：第一种是与机动车道分离的林荫休闲道路，主要供散步、运动、自行车等休闲游憩之用。在世界许多城市，这种道路廊道被用来构成公园与公园之间的联结通道。这种道路廊道的建设应从游憩的功能出发，乔、灌、草相结合，形成视线通透、赏心悦目、连续的景观效果。第二种是道路两旁的道路绿化，道路两旁的绿化带是构成城市绿色廊道的重要组成部分，在一些水系不发达的城市，

驾驶过程中，城市枯燥乏味的硬质景观很容易造成视觉疲劳，从而易于引发交通事故；而植物材料本身具有形态美、色彩美、季相美和风韵美，艺术地运用这些特性来进行植物景观设计，就能创造出美丽的自然景观，它不仅能表现平面、立体的美感，还能表现运动中的美感，能有效地缓解司机的不良反应，提高交通效率。

（二）改善道路上的生态环境，减少污染

城市道路上汽车的尾气、噪声及烟尘对城市环境的污染相当严重，而植物材料可以在一定程度上降低这些污染，达到净化空气、改善城市生态环境的目的。有数据统计，城市公园内大气中的粉尘约为100mg/m³，而无树的街道达850mg/m³，相差8.5倍。另外，植

道路绿化带成为城市绿色廊道的主要组成部分。

在目前城市环境污染较严重、城市生物多样性较脆弱的情况下，生态廊道的建设应定位在环境保护和生物多样性保护上，为动植物的迁移和传播提供有效的通道，使城市内各个景观要素相互联系，成为一个整体。因此，其建设的出发点应着重考虑如何通过植物景观设计和生境创造来实现上述目的。

三、城市道路的类型及植物景观形式

（一）城市道路的类型

城市道路根据宽度及其在城市中的作用，可分为主干道、次干道、支道等多个等级。

1. 主干道植物景观

主干道起联系各主要功能区的作用，宽度可达 40m 以上，车速一般不超过每小时60km。在这种道路上机动车和非机动车有分车带隔开，在道路的每侧一般有两个种植带，即通常所称的"三板四带式"（图 13-9）。

2. 次干道植物景观

次干道反映的是不同性质区域内的骨干道路，如工业区、居民区等均可有自己的干道，宽度为 20～30m，行车速度控制在每小时 25～40km。这种道路一般都在中心设宽 2m 以上的分车带即绿化带，严格分开上、下行车辆，保证安全。分车带是最好的街道绿地，可铺设草坪、栽植灌木，甚至可栽1～2 行乔木。这样再加上两旁人行道、车行道之间的行道树，总共有 3～4 行树，通常称作"二板三带式"。

3. 支道植物景观

支道宽度一般为 10～20m，路面可不划分车道，行车速度控制在每小时 15～25km。绿化的方式通常是在街道两旁的人行道与车行道之间各栽一行树。可用单一的树种，也可乔灌间种。这是街道绿化最简单的方式，通常称为"一板两带式"。如果街道两旁明显不对称，如一旁临河或建筑等不宜栽树，就只栽一行树。

（二）城市道路造景形式

根据植物在道路不同地段的栽植配置，可分为行道树、分车带绿化、交通环岛绿化、交通枢纽绿化等几种形式，其各自特点如下：

1. 行道树

一般来讲，行道树就是指沿道路栽植的树木，其主要目的在于遮阴，同时也美化街景。多数采取两侧对称排列，尤其是在比较庄重、严肃的地段，如通往纪念堂、政府机关的道路上，对称列植的形式比较常见。城市街道的行道树多沿车行道及人行道整齐排列。要有一定枝下高度，保证车辆、行人安全通行。树种选择要考虑与道路宽度相适应，道路两侧树冠应避免相互搭接，保证车行道中央的空气流通。在没有隔离带的较窄的道路两旁，行道树下不宜配植较高的小乔木或常绿灌木，以免妨碍汽车尾气等悬浮污染物及时扩散稀释。株距大小要考虑交通与两侧沟通的需要，同时不妨碍两侧建筑内的采光。在两侧有高大建筑物的街道上，要根据道路方向和日照时数选择耐阴性强的树种；寒冷地区的行道树最好选用落叶树种，冬季不遮阳光，可给城市街道带来些许温暖，并有利于积雪的融化。

在市区道路人行道上尽量铺设透气透水性好的各色毛面砖。另外，为了防止行人过度踩踏树木的基部，可在种植池上覆盖用铸铁或钢筋混凝土制作的树池篦子。当然，条件允许的话，也可在种植池内栽种草坪或其他地被植物，既做到了"黄土不露天"，又增加了绿量，美化了街道景观。

2. 分车带植物景观

分车带绿化指车行道之间的绿带。绿带的宽度在国内外差别很大，窄者仅 1m，宽的可达 10m 左右。在分车带的植物景观上除考虑到增添街景外，首先要保障交通安全和提高交通效率，不能妨碍司机及行人的视线。在接近交叉口及人行横道的一定距离内必须留出足够的安全视野。一般分车带上仅种低矮的灌木及草皮，或枝下高较高的乔木，如深圳深南大道和澳大利亚墨尔本市均选择树干干净利落、枝下高很高的乔木，配以低矮的灌木、草花、草坪，既不妨碍视线，又增添景色，达到结构与功能的完美统

一（图 13-10）。随着分车带宽度的增加，其上的植物景观设计形式也趋于多样，有规则式、自然式，并充分考虑植物在时间和空间上的变化，利用植物不同的姿态、线条、色彩、质地等特点，将常绿、落叶的乔、灌、草合理搭配，或环植，或丛植，配以岩石小品，以达到四季有景，富于变化的景象。总之，植物景观设计时总的宗旨还是要不妨碍交通，正确处理好交通与植物景观的关系。

3. 交通环岛植物景观

即对道路交叉、疏导交通的安全岛进行绿化。为了保证清晰的视野，一般在环岛上不种高大的乔木，而只种植一些低矮的灌木、花卉或草坪（图 13-11）。在面积较大的环岛上，为了增加层次感，可零星点缀几棵乔木。交通岛一般不充许行人进入休息，可在外围栽种修剪整齐、高度适宜的绿篱；在环岛内不宜布置过于花哨的特殊景物，以免分散司机的注意力，成为交通事故的隐患。

4. 交通枢纽植物景观

主要指围绕城市立交桥的绿化，常常是平面、坡面与垂直绿化互相结合（图 13-12）。由于交通相对较集中，大气污染及噪音都较为严重，在绿化时要考虑乔、灌、草的科学搭配，在不影响交通视线的前提下增加绿量，采取复层混交的形式，但要注意疏密有致，能使有害气体较顺畅地疏散开。在桥体绿化时，要考虑桥梁可承受的载重量，而且要用发展的动态眼光来对待，不能仅着眼于当前的情况，因为植物的体量、重量在逐年增加，而桥体则在逐年老化。在设计时，要尽量做到减少桥梁的压力及两侧对称，保持平衡，所用的栽培土宜用容重较轻的介质土。景观上宜简洁淡雅，不做繁杂或过于突出的造景或装饰，如配置开花植物，其花色、花形要避免与交通标志的颜色、形状混淆。应以浅色为好，在减轻驾驶员疲劳的同时不至于刺激驾驶员的眼睛，此外还能增加桥体的轻盈感。

四、城市道路的环境特点及植物景观

（一）城市道路环境的特点

城市道路是一个非常特殊的地段，故其环境也具有特殊性。从地上部分来讲，由于每天车流、人流量很大，空气中充斥着各种有害物质，如二氧化硫、氯化物、粉尘、氮氧化合物等，对植物的生长非常不利。如二氧化硫会直接伤害植物的叶表皮细胞，破坏叶肉组织的结构，影响植物的正常生长；粉尘覆盖在植物的叶表面上，会影响光合作用的进行。同时，城市的空中布满了各种各样的电力、电信、电缆的线网，对植物的生长有一定的限制，而不像旷野、公园里的树，可以任意生长。另外，很多道路的两旁高楼大厦鳞次栉比，留给植物的阳光非常有限，破坏了植物正常生长所需的生态环境。

就地下部分而言，城市道路的很多地段都是由城市建筑垃圾填充而成，土壤的物理、化学性质与一般植物的生长要求差异很大，如透气性、保水性、酸碱度等，极不利于植物的生长。由于车辆、行人过度碾压、踩踏，土壤的密实度较大；加之冬天，融化积雪的盐水很大一部分都渗入到了土壤中，致使土壤中的盐分浓度很高，造成植物根系吸水困难，在土壤中盐分过高的情况下，会使植物根系细胞向外渗水，造成植物萎蔫。另外，城市地下管网种类繁多、深浅不一、功能各异，从而形成了植物在夹缝里求生存的状态。

（二）城市道路的植物景观设计

由于城市道路立地条件的特殊性，植物景观设计的关键在于绿化树种的选择，因此在进行植物景观设计时，要针对其环境特点，科学地选择和配置绿化树种。

1. 对绿化树种选择的要求

（1）适应城市生态环境，生长迅速而健壮。

（2）管理粗放，对土壤、水分、肥料要求不高，抗性强，寿命长。

（3）行道树主干端直，分枝点高，不能妨碍车辆、行人安全行驶。

（4）树冠整齐，姿态优美，可为行人及车辆庇荫。

（5）耐修剪整形，可控制其生长高度，不能影响空中电线电缆。

（6）发叶早、落叶晚，花果无毒、无黏

图13-10

图13-11

图13-12

图13-10 深圳深南大道人行道绿带植物景观(苏雪痕摄)
图13-11 英国某道路交通环岛(苏雪痕摄)
图13-12 北京菜户营立交桥植物景观(苏雪痕摄)

液、无臭味，落果不致伤及行人，树身清洁，无茸毛及花粉大量飘散，落叶时间较为集中，便于清扫。

（7）种苗来源丰富，大苗移植易活。

（8）根蘖少，老根不致凸出地面破坏地面铺装。

2. 选择绿化树种的基本原则

（1）以乡土树种为主，从当地自然植被中选择优良的树种，但也不排斥经过长期引种驯化、表现良好的外来树种。

东北地区可用红松、樟子松、落叶松属、桦木属、榆属、云杉属、复叶槭、臭椿、元宝枫等。

华北及西北地区可用毛白杨、小叶杨、新疆杨、馒头柳、榆属、槐、刺槐、臭椿、栾树、银杏、合欢、油松、白皮松、白蜡、千头椿等。

华东、华中地区可选择香樟、广玉兰、泡桐、枫杨、重阳木、悬铃木、复羽叶栾树、枫香、桂花、无患子、乌桕、女贞、合欢、青桐、枇杷、鹅掌楸、喜树等。

华南可考虑香樟、阴香、凤凰木、木棉、蒲葵、老人葵、台湾相思、大王椰子、木麻黄、印度紫檀、黄槐、雨树、蓝花楹、人面子、蝴蝶果、麻楝、海南蒲桃、洋紫荆、红花羊蹄甲、椰子、杧果、扁桃、白兰、白千层、石栗、黄槿、银桦、悬铃木、木波罗、榕属、桉属等。

（2）根据适地适树原则，选择适合当地立地条件的树种。如重庆为山城，岩石多，土壤瘠薄干旱，高温，雾重，污染严重，可选择复羽叶栾树、黄葛树、小叶榕、川楝、构树（雄株）、臭椿、泡桐等；西宁水资源较缺乏，可选择较耐旱的圆冠榆、小叶杨、构树、云杉属等；天津地下水位高，碱性土，可选择白蜡、绒毛白蜡、槐树、旱柳、侧柏、杜梨、刺槐、臭椿等。

（3）结合城市特色，优先选择市花、市

树及骨干树种。如成都的木芙蓉、郑州的悬铃木、福州的小叶榕、广州的木棉、重庆的黄葛树、新会的蒲葵、北京的槐与侧柏等。

（4）结合城市景观要求选择。如昆明是春城，要求有四季常青、四时花香的环境，道路树种可选择云南樟、银桦、藏柏、柳杉、银杏、滇杨、滇朴、直干桉等；广州为南亚热带气候的城市，道路树种可选择大王椰子、红花羊蹄甲、木棉、凤凰木、老人葵等，体现亚热带风光。

（5）道路各种绿带常可配置成乔、灌、草复层混交的群落形式，下层的小乔木以及

灌木地被要选择耐阴的种类。如竹柏、桂花、小蜡、红背桂、栀子、水栀子、小叶黄杨、龟甲冬青、棕竹、散尾葵、山茶、枸骨、棣棠、珍珠梅、八角金盘、杜鹃、太平花、金银木、紫叶小檗、十大功劳、含笑、地锦、扶芳藤、爬行卫矛、金银花、络石、吉祥草、沿阶草、麦冬、一叶兰、蜘蛛兰、水鬼蕉、葱兰、白蝴蝶、蚌花、石蒜属等。

（6）郊区公路绿带可考虑选用一些具有经济价值的树种。如乌桕、油桐、女贞、棕榈、杜仲、白千层、枫香、水杉、竹类、银杏、榆树、箭杆杨等。

第三节　广场空间的植物景观设计

广场一般是指由建筑物、道路和绿化地带等围合或限定形成的开敞公共活动空间，是人们日常生活和进行社会活动不可缺少的场所。它可组织集会，供交通集散，同时也作休息停留、美化与装饰，以及组织商业贸易交流之用。广场所具有的多功能、多景观、多活动、多信息、大容量的特征与现代人所追求的娱乐性、参与性、文化性、宽松性以及多样性相吻合，故广场对于城市形象的塑造作用以及对市民的吸引力越来越大。

一、广场空间植物景观的作用

城市广场植物景观设计是城市广场设计中不可缺少的环节，具有重要的作用。

（一）美化广场环境

通过分析广场的性质、使用要求等，在大自然中选择适宜的植物材料，经过科学的设计和艺术加工，创造出丰富多彩的广场绿地景观。

（二）改善广场的环境条件

广场植物景观设计可以创造良好的小气候环境，可以调节温度、湿度，吸收烟尘，降低噪音，减少太阳辐射等，给游人带来清新、舒适的感觉。

（三）丰富广场的空间形态

植物能在广场景观中充当构成要素，形成有生命力的空间。植物可以界定空间，限制视线、行为，同时还有私密性控制以及遮挡、导向等作用，为广场提供隐蔽、可防卫的安全空间。通过合理的植物景观设计，结合广场地形变化，可构成连续的空间层次，丰富广场的空间形态，创造出富有活力和生机的广场环境。

（四）协助广场功能的实现

不同的广场具有不同的功能要求，植物景观设计合理得当，不仅能够给广场增添美景，而且在很大程度上可以协助广场实现其他的功能。

二、广场植物景观设计原理

（1）广场植物景观应体现广场丰富的文化内涵。在进行植物景观设计时，要尊重周围环境的文化，注重设计的文化内涵，深刻理解和领悟不同文化环境独特的差异性与特殊性，合理利用有隐喻中国传统文化的植物，创造出既有传统文化气息，又具时代精神，富有历史文化内涵的人性广场空间。

（2）广场植物景观要与周围整体环境在空间、比例上统一与协调。植物景观的设计，

要考虑广场的性质、规模及尺度，要符合人的观赏习惯，和谐的比例与尺度设计，不仅可以给人带来美感，也可为人们的活动与交往营造舒适的场所空间。

（3）广场植物景观要与广场内外的交通组织设施相结合，在保证其环境质量的条件下，考虑到人们活动的主要内容，结合广场性质，形成轻松随意的内部空间，使人们在不受干扰的情况下，参观、游览、交往以及休息。

三、不同类型广场植物景观设计

不同类型的广场由于其使用特点、功能要求、环境因子各不相同，因而在进行植物景观设计时，要根据不同的类型有所侧重。

（一）集会性广场

这类广场多具有一定的政治意义，因而植物景观设计要求严整、雄伟，多采用对称式的布局。在主席台、观礼台的周围，可重点布置常绿树，节日时可点缀时令花卉。如果集会性广场的背景是大型建筑，如政府大楼和议会大厦，则广场应很好地衬托建筑立面，丰富城市面貌。在不影响人流活动的情况下，广场可设置花坛、草坪等，但在建筑前不宜种植高大乔木；在建筑两旁，可点缀庭荫树，不使广场过于暴晒。

（二）纪念性广场

纪念性广场是为了表现某一纪念性建筑、纪念碑、纪念塔等而设立的广场，因而植物景观设计上也应当以烘托纪念性的气氛为主。植物种类不宜过于繁杂，而应以某种植物重复出现为好，以达到强化的目的。在布置形式上也宜多采用规整式，使整个广场有章可循。具体树种以常绿树种为最佳，如松、柏、女贞、白兰、杜鹃等，象征着永垂不朽、流芳百世。

（三）交通广场

交通广场主要为组织交通之用，也可装饰街景。在植物景观设计上，必须服从交通安全的需要，能有效疏导车辆和行人。面积较小的广场可采用草坪、花坛为主的封闭式布置，植株要求矮小，不影响驾驶人员的视线；面积较大的广场可用树丛、灌木和绿篱组成不同形式的优美空间，但在车辆转弯处，不宜种植过高、过密的树丛和过于艳丽的花卉，以免分散司机的注意力。

（四）文化娱乐休闲广场

这类广场是为居民提供一个娱乐休闲的场所，体现公众的参与性，因而在广场绿化上可根据广场自身的特点进行植物景观设计，表现广场的风格，使广场在植物景观上具有可识别性；同时要善于运用植物材料来划分组织空间，使不同的人群都有适宜的活动场所，避免相互干扰。

在选择植物材料时，应在满足植物生态要求的前提下，根据景观需要进行。若想创造一个热闹欢乐的氛围，则不妨以开花植物组成盛花花坛或花丛的形式；若想闹中取静，则可以倚靠某一角落，设立花架，种植枝叶繁茂的藤本植物。没有特殊要求的，可根据环境、地形、景观特点合理安排。总之，文化娱乐休闲广场的植物景观设计是比较灵活自由的，最能发挥植物材料的美妙之处。

（五）小型休息广场

这类广场面积较小，地形较简单，因而无需用太多的植物材料来进行复杂的设计（图 13-13）。在选择植物时应充分考虑具体

图13-13 北京元大都城垣遗址公园(姚瑶摄)

图13-13

的环境条件,让植物和现有的景观有机结合,用最少的花费去创造最优美的景观,从植物种类到布置形式都要采用少而精的原则。

（六）水体广场

水体广场周围的植物景观设计宜选用耐水喜湿的种类,对于有美丽倒影的水景水面,不宜密植水生植物,要让水中的美景充分显露出来,如无锡的生态广场(图13-14)。

（七）停车场

随着城市中车辆的日益增多,出现了越来越多的停车场,对城市的景观也有很大影响。现代的停车场不仅仅只为满足停车的需要,还应对其绿化、美化,让它变成一道美丽的景致。较常采用的绿化方法是种植遮阴树,铺设草坪或嵌草铺装,要求草种要非常耐践踏,耐碾压(图13-15)。如果是地下停车场,其上部可以建造花园。

第四节 城市步行街的植物景观设计

随着汽车的涌现,带给人们的是令人振奋的空前的时空自由;然而,也正是这样,汽车侵入到我们的生活与工作环境中,干扰了固有的倍受人们珍爱的步行空间,强加给人们苦不堪言的双重视觉尺度。交通阻塞、废气污染已成为城市发展中的一种致命现象;同时,在社会文化、精神生活方面,汽车降低了居民在城市空间活动的自由度、安全感、轻松感和亲切感,损害了城市与居民之间紧密的联系。因此,不受汽车的干扰,没有噪声、强光、烟雾和交通危险的步行空间令人神往,建立开放性的人性化街道变得十分重要与迫切,城市步行街由此应运而生。

一、城市步行街的概念和特点

城市步行街,是指使人们在不受汽车和其他交通工具干扰和危害的情况下,可以经常性地或暂时性地、自由而愉快地活动,充满自然性、景观性和其他设施的街道。在步行街上,人们可以泰然自若地行走,也可以游览、休息,而无需担心汽车所造成的威胁。

城市步行街由于其特殊性,具有其他街道所没有的一些特点。

（一）人的行为随意性强

由于没有汽车等交通工具的存在,而完全是人的世界。人的行为不受干扰、约束,可以随心所欲、自由自在地去自己想去的地方。

（二）设施齐备

在城市步行街上,一方面人们以步代车,移动的速度相对较慢;另一方面,部分行人在步行街上就是为了闲逛、散心、放松。因而人们在步行街上逗留的时间较长。为满足行人生理、心理上的需要,应相应地在步行街上设置较为完善的设施,如小卖店、咖啡店、厕所、拱棚、电话亭、布告及留言板、长椅、垃圾筒等,为人们提供方便的购物、休闲、娱乐空间。

（三）景观丰富

人们往往利用植物材料或雕塑、喷泉等园林小品来装饰步行街,形成美丽的街景,使人们在步行街上真正享受宽松和愉悦的氛围。

二、城市步行街的分类

城市步行街根据使用性质的不同可以分为商业步行街和游憩步行街。

（一）商业步行街

现代城市中心区的商业步行街在公共休闲空间中有着得天独厚的优势,是市民接触、使用最频繁的开放空间。商业步行街提供了完善的街道设备与丰富的景观设施,往往集购物、休息、娱乐、餐饮、观赏、社交于一体,把生活中必要的购物活动变成愉快的休闲享受,成为社会文化生活的重要组成部分。商业步行街的出现证明了

图13-14

图13-15

这样一个事实：恢复行人的空间是商业活动所需要的条件之一。开放的商业步行街为人们的购物提供了好去处，吸引了大量的顾客。

商业步行街根据对车辆的限制情况可分为完全步行商业街、半步行商业街、公交步行商业街。完全步行商业街是指在步行街中，禁止车辆进入；半步行商业街是人与车在规定时间内交替进行，这种商业步行街以时间段管制汽车进入区内；公交步行商业街是禁止普通车辆通过，只允许公交汽车通过，是属于限制通行量的类型，在步行街中保留少量线路的公交车可为人们的出行提供便利（图 13-16）。

图13-16

（二）游憩步行街

主要设置在风景区、居住区或文化设施集中的地方，可供人们散步、休闲和观赏自然风景，如在各种博物馆、画廊、剧场、音乐厅、图书馆等公共建筑周围环境中的道路，人们在参观之前、之中或之后，可以在不受车辆影响下，自由信步，细细回味。这种步行街一般都是以绿化为主体的街道空间，用高大浓密的乔木和开花繁茂的灌木共同绿化街道，形成宜人的环境。

图13-17-1

三、城市步行街的植物景观设计

城市步行街是以人为主体的环境，因而在进行植物景观设计时，要和其他生活设施一样，从人的角度出发，以人为本，尽量满足人们各方面的需求，这样才能使植物景观较长时间地保留下来，不会因为设置不当遭致行人破坏。另外，也要考虑植物对环境条件的要求，诸如光照、温度、土壤、水分、风等，根据不同的环境选择不同的植物种

图13-17-2

类，保证植物的成活率。在种类和品种搭配上，应充分考虑随季节的变化而变化的景观效果，尤其在北方寒冷地区，要精心选择耐寒种类，最大限度地延长绿期。每个季节应有适应该季节的花卉，形成四季花开不断的景象，也可用盆栽植物随季节的变化而更换种类（图 13-17）。

图13-14 无锡生态水景广场（苏雪痕摄）
图13-15 秦皇岛青馨家园停车场（姚瑶摄）
图13-16 重庆步行街鸟瞰（苏雪痕摄）
图13-17-1 无锡街边盆栽植物（苏雪痕摄）
图13-17-2 西单商业街旁花坛（黄冬梅摄）

（一）城市步行街中植物景观的功能

1. 美化街景

这是植物景观在城市步行街中最主要的功能。通过色彩、质地、姿态各异的植物材料和临街建筑物或各种服务设施的有机结合，可以很好地美化环境。对于那些有碍观瞻的街道景观，可以利用植物材料巧妙地遮掩，从而获得意想不到的效果；有的步行街上有喷泉、雕塑或凉棚等，往往是最吸引人的地方，如果用植物材料加以烘托或点缀，会使之更富有自然气息；另外，将植物和餐饮相结合，并对植物进行造型，则不失为别出心裁的设计，人们在大饱口福的同时，也大饱了眼福（图13-18）。

2. 分割空间

在步行街上可以用植物来划分空间，组织行人路线。比如，可用绿篱或花灌木形成屏障，使行人无法逾越限定的范围，这样要比简单地用栏杆或铁丝围栏亲切、自然得多，也使人易于接受；设置下沉式花园以改变地面高度，使人不易跨越；也可用植物做成象征性的图案，结合文字补充，进行暗示和诱导。

3. 形成特色街道

全部利用植物材料或植物与其他有特点的景观相结合，形成富有特色的街道，提高街道的可识别性。比如，植物材料和奇特的临街建筑结合，或将植物景观设计与雕塑结合，使人过目难忘。

（二）城市步行街中的植物景观设计

1. 商业步行街

商业街是寸土寸金之地，因而对土地的利用要节约、高效。在植物景观设计上，应将美观和实用相结合，尽量创造多功能的植物景观，例如可在花坛的池边设置靠背，为行人提供座椅；也可在座椅的旁边种植花草，如在凳子间留下种植槽，种上小型的蔓性植物，为休息的人们增香添色。由于土地有限，在植物选择上以小型的花草为主，可布置成小型花坛、花钵等形式，虽然体量不大，但功能不小，尤其在大面积的硬质景观中更是必不可少的点缀。这些小花坛、花钵使公众产生美感，可诱发出"家"的温馨，缩短人与人之间的社交距离，增进人际关系，增添购物乐趣。在较宽阔的商业步行街上可以种植冠大荫浓的乔木或美丽的花灌木等，但树池最好用箅子覆盖或种植花草，树池的高矮、质地最好能适于人们停坐（图13-19）。在商业步行街要充分利用空间进行绿化、美化，可以做成花架、花廊、花坛、花球等各种形式，利用简单的棚架种植藤本植物，在树池中栽种色彩鲜艳的花卉，形成从地面到空间的立体装饰效果。另外，在商业步行街上，由于人流量大，停留时间长，不宜铺设大面积的草坪，以免遭到破坏。

2. 游憩步行街

游憩步行街主要是为居民提供一个自然幽静的空间，它远离闹市的喧嚣，没有汽车的干扰，能使行人无拘无束地静思、遐想、谈心。它对土地的限制不是很严格，因而可以选择多种植物材料配置，充分利用不同的乔、灌、草等，为人们营造一个绿树成荫、鸟语花香的世界。如果城市中有良好的景观条件，如依山傍水，可根据这些天然景色设置游憩步行道，选择合适的植物加以美化，使人们在游山玩水之时也可欣赏植物之美。这种植物景观设计要和街道及自然景观综合起来考虑，组成一个完美统一的整体。

第五节 高速公路的植物景观设计

高速公路一般是全封闭、全立交、四车道以上的干线公路，主要由主干道、互通式立交桥、服务设施区组成，其目的是提高远距离的交通速度和效率。高速公路路面质量较高，车速一般在每小时80km以上。

高速公路属于城市间的快速交通干道，车速快，空间移动快，形成了与其他交通方式不同的移动感，其空间的景观构成应以汽

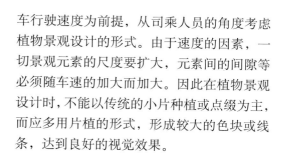

图13-18-1 英国邱园附近地铁站旁餐厅室外景观(苏雪痕摄)
图13-18-2 植物和餐饮相结合(田国行提供)
图13-19 重庆三峡广场步行街局部鸟瞰(苏雪痕摄)
13-20 京港澳高速安阳段绿化(田国行提供)

车行驶速度为前提，从司乘人员的角度考虑植物景观设计的形式。由于速度的因素，一切景观元素的尺度要扩大，元素间的间隙等必须随车速的加大而加大。因此在植物景观设计时，不能以传统的小片种植或点缀为主，而应多用片植的形式，形成较大的色块或线条，达到良好的视觉效果。

一、高速公路植物景观功能定位与设计特点

近几年来，随着我国经济的发展，高速公路的建设也正在紧锣密鼓地进行。但是高速公路的建设对周围的生态系统产生了较为严重的破坏，在挖、填方施工过程中，由于立地条件恶劣，自然恢复植被十分缓慢，裸露边坡受到雨水冲刷、侵蚀易造成水土流失、塌方和滑坡，因此高速公路的绿化势在必行。只有充分利用植物的生物多样性功能、环境保护功能、植物景观设计功能，才能更好地满足高速公路的各项要求。

高速公路植物景观设计的功能应定位为美化环境、防眩遮光、保持水土、净化空气、降低噪音等，为司乘人员创造一个安全舒适的行车环境（图13-20）。

（一）美化环境，防眩遮光

高速公路上车速较快，且沿线路段色彩单一，司机易产生视觉疲劳。在高速公路上进行植物景观设计，美化公路环境，可以给司乘人员创造一个良好的视觉立体空间，减轻视觉疲劳；另外，夜间行驶相向车辆灯光照射会产生眩光，使司机产生暂时的视觉障碍，从而影响行车安全与行车速度，这就要求在中央分隔带合理配置树木，起到防眩目的。

（二）防止水土流失，稳固路基

在降雨季节，由于雨水的冲刷，极易产生水土流失，毁坏高速公路路基。在高速公路绿化中，通过合理的配置，选择树种和草种，采取生物措施，可起到防止水土流失，稳固路基的作用。

（三）降低风速，防止风沙危害

高速公路绿化，栽植树木花草，增加地表植被覆盖率，拦截、抬升部分气流，消耗风的功能，可起到降低风速，防止风沙危害的作用。

（四）减轻污染，保护环境

高速公路上的绿化植物，可有效地吸收声波，降低噪声，选择抗污染的树种，通过吸尘、杀菌、吸收有害气体，减轻空气污染。

二、高速公路植物景观设计原则

高速公路植物景观设计主要应遵循交通

安全性、景观舒适性、生态适应性、经济实用性四大原则。

（一）交通安全性

高速公路植物景观设计的首要原则是确保绿化工程施工后的行车安全。包括：

（1）中央分隔带夜间的防眩光种植。

（2）在禁植区不可种植妨碍视线的乔、灌木，以免影响行车安全，但可以种植地被以覆盖地面。

（3）切忌在中央分隔带等对司机影响较大的区域种植大量色彩鲜艳的花草，以免分散其注意力。

（4）在隧道的出入口用较大乔木进行明暗过渡处理，以保护司机视力。

（5）在较易出现危险的路段，可用灌木成群栽植，以缓冲车速，减小事故造成的损失。

（二）景观舒适性

（1）树立大绿化、大环境思想，将高速公路的景观绿化和沿途两侧风光相结合，注意整体性和节奏感。

（2）选用乔灌木及地被植物时，考虑降噪、防尘、减低风速、净化空气等功能，使高速公路集绿化、美化、净化于一身。

（3）注意植物的生长习性，并对植物的花期、花色以及形态等进行合理搭配，力求设计精致，创造出具有时代感、反映风土人情且具较高艺术水平的景观。

（三）生态适应性

由于高速公路特殊的立地条件，在植物选择上，首先应考虑具有最佳适应性，表现为抗逆性强、生长发育正常、病虫害少以及易繁殖等性状；其次，水土保持能力要强，生物防护性能好；最后，要求遵循适地适树原则，优先选择乡土树种，体现地方特色。

（四）经济适用性

在高速公路植物景观设计中，既要克服不重视绿化的思想，同时应充分考虑业主的经济承受力，尽量降低造价和后期绿化管理费，要求在选用植物材料时，尽量选用适应性强、管理粗放和价格低廉的植物种类。在选用苗木时，应本着经济的原则，根据使用目的不同，决定栽植苗木的大小，一般情况下采用小苗，只有在服务区或有人为踩踏的地段，为保证绿化效果才选用大苗。

三、高速公路植物景观设计原理

（1）依据景观生态学原理，对高速公路进行具有景观性的生态恢复设计。通过合理的植物景观设计，将高速公路对周边环境的破坏降至最低，突出设计的生态性；打破原有高速公路植物景观以模纹彩带造型为主的单一模式，以植物群落造景为主，乔、灌、草多种植物景观设计模式并存，形成多层复合结构的人工植物群落，突出景观的多样性。

（2）依据美学原理，充分考虑高速公路植物景观设计特点，以大色块的植物构图为主要设计表现手法，体现高速公路景观观赏的瞬时性，以达到良好的景观效果。

（3）设计中体现"以人为本"的思想，创造安全、舒适、有趣的绿色行车环境，突出设计的人性化；同时充分考虑高速公路不同地段的地域特征及功能要求，结合地方特色，突出设计的标致性及文化性，形成个性鲜明的区域标识。

🖼 思考题

1. 城市道路环境对植物的生长有哪些不利的影响？

2. 对道路绿化树种的选择有哪些要求？

3. 如何在城市步行街植物景观设计中注入城市文化特色？

4. 在高速公路植物景观设计中需要注意哪些问题？

第十四章　地形的植物景观设计

　　园林景观的静态空间布局、动态序列布局以及色彩布局都是以地形作为基底和依托。地形可通过其高低变化、大小对比为组景、隔景服务。《园冶》中提到，景观的构筑应"得景随形"，这是值得推崇的原则，植物景观设计亦不例外。园林设计应根据地形大小、高低、俯仰、陡峭与平缓等自然状态，合理安排草坪、树木、花卉、道路、建筑等因素，以创造优美怡人的景观。当然有时也可根据造景的要求和实用目的，在不违背自然的前提下，通过工程建设、植物景观设计等技术方法适当改造甚至营建新地形，创造出更富特色的园林景观。

第一节　自然山体的植物景观设计

一、山的文化内涵及审美地位

　　山，以其巍峨高耸、蔚为壮观的形象，自古为人们所崇拜称道。《易·说卦》认为："终万物始万物者,莫盛乎艮"（"艮"即山）。这里以朴素的哲学观点，概括了山对于万物和人类的重要性及其功能。自孔子云"仁者乐山"之后，山逐渐成为中国传统文化审美领域中的重要对象，备受历代文人的推崇叹咏。西晋左思极写山林隐居之乐，"非必丝与竹，山水有清音"。东晋大诗人陶渊明高吟"少无适俗韵，性本爱丘山"。崇尚自然，迷恋山林，向往与大自然的融合，成了文人士大夫们精神生活的重要组成部分，于是有了"放怀青云外，绝迹穷山里"的潇洒，有了放吟名山大川的飘逸。名山大川逐渐向人们敞开其无限优美的风姿，形成以山岳为主的风景名胜区，被赋予了"泰山雄、黄山奇、华山险、峨眉秀、庐山迷"的浪漫色彩和审美意境。

二、自然山体的植物景观设计

　　历代为人所称颂的名山风景区，无不景色秀丽、巅崖秀壑、绿林荫翳、幽谷窈然而深藏，森林植被覆盖率较高。尤其是随着近些年来旅游业的兴起，风景资源极佳的自然山体逐渐被开发出来，像有"人间仙境"之称的九寨沟、黄龙岗，可谓是鬼斧神工，上悬石梁、下有溪谷、石藓草苔、老树浓荫、满山葱茏。良好的植被，优美的生态环境是这些自然风景区开发的先决条件。甚至于植物形成的景观成为景区的特色，如黄山奇松、香山红叶、贵州百里杜鹃等。

在自然山体的植物景观设计中，有以同一两种树种种植成林而成景的，如北京香山，以红叶著称（图 14-1）。漫山遍岭，均植黄栌和五角枫，待至秋高气爽之时，霜重色浓，秋色烂漫，大片大片的红叶似熊熊燃烧的火焰，如层层的彩霞，又如茫无际崖的湖海，面对这种壮观的美，联想起"霜叶红于二月花"的著名比喻，不禁诗意盎然，心情兴奋。乾隆在《绚秋林》中写道："深秋霜老，丹黄朱翠，幻色炫采。朝旭初射，夕阳返照，绮缬不足以拟其丽，巧匠设色不能穷其工。"可谓是尽显大自然之美丽。

亦有在山体植物景观设计中以一种树种为基调，但在某些局部地段用其他树种丛植强调该地段的风致特征。如承德避暑山庄，山岳景区内，峰峦涌叠，起伏连绵，山体上覆盖着郁郁苍苍的树林，山虽不高却颇有浑厚的气势（图 14-2）。大片大片的油松林是全区绿化的基调，主要的山峪"松云峡"一带尽是茫茫松林，但在"榛子峪"以种植榛树为主，"梨树峪"种植大片的梨树，"梨花伴月"一景即由此而来。该景区内天然风致之突出、植物景观所占比重之大，与天然植被的保护和后期的计划种植密不可分，是自然山体景观与园林植物景观完美结合的一个典范。

总之，自然山体的植物景观设计应顺应天然地貌，保护好天然植被，并可进一步引入各类特色风景树种，长江以南常采用诸如毛竹、马尾松、枫香、柳杉等，以形成疏密相间，参差有致，林冠线起伏不一的景观特色。因地制宜，因地形地貌制宜，做到"山得树而妍，树因山而茂"，这样自然山体植物景观设计才算得上成功。

第二节　人造微地形的植物景观设计

人造微地形主要指公园中的山丘、道路两旁的坡地、堤岸以及桥梁护坡等。这些坡面和山体如果不用植物加以保护，长期处于裸露状态，就会因雨水冲刷侵蚀造成水土流失，甚至引起滑坡、塌方等严重后果。因此，园林中经常采用绿色植物去覆盖斜坡与山体，来防止滑坡及水体的侵蚀风化，同时，通过植物景观设计，利用人造微地形的空间分隔和造型丰富园林景观（图 14-3）。

一、人造微地形植物景观的功能

（一）防止土壤冲刷，减少对土壤的侵蚀

覆盖于斜坡和山体之上的植物群落，能够缓和雨水对土壤表面的冲击作用，减缓雨水的流动速度，减轻雨水对微地形的直接侵蚀。同时，由于栽植植物的土壤间隙较大，土层松软，土壤透水性较好，可以显著减少土壤径流量，防止坡面水土流失。另外，植物根系的间隙内充满了有机质，可缓和地表湿度，防止冬季冰冻。

（二）减少地面反光产生的眩目现象

在强光照射下，大面积裸露的坡面与山体会产生眩目现象，使人产生视觉疲劳。用绿色植物覆盖后，可形成绿色屏障，并柔化由于斜坡和山体产生的反光现象。

（三）减少人造微地形的声波传递，降低噪声污染

植物叶片能够反射声波，造成叶片振动面使声音消耗以致减弱，故人造微地形上的植物能有效降低噪音，为人们创造一个相对安静的空间。

（四）阻滞尘土，净化空气

裸露的地面，尤其是地势较高的坡面，在多风的季节，容易导致"黄沙满天飞"的现象，很大程度上污染了城市环境。而绿色植物对粉尘有明显的阻挡、过滤和吸附作用，尤其是草坪和地被，不仅可固定土壤表面的尘土，还可吸附粉尘，效果明显。

图14-1 香山红叶（引自《北京植物园》）
图14-2 承德避暑山庄油松林（仇莉摄）
图14-3 柳浪闻莺微地形丰富了园林空间（王小玲摄）

（五）美化城市景观

在人造微地形上进行植物景观设计，能产生美丽的城市立体景观。如在斜坡上铺设大面积的草坪，再用枝叶繁密的彩叶植物以一定形状的色块点缀其上，并在斜坡的边缘种植各种小乔木及灌木，既有利于很好地保护坡地，夕阳西下时又形成了优美的阴影景观（图 14-4）。

二、人造微地形植物景观的形式

根据植物的生长特点及布置方式，可将其造景形式分为：

（一）披垂式

即选用藤蔓植物或花灌木种植在斜坡或山体顶部边沿，使其枝叶飘曳下垂，迎风舞动，这种绿化形式，既可保护坡面，又可柔化、美化坡面，清风徐来之时，有一种动态飘逸之美。

（二）覆盖式

即选用藤蔓植物、草坪或其他地被植物来保护山体。这种绿化形式要求植物材料有良好的覆盖性，种植时密度较大，好似给斜坡或山体披上一层厚厚的绿被。

（三）自然式

是指各种土生土长的地被植物或者其他低矮的花灌木自然生长在溪边、路旁、山丘等坡地的一种绿化形式。在城市环境中，多以人工的方式来模拟自然界的这种生长状况，铺设草坪，种植乔木、灌木，形成复层混交达到良好的绿化与造景效果。

（四）阶地式

是指在斜坡与山体等人造微地形上布置阶地，这种布置方法更显生动、活泼，同时也能为植物的生长创造一个较好的环境

图14-4 北京北运河草地上斑驳陆离的树影营造出活泼、轻松的气氛（姚瑶摄）

（图 14-5）。在坡度较大的坡地上布置台地，可以缓和坡度，一定程度上改善植物生长的土壤条件，同时可以阻挡部分土壤滑落，保留较厚的土层，有利于植物的生长。

三、人造微地形的植物选择与景观设计

（一）植物选择的原则

可用于人造微地形植物景观设计的植物材料很多，无论是草本、乔木、花灌木，还是藤蔓植物，均可作为造景材料。但由于其特殊立地条件的限制，在选择植物景观设计材料时，最好从以下几个方面考虑：

（1）选择生长快、适应性强、病虫害少的植物，并尽量多用常绿植物。

（2）选择耐修剪、耐瘠薄土壤、深根系的植物。

（3）选择繁殖容易、管理粗放、抗风、抗污染、有一定经济价值的植物。

（4）选择造型优美、枝叶柔软且修长、花芳香、有一定观赏价值的植物。

在实际应用时，要具体情况具体分析，选择最适合当地条件的植物，以使植物能够健壮成长，达到令人满意的绿化和景观效果。

（二）植物材料的类型

根据植物材料的形态和应用方式，可将其分为地被类和灌木类。在实际应用中，这两类植物往往互为补充。

1. 地被类

这类植物是人造微地形植物景观设计中最常用的材料。在起伏的山丘之上，用藤本植物或地被植物及草皮采用大面积种植的形式，可达到整体和谐统一的效果。草坡不仅绿化了山坡，而且使山坡富有诗意。

华南常用做地被进行植物景观设计的材料有：地锦、薜荔、蟛蜞菊、黄金葛、蜘蛛兰、一叶兰、沿阶草、麦冬、吉祥草、蝴蝶花、长春蔓、蚌花、吊竹梅、百子莲、紫鸭跖草、蔓花生、白蝴蝶、葱兰、龟甲冬青、石蒜、二月蓝、大叶红草、马蹄金、长春蔓、细叶萼距花等；华北常用的有沙地柏、百里香、白三叶、紫花地丁、鸢尾、萱草、地被月季、二月蓝、菜果蕨、莓叶委陵菜、鹅绒委陵菜、连钱草等。

2. 灌木类

用于微地形植物景观设计的花灌木，一般要求枝叶柔软下垂，以利于丰富景观层次。此类花灌木首先要适应当地生境，易于生长，具有耐旱、根系多而深等特性的植物最佳；其次要有丰富的冠幅或高密度的枝叶；最后从美化的角度上讲，植物还要有美丽的花朵，醉人的香味，漂亮的果实。如杜鹃、紫叶小檗、小叶黄杨、海桐、鹅掌藤、迎春、枸杞、金钟花、金丝桃、栀子、丰花月季、茉莉、美蕊花、希茉莉、金脉爵床、变叶木、红桑、扶桑、伞房决明、翅荚决明、假连翘、溲疏、太平花、榆叶梅、连翘、丁香等。

（三）人造微地形的植物景观设计

在进行植物景观设计时，首先要满足植物的生态要求，在设计前综合考虑各种因素，满足其主要生态条件，如微地形在不同的朝向其环境差异较大，向阳面日照强而干燥，背光面则日照弱而较湿润，因而在植物景观设计时要注意植物喜光耐阴的习性。其次要和周围环境相适宜，如公园中山体的绿化，要和整个公园的环境相协调，起到美化和点景的作用。此外，还要注意植株的色彩与高度、花色与花期等，使微地形上的植物有丰富的季相变化。

第三节　山石的植物景观设计

一、山石的文化内涵及其在园林中的地位

中国文人对山石有着近似崇拜的共识，他们赋石以灵性、以人格，以石为友，爱之、品之、咏之，所谓"石不能言最可人"。白居易《太湖石记》中对太湖石"待之如宾友，视之如贤哲，重之如宝玉，爱之如儿孙"。

图14-5

图14-5 英国威斯利岩石园（苏雪痕摄）

宋代的米芾更是对石如痴如狂，呼之为"石兄"、"石丈"，以至被人称为"米癫"。奇石是大自然的精灵，《云林石谱序》有言："天地至精之气，结而为石"。山石以其独具的天趣、哲理、品格和灵性，受到历代文人士大夫的挚爱甚至膜拜。

在中国古典园林中山石更是重要的造景素材，是造园的三要素之一。据《西京杂记》中所记载，西汉初期已有叠石造山的方法。到了三国时期，造山技术有了新的发展，梁冀"广开园囿，采土筑山，十里九坂，以象二崤，深林绝涧，有若自然"。曹魏的芳林园亦有"九谷八溪"之胜。到了两晋南北朝，士大夫更以啸傲山林，爱好奇石为雅事，园林推崇自然野趣。唐宋时期掇石堆山受山水画的影响，开始具有写意的特点。元代著名画家倪云林设计的苏州狮子林中的湖石假山简古清远，极具山林气象。这种追求诗情画意的园林意境到了园林鼎盛时期的明清，表现得尤为显著。清乾隆年间的叠山名家戈裕良首创"钩带法"，他所堆叠的苏州环秀山庄的湖石假山，造得盘道逶迤，重峦叠嶂，还有茂树浓荫、深壑幽涧，一派山林气氛，是

形象与意境高度统一的艺术品，蕴涵着自然美的强烈感染力。所谓"片山有致、寸石生情"，山石以其独特的魅力，传递着大自然的趣味。苏州留园有"石林小院"和"揖峰轩"，怡园有"拜石轩"，扬州有"片石山房"等，均以石为名，可见山石在园林中的地位之重了。

二、假山的种类及其植物景观设计

孔子有云："知者乐水，仁者乐山。知者动，仁者静；知者乐，仁者寿。"（《论语·雍也》）山以其旷阔宽厚，巍然不动及形态的丰姿多彩，成为园林审美中"静"与"仁"的特指，是我国文人崇尚自然、迷恋山水心理的滥觞。郭颐《林泉高致》中云："山，大物也，其形欲耸拔，欲偃蹇，欲轩豁，欲箕踞，欲盘礴，欲浑厚，欲雄豪，欲精神，欲严重，欲顾盼，欲朝揖，欲上有盖，欲下有乘，欲后有倚，欲下瞰而若临观，欲下游而若指麾。"这些都为园林造山的意境创造提供了丰富的审美指南。"佛要金装，人要衣装"，山若配以得体的植物，则相得益彰，因此"山藉树而为衣，

树藉山而为骨。树不可繁，要见山之秀丽，山不可乱，要显树之光辉。"

在中国古典园林中，石是园之"骨"，也是山之"骨"，瘦、透、漏、皱、丑乃是历代品孤赏石的标准和审美特征的丰富内涵。江南四大名石：上海豫园的玉玲珑，杭州花圃的皱云峰，苏州留园的冠云峰及苏州十中内的瑞云峰，无不朵云突兀，万窍灵通，氤氲绵联，纡回峭折，透漏兼备，秀媚雄厚，令人玩味无穷。石与植物景观设计，古人早有论述："石配树而华，树配石而坚"，"梅边之石宜古，松下之石宜拙，竹旁之石宜瘦"，等等。

园林假山可分为4类：土山、土多石少山、石多土少山和石山；石可分为2类：石峰与石壁。植物有与之相应的配置方式。

（一）土山

以土为主，随意点缀的石块，显得天然真切。这样的山"既减人工，又省物力，且有天然委曲之妙"（李渔《闲情偶寄》）。由于泥土堆积力差，故一般土山需面积较大或限于山的一部分。土山土层深厚，面积较大，适宜种植乔木，既可单种成林，也可杂树混种。苏州拙政园中部池中两山堪称土山之佳作（图14-6），自然隆起的山丘、石块随致散点，配以宽阔的池面、扶疏的花树、轻灵的亭桥，展现出一派江南水乡的秀美风光。

（二）土多石少山

此类假山或以石为基，再固以层土，或土石相间。土多石少山朴实无华，蕴蓄内秀，越发接近自然，可获得更为真切的山林野趣。苏州沧浪亭土石假山甚为典型，假山以黄石抱土，且土多石少，混假山于真山之中。山间小径曲折高低，上架石梁，下有溪谷，石藓草苔，老树浓荫。更有箸竹披拂，藤萝蔓挂，野花丛生，满山葱茏，和真山老林毫无二致。真如当年欧阳修曾遥想的那样："荒湾野水气象古，高林翠阜相回环。新篁抽笋添夏影，老卉乱发争春妍，水禽闲暇事高格，山鸟日夕相啾喧。"

（三）石多土少山

此类假山多以石构筑山体与洞窟，山顶或石缝覆以薄土；又可石壁与洞用石，山顶、山后覆以厚土。前者如苏州狮子林假山，石洞与盘路都以石构成，弯曲盘绕，曲折迂回，山隙中长有粗大古树，绿荫覆盖，避免了石山的单调色彩。后者如苏州耦园的黄石假山，此山用巨大浑厚、苍老坚直、节理挺拔的黄石块叠成耸立的峰体。绝壁、磴道、峡石，加以崖壁间伸出的一枝枝葛藤萝条，或攀缘坚石，或紧缠老树，越发增加了深山林壑之感。山后铺土栽植山茶、绣球、紫薇、蜡梅、南天竹、女贞、黄杨、扁柏、槐等花木，春夏季节，鲜花绚丽，绿叶苍翠，山花野鸟，分外迷人。

（四）石山

假山全部用石，一般体形较小，既可下洞上亭，亦可下洞上台，或如屏如峰置于庭园内、走廊旁，或依墙而建，兼作登楼蹬道。如扬州个园小景，楼阁凌山石而起，并有台阶通往楼上，建筑与山石浑然一体，由于山上无土，植物配于山脚，树木既要数量稀少，又要形体低矮，以显山之峭拔，姿态虬曲的松、朴和紫薇等是较好的选择。另外，虽同是假山，亦可随设计意境的不同而配以不同的植物，如春景可配以紫藤、迎春、芍药、海棠等花木，姹紫嫣红，春色无限；夏景则种广玉兰、紫薇、石榴、紫藤等争相媲美，艳丽旺盛；秋景则以桂花衬托红枫、乌桕及银杏的色彩斑斓；冬景则饰以寒梅、修竹、苍松，与突兀嶙峋的山石一起构成"岁寒三友"图。南京瞻园的石山上的种植池内选用了如二月蓝等草本花卉（图14-7）。

（五）石壁

李渔《闲情偶寄》中对石壁的要求甚为简单："壁则无他奇巧，其势有若累墙，但稍稍纡回出入之，其体嶙峋，仰视如峭，便与穷崖绝壑无异"。而其位置一般"正面为山，背面皆可作壁"，这样便会产生透迤其前而崭绝其后的景象，斜直相生，姿态奇绝，但亦"不定在山后，或左或右，无一不可，但取其地势相宜。"石壁植物宜奇崛苍古，或倚崖斜出、虬枝盘曲，或苍藤攀悬、坚柔相衬，如黄山松、枸骨、冬青、南天竹、盘槐、络

石、薜荔等。在粉墙中嵌理石壁，"借以粉壁为纸，以石为绘也，理者相石皱纹，仿古人笔意，植黄山松柏、古梅、美竹，收之圆窗，宛然镜游也。"如苏州拙政园海棠春坞庭院，于南面院墙嵌以山石，并植以海棠及孝顺竹，嫣红苍翠，雅丽清新。

（六）石峰

石峰是石块的单体欣赏，其形态讲究"珑玲有致，清秀瘦拔"，以透、瘦、漏、皱、丑为美，所立之峰宜上大下小，气势生动，"似有飞舞势"，若数峰并峙，则"独立端严，次相辅弼"，主次分明。但亦有以雄阔为美的，如颐和园内的青芝岫，拙厚横阔，磊块层叠，覆压重深，虽无玲珑透漏之姿，却有雄浑粗豪之态，颇能给人以壮美之感。石峰的植物景观设计以低矮的花木为宜，如杜鹃、南天竹、小叶黄杨、羽毛枫等。如留园冠云峰庭院，内有三峰：冠云峰、瑞云峰和岫云峰，以冠云峰为主，居于园的中部，其余分立左右；冠云峰下植以沿阶草、菊花，衬托出石峰的高峻挺拔（图14-8）。亦可在庭园的一角伫立石峰饰以修竹，在粉墙上画出一幅优美的竹石图。

图14-6　苏州拙政园中部池中两山（王丹丹摄）

图14-7　南京瞻园（苏雪痕摄）

图14-8　苏州留园冠云峰（王丹丹摄）

思考题

1. 自然山体的植物景观有哪些特征？

2. 园林假山有哪几类？各类假山的植物景观设计要点是什么？

第十五章 花坛与花境设计

花坛是园林中最主要的花卉布置方式之一，是指按照一定设计意图在一定形体范围内栽植观赏植物，以表现群体美的设施。花境是园林中从规则式构图向自然式构图过渡的一种半自然式的带状种植形式，以表现植物个体所特有的自然美以及它们之间自然结合的群花美为主题。

第一节 花坛设计

一、花坛的概念及由来

花坛 (Flower bed) 的最初含义是在具有几何形轮廓的植床内种植各种不同色彩的花卉，运用花卉的群体效果来体现图案纹样，或观赏盛花时绚丽景观的一种花卉应用形式。它以突出鲜艳的色彩或精美华丽的纹样来体现其装饰效果。《大不列颠简明百科全书》简述为"组成装饰图形的花圃"；《中国农业百科全书·观赏园艺卷》将花坛定义为"按照设计意图在一定形体范围内栽植观赏植物，以表现群体美的设施"，涵盖的范围更为广泛。

花坛是园林中最主要的花卉布置方式之一。在我国古代就有将一种花卉集中布置在规则式的花台中的应用，然而现代城市中通过不同花卉品种组合集中展示花卉群体华丽的色彩美的布置方式主要还是受西方园林的影响。西方最初的实用性园圃就是在规则式的种植床中栽植蔬菜和药草，这种规则式的种植床既有利于栽种和除草等管理措施的实施，更为重要的是便于引渠灌溉，之后便逐步演化成为西方规则式的园林，其内部各种

植物的种植遵循严格的几何对称式的布局规则，也自然成为后来花坛盛行的渊源。最初花坛的种植床多是长方形或方形，到中世纪以后欧洲出现了流线型的花坛。中世纪时，西方园林中用黄杨等矮生耐寒植物修剪成树篱，按品种将花木分隔开来种植于其中，被称为"结园"(Knot Garden)。16世纪后，装饰性的图案十分盛行，图案设计也越来越精致和复杂，为使花坛坚固不变形，将树篱改成木框或铅框镶边，或用贝壳和煤块代替，中间空隙填充彩色的沙砾或碎石。这种图案纹样设计极为精致和华丽的节结式花坛是为了从建筑的高层或山顶俯瞰。或许是由于镶边植物需要不断修剪，图案内部需要除草或保持洁净，这样养护越来越费工，加上18世纪末英国风景式园林开始盛行，这种节结式花坛在欧洲逐渐消失，但与此同时却在美洲流行起来。19世纪"地毯状"的花圃形式在欧洲又有所恢复，但是与17世纪时的花坛相比，由于这一时期从世界各地大量引进了一、二年生花卉和多年生花卉，且园艺育种取得了极大成就，花卉品种越来越多，使

图15-1

图15-2

图15-3

图15-1　北京第七届花博园的盛花花坛(董丽摄)
图15-2　荷兰皇家花园模纹花坛(董丽摄)
图15-3　北京植物园标题式花坛(董丽摄)

第十五章　花坛与花境设计

得花坛色彩极大地丰富起来 (Hepper, 1982)。

在中国近代，沿海一些城市园林由于受西方文化的渗入逐渐出现了各种花坛的形式，尤其是几何图形的纹样花坛，并有了首部花坛专著，即 1933 年商务印书馆出版的万有文库丛书中由夏诒彬写作的《花坛》一书。1949 年新中国成立后，随着城市绿化的发展，花坛渐渐成为园林绿化不可缺少的成分而大量出现，作为毛毡花坛的五色草花坛也由前苏联首先传入东北，后遍及全国各地。20 世纪 80 年代以后，花坛的形式与我国传统造园艺术和技术相结合，有了前所未有的发展和创新，成为城市绿化以及各种园林环境重要的组成部分。

二、花坛的类型

依据表现主题、规划方式及维持时间长短的不同，花坛有不同的分类方法。

（一）依表现主题不同分类

以花坛表现的主题内容不同进行分类是对花坛最基本的分类方法，也是最常用的。据此可将花坛分为花丛式花坛（盛花花坛）、模纹式花坛、标题式花坛、装饰物花坛、立体造型花坛、混合花坛。

1. 花丛式花坛(盛花花坛)

主要表现和欣赏观花的草本植物花朵盛开时花卉本身群体的绚丽色彩，以及不同花色种或品种组合搭配所表现出的华丽的图案和优美的外貌 (图 15-1)。

2. 模纹式花坛

主要表现和欣赏由观叶或花叶兼美的植物所组成的精致复杂的平面图案纹样。植物本身的个体美和群体美都居于次要地位，而由植物所组成的装饰纹样或空间造型是模纹式花坛的主要表现内容 (图 15-2)。

3. 标题式花坛

用观花或观叶植物组成具有明确主题思想的图案，按其表达的主题内容可分为文字花坛、肖像花坛、象征性图案花坛等。标题式花坛最好设置在角度适宜的斜面以便于观赏 (图 15-3)。

图15-4

图15-5

图15-6-1

植物景观规划设计

图15-4 昆明世博园时钟花坛（董丽摄）

图15-5 上海植物园2008花展立体花坛（董丽摄）

图15-6-1 天安门混合花坛（董丽摄）

图15-6-2 香港花展混合花坛（董丽摄）

图15-6-2

4.装饰物花坛

以观花、观叶或不同种类配植成具一定实用目的的装饰物的花坛，如做成日历、日晷、时钟等形式的花坛，大部分时钟花坛以模纹花坛的形式表达，也可采用细小致密的观花植物组成（图15-4）。

5.立体造型花坛

即以枝叶细密的植物材料种植于具有一定结构的立体造型骨架上而形成的一种花卉立体装饰。其造型可以是花篮、花瓶、建筑、各种动物造型、各种几何造型或抽象式的立体造型等。所用的植物材料以五色苋、四季秋海棠等枝叶细密、耐修剪的种类为主（图15-5）。

6.混合花坛

不同类型的花坛如花丛花坛与模纹花坛结合、平面花坛与立体造型花坛的结合，以及花坛与水景、雕塑等的结合而形成的综合花坛景观（图15-6）。

（二）依布局方式分类

1.独立花坛

作为局部构图中的一个主体而存在的花坛称为独立花坛，所以独立花坛是主体花坛，可以是花丛式花坛、模纹式花坛、标题式花坛或者是装饰物花坛。独立花坛通常布置在建筑广场的中央、街道或道路的交叉口、公园的进出口广场上、建筑正前方、由花架或树墙组成的绿化空间中央等处。在花坛群或花坛组群构图中，独立花坛是主体和构图中心，因此带状花坛不宜作为静态风景的独立花坛。独立花坛的外形平面总是对称的几何形，或单面对称，或多面对称。独立花坛面积不能太大，因为内部没有道路，游人不能进入。独立花坛可设置于平地上或斜坡上，花坛的中央可以没有突出的处理，也可以用修剪造型的常绿树作为中心，或者将雕像、喷泉或立体造型花坛作为中心（图15-7）。

2. 花坛群

当多个花坛组成不可分割的构图整体时，称为花坛群。花坛之间为铺装场地或铺设以草坪，排列组合是对称的或规则的。对称地排列在中轴线两侧的称为单面对称的花坛群，多个花坛对称地分布在许多相交轴线的两侧称为多面对称的花坛群。花坛群具有构图中心，通常独立花坛、水池、喷泉、纪念碑、雕塑等都可以作为花坛群的构图中心。花坛群内部的铺装场地及道路可供游人活动及近距离欣赏花坛。大规模的铺装花坛群内部还可以设置座椅以供游人休息。花坛群主要设置于大面积的建筑广场或规则式的绿化广场上，如香港花展花坛群（图15-8）。

3. 连续花坛群

许多个独立花坛或带状花坛，呈直线排列成一行，组成一个有节奏规律的不可分割的构图整体时，便称为连续花坛群。连续花坛群是连续风景的构成，通常布置于道路两侧或宽阔道路的中央以及纵长的铺装广场，也可布置于草地上。连续花坛群的演进节奏，可以用两种或三种不同的个体花坛来演进，在节奏上有反复演进和交替演进，整个花坛则呈连续构图，可以有起点、高潮、结束，而在起点、高潮和结束处常常应用水池、喷泉或雕像来强调，各独立花坛外形既有变化，又有统一的规律，观赏者移动视点才能观赏到花坛的整体效果。如昆明世博园中花园大道上的连续花坛群，以世纪时钟花坛为起点，在长轴线上通过一系列带状花坛和平面规则式花坛将花钟、花船、花柱等造型和装饰物花坛以及花开新世纪雕塑和结点上的大温室相联系，在空间交替上形成不同的段落，而各个段落沿轴线方向次第展开，形成一个连续的构图，具有强烈的艺术感染力（图15-9）。

花坛还可以有很多分类方法，如以花坛

图15-7 香港花展独立花坛(董丽摄)
图15-8 香港花展花坛群(董丽摄)
图15-9 昆明世博园连续花坛群(董丽摄)

图15-7

图15-8

图15-9-1

图15-9-2

的平面位置可将花坛分为平面花坛、斜坡花坛、台阶花坛、高台花坛及俯视花坛等；以功能不同可分为观赏花坛（包括纹样花坛、饰物花坛及水景花坛等）、主题花坛、标记花坛（包括标志、标牌及标语等）以及基础装饰花坛（包括雕塑、建筑及墙基装饰）；根据花坛所使用的植物材料可以将花坛分为一、二年生花卉花坛、球根花卉花坛、宿根花卉花坛、五色草花坛、常绿灌木花坛以及混合式花坛等。

根据花坛所用植物观赏期的长短还可以将花坛分为永久性花坛、半永久性花坛及季节性花坛。

三、花坛对植物材料的要求

（一）花丛式花坛的主体植物材料

花丛式花坛主要由观花的一、二年生花卉和球根花卉组成，开花繁茂的多年生花卉也可以。要求株丛紧密，整齐；开花繁茂，花色鲜明艳丽，花序呈平面开展，开花时见花不见叶，高矮一致；花期长而一致。如一、二年生花卉中的三色堇、雏菊、百日草、万寿菊、金盏菊、翠菊、金鱼草、紫罗兰、一串红、鸡冠花等，多年生花卉中的小菊类、荷兰菊、鸢尾类等，球根花卉中的郁金香、风信子、美人蕉、大丽花的小花品种等都可以用做花丛花坛的布置。

（二）模纹式花坛及造型花坛的主体植物材料

由于模纹花坛和立体造型花坛需要长时间维持图案纹样的清晰和稳定，因此宜选择生长缓慢的多年生植物（草本、木本均可），且植株低矮，分枝密，发枝强，耐修剪，枝叶细小为宜，最好高度低于10cm，尤其毛毡花坛，以观赏期较长的五色草类等观叶植物最为理想，花期长的四季秋海棠、凤仙类也是很好的选材，另外株型紧密低矮的雏菊、景天类、孔雀草、细叶百日草等也可选用。

（三）适合作花坛中心的植物材料

多数情况下，独立花坛，尤其是高台花坛常常用株型圆润、花叶美丽或姿态美丽规整的植物作为中心，常用的有棕榈、软叶刺葵、

蒲葵、橡皮树、大叶黄杨、加那利海枣、棕竹、苏铁、散尾葵等观叶植物或叶子花、含笑、石榴等观花或观果植物，作为构图中心。

（四）适合作花坛边缘的植物材料

花坛镶边植物材料多要求低矮，株丛紧密，观叶、开花繁茂或枝叶美丽可赏，稍微匍匐或下垂更佳，尤其是盆栽花卉花坛，下垂的镶边植物可以遮挡容器，保证花坛的整体性和美观，如天门冬、半支莲、雏菊、三色堇、垂盆草、香雪球、微型月季等。

四、花坛设计

（一）花坛与环境的关系

花坛常设于广场中央、道路交叉口、大型建筑物前、道路两侧等需要重点美化的地段。因此，周围环境的构成要素包括建筑、道路、广场以及植物与花坛有密切的关系。总体而言，在整个规则式园林构图中花坛起两个作用——主景和配景。无论是主景还是配景，花坛与周围环境之间的关系都存在着协调和对比的关系，包括空间构图上的对比，如水平方向展开的花坛与规则式广场周围的建筑物、装饰物、乔灌木等立面的和立体的构图之间的对比；色彩的对比，如周围建筑和铺装与花坛在色相饱和度上的对比以及周围植物以绿为主的单色与花坛的多色彩的对比；质地的对比，例如周围建筑物与道路、广场，以及雕塑与墙体等硬质景观与花坛的植物材料的柔软质地对比等。但是，花坛设计时，也要考虑协调与统一的方面。作为主景的花坛其外形必然是规则式，其本身的轴线应与构图整体的轴线相一致。花坛或花坛群的平面轮廓应与广场的平面轮廓相一致。花坛的风格和装饰纹样应与周围建筑物的性质、风格、功能等相协调，如动物园入口广场的花坛以动物形象或童话故事中的形象为主体就很相宜，而民族风格的建筑广场的花坛则宜设计成富有民族特色的图案纹样。作为雕塑、喷泉等基础装饰的配景花坛，花坛的风格应简约大方，不应喧宾夺主。

（二）花坛的平面布置

主景花坛外形应是对称的，平面轮廓

应与广场相一致。但为了避免单调，在细节上可有一定变化。在人流集散量大的广场及道路交叉口，为保证功能作用，花坛外形可与广场不一致。构图上可与周围建筑风格相协调，如民族风格的建筑前可采用自然式构图或花台等形式，人流量大、喧闹的广场不宜采用轮廓复杂的花坛。作为配景处理的花坛群通常配置在主景主轴的两侧，且至少是一对花坛构成的花坛群，比如最常见的出入口两侧对称的一组花坛；如果主景是有轴线的，也可以是分布于主景轴线两侧的一对花坛群；如果主景是多轴对称的，只有主景花坛可以布置于主轴上，配景花坛只能布置在轴线两侧；分布于主景主轴两侧的花坛，其个体本身最好不对称，但与主景主轴另一侧的个体花坛，必须取得对称，这是群体对称，不是个体本身的对称，这样主轴得以强调，也加强了构图不可分割的整体性。

花坛大小一般不超过广场面积的 1/5～1/3。平地上图案纹样精细的花坛面积愈大，观赏者欣赏到的图案变形愈大，因此短轴的长度最好在 8～10m 之内。图案简单粗放的花坛直径可达 15～20m。草坪花坛面积可以更大些。方形或圆形的大型独立花坛，中央图案可以简单些，边缘 4m 以内图案可以丰富些，对观赏效果影响不致很大。如广场很大，可设计为花坛群的形式，交通叉道的转盘花坛是禁止入内的，且从交通安全出发，直径需大于 30m。为了使得具有精致图案的模纹花坛不致变形，常常将中央隆起，成为向四周倾斜的球面或锥状体，上部以其他花材点缀，精致的纹样布置于侧面。也可以将花坛布置于斜面上，斜面与地面的成角愈大，图案变形愈小，与地面完全垂直时，在适当高度内图案可以不变形，但给施工增加难度；一般多做成 60°。一般性的模纹花坛可以布置在斜度小于 30° 的斜坡上，这样比较容易固定。

（三）花坛的立面处理

花坛表现的是平面的图案，由于视角关系离地面不宜太高。一般情况下单体花坛主体高度不宜超过人的视平线，中央部分可以高一些。花坛为了排水和主体突出，避免游

人践踏，花坛的种植床应稍高出地面，通常 7～10cm，为了利于排水，花坛中央拱起，保持 4%～10% 的排水坡度。

为了使花坛的边缘有明显的轮廓，且使种植床内的泥土不致因水土流失而污染路面或广场，也为了使游人不致因拥挤而踩踏花坛，花坛种植床周围常以边缘石保护，同时边缘石也具有一定的装饰作用。边缘石的高度通常 10～15cm，大型花坛，最高也不超过 30cm。种植床靠边缘石的土面须稍低于边缘石。边缘石的宽度应与花坛的面积有合适的比例，一般介于 10～30cm 之间。边缘石可以有各种质地，但其色彩应与道路和广场的铺装材料相调和，色彩要朴素，造型要简洁。

（四）花坛的内部图案纹样设计

花丛花坛的图案纹样应该主次分明、简洁美观。忌在花坛中布置复杂的图案和等面积分布过多的色彩。模纹花坛纹样应该丰富和精致，但外形轮廓应简单。由五色草类组成的花坛纹样最细不可窄于 5cm，其他花卉组成的纹样最细不少于 10cm，常绿木本灌木组成的纹样最细在 20cm 以上，这样才能保证纹样清晰。装饰纹样风格应该与周围的建筑或雕塑等风格一致。通常花坛的装饰纹样都富有民族风格，如西方花坛常用与西方各民族各时代的建筑艺术相统一的纹样，如希腊的，罗马式的，拜占庭式的以及文艺复兴式的等。从中国建筑的壁画、彩画、浮雕，古代的铜器、陶瓷器、漆器等借鉴而来的云卷类、花瓣类、星角类等都是具有我国民族风格的图案纹样，另外新型的文字类、套环等也常常使用。标志类的花坛可以各种标记、文字、徽志作为图案，但设计要严格符合比例，不可随意更改，纪念性花坛还可以人物肖像作为图案，装饰物花坛可以日晷、时钟、日历等内容为纹样，但需精致准确，常做成模纹花坛的形式。

（五）花坛其他部分的植物设计

花坛除边缘石外，为了将五彩缤纷的花坛的图案统一起来，花坛常常布置边缘植物。边缘植物通常植株低矮，色彩单一，不作复杂构图，常用绿色的观叶植物如垂盆草、天

门冬、麦冬类或香雪球、荷兰菊等观花植物作单色配置。

花丛花坛还常用高大整齐、体形优美，轮廓清晰的花卉或花木作为中心材料点缀花坛，也形成花坛的构图中心，如棕榈类、龙舌兰类、苏铁类。

以支架构造的倾斜花坛还常常有背景植物，如散尾葵、蕉藕、南洋杉等。

（六）花坛的色彩设计

花坛色调配合适当，即使少数植物种类搭配简单，也会使人有明快舒适的感觉；如配合不当，则显得杂乱或者沉闷。花坛色彩设计要遵循色彩搭配的艺术规律，花坛本身通常有主调色彩，忌杂乱无章。同时还需注意花坛的整体色彩与周围环境的关系。

第二节　花境设计

一、花境的概念与由来

花境是源自于欧洲的一种花卉种植形式。在欧洲园林中，早期宿根花卉的布置方式主要以围在草地或建筑的周围形成狭窄的花缘式种植。植株按一定的株行距栽植，植株之间的裸地需要经常除草来保持洁净。直到19世纪后期，在英国著名园艺学家Willian Robinson（1838～1935）的倡导下，自然式的花园受到推崇。这一时期，英国的画家和园艺家Gertrude Jeckyll（1843～1932），模拟自然界中林地边缘地带多种野生花卉交错生长的状态，运用艺术设计的手法，开始将宿根花卉按照色彩、高度及花期搭配在一起成群种植，开创了景观优美的被称为花境的一种全新的花卉种植形式。虽然第一个草本植物的花境是简单的矩形栽植床，植物多成行种植，但Gertude Jekyll倡导用不同大小、不同形状的不规则式花丛并列或前后错落种植。她认为颜色应该互相渗透从而形成画境效果。观叶植物由于具有不同的绿色度，也在花境中有用武之地。在Gertude Jekyll的时代，花境至少2.4m宽，以保证有足够多的植物种类从早春至晚秋花开不断。即使花境较短，也必须保证2m的宽度使不同种类的花、叶的颜色和姿态彼此

图15-10 英国爱丁堡皇家植物园单面观花境（董丽摄）

图15-10

图15-11

图15-12

图15-13

图15-14

图15-11 英国威斯利花园双面观花境(董丽摄)

图15-12 英国威斯利花园对应式花境(董丽摄)

图15-13 英国威斯利花园宿根花境(董丽摄)

图15-14 英国威斯利花园球根花境(董丽摄)

203

第十五章 花坛与花境设计

掩映交错。Gertude Jekyll 也打破了植物从后到前依次变低的规则在花境中创造出高低错落、更为自然的效果。如果生长季有的植株死亡，那么可以用一年生或盆栽花卉立即补植。这种花卉的种植形式因其优美的景观而在欧洲受到欢迎。如今随着历史的发展，花境的形式和内容发生了许多变化，用于花境的植物种类也越来越多，但花境基本的设计思想和形式仍被传承下来。

花境 (Flower border) 是园林中从规则式构图到自然式构图过渡的一种半自然式的带状种植形式，以表现植物个体所特有的自然美以及它们之间自然组合的群落美为主题。它一次设计种植，可多年使用，并能做到四季有景。另外，花境不但具有景观效果，尚有分隔空间和组织游览路线之功能。

二、花境的类型

（一）依设计形式分

1. 单面观赏花境

为传统的应用设计形式，多临近道路设置，并常以建筑物、矮墙、树丛、绿篱等为背景，前面为低矮的边缘植物，整体上前低后高，仅供一面观赏（图 15-10）。

2. 双面观赏花境

多设置在道路、广场和草地的中央，植物种植总体上以中间高两侧低为原则，可供两面观赏。这种花境没有背景（图 15-11）。

3. 对应式花境

在园路轴线的两侧、广场、草坪或建筑周围设置的呈左右二列式相对应的两个花境。在设计上统一考虑，作为一组景观，多用拟对称手法，力求富有韵律变化之美（图 15-12）。

（二）依花境所用植物材料分

1. 灌木花境

花境内所用的观赏植物全部为灌木时称为灌木花境。所选用材料以观花、观叶或观果且体量较小的灌木为主。

2. 宿根花卉花境

花境全部由可露地过冬、适应性较强的宿根花卉组成。如鸢尾、芍药、萱草、玉簪、楼斗菜、荷包牡丹等（图 15-13）。

3. 球根花卉花境

花境内栽植的花卉为球根花卉，如百合、石蒜、大丽菊、水仙、郁金香、唐菖蒲等（图15-14）。

图15-15-1

图15-15-2

图15-15-1 混
合花境(董丽摄)
图15-15-2 英
国威斯利花园混
合花境(董丽摄)

植物景观规划设计

4. 专类植物花境

由一类或一种植物组成的花境，称专类植物花境。如由叶形、色彩及株型等不同的蕨类植物组成的花境，由不同颜色和品种的芍药组成的花境，鸢尾属的不同种类和品种组成的花境，芳香植物组成的花境等。可用来布置专类花境的植物，在同一类植物内，其变种和品种类型多，花期、株形、花色等有较丰富的变化，观赏内容丰富，才有良好效果。

5. 混合花境

主要指由灌木和耐寒性强的多年生花卉组成的花境。混合花境与宿根花卉花境是园林中最常见的花境类型（图15-15）。

三、花境对植物材料的要求

如上所述，花境因所用植物材料不同而有多种类型，但通常花境宜选择适应性强、耐寒、耐旱、当地自然条件下生长强健且栽培管理简单的多年生花卉为主。根据花境的具体位置，还应考虑花卉对光照、土壤及水分等的适应性，例如花境中可能会因为背景或上层乔木造成局部半阴的环境，这些位置宜选用耐阴植物。

观赏性是花境花卉的重要特征。通常要求植于花境的花卉开花期长或花叶兼美，种类的组合上则应考虑立面与平面构图相结合，株高、株型、花序形态等变化丰富，有水平线条与竖直线条的交错，从而形成高低错落有致的景观。种类构成还需色彩丰富，质地有异，花期具有连续性和季相变化，从而使得整个花境的花卉在生长期次第开放，形成优美的群落景观。

四、花境设计

（一）花境的位置

花境可应用在公园、风景区、街心绿地、家庭花园及林荫路旁。它是一种带状布置方式，适合沿周边设置，可创造出较大的空间或充分利用园林绿地中的带状地段。由于它是一种半自然式的种植方式，因而极适合布置于园林中建筑、道路、绿篱等人工构筑物与自然环境之间，起到由人工到自然的过渡作用。概括起来，花境可应用于如下场合：

1. 建筑物基础栽植的花境

实际上是花境形式的基础种植。在高度4～5层以下、色彩明快的建筑物前，花境可起到基础种植的作用，软化建筑生硬的线条，缓和建筑立面与地面形成的强烈对比的直角，使建筑与周围的自然风景和园林景观取得协调。这类花境为单面观花境，以建筑立面作为花境背景，花境的色彩应该与墙面色彩取得有对比的统一。另外挡土墙前也可设置类似花境，还可以在墙基种植攀缘植物或上部栽植蔓性植物形成绿色屏障，作为花境的背景。

2. 道路旁的花境

即在道路的一侧、道路的两边或中央设置的花境。根据园林中整体景观布局，通过设置花境可形成封闭式、半封闭式或开放式道路景观。①在园路的一侧设置花境供游人漫步欣赏花境及另一边的景观；②若在道路尽头有雕塑、喷泉等园林小品，可在道路两边设置一组单面观的对应式花境，花境有背景或行道树。这两列花境必须成一个构图整体，道路的中轴线作为两列花境的轴线，两者的动势集中于中轴线，成为不可分隔的对应演进的连续构图。③也可以在道路的中央设置一列两面观赏的花境。花境的中轴线与道路的中轴线重合，道路的两侧可以是简单的行道树或草地，除灌木花境外，花境的高度一般不高于人的视线。也可以将道路中央的双面观花境作为主景，两侧道路的一边再各设置一个单面观花境作为配景，但这两个单面观花境应视为对应演进式花境，构图上要整体考虑。

3. 与绿篱和树墙相结合的花境

即在各种绿篱和树墙基部设置的花境。绿色的背景使花境色彩充分表现，而花境又活化了单调的绿篱或树墙。

4. 草坪花境

即在宽阔的草坪上、树丛间设置的花境。在这种绿地空间适宜设置双面观赏的花境，可丰富景观，组织游览路线。通常在花境两侧辟出游步道，以便观赏。

5. 庭园花境

即在家庭花园或其他场合的小花园（如宿根花卉的专类花园）中设置的花境，通常在花园的周边设置花境。

另外，花境还可结合游廊、花架、栅栏、篱笆等设置。

（二）种植床设计

花境的种植床是带状的，两边是平行或近于平行的直线或曲线。单面观花境植床的后边缘线多采用直线，前边缘线可为直线或自由曲线。两面观赏花境的边缘基本平行，可以是直线，也可以是流畅的自由曲线。

花境的朝向要求：对应式花境要求长轴沿南北方向展开，以使左右两个花境光照均匀，植物生长良好从而实现设计构想。其他花境可自由选择方向，并且根据花境的具体光照条件选择适宜的植物种类。

花境大小的选择取决于环境空间的大小。通常花境的长轴长度不限，但为管理方便及体现植物布置的节奏、韵律感，可以把过长的植床分为几段，每段长度不超过20m为宜。段与段之间可留1～3m的间歇地段，

设置座椅或其他园林小品。

花境的短轴长度有一定要求。就花境自身装饰效果及观赏者视觉要求出发，花境应有一适当的宽度。过窄不易体现群落的景观，过宽超过视觉鉴赏范围造成浪费，也给管理造成困难。通常，混合花境、双面观赏花境较宿根花境及单面观花境宽。各类花境的适宜宽度大致是：单面观混合花境4～5m；单面观宿根花境2～3m；双面观花境4～6m。在家庭小花园中花境可设置1～1.5m，一般不超过院宽的1/4。较宽的单面观花境的种植床与背景之间可留出70～80cm的小路，以便于管理，又有通风作用，并能防止作背景的树和灌木根系侵扰花卉。

种植床依环境土壤条件及装饰要求可设计成平床或高床，并且应构筑2%～4%的排水坡度。在土壤排水良好地段或种植于绿篱、植篱前及草坪边缘的花境宜用平床，床面后部稍高，前缘与道路或草坪相平，这种花境给人整洁感。在排水差的土质上，或者阶地挡土墙前的花境，为了与背景协调，可用30～40cm高的高床，边缘用不规则的石块镶边，使花境具有粗犷风格；若使用蔓性植物覆盖边缘石，则会形成柔和的自然感。

（三）季相设计

花境的季相变化是它的特征之一。理想的花境应四季有景可观，寒冷地区可做到三季有景。花境的季相是通过不同季节开花的代表种类及其花色来体现的，这一点在设计之初选择花卉种类时即需考虑。应当列出各个季节或月份的代表种类，在平面种植设计时考虑花色、株型等合理地布置于花境各处，如此保证花境中开花植物连续不断，以保证各季的观赏效果。

（四）平面设计

构成花境的最基本单位是自然式的花丛。每个花丛的大小，即组成花丛的特定种类的株数的多少取决于花境中该花丛在平面上面积的大小和该种类单株的冠幅等。平面设计时，即以花丛为单位，进行自然斑块状的混植，每斑块为一个单种的花丛。通常一

个设计单元 (如 20m) 以 5 ～ 10 种以上的种类自然式混交组成。各花丛大小有变化，一般花后叶丛景观较差的植物面积宜小些。为使开花植物分布均匀，又不因种类过多造成杂乱，可把主花材植物分为数丛种在花境不同位置。在花后叶丛景观差的植株前方配植其他花卉给予弥补。使用球根花卉或一、二年生草花时，应注意该种植区的材料轮换，以保持较长的观赏期。

对于过长的花境，可设计一个演进花境单元进行同式重复演进或两、三个演进单元交替重复演进。但必须注意整个花境要有主调、配调和基调，做到多样统一。

（五）立面设计

花境要有较好的立面观赏效果，应充分体现群落的美观。植株高低错落有致、花色层次分明。立面设计应充分利用植株的株形、株高、花序及质地等观赏特性，创造出丰富美观的立面景观。

1. 植株高度

宿根花卉依种类不同，高度变化极大。但宿根花卉花境一般均不超过人的视线。总体上是单面观的前低后高、双面观的中央高、两边低，但整个花境中前后应有适当的高低穿插和掩映，才可形成自然丰富的景观效果。

2. 株形与花序

是植物个体姿态的重要特征，也是与景观效果相关的重要因子。结合花相构成的整体外形，可把植物分成水平型、直线型及独特型三大类。花境在立面设计上最好有这三类植物的搭配，才可达到较好的立面景观效果。

3. 植株的质感

花卉的枝叶花果均有粗糙和细腻之不同的质感，不仅给人以不同的心理感觉，而且具有不同的视觉效果，如粗质地的植物显得近，细质地的植物显得远，花境设计中植物搭配时也要考虑质地的协调和对比。

 思考题

1. 简述花坛和花境的概念。
2. 简述花坛设计的要点。
3. 简述花境设计的要点。

第十六章 植物材料的调查与规划

　　园林植物规划就是对城镇园林绿化应用的植物种类（乔木、灌木、藤木及草本植物）作一全面的规划，根据各城镇的性质、环境条件，在植物资源调查的基础上，按比例选择一批能适应当地城镇、郊区、山地等不同环境条件，能较好地发挥园林绿化多种功能的植物种类。

　　园林植物是城镇园林绿化的基本材料，因此对其的选择与规划是城镇绿化最重要的基础工作之一。早在 1965 年《建工部城建工作会议纪要》上明确指出："通过调查，摸清绿化任务，了解群众要求，根据以近期为主——远近结合的原则，实事求是地作出绿化规划、育苗规划和树种规划，避免盲目性。"园林植物规划确定下来以后，就能有计划、按比例地培育苗木，使苗圃内的种苗生产有方向、有目标、有数量，避免盲目育苗，造成苗木过多或不符合城镇绿化需要。

第一节　植物种类的调查

　　植物种类调查是规划的前提和基础。深入广泛的调查依据，才能确保规划的可靠及可操作。

一、城镇自然条件的调查

　　即指影响城镇植物生长的各种生态因子，如气候、土壤、植被、污染等。尤其是一些导致植物死亡的灾难性因子，如上海的台风、北京的春旱。以重庆为例，年平均气温 18.4℃，冬季短而微寒，仅 80 天左右（12 月至 2 月中旬），历史上最低温度为 -2.5℃，少霜，降雨多，平均降水量 1088mm，土壤中性至微酸性，这些优越条件有利于植物生长。但不利因素是：①山城：多石，土薄，水少；②旱城：春、夏季极干，蒸发量大于降水量；③火炉城：高温期 4 月下旬至 9 月底，长达 5 个月，超过 35℃ 气温长达 80 天，最高温 44℃；④雾城：全年有雾天多达 120 天，工业污染大，每月降尘量多达 230t/km²，为国家排放标准的 28.7～36.3 倍，使雾情加重。为此必须选择耐旱、耐高温、耐土层瘠薄、抗污染的树种，如黄葛树、小叶榕、构树、川楝、臭椿、四川泡桐等。

二、城镇绿化情况的调查

　　这项调查是为了摸清家底，有利规划，其中包括郊野自然植被的调查；市内各类绿地现有植物生长状况及比例的调查；古树名木的调查。

（一）郊野自然植被的调查

　　主要为了了解和开发乡土植物，予以利用，

了解自然植物群落的层次结构，以便模拟。如北京郊区上方山、百花山都有大量珍贵的野生乡土植物。上方山系石灰岩，有大量的小花溲疏，雪白的花序几乎盖满全株，且耐阴，可在林下及林缘正常生长发育。太平花到处可见，耐半阴，分布在林缘处。英国人引以自豪的从中国引种的栾树（夏花、春色叶、秋色果、耐半阴、少病虫、耐修剪及干旱）广布于上方山脚处。其他如大花溲疏、卫矛、柔毛绣线菊、鹅耳枥、君迁子、地锦、蛇葡萄、南蛇藤、胡枝子、薄皮木、锦鸡儿、北京忍冬、北京丁香、黄栌、枸杞、接骨木、六道木等乔灌木，种类丰富，由于小气候好，还有青杆、省沽油、流苏等树种。地被植物及野生草本花卉也不少。

百花山岩石种类复杂，中上部为各类安山岩，下部分布有沉积岩类（砂岩、页岩、砾岩），1300m以下南坡有变质岩类（片岩、板岩、千枚岩），东南坡有凝灰质砂岩、夹砾岩、页岩等。野生植物600多种，是天然的花园。常见的有百花花楸、天目琼花、东陵八仙花、小花溲疏、大花溲疏、北京丁香、三桠绣线菊、柔毛绣线菊、胡枝子、六道木、辽东丁香、蓝荆子、照山白、山刺玫、沙棘、刺果蔷薇、黄花柳、五角枫、白桦、红桦、落叶松、平榛、毛榛、蒙椴、山杨、牛迭肚、茶藨子、蚂蚱腿子、薄皮木、欧李、稠李、山葡萄、短尾铁线莲、大瓣铁线莲等。野生草本花卉更多，不赘述。

西安郊野临潼骊山有树种54种、华阴县华山146种、长安南五台山94种。临潼骊山的猬实和宽翅峨眉蔷薇在欧美已广为栽培，现我国园林中也有应用。

（二）城镇各类绿地现有树种及比例的调查

一般在公园里园林植物种类比较集中，在植物园中最全、最多。总的来讲，20世纪末华东的公园中有200余种植物，如杭州花港公园有240种左右，上海西郊公园200种左右，北京中山公园及紫竹院公园均100种左右。西安有近300种树种（常绿阔叶乔木18种，常绿阔叶灌木26种，常绿针叶乔木29种，落叶阔叶乔木125种，落叶阔叶灌木58种，落叶针叶乔木2种），这仅反映出这一城市的绿化面貌，是介于暖温带和北亚热带人工植被类型的植物景观。

武汉市于1979年调查武汉植物园共有树种511种（磨山植物园），其中420种生长优良，可以应用于城镇园林绿化中，但武汉市习见树种仅162种，说明大有潜力，园林工作者应去郊野及植物园挖掘潜力，丰富城镇园林植物种类。

在植物配置中，乔木与灌木、落叶与常绿、快长与慢长树种的比例，以及草本花卉和地被植物的应用是极为重要的。不同的比例可以反映出不同的园林外貌。兴庆公园是西安较好的公园，选择公园中绿化面积较好部分调查，乔灌木比例仅为1:0.56；北京紫竹院公园共有130种植物，选择4块绿地调查，乔灌木比例仅为1:1.08。

以上海的实际情况，植物配置中乔灌木的比例以1:6或1:8为宜。上海襄阳公园实际上是一块面积近1亩的绿地，植物配置得当，上木、下木、地被层次分明，种类多而不乱，层次密而不俗，色彩丰富而活泼。据20世纪80年代调查，在这一亩地中水体为171m²，旁边有花坛、树坛环绕，外有攀缘植物及陆地草花布置，乔灌木共有96株，其中乔木11棵，灌木85棵，陆地草花646株，绿篱1395株，乔、灌、绿篱比例为1:8:60。因此各地不同类型的绿地为提高质量，乔木、灌木、草本地被植物的比例是非常重要的。

（三）古树名木调查

1. 古树

据《城市古树名木保护管理办法》中的规定，凡树龄在300年以上，或者特别珍贵稀有，具有重要历史价值和纪念意义，重要科研价值的古树名木，为一级古树名木；其余为二级古树名木。但目前还没有科学的办法来测出古树的年龄。较为可靠的是依据古建筑、古寺庙营建的年代来推算，因为一般来讲建筑与植树是同时完成的。如北京潭柘寺建于1000多年前的晋代，古庙院中号称帝王树的银杏年龄也在千年以上。北京戒台寺建于唐代武德五年（公元622年），古寺院内的九龙松（白皮松）、卧龙松、活动松（油松）也皆有千年以上。西安千年以上的树种有6种：槐树2000年、侧柏1700年、银杏1300年、白皮松1300年、青杆1100年、云杉1000年。杭州法相寺的唐樟、五台山的老银杏均是千年以上，还有云栖的古枫香、米槠、青冈栎、苦槠、糙叶树；灵隐的山膀胱、老桧柏；紫竹林中的七叶树；上天竺的白玉兰；青莲寺的金桂；灵峰的银桂均有500～800年树龄。

古树是活的见证，是当地最合适的树种，可以成为树种规划中的基调树种或骨干树种。古树调查还有以下价值：①对古树立地条件的分析，可指导用何措施改善立地条件。如北海白塔上白皮松（乾隆封为白袍将军）、油松（被封为遮阴侯）千年以上生长良好，挖开树穴发现古人铺装的是倒梯形的透气砖，各块砖间的间隙似一个个容水的小水库，砖底土面上还撒有骨粉。这对我们养护古树极有指导意义。②古树的冠幅不仅表达了所需的营养面积和完整的树姿，也可作为种植疏密的参考。③古树的树姿、树皮、根茎等各种形态变化又直接涉及植物形态、生态、生理等多方面的问题，值得探讨。

2. 名木

指当地或国家保护的珍稀树种或从外地引入的名贵树种，也有指国内外一些国家领导人或名人手植的树木。如黄山迎客松，景山公园崇祯皇帝上吊的槐树，山东曲阜孔子手植的桧柏，苏州清、奇、古、怪四棵桧柏，杭州的斑皮抽水树、铜钱树、夏蜡梅等。

三、历史资料的调查

通过对县志、府志的查阅，从历史上了解各地的气候条件、树种选择及植物景观记录和描述中对植物的应用。

昆明素称春城，四季如春。但《昆明县志》记载元代"至正二十七年（1367年）春二月，雪深七尺，人畜多死"。昆明为滇中高原，实际海拔1890m左右，绝对最低温度-5.4℃，最高为33℃，四季温差比其他城市小，加上每年11月至次年4月，由于巴基斯坦和印度北部干而暖的空气进来，使之晴天多，日照充足，气温升高，午后气温有时升到12～17℃。所以"冬不祁寒"。每年5～10月印度洋上西南暖湿气流代替了印度大陆的干暖气流，雨量多，阴天多，日照少，产生"夏不酷暑"之感。但全面形容昆明的气候特征应是："四季如春、夏日如炙、稍阴即秋、一雨成冬"，一天中有时会感到四季的变化。1975年冬至1976年春，全国性冻害也波及昆明，最低温度达到-4.9℃，尤其是迅速地降温，4天内气温下降22.6℃，使大批植物受害。原产澳大利亚的蓝桉、银桦大量受冻，损失惨重。因此在做树种规划时也应考虑到历史上及近年灾难性气候。

在历史古籍中往往记载了很多植物景观，可借鉴作为目前树种规划的参考。如武汉园林局查阅了《江夏县志》、《汉口小志》、《汉口丛谈》。其中讲到："水边杨柳一时青，梅花过尽桃花谢"、"楝子花开草带烟"、"半窗疏竹斜通径，一路垂杨直到门"。查得很多古迹是用植物命名的，如桃洞、柳塔、松亭、竹斋、榆溪、梅岩等。南昌园林局按朝代查阅整理，如唐："侵阶草色连朝雨，满地梨花昨夜风"。宋："二月东湖湖上路，官柳嫩，野梅残"。元："卸帆旋买枫林酒，饱睡归舟十日秋"。明："芙蓉栀露浮香玉，辟荔团星点化成"。清："记得坐船日，风吹茉莉香"。

通过勘测，山西省境内现存古稀珍贵树木的基本情况如下：

现存古树中既古又多的是侧柏和槐树，如周柏、秦柏、汉槐、隋柏、隋槐；其次是楸树、枣树、银杏、油松、榆树等，如唐楸、唐枣、古银杏、古松、古榆等。

特大树木有：柏树王，介休市秦树乡两欢村的一株侧柏，胸径3.95m，是全省已知最粗的一株柏树。槐树王，绛县南樊镇中堡村的一株槐树，胸径达3.2m。银杏王，晋城市郊南村镇冶底村的一株银杏树，胸径3.5m。柳树王，古县北平镇辛庄村的一株旱柳，胸径3.02m。杨树王，蒲县习口乡底同村的一株小叶杨，胸径3.01m。榆树王，静乐县堂儿上乡王明滩村的一株榆树，胸径2.68m。楸树王，太谷县东庄乡青基沟村的一株楸树，胸径 2.39m。核桃王，榆社县东江乡东江村的一株核桃树，胸径 1.91m。松树王，沁源县王龙川乡灵空山上的"九杆旗"胸径 1.49m，立木树积为 36.82m³。枣树王，五台县阳白乡阳白村的一株枣树，胸径 1.28m。

第二节　植物规划原则

在对当地自然条件、自然植被、城镇绿化种类、比例、古树名木、历史资料等方面进行全面调查后，可着手进行植物规划。规划应遵循以下几点原则：

一、在满足园林绿化综合功能的基础上，要兼顾各绿地类型及城市性质进行规划

我国大、中、小城市在不断发展，不断增加，按 1983 年 10 月统计有 245 个。改革开放后出现了很多县级市，数量难以统计。每个城市根据其历史、工业生产、风景名胜等来确定城市的性质。1982 年经国务院批准，把 24 个城市定为第一批历史文化名城（北京、承德、南京、杭州、西安、延安等），又确定杭州为对外开放的全国重点风景旅游城市。城市性质定下来后，根据园林树木的三大功能（改善环境的生态功能、美化功能及结合生产功能）进行植物种类选择及规划。一个城市中又根据不同绿化类型及满足不同的园林功能来选择树种。如行道树选择要求：树大荫浓、树冠整齐、主干通直；生长较快、长寿、耐修剪、耐移植、耐瘠薄、抗污染；树身洁净，没有恶臭或有刺的花、果（如银杏或构树就要选择雄株）等。

昆明地处滇中高原，自然植被为北亚热带常绿阔叶与针叶混交林为主，常与落叶阔叶林混交。昆明素有春城之称，故大量栽植常绿树种，加上色彩丰富的落叶树，才能达到"四季常青"、"四时花香"之春城景色。武汉市的园林绿化要体现江城风格，夏日长而热，故要达到"绿荫护夏、红叶至秋、花开四季、冬夏常青"。要求植物规划中既要有高大荫浓的树种，讲求实效；又要万紫千红，起到美化、彩化的作用。

二、适地适树，以乡土树种为主，适当选用已驯化的外来树种

城市的立地条件较差，上有天罗、下有地网，土层瘠薄且有砖瓦、水泥、石灰等杂物，大气污染严重，飘尘大。在这样苛刻的条件下，又要把树种好，长好，非适地适树不可。

天津市地下水位高，盐碱土多，土质不良，故要着重选择抗涝、耐盐树种。主要有绒毛白蜡、柽柳、紫穗槐、杜梨、雪柳、西府海棠、枸杞、柳树、沙枣、沙棘、玫瑰等。在树种规划中选 9 种乔木：槐树、绒毛白蜡、苦栎、白蜡、毛白杨、刺槐、垂柳、臭椿、合欢、泡桐。10 种灌木：海棠、榆叶梅、玫瑰、丁香、香茶藨子、月季、锦带、绣线菊、木槿、金银木等。

一般来说，本地原产的乡土植物最能体现地方风格，群众喜闻乐见；最能抗灾难性气候；种苗易得且易成活。如华北的杨、柳、榆、槐、椿、油松、白皮松、五角枫、栾树、黄连木、白蜡、海棠等最能适合华北的气候条件。

适当选用经过驯化的外来树种非常重要，不少外来树种已证明基本能适应本地生长。如原产印度、伊朗的夹竹桃，15 世纪后引入我国，其性强健，抗烟尘及有毒气体，不择土壤，病虫害少，花期长，目前已成为长江流域以南各城市的主要树种之一。悬铃木原产英国，现在我国很多城市都用其做行道树。刺槐原产德国，目前在我国不但用于城市园林绿化，还广泛用于造林。银桦、桉树原产澳大利亚；雪松原产印度、巴基斯坦；广玉兰、落羽松、池杉原产北美；大王椰子原产古巴；散尾葵原产马达加斯加；三角花原产巴西。所有这些树种已为我大江南北园林绿化中广泛应用，安家落户了。

令我们汗颜的是，我们守着丰富的植物资源却很少有效利用，相反的，百余年前西方国家多次派员来华挖掘、开发为其所用，因此连西方的园林工作者对于我们不充分利用乡土的植物资源感到迷惑不解。如纸皮槭（血皮槭）树皮血色且纸状剥落，秋色叶血红；深山木天蓼，叶有粉红色斑块，木天蓼也有银白色斑点，宽翅峨眉蔷薇的宽刺上花纹色彩均极美丽。草本花卉更是不计其数，尤其是大量的宿根花卉。我们必须立即着手在引种本国植物资源的基础上，进一步选择优良单株和培育新品种，丰富园林植物种类。

三、以乔木为主，结合灌木、藤本、地被、花卉，为设计人工植物群落提供丰富的素材

乔木是城镇园林绿化的骨架，具有良好的改善环境、保护环境、美化环境等作用，但仅仅用乔木绿化，则面貌显得单调，也不能充分发挥出生态效益。如由乔木、灌木、藤本、地被模拟自然植物群落，组成有层次、有结构的人工植物群落，不但丰富了园林中的绿化景色，增添了自然美感，而且最大限度地利用了空间，增加单位面积的绿量，有效地提高了生态效益，更为有力地改善了环境。

四、快长树与慢长树，常绿树与落叶树相结合

一座新建城市，为了早日发挥城市的绿化面貌，或由于珍贵、慢长树种的苗木缺乏，先利用一些速生树种进行普遍绿化是正确的。快长树能迅速形成绿化面貌，但它们往往寿命短，一旦长大绿树成荫，由于衰老要砍伐更新再种小树，群众往往不能理解和谅解，同时也影响了园林景色。慢长树种往往长寿，能使城市绿化景观有一相对长的稳定时期，但在小树阶段往往难达到园林绿化功能的需求。为此让快长树与慢长树间隔配置，快长树迅速成荫，待其要影响慢长树生长，而且慢长树也已长大到一定程度时，就要坚决地去掉快长树，留下慢长树，这样就不会严重地影响绿化面貌，群众也能理解。

南京市在新中国成立初期面对着大量荒山空地，要迅速进行绿化，要求短期内有良好的绿化面貌，因此采取先以速生树种，稍后慢长树跟上；先用一般树种，后用名贵树种。速生树种选择了加杨、枫杨、悬铃木、刺槐、泡桐、黑松、马尾松、垂柳等，同时繁殖乡土树种及名贵树种如银杏、枫香、雪松、龙柏、薄壳山核桃、香樟、水杉、落羽松、池杉、广玉兰、五角枫、柿树、梓树、青桐、桂花、女贞、黄杨、月季等。

北京林业大学南北向主路两旁于20世纪50年代初配植了快长的毛白杨及慢长的银杏，短期内毛白杨发挥了绿化作用，效果较好，但在毛白杨生长最旺的壮年期，银杏生长严重受压。到1982年春，毛白杨经过30年生长已秃顶、裂干衰老，砍伐后银杏才有了迅速生长的空间，至今郁郁葱葱，雌株大量结果，胸径迅速加粗，秋色一片金黄。

我国地域辽阔，横跨热带到温带。黄河以北进入了暖温带，自然植被以落叶阔叶与常绿针叶树种相混交，多年生宿根花卉种类丰富。由于冬季干燥，寒冷时间长达4个月，露地缺乏绿色，常绿针叶树又往往具有严肃的感觉。东北地区寒冷时间更长，生长期短，自然景色相对南方较单调。由于近年来气候转暖，各地都在对一些耐寒的阔叶常绿树种进行引种驯化试验。为了使生长期色彩丰富，从国外引入很多彩叶植物。南方各地彩叶植物极为丰富，此外个体或集体企业苗木经营者已开始开发野生资源。如最近已对山杜英、乐昌含笑、醉香含笑、红楠、润楠、赤楠等树种进行引种繁殖和应用，效果很好。这些都是在植物规划中要考虑到的。植物规划并不是单纯地列一名单，而是要考虑到应用。如南方各地夏日炎炎，蔽荫功能要求较强，所以要多注意冠大荫浓的树种。北方地区近年来夏天也炎热，但冬季寒冷，因此以落叶树种为主，秋季来临，树叶凋落，明亮的阳光透过枝叶落在游人身上分外暖和。落叶树一年之中有明显的季相变化，丰富城市四季景色。受污染的叶片，每年更新一次，使树体减少受害。总之，植物规划时要充分考虑到落叶、常绿、彩叶、速生、慢生等不同特色的植物。

昆明市在普遍绿化阶段采用了银桦、蓝

桉、滇杨、圣诞树等快长树种，3～5年内绿树成荫，但20年后要衰老更新。1979年作了树种规划，提出要着手培养50～100年以上长寿的树种。如樟、楠木、银杏、鹅掌楸、香油果等，计划在育苗中，快长树占60%，慢长树占40%。决定10种行道树：云南樟、银桦、藏柏、柳杉、悬铃木、银杏、枳椇、滇楸、滇杨、直干桉。其中常绿树5种，落叶树5种。作为主要引种栽培的14种树种，分别为香樟、云南桢楠、大鳞肖楠、金江槭、山玉兰、广玉兰、大叶樟、香油果、檫、鹅掌楸、椴树、珙桐、七叶树、红花梧桐。其中常绿树8种，落叶树6种。在育苗中决定常绿树种占60%，落叶树种占40%，符合当地自然植被以常绿为主，又有落叶树的规律。

第三节　植物规划方法

植物规划包括在城镇中将来要应用的木本和草本植物。草本植物除了一、二年生花卉外，更应重视多年生的宿根、球根花卉的应用。城镇园林绿化的色彩、四季景色以及浓厚的节假日气氛，花卉的作用是无可替代的。当然还有禾草类、莎草科植物，用做城镇绿化中的底色并使黄土不露天。

木本植物规划中分基调树种、骨干树种及一般树种。

基调树：一个城市，通过对基调树种的种植，形成绿化基调。基调树种应该是市树和地区最优秀的树种。种类不宜多，1～4种足够，但数量上宜多，常为标志这一城市绿化面貌的代表树种。如广州称棉城，大量应用木棉；福州称榕城——小叶榕；成都称蓉城——木芙蓉；新会称葵城——蒲葵。重庆的黄葛树，郑州的悬铃木，天津的绒毛白蜡，昆明的悬铃木、银桦、蓝桉，北京的槐树、侧柏、白皮松、油松等。

骨干树：即为城市各类型绿地中的重点树种。一般5～12种，其中有的和基调树重复，合起来构成全城绿化的骨干。

一般树种：为了增加生物多样性，丰富城市色彩，数量不限。

通过基调树、骨干树及一般树种的选择，既突出了重点，又有了丰富多彩；既不杂乱无章，又不单调贫乏，使城市绿化工作纳入了规划行列中。

第四节　植物规划实例

一、杭州（华东地区）

（一）行道树种

1. 常用树种

香樟、二球悬铃木、凸瓣杜英、灰毛含笑、普陀樟、川含笑、乐昌含笑、湿地松、银杏、白玉兰、珊瑚朴、红果榆、杭州榆、榉树、全缘叶栾树、合欢、枫香、无患子、浙江柿、黑皮臭椿、紫花泡桐、杂种鹅掌楸等。

2. 试用树种

日本花柏、大叶桂樱、毛梾、梓树、对节白蜡、小果冬青、三角枫、金钱松等。

（二）庭荫树种

1. 常用树种

木莲、广玉兰、乐东拟单性木兰、朱砂玉兰、檫木、舟山新木姜子、连香树、杜仲、椰榆、朴树、梧桐、柿树、桤木等。

2. 试用树种

红楠、薄叶润楠、紫楠、交让木、薄壳山核桃、麻栎、青冈、肥皂荚、红豆树、花榈木、香橼、柚树等。

（三）观花树种

1. 常用及推荐树种

桂花、木莲、乳源木莲、广玉兰、白玉兰、朱砂玉兰、紫玉兰、厚朴、含笑、深山含笑、金叶含笑、乐昌含笑、鹅掌楸、北美鹅掌楸、夏蜡梅、蜡梅、浙江蜡梅、转子莲、铁线莲、杂种铁线莲、牡丹、美人茶、浙江红花油茶、山茶、云南山茶、茶梅、金丝桃、海滨木槿、木槿、木芙蓉、八仙花、银钟花、溲疏、大花溲疏、宁波溲疏、麻叶绣线菊、笑靥花、珍珠花、粉花绣线菊、珍珠梅、白鹃梅、花楸、贴梗海棠、倭海棠、西府海棠、海棠花、垂丝海棠、重瓣粉海棠、棣棠、野蔷薇、七姐妹、玫瑰、月季、香水月季、藤本月季、黄刺玫、缫丝花、木香、榆叶梅、碧桃、杏、梅、樱花、樱桃、东京樱花、日本晚樱、合欢、山合欢、紫荆、云实、刺槐、毛刺槐、网络崖豆藤、紫藤、白花紫藤、多花紫藤、常春油麻藤、紫薇、浙江紫薇、石榴、重瓣红石榴、四照花、香港四照花、七叶树、苦楝、川楝、大叶醉鱼草、醉鱼草、夹竹桃、金丝桃、伞房决明、马缨丹、金钟花、紫丁香、白丁香、迎春、云南黄馨、探春、锦绣杜鹃、毛白杜鹃、马银花、鹿角杜鹃、映山红、杂种杜鹃（西洋杜鹃）、结香、泡桐、紫花泡桐、凌霄、美国凌霄、栀子、大花栀子、六月雪、雪球荚蒾、木绣球、琼花、欧洲荚蒾、蝴蝶绣球、凤尾兰、丝兰等。

2. 试用树种

木荷、云锦杜鹃、满山红、羊踯躅、石岩杜鹃、南烛、灯笼花、郁香安息香、白辛树、野茉莉、白花龙、白檀、山梅花、太平花、沙梨、金露梅、香槐、香花槐、红花刺槐、锦鸡儿、美丽胡枝子、瑞香、珙桐、流苏树、猬实、天目琼花、金银花、金银木、郁香忍冬、盘叶忍冬等。

（四）观果树种

1. 常用及推荐树种

南方红豆杉、南天竹、无花果、柿树、杨梅、瓶兰、老鸦柿、朱砂根、百两金、海桐、火棘、枇杷、石楠、海棠果、樱桃、胡颓子、石榴、四照花、香港四照花、山茱萸、卫矛、金丝吊蝴蝶、全缘冬青、枸骨、冬青、铁冬青、黄果枸骨、小果冬青、铜钱树、全缘叶栾树、毛果槭、苦楝、川楝、枸橘、香橼、佛手、柚树、柑橘、枸杞、海州常山、白棠子树、紫珠、珊瑚树、梓树、楸树、十大功劳、阔叶十大功劳等。

2. 试用树种

薜荔、平枝枸子、红豆树、赤楠、青荚叶、火炬树、金银木、郁香忍冬、盘叶忍冬等。

（五）色叶树种

1. 常用及推荐的常色叶树种

金叶千头柏、紫叶小檗、红花檵木、红叶石楠、紫叶李、斑叶灯台树、银边灯台树、洒金东瀛珊瑚、金边大叶黄杨、金叶大叶黄杨、银边大叶黄杨、红枫、红羽毛枫、紫红线裂鸡爪槭、金叶女贞、花叶六月雪、菲白竹、菲黄竹、紫叶桃、金叶桧、金叶国槐等。

2. 常用及推荐变色叶树种

银杏、金钱松、落羽杉、池杉、水杉、枫香、乌桕、苦楝、榉树、南天竹、花楸、石楠、山茱萸、红瑞木、灯台树、山麻杆、铜钱树、无患子、全缘叶栾树、七叶树、五角枫、三角枫、毛果槭、南酸枣、臭椿、香椿、雪柳、连香树、蓝果树、卫矛、毛黄栌、野漆、火炬、毛梾、山杜英、桂花、香樟、四照花、黄连木、柳树、刺槐等。

3. 试用树种

银木、檫木、舟山新木姜子、缺萼枫香、麻栎、凸瓣杜英、肥皂荚、香槐、马鞍树、槐树、丝绵木、肉花卫矛、枳椇、落叶槭、刺楸、香果树、天目琼花等。

（六）篱垣树种

金叶桧、球桧、紫叶小檗、红花檵木、红叶石楠、龟甲冬青、丰花月季、红瑞木、黄杨、雀舌黄杨、金叶女贞、小蜡、六月雪、栀子、金钟花、南天竹、大叶黄杨、青木、紫珠、珊瑚树、长柱小檗、十大功劳、湖北十大功劳、阔叶十大功劳、木槿、火棘、金露梅、玫瑰、藤本月季、黄刺玫、缫丝花、锦鸡儿、枸橘、夹竹桃、凌霄、猬实、金银花、金银木、凤尾竹、凤尾兰、丝兰等。

（七）攀缘树种

转子莲、铁线莲、杂种铁线莲、薜荔、野蔷薇、白玉棠、七姐妹、粉团蔷薇、三叶木通、五叶木通、北五味子、南五味子、木香、藤本月季、云实、网络崖豆藤、鸡血藤、紫藤、多花紫藤、常春油麻藤、扶芳藤、雀梅藤、地锦、五叶地锦、洋常春藤、中华常春藤、络石、凌霄、美国凌霄、牵牛、茑萝、啤酒花、金银花、盘叶忍冬、葛藤、何首乌、蛇葡萄、乌头叶蛇葡萄等。

（八）耐水湿树种

落羽杉、池杉、水杉、墨西哥落羽杉、水松、苦楝、乌桕、枫杨、垂柳、榆树、河柳、湿地松、黑松、江南桤木、水冬瓜、桑树、构树、柿树、女贞、丝绵木、白蜡、圆头蚊母树、钻天杨、夹竹桃、柽柳、紫穗槐、银芽柳、海滨木槿、金钟花、白棠子树、云南黄馨、芦竹、凤尾兰等。

（九）耐阴植物

日本冷杉、竹柏、罗汉松、南方红豆杉、三尖杉、粗榧、黑壳楠、披针叶茴香、朱砂根、百两金、日本珊瑚、洒金东瀛珊瑚、八角金盘、熊掌木、青荚叶、地锦、五叶地锦、洋常春藤、中华常春藤、常春油麻藤、南天竹、十大功劳、海桐、龟甲冬青、小叶黄杨、棣棠、含笑、赤楠、山茶、茶梅、爬行卫矛、箬竹、倭竹、蝴蝶花、一叶兰、石蒜属植物、麦冬、吉祥草、阔叶麦冬等。

（十）芳香树种

香柏、广玉兰、玉兰、朱砂玉兰、紫玉兰、含笑、深山含笑、金叶含笑、乐昌含笑、蜡梅、香樟、浙江樟、月桂、舟山新木姜子、山鸡椒、披针叶茴香、金缕梅、郁香安息香、郁香忍冬、香茶藨子、香荚蒾、玫瑰、月季、白檀、夜合、花椒、竹叶椒、香槐、刺槐、桂花、栀子、柚、柑橘、枸橘、结香、瑞香、紫丁香、白丁香、凤尾兰、紫藤等。

（十一）地被植物

偃柏、铺地柏、沙地柏、地被月季、微型月季、丰花月季、紫叶小檗、金叶女贞、

朱砂根、百两金、龟甲冬青、小叶黄杨、小蜡、茶梅、倭竹、鹅毛竹、翠竹、石岩杜鹃、菲白竹、菲黄竹、络石、洋常春藤、地锦、五叶地锦、爬行卫矛、马缨丹、平枝栒子、八仙花、蔓长春花、沿阶草、麦冬、阔叶麦冬、吉祥草、葱兰、韭兰、大吴风草、石蒜、忽地笑、酢浆草、蝴蝶花、石菖蒲等。

（十二）抗污树种

榧树、香樟、紫楠、二球悬铃木、构树、无花果、夹竹桃、桑、枫杨、杨梅、加杨、海桐、槐、大叶黄杨、冬青、枸骨、栾树、全缘叶栾树、黄连木、臭椿、香椿、女贞、紫花泡桐、梓树、棕榈、凤尾兰等。

二、广州（华南地区）

（一）基调树种

小叶榕、大叶榕、高山榕、垂叶榕、非洲桃花心木、麻楝、人面子、杜果、扁桃、黄槐、凤凰木、红花羊蹄甲、洋紫荆、木棉、白兰、南洋杉、香樟、尖叶杜英、大叶紫薇、荔枝、棕榈类、竹类等。

（二）行道树绿带树种

1. 常用树种

大叶榕、小叶榕、高山榕、木棉、美丽异木棉、黄兰、白兰、乐昌含笑、红花羊蹄甲、洋紫荆、香樟、阴香、杜果、扁桃、蝴蝶树、苹婆、海南蒲桃、乌墨、白千层、石栗、木麻黄、南洋楹、麻楝、人面子、大叶紫薇、垂叶榕、莫代榄仁、阿江榄仁、小叶榄仁、铁刀木、双翼豆、印度紫檀、银桦、鱼木、秋枫、海南红豆、无忧树、黄槐、腊肠树、尖叶杜英、多花山竹子、岭南山竹子、红苞木、非洲桃花心木、假苹婆、凤凰木、大叶相思、台湾相思、马占相思、柠檬桉、蒲桃、洋蒲桃、广玉兰、深山含笑、海南黄檀、刺桐、海南红豆、木波罗、印度胶榕、菩提榕、复羽叶栾树、喜树、桂花、盆架树、海南菜豆树、假槟榔、大王椰子、椰子、蒲葵、鱼尾葵、加拿利海枣、苏铁、含笑、紫薇、宝巾球、山茶、红果仔、悬铃花、一品红、红背桂、双荚决明、红花檵木、米仔兰、鹅掌藤、杜鹃类、云南黄馨、茉莉、小蜡、软枝黄蝉、

尖叶木犀榄、狗牙花、黄花夹竹桃、栀子、希茉莉、龙船花、福建茶、金脉爵床、五色梅、假连翘、棕竹、软叶刺葵、扶桑、灰莉、夹竹桃、九里香、海桐、米兰、白蝉、黄蝉、变叶木等。

2. 拟推荐发展的行道树种

千年桐、血桐、观光木、台湾栾树、糖胶木、黄钟花、水黄皮、海南暗罗、山桐子、海南木莲、石碌含笑、大头茶、伊朗芷硬胶、黄果垂榕、红花银桦、长蕊含笑、华南橄榄、菲律宾榄仁、星花酒瓶树、象腿树、红桂木、木荷等。

（三）停车场绿化树种

海南蒲桃、尖叶杜英、山杜英、假苹婆、高山榕、南洋楹、腊肠树、木波罗、小叶榕、乌榄、黄皮、麻楝等。

（四）公路、铁路、高速干道绿化树种

白千层、红千层、柠檬桉、阴香、麻楝、落羽杉、非洲桃花心木、黄槐、羊蹄甲、火力楠、乐昌含笑、秋枫、香樟、海南蒲桃、黄槿、千年桐、南洋楹、尖叶杜英、构树、蒲葵、黄花夹竹桃、夹竹桃、紫薇、野牡丹、马缨丹、桃金娘、海桐、扶桑、九里香、红果仔、红背桂、红桑、米兰、杜鹃、软枝黄蝉等。

（五）庭园树种

1. 常用树种

苏铁、罗汉松、竹柏、鸡毛松、南洋杉、肯氏南洋杉、金钱松、柳杉、落羽杉、池杉、水松、水杉、日本扁柏、龙柏、圆柏、白玉兰、乐昌含笑、火力楠、广玉兰、深山含笑、观光木、朱砂玉兰、含笑、鹅掌楸、鹰爪、香樟、肉桂、阴香、潺槁树、红楠、华润楠、鱼木、南天竹、紫薇、大叶紫薇、光叶子花、银桦、大花五桠果、红木、红花木天料、油茶、山茶、广宁红花油茶、蒲桃、柠檬桉、水翁、红千层、番石榴、桃金娘、白千层、垂枝红千层、金叶红千层、红果仔、海南蒲桃、莫氏榄仁、阿江榄仁、小叶榄仁、水石榕、尖叶杜英、假苹婆、翻白叶、苹婆、木棉、美丽异木棉、瓜栗、黄槿、一品红、扶桑、乌

柏、石栗、红背桂、山乌桕、蝴蝶果树、秋枫、枇杷、石楠、红叶李、桃花、台湾相思、美蕊花、孔雀豆、朱缨花、白花羊蹄甲、铁刀木、美丽决明、双颊槐、红花羊蹄甲、洋紫荆、凤凰木、无忧树、腊肠树、黄槐、龙牙花、刺桐、降香黄槐、海南红豆、鸡冠刺桐、金脉刺桐、枫香、红花檵木、米老排、红苞木、小叶黄杨、垂柳、杨梅、朴树、小叶榕、大叶榕、木波罗、菩提榕、橡胶榕、垂榕、高山榕、金叶小叶榕、桂木、无花果、琴叶榕、铁冬青、黄皮、九里香、乌榄、米仔兰、麻楝、非洲桃花心木、龙眼、荔枝、扁桃、杧果、鸡爪槭、三角枫、人面子、喜树、南洋参、幌伞枫、杜鹃、人心果、朱砂根、金英树、灰莉、尖叶木犀榄、桂花、狗牙花、茉莉花、黄蝉、海杧果、鸡蛋花、夹竹桃、盆架子、栀子花、吊瓜树、蓝花楹、炮仗花、黄钟花、火焰木、菜豆树、金脉爵床、驳骨丹、马缨丹、龙舌兰、假连翘、加拿利海枣、董棕、鱼尾葵、丛生鱼尾葵、大王椰子、美丽针葵(软叶刺葵)、皇后葵（金山葵）、散尾葵、蒲葵、三药槟榔、老人葵、鱼骨葵、假槟榔、槟榔、椰子、桄榔、狐尾椰子、国王椰子、银海枣、棕榈、棕竹、青棕、粉单竹、佛肚竹、琴丝竹、黄金间碧竹、凤尾竹、麻竹等。

2. 拟推荐的庭园树种

毛丹、仪花、野牡丹、车轮梅、玉叶金花、柳叶榕、火焰木、沙漠玫瑰、阑屿肉桂、红刺露兜、广西木莲、铁力木、鹅掌楸、福建柏、金花茶、青梅、圆果苹婆、格木、大叶胭脂、杜英、长叶暗罗、泰国大风子、红叶金花、锡兰肉桂、金叶含笑、合果木(山白兰)、红花木莲、棱果玉蕊、馨香木兰、六瓣石笔木、五列木、竹节树、银叶树、面包树、长叶马胡油、桂叶黄梅、马来蒲桃、琼棕、轴榈等。

（六）防护林树种（防风、防火、隔音林）

水松、水杉、池杉、落羽杉、麻楝、红千层、白千层、马占相思、大叶相思、台湾相思、尾叶桉、柠檬桉、构树、非洲桃花心木、小叶榕、红锥、鬎莿楗、红苞木、石笔木、香樟、阴香、油丹、水翁、红胶木、杜英、山杜英、华杜英、银叶树、翻白叶、假苹婆、

麻楝、肖蒲桃、油茶、红木荷、木荷、大头茶、广宁红花油茶、算盘子、桃金娘、夹竹桃、野牡丹、野芋、大沙叶、南洋杉、椰子、木麻黄、老人葵等。

（七）水源涵养和水土保持林树种

水翁、马占相思、台湾相思、大叶相思、丝毛相思、镰刀叶相思、红胶木、半枫荷、红锥、鲨藤栲、大头茶、木荷、红木荷、火力楠、乐昌含笑、深山含笑、千年桐、青梅、岭南槭、石栎、双翼豆、铁刀木、酸豆、枫香、润楠、阴香、岭南黄檀、海南红豆、红苞木、鱼木、桃金娘、野牡丹、水石榕、蒲桃、洋蒲桃、羊蹄甲、假苹婆、大叶榕、黄槿、车轮梅、淡竹叶等。

（八）生态风景林

华润楠、香樟、阴香、潺槁树、火力楠、乐昌含笑、深山含笑、观光木、白玉兰、降香黄檀、南岭黄檀、海南红豆、马占相思、美蕊花、双翼豆、铁刀木、红花羊蹄甲、酸豆、美国槐、黄槐、凤凰木、腊肠树、洋紫荆、广宁红花油茶、大头茶、木荷、红木荷、尖叶杜英、杜英、枫香、红苞木、米老排、鲨藤栲、红锥、石栎、鱼木、落羽杉、加勒比松、千年桐、乌桕、秋枫、石栗、高山榕、大叶榕、橡胶榕、肖蒲桃、海南蒲桃、红胶木、非洲桃花心木、麻楝、香椿、大叶紫薇、花叶假连翘、假连翘、马缨丹、青梅、扶桑、杜鹃、吊钟花、假苹婆、盆架子、长春花、夹竹桃、黄蝉、软枝黄蝉、海南菜豆树、朴树、鸭脚木、光叶子花、野牡丹、火焰树、裸花紫珠、鱼尾葵等。

（九）抗大气污染植物

橡胶榕、花叶橡胶榕、高山榕、木麻黄、海南红豆、肉桂、香樟、阴香、臭椿、大叶相思、樟叶槭、合欢、构树、蚬木、鱼尾葵、散尾葵、柚子、黄皮、丝绵木、白蜡、桂木、人心果、苦楝、伊朗芷、桑树、菩提榕、大叶榕、环纹榕、美丽枕果榕、龙眼、枇杷、蒲桃、杜果、扁桃、蝴蝶果、木波罗、侧柏、银桦、石栗、黄槿、假槟榔、蒲葵、九里香、夹竹桃、桂花、火力楠、竹柏、梧桐、广玉兰、海杧果、皂荚、朴树、杨梅、鸡蛋花、罗汉松、

圆柏、龙柏、乌桕、海南蒲桃、米仔兰、锦熟黄杨、小叶黄杨、油茶、山茶、蚊母、胡颓子、大叶黄杨、接骨草、木槿、紫薇、夜合、石楠、海桐、珊瑚树、珊瑚藤、五叶地锦、地锦、炮仗花、美人蕉、竹节草、假俭草、落地生根、松叶牡丹、细叶结缕草等。

（十）引蜂诱鸟树种

香樟、杨梅、菩提榕、笔管榕、山樱花、面包树、秋枫、鸡冠刺桐、杜果、银杏、构树、黄皮、人心果、番石榴、海桐、山麻黄、锡兰橄榄、台湾相思、直干相思、大叶相思、马占相思、黄槿、千年桐、鸡蛋花、凤凰木、刺桐、盐肤木、苦楝、柑橘、橙、荚蒾、澳洲鸭脚木、破布木、黄杨、软毛柿、枇杷、龙眼、荔枝、红毛丹、蛋黄果、厚皮香、南美假樱桃、朴树等。

（十一）藤本植物

地锦、五叶地锦、薜荔、紫藤、金樱子、洋常春藤、猕猴桃、葡萄、珊瑚藤、羽叶茑萝、光叶子花、炮仗花、硬骨凌霄、凌霄、金银花、南蛇藤、扶芳藤、南五味子、大血藤、菝葜、五叶木通、三叶木通、绿萝、青龙藤、猫爪藤、蒜香藤、使君子、三叶树藤、龟背竹、麒麟尾、球兰、大花老鸦嘴、硬枝山牵牛、翼叶山牵牛、鹰爪、樟叶山牵牛、洋落葵、美丽马兜铃、白花油麻藤、深裂羊蹄甲、木鳖子、掌叶牵牛、木本牵牛、变色牵牛、牵牛、圆叶茑萝、南美旋花、木玫瑰、多花紫藤、山葛、星果藤、胡姬蔓、爱玉子、山素馨、多花素馨、云南黄馨、鸡蛋果、大西番莲、紫花西番莲、洋红西番莲、铁线莲、鸡矢藤、悬星花、龙吐珠、菲律宾石梓、紫霞藤、绒苞藤、蛇葡萄、观赏南瓜、蛇瓜、葫芦瓜等。

（十二）采石场绿化植物

斜叶榕、薜荔、小叶榕、高山榕、凌霄、菜豆树、尾叶桉、大叶桉、马占相思、大叶相思、台湾相思、勒仔树、胡枝子类、仪花、山苍子、木姜子类、仁豆、苦楝、山楝、印度楝、黄杞、山乌桕、乌桕、木荷、红木荷、裂叶山龙眼、南酸枣、滨盐肤木、黑面神、土密树、布渣叶、黄牛木、阳桃、

葛藤、红胶木、翻白叶树、盐肤木、细齿叶柃、野牡丹、黄蝉类、叶子花类、山鸡血藤、夹竹桃、悬钩子类、喜马拉雅爬山虎、山银花、艾蒿类、槭叶牵牛、野牵牛、葎草、黄荆、牡荆、广东刺柊、香根草、马缨丹、结缕草、芒草等。

（十三）绿篱植物

扶桑、红背桂、变叶木类、双荚槐、红花檵木、小叶黄杨、雀舌黄杨、九里香、四季米兰、米仔兰、鹅掌藤类、狗牙花、栀子花、大花栀子、狭叶栀子、龙船花类、希茉莉、福建茶、驳骨丹、可爱花、金脉爵床、马缨丹类、假连翘类、鹰爪等。

（十四）湿生和水生植物

1. 湿生植物

水松、落羽杉、池杉、墨西哥落羽杉、垂柳、水翁、水石榕、柳叶桢楠、水蒲桃、洋蒲桃、垂枝红千层、红千层、白千层、麻竹、青皮竹、苦楝、乌桕、榕树类、羊蹄甲、黄槿、海杜果等。

2. 水生植物

梭鱼草、黄花蔺、宽叶泽苔草、南水葱、再力花、大薸、凤眼莲、水禾、泽泻、花蔺、茭白、金钱蒲、石菖蒲、香蒲、水烛、雨久花、箭叶雨久花、水毛花、慈姑、野慈姑、旱伞草、莲、菱、睡莲、萍蓬草、莕菜、苦草、菹草、聚草、金鱼藻等。

三、重庆（西南地区）

常绿落叶比为3:2，针叶阔叶比为1:6。

重庆市市树：黄葛树。

重庆市市花：山茶花。

基调树种：黄葛树、小叶榕、天竺桂、秋枫、香樟、银杏、桂花、水杉、广玉兰。

骨干树种：黄葛树、小叶榕、香樟、天竺桂、悬铃木、雪松、复羽叶栾树、银杏、楠木、秋枫、榔榆、水杉、枫香、银木、玉兰、乐昌含笑、蒲桃、羊蹄甲、垂柳。

（一）道路绿地

速生树种与慢生树种比例为3:3.25，乡土树种与外来树种比例为6:1，针叶树种与阔叶树种比例为1:6，常绿树种与落叶树种比例为3:1.7。

主要行道树：黄葛树、小叶榕、银杏、三角枫、刺桐、秋枫、泡桐、垂柳、复羽叶栾树、苦楝、榔榆、臭椿、蓝花楹、天竺桂、广玉兰、悬铃木、雪松、蒲桃、杜英、羊蹄甲、蒲葵、香樟、银木、大叶楠、构树、榔榆、加杨、印度橡胶榕、刺槐、大叶桉、罗汉松、深山含笑、水杉、北碚榕、高山榕、朴树、女贞、黄槐、木麻黄、楸树、七叶树、无患子、杂交马褂木、白玉兰、合欢、榆树、枇杷、黄连木。

（二）公园绿地（庭荫树、园景树）

1. 常绿乔木

小叶榕、印度橡胶榕、花叶印度橡胶榕、北碚榕、高山榕、垂叶榕、琴叶榕、异叶南洋杉、白兰花、广玉兰、木麻黄、马尾松、海南五针松、日本五针松、火炬松、云南松、华山松、雪松、黑松、柏木、杉木、红豆杉、柳杉、台湾杉、翠柏、日本扁柏、日本花柏、侧柏、刺柏、百日青、榧树、罗汉松、竹柏、龙柏、福建柏、圆柏、南洋杉、秋枫、柞木、香樟、楠木、润楠、黑壳楠、细叶楠、白楠、紫楠、峨眉紫楠、厚皮香、半枫荷、虎皮楠、天竺桂、白桂木、雅安琼楠、肉桂、银木、月桂、香叶树、黑壳楠、毛豹皮樟、绒毛木姜子、九丁树、枪木、杜英、山杜英、中华杜英、大果杜英、交让木、枇杷、山矾、川灰木、伊桐、冬青、山茶花、大头茶、油茶、滇山茶、西南红山茶、四川大头茶、细萼连蕊茶、金花茶、桂花、蚊母树、杨梅、橄榄、羊蹄甲、阔叶蒲桃、蒲桃、红千层、蒲葵、棕榈、鱼尾葵、披针叶卫矛、钝叶黄檀、黄牛奶树、红花木莲、桂南木莲、巴东木莲、乳源木莲、夜香木莲、黄兰、乐昌含笑、深山含笑、金叶含笑、醉香含笑、观光木、峨眉含笑、木荷、银木荷、水石榕、夜合、金珠柳、台湾相思、大叶相思、黑荆、银荆、亮叶猴耳环、洋紫荆、小果山龙眼、澳洲坚果、银桦、土密树、龙眼、荔枝、杧果、柠檬桉、飞蛾槭、长叶槭、红翅槭、山玉兰、蓝桉、扁桃、柑橘、柚、甜橘、酸橙、鳄梨、幌伞枫、黄皮、黄花夹竹桃、短刺米槠、栲、马缨杜鹃、薄果猴欢喜、黄檀、红豆树等。

2．落叶乔木

银杏、菩提榕、菜豆树、七叶树、落羽松、池杉、墨西哥落羽杉、水松、黄葛树、重阳木、金钱松、水杉、枫香、三角枫、红枫、鸡爪槭、黄连木、乌桕、檫木、朴树、复羽叶栾树、栾树、苦楝、白栎、麻栎、木姜子、胡桃、丝绵木、无患子、皂荚、川泡桐、白蜡树、榔榆、合欢、梓树、蓝花楹、巴豆、青檀、灯台树、野鸦椿、通脱木、枳椇、梧桐、刺槐、刺楸、垂丝海棠、紫叶李、石榴、鹅掌楸、腊肠树、白玉兰、朱砂玉兰、紫叶桃、紫薇、垂柳、悬铃木、刺桐、黄槐等。

3．灌木

红花檵木、檵木、剔丝花、胡颓子、山麻杆、苏铁、华南苏铁、四川苏铁、决明、紫金牛、黄亚麻、杭子梢、玉叶金花、密蒙花、火棘、黄荆、杜鹃、石岩杜鹃、月季、迎春、连翘、含笑、蜡梅、茉莉、扶桑、蔷薇、米仔兰、五色梅、麻叶绣线菊、瑞香、木槿、贴梗海棠、全缘石斑木、石斑木、洒金东瀛珊瑚、珊瑚树、黄花夹竹桃、夹竹桃、麦李、郁李、蓝雪花、小叶女贞、小蜡、大叶黄杨、小叶黄杨、海桐、棕竹、枸骨、十大功劳、南天竹、溲疏、棣棠、山梅花、广西狗牙花、六月雪、马甲子、金边卵叶女贞、三颗针、九里香、丝兰、紫穗槐、荚蒾、金樱子、绒毛台湾榕、凤尾竹、红叶石楠、茉莉、花叶艳山姜、茶、茶梅、细齿枰、美蕊花、赤楠、柠檬、金橘、金柑、夹竹桃、木芙蓉等。

4．藤本

紫藤、爬藤榕、地瓜藤、常春藤、洋常春藤、蔓长春花、香花崖豆藤、石楠藤、南蛇藤、醉魂藤、长春油麻藤、光叶子花、忍冬、木通、三叶木通、木香、薜荔、西番莲、地锦、葡萄、蔷薇、云实、络石、石血、野葛、菝葜、悬钩子、凌霄、美国凌霄等。

5．竹类

箬竹、平竹、慈竹、麻竹、毛竹、黄竹、斑苦竹、硬头黄竹、凤尾竹、花孝顺竹等。

6．观赏性树种

(1) 观花类

春季观花植物：茶梅、深山含笑、含笑花、乐昌含笑、金叶含笑、醉香含笑、黄心夜合、阔瓣含笑、山茶、西南红山茶、滇茶、金花茶、马缨杜鹃、黄槐决明、椤木石楠、番石榴、小蜡、玉兰、二乔玉兰、桃、樱花、日本晚樱、日本樱花、紫叶李、蓝花楹、杏、樱桃、垂丝海棠、湖北海棠、刺桐、川泡桐、白花泡桐、梅花、尾叶樱桃、花红、苹果、美脉花楸、湖北紫荆、天师栗、流苏树、滇楸、梓树、珙桐、紫丁香、木棉等。

夏季观花植物：桂南木莲、四川大头茶、红花木莲、巴东木莲、乳源木莲、夜香木莲、山玉兰、广玉兰、白兰花、番石榴、刺桐、银木荷、峨眉含笑、黄兰、含笑、乐昌含笑、檵木、红花檵木、木荷、长蕊杜鹃、大花枇杷、黄槐决明、番石榴、黄花夹竹桃、海州常山、女贞、紫薇、合欢、刺槐、瓜木、龙牙花、石榴、喜树、白辛树、毛山荆子、山合欢、鹦哥花、山槐、槐树、南紫薇、灯台树、楤木、粗糠树、菜豆树、香果树、庐山芙蓉、南川斑鸠菊等。

秋季观花植物：白兰花、番石榴、朱缨花、羊蹄甲、黄槐决明、番石榴、土密树、海州常山、桂花、紫薇、复羽叶栾树、木芙蓉、刺槐、南川斑鸠菊等。

冬季观花植物：梅花、四川大头茶、金花茶、滇山茶、茶梅、枇杷、洋紫荆、黄槐决明、番石榴、厚叶算盘子、刺桐等。

(2) 观果类

夏季：冬青、红翅槭、海州常山、无花果、榅桲、花红等。

秋季：披针叶卫矛、冬青、红翅槭、吴茱萸、金橘、海州常山、复羽叶栾树、苦楝、灰楸、湖北海棠、石榴、栾树、无花果、柿、油柿、君迁子、山楂、枣、火炬树等。

冬季：代代花、苦楝等。

(3) 观叶类

紫叶李、红花檵木、短刺米槠、光叶石楠、红翅槭、栾树、鹅掌楸、银杏、悬铃木、无患子、三角槭、鸡爪槭、栾树、黄连木、白蜡、青榨槭、杂交鹅掌楸、檫木、连香树、梓叶槭、火炬树、湖北枫杨、秋枫、野漆树等。

7．绿篱花篱植物

珊瑚树、凤尾竹、慈竹、垂叶榕、小叶女贞、小蜡、夹竹桃、大叶黄杨、蔷薇、七姊妹、南迎春、杜鹃、毛叶丁香、六月雪、花叶六月雪、小叶黄杨、红花檵木、红叶石楠、紫叶小檗、金叶女贞、龟甲冬青、福建茶、金叶假连翘、花叶假连翘、悬铃花、扶桑、红果仔等。

8. 地被植物

八角金盘、鹅掌柴、马蹄金、沿阶草、吉祥草、薜荔、地被月季、微型月季、铺地柏、细叶萼距花、扁竹兰、蜘蛛兰、翼叶山牵牛、蟛蜞菊、吊兰、蚌花、吊竹梅、矮竹、菲白竹、菲黄竹、络石、蔓长春花、金叶薯、大叶红草、假金丝马尾、美人蕉、仙茅等。

9. 垂直绿化植物

薜荔、洋常春藤、常春藤、葡萄、三叶地锦、五叶地锦、异叶地锦、地锦、凌霄、五味子、何首乌、金银花、藤本月季、蔓黄金菊等。

（三）防护绿地

速生树种与慢生树种的比例为3:1.2，乡土树种与外来树种的比例为6:1，针叶树种与阔叶树种的比例为1:6，常绿树种与落叶树种的比例为3:3.25。

毛竹、黄竹、马尾松、湿地松、黑松、水杉、三角枫、刺槐、麻栎、白栎、大头茶、夹竹桃、女贞、木荷、杜英、银桦、柳杉、天竺桂、旱柳、枫香、木麻黄、蒲桃、青檀、无患子、四川山矾、胡桃、川楝、柠檬桉、细叶桉、小叶榕、秋枫、广玉兰、桂花、枫杨、刺桐、羊蹄甲、复羽叶栾树、意大利杨、紫薇、喜树、构树等。

（四）居住区绿地

速生树种与慢生树种的比例为3:2.25，乡土树种与外来树种的比例为6:1，针叶树种与阔叶树种的比例为1:6，常绿树种与落叶树种的比例为3:2.25。

湿地松、火炬松、黑松、柳杉、刺柏、侧柏、罗汉松、红豆杉、池杉、银杏、加杨、意大利杨、毛白杨、秋枫、雪松、水杉、垂柳、旱柳、蒲桃、三角枫、连香树、黄连木、火炬树、香椿、苦楝、川楝、蓝花楹、羊蹄甲、刺槐、连香树、悬铃木、枫香、朴树、椰榆、玉兰、广玉兰、红花木莲、白兰、黄兰、乐昌含笑、黄心夜合、深山含笑、峨眉含笑、含笑、厚朴、朱砂玉兰、天竺桂、香樟、楠木、银木、月桂、黑壳楠、黄葛树、高山榕、小叶榕、北碚榕、

垂叶榕、印度橡胶榕、杨梅、木麻黄、山茶、油茶、云南山茶、西南红山茶、四川大头茶、银木荷、杜英、枇杷、椤木石楠、石楠、垂丝海棠、湖北海棠、紫叶李、樱花、桃花、梅花、紫薇、桂花、石榴、喜树、复羽叶栾树、青榨槭、鸡爪槭、香果树、合欢、象牙红、大叶相思、黄槐、黄檀、红豆树、银桦、蓝桉、赤楠、披针叶卫矛、女贞、假槟榔、鱼尾葵、蒲葵、加那利海枣、枣椰子、银海枣、棕榈、老人葵、苏铁、华南苏铁、化香、木芙蓉、八角金盘、杜鹃属、海桐、龟甲冬青、花叶六月雪、麦冬、吉祥草、沿阶草等。

（五）抗逆性树种

1. 耐旱植物

常绿树种：黑壳楠、红花檵木、北碚榕、九丁树、木麻黄、杜英、大果杜英、四川山矾、大叶相思、银荆、黄牛奶树、大叶桂樱、光叶石楠、台湾相思、洋紫荆、石楠、银桦、羊蹄甲、椤木石楠、番石榴、厚叶算盘子、四川蒲桃、锦熟黄杨、黄杨、披针叶卫矛、桉、重阳木、细叶桉、阔叶蒲桃、短序荚蒾、华盛顿棕、壮干海枣、墨西哥箸棕、丛生鱼尾葵、伊拉克蜜枣等。

落叶树种：银杏、悬铃木、黄葛树、复羽叶栾树、栾树、构树、枫杨、桃、樱花、日本樱花、紫叶李、合欢、化香树、杏、樱桃、大果冬青、臭椿、枫香、椰榆、垂丝海棠、龙牙花、刺桐、石榴、川楝、川泡桐、杂交鹅掌楸、榆、菩提树、黄连木、多脉榆、异叶榕、柽柳、毛白杨、钻天杨、楸子、白梨、山合欢、湖北紫荆、皂荚、槐树、灯台树、丝绵木、毛桐、枣、火炬树、紫丁香、木棉、庐山芙蓉等。

2. 耐寒植物

常绿树种：雪松、罗汉松、狭叶罗汉松、榧树、池杉、红花木莲、乐昌含笑、深山含笑、雅安琼楠、利川润楠、细叶楠、红花檵木、半枫荷、四川大头茶、四川厚皮香、银木荷、山杜英、茶梅、杜英、中华杜英、日本杜英、四川山矾、银荆、黄牛奶树、大叶桂樱、光叶石楠、亮叶耳猴环、洋紫荆、石楠、黄槐决明、椤木石楠、四川蒲桃、黄杨、披针叶卫矛、阔叶蒲桃、女贞、小蜡、加那利海枣、棕榈、华盛顿棕、假槟榔、国王椰子、墨西

哥箬棕、伊拉克蜜枣等树种。

落叶树种：玉兰、紫薇、复羽叶栾树、二乔玉兰、枫杨、麻栎、加拿大杨、旱柳、桃、樱花、日本晚樱、紫叶李、合欢、无患子、三角槭、鸡爪槭、苦楝、毛叶木姜子、杜仲、南川柳、杏、皂荚、大果冬青、七叶树、臭椿、枫香、榔榆、垂丝海棠、湖北海棠等。

3. 耐阴树种

常绿树种：罗汉松、狭叶罗汉松、南方红豆杉、乳源木莲、含笑、深山含笑、金叶含笑、黄心夜合、雅安琼楠、天竺桂、香叶树、紫楠、小花八角枫、蚊母树、尖叶榕、短翅米槠、四川大头茶、山杜英、杜英、日本杜英、金珠柳、光叶石楠、黄槐决明、椤木石楠、吴茱萸、黄荆、短序荚蒾、小蜡、鱼尾葵、加纳利海枣、国王椰子、墨西哥箬棕等。

落叶树种：龙牙花、玉兰、二乔玉兰、木芙蓉、无患子、三角槭、鸡爪槭、毛叶木姜子、皂荚、瓜木等。

4. 耐湿树种

常绿树种：香樟、锦熟黄杨、蓝桉、悬铃木、木麻黄、黄葛树、印度橡胶榕、女贞、夹竹桃、水石榕、胡颓子、虎皮楠、银桦、蒲桃、秋枫等。

落叶树种：枫杨、垂柳、刺槐、三角枫、鸡爪槭、南川柳、榔榆、湖北海棠、七叶树、大果榉、水杉、池杉、落羽松、水松、苦楝、乌桕、水冬瓜、木本水杨梅、枫香、桑、银芽柳、柿、构树、重阳木、三角枫等。

5. 抗污染树种

常绿树种：雪松、柳杉、杨梅、小叶榕、木麻黄、山茶、滇茶、海桐、广玉兰、女贞、十大功劳、夹竹桃、珊瑚树、厚皮香、木荷、枇杷、石楠、椤木石楠、黄杨、蓝桉、冬青、蒲葵、棕榈等。

落叶树种：银杏、玉兰、鹅掌楸、二乔玉兰、构树、枫杨、麻栎、木芙蓉、加拿大杨、意大利杨、垂柳、旱柳、臭椿、栾树、川泡桐、梧桐、黄连木、厚朴、凹叶厚朴、糙叶树、湖北枫杨、华西枫杨、柽柳、沙兰杨、毛白杨、钻天杨、腺柳、山楂、苹果、蓝果树、枣、兰考泡桐、滇楸、庐山芙蓉、三角枫、针叶卫矛、悬铃木、刺桐、紫薇等。

四、昆明（西南地区）

作为春城，要做到"四季常青、四时花香"。

（一）行道树种规划

1. 城市干道规划树种

近期（10年内）：银杏、滇朴、复羽叶栾树、小叶榕、大叶榕、大叶樟、天竺桂、鹅掌楸、杂种鹅掌楸、枫香、山杜英、银桦、金江槭、悬铃木、广玉兰、北美枫香、香樟、云南樟。

远期拟增添树种（20年内）：云南拟单性木兰、麻栗坡含笑、南亚含笑、高大含笑、富宁含笑、滇润楠、香油果、大鳞肖楠、石楠、北美鹅掌楸、北美红杉。

2. 街心绿地和分车带树种

选用耐寒的棕榈科树木美化街头绿地及分车带，以突出昆明的亚热带风光。蒲葵、棕榈、鱼尾葵、董棕、加拿利海枣、枣椰子、金山葵、老人葵、布迪椰子。

3. 中小街道及居民区道路树种

云南紫荆、云南樱花、冬樱花、山玉兰、七叶树、云南七叶树、云南海桐、清香木、黄连木、槐树、滇合欢、枳椇、石楠、枫杨、重阳木、云南枇杷。

（二）观赏花木

云南山茶花、云南杜鹃、云南含笑、山茶花、马缨花、山玉兰、白玉兰、朱砂玉兰、云南樱花、冬樱花、桂花、梅花、碧桃、蔷薇、玫瑰、月季、十姐妹、棣棠、垂丝海棠、紫叶李、蜡梅、木本夜来香、滇丁香、木槿、贴梗海棠、石榴、火棘、紫荆、紫薇、栀子花、夹竹桃、木本绣球、迎春、三角花。

（三）河堤、湖岸绿化树种

滇杨、垂柳、滇朴、水杉、池杉、滇合欢、无患子、滇楸、滇皂荚、三角枫、白蜡。

（四）防风树种

直干桉、蓝桉、赤桉、藏柏、圆柏、黄连木、枫香、水杉、池杉、檫木、滇润楠。

（五）抗污染树种

构树、滇合欢、广玉兰、滇杨、柳杉、滇润楠、刺槐、乌桕、柳、悬铃木、苦楝、银桦、桑树、香樟、棕榈、柽柳、女贞、无花果、海桐、夹竹桃、紫薇、木槿、紫荆。

（六）经济树种

无花果、石榴、枇杷、梨、苹果、核桃、柿、山楂、红花油茶、油茶、杜仲、八角、大叶茶、花椒。

（七）竹类

龙竹、金竹、紫竹、慈竹、凤尾竹、实心竹。

（八）藤本植物

紫藤、常春油麻藤、凌霄、美国凌霄、金银花、素馨、重瓣白木香、重瓣黄木香、地锦、十姐妹、粉团花、西番莲。

（九）庭园树种

雪松、龙柏、日本花柏、柳杉、昆明柏、铺地柏、塔柏、水杉、池杉、香樟、云南七叶树、清香木、黄连木、金江槭、鹅掌楸、云南樟、滇朴、复羽叶栾树、黄樟、枫香、滇润楠、广玉兰、银杏、山玉兰、棕榈、细叶圣诞树等130种。

五、西安（西北地区）

西安是陕西省省会，文化古都，11个朝代先后建都西安，其历史资料、名胜古迹丰富，有半坡遗址、商周铜器、秦兵马俑、汉代石刻、唐墓壁画等，中外旅游者络绎不断。1982年2月国务院颁发24个城市为第一批历史文化名城，西安是其中之一。西安大陆性气候明显，春季干旱，夏季炎热，秋季潮湿多雨，冬季寒冷干燥。年平均气温13.3℃，极端最低温-20.6℃，极端最高温41.7℃，全年高于10℃以上的活动积温为4326.2℃，年降水量500～600mm，空气相对湿度年平均71%，植被属于暖温带落叶阔叶林。由于近年气候变暖，加上背靠植被茂盛的秦岭，使西安的小气候环境远优于其他暖温带地区，已有近60余种阔叶常绿植物落户西安。应用最多的有石楠、木香、雀舌黄杨、瓜子黄杨、大叶黄杨、女贞、桂花、棕榈、夹竹桃、凤尾兰；其次为南天竹、广玉兰、红茴香、海桐、枇杷、扶芳藤、洋常春藤、小蜡、丝兰；再次为阔叶十大功劳、十大功劳、蚊母、火棘、竹叶椒、枸骨、金丝桃、金丝梅、胡颓子、洒金东瀛珊瑚、探春、珊瑚树、六月雪等；个别应用的有秦岭海桐、檀子树、小青冈、刺叶栎、假豪猪刺、络石、猫儿刺、对节刺、照山白、油橄榄、月桂、香樟、爬行卫矛、野扇花、披针叶胡颓子、铁橿子、粉蕊黄杨。此外还大量应用的有长春蔓、金银花、八角金盘、山麦冬、宽叶麦冬、沿阶草、岩白菜、石菖蒲、吉祥草等。竹类有巴山竹、阔叶箬竹、华桂竹、刚竹、焦壳竹、曲杆竹等。因此在设计时可营建北亚热带植物景观。基调树种为槐树、银杏、桧柏、悬铃木，各类型绿地的骨干树种：

（一）街道广场

槐树、悬铃木、桧柏、银杏、毛白杨、垂柳、元宝枫、毛叶山桐子、皂荚、洋白蜡、白皮松、女贞、合欢、苦楝。

（二）公园

牡丹、碧桃、玉兰、垂丝海棠、贴梗海棠、石榴、紫荆、木绣球、蜡梅、鸡爪槭、雪松、垂柳、银杏、槐树、樱花、日本晚樱、榆叶梅、连翘、棣棠、红瑞木、珍珠梅、月季、锦带花、竹类等。

（三）机关学校

桧柏、雪松、樱花、龙柏、毛叶山桐子、槐树、月季、地锦、绣线菊等。

（四）水边湿地

水杉、池杉、垂柳、旱柳、苦楝、枫杨、三角枫、丝绵木、柿树、桑树、构树、大叶柳、水冬瓜、柽柳、紫穗槐、夹竹桃、女贞、银芽柳等。

（五）工矿区

构树、朴树、臭椿、榆树、悬铃木、合欢、银杏、桧柏、木槿、夹竹桃、珊瑚树、棕榈、大叶黄杨等。

（六）居住区

毛梾木、香椿、垂柳、柿树、核桃、梨树、无花果、石榴、月季等。

（七）山区风景林

油松、华山松、栓皮栎、侧柏、黄连木、山桃、山杏、竹类、黄栌、五角枫、桧柏、黄刺玫等。

（八）地被

扶芳藤、爬行卫矛、洋常春藤、金银花、沙地柏、铺地柏、阔叶箬竹、山麦冬、阔叶麦冬、沿阶草、石菖蒲、吉祥草等。

（九）其他常绿阔叶树种

石楠、木香、雀舌黄杨、黄杨、大叶黄杨、女贞、桂花、小蜡、水蜡、夹竹桃、棕榈、凤尾兰、丝兰、中华常春藤、洋常春藤、扶芳藤、爬行卫矛、金银花、枇杷、海桐、秦岩海桐、红茴香、广玉兰、南天竹、阔叶十大功劳、十大功劳、蚊母、火棘、竹叶椒、枸骨、金丝桃、胡颓子、洒金东瀛珊瑚、探春、六月雪、珊瑚树、橿子树、小青冈、刺叶栎、黑壳楠、月桂、猫儿刺、照山白、油橄榄、披针叶胡颓子、野扇花、粉蕊黄杨、铁橿子、络石、巴山竹、阔叶箬竹、华桂竹、刚竹、焦壳竹、曲杆竹、长春蔓、八角金盘、山麦冬、宽叶麦冬、吉祥草、沿阶草、岩白菜、石菖蒲。

六、北京（华北地区）

　　根据北京地区地带性植被的特点及适宜的植物类型与种类，规划确定了各类植物种类的指标：裸子植物与被子植物种类比例为1:8；常绿与落叶树种类的比例为1:4；乔木与灌木种类的比例为1:1.2；木本植物与草本植物种类的比例为4:1；乡土植物与外来植物种类的比例为1:2.5；乡土乔木与外来乔木种类的比例为1.1:1；乡土灌木与外来灌木种类的比例为1:1.8；速生树与中生树、慢生树种类的比例为2:2:1。

　　在单位面积城市绿地中，各类植物的种植数量或种植面积的指标为：常绿乔木与落叶乔木种植数量的比例为1:3～1:5；以保持落叶乔木为主，形成具有北京地域特色的四季分明的景观效果。乔灌木的种植面积占绿化用地面积的60%～80%，其种植比例为乔木:灌木:草坪:地被植物=1:6:20:29，形成以乔灌木为主体的城市绿地结构，保证城市园林绿地生态功能的发挥。

（一）市树市花

市树：槐树、侧柏。市花：菊花、月季。

（二）基调树种

槐树、圆柏、毛白杨、油松。

（三）骨干树种

1. 落叶乔木和小乔木

银杏、加拿大杨、垂柳（♂）、旱柳（♂）、馒头柳（♂）、刺槐、龙爪槐、合欢、栾树、绒毛白蜡、元宝枫、海棠类、紫叶李、杜仲、玉兰、榆树、柿树、臭椿、千头椿、毛泡桐、碧桃。

2. 常绿乔木和小乔木

白皮松、油松、华山松、雪松、龙柏。

3. 落叶灌木

黄刺玫、珍珠梅、榆叶梅、玫瑰、紫叶矮樱、贴梗海棠、丰花月季、紫薇、木槿、紫丁香、连翘、迎春、金叶女贞、金银木、紫叶小檗、太平花、紫荆、红王子锦带、红瑞木、棣棠。

4. 常绿灌木

沙地柏、锦熟黄杨、大叶黄杨、扶芳藤、凤尾兰。

5. 落叶藤本

地锦、五叶地锦、紫薇、藤本月季。

6. 竹类

黄槽竹、早园竹、斑竹、筇竹。

7. 草本花卉

矮牵牛、温室凤仙、四季秋海棠、金叶薯、细叶美女樱、芍药、宿根福禄考、假龙头（芝麻花）、八宝、大花萱草、石竹、早小菊类（北京小菊、日本小菊、地被菊）、鸢尾类、蜀葵、蛇鞭菊、金光菊、宿根天人菊、大花金鸡菊、黑心菊、大滨菊、火炬花、马蔺、玉簪、荷包牡丹、大花秋葵、荷兰菊。有些地方还可应用一些自播繁衍能力强的一、二年生花卉，效果也很不错，如：波斯菊、孔雀草、二月蓝等。

8. 草坪及草本地被植物

草地早熟禾、高羊茅、野牛草、麦冬、白三叶、多年生黑麦草等。

（四）一般植物

1. 落叶乔木、小乔木

水杉、二乔玉兰、木兰、望春玉兰、常春二乔玉兰、杂种马褂木、抱头毛白杨、小叶杨、钻天杨、新疆杨、德杨、沙兰杨、金丝垂柳、龙爪槐、山桃、山杏、山楂、杜梨、樱花、日本晚樱、木瓜、山里红、稠李、五叶槐、伞刺槐、毛刺槐、红花刺槐、皂荚、山皂荚、小叶朴、青檀、榉树、榆树、大果榆、欧洲白榆、垂枝榆、圆冠榆、郎榆、桑树、龙桑、构树、柘树、糠椴、蒙椴、一球悬铃木、二球悬铃木、三球悬铃木、黄栌、火炬树、香椿、楝树、梧桐、柽柳、文冠果、复羽叶栾树、丝绵木、毛梾（车梁木）、灯台树、枫杨、龙爪枣、枣树、欧洲栎、槲栎、栓皮栎、波罗栎、板栗、七叶树、鸡爪槭、三角枫、洋白蜡、白蜡、大叶白蜡、流苏、雪柳、暴马丁香、君迁子、黄金树、楸树、灰楸、梓树、薄壳山核桃、毛叶山桐子、黄檗、吴茱萸、苦木、盐肤木、青肤杨、沙枣（桂香柳）、玉玲花、泡桐、楸叶泡桐等。

2. 常绿乔木、小乔木

北美短叶松、樟子松、扫帚油松、黑松、乔松、白杆、青杆、辽东冷杉、红皮云杉、杜松、千头柏、美国香柏、金塔柏、圆枝侧柏、西安桧、河南桧、丹东桧、蜀桧、广玉兰、女贞、石楠、蚊母树、刺桂。

3. 落叶灌木

溲疏、大花溲疏、蔷薇类、丰花月季、鸡麻、圆叶绣球、麻叶绣球、绣线菊、郁李、麦李、平枝栒子、水栒子、毛樱桃、白鹃梅、齿叶白鹃梅、梅花、垂丝海棠、细叶小檗、大叶小檗、鼠李、锦带花、海仙花、早锦带花、花叶锦带花、天目琼花、欧洲琼花、香荚蒾、木本绣球、接骨木、金叶接骨木、小叶女贞、水蜡、小蜡、欧洲女贞、金边加

州女贞、花叶丁香、四季丁香、欧洲丁香、蓝丁香、裂叶丁香、猬实、糯米条、石榴类（重瓣红石榴、矮本花石榴等品种）、蜡梅、东北扁担木、风箱果、金叶风箱果、鱼鳔槐、紫穗槐、锦鸡儿、牡丹、金钟花、刺五加、山梅花、白棠子树（小紫珠）、海州常山、荆条、花木蓝、华北香薷、卫矛、郁香忍冬、黄果忍冬、鞑靼忍冬、东陵八仙花、山茱萸、金枝梾木、枸橘、花椒、酸枣。

4. 常绿、半常绿灌木

粉柏（翠柏）、偃柏、千头柏、洒金千头柏、万峰桧、金叶桧、鹿角桧、铺地柏、匍地龙柏、球桧、矮紫杉、金心大叶黄杨、银边大叶黄杨、朝鲜黄杨、火棘、粗榧、日本女贞、凤尾兰、胶东卫矛、竹叶椒。

5. 落叶藤本

美国凌霄、凌霄、山葡萄、山荞麦、南蛇藤、三叶木通、台尔曼忍冬。

6. 常绿、半常绿藤本

金银花、爬行卫矛、木香、红花金银花、布朗忍冬。

7. 竹类

金镶玉竹、黄槽竹、早园竹、斑竹、筇竹、箬竹、阔叶箬竹、刚竹、金明竹、银明竹、淡竹等。

8. 多年生草本植物

石竹、常夏石竹（地被石竹）、白头翁、瞿麦、石碱花（肥皂花）、薯草、千屈菜（水柳）、费菜、大花剪秋罗、桔梗、耧斗菜类（华北耧斗菜、黄花耧斗菜等）、玉竹、紫露草。此外，还有一些宿根花卉以外的植物如蕨类植物荚果蕨；部分球根花卉如葡萄风信子、兰州百合；小气候较好的地方，多年生花卉美人蕉、美女樱等也可尝试应用。

9. 草坪及草本地被植物

结缕草及冷—冷和冷—暖混播草坪、多变小冠花、垂盆草、苦荬菜、紫花地丁、蛇莓（小面积种植）、涝峪苔草、异穗苔草（大羊胡子）、二月蓝。

植物景观规划设计

附：北京城市园林绿化植物材料名录（北京市园林科学研究所，2002）

银杏科：银杏、金叶银杏等。

红豆杉科：矮紫杉、金叶欧洲紫杉、东北红豆杉等。

松科：华北落叶松、辽东冷杉、红皮云杉、欧洲云杉、长叶云杉、蓝粉云杉、白杆、青杆、雪松、华山松、乔松、北美乔松、北京乔松、白皮松、油松、扫帚油松、欧洲赤松、黑松、北美短叶松、樟子松、西黄松、红松、长白松、刚松等。

杉科：水杉等。

柏科：侧柏、金塔侧柏、千头柏、金叶千头柏、美国香柏、圆柏（桧柏）、偃柏、万峰桧、金叶桧、龙柏、匍地龙柏、金星球桧、蜀桧、鹿角桧、球桧、河南桧、西安桧、丹东桧、铺地柏、垂枝圆柏、沙地柏、粉柏（翠柏）、香柏、日本花柏、线柏、杜松等。

三尖杉科：粗榧等。

杨柳科：毛白杨、抱头毛白杨、新疆杨、加杨、小叶杨、钻天杨、箭杆杨、河北杨、沙兰杨、德杨、青杨、小青杨、北京杨、辽杨、旱柳、绦柳、馒头柳、龙爪槐、垂柳、金丝垂柳、河柳、银芽柳等。

胡桃科：胡桃、胡桃楸、薄壳山核桃、枫杨等。

桦木科：白桦、榛子、毛榛、水冬瓜（辽东桤木）、赤杨、鹅耳枥、千金榆等。

壳斗科：板栗、槲栎、栓皮栎、波罗栎（槲树）、夏栎（英国栎）、红槲栎、麻栎、辽东栎等。

榆科：榆树、垂榆、大果榆、榔榆、圆冠榆、美国榆、垂枝美榆、欧洲白榆、榉树、光叶榉、大叶朴、小叶朴、青檀、黑榆、春榆、裂叶榆等。

桑科：桑树、龙爪桑、蒙桑、构树、柘树等。

领春木科：领春木等。

连香树科：连香树等。

石竹科：石竹、常夏石竹、瞿麦、剪夏罗、大花剪秋罗、皱叶剪秋罗、石碱花、重瓣石碱花、须苞石竹、旱麦瓶草等。

毛茛科：白头翁、楼斗菜、华北楼斗菜、黄花楼斗菜、铁线莲、大叶铁线莲、大花铁线莲、短尾铁线莲、红花铁线莲、黄花铁线莲、欧洲

铁线莲、棉团铁线莲、花毛茛、匍枝毛茛、希腊银莲花、大火草、飞燕草、大花飞燕草、高飞燕草、乌头、黄花乌头、唐松草、秋唐松草、东亚唐松草、草芍药、牛扁、二色乌头、华北乌头、银莲花、加拿大楼斗菜、杂种楼斗菜、槭叶铁线莲、芹叶铁线莲、美丽飞燕草、瓣蕊唐松草、长瓣铁线莲、半钟铁线莲等。

芍药科：芍药、草芍药、牡丹等。

罂粟科：荷包牡丹、美丽荷包牡丹、大花荷包牡丹、虞美人、东方罂粟、野罂粟、白屈菜、蓟罂粟、花菱草等。

木通科：木通、三叶木通等。

小檗科：阿穆尔小檗、细叶小檗、日本小檗、紫叶小檗、朝鲜小檗等。

木兰科：广玉兰、木兰（紫玉兰）、玉兰、二乔玉兰、望春玉兰、鹅掌楸、杂种鹅掌楸、五味子等。

蜡梅科：蜡梅、狗牙蜡梅、素心蜡梅、磐口蜡梅等。

十字花科：香雪球、羽衣甘蓝、糖芥、小花糖芥、紫罗兰、二月蓝、屈曲花、桂竹香、山庭荠、香花芥、雾灵香花芥等。

景天科：八宝、景天、土三七、佛甲草、费菜、垂盆草等。

樟科：狭叶山胡椒、山鸡椒、三桠乌药等。

虎耳草科：太平花、山梅花、金叶山梅花、溲疏、大花溲疏、小花溲疏、重瓣溲疏、东陵八仙花、落新妇、长白山茶藨子、香茶藨子、八仙花、大花圆锥八仙花、东北茶藨子、醋栗等。

金缕梅科：蚊母树、美洲金缕梅等。

杜仲科：杜仲等。

悬铃木科：美国梧桐、英国梧桐、法国梧桐等。

蔷薇科：柳叶绣线菊、麻叶绣线菊、金山绣线菊、金焰绣线菊、珍珠花、柔毛绣线菊、粉花绣线菊、菱叶绣线菊、笑靥花、珍珠绣球、三桠绣线菊、风箱果、北美风箱果、金叶北美风箱果、黄叶北美风箱果、珍珠梅、白鹃梅、齿叶白鹃梅、李、紫叶李、山杏、辽梅山杏、梅、杏梅、美人梅、桃、山桃、碧桃、白碧桃、红碧桃、洒金碧桃、紫叶桃、寿星桃、

绯桃、垂枝碧桃、垂枝洒金碧桃、白花山碧桃、曲枝白花山碧桃、菊花桃、榆叶梅、鸢枝榆叶梅、重瓣榆叶梅、麦李、郁李、樱花、垂枝樱花、毛樱桃、樱桃、欧洲甜樱桃、紫叶矮樱、大山樱、日本晚樱、大叶早樱、垂枝大叶早樱、东京樱花、紫叶稠李、多花栒子、平枝栒子、东北珍珠梅、灰栒子、火棘、山楂、山里红、水榆花楸、石楠、木瓜、贴梗海棠、倭海棠、苹果、山荆子、西府海棠、海棠花、海棠果、垂丝海棠、'凯尔斯'海棠、'道格'海棠、'雪球'海棠、'草莓果冻'海棠、'粉芽'海棠、'希望'海棠、'红丽'海棠、花叶海棠、'绚丽'海棠、'王族'海棠、'梨花'海棠、'宝石'海棠、'金星'海棠、'钻石'海棠、'火焰'海棠、'红玉'海棠、河南海棠、湖北海棠、杜梨、西洋梨、白梨、秋子梨、野蔷薇、粉团蔷薇、荷花蔷薇、紫叶蔷薇、刺玫蔷薇、伞花蔷薇、花旗藤、白玉棠、七姐妹、月季、丰花月季型、大花月季型（'红帽子'月季、'杏花村'月季、'小桃红'月季等）、微型月季型、地被月季型、藤蔓月季型、玫瑰、白玫瑰、木香、黄刺玫、报春刺玫、黄蔷薇、棣棠、鸡麻、金露梅、银露梅、委陵菜、葡枝委陵菜、朝天委陵菜、构叶委陵菜、多茎委陵菜、鹅绒委陵菜、莓叶委陵菜、蛇莓、草莓、地榆、龙芽草、山楂叶悬钩子等。

豆科：合欢、紫荆、皂荚、山皂荚、槐树、龙爪槐、五叶槐、刺槐、伞刺槐、金叶刺槐、无刺槐、毛刺槐、红花刺槐、鱼鳔槐、紫穗槐、紫藤、多花紫藤、白花紫藤、杭子梢、锦鸡儿、北京锦鸡儿、小叶锦鸡儿、金雀儿、胡枝子、达乌里胡枝子、多花胡枝子、花木蓝、野葛、菜豆、红花菜豆、野豌豆、假香野豌豆、三齿萼野豌豆、阔叶山黧豆、糙叶黄耆、达乌里黄耆、直立黄耆、草木犀状黄耆、草木犀、黄香草木犀、白香草木犀、花苜蓿、苜蓿（紫花苜蓿）、黄花苜蓿、米口袋、小冠花、多变小冠花、白三叶、百脉根、歪头菜等。

亚麻科：宿根亚麻等。

芸香科：黄檗、花椒、竹叶椒、枸橘、臭檀、芸香、白鲜等。

苦木科：臭椿、千头椿、红果臭椿、苦木等。

楝科：楝树、香椿等。

大戟科：猩猩草、一叶荻、雀儿舌头、银边翠、红叶蓖麻、东北油柑等。

黄杨科：黄杨、雀舌黄杨、朝鲜黄杨、锦熟黄杨等。

漆树科：盐肤木、火炬树、多裂叶火炬树、青麸杨、黄栌、毛黄栌、紫叶黄栌、红栌等。

冬青科：枸骨、美国冬青等。

卫矛科：大叶黄杨、'金心'大叶黄杨、'杂斑'大叶黄杨、'金边'大叶黄杨、'银边'大叶黄杨、扶芳藤、卫矛、爬行卫矛、胶东卫矛、大翅（丝绵木）、华北卫矛、大花卫矛、栓翅卫矛、瘤枝卫矛、短翅卫矛、南蛇藤、刺叶南蛇藤、东北雷公藤等。

槭树科：元宝枫（平基槭）、三角枫、鸡爪槭、五角枫、舞扇槭、茶条槭、青榨槭、复叶槭、细裂槭、假色槭、三叶槭、青楷槭、拧筋槭、白牛槭、毛脉槭等。

七叶树科：七叶树、红花七叶树、欧洲七叶树等。

无患子科：栾树、复羽叶栾树、全缘叶栾树、文冠果等。

鼠李科：枣树、酸枣、龙爪枣、鼠李、小叶鼠李、冻绿、拐枣等。

葡萄科：山葡萄、爬山虎、五叶地锦、蛇葡萄、乌头叶蛇葡萄、葎叶蛇葡萄、光叶蛇葡萄、掌裂蛇葡萄、白蔹等。

椴树科：糠椴、紫椴、蒙椴、心叶椴、扁担杆等。

锦葵科：木槿、白花重瓣木槿、大花木槿、紫花重瓣木槿、白花单瓣木槿、玫瑰木槿、芙蓉葵、大花秋葵、新疆花葵、裂叶花葵、蜀葵、锦葵、槭葵等。

梧桐科：梧桐等。

柽柳科：柽柳等。

猕猴桃科：猕猴桃、狗枣猕猴桃、软枣猕猴桃、木天蓼等。

堇菜科：紫花地丁、双花黄堇菜、早开堇菜、白花地丁、北京堇菜、斑叶堇菜等。

瑞香科：芫花等。

胡颓子科：翅果油树、沙枣、木半夏、秋胡颓子（牛奶子）、沙棘等。

千屈菜科：千屈菜、紫薇、浙江紫薇、红薇、翠薇、银薇等。

石榴科：石榴、重瓣红石榴、重瓣白石榴、玛瑙石榴、月季石榴、重瓣月季石榴等。

五加科：刺五加、辽东楤木、楤木、洋常春藤、刺楸等。

山茱萸科：灯台树、红瑞木、毛梾、山茱萸、黄枝偃伏棶木、金枝棶木、四照花等。

柿树科：柿树、君迁子、老鸦柿等。

野茉莉科：玉玲花等。

木犀科：雪柳、白蜡、绒毛白蜡、大叶白蜡、小叶白蜡、连翘、金钟花、金钟连翘、朝鲜连翘、卵叶连翘、紫丁香、白丁香、北京丁香、暴马丁香、花叶丁香、欧洲丁香、佛手丁香、小叶丁香、蓝丁香、裂叶丁香、辽东丁香、红丁香、波斯丁香、流苏、女贞、小叶女贞、金叶女贞、日本女贞、水蜡、小蜡、刺桂、迎春等。

紫堇科：紫堇等。

马钱科：大叶醉鱼草、互叶醉鱼草等。

紫草科：厚壳树、粗糠树等。

马鞭草科：海州常山、荆条、紫珠、小紫珠、美女樱、细叶美女樱、莸、金叶莸等。

唇形科：木本香薷（紫荆芥）、香薷、一串红、一串蓝、一串紫、丹参、薄荷、美国薄荷、马薄荷、随意草、糙苏、百里香、夏至草、黄芩、紫苏、益母草、连钱草（活血丹）、蓝萼香茶菜等。

玄参科：白花泡桐、毛泡桐、兰考泡桐、楸叶泡桐、金鱼草、毛蕊花、细叶婆婆纳、水苦荬、草本威灵仙、地黄、毛地黄、钓钟柳、红花钓钟柳、铃乃丽、夏堇等。

茄科：枸杞、宁夏枸杞、灯笼草、曼陀罗、矮牵牛、红花烟草、酸浆、蛾蝶花、金银花等。

紫葳科：梓树、楸树、灰楸、黄金树、美国凌霄等。

茜草科：薄皮木等。

忍冬科：锦带花、红王子锦带、白花锦带花、早锦带、海仙花、猬实、糯米条、金银木、鞑靼忍冬、黄果新疆忍冬、橙黄忍冬、郁香忍冬、金花忍冬、台尔曼忍冬、布朗忍冬、雪果忍冬、金银花、红金银花、接骨木、金叶西洋接骨木、天目琼花、欧洲琼花、香荚蒾、黑果绣球、蒙古荚蒾、桃把叶荚蒾等。

大风子科：山桐子、毛叶山桐子等。

蓼科：山荞麦、红蓼、酸模叶蓼、扁蓄、何首乌等。

桔梗科：桔梗、风铃草、紫斑风铃草、

沙参、石沙参等。

菊科：蚂蚱腿子、早小菊、荷兰菊、紫菀、美国紫菀、高山紫菀、三褶脉紫菀、阿尔泰紫菀、蛇鞭菊、金光菊、黑心菊、黑心金光菊、重瓣金光菊、天人菊、金鸡菊、大花金鸡菊、蛇目菊、大滨菊、松果菊、紫松果菊、蒲公英、蓍草、千叶蓍、百日草、木茼蒿、小红菊、野菊、甘菊、高加索菊、矢车菊、漏芦、向日葵、大丽花、猫儿菊、大波斯菊、艾菊、蓝刺头、藿香蓟、心叶藿香蓟、万寿菊、细叶万寿菊、孔雀草、雏菊、翠菊、金盏菊、风毛菊、银背风毛菊、苦荬菜、抱茎苦荬菜、细叶苦荬菜、山苦荬、旋覆花、欧亚旋覆花、线叶旋覆花、菊苣、狗舌草、火绒草、狗娃花、阿尔泰狗娃花、刺儿菜、鸦葱、细叶鸦葱、蹄叶橐吾等。

马齿苋科：半支莲等。

鸭跖草科：紫露草、白花紫露草等。

禾本科：结缕草、野牛草、无芒雀麦、草地早熟禾、高羊茅、紫羊茅、剪股颖、匍匐剪股颖、冰草、花叶芦竹、金色狗尾草、大油芒、箬竹、阔叶箬竹、紫竹、早园竹、金镶玉竹、斑竹、甜竹、刚竹、粉绿竹、红哺鸡竹、白哺鸡竹、巴山木竹、苦竹等。

莎草科：大羊胡子、涝峪苔草、细叶苔草、宽叶苔草、披针苔草、异型苔草、聚穗苔草、阿穆尔莎草等。

天南星科：半夏等。

百合科：凤尾兰、丝兰、黄花菜、小黄花菜、火炬花、玉簪、波叶玉簪、狭叶玉簪、重瓣玉簪、紫萼、秋紫萼、玉竹、山麦冬、阔叶麦冬、兰州百合、麝香百合、山丹、卷丹、王百合、川百合、石刁柏、葡萄风信子、大花葱、黄精等。

报春花科：点地梅、狭叶珍珠菜、狼尾花等。

萝藦科：萝藦、鹅绒藤、杠柳等。

旋花科：牵牛、圆叶牵牛、裂叶牵牛、茑萝、羽叶茑萝、圆叶茑萝、月光花等。

花葱科：宿根福禄考、丛生福禄考等。

川续断科：华北蓝盆花等。

葫芦科：丝瓜、观赏丝瓜、观赏葫芦（小葫芦）、观赏南瓜（金瓜）、栝楼等。

马兜铃科：马兜铃、北马兜铃等。

石蒜科：石蒜、黄花石蒜（忽地笑）、鹿葱、换锦花、长筒石蒜、喇叭水仙等。

紫茉莉科：紫茉莉等。

白花菜科：醉蝶花等。

苋科：青葙、鸡冠花、凤尾鸡冠、红叶苋、三色苋、千日红等。

酢浆草科：紫花酢浆草、酢浆草等。

车前科：车前草等。

藜科：地肤等。

败酱科：异叶败酱、糙叶败酱等。

牻牛儿苗科：牻牛儿苗、老鹳草、鼠掌老鹳草等。

柳叶菜科：柳兰等。

伞形科：北柴胡、防风等。

凤仙花科：凤仙花等。

防己科：蝙蝠葛等。

薯蓣科：薯蓣、穿龙薯蓣等。

鸢尾科：鸢尾、马蔺、黄花鸢尾、拟鸢尾、德国鸢尾、矮生鸢尾、野鸢尾、溪荪、射干、番红花、春番红花等。

美人蕉科：美人蕉、大花美人蕉、蕉藕等。

七、沈阳（东北地区）

（一）市树市花
市树：油松。市花：玫瑰。

（二）基调树种
油松、绦柳、小青杨、山桃。

（三）骨干树种
桧柏、红皮云杉、杉松、加杨、榆、刺槐、槲栎、辽东栎、蒙古栎、山皂荚、银杏、小叶朴、美国木豆树、花曲柳、紫椴、东北杏、核桃楸、五角枫等。

（四）常见乔木及小乔木
杉松、臭冷杉、欧洲云杉、长白鱼鳞云杉、红皮云杉、白杆、青杆、华山松、樟子松、长白松、油松、黑皮油松、圆柏、垂枝圆柏、塔柏、丹东桧、西安桧、万峰桧、川西云杉、北美短叶松、白皮松、红松、杜松、侧柏、银杏、垂柳、日本落叶松、马里兰德杨、小青杨、北京杨、旱柳、绦柳、小叶朴、榆、桑、山里红、杏、山桃、白花山桃、红花山桃、稠李、东北杏、多毛稠李、山荆子、山皂荚、刺槐、桃叶卫矛、华北卫矛、茶条槭、梓树、槲栎、辽东栎、蒙古栎、花曲柳、紫椴、核桃楸、五角枫、美国木豆树、落叶松、黄花落叶松、华北落叶松、华山松、新疆杨、青杨、健杨、沙兰杨、箭杆杨、小叶杨、朝鲜柳、馒头柳、枫杨、赤杨、麻栎、小叶朴、大叶朴、刺榆、裂叶榆、黄榆、春榆、栓皮春榆、垂枝榆、山楂、李、杜梨、山梨、无刺山皂荚、山槐、黄檗、毛漆树、宽翅卫矛、复叶槭、拧筋槭、元宝枫、栾树、枣、糠椴、沙枣、洋白蜡、暴马丁香等。

（五）常见灌木
沙地柏、西伯利亚杏、金雀锦鸡儿、花木兰、胡枝子、太平花、长白茶藨子、紫丁香、欧丁香、毛樱桃、榆叶梅、重瓣榆叶梅、截叶榆叶梅、粉团蔷薇、刺玫蔷薇、玫瑰、黄刺玫、土庄绣线菊、柳叶绣线菊、珍珠绣线菊、毛果绣线菊、金银木、长白忍冬、少花瘤枝卫矛、省沽油、东北鼠李、雪柳、东北连翘、金钟连翘、钝叶水蜡、毛接骨木、东北接骨木、接骨木、鸡树条荚蒾、锦带花、铺地柏、紫杉、鹿角桧、细柱柳、杞柳、谷柳、蒙古柳、五蕊柳、兴安茶藨子、东北茶藨子、树锦鸡儿、金老梅、野珠兰、风箱果、东北扁核木、欧李、郁李、小叶锦鸡儿、北京锦鸡儿、红花锦鸡儿、多花胡枝子、细叶蒿柳、大黄柳、卷边柳、波纹柳、三蕊柳、蒿柳、朝鲜黄杨、榛、毛榛、紫叶小檗、大叶小檗、天女花、东北溲疏、无毛溲疏、大花溲疏、东陵八仙花、大花圆锥八仙花、千山山梅花、金茶藨、醋栗、黑果穗状醋栗、乌苏里茶藨子、什锦丁香、朝鲜丁香、四季丁香、毛丁香、紫萼丁香、花叶丁香、羽裂丁香、关东丁香、红丁香、鸢枝黄蔷薇、伞花蔷薇、蓬垒悬钩子、绿叶悬钩子、茅莓悬钩子、华北绣线菊、大叶华北绣线菊、日本绣线菊、卵叶日本绣线菊、石棒绣线菊、绢毛绣线菊、三裂绣线菊、辽东丁香、雾灵丁香、荆条、百里香、中宁枸杞、枸杞、六道木、红花金银木、紫枝忍冬、早花忍冬、鞑靼忍冬、短序胡枝子、叶底珠、卫矛、宽翅卫矛、文冠果、鼠李、朝鲜鼠李、东北鼠李、乌苏里鼠李、酸枣、柽柳、无梗五加、刺五加、席氏五加、龙牙楤木、照山白杜鹃、迎红杜鹃、大字杜鹃、兴安杜鹃、卵叶连翘、朝鲜连翘、秦岭忍冬、柔毛黄花忍冬、红花鞑靼忍冬、宽叶接骨木、长尾接骨木、暖木条荚蒾、美丽忍冬、白花锦带等。

（六）不同用途的绿化树种

1. 公共绿地

油松、杉松、臭冷杉、红皮云杉、樟子松、红松、圆柏、铺地柏、紫杉、沙地柏、日本落叶松、黄花落叶松、加杨、小青杨、垂柳、绦柳、小叶朴、榆、山桃、东北杏、稠李、山梨、山皂荚、刺槐、桃叶卫矛、京山梅花、毛樱桃、重瓣榆叶梅、鸾枝、黄刺玫、玫瑰、黄蔷薇、粉团蔷薇、叶底珠、卫矛、红瑞木、金钟连翘、东北连翘、金银木、锦带花、毛果绣线菊、土庄绣线菊、珍珠绣线菊、重瓣笑靥花、柳叶绣线菊、三裂绣线菊、日本绣线菊、石棒绣线菊、华北绣线菊、卵叶日本绣线菊、紫丁香、欧丁香、北京丁香、红丁香、辽东丁香、小叶丁香、什锦丁香、关东丁香、波斯丁香、羽裂丁香、暴马丁香、重瓣欧丁香、水蜡、雪柳、鸡树条荚蒾等。

拟增添树种：白杆、青杆、华山松、白皮松、垂枝圆柏、万峰桧、塔柏、西安桧、银杏、核桃楸、枫杨、五角枫、新疆杨、水曲柳、花曲柳、糠椴、紫椴、美国木豆树、黄金树、辽东栎、蒙古栎、槲栎等。

2. 行道树

银杏、加杨、油松、圆柏、小青杨、垂柳、早柳、绦柳、榆、山桃、刺槐、复叶槭、元宝枫、美国花曲柳、梓树等。

拟增添树种：新疆杨、馒头柳、核桃楸、枫杨、槲栎、小叶朴、大叶朴、山皂荚、槐树、臭椿、紫椴、糠椴、水曲柳、花曲柳、水榆花楸、花楸、桃叶卫矛、美国木豆树等。

3. 防护林树种

油松、樟子松、圆柏、侧柏、小青杨、小叶杨、北京杨、合作杨、新疆杨、旱柳、核桃楸、枫杨、槲栎、辽东栎、蒙古栎、榆、春榆、稠李、山皂荚、黄檗、复叶槭、美国花曲柳、水曲柳等。

4. 风景林树种

油松、樟子松、华山松、杉松、红皮云杉、红松、圆柏、紫杉、落叶松、日本落叶松、黄花落叶松、核桃楸、枫杨、辽东栎、蒙古栎、槲栎、小叶朴、大叶朴、山楂、刺槐、臭椿、元宝枫、五角枫、拧筋槭、茶条槭、栾树、花曲柳、水曲柳、胡枝子、紫穗槐、树锦鸡儿、卫矛、龙牙楤木、山刺玫、南蛇藤、石棒绣线菊、毛果绣线菊、土庄绣线菊、软枣猕猴桃、葛枣猕猴桃、狗枣猕猴桃、粉团蔷薇、玫瑰、黄刺玫、黄蔷薇、荷花蔷薇、千山山梅花、京山梅花、紫丁香、欧丁香、红丁香、辽东丁香、小叶丁香、北京丁香、暴马丁香、大花溲疏、李叶溲疏等。

5. 绿篱树种

圆柏、丹东桧、西安桧、沙地柏、侧柏、紫杉、朝鲜黄杨、榆、水蜡、雪柳、细叶小檗、珍珠绣线菊、茶条槭、元宝枫等。

6. 垂直绿化树种

地锦、五叶地锦、白蔹、蛇葡萄、七角白蔹、南蛇藤、杠柳、金银花、北五味子、山葡萄、软枣猕猴桃、葛枣猕猴桃、狗枣猕猴桃、三叶木通等。

7. 低湿地带绿化树种

枫杨、垂柳、绦柳、赤杨、黄花落叶松、稠李、山桃、水曲柳、糠椴、紫椴、核桃楸、柽柳、紫穗槐、柳叶绣线菊、珍珠梅、杞柳、河柳等。

8. 观花树种

春季观花树种：东北连翘、金钟连翘、山桃、早花忍冬、迎红杜鹃、长梗郁李、郁李、李、山樱桃、榆叶梅、鸾枝、珍珠绣线菊、紫丁香、长白茶藨、金茶藨、兴安杜鹃、山杏、东北杏、稠李、李叶溲疏、大花溲疏、光萼溲疏、黄蔷薇、土庄绣线菊、三裂绣线菊、树锦鸡儿、小叶锦鸡儿、紫花锦鸡儿、文冠果、红瑞木、省沽油、大字杜鹃、关东丁香、小叶丁香、二花六道木、美丽忍冬、黄花忍冬、金银木、暖木条荚蒾、早花锦带、杨栌、什锦丁香。

夏秋观花树种：辽东丁香、红丁香、锦带花、京山梅花、东北山梅花、野珠兰、风箱果、刺玫蔷薇、伞花蔷薇、荷花蔷薇、粉团蔷薇、华北绣线菊、毛果绣线菊、紫椴、柽柳、沙枣、刺槐、暴马丁香、美国木豆树、鸡树条荚蒾、天女花、玫瑰、水蜡、黄刺玫、珍珠梅、日本绣线菊、栾树、柳叶绣线菊、金老梅、槐树、山槐、黄金树、照山白杜鹃、花木兰、北京丁香、银老梅、猬实、胡枝子、短序胡枝子、荆条、大花圆锥八仙花等。

9. 观果树种

金银木、鸡树条荚蒾、大叶小檗、细叶小檗、水榆、花楸、华北卫矛、桃叶卫矛、山楂、山里红、栒子木、宽翅卫矛、秦岭忍冬、接骨木等。

10. 芳香树种

刺槐、玫瑰、黄刺玫、黄蔷薇、省沽油、京山梅花、东北山梅花、千山山梅花、天女花、水蜡、金茶藨、沙枣、美国木豆树、大花圆锥八仙花、紫丁香、欧丁香、小叶丁香、北京丁香、暴马丁香、关东丁香、毛丁香、什锦丁香、波斯丁香、朝鲜丁香、白花丁香等。

附：沈阳市绿化树种规划名录（沈阳市城市建设管理局，2003)

对现状绿地逐步按生物量考核其绿化质量，绿地建设充分体现北方园林特色，以种树为主，种花草为辅，要达到乔灌比为3:1，针阔比为1:4，绿地内草坪面积不超过绿化面积的40%(除城市重点广场外)。

1. 常绿乔木

油松、红皮云杉、白杆、青杆、桧柏、沈阳桧、红松、樟子松、臭冷杉、杉松、冷杉、北美短叶松、西安桧、丹东桧、万峰桧、东北红豆杉、塔柏等。

边缘植物：白皮松、铅笔柏、线柏、北美香柏等。

2. 落叶乔木

加拿大杨、银中杨、旱柳、绦柳、垂柳、山桃、刺槐、银杏、核桃楸、新疆杨、毛白杨、河北杨、北京杨、美×青杨、辽东栎、蒙古栎、榆、小叶朴、山杏、槐树、山皂角、臭椿、美国花曲柳、水曲柳、元宝枫、栾树、桃叶卫矛、紫椴、美国木豆树、梓树、黄花落叶松、小叶杨、香杨、龙爪柳、馒头柳、枫杨、红花刺槐、香花槐、龙爪槐、山槐、黄檗、白桦、黑桦、千金榆、水冬瓜赤杨、赤杨、毛赤杨、槲栎、槲树、夏栎、桑、龙爪桑、蒙桑、辽梅山杏、东北杏、西伯利亚杏、陕梅杏、山樱桃、李、稠李、山桃、花楸、水榆花楸、山梨、杜梨、花红、红肉苹果、山荆子、海棠果、山楂、山里红、花曲柳、洋白蜡、绒毛白蜡、小叶白蜡、暴马丁香、黄金树、文冠果、垂枝榆、圆冠榆、黄榆、裂叶榆、春榆、大叶朴、色木械、茶条械、复叶械、假色械、拧筋械、糠椴、蒙椴、华北卫矛、西南卫矛、宽翅卫矛、火炬树、灯台树、刺楸、枣树、千头椿等。

边缘植物：水杉、紫叶李、西府海棠、玉兰、二乔玉兰、望春玉兰、鹅掌楸、北美鹅掌楸、玉玲花、合欢、金枝国槐、江南槐、流苏树、英桐、美桐等。

3. 常绿灌木

沙地柏、兴安桧、矮紫杉、朝鲜黄杨、照山白等。

边缘植物：翠柏、洒金柏等。

4. 落叶灌木

紫丁香、小叶丁香、关东丁香、红丁香、白丁香、欧丁香、辽东丁香、羽叶丁香、羽裂丁香、蓝丁香、什锦丁香、波斯丁香、东北连翘、垂枝连翘、卵叶连翘、金钟连翘、水蜡、雪柳、水栒子、毛叶水栒子、风箱果、东北扁核木、榆叶梅、重瓣榆叶梅、鸢枝、郁李、毛樱桃、红千瓣麦李、黄刺玫、多季玫瑰、粉团玫瑰、黄蔷薇、刺玫蔷薇、野蔷薇、伞花蔷薇、珍珠梅、日本绣线菊、柳叶绣线菊、土庄绣线菊、珍珠绣线菊、金焰绣线菊、金山绣线菊、华北绣线菊、珍珠绣球、三裂绣球、野珠兰、金老梅、银老梅、蓬垒悬钩子、茅莓悬钩子、绿叶悬钩子、大叶小檗、小檗、细叶小檗、紫叶小檗、迎红杜鹃、大字杜鹃、兴安杜鹃、树锦鸡儿、小叶锦鸡儿、北京锦鸡儿、红花锦鸡儿、金雀锦鸡儿、多花胡枝子、胡枝子、短序胡枝子、花木兰、紫穗槐、大花圆锥绣球、东陵八仙花、京山梅花、东北山梅花、千山山梅花、东北溲疏、大花溲疏、李叶溲疏、东北茶藨子、兴安茶藨子、香茶藨子、醋栗、长白茶藨子、大叶铁线莲、荆条、金银忍冬、长白忍冬、秦岭忍冬、蓝靛果忍冬、接骨木、东北接骨木、鸡树条荚蒾、欧洲荚蒾、香荚蒾、暖木条荚蒾、猬实、锦带花、日本锦带、红花锦带、白花锦带、早花锦带、红王子锦带、红瑞木、胶东卫矛、卫矛、鼠李、

东北鼠李、乌苏里鼠李、秋胡颓子、沙棘、枸杞、柽柳、毛榛子、叶底珠、省沽油等。

边缘植物：牡丹、紫斑牡丹、楸棠、重瓣楸棠、丰花月季、贴梗海棠、平枝枸子、美人梅、紫叶矮樱、白千瓣麦李、海州常山、木槿、大叶醉鱼草、互叶醉鱼草等。

5. 落叶藤本

地锦、五叶地锦、山葡萄、葡萄、蛇葡萄、七角白蔹、金银花、台尔曼忍冬、山荞麦、葛藤、南蛇藤、东北雷公藤、狗枣猕猴桃、北五味子、大花铁线莲、杠柳等。

边缘植物：紫藤、木通马兜铃。

八、哈尔滨（东北地区）

（一）基调树种
榆、樟子松、丁香、复叶槭。

（二）骨干树种

1. 道路及庭院绿化树种

红皮云杉、白杆、云杉、黑皮油松、红松、樟子松、杜松、桧柏、沙松、榆、垂枝榆、大果榆、旱柳、绦柳、龙爪柳、馒头柳、银中杨、山新杨、新疆杨、白桦、桑、复叶槭、茶条槭、五角枫、平基槭、白牛槭、假色槭、野梨、山楂、山丁子、沙果、水榆、花楸、山皂荚、沙枣、沙棘、核桃楸、刺槐、山槐、黄檗、文冠果、蒙古栎、华北卫矛、梓树、紫椴、糠椴、蒙椴、柽柳、水曲柳、花曲柳、玫瑰、榆叶梅、山桃、连翘、东北山梅花、红瑞木、金老梅、金银木、黄刺玫、小叶丁香、红丁香、欧丁香、紫丁香、暴马丁香等。

2. 工矿区、防护绿地树种

榆、柳属、杨属、樟子松、丁香、紫穗槐、金银木、偃伏桦木等。

3. 居民区绿化树种

椴属、丁香属、榆叶梅、连翘、杏、玫瑰、花楸、红瑞木、金银花、金银木等。

4. 风景名胜、公共绿地树种

落叶松属、桦木属、槭属、花楸、樟子松、云杉、冷杉、黄檗、椴属、水曲柳、红瑞木、云杉属、蒙古栎、柳属、杨属、丁香属、绣线菊属等。

5. 专用绿地树种

红皮云杉、黑皮油松、杜松、山里红、山皂荚、锦带花等。

6. 绿篱树种

榆、平基槭、矮紫杉、红皮云杉、水蜡、紫叶小檗、阿穆尔小檗、朝鲜小檗、细叶小檗、珍珠绣线菊、柳叶绣线菊等。

7. 垂直绿化树种

南蛇藤、刺南蛇藤、五叶地锦、地锦、山葡萄、杠柳、铁线莲属、猕猴桃属、北五味子、山荞麦、白蔹等。

8. 地被植物

沙地柏、百里香、兴安桧、白三叶、连钱草、莓叶委陵菜、鹅绒委陵菜等。

9. 孤植树种

榆、复叶槭、山里红、山丁子、沙果、水榆花楸、山桃、稠李、李树、天女木兰、山皂荚、刺槐、山槐、华北卫矛、紫椴、糠椴等。

思考题

1. 植物种类调查包括哪几个方面，需要注意什么？
2. 植物规划的内容和方法包括哪几个方面？
3. 阐述城市骨干树种和基调树种选取的特点，并用实例说明。

第十七章　专类园的植物景观设计

植物专类园与植物园 (Botanical garden) 在形式功能上有一定的相似性和联系性，但仍旧有着本质上的区别：植物园是从事植物物种资源的收集、比较、保存和育种等科学研究的园地，还作为传播植物学知识，并以种类丰富的植物构成美好园景供观赏游憩之用，它按照植物的亲缘关系，在科学的基础上进行布置，其主要任务是科学研究和科学普及。而植物专类园是以搜集展示专类植物、观赏游览为主要目的，并常作为植物园中的一部分，它的布置形态首先要满足游人的欣赏要求。

第一节　植物专类园概述

《中国大百科全书》对专类花园 (Specified flower garden) 的定义是：以某一种或某一类观赏植物为主体的花园 (中国大百科全书编辑委员会，1986)。《花园设计》一书中提到专类花园是以既定的主题为内容的花园，也称专题花园 (余树勋，1998)。欧盟对植物园类型分析中有一个主题植物园 (Theme garden) 的概念：这类植物园专门收集栽植在一定范围内有亲缘关系的或形态上相似的植物，或能表现一个特定主题的植物 (朱红译，2000)，这与植物专类园的含义比较相近。一些学者综合以上的解释，将植物专类园 (Specified plant garden) 定义为：具有特定的主题内容，以具有相同特质类型 (种类、科属、生态习性、观赏特性、利用价值等) 的植物为主要构景元素，以植物搜集、展示、观赏为主，兼顾生产、研究的植物主题园 (汤珏等，2005)。

一、植物专类园的发展史

在东西方造园史中，开始时所用植物几乎都是实用的种类，以后逐渐被观赏或专为用做遮阴的植物种类所代替；即使是神庙和贵族们的园林也不例外。最初栽植的是供食用的蔬菜和果树；后来又有药用植物和香料植物，花卉的观赏价值最初只居于副产品的地位 (李嘉乐，1992)。这种规律也体现在东西方植物专类园的发展过程中。

（一）我国植物专类园的起源和发展历史

中国园林可以追溯至 3000 多年前商周时代"囿"的出现，在我国园林发展历史中，观赏植物的栽培和造景应用贯穿于整个过程，其中主要以收集栽培具有一定亲缘关系的植物种类为专类园的形式出现。此外盆景作为一种起源于中国的展示植物艺术美的栽培方式，也有着悠久历史，起源于东汉（25～220年），形成于唐（618～907年），兴盛于明清（1368～1911年）。作为专门展示盆景艺术的盆景园，在我国历史上的一些皇家园林、私家园林和寺观园林中均可见。

有学者将我国的植物专类栽培分为三个阶段（臧德奎，2007）：

1. 起源阶段

我国观赏植物专类园的布置方式起源于秦汉时期的长安（今西安市西北），到南北朝时期在建康（今南京市）已经逐渐形成规模。专类栽培最初以实用为主要目的，但逐渐开始带有一些观赏游览的性质，例如《诗经》记载"桃之夭夭，灼灼其华"，展现了有文字记载的最早的桃园胜景，《诗经》中还提到的芍药栽培，《离骚》中也谈到的"滋兰九畹，树蕙百亩"，又如春秋时吴王夫差（公元前495～473年在位）为西施建"玩花池"，栽培荷花专用于玩赏。

秦汉时期的皇家园林"上林苑"中已经出现了大量的植物专类栽培形式，"长杨宫"、"竹宫"（设于甘泉宫）、"棠梨宫"、"葡萄宫"以及青梧观、细柳观、樛木观、蕙草殿等，都是明确地、分别以较大规模采用了垂柳、竹子、梨、葡萄等观赏植物为造景材料，以专类方式布置。而汉代博陆侯霍光的私家花园有睡莲池，专种五色睡莲，则是最早的小型睡莲专类园了。

自魏、晋、南北朝至隋代，用观赏植物布置成专类园的造景形式得到了进一步的发展，当时的不少花圃、宫苑还直接以花木的名字来命名。如东晋药圃收集了大量的芍药，名曰"芍药园"；宋元帝整修建康桑泊（即现在的南京玄武湖），不仅湖光山色交相辉映，而且湖中盛栽荷花，盛夏红裳翠盖，景色迷人；齐时的芳林苑则以桃花著称，是早期的桃花专类园；梁元帝竹林堂的"蔷薇园"种植了许多当时著名的蔷薇品种。

2. 成熟阶段

唐、宋时期是我国封建社会文学艺术发展的高级阶段，中国古典园林也有了进一步的发展，同时使得植物的专类栽培和应用更为普遍，植物专类园造景在唐宋时期便进入了成熟阶段。

杭州西湖赏梅胜地孤山的梅花在唐朝便已闻名，当时孤山已经连片植梅；到北宋时，隐居在杭州孤山的林逋，以种梅养鹤自娱，所谓"梅妻鹤子"，被传为千古佳话，更增添了孤山梅花的文化和传奇色彩。唐朝的京城长安也有大量的专类园造景形式出现，如兴庆宫的"沉香亭"即为一牡丹专类园；而兴庆宫的龙池实际上是一个水生植物专类园，由天然水池改建，池中以荷、菱、蒲、荇、芡、苇、藻等水生植物造景。在华清宫的苑林区，结合地貌地形布置了许多以花卉、果木为主的专类园性质的小园林，并兼具生产之用，如芙蓉园、粉梅坛、石榴园、西瓜园、椒园等。唐朝私家园林中的植物专类栽培形式也很普遍，如诗画兼工的文人王维的私园辋川别业中，有大量的植物专类造景形式，如"木兰柴"、"茱萸沜"、"竹里馆"等。

宋代洛阳的牡丹栽培极为普遍，在大型庭院中有专植牡丹的专类园。北宋欧阳修的《洛阳牡丹记》、陆游的《天彭牡丹谱》、张邦基的《陈州牡丹记》等更是描述了牡丹集中栽植和观赏的胜景。李格非《洛阳名园记》载，当时的"天王院花园子"即为一大型牡丹专类园，"洛中花甚多种，而独名牡丹曰'花'，凡园皆植牡丹，而独名此曰'花园子'，盖无他池亭，独有牡丹数十万本"。而洪适《盘洲记》中则记载了竹子的专类栽培，"两旁巨竹俨立，斑者，紫者，方者，人面者，猫头者，慈，桂，盘，笛，群分派别，厥轩以'有竹'名"。

唐、宋时期在风景名胜区普遍应用花木进行专类栽培，对形成群众性传统游赏习俗起到了极大作用，如唐诗反映的"紫陌红尘拂面来，无人不道看花回"的春游盛况，又如北宋的洛阳赏牡丹、南宋杭州的"孤山探梅"、"满陇桂雨"、苏州光福的"香雪海"、"邓尉探桂"等赏花习俗一直流传至今。

专类花木的栽培技术研究、专类园布置形式的运用发展，也使名花异卉的种质资源得到进一步的发掘和开发利用。如李德裕的《平泉山居草木记》、欧阳修的《洛阳牡丹记》、陆游的《天彭牡丹谱》、陈思的《海棠谱》、王观的《芍药谱》、王贵学的《兰谱》和范成大的《范村梅谱》等都反映了唐、宋时期

图17-1

图17-2

图17-1 华南植物园苏铁园（苏雪痕摄）
图17-2 华南植物园兰园（苏雪痕摄）

人们发掘利用植物种质资源和进行专类花木栽培的史实。

3. 继承和发展阶段

明、清时期继承了唐、宋的传统，专类园造景形式一直延续下来。如杭州西湖的桂花在唐宋时期已闻名，当时主要在灵隐寺和天竺月桂峰一带，而明朝时，满觉陇的桂花则规模更大。据高濂《四时幽赏录》记载："满家弄（满觉陇）者，其林若墉若枥。一村以市花为业，各省取给于此。秋时，策蹇入山看花，从数里外便触清馥。入径珠英琼树，香满空山，快赏幽深，恍入灵鹫金粟世界。"清朝，北京的皇家园林中也有不少专类园，如高士奇编撰的《蓬山密记》中有关畅春园的记载给我们展现了大片葡萄园的壮观场景："……登舟沿西岸行，葡萄架连数亩，有黑、白、紫、绿及公领孙、璪幺诸种，皆自哈密来。"圆明园中则有其他如牡丹专类园"镂月开云"、荷花专类园"濂溪乐处"等。

近代，随着植物园事业的迅速发展，植物专类园也获得了新的飞跃。此时的植物专类园主要见于植物园和树木园中，在形式上常常为附属于植物园的"园中园"或作为一个"区"，但其植物品种更加丰富。如北京植物园的碧桃、丁香园、月季园、海棠园、牡丹芍药园；华南植物园的竹园、木兰园、苏铁园（图17-1）、姜园、兰园（图17-2）、棕榈园、凤梨园、蕨类植物园；昆明植物园的茶花园、杜鹃、木兰园，其中茶花园最具特色；杭州植物园则将槭树类和杜鹃类配置在一起，形成别具一格的槭树杜鹃园；武汉植物园和桂林植物园设有猕猴桃专类园；厦门植物园设有多肉植物专类园、棕榈园、南洋杉专类园。

近年来，特别是改革开放以来，随着我国园林事业的蓬勃发展，植物景观设计已经成为园林建设的主流，植物园以外独立性质的专类园造景形式在城市园林和风景区中也已非常普遍，出现了规模大小不等的大量专类园，有些则是在传统专类栽培的基础上加以完善而形成。著名的如北京紫竹院公园和成都望江楼公园的竹子专类园，北京玉渊潭公园、青岛中山公园的樱花专类园，武汉东湖磨山为我国四大梅园之一。

（二）西方植物专类园的发展

经济植物在西方园林中所经历的时间，比在中国更为长久，这也体现在西方各国专类园的发展历程中。在公元前14世纪的古埃及阿米诺菲斯时期的一个官员官邸的庭园里便设立有葡萄园 (Vineyard)、棕榈园等专类园圃，有的埃及教士还会设立药草园；而在古罗马时期，随着园林技术的发展，引进了许多植物种类，并将食用的果树、蔬菜和草药等分开，专门设置；欧洲中世纪修道院和贵族的城堡式园林中，果树、蔬菜、药草仍是植物中的重要角色。较大的寺院也大多辟有果园、草药园（张祖刚，2003）。直到今天，西方许多宅园中还常有一些蔬菜园 (Kitchen garden) 或药草园 (Herb garden)。这些园逐渐发展为现代的植物专类园，且大多以"园中园"的形式存在。

西方植物专类园的发展过程中，可以明显看出自然科学研究的印迹，这点与中国传统植物专类园中浓厚的人文色彩和注重观赏有很大差别。植物分类学的发展也促使各种基于亲缘关系设立的专类园的建立，植物生理生态学的发展和不同生境条件的专类园如湿生植物园、岩石园、阴生植物园等的出现息息相关。国外著名的专类园的一般都由各类学术机构建设和管理正好说明了这一点，而我国由学术研究机构来管理建设的专类园是在当代植物园中才出现的。

（三）植物专类园的发展趋势

植物专类园由于其特殊的栽植方式、观赏价值和实用价值，一直以来都是园林中的"宠儿"，在目前为止，专类园已经成为世界各国的植物园中重要的园区和展示方式。上海植物园园长胡永红对欧洲 20 个、北美 33 个、亚洲 6 个、大洋洲 8 个和非洲 3 个，共 69 个国外知名植物园进行调查，共记录了有 50 种不同类型的专类园（胡永红，2006），体现了专类园作为提升植物园水平的一个重要途径，更加重视其特色性和表现形式的丰富多样。近年来，植物专类园在主题上不断创新，除了展示植物的观赏特点外，还利用植物的作用、应用价值、生长环境等展示别具风格的主题内容和园林景观。

随着植物栽培管理技术的发展和设计理念的变化，专类园除了作为植物园的园中园之外，其展示方式明显趋于多元化。目前，专类园逐渐走出了"园中园"和附属园的模式，开始走进了城市的公共开放空间，如上海延中绿地的药草园、东南亚各国街头公园设置的仙人掌及多肉植物专类展示区。这些开放空间中的专类园的出现，也体现了社会文明程度的一个进步。

二、植物专类园的类型

专类园通过搜集和展示专类植物、布置与之相吻合的小环境特征，体现专类植物的观赏特征，从而达到观赏游览的主要目的。近年来，随着展示植物主题和内容的不断丰富与创新，植物专类园的类型也趋于丰富多样，目前植物专类园的类型可以大致归纳为以下几类。

（一）展示亲缘关系的专类园

在中国古典园林中，常有记载一些专类花园，如牡丹园、梅园、菊园、竹园等，它们都是主人根据自己的喜好，收集和栽培

的一些具有较高文化内涵、广为人知且有较多品种的观赏植物。这类植物通常具有一定的亲缘关系（如同种、同属、同科、同纲等），这类专类园不仅从景观上展示了一类植物特定的观赏特征，同时也是专类园中最能体现植物遗传多样性和进化关系的园区，通常还和种质资源的收集保护与繁育结合在一起，具有较高的科普和科研价值。这一类专类园按照展示植物的亲缘关系大致可分为以下几类：

展示同种植物的专类园，如梅园、菊圃、牡丹园、芍药园、桂花园、荷园等。这些植物种通常有众多的品种和变种，有丰富的种下变异和遗传多样性，多为一些传统名花，花期比较集中。

展示同属植物的专类园：这一类型植物具有较大的种属系统，属下的大部分物种具有较高的观赏价值，具有相类似的外表性状、观赏特性等，对环境的要求也具有一定的相近性。例如丁香园、杜鹃园、山茶园、鸢尾园、小檗园、蔷薇园、海棠园等。

展示同科（亚科）植物的专类园：同科（亚科）植物在亲缘关系上比上述两种要远，选用植物范围更大，特别是有些同科植物除了一些共同的科属特征外，在形态上常会存在比较大的差异，这能很好地丰富园林景观。比如苏铁园、木兰园、竹园等。

展示门、纲、目等更大植物分类单位的专类园：通常这些植物在形体、习性等方面有更大的多样性，能创造出独特的景观。如松柏园、松杉园、蕨类园等。

除了上述按照一定分类单位展示的专类园外，一些习性互补的不同分类单位植物也可以相互组合形成专类园，如杭州植物园观赏植物区的木兰山茶园、槭树杜鹃园、桂花紫薇园等。

（二）展示生境内容为主题的专类园

这类植物专类园是通过植物景观设计来表现特有生境的景观特征，这类专类园有岩石园、阴生植物园、沼生（湿生）植物园、盐生园、沙生园、水生植物园等。这些专类园将相同生态型的植物，通过布置在特殊的人工生态环境中来展现特殊生境条件，既能让人

欣赏独特的生境景观风貌，还能通过植物景观设计的方式，起到改善环境的作用。比如盐生植物园利用盐生植物造景，同时也减弱了海潮风对城市的侵袭；水生植物园可以通过选择降解有机污染物的植物来净化地表水；一些植物园在选址中也经常会因地制宜地选择在采石场、山体滑坡和乱石坡部分建设岩石园，利用岩生植物改善场地的景观面貌。

（三）以植物观赏特点为主题的专类园

植物的观赏特征有多个方面，形态有乔木、灌木、草本、藤本等；观赏部位有观叶、观果、观枝、观根和观树皮等；季相又分常绿、落叶和半常绿等，还有一些植物具有特殊的观赏特性，如具芳香、具有特殊的质感，甚至风吹过发出特殊的声音也都可以作为主题展示。通过植物景观设计，把植物的这些特殊观赏性有目的地展现出来，如集中展示秋色叶的色叶园、展示香花和香叶植物的芳香园、展示落叶植物枝干美的冬景园、集中展示草本花卉的草花园、展示果实的秋实园、展示某类植物花色叶色美丽的色彩花园等，还可以把几个（种）观赏特点不同的植物集中配植在一起，形成独特的观赏特征来吸引游人，如将芳香植物及造型和质感独特的植物搭配形成的盲人园，又如将风拂后产生特殊响声的植物与引鸟植物结合设计而成的听觉园，利用药用植物、芳香植物和特殊设计的场所而形成的康复植物园。另外，盆景园则是展现经人工栽培和艺术造型后的植物姿态美的专类园（图17-3）。

（四）体现植物特殊经济价值的专类园

历史上早期的专类园大多是以集中收集和展示经济植物为主的，此后其观赏性才被逐渐重视。药草园是人类较早利用和展示植物经济价值的专类园之一，直至今日仍在很多植物园专类园中扮演着重要角色，并且在医药教学和研究中起到积极的作用。经济植物除了药用植物外，还有纤维植物、鞣料植物、油料植物、蜜源植物、香料植物、栲胶植物等。一些经济植物同时也是很好的观赏

植物，可以通过植物景观设计形成一些专类园：如蜜源植物能够大量吸引蜜蜂、蝴蝶等昆虫，巧妙地结合环境设计，就能形成美妙的蝴蝶谷景观；利用香料植物则可以建成香花植物区；利用具有观赏价值的蔬菜瓜果植物，可以布置成特色鲜明的瓜果园。经济植物专类园通常也是特殊种质资源保护和收集的基地，它更为重要的作用仍是集中在经济价值上，最大限度地保存物种，研究各种植物的特性，对经济植物进行培育和育种改良。

（五）其他专类园

专类园的展示内容可以说是广泛多样的，除上述几个基本类型外，还有多种特定主题的花园。

如反映丰富多彩的民族文化的民族植物园，在我国西双版纳植物园中就有一处民族植物区，其中包括展示以民族食文化为主题的热带食用植物区，还有收集了"五树六花"等与佛事有关的民族宗教植物区。此外在民族文化植物区，还收集了西双版纳各民族利用植物制作的文化用品，同时还从民族绘画、诗歌中提取所涉及的植物，展示丰富多彩的民族文化艺术（李春娇 等，2007）。

如结合文学作品来设计的花园，比较有代表性的如约翰内斯堡的莎士比亚花园，外形呈椭圆形，中央是圆形下沉广场，周边是月桂绿篱。设计上受莎士比亚名著《仲夏夜之梦》第二幕第一场中的植物启发，将涉及的植物如山楂、苹果、香桃木、牡丹、大马士革蔷薇、黄春菊、黑角兰、草莓，尤

图17-3 重庆植物园盆景园（苏雪痕摄）

图17-3

其还有些芳香植物如薄荷、薰衣草等配植其中。植物标牌上除了常见的植物学信息内容外，还注释了《仲夏夜之梦》中的原文。每年这里都举行莎士比亚的诞辰纪念活动，如音乐、诗歌、喜剧等，游客可以席地观赏。我国的文学名著《红楼梦》中也有大量的描绘植物的篇章，并且赋予了植物景观极为丰富的人文色彩，也为设计这类专类园提供了优秀题材。

其他如结合儿童喜好，集中展示猪笼草、含羞草、鸟巢蕨等奇特植物的"儿童花园"；利用常绿植物营造封闭私密空间，并种植大量东西方与爱情有关的植物的"情侣园"等。大自然是丰富的植物宝库，通过设计多种类型的专类园，收集和栽培植物，让人们从不同的角度欣赏这些植物。

第二节　岩石园

岩石园 (Rock Garden) 可能是植物专类园中出现频度最高的特色专类园之一，胡永红 (2006) 对全世界 69 个著名的植物园进行统计发现，岩石园和蔷薇园的出现频度最高。岩石园也是西方园林中较早出现的专类园之一，并且经过长时间的创作实践、总结提高，"岩石园"的建设已经趋于成熟，甚至广泛地进入了家庭园艺。各地也纷纷建立岩石园协会，促进岩石园的发展和普及。

岩石在我国园林中的应用也非常普遍，而且有着悠久的历史。园林中的堆叠假山、置石等内容极为丰富，且富有诗情画意。主要使用的岩石种类有太湖石、黄石、英德石、石笋石、钟乳石等，这些山石以其特殊的形态、质地和颜色，与园林建筑、水体、园路和植物相组景，或作为主景，如苏州冠云峰、上海玉玲珑、杭州绉云峰、苏州瑞云峰的江南四大名石，形成了中国传统园林中的一个重要造景元素。但是中国园林中的岩石的使用和布置形式，和起源于西方的岩石园是有较大差别的。尽管两者都以岩石作为主要的景观设计元素，但前者通过安、连、接、斗、拼、挎、悬、卡、垂、挑、撑、竖、整、压、钩等多种叠石技法，形成怪石嶙峋、咫尺山水、意境深远的假山石景，尤其突出了石品的"瘦、皱、漏、透"的观赏特性，其中的植物种类和数量都比较少，仅仅作为岩石的陪衬；而后者则是突出了以岩生植物为观赏的主体，配置各种石块，为栽培观赏植物和模拟生境环境创造条件。本节主要介绍源于西方的岩石园，而非中国的假山园。

一、岩石园的概念和发展历史

这些年来不少学者专家对岩石园作出了定义。岩石园是以岩石及岩生植物为主，结合地形，选择适当的沼泽、水生植物，展示高山草甸、牧场、碎石陡坡、峰峦溪流等自然景观 (苏雪痕，1994)。赵世伟等 (2001) 则将岩石园概念更加具体化，认为岩石园是指把各种岩石植物种植于堆砌的山石缝隙间，并结合其他背景植物及水体、峰峦等地貌，造出高山自然景观的园林造景形式，它是自然山石景观在人工园林中的再现，它的造园主体是岩生植物，山体、水体仅是表现岩生植物的一种载体。《园林基本术语标准》中的具体定义为：岩石园是指模拟自然界岩石及岩生植物的景观，附属于公园内或独立设置的专类公园。由此可见，岩石园以岩生植物为观赏主体，岩石的主要用途是为植物提供良好的生长环境，它的观赏性已退居次席。

岩石园的兴起与高山植物的引种驯化密不可分。16 世纪开始，英国开始引种和驯化高山植物用做观赏，在 17 世纪中叶，欧洲的植物学家被阿尔卑斯山绚丽多彩的高山植物所吸引，开始修建了高山区来引种驯化这些植物，如 1774 年在伦敦的药用植物园里，就用冰岛的熔岩堆成岩山，并栽种阿尔卑斯山引种来的高山植物，这些高山园就是后来的岩石园的前身。到 19 世纪，人们开始有目的地把高山植物的鉴赏与叠山筑石结合起来，形成了现在的"岩石园"，岩石园逐渐在世界各国发展起来。1860 年，英国爱丁堡皇家植物园建立了一个规模较大的岩石园，历经100余年的改建及不断完善，至今占地1hm^2，其规模、地形、景观在世界上最为有名。1882年邱园植物园利用苏塞克斯郡的石灰岩建立了岩石园，此后英国牛津大学植物园、剑桥大学、英国威斯利花园等先后建立了岩石园，到目前在欧洲有大约30个植物园建有岩石园（汤珏，2006）。20世纪初，英国人开始倡导一些构建和管理岩石园的规则和要点，Reginald Farrer 出版了 *My Rock Garden*，Lewis Meredith 写了 *Rock Gardens*，后来 Farrer 在1913年完成了 *The English Rock Garden*（1919年出版），该书被誉为岩石园造园的《圣经》。

在北美，1890年麻省的 SMITH 大学植物园建立了北美第一个岩石园，该园类似邱园岩石园但是规模相对较小。1916年，美国在纽约布鲁克林植物园内也建造了岩石园，这是将原来的垃圾堆放处改建为展示早春开花植物以及秋季绚丽多彩植物的岩石园。在两次世界大战之间，美国岩石园协会 (The American Rock Garden Society) 的成立推动了岩石园在美国的普及，至1991年末，岩石园协会会员就达到4000多个。其他一些国家也都有一些围绕高山植物及岩石园的学术团体，如澳大利亚的塔斯马尼亚高山植物园学会 (The Alpine Garden Society Tasmania) 和高山植物学会维克多组 (The Alpine Garden Society Victoria Group)；英国的高山植物园学会和苏格兰岩石园俱乐部 (The Scottish Rock Garden Club)；加拿大的英联邦哥伦比亚高山植物俱乐部 (The Alpine Club of British Columbia)、温哥华岛岩石与高山植物学会 (The Vancowver Island Rock and Alpine Garden Society)；丹麦的高山植物园学会；新西兰的坎特布里高山植物园学会 (The Canterbury Alpine Garden Society)。

欧美国家的岩石园建设的高潮是在20世纪初叶之后，这和中国等地区的高山植物、岩石植物流入欧洲以及中国传统园林艺术手法的影响有关（王秋圃 等，1989）。在东方，首次出现的是1911年在日本东京大学理学部植物园内建造的岩石园（吴涤新，1994）。我国第一个岩石园是陈封怀先生于20世

30年代创建的，位于庐山植物园内，收集布置各类岩石植物600余种，至今还保存有石竹科、报春花科、龙胆科的一些高山植物236种（苏雪痕，1994）。

二、岩石园的形式

岩石园的整体形式从模仿山地地形地貌，发展到一定阶段衍生出其他的一些类型，特别是作为岩生植物布置载体的形式趋于多样化，如在垒筑的石墙缝隙中种植岩生植物，在石材容器中种植高山、岩生植物，或在温室展厅中模拟展示的高山、岩生植物景观，这些都属于岩石园的范畴。根据造景形式的不同，岩石园大致可分为以下5种类型。

（一）自然式岩石园（Natural rock garden）

这是岩石园的主要展示形式，以展现高山地形地貌及植物景观为主，适于建设在较大场地中，以再现山地、峡谷、干河床、碎石坡、溪流等自然高山景观。不同的地形地貌为植物生长提供了各种生态环境，能在最大限度上丰富植物种类，展现不同特色的景观面貌。这类岩石园还根据模拟自然景观的不同分为裸岩景观、丘陵草甸景观、岩墙峭壁景观、碎石戈壁景观（赵世伟 等，2001）（图17-4）。

图17-4-1

图17-4-2

图17-4 英国爱丁堡皇家植物园自然式岩石园（苏雪痕摄）

（二）规则式岩石园（Formal rock garden）

规则式岩石园相对自然式岩石园而言，一般地形简单，规模较小，外形常呈台地式或梯田式，以展示植物为主，如英国邱园的岩石园。种植高山、岩生植物的栽植床层叠布置，在山体中可设置石阶让游人登"山"赏景。这种形式比较容易控制岩石园范围，适用于面积不大，需要控制叠石体量的场地中。从高山景观特点看，岩石园堆石不能过高，要依地形而置石，岩石布局宜高低错落、疏密有致，岩块的大小组合应与所栽植的植物搭配相宜。室内高山植物展览室常采用为台地式岩床的种植形式（图17-5）。

（三）墙园式岩石园（Wall rock garden）

这是一类特殊的岩石园，在用石块堆叠而成的石墙缝隙中种植各种岩生植物，形成自然而富有趣味的景观。石墙可用做挡土墙或单独设置用以划分空间，一般和其他类型岩石园相结合，形式灵活独特。根据场地条件和实际需要，分为双面墙和单面墙两种类型（图17-6）。

（四）容器式微型岩石园（Miniature rock garden）

把岩生植物种植于石材容器之内，形成容器式栽植方式的微型岩石园。这类种植方式充满趣味性，便于管理和欣赏，可到处布置或随意挪动，也可随季节变化更换植物，其应用面积有限，适于作为岩石园的补充，增加乐趣，也比较适于家庭小型岩石园的建设。如果在较空旷的场地上，利用大小、形状不一的石槽组合种植高山、岩生植物，也称为槽园（Trough garden）（图17-7）。

（五）高山植物展览室（Alpines house）

有些高山植物引种驯化比较困难，需要较为严格的环境条件才能生存，为了展示这些植物，就需要建设具备特殊条件的展览室。展室通常结合岩石形成栽植床，也有利用墙缝设置栽植槽，构成立体的展览墙，部分植物还采用盆栽形式，如英国邱园的高山植物展览室，其占地14m×14m，1981年建成开放，为了隔离四周地温的影响，围绕这座高山植物室开辟了一条水沟，室内全部采用自动化的空调，还在栽植床的沙土中通入不同温度的制冷金属管，并通过屋顶各种可控的灯光和机械化的窗帘调节光照，从而模拟地中海、赤道等不同地点的高山生境条件。

三、岩石园设计建造的要点

岩石园是模拟自然高山环境和岩石环境下的植物生境景观，地形的设计建造是岩石园的重要前提。最好能够利用自然的山坡或起伏的地表，模拟自然的山体，形成山峰、山脊、山谷、山鞍部等，并结合溪流、跌水、池塘等水景，形成山水相结合的景观，同时也为高山和岩生植物提供丰富的小生态环境。可以借鉴中国古典园林中假山园"咫尺山水"的造景手法，但是要充分保持和留出植物栽植的空间和位置。岩石园园路的布置应该蜿蜒曲折、依山就势。由于岩石园的观赏既讲究远观，更重视近距离的观察，因此岩石园的园路应该较密，但是又不要给人一种到处都是园路的感觉，这就要求一方面园路尽量掩饰在山石和植物之中，另一方面园路的铺地材料应和周围的山石土壤相一致。平坦的园路多采用碎石和石砾，台阶之处则用与路边相同的石材，使园路充分融于岩石园的环境之中。

岩石园中的岩石不仅是布置植物的载体，同时也是重要的观赏对象。岩石园用石一定要具有透气和吸湿性，具备良好的排水性和储水的能力，因此选用的石材一般具有较多的孔隙、质地较轻、吸水保水能力好，一些坚硬、光滑的岩石如花岗岩等不适合建造岩石园。一般来说，砂岩、石灰岩、火山熔岩、砾岩等都是岩石园选用的材料，伦敦的药用植物园岩石园则利用冰岛的火山熔岩，这种熔岩具有非常多的小孔隙；砂岩是砂砾胶结在一起的碎屑岩，吸水、保水性都很好，哥本哈根植物园的岩石园也利用了类似的岩石，布置成了具有典型寒带特征的岩石园。

图17-5 英国威斯利花园规则式岩石园（苏雪痕摄）
图17-6 英国墙园式岩石园（苏晓黎摄）
图17-7 爱丁堡皇家植物园石槽式岩石园（苏晓黎摄）

岩石园用石量大，主要应把握好石质、色彩、形状，不应苛求某一种岩石，应因地制宜，充分利用当地的材料建设岩石园，甚至有时一些透气性好的砖、瓦片也是很好的岩石园材料。

一般来说，因为管理不便，岩石园的规模及面积不宜过大，植物种类不宜过于繁多，不然管理极为费工，应量力而行。

在自然式岩石园中，岩石的布置和摆放应注意以下几点：

（1）岩石块的摆置方向应趋于一致，才符合自然界地层外貌。在一个岩石园中用同一手法，同一倾斜方向叠石会比较自然协调，同时应尽量模拟自然的悬崖、瀑布、山洞、山坡造景。倾斜方向要朝向植物，否则会使水从岩石表面流失。如在一个山坡上置石太多，反而不自然。

（2）置石时要保证基础稳固，应把大、宽、厚、长的石块置于底部。不稳固的石块不仅对其周围的植物是威胁，对游人也是威胁。

（3）石与石之间要留出空间，用泥土坚实地填补，以便植物生长。

（4）利用凹穴和石缝种植所选择的植物，特别是向阳面，能为植物提供舒适的生长环境。

（5）岩石应至少埋入土中 1/3 ～ 1/2 深，将最漂亮的石面露出土壤，基部及四周要结实地塞紧填满土壤，使岩石园看上去是地下岩石自然露出地面的部分（Edwards，1958）。

（6）岩石的摆放应该有组织地形成紧密单元，有一致的坡度，不应无规则地散乱堆放。堆叠高度没有固定标准，一般高程较低。

（7）置石不只是石块泥土随意在选定的地点上堆叠，还应有适当的基础支撑，有利于更好的排水。特别是在平坦和以黏土为基质的地方，排水尤为重要，因为黏土不易排水，尤其在大雨过后岩石园可能成为泥潭（Lawrence，2002，于永双，吴臻玥译）。

规则式岩石园的岩石布置要点与上述几点基本相同，只是岩石的堆叠按照梯田式或者台阶式布置，形式更加有序。

墙园式岩石园的高度不能太高，一般应该控制在 1m 以内以便于观赏、养护管理和保持岩墙的稳定性。建造墙园式岩石园需注意墙面不宜垂直，而要向护土方向倾斜，石块插入土壤固定，也要由外向内稍朝下倾斜，以便承接雨水，使岩石缝里保持足够的水分供植物生长，石块之间的缝隙不宜过大，并用肥土填实，竖直方向的缝隙要错开，不能直上直下，以免土壤冲刷及墙面不坚固。石料以薄片状的石灰岩较为理想，既能提供岩生植物较多的生长缝隙，又有理想的色彩效果。

容器式微型岩石园多选用一些石钵和石槽作为栽植床，形式可以多种多样，甚至一些碗、盆等都可以用来布置这类岩石园。种植过程和盆栽植物类似，必须在容器底部凿几个排水孔，然后用碎砖、碎石铺在底层以利排水，上面再填入生长所需的肥土，种上岩生植物。配植完植物后，面层再覆盖碎石或一些小型的置石，犹如一个展示岩生环境植物的盆景。

四、岩石园的常用植物

早期的岩石园主要为了给高山植物提供一个适合的生境，但是人们在引种高山植物及建立岩石园的过程中，发现不少高山植物不能忍受低海拔的环境条件而死亡，以后就开始寻找或选育一些貌似高山植物的灌木、多年生宿根、球根花卉来替代。

建造岩石园时，常提到高山植物（Alpine plants）和岩生植物（Rock plants），这两者是既有区别又有联系的。岩生植物最早来源于高山植物，高山植物是指原产在高海拔（通常在 1800m 以上）地区的植物。这些植物的显著特点是抗旱抗寒性强，耐瘠薄土壤，有明显的旱生结构，外表低矮，花色较为艳丽，根系一般很发达；个体的生活周期较短，一般 5 月中旬开始生长，9 月停止生长，仅仅 2～3 个月就完成生活周期。

而"岩生植物"并不仅仅局限于高山植物的范围，它是理论植物学的分类，其含义是指那些生长于岩石上或者是岩生环境中的植物，苔藓植物、蕨类植物、裸子植物、被子植物中都有部分植物适于这种生态环境。岩生植物的共同特点为耐旱，可以在瘠薄的土地上生长，株体低矮，生长缓慢，生长期长等。另外还包括了园艺家们精心培育出一大批各种低矮、匍生，具有高山植物体形的栽培变种，甚至高逾数十米至百米的世界爷、雪松、云杉、冷杉、铁杉都被培育成匍地类型。因此概括而言，岩生植物不全是高山植物，高山植物也不仅指岩生植物，这是两个有着交集的不同概念。

一般适用于岩石园的植物需要具备以下特点（余树勋，2004）：①植株矮小，枝叶紧密，呈丘状或垫状；②花小而多，或终年叶色可赏；③能沿地面蔓延，但不是狂长侵占土地；④多年生草本、球根类、矮灌木，按当地气候选用。新建的岩石园可以先选用一二年生草花；⑤栽培管理比较省工，无特殊要求。选用这样的植物不仅符合岩石园模仿高山景观的宗旨，还较节省人力物力，特别对岩石园景观初期建设很有帮助。另外，岩石园的植物选择还应充分利用当地自然植物资源，以气候相似原理为选择指导，考虑后续养护条件，以求岩石园建设的科学性、可实施性和稳定性。

在植物园内建设的岩石园一般以收集各类植物为主，并明确科、属、种、拉丁名等，带有很强的科普性质，作为人们认识、了解高山、岩生植物的信息来源地；有的以高水平的养护管理技艺为特色，栽培各类不易在低海拔地区成活的高山、岩生植物，对设备、工作人员、资金来源的要求都比较严格，多种植在高山、岩生植物展览室；而一般公园形式的岩石园或家庭中所建的小型岩石园，由于高山植物养护管理的烦琐及立地条件的限制，所种植物不一定来自高山，常用已经驯化为低海拔地区适应种或貌似高山植物的普通植物。

主要的岩石园植物材料有以下几类（汤珏，2006）：

（一）苔藓类植物

苔藓类植物是一种结构简单且最原始的高等植物，是高海拔地区常见的植被类型，常有由苔藓和地衣组成的苔原，其中不少属、种具有较强的耐旱能力，能生长在光裸或断裂的石壁上，并促使基质风化，为其他植物的生长创造条件。

苔藓植物包括苔和藓。藓类植物一般是群集丛生，成片生长，对环境条件适应性强，非常耐阴，可以在树荫下及草坪无法生长的地方生长，即使生境条件十分恶劣，也能安全生存。因此，人们常用来布置岩石园。而苔类植物由于对水湿条件要求更高，一般较少采用。另外，藓类植物颜色丰富，有金黄色的金发藓，有黄绿色的丛毛藓，白色或绿白色的白锦藓和白发藓、红色的红叶藓和赤藓，还有灰白色的泥炭藓及棕黑色的黑藓等，非常适合应用于讲究植物色彩搭配的岩石园中。根据造园特点，藓类植物中有部分属于石生型，适于生长在岩石或石质的基质上，主要有以下几种类型：

（1）湿润石生型——生于经常湿润的石质上。如羽藓、提灯藓等。

（2）干燥石生型——生于山坡或林地以外空旷多阳光、比较干燥的石质基质上，完全依赖雨水或空气中水分而生存。如紫尊藓、虎尾藓等。

（3）高山石生型——生于高山的岩石上，旱生性，南方通常在海拔1600m以上的山地，北方多在海拔2000m以上的山地。如黑藓等。

以上的石生型藓类植物不需养护管理，又能天然与岩石结合，是很好的岩石园植物材料，值得大力推广。当然，其他一些如树生型（生活在树上）、水生型等类型的藓类植物也值得在岩石园中广泛应用，它们能构成幽静恬然而古意横生的画面。

（二）蕨类植物

蕨类植物虽没有绚丽的花朵和丰硕的果实，但叶型奇特，叶姿优美，叶色绿郁青翠，形态独特，具有极高的观赏价值。蕨类植物具有较强的耐阴性、适应性和抗性，可以在其他植物不能生长或生长不良的环境里生存，特别是在那些土质贫瘠，环境荫蔽，不适宜栽培植物的地方种植，而且生长快，不易受病虫害侵扰，管理粗放，配合其他植物，能营造远古风貌及幽静深远的极富自然情趣的景观。有些蕨类可以匍匐在岩石上，使岩石表面看起来柔和，水龙骨属、骨碎补属和阴石蕨属最适于这种种植。石生类蕨类植物还可以生长在岩石上，其根状茎及须根发达，可将植物固定在岩石上或石缝中。当雨水不多时，可种旱生蕨。蕨类植物的这些特点十分符合岩石园的生长条件，许多地方还专门建立蕨类岩石园，展示生长于石缝中的蕨类植物。适合岩石园的一些蕨如下：铁线蕨、短毛铁线蕨、覆瓦状铁线蕨、双铁线蕨、细叶铁线蕨、羽状半裂铁角蕨、宽脉铁角蕨、铁角蕨、蹄盖蕨（小型品种）、过山蕨、西伯利亚过山蕨、金药蕨、碎米蕨属、全缘贯众、鳞茎冷蕨、冷蕨、软毛骨碎补、弓锯蕨、羽节蕨、圆盖阴石蕨、伏石蕨、达夫肾蕨、隐囊蕨属、旱蕨属、荷叶蕨、粉叶蕨属、西方多足蕨、复活多足蕨、革质多足蕨、莱蒙耳蕨、对马耳蕨、克里特凤尾蕨及其品种、石韦属、卷柏属的许多种、钝形岩蕨、俄勒冈岩蕨等。

蕨类植物还非常适合种植在墙园式岩石园中，在砌岩墙的同时就可将蕨类种植于墙缝中，或将可作垂直绿化的蕨类垂吊于岩墙墙体上，常见的有海金沙、星毛蕨、条蕨、鳞果星蕨、银粉背蕨、抱石莲、石松等，别具一番景色。

（三）裸子植物

岩石园所用裸子植物一般指常绿的松柏类植物。高大的松柏类植物可作为整个岩石园的背景，还能丰富竖向景观层次，奠定岩石园的基调。具有匍匐性或矮生性的松柏类则可作为高山、岩生植物的背景，形成色彩、质地上的对比，如铺地柏、沙地柏、匍地龙柏等。甚至高达数十米到百米的裸子植物都被培育出矮生或匍地的品种（董丽，2003），更是增加了岩石园的观赏性。有了常绿裸子植物的映衬，岩石园即使在秋冬季休眠期，也不致使景观完全衰败。

（四）被子植物

被子植物中有一些科属是典型的高山岩生植物，如石蒜科、百合科、鸢尾科、天南星科、酢浆草科、凤仙花科、秋海棠科、野牡丹科、马兜铃科的细辛属、兰科、虎耳草科、堇菜科、石竹科、花葱科、桔梗科、十字花科的屈曲花属、菊科部分属、龙胆科的龙胆属、报春花科的报春花属、毛茛科、景天科、苦苣苔科、小檗科、黄杨科、忍冬科的六道木属和荚蒾属、金丝桃科的金丝桃属、蔷薇科的栒子属、火棘属、蔷薇属、绣线菊属等。

这类植物种类很丰富，应根据岩石园的不同风格来进行植物景观设计，组成优美的群落，每一丛种类的多少及面积的大小视岩石园大小而异，同时要兼顾色彩上的视觉效果。再者，同一岩石园的植物可能是来自不同地区的高山植物，且种类丰富，设计不好就会产生杂乱的景象，因此在设计前，要了解每一种岩生植物的习性、色彩、花期等特性。岩石园应多栽植草本植物，一般为多年生花卉，这些植物花色鲜艳，是岩石园很好的调色植物，但还应增加些生活期长、管理粗放的矮小灌木，特别是常绿小灌木或乔木，以丰富岩石园底色。除色彩、线条上的景观要求外，把握每种高山、岩生植物对光照、土壤湿度的要求也很重要。

喜光的种类如：蔷薇属、栒子属、金老梅属、瑞香属、金丝桃属、银莲花属、金莲花属、庭荠属、碎米荠属、百合属、屈曲花属、景天属、地榆属、毛茛属、蚤缀属、卷耳属、石竹属、点地梅属、紫菀属、菊属、风毛菊属、薯属、龙胆属、珍珠菜属、黄芪属、蓼属等。

耐阴的如：绣线菊属、忍冬属、荚蒾属、小檗属、十大功劳属、黄杨属、卫矛属、野扇花属、蔓长春花、络石、珍珠莲、六月雪、虎刺、杜茎山、紫金牛、百两金、水栀子、报春花属、马兰属、沙参属、桔梗、落新妇属、升麻属、石蒜属、酢浆草属、铃兰等。

喜阴湿的如：秋海棠属、虎耳草属、冷水花属、赤车属、堇菜属、天南星属、舞鹤草、鹿蹄草属、凤仙花属、紫堇属、半蒴苣苔属、旋蒴苣苔属、佛肚苣苔属、唇柱苣苔属、八角莲属、七瓣莲属、细辛属等。

五、世界著名的岩石园介绍

（一）邱园岩石园

邱园坐落于伦敦东南里奇蒙德（Richmond）附近，紧邻泰晤士河，始建于1759年，占地面积121hm²。岩石园建于1882年，位于园区东南角，模拟比利牛斯山谷的景观，为植物创造了良好的小气候条件（图17-8）。

岩石园岩石采用苏塞克斯郡的石灰岩。园中栽植着世界各地的植物，约有2648种，常用原产中国的栒子属植物来重现高山风光，如匍匐栒子、黄杨叶栒子、小叶黄杨叶栒子、矮生栒子、长柄矮生栒子、平枝栒子、小叶栒子、白毛小叶栒子等。

岩石园划分为6个地理区系以展示各自植物特征：

（1）欧洲区：这一区域占地面积最大，包含了英国本土各地的高山植物、岩生植物和阴生植物。园区中有专门用地展示从阿尔卑斯山和比利牛斯山引种来的欧洲高山植物。

（2）非洲和地中海区：这主要展现地中海地区的植物，但包含了不少能在邱园露天种植的来自南非的植物。这些适应于地中海气候的植物来自不同原产地，如干热地区（西班牙南部）、高地（阿特拉斯山脉）和岩石溪滩峡谷（克利特岛）。

（3）亚洲区：亚洲部分以来自喜马拉雅山、高加索山和中国的高山植物为特色，如姜科象牙参属植物。该园区有三挂瀑布汇聚到溪流中，溪流周围种植着湿生植物，如西伯利亚鸢尾。

（4）澳大利亚和新西兰区：大部分来自澳大利亚和新西兰的高山植物和灌木在夏季需要潮湿的空气。这里的土壤混合有椰子壳纤维和树皮，这样可以很好地保持水分，以有效降低植物在夏季的死亡率。这里的高山植物来自新西兰的南阿尔卑斯山地区，而地中海气候型植物则来自澳大利亚西南部。

（5）南美洲区：高山植物主要来自安第斯山脉和巴塔哥尼亚山脉。种植了各种六出花（秘鲁百合）和许多来自智利中部的具有典型地中海气候特征的植物。

（6）北美区：巨大的瀑布是这一地区的主题景观，瀑布落入一个周围是沼泽地的池塘。这里的高山植物来自落基山脉和阿巴拉契亚山脉。而地中海气候型植物则来自加利福尼亚沿海地区，如矮生加利福尼亚紫丁香。

有些种类的高山植物对生长条件要求很严格，必须种植在特殊构造的高山植物室里，这个温室有温度调节设备和紫外光源，可以模拟高山环境条件，一些极地植物也能在这里生长。邱园高山植物室建于1887年，1891年和1938年先后扩建了两次，建筑外形呈金字塔状，如山的形状。建成后的高山植物室共栽植约3000种植物（包括一部分栽在周围露地的种类），其中直接定植的有2000多种，有一部分是盆栽埋土的。

室内分区精细。东北角有一个小瀑布和水池，周围布置了泥炭、沼泽区，两边干坡上种植亚洲和南半球的高山植物；东南角是干旱区，中央是碱性碎石堆（石灰岩），斜坡划分为亚高山和山间沙漠两部分，这里主要生长北美洲的旱生植物；西面的坡床被寒冷的泥炭溪分隔开来，南面陡坡是酸性碎石堆，北面种植碱性植物；中间长方形的是一个试验性的利用冰冻设备保持土壤低温的栽植床，分别种植了极地植物和亚热带、热带高山植物。

高山植物室是邱园最小却具有较高园艺水准的展览温室，它几乎涵盖了世界各地高山、岩生植物的生长环境，也配备了先进的设备和优秀的管理人员，是世界上最好的高山植物室之一。

（二）剑桥大学植物园岩石园

位于剑桥大学植物园的西北角。有两

图17-8

个岩石园，一个是石灰岩岩石园，另一个是砂岩岩石园。石灰岩岩石园：建于1954～1957年，以展现露出地面的石灰岩层。来自世界各地的植物种植在岩石缝隙和孔穴中，并根据其产地划分区域，如南非、澳大利亚、亚洲、欧洲和北美洲等区。春夏之际，绚烂缤纷的植物十分壮观。砂岩岩石园：跃过几块岩石即是用威尔德砂岩建造的岩石园。这里种植着不耐碱性土的植物，通常掺入酸性腐殖质为杜鹃等喜酸性植物提供良好的生长条件。

（三）爱丁堡皇家植物园岩石园

爱丁堡皇家植物园的岩石园举世闻名，面积最大，园的风格为自然式，有岸、沟、梁、坡、塘、溪等生态环境，可登山游览全园。收集有5000多种高山、北极和地中海区域植物。很多园区采用了天然石灰岩，以植物对生态环境的不同要求堆积而成，体现了不同类型植物的水平及垂直分布，为高山

图17-8 邱园岩石园（苏雪痕摄）

图17-9 英国爱丁堡皇家植物园岩石园（苏雪痕摄）

植物创造了多种多样的生境（图17-9）。

（四）英国皇家园艺学会（RHS）威斯利花园岩石园

威斯利花园隶属于英国皇家园艺学会(RHS)，是个园艺实践中心。它一直是个研究园林植物的最佳地点。1911年由詹姆士·鲁尔海姆父子建造的岩石园，现在仍然保留得很好。这是用岩生植物显示出自然景观的场所，这里完全是人工在一个坡地上挖池、堆山石、种草地，并配上2000种植物形成的，其风格2/3为自然式，1/3为规则式，同样可以登园游赏。如高山草原，很有野趣。岩石园山坡上的小池塘与山脚下的溪流形成水系，其间生长着丰富的水生植物，如报春花属、鸢尾属、落新妇属、毛茛属、凤仙花属等，为岩石园增添了水景。从功能上看，增加了空气湿度，也是岩石园的汇水之处（图17-10）。

（五）庐山植物园岩石园

庐山植物园的岩石园是我国第一个真正意义上的专类园，建于1934年，占

地293.3hm²，地处庐山含鄱口。岩石园在1935～1936年最初被开辟为石山植物区，后遭战争破坏，直到1953年重建为岩石园。它位于庐山植物园东部，占地面积约1hm²，其设计思想为：利用原有地形，模仿自然，依山叠石，做到花中有石，石中有花，花石相夹难分；沿坡起伏，垒垒石垛，丘壑成趣，远眺可显出万紫千红、花团锦簇，近视则怪石峥嵘，参差连接形成绝妙的高山植物景观。至今还保存有石竹科、报春花科、龙胆科、十字花科等高山植物约236种。除了高山植物，岩石园还种植许多多年生宿根、球根观赏草本、阴生药用植物和蕨类植物及部分矮小灌木，设计精巧，充分展现了植物与环境的统一。

（六）中国科学院北京植物园岩石园

中国科学院北京植物园的岩石园是1988年建设的，面积仅320m²，当时是作为岩生植物收集示范区。其设计思想是以自然的岩石地理景观为蓝本，充分考虑岩生植物的生态环境，艺术地再现自然山体景色和岩生生

境景观。设立了裸岩叠翠、戈壁石滩、丘陵草甸、岩墙峭壁四个景区，其间以一曲折迂回的步石小径连接各景区。岩生植物示范区，建成后疏于专业管理，虽然现在基本景观框架仍在，但植物凌乱，缺乏层次，如加以整理和改造，则不失为具有特色的一处园景。

图17-10 英国威斯利花园岩石园（苏雪痕摄）

图17-10-1

图17-10-2

第三节　禾草园

观赏草是指在园林绿化中，除草坪草外，形态美丽、色彩丰富、以茎秆和叶丛为主要观赏部位的植物的统称，以禾本科植物为主，包括莎草科、灯心草科、花蔺科、天南星科、香蒲科、木贼科中具有同样观赏价值的植物，以及竹亚科中低矮、小型的观赏竹。

禾草园源自西方园林，是指将众多种形状、质地、色彩及高矮不同的草类植物组合，以禾草造景为特色的专类园。禾草园因草成景，以草取胜，运用现代园林造景手法科学组织观赏草的形式美要素，顺应了人们对自然山野景观的欣赏与向往，正逐渐成为园林中的新宠。

一、禾草园发展概况

1982 年英国皇家植物园建立了世界上第一个禾草专类园，同时它也是世界上最大的禾草园，目前共收集了 550 种观赏草，而且这个数据还在不断的更新中。随着人们自然意识的深化，禾草园开始发展成为欧美等发达国家景观建设中的新宠，在澳大利亚墨尔本的城市花园里，充分利用各种观赏草建成了恬静舒适的花园。加拿大的范度森植物园里，观赏草的专类景观随处可见。我国于 2008 年在南京植物园建成了占地 2hm² 的禾草园（图 17-11），但目前仍处于起步阶段，景观效果相比国外禾草园还不是很成熟。

二、禾草园基址的选择

正如大多数专类园一样，了解观赏草的生态习性，针对特定的立地条件，选择适合生长的观赏草是专类园成功的关键。由于观赏草适生的生境条件多样，因此禾草园选址应尽量避免一些极端立地条件的小环境，设计中应模拟自然地形，设计干旱地、蔽荫地、阳坡地、溪流、池塘等。不同的地形地貌为植物生长提供了各种生态环境，满足不同植物的生长所需，最大限度丰富植物种类，营造和展示丰富的观赏草景观。

三、植物景观设计要点

（一）充分了解不同植物种类的生长习性

在设计禾草园或布置观赏草群落时，除了应充分满足其生长所需，还应该对其生长特性有充分了解，诸如抗寒性、耐水湿性以及对温度的耐受能力，做到适地适草，选择适合当地气候条件和土壤条件的种类，以利于观赏草景观营造后的养护管理。

温度对观赏草的生存与景观效果起决定性的作用。判别一种观赏草能否在某一地区生长，需要了解当地的年平均温度，当地无霜期的长短；生长期中日平均气温的高低变化；日平均温度范围长短、变化幅度等；当地积温量以及最冷、最热极端值及其持续时

图 17-11　南京禾草园景观（袁小环摄）

图 17-11-1

图 17-11-2

间等，将这些与植物生长所需的基本条件做对照，再经过区域化的实验，通过实地观察选择适合该地区的种类。如各种叶色的苔草、血草、石菖蒲、旱伞草、蒲苇、木贼在华东地区生长良好，在北京地区就不能够露地越冬，不适合大面积应用，只能用于盆栽或室内种植。

根据观赏草对光照强度的要求不同，传统上将观赏草分为耐阴观赏草和喜光观赏草。对大多数喜光观赏草来说，一般情况下，在生长季节一天中要有3～5个小时的光照才能健康生长。在光照充足的条件下，长势强壮，而光照不足时则长势弱，植株松散。如荻、芦竹、狼尾草等，这些喜光草种在遮阴条件下长势降低，株型分散，容易倒伏。许多观赏草在秋季植株颜色变为红色或金黄色，光照是叶片变色的必要条件，在遮阴条件下，观赏草的秋色就大大逊色了。一些花叶的观赏草如花叶拂子茅、花叶芒，也需要充足的光照，才能产生理想的观赏效果。

依据观赏草对土壤湿度的要求不同分为耐旱观赏草和喜湿观赏草两个类型。设计时要考虑立地条件的干旱程度和管理的精细程度。如果种植在只能依赖自然降雨处，可以选择耐旱的观赏草。大部分观赏草都有良好的抵御干旱的能力。许多观赏草在第一年定植以后，形成了发达的根系系统，能够忍耐对那些浅根系植物来说不能忍耐的干旱，依靠自然降水，就能健壮生长。常用的耐旱型观赏草有狼尾草、大油芒、拂子茅、蓝羊茅等。但是，如果在缺雨的季节每2～3周可以灌水一次，可选择的观赏草范围要更广。

喜湿的观赏草适宜在潮湿的土壤甚至水生条件下种植。如芒、芦苇、蒲苇、芦竹、灯心草、苔草、水葱等。喜湿观赏草为丰富水景景观提供了广阔的空间。部分种类观赏草在水中，还可以吸收水中的污染物，净化水体。

以上因素在设计中必须针对场所特性综合考虑，保证所选观赏草种类的成活和正常生长，这样才能营造出优美的专类植物景观。

此外对存在潜在环境风险的观赏草应慎重选用。蔓生性的观赏草应避免其地下根茎迅速扩展，种植初期可在其四周埋上隔离板，防止其改变或影响整个植物群落的形态。种子自播现象严重的观赏草可在种子成熟前将花序去掉，但这样会破坏观赏草的美感，降低观赏价值，缩短了观赏期。为既能保持观赏效果，又能降低草害的有效办法是随时发现幼苗，随时除掉。该方法费事，但安全有效。

（二）注重色彩、体量、形态、质感的搭配

观赏草色彩丰富、形态各异，设计中应充分了解不同种类的观赏特性及其变化情况，辅以其他植物进行合理组景。通过艺术构图原理，体现出观赏草个体及群体的形式美以及人们在欣赏时所产生的意境美。观赏草景观艺术性的创造极为细腻复杂，诗情画意的体现需要巧妙地利用观赏草的色彩、体量、形态、质感等形成动态的构图。

1. 色彩

观赏草叶片和花序的颜色富于变化，不同种类间色彩差异很大，同一种类在不同季节，其颜色也有明显的变化。

绿色是观赏草的基调，大部分观赏草本身具有柔和的色彩，一年中大部分时间为绿色，从春至夏，色彩由黄绿到嫩绿、浓绿，颜色逐渐加深，千变万化；很多观赏草的绿色叶上还被有蜡质、平毛，绿色就更加变化多端。利用观赏草不同纯度、不同饱和度、不同明度的绿色在景观设计中能起到很好的衬托和调和作用（图17-12）。

图17-12 色彩各异的观赏草（上房园艺提供）

图17-12

除绿色之外，观赏草还有深浅不同的红色、褐色、金黄色以及橘黄色，它们与花卉的色彩相比并不逊色，甚至在色彩设计中能与花卉起到同样的效果，是景观设计中活动的调色板。如紫御谷、紫叶狼尾草的花序、叶与茎均呈紫黑色，是奇异的黑色植物。棕叶苔草，一年四季叶片均呈铜褐色，用于营造特色景观，极具艺术性。金叶苔草、冰舞苔草、蓝苔草、粉绿苔草等各色苔草都是色彩设计中的佼佼者。

此外，观赏草中斑叶的种类也很丰富。虽然从理论上讲，仅具白色斑驳叶的观赏草算不上色彩丰富，但是与五彩缤纷的花卉配植在一起，还是能产生让人意想不到的强烈对比效果。也有很多观赏草在秋天会变为金色、橘黄色、红色或酒红色等（图17-13）。

图17-13 叶色丰富的观赏草（上房园艺提供）

紫叶狼尾草（*Pennisetum setaceum* 'Rubrum'）

菲黄竹（*Sasa auricoma*）

血草（*Imperata cylindrica* 'Red Baron'）

蓝羊茅（*Festuca glauca*）

银边芒（*Miscanthus sinensis* 'Variegatus'）

黑麦冬（*Ophiopogon planiscapus* 'Niger'）

表 17-1　常见观赏草色彩

色彩 / 观赏部位	常用种类

1. 红色

叶	血草 *Imperata cylindrical* 'Red Baron'
花序	玫红蒲苇 *Cortaderia selloana* 'Rosea'、东方狼尾草 *Pennisetum orientale*（粉）、大布尼狼尾草 *Pennisetum orientale* 'Tall Tails'（粉）、画眉草 *Eragrostis pilosa*、丽色画眉草 *Eragrostis spectabilis*
秋色叶	凌风草 *Briza media*、野古草 *Arundinella hirta*

2. 紫色、黑色

叶	紫御谷 *Pennisetum glaucum*、紫叶狼尾草 *Pennisetum setaceum* 'Rubrum'、黑麦冬 *Ophiopogon planiscapus* 'Niger'
花序	阔叶狼尾草 *Pennisetum alopecuroides* 'Moudry'、紫御谷 *Pennisetum glaucum* 'Purple Majesty'、紫叶狼尾草 *Pennisetum setaceum* 'Rubrum'

3. 金色、棕色

叶	金叶苔草 *Carex oshimensis* 'Evergold'、金叶石菖蒲 *Acorus gramineus* 'Ogan'、棕叶苔草 *Carex fraxeri*（棕）、发草 *Deschampsia caespitosa*
花序	罗斯特柳枝稷 *Panicum virgatum*、芨芨草 *Achnatherum splendens*、野青茅 *Calamagrostis arundinacea*
秋色	须芒草 *Andropogon yunnanensis*、'卡尔富'拂子茅 *Calamagrostis×acutiflora* 'Karl foersterfoerster'
花叶	菲黄竹 *Sasa auricoma*、金边网茅 *Spartina pectinata* 'Aureomarginata'、金边卡开芦 *Phragmites karka* 'Margarita'、金边阔叶麦冬 *Liriope muscari* 'Variegata'、金边大米草（*Spartina anglica* cv.）、斑叶芒 *Miscanthus sinensis* 'Zebrinus'、花叶拂子茅 *Calamagrostis×acutiflora* 'Overdam'

4. 银白色

花序	矮蒲苇 *Cortaderia selloana* 'Pumila'、细茎针茅 *Stipa tenuissima*、小兔子狼尾草 *Pennisetum alopecuroides* 'Little Bunny'、细叶芒 *Miscanthus sinensis* 'Gracillimus'、晨光芒 *M. sinensis* 'Morning Light'
花叶	花叶蒲苇 *Cortaderia selloana* 'Silver comet'、银边芒 *Miscanthus sinensis* 'Variegatus'、菲白竹 *Pleioblastus fortunei*、沼湿草 *Molinia carulea*、花叶燕麦草 *Arrhenatherum elatius* var. *bulbosum* 'Variegatum'、银边石菖蒲 *Acorus gramineus* 'Variegatus'、玉带草 *Phalaris arundinacea* 'Picta'、银边卡开芦 *Phragmites karka* 'Variegata'、银纹沿阶草 *Ophiopogon intermedius* 'Argenteo-marginatus'、花叶芦竹 *Arundo donax* 'Variegata'、花叶苔草 *Carex morrowii*

5. 蓝色

叶	蓝羊茅 *Festuca glauca*、蓝滨麦 *Elymus magellanicus*、蓝苔草 *Carex flacca*、天蓝草 *Sesleria autumnalis*、秋色天蓝草 *Spartina anglica* 'Aureomarginata'、蓝刚草 *Elymus magellanicus*
茎秆	蓝秆芒 *Miscanthus sinensis* cv.

图17-14 杭州花港观鱼的牡丹园在卵石铺装旁种植阔叶沿阶草(苏醒摄)

图17-15 细叶芒与景石组景(苏醒摄)

图17-16 高大的田茅分隔空间(苏醒摄)

图17-17 矮型的麦冬暗示空间边缘(苏醒摄)

2. 质感

尽管观赏草在高度、生境及色彩方面变化很大，但是其质感以细质型为主，具有整齐密集而紧凑的特性，给人以柔软、纤细的感觉。在设计中，同一质感易达到整洁和统一，配置在一起可以产生轻松的感觉。相似质感搭配比同一质感搭配要丰富，而且由于质地相似，搭配起来容易取得协调，给人的感觉是舒适、稳定。如杭州花港观鱼的牡丹园在卵石铺装旁种植阔叶沿阶草，卵石与沿阶草有显著的不同，但又有共性，卵石铺装的细致感和阔叶沿阶草表现出的纤细感，在质感上达到了统一，显示出细腻美（图17-14）。

选择和观赏草质感相反的元素用在禾草园景观设计中，通过质感的对比，能使各种素材的优点相得益彰，达到突出的效果。这些元素主要包括阔叶植物、开花植物、木本植物、群植色彩艳丽的绿篱、石头或线条粗犷的雕塑和城市家具等。大部分观赏草的植株质地细致，与部分高大的阔叶植物组景能够形成质感、形态上的对比，能产生较为强烈的视觉效果。而在禾草园中点缀大小适宜的景观雕塑，轻盈的观赏草与硬朗的雕塑，对比强烈，引人注目（图17-15）。

3. 体量

观赏草的体量分为高型、中高型、矮型。组景时应将较小的细致的种类布置在前景位置，而较大的植株作为背景的层次。在把握这一总体原则的前提下，设计师应对不同种类的观赏草的实际高度和株型有比较清楚的认识，初期种植的植株高度并不代表今后成型的高度，不同的植株形态在群落中的视觉敏感度也有所不同，只有清楚地把握群落成型后的立面或透视的动态，才能设计出层次丰富而又清晰的景观。

不同体量的观赏草能给人带来完全迥异的感受，在景观设计中也有不同的作用。如用观赏草围合空间，高型的观赏草能够在垂直面上使空间闭合，形成一个个竖向空间，顶部开敞，有极强的向上的趋向性。高型观赏草还能构成极强烈的长廊型空间，将人的视觉和行动直接引向终端。中高型的观赏草在不遮挡视线情况下限制或分隔空间（图17-16）。矮型观赏草同样也可以暗示空间的边缘，当观赏草与草坪或铺道相连时，其边缘构成的线条在视觉上极为有趣而且能引导视线，界定空间（图17-17）。

图17-18 夕阳下的狼尾草（刘坤良摄）

4. 光影

为了能使观赏草展现出晶莹透亮的光感，应该注意太阳光的方向、强度和时期。即使相对背阴的环境也有时间和地点能够接受到散射光。了解光照每天分布的时间和季节的变化是非常重要的。在观赏草景观设计中应考虑光线的时间和光线的方向。如果种植地朝西，那么傍晚时分是光感最强的时候。夕阳西下，每一株观赏草都沐浴在阳光里，呈现出逆光照射下的效果。在设计座椅的摆放地、视觉的中心、以及从室内观赏室外的位置时都需要考虑光影对观赏草的景观效果产生的影响（图17-18）。

5. 株型

株型是观赏草个体姿态的重要特征，也是与景观效果相关的重要因子。依据观赏草花序构成的整体外形，将观赏草分为丛生状、直立状以及垫状。

直立状的观赏草通常直立生长，具有尖的或直立的花序。尖的或条状叶的观赏草如蓝刚草等，能够打破水平的线条，加强垂直的空间感；长而直立的花序如蒲苇等可以令景观的立面高度得到提升。丛生状观赏的草通常呈披针状，端尖锐，从基部丛生出直挺且纤细的叶片，如蓝羊茅、花叶燕麦草等，株形较为引人注目，可以作为不同植物之间的过渡。垫状的观赏草如金叶苔草、棕叶苔草等，低矮富有伸展性，对区域的边缘能起到很好的装饰作用。在植物的空隙之间也可以适当地填充，将不同的组团连接起来，使花境形成一个整体，令花境看起来丰满和完美。

（三）注重季相的变化

如何设计一个具有四季不断变换色彩的禾草园，是一项富有乐趣的挑战。大部分观赏草的外观会随着季节的更迭而发生变化，在组景时要有动态变化的观念，设计应对所选种类有明晰的了解，对植物的物候、观赏特性及生态习性有充分的认识，了解所选用植物的季相特点，巧妙地利用观赏草的这些变化，合理进行设计，以保证各季的观赏效果。综合考虑环境、植物种类及生态条件的不同，使丰富的植物色彩随着季节的变化交替出现，以保证各季的观赏效果。在季相构图上应该四季有景，各有特色，保持连续性，不能偏荣偏枯，但可以以某个季节为重点，形成最佳观赏效果。

图17-19

图17-20

图17-21

图17-22

植物景观规划设计

图17-19 观赏草四季景观——春(苏醒摄)

图17-20 观赏草四季景观——夏(苏醒摄)

图17-21 观赏草四季景观——秋(吴晓舟摄)

图17-22 观赏草四季景观——冬(刘坤良摄)

冷季型观赏草如蓝羊茅、细茎针茅、银边草等一般在冬末或早春开花，且色彩鲜明，常用于营造冬春景观，其迅速生长的新叶为春天的禾草园景观提供漂亮的纹理和颜色（图17-19）。冷季型观赏草通常在仲夏进入休眠期，一些观赏草会枯萎、褪色或完全接近褐色，因此适宜与植株较为高大能够提供蔽荫的一年生或多年生植物搭配种植，这种配置方式有助于保护冷季型草安然度夏。

暖季型观赏草如狼尾草、蒲苇、芒等主要观赏期一般在5～9月。其独特的株形和飘逸的花序往往成为夏秋景观中的主景（图17-20）。绝大多数暖季型观赏草在阳光充足、湿润的环境下茁壮成长。虽然不少种类可以忍受轻微遮阴和稍干旱的环境，但不如在正常条件下长得高，也不会正常开花。

秋天是大多数观赏草一年中的最佳观赏期。很多暖季型观赏草都有色彩艳丽的秋色叶。如天蓝沼湿草从绿色变为金黄，须芒草呈现出红色或橙色。将这些花叶五彩缤纷的暖季型草与常绿植物配置能取得很好的视觉效果（图17-21）。它们与落叶灌木和晚花多年生植物如粉红色或紫色美国紫菀、一枝黄花属植物和深蓝色乌头属植物也能完美的搭配。秋色叶观赏草适合栽植在全光照条件下，长期的蔽荫会使秋叶颜色减淡。

很多冷季型草会在秋季进入新的生长期，其嫩叶在整个寒冷的季节都能保持新鲜的外观。暖季型观赏草一般在秋季开花，宿存的花序通常会保持整个冬季，将这些草与其他在冬季仍有观赏价值的植物配置，可以使禾草园从夏季到冬季都有良好的视觉效果。很多常绿的种类如灯心草、蒲苇、金叶苔草等四季可观，它们也能用于丰富冬季景观（图17-22）。

表 17-2　常见观赏草季相特点

季节	观赏特点	推荐植物
春季	色彩清新、淡雅的叶片带来早春的勃勃生机	玉带草 *Phalaris arundinacea* 'Picta'、蓝燕麦 *Helictotrichon sempervirens*（叶片）、发草 *Deschampsia caespitosa*、花叶燕麦草 *Arrhenatherum elatius* var.*bulbosum* 'Variegatum'、金色箱根草 *Hakonechloa macra* 'Aureola'、银边草 *Ophiopogon intermedius* 'Argenteo-marginatus'、蓝羊茅 *Festuca glauca*、细茎针茅 *Stipa tenuissima*
夏季	色彩斑斓、浓密茂盛的观赏草体现夏季的绚丽多姿	紫叶狼尾草 *Pennisetum setaceum* 'Rubrum'、罗斯特柳枝稷 *Panicum virgatum*（花序）、重金柳枝稷 *Panicum virgatum* 'Heavy Metal'（花序）、细茎针茅 *Stipa tenuissima*、细叶香蒲 *Typha minima*、香蒲 *Typha orientalis*、花叶芦竹 *Arundo donax* 'Variegata'、东方狼尾草 *Pennisetum orientale*（花序）、小兔子狼尾草 *Pennisetum alopecuroides* 'Little Bunny'、东方狼尾草 *Pennisetum orientale*（花序）、大布尼狼尾草 *Pennisetum orientale* 'Tall'（花序）、晨光芒 *Miscanthus sinensis* 'Morning Light'（花序）、斑叶芒 *Miscanthus sinensis* 'Zebrinus'（叶、花序）、蓝秆芒 *Miscanthus sinensis* cv.（茎秆、花序）、玲珑芒 *Miscanthus sinensis* cv.（花序）、银边芒 *Miscanthus sinensis* 'Variegatus'（花序）、细叶芒 *Miscanthus sinensis* 'Gracillimus'（花序）、蓝滨麦 *Elymus magellanicus*、画眉草 *Eragrostis spectabilis*、蓝羊茅 *Festuca glauca*、天蓝沼湿草、花叶网茅、小盼草 *Chasmanthium latifolium*
秋季	花序各异的观赏草在秋风中摇曳别具风情，变化的叶色突出季节的更迭	血草 *Imperata cylindrica* 'Red Baron'（叶）、矮蒲苇 *Cortaderia selloana* 'Pumila'（花序）、花叶蒲苇 *C. selloana* 'Silver comet'（叶、花序）、罗斯特柳枝稷 *Panicum virgatum*（花序）、重金属柳枝稷 *Panicum virgatum* 'Heavy Metal'（花序）、晨光芒 *Miscanthus sinensis* 'Morning Light'（花序）、斑叶芒 *Miscanthus sinensis* 'Zebrinus'（叶、花序）、蓝秆芒 *Miscanthus sinensis* cv.（茎秆、花序）、玲珑芒 *Miscanthus sinensis* cv.（花序）、银边芒 *Miscanthus sinensis* 'Variegatus'（花序）、细叶芒 *Miscanthus sinensis* 'Gracillimus'（花序）、须芒草 *Andropogon yunnanensis*（花序）、凌风草 *Briza media*（花序）、小兔子狼尾草 *Pennisetum alopecuroides* 'Little Bunny'（花序）、东方狼尾草 *Pennisetum orientale*（花序）、大布尼狼尾草 *Pennisetum orientale* 'Tall'（花序）、阔叶狼尾草 *Pennisetum alopecuroides* 'Moudry'、紫御谷 *Pennisetum glaucum*、紫叶狼尾草 *Pennisetum setaceum* 'Rubrum'、花叶燕麦草 *Arrhenatherum elatius* var. *bulbosum* 'Variegatum'、红毛草 *Rhynchelytrum repens*、小盼草 *Chasmanthium latifolium*、芦竹 *Arundo donax*
冬季	宿存的花序和植株成为冬季独特的风景，延长禾草园观赏期	矮蒲苇 *Cortaderia selloana* 'Pumila'（宿存花序）、花叶蒲苇 *C. selloana* 'Silver comet'（宿存花序）、蓝秆芒 *Miscanthus sinensis* cv.（茎秆、宿存花序）、芦苇 *Phragmites australis*（宿存花序）、须芒草 *Andropogon yunnanensis*（红色植株）、'卡尔富'拂子茅 *Calamagrostis acutiflora* 'Karl Foerster'、蓝羊茅 *Festuca glauca*、狼尾草 *Pennisetum alopecuroides*、东方狼尾草 *Pennisetum orientale*、细茎针茅 *Stipa tenuissima*

季节	观赏特点	推荐植物
四季	常绿及彩叶种类，能在全年为禾草园提供一个稳定的结构色彩基调	花叶蒲苇 *Cortaderia selloana* 'Silver comet'（叶）、鹅毛竹 *Shibataea chinensis*、菲白竹 *Sasa fortunei*、菲黄竹 *Sasa auricoma*、阔叶箬竹 *Indocalamus latifolius*、棕叶苔草 *Carex fraxeri*、细叶苔草 *Carex stenophylla*、金叶苔草 *Carex oshimensis* 'Evergold'、蓝苔草 *Carex flacca*、条穗苔草 *Carex nemostachys*、棕榈叶苔草 *Carex muskingumensis*、金叶石菖蒲 *Acorus gramineus* 'Ogan'、银边石菖蒲 *Acorus gramineus* 'Variegatus'、金边阔叶麦冬 *Liriope muscari* 'Variegata'、黑麦冬 *Ophiopogon planiscapus* 'Niger'、矮麦冬 *Ophiopogon japonicus* 'Nanus'、灯心草 *Juncus effusus*、木贼 *Equisetum hyemale*、旱伞草 *Cyperus alternifolius*

四、其他景观元素

禾草园中的其他景观元素如建筑、道路、雕塑、水体等，在园中所占比例不大，恰当地安排这些内容，能起到画龙点睛的效果，使禾草园更富有趣味。如园面积较小，布置这些内容显得局促时，可减少这些元素，甚至不安排这些内容。

（一）园林建筑、小品

禾草园中的建筑、小品一定要与禾草园整体风貌相协调，并要清楚意识到建筑、小品是禾草园的附属品，不能用过大的体量、突兀的色彩、现代化的结构和材料来喧宾夺主。应选用自然而富有野趣的建筑形式，建议选用木材、茅草材质的建筑。

禾草园小品不宜过多，旨在布置必需的设施，如园灯、园椅、垃圾箱等，风格宜简洁自然，要充分利用禾草园植物特性，使小品与之相融合。如在园内使用木质的园椅，以观赏草环绕，二者融于一体，既自然，又有景观整体性的效果（图 17-23）。

图 17-23

图 17-23 禾草园园椅（刘坤良摄）

图17-24

图17-24 禾草
园园路（刘坤
良摄）

（二）园路

禾草园道路主要以自然式为主，园路基本按照参观路线形成柔和的曲线，并随地形稍有起伏，通过人们视点、视线、视域的改变而产生"步移景异"的空间景观变化。禾草园园路主要供游人步行参观，并非提供舒展的运动场所，因此园路不宜过宽，一般1～2.5m即可，符合禾草园安静自然的特性。园路平面以流畅蜿蜒的曲线优于平直单一的直线条。园路铺装材料的选择以自然为主，如用碎砖或小砾石铺在设置好的路槽内，或用石片铺成冰裂纹，这些铺法都能在材料交接处留出少量栽植穴，并种植小型紧密观赏草，形成优美的田园风光（图17-24）。

（三）水体

水能为禾草园带来动势和声音，是园林景观要素中唯一可固定又可流动的角色。建造禾草园时如果能恰如其分地理水，将会为全园景致增添诗情画意。由于禾草园通常占地面积较小，平面范围有限，土地资源比较宝贵，因此无法建设大面积水体，常用的方法是利用石缝及地形高差，设计跌水、小瀑布等，用悦耳微妙的声音为禾草园带来跳跃感，成为活跃、动感的水体；或设计一小片沼泽地或池塘，配植沼生、湿生观赏草，成为静谧而深沉的水体；或设计潺潺溪流，宛若山溪环绕禾草园，更显自然野趣。

第四节　竹园

一、概况

竹子四季常青，竹秆挺拔，姿态优美。竹的种类繁多，观赏特性多样，有的秆形奇特，有的颜色多变，有的玲珑别致，有的高大挺拔。竹子除了自身的自然美外，还被人们赋予了人格化的品格。竹子虚心、有节、挺拔的自然属性特别适合文人士大夫的雅致情趣。世俗文人将自身感情融入竹子，将竹子作为"清高、气节、坚贞"的象征。千百年来形成了一些固定的竹子景观设计手法，如竹径通幽、移竹当窗、粉墙竹影、竹石小品等。

竹子作为一种重要的园林植物，不仅仅作为配景，而且作为主景的群体景观也颇为优美、壮观。竹园作为一种专类园，是以保存竹子种质资源、完成竹子科研和生产为主要目的，同时改善自然环境，并为人们提供休闲娱乐场所的竹子专类园。

近年来，我国涌现出了许多的竹园。有些竹园处于竹子的原始分布区，成片的竹子构成的纯林景观气势宏大，加之空气清新，环境优美，倍受人们喜爱，成为旅游的热点。如我国赏竹的十大胜地中的安吉竹乡、蜀南竹海、君山湘妃竹、桃江毛竹之乡、莫干山竹径通幽都成为远近闻名的旅游胜地。而九华岷园、望江楼竹子公园、华安观赏竹种园等各园虽不具备大面积纯林景观却是以竹种取胜。通过造园者合理的规划布局，集中栽植各种类型的竹子，使之成为城市中一道道亮丽的风景。

二、竹园植物景观设计的原则与理念

（一）主题性原则

竹子常被视为中华民族的象征之一，竹文化在我国有悠久的历史，渗透在诗、画等文学作品中。在中国古典园林中，以竹为景的园林举不胜举，而每景必有其意，或是取竹之坚贞、顽强之意的岁寒三友，或是取竹之清雅、脱俗之意的"四君子"。而在中国园林中，意境是极其重要的，所以在竹园的植物景观设计原则中，主题性很关键。运用什么样的竹种、如何栽植，都需要服务于一个主题，最终形成一个主题，表达设计者的意图。

（二）艺术性原则

1. 变化与统一的原则

适宜的变化会给人生动活泼的感觉，而过多的变化则会使人感到杂乱无章、缺乏美感。因此，变化的事物应在一种相似的前提下变化，这样既具有多样性，又有统一感。竹类植物的竹叶及竹秆的形状及

线条较为相似，给人以统一感，但略显单调，可以利用竹秆形状、颜色、高低的不同引入变化的因素，打破单调的感觉。长江以南，盛产各种竹类，在竹园的景观设计中，众多的竹种均统一在相似的竹叶及竹竿的形状和线条中，如丛生竹与散生竹相配则有聚有散；毛竹、钓鱼慈竹或麻竹等与低矮的箬竹搭配则高低错落；龟甲竹、人面竹、方竹、佛肚竹则节间形状各异；粉单竹、白秆竹、紫竹、黄金间碧玉竹、碧玉间黄金竹、金竹、黄槽竹、菲白竹等则色彩多变。这些竹种经巧妙配置，非常符合统一中求变化的原则。

2. 衬托与对比的原则

衬托与对比在植物景观设计中也是非常重要的原则。衬托与对比可以将绿地中要表达的主题突出。如为了突出黄金间碧玉竹的竹秆颜色，可将其种于绿秆竹种中；同样，为了突出佛肚竹的"佛肚"似的秆，可将其与竹秆笔直的竹种配植在一起（图17-25）。通过对比，可以直接表达设计者的意图。在运用此原则时，首先应深刻领悟被强调特征的属性。这样才能更好地寻找到地用来衬托它的元素。两个对比的元素中必须有一个占主要地位。一个是特写，另外一个做支持和衬托的背景。如果两个对比的元素的权重相等，就会使人产生视觉紧张，削弱并破坏了视觉感受。

3. 均衡的原则

此原则是植物景观设计时的一种布局方法。将体量、质地各异的植物种类按均衡的原则设计，景观就显得稳定、顺眼。另外，在与建筑搭配时，也同样遵循这一原则，特别是竹建筑，若建筑体型小巧，则应选择体型小、秆细的竹类与之搭配，使之达到均衡、协调。一般来说，有规则式均衡（对称式）和自然式均衡（非对称式）两种方式。在竹园的景观设计中，多用自然式均衡原则。因为竹被人们赋予了高雅、脱俗的"品格"，不会被世俗的"规矩"所束缚，自然式均衡原则更能表达竹景观的意境。但在现代园林中，也有使用规则式均衡原则的栽植竹类植物的，如广州黄花岗烈士陵园内用粉单竹作行道树（图17-26）。

4. 韵律和节奏的原则

同样的树种或某种植物景观在同一绿地中简单的重复如同苗圃一般，久而久之，会引起人们的疲劳感。为了打破这种简单的重复，可引入其他的树种，或其他种植形式。这样有规律的变化就会产生韵律感，给人美的感受。在竹园的景观设计中，特别是竹径的景观设计中应特别注意。短距离的竹径不能使人产生"竹径通幽"的感觉，而过长的竹径常会令人产生单调感。为了克服以上的缺点，应选择几种不同的竹种，以一个竹种作为基调竹种，另外的竹种作为补充，补充竹种作有规律的配植；同样，在竹径中也可引入其他树种作有规律的配植，都可以使竹径产生韵律感。如杭州云栖竹径，两旁为参天的毛竹林，如相隔50m或100m就配植一棵高大的枫香，则沿径游赏时就不会感到单调，而形成有韵律感的变化（图17-27）。

（三）文化性原则

中国历史悠久，文化灿烂，很多古代诗词及习俗中都留下了赋予植物人格化的优美篇章。从欣赏植物景观形态美到意境美的欣赏水平的升华形成了我国独特的文化，如松、竹、梅被称为"岁寒三友"，梅、兰、竹、菊被喻为"四君子"，这些都是以竹比德的例子。另外，竹子因一些特殊的形状和性能而被人们赋予美丽的神话传说，竹子形成的成语故事成为中华民族文化的重要组成部分。如湘妃竹是斑竹的一种，也称泪竹。晋

代张华《博物志》载："尧之二女，舜之二妃，曰湘夫人，舜崩，二妃啼，以涕挥竹，竹尽斑。"由此而得名湘妃竹，与忠贞的爱情和凄凉的情感相联系。在竹园的景观设计中应多利用竹文化的背景，创造景观，使人们在欣赏竹景观的形态美时能体会到更高层次的意境美（图17-28）。

图17-25　佛肚竹（苏雪痕摄）

图17-26　广州粉单竹的行道树（苏雪痕摄）

图17-27　杭州云栖竹径（苏雪痕摄）

图17-28　苏州
拙政园海棠春坞
庭院(仇莉摄)

图17-28

（四）生态性原则

竹园营建时也必须注意不同竹子的生态习性。如丛生竹类多分布在中国的南方，生长适温较高。若在北方营建竹园，引种丛生竹时，温度就成了制约引种成功的重要因子。因此，在竹园的景观设计中一定要注意竹子的生态性。在竹园的景观设计中，应多应用乡土竹种，若是建立竹类植物园，引种的竹子要按照气候相似性原则并须经过长期驯化，才能适应当地的气候，或是创造该种竹子能生长的小环境，这样才能形成良好的景观。

竹园是以竹类为主要造景，物种相对单一，形成的生态系统的稳定性略差。因此，在景观设计时应加以重视。可能的情况下引入更多的竹种，或者引入其他树种与竹子组景。一方面可以增加景观的多样性，另一方面可增加竹园生态系统的稳定性。

（五）经济性原则

在造园时，经济因素也较为重要。因此设计和营建时都应考虑经济因素，尽可能减少造园成本。在选择植物时应首先选用乡土植物。建造竹园也要遵循同样的原则。"适地适竹"至少有两个好处：①减少竹种从外地运到本地时的运输费用，从而降低建园成本；②外地气候与本地的气候有差异，引种的竹种需要一段时间适应，成活率一般较乡土竹种低，这样就需要补种才能形成景观，增加了建园的成本，应用本地竹种则易成活，建园成本较低。但若是营建竹类植物园、以科研为目的的竹园时，引种竹种是必须的，那么一定要为引入的竹种创造适宜的小环境，提高成活率。

另外，在竹园的经营过程中，为了维持原有的景观，需对竹笋、竹材进行择伐，伐下的竹笋、竹材可以增加竹园的经济效益。

三、竹园的功能分区

竹的专类园一般以科研为主要目的，但同时具有可游览的功能。根据所处位置的不同，可分为城市内竹园，如成都的望江楼公园。这类竹园与一般的综合性公园相似，同时具有科研的作用。另一类是位置离城市较远，与风景区相连，科研的目的性更强，而游览部分的功能则由风景区完成。

综合性竹园与城市联系较为密切，起着

公共绿地的功能。这类竹园的功能分区与一般的综合性公园相似或相同。一般可分为以下几个功能区：文化娱乐区、竹园游览区、安静休息区、儿童活动区、老人活动区、公园管理区等。由于是竹子专类园，故以竹园游览区为主，也可以增加竹文化展览区。

（一）竹园游览区

在景观设计时可以根据竹的特性不同来组织景点。①根据竹类植物不同的观赏特性设计、组织景点。如观秆形与观秆色竹类、丛生竹与散生竹等。②按竹的分类来分，同一属的竹可安排在一起。③按竹的自然分布类型及生态习性来分，将丛生、散生、混生竹种及耐阴与喜光竹种分开种植，这样也可以为不同地区的竹种创造良好的生长环境。这种组织景点的方式是以介绍竹类植物为前提，景观则是在此基础上体现的。另一种组织景点的方式是以景为先，如作地被的倭竹、鹅毛竹、翠竹、菲白竹；作基础栽植的箬竹；作乔木列植、丛植、片植于河边或路旁的毛竹、粉单竹、麻竹、钓鱼慈竹等，一些较耐阴的竹种如箬竹、苦竹可以作为下木，然后在此基础上，将竹类植物的知识融进去（图17-29）。

（二）竹文化展览区

我国的竹文化历史悠久，是我国文化的重要组成部分之一。春秋战国时期（公元前770～前221年），竹简、竹牍十分流行，利用竹片书写文件；浙江早在东晋（公元317年后）时已用嫩竹造纸；我国古代乐器大都用竹制成，如笙、笛、竽、箫、琴等，所以古代音乐特称为"丝竹"，至今在音乐舞台上仍有"江南丝竹"之名；竹材坚韧、

图17-29 鹅毛竹（苏雪痕摄）

刚柔，用竹编织、雕刻的各类工艺品是竹文化的一绝；以竹为主题的诗、词、歌、赋、绘画等不胜枚举；以竹为主题的民族文化风情在我国一些乡村亦较浓厚，如贵州南北盘江之间的布依族，青年男女以刻竹定情，苗族以刻竹为聘礼等，这都是竹文化的风采。这些都可以分门别类地陈列展览，增加游人对我国竹文化的了解。

我国现今最大的竹类公园成都望江公园，展示有上百种竹类植物，园内遍植修竹，秀丽森然。该园以竹画、竹雕、竹刻来作为园林小品的基本元素，有反映三星堆文化的竹雕（图17-30），有用竹子雕刻而成的斧、鞭、叉、棒等古代兵器（图17-31），有用竹材搭建的书画展示廊（17-32），有民间常见的竹筛构成的艺术品（17-33），还有竹根雕刻成的工艺品（17-34），这些小品从各个方面都生动展现出竹文化的魅力。为了加深游客对竹文化的认识和增加参与性，园内还设有竹文化陈列馆，并定期举办竹文化节。

图17-30

图17-30 成都望江公园内的三星文化竹雕（苏雪痕摄）
图17-31 成都望江公园内的竹刻兵器（苏雪痕摄）

图17-32

图17-32 成都
望江公园内的竹
廊(苏雪痕摄)

图17-33 成都
望江公园内竹筛
制成的小品(苏
雪痕摄)

图17-34 成都
望江公园内展示
的竹工艺品(苏
雪痕摄)

图17-33

图17-34

四、竹园的自然环境与建筑的关系

园林建筑在园林中利用率高,是景观、位置和体形固定的主要要素。在竹园里建筑也是不可或缺的。在竹园这种以竹为主要建园植物的园林中,为了突出竹的特色,建筑的用材除一般的建筑材料及仿竹建材外,也可使用竹材,凭借竹材特有的色彩、形态和质感而易于达到与环境的和谐,同时蕴涵着清新、朴素、雅致的园林意境,使人联想到中国源远流长的竹文化。

(一)竹园自然环境与建筑位置、形式的关系

园林建筑的形式有:亭、台、楼、阁、廊、舫、水榭、桥、牌坊等。在什么样的地方,应选择营建哪种形式的园林建筑才能最好地表达此地的景观,并实现建筑的使用功能。如亭,在花间、水际、竹里、山巅和溪涧等环境均可建亭;舫一般只与水体相连;楼阁则多建在视野开阔、有景可观的地方。所以,不同的小环境应选择不同形式的园林竹建筑。园林竹建筑的布局应依据游览路线的长短,建在适宜的地方,以实现其使用功

图17-35　竹建筑与竹子搭配（苏雪痕摄）

能。选址、布局都比较理想的竹亭如上海万竹园的四境亭，该竹亭临水而建，亭基挑水上，立而赏景，坐可观鱼，周围绿荫环抱，同时水中倒影与竹亭动、静对比，增加了园林空间的层次感和变幻效果。蜀南竹海的竹桥为古式廊桥结构，四周翠竹环拥，桥下小溪中流水潺潺，淙淙水声和着萧萧叶响构成一曲清妙绝伦的"高山流水"，令人浑然忘我、陶醉其中。

在实际造园中，建筑与环境是相辅相成的。可以先设计景观，再选择与之相协调的建筑，在自然景观竹园中多见，也可为突出某重要的建筑而与植物组景，这是竹园景观常见的手法，但二者之间并无明确的分界。

（二）竹园自然环境与建筑的尺度、比例的关系

尺度在园林建筑理论中指建筑空间各个组成部分与具有一定自然尺度的物体的比较，如瓦砾的尺度应该和建筑功能、审美要求相一致。首先，建筑的体量应与环境相协调。如建筑与水体、山石、植物等的比例协调。对于建筑附近的主要观赏景点而言，视角比值在 1:1 到 1:3 之间，这样就不会使人产生过分空旷或压抑闭塞的感觉。

比例指建筑各个组成部分在尺度上的相互关系及与整体的关系。不同的立面阔高比可形成不同的感觉，竹亭若采用接近 1:1 的阔高比则给人以端庄稳重的感觉，若采用 1:1.618 或 1:1.414 等，则显示轻盈挺拔的气势。

（三）竹园自然环境与建筑的色彩、质感的关系

色彩和质感与园林空间的艺术感染力有密切的关系。竹材的色彩淡雅、质地古朴大方，竹建筑很容易与山石、水体以及植物等其他园林要素通过对比或微差协调，渲染亲切、宁静、朴素和雅致的艺术氛围（图17-35）。因此，竹建筑宜建在清幽环境中，周围的植物景观设计应以竹为主，或配植少量观叶植物和花木，以反衬竹建筑的素雅。在自然竹园景观中建筑的色调通常采用灰白、浅黄等自然色，色彩艳丽的建筑在竹园风景区内显得过于张扬而和整个竹园的环境不协调。很多现代化的建筑用竹材或仿竹材料进行包装，以达到与环境和谐的目的。

植物景观规划设计

第五节　牡丹园

一、概述

牡丹是芍药科芍药属的落叶亚灌木，我国特产的传统名花，也是世界上园艺化最早、栽培技术较高的花卉之一。约在公元2世纪已经作为药用植物记载于《神农本草经》中。牡丹从野生到引入栽培已有2000多年的历史。历史上第一个牡丹园，由唐玄宗时民间养花能手宋单父在骊山建成[柳宗元《龙城录》记载，"洛人宋单父，字仲儒，善吟诗，亦能种艺，凡牡丹变异千种，红白斗色，人不能知其术，上皇（指唐玄宗）召至骊山，植花万本，色样各不同"]。

牡丹园是以牡丹为主题、以园林配植为手段建成的集观赏游览、科普教育和科学研究为一体的场所。它可以是独立的公园，如山东菏泽曹州牡丹园、洛阳西苑公园，也可以是风景区、大型公共绿地或专用绿地中某一局部位置设立的以牡丹为主题的"园中园"，如西安兴庆宫公园的牡丹园，清华大学的牡丹芍药园、北京景山公园的牡丹园、纽约布鲁克林植物园内的牡丹园等。国外的牡丹园大多集中在日本和欧美国家，英国邱园中的牡丹园从中国收集了包括紫牡丹、黄牡丹、大花黄牡丹、金莲牡丹、银莲牡丹、紫斑牡丹的等在内的野生原种，日本的奈良、东京等地也有一些著名的牡丹园。

我国著名的牡丹园有山东菏泽曹州牡丹园、洛阳王城公园、洛阳国家牡丹园、北京植物园的牡丹园、北京景山公园的牡丹园、杭州花港观鱼的牡丹园等。

牡丹园重点展示牡丹观赏特性，并达到种质资源的搜集、研究、保存等目的，通过科学的配植、艺术的手段将牡丹的历史、文化、分类、分布及药用价值等科普知识传达给广大民众。

二、牡丹的种质资源

我国是牡丹分布中心，全世界芍药属牡丹组全部野生种（含变种、变型）皆原产我国。现有栽培品种逾千，是世界牡丹的栽培和生产中心。

（一）野生种质资源

牡丹组根据花盘性质分为革质花盘亚组和肉质花盘亚组，其中革质花盘亚组的矮牡丹（*Paeonia jishanensis*）（图17-36）、杨山牡丹（*P. ostii*）、紫斑牡丹（*P. rockii*）（图

图17-36　矮牡丹（王莲英摄）

17-37) 是栽培牡丹的主要起源种，卵叶牡丹（*P. qiui*）（图 17-38）和四川牡丹（*P. decomposita*）（图 17-39）也逐渐或即将在牡丹育种中发挥作用。

肉质花盘亚组包括紫牡丹（*P. delavayi*）（图 17-40）、大花黄牡丹（*P. ludlowii*）（图 17-41）、黄牡丹（*P. lutea*）（图 17-42）、狭叶牡丹（*P. potaninii*）（图 17-43）、金莲牡丹（*P. potaninii* var. *trollioides*）（图 17-44）、银莲牡丹（*P. potaninii* f. *alba*）。

黄牡丹和紫牡丹是欧美品种中黄色系、橙色系品种的主要起源种，近年来，北京林业大学的王莲英教授以它们为亲本，培育出一批我国自主知识产权的纯黄色、金黄色的牡丹品种，如'华夏一品黄'、'佛光'、'金童玉女'等，这些品种将很快在全国推广。

图 17-37 彩叶品种'彩云飞'（王莲英摄）
图 17-38 卵叶牡丹（王莲英摄）
图 17-39 四川牡丹（王莲英摄）
图 17-40 紫牡丹（王莲英摄）

图17-41

图17-42

图17-44

图17-43

图17-41　大花黄牡丹（王莲英摄）

图17-42　黄牡丹（王莲英摄）

图17-43　野生狭叶牡丹（王莲英摄）

图17-44　金莲牡丹（苏雪痕摄）

植物景观规划设计

（二）栽培品种资源

牡丹栽培品种众多，根据品种来源和主产地，主要分为以下几个品种群：

（1）中国中原牡丹品种群：分布于华北和黄河中下游地区，中心在山东菏泽、河南洛阳及北京。中原牡丹是我国栽培牡丹的代表，也是世界上历史最悠久、品种最多、适应性最广的品种群，有800余品种。

特点：株型普遍较其他品种群低矮。叶形变化丰富，各品种差异明显。花型最丰富齐全，花型分类系统中的各类各型均有，且演化程度高，皇冠型、台阁型品种较多也较典型。花色丰富，色彩浓淡富于变化。品种类型多，用途广，可盆栽、切花、药用、促成或抑制栽培、园林绿化及二次开花的品种都有。

（2）中国西北牡丹品种群：主要分布于西北地区，栽培中心在兰州、榆中、临夏、临洮等地。是我国第二大品种群。该品种群以植株高大，小叶数多，花瓣腹面基部具大型紫斑而显著区别于其他品种群。

特点：株丛高大直立，萌蘖枝少；小叶数目多（二至三回羽状复叶）但叶形变化少；所有品种的所有花瓣的基部具大小不等、形状和颜色各异的斑块；花色不及中原品种鲜艳；花型以千层亚类为主，皇冠型和台阁型的品种少；生长旺盛，抗寒抗旱耐瘠薄，适于"三北"地区栽植。

（3）中国江南牡丹品种群：分布于长江中下游地区，以安徽铜陵、宁国、上海为栽培中心。安徽铜陵凤凰山为药用牡丹主要分布区。该品种群历史悠久，最早的牡丹专谱《越中牡丹花品》中就已有记载。特点是株型高大，花期早，在当地4月上旬即开放。根系浅而耐湿热。适应我国江南夏季高温多雨、冬季温暖湿润的气候。品种数量不多，花色以粉红色、紫色、白色为主。

（4）中国西南牡丹品种群：分布于四川、重庆、云南等地。主要分布于四川彭州（主产地在市郊的丹景山）、重庆垫江。以四川彭州的栽培历史最为悠久，最负盛名。在云南的大理、丽江等地也有少量品种，但两地品种的形态特征显著不同。该品种群植株高大枝叶稀疏，花型演化程度高，根系浅，适应温暖潮湿的山地气候，但品种数量不多。

国内在湖北、陕西、东北还有一些较小的品种群，如陕西的延安牡丹品种群、鄂西牡丹品种群和东北牡丹品种群。

（5）欧洲牡丹品种群：分布于法国、英国等地。由引入欧洲的中国中原牡丹与紫牡丹、黄牡丹等杂交育成。如目前国内种植的'金帝'、'金晃'、'金阁'等品种。这些品种花色金黄，但大多保留了野生原种花头下垂的特点。

（6）美国牡丹品种群：由欧洲、日本、中国引进的品种与紫牡丹、黄牡丹经多代杂交育成。如著名的'Banquet'、'High Noon'等。

（7）日本牡丹品种群：起源于中国中原牡丹品种群，在日本不断选育而成。该品种群花色鲜艳、花朵直立、重瓣性不强但花梗坚挺，如国内目前栽培较多的'岛锦'、'太阳'、'花王'等，花期一般较国内的品种晚1～2周不等。

以上每一品种群内又有不同的花型，牡丹的花型分类系统是逐级划分的，首先可分为单花类（全花由一朵花组成）和台阁类（全花由2朵或2朵以上的单花叠生而成），单花类下进一步可分为千层亚类（花朵扁平，花瓣以自然增多为主）和楼子亚类（全花高起呈楼台状，外花瓣大，内花瓣以雄蕊瓣化瓣为主形成），千层亚类下分为单瓣型（图17-45）、荷花型（图17-46）、菊花型（图17-47）、蔷薇型（图17-48）；楼子亚类下进一步分为金蕊型、托桂型（图17-49）、金环型（图17-50）、皇冠型（图17-51）、绣球型（图17-52）。台阁类品种中又根据组成台阁的单花的花型不同分为千层台阁亚类和楼子台阁亚类。

按照花色将牡丹分为白、黄、粉、红、紫、绿、黑、蓝及复色等九大色系，白色品种如'白雪公主'（图17-53）、'白玉'、'鹤白'、'白莲'、'昆山夜光'等；黄色品种有'金童玉女'（图17-54）、'姚黄'、'华

图17-45 '华夏一品黄'——黄色、单瓣型（王莲英摄）

图17-46 '紫斑隐斑白'——白色、荷花型（王莲英摄）

图17-47 '金鳞霞冠'——黄色、菊花型（王莲英摄）

图17-48 '花二乔'——复色、蔷薇型（王莲英摄）

图 17-49 '银丝贯顶'——白色、托桂型（李丰刚摄）

图 17-50 '黄金翠'——淡黄色、金环型（王莲英摄）

图 17-51 '姚黄'——黄色、皇冠型（王莲英摄）

图 17-52 '锦绣球'——紫红色、绣球型（王莲英摄）

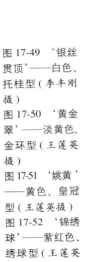

夏一品黄'等；粉色品种有'粉蝶戏雪'、'赵粉'等；红色品种有'胡红'、'种生红'、'脂红'等；紫色品种有'锦绣球'、'大棕紫'、'魏紫'等，黑色（墨紫色）品种有'黑花魁'（图 17-55）、'种生黑'、'乌龙卧墨池'等，蓝色（雪青色）品种有'彩叶蓝玉'（图 17-56）等，绿色品种有'绿幕隐玉'（图

17-57)、'豆绿'等，复色品种如'二乔'、'岛锦'等。

按照花期（以菏泽、洛阳两地开花物候期为例）分为：

（1）早花品种：花期一般在 4 月上旬至 4 月中旬初期。如：'鹤白'、'似荷莲'、'赵粉'、'墨洒金'、'鸦片紫'、'盘中取果'等。

图 17-53 '白雪公主'——白色、荷花型（王莲英摄）

图 17-54 '金童玉女'——黄色、蔷薇型（王莲英摄）

图 17-55 '黑花魁'——黑色、菊花型（王莲英摄）

图 17-56 '彩叶蓝玉'——蓝色、荷花型（王莲英摄）

图 17-57 '绿幕隐玉'——绿色、绣球型（王莲英摄）

（2）中花品种：花期一般在 4 月中旬至 4 月下旬。主要品种有：'二乔'、'姚黄'、'青龙卧墨池'、'飞燕紫'、'大金粉'等。

（3）晚花品种：花期自 4 月底至 5 月初。主要品种有：'菱花湛露'、'银粉金鳞'、'紫重楼'和引入的部分日本品种等。

另外，还有可于秋冬二次开花的寒牡丹，目前主要来自日本'大正红'、'秋冬红'、'栗皮红'和'雪重'等。

按照株型可分为：

（1）直立型：株丛高大、直立，枝条开展角度多在 30°之内，当年生枝节间较长。如大多数西北和四川彭州的品种及中原品种'姚黄'等。

（2）开展型：株丛开展，枝条开展角度一般大于 50～60°，冠幅常大于株高，当年生枝节间短。如'魏紫'、'红梅飞雪'、'紫瑶台'等。

（3）半开展型：株丛介于上述两者之间，枝条斜向上伸长。如'冰罩蓝玉'、'雪塔'、'墨剪绒'等。

另外，根据牡丹品种不同的生物学特性，可以有不同的应用方式：

如生长强健、易开花者如'洛阳红'、'肉芙蓉'、'凤丹'系列可用于公共绿地，此外还有可作促成与抑制栽培的品种，如'胡红'、'洛阳红'、'银红巧对'、'大棕紫'、'肉芙蓉'、'鲁菏红'、'紫兰魁'、'香玉'、'迎日红'、'紫瑶台'、'珊瑚台'、'丛中笑'等。牡丹盆栽也是较有发展前景的应用方式，一般来说，中原品种多数都可以通过嫁接进行盆栽，但较适宜的品种有'胡红'、'珊瑚台'、'银红巧对'、'娃娃面'、'蓝田玉'，用这些品种作接穗进行盆栽较易成功。

三、牡丹园的选址

选址合宜，造园才得体。牡丹园的选址第一要满足牡丹的生物学特性和生态习性，其次可因地制宜利用或改造原有的地形或空间，使牡丹和其他园林要素的配置既互惠互利，又相得益彰。

牡丹原产中国西南及西北部，在云南、西藏、四川、湖北、陕西、甘肃、山西、河南等地均有野生。原产地的生态环境形成了牡丹"宜冷畏热、喜燥恶湿、栽高敞向阳而性舒"的特点。冬季要有适当的低温值和低温时间，夏季宜凉爽忌酷暑艳阳、闷热多湿，喜光但忌夏季暴晒，可植于高敞处，也耐适当的荫蔽环境，尤其在盛花期，若能适当遮阴，可以保持花色纯正并延长花期，如名品'豆绿'、'脂红'在略荫条件下可充分显现其品种特色，若植于强光则损其色；牡丹的肉质根发达，喜肥、喜深厚肥沃、排水良好、略带湿润的沙质壤土，忌黏土及积水之地。pH 值适宜范围为 6.5～7.5，但在 pH8 的土壤中也能正常生长。

依据牡丹的生态习性，选址时，土壤要求深厚肥沃、排水良好、保肥力强，以沙质壤土最好；如果土质黏重或贫瘠，必须提前改良。若建规则式牡丹园，选择高敞、平坦开阔之处时，要注意留有便于排水的微地形，不仅便于规划灌排系统以备防涝、抗旱之需，也可丰富园景的立面变化。这点在降雨量较大的地区尤为重要。

如能因山就势，选择有疏林缓坡或有起伏的地形，可结合已有条件和植被，进行自然式布置。注意低洼处宜选择较耐积水且花期与牡丹相错的植物，如丝绵木、枫杨、雪柳、白蜡等。考虑牡丹对光照的要求，原有疏林可以适当保留，若遮阴过度则要及时疏除。北京植物园的牡丹园就是考虑到牡丹的习性，在园内一处低矮的丘陵地带上建成，原有的油松、白皮松、圆柏、槐树等予以保留，以深绿色的圆柏林作为背景，一些花期需适度遮阴的品种则植于槐树、白皮松、油松疏林下，并结合地被植物，形成了乔灌草复层混交的模式（图 17-58）。

另外，由于不同海拔处的牡丹花期不同，可在不同海拔处选址以延长观赏期。建在山区的牡丹园，要求土壤深厚肥沃、背风向阳且交通便利。如河南洛阳栾川县海拔 800m 处的鸡冠洞牡丹园，花期较洛阳

图17-58 疏林下的北京植物园牡丹园（王小玲摄）

市内晚 10 天之久。

四、牡丹园的布置形式

牡丹园的布置形式主要分为自然式和规则式布置，一些面积较大的牡丹园，也常结合地形变化同时采用两种形式。

（一）自然式布置

自然式布置多利用原有地形地貌或将地形处理成丘陵、坡地等自然起伏的形状，并与道路、建筑、雕塑及其他配景植物有机搭配，形成"虽由人作，宛若天成"的效果，以突出牡丹的特色。

造园方式上以我国古典园林的自然山水式为宜，结合地形的起伏变化，通过牡丹的孤植、丛植或群植形成高低错落、疏密有致的大小群落、造成峰回路转、柳暗花明、步移景异的视觉变化。同时结合地形设立一些体量适中的亭台楼阁等。一般要求在牡丹花期外，还要有花可赏，因此，早春和夏秋观花观叶的树种、叶色深绿宜作背景的常绿树、宿根花卉和蕨类植物与园林小品常有机结合，与牡丹互补短长，使游人不会因牡丹花的荣衰而减少游园的情趣，因而较受欢迎。

杭州花港观鱼的牡丹园即为自然式布置的例子（图 17-59），该园的焦点为一座起伏山坡，最高处建一重檐八角攒尖顶的牡丹亭，并由曲折的园路将该园分成高低不同、大小不一的牡丹种植区，避免了江南地区积水之害，且游人俯仰皆能欣赏到牡丹，为避免因分区造成的视觉上的凌乱，设计者将园路随地形起伏，以山石、花灌木和地被植物相配，杜鹃花、火棘、桂花、平头赤松、黑松、枸骨等配景植物俯仰有致，通过修剪将其冠形、株高、姿态与山石呼应配合，或觅树就石，或觅石就树，同时菖蒲、沿阶草、荷苞牡丹等宿根草本地被沿路或山石种植，园路似隐似现，各牡丹种植区"远看相连，近看各异"，牡丹品种亦不相同，每到花期，游人如织。

自然式布置方式能结合地形和配景植物为牡丹创造良好的观赏和生长条件，突出牡丹品种的优良性状，充分表现出牡丹的观赏效果。尤其是作为园中园的牡丹专类园多采用这种方式。中国科学院北京植物研究所内牡丹园（图 17-60）也属此类。

图 17-59　杭州花港观鱼公园牡丹园（苏雪痕摄）

图17-60

图17-61

图17-60 中国科学院植物园牡丹园(刘玉英摄)

图17-61 菏泽曹州牡丹园——花的海洋(王莲英摄)

（二）规则式布置

规则式布置适于在有一定面积且地势相对平坦的情况下采用，通常结合园路划分出整齐的几何形种植池，池内等距离地栽植不同的品种。种植池边以栏杆或其他植物材料分隔，如景山公园内的牡丹园。一些面积较大的规则式牡丹园，如山东菏泽曹州牡丹园（图17-61）在牡丹花期时，满园花海人流如织的场面十分壮观。

规则式牡丹园景观营造的重点是将观赏特性基本一致的品种配植在一起，形成一定的色块，以求外观上整齐一致。通常在视觉的中心上设置牡丹仙子雕塑或中小型的古建等。如洛阳王城公园牡丹仙子周围的牡丹花池及沉香楼四周整齐划一的16个牡丹花坛就是这种方式。这种布置方式利于人们集中观赏花团锦簇的群体美，便于资源收集、保存及观察、对比，也方便管理，但既缺乏变化也不能充分展示牡丹的个体美，牡丹在园林中的作用难以充分发挥。在地形处理上除考虑排灌系统的需求外，操作成本较低，与山石、配景植物的搭配要求也不高，其他各项管理也相对容易，因此各地均有采用。

一些大型的牡丹园多采用此类布置形式。如洛阳王城公园、洛阳隋唐城遗址植物园中的牡丹园等。以研究为主的种质资源圃一般也采用规则式布置。

此外，很多大型的牡丹园是规则式和自然式两种形式结合布置的，两种形式相互补充，以充分展示牡丹国色天香、富丽堂皇、姹紫嫣红的景象。也有些牡丹园，地形平坦，但面积不大，属于"园中园"，其园路常曲折有致，沿路的牡丹池也随路而变，形状并不规则，效果也很好，如北京紫竹院公园内的牡丹园。也有的山地牡丹园，常沿等高线作成台地状，形状规则，或因坡就势，顺地势等距离地种植牡丹，如四川彭州丹景山的牡丹园。在雨水较多的地区，也常在园内设计高低起伏的台阶，满足牡丹怕涝的习性，形成丰富的立面效果。

不论是自然式布置还是规则式种植，在园内建牡丹台是种植牡丹常用的形式。一般单个花台高 30～60cm，各花台层层叠起，组成丰富的立体效果。栽植的品种讲究花色、株型、株高等方面的搭配，一般把株型低矮、色深的品种植于最下层，把形美色艳、花期较长的品种植于水平视线的位置，把株型高大、叶色深、花色淡的品种植于最上层。为遮掩花台的硬质建筑材料，还可以花台边沿种植鸢尾、麦冬、沿阶草等，这些草本植物匍匐的株型，增添了牡丹园赏花的情趣，如颐和园国花台即为范例。

五、牡丹园的植物景观设计

牡丹园的规划设计要遵循科学性、艺术性、文化性和实用性的原则。

（一）科学性

牡丹园的科学性表现在选址、品种搭配等方面。

选址的内容已有论述，在牡丹品种选择

以及和配景植物的搭配上，以下几点设计者应予以考虑：

1. 以牡丹资源展示、收集和研究为主要目的的专类园

要根据当地的自然环境条件适当引种我国的牡丹芍药资源，以满足科研的需要。

目前我国原产的所有野生牡丹均被列入濒危或极危物种。原产中部和西北部的野生种引种相对容易，而原产西南地区（包括西藏）的野生种引种则较为困难，在条件不合适的情况下，不可盲目引种，以免造成野生资源的破坏。

在栽培品种的选择上，考虑到不同的品种群生态习性也不同，如中原牡丹品种群属于中原暖湿干燥生态型，西北牡丹品种群属于高原冷凉干燥生态型，江南牡丹品种群属于高温高湿生态型，西南牡丹品种群属于山地温暖湿润生态型，牡丹专类园设置时应充分考虑当地的气候条件，选择适宜的牡丹品种群进行栽植，以保证牡丹的生长势和成活率。如洛阳的牡丹园以中原牡丹品种群为主，适当引种其他品种群及国外优良品种。又如上海、杭州地区以江南牡丹品种群为主，气候较寒冷的长春，应重点选择较耐寒的西北牡丹品种及其他品种群中的耐寒品种，并采取一定的越冬保护措施以保证其成活。

在品种选择上要兼顾各品种群中最有代表性的品种，并注意搭配不同的花色、花期、花型和株型，要尽可能地选择传统品种、通过鉴定的品种和广为流传的品种。引种中一定要注意保证品种的准确性，避免以讹传讹。

在品种搭配时，可以参照牡丹的品种分类系统，按照色系布置，不同色系的品种分区种植，给游人较强的视觉冲击。也可在同一地块将不同花色的品种合理搭配形成色彩绚丽的植物景观，或者在某一色系的品种中偶尔点缀几株其他色系的牡丹品种，花色既统一又富有变化，形成丰富的景观。

或按照品种花型从低到高演化的顺序进行。这样便于集中展示牡丹的花型，并可结合展示牌向游人展示牡丹品种分类知识。在同一花型区中按照不同花色，结合不同株型搭配，如树体高大的西北、江南品种可作远景，株型低矮的品种可作近景和前景，此外，

也可在花瓣较少的花型如单瓣型的品种群中适当点缀几株花型复杂的如绣球型、皇冠型等品种，对比产生新奇之感。

对国外的品种资源，由于一般数量不多，观赏性强，可植于游人较多的地方。国外牡丹的育种，很多都是以中国的黄牡丹和紫牡丹等原种做亲本，因此，可结合展览牌的设置，展示国外牡丹品种的同时，让游人了解我国牡丹对世界牡丹育种的贡献。

2. 以观赏、休闲游览为主要目的的专类园

可不引进或少引进野生资源，在栽培品种的选择时，重点引种花色艳丽、花量大、花期长（或特早、特晚或可多次开花）、花色奇特、花姿优美、枝叶观赏性好的牡丹品种。

（1）在不同的小地形（种植小区）可重点选择不同的品种。花色艳丽的品种可搭配在松柏类植物附近，如'明星'、'丹阳'等，花型、花色奇特少见的品种如'银丝冠顶'、'冠世墨玉'、'花二乔'应沿路种植，便于游人近距离观赏；着花多易开花的品种如'迎日红'、'洛阳红'、'香玉'、'露珠粉'等远观、近植、群植、丛植均可。另外不同的坡度和朝向可选择株型和花朵朝向不同的品种。如西北、西南牡丹品种大多直立高大，中原品种株型紧凑矮小；花朵直立的有'花王'、'珊瑚台'、'芳纪'、'贵妃插翠'，花朵下垂的有'豆绿'、'峨眉仙子'、'盛丹炉'等，花朵侧开的品种较多，如'黑花魁'、'肉芙蓉'、'胡红'、'首案红'等。

距离乔木树种较近处可种植不耐晒的品种，如'丹炉焰'、'玫瑰红'、'宏图'、'脂红'、'种生紫'、'百花魁'、'赵紫'等；耐晒的品种如'彩蝶'、'红霞'、'蓝海碧波'、'如花似玉'、'百花丛笑'、'春色满园'、'红云'、'秀丽红'、'傲阳'、'姣妍'、'银红巧对'、'桃李争艳'、'杜鹃红'、'迎日红'、'重楼点翠'、'蓝宝石'、'红霞迎日'、'古园遗风'、'粉玉球'等，可片植于无树荫或树荫较少的地块，形成壮观的景象。

牡丹是我国传统名花，在专类园内需设置必要的展示牌，以简要介绍牡丹的基础知识，如品种的相关内容及与品种相关的诗词歌赋等，以达到向大众普及牡丹知识的目的。

（2）品种搭配应注意延长花期的需要。可适当加大早花和晚花品种的比例，一些可以秋冬季节二次开花的品种也要予以收集和保留，或巧妙利用地形的起伏变化，不同的地形地貌或遮阴条件下，同一品种的花期可相差2～3天。

另外，不同的品种群间花期也有早晚。如在中原地区引种西北牡丹，花期较当地主栽品种晚，牡丹芍药远缘杂交后代牡丹芍药、日本和欧美的牡丹品种与国内品种相比，花期也普遍晚，尤其是黄色系列的品种，花期能晚2周左右。

日本的寒牡丹在洛阳等地可于秋季至初冬自然二次开花，也可以设立"寒牡丹园"。

常用的手法还有在牡丹园中种植芍药，在牡丹花后，形成第二次观赏高峰。

（3）对古老珍稀的品种可设立"园中园"，如传统名品中号称花王、花后的'姚黄'、'魏紫'，花色、花型奇特少见的黑牡丹'种生黑'、'黑花魁'，二色品种'花二乔'，来自太空育种的"太空牡丹"，牡丹芍药种间杂种"牡丹芍药"等均可开辟专门的观赏区，满足人们的猎奇心态。

国内的科研工作者已筛选出一年开二次花，或秋季于国庆节期间开花以及叶色变异的彩叶和花色奇、花姿美的品种。这些品种也可集中布置在人群较多的地方，形成视觉中心以吸引游人观赏。

3. 在配景植物的选择上，要突出牡丹这一主题，适当配置其他园林要素

为突出主题，牡丹种植的数量和面积不能过少，但由于其观赏期集中在春季，牡丹园应考虑到四季有景，同时出于丰富景观层次和空间、为牡丹生长创造遮阴等环境条件的需要，配景植物的观赏特性最好与牡丹互补短长，如选择花期错开、观果及常年异色叶及秋色叶树种。在乔、灌、草结合时亦要考虑常绿树与落叶树、阔叶树与针叶树的配比，既可有群植、片植，以利防风避寒，也可在花期遮阴、做背景，达到"好花还有绿叶衬"的效果，也应有疏林草地、缓坡或对植、丛植以配合牡丹造景的需要。

4. 选择适合的季节栽植牡丹

根据牡丹的生物学特性，其栽植季节应在每年9月中旬至10月中旬为好，且宜早不宜晚。一般情况下，中原地区以9月底以前栽植完毕较好；长江以南地区栽植时间可适当后推，以10月底以前较好；东北、西北地区及纬度较高地区以9月中旬以前较好。

（二）艺术性

牡丹是传统名花，在景观的营造上，可借鉴中国自然山水的特色，结合园地起伏的地形地貌和其他花草树木、山石、建筑、雕塑、水体等将牡丹与环境和谐地配植在一起，彼此互相呼应、俯仰有致、高低不同，营造出一幅疏朗有致、生机勃勃的"山水画"，达到"虽由人作，宛自天开"的效果。

（三）文化性

（1）通过诗词、歌赋、传说、神话等的运用，增添牡丹园的文化内涵。在北京植物园牡丹园内，建有牡丹照壁，描绘的是《聊斋志异》中葛巾玉板的故事，同时照壁前配植了'葛巾紫'和'玉板白'2株牡丹，增添了游兴。

牡丹为中国传统花木，花文化十分丰富，园林中可与玉兰、海棠类、迎春、桂花等搭配，构成"玉堂春富贵"的含义。

（2）突出地方特色，考虑当地的民风民俗和文化传统，特别是与牡丹相关的传说、文人名人等，融入地域文化，体现地方特色。如大唐盛世的都城西安地区的牡丹园可侧重表现牡丹的富贵，选择花型圆整、色彩鲜亮的品种以体现盛唐文化；洛阳是历史文化名城，常在花会期间，举办牡丹摄影、诗词书画展，在赏花的同时，领略传统文化。因此牡丹园内常建有举办展览的建筑；菏泽地区的牡丹经济发达，在花期常举办各种类型的交易会、招商会等，因此牡丹园也常临时培育一些盆栽牡丹，以应展览之需。甘肃榆中和平牡丹园在花期时常有当地歌手唱"花儿"，游人也喜欢在游园疲劳时，品茶赏花，因而园中常留有空地，搭建凉棚以满足观众听歌品茶的需要。

（3）在园内游人休息处可建立介绍牡丹基础知识的展板，介绍牡丹野生资源、栽培历史和栽培技术措施、花型分类知识，一些著名的品种可在种植处设标牌介绍其品种特征、培育历史或历史传说，以达到普及牡丹知识，满足游人特别是农林院校师生课外实践需要的目的。

（四）实用性

牡丹园中应设置必要的休息服务设施，有明确的指示牌，园内交通顺畅，道路要与建筑、水体等其他造园要素良好结合，便于游人游览。

六、牡丹园的实例分析

北京植物园牡丹园1993年建成，是利用原有墓园的低矮丘陵建立的。因此可见园内群植的柏树林，一些槐树、油松、白皮松、白蜡等乔木树龄也较大。

园内收集的品种包括中原牡丹品种群、西北牡丹品种群、江南牡丹品种群和部分日本牡丹品种，共有品种300个左右，近万株。花期可以从4月下旬一直持续到5月上旬，同时收集芍药品种千余株，品种近200个，是目前华北地区著名的牡丹专类园。

园内有六角牡丹亭、牡丹仙子、牡丹照壁和牡丹观花阁，名为"群芳阁"。园内保留原有的油松作为基调树种，并与其他大树和古树与灌木、草本共同形成了乔灌草混交的疏林结构的自然群落，原有山坡上的柏树林予以保留，既可作为背景，又可在冬季挡风保温，园内还种植了大量的地被植物荚果蕨，碧绿的叶色与牡丹艳丽的花色交相辉映，最大限度地满足了彼此对环境条件的需要。

牡丹园南入口处有3组山石，6株百年以上的槐树错落分布，沿山石拾级而上，路边六角牡丹亭既可供游人休息，也为游人指导方向，两边的牡丹芍药或对植或丛植，花色、花期和花型各不同，与之相配植的有接骨木、葱皮忍冬、鞑靼忍冬等花灌木，附近的白皮松疏林为日本牡丹品种提供了极好的遮阴，花期时笔直的树干与盛开的牡丹形成夹景，是园内较受欢迎的景点之一。园中不同种类和株龄的乔木疏林对延长牡丹花期发挥了极好的作用，也有利于牡丹顺利度过北京夏季的高温酷暑。

牡丹园中部可见一牡丹仙子端坐于圆形拱门内、各色牡丹之中。到此可继续前行欣赏西北牡丹品种，向北观牡丹照壁后，沿曲折园路下行，观牡丹园北部的中原牡丹品种。此处较低，地势平坦并与植物园主干道相连，种植的是一些花大色艳的中原品种，桃花园内的游人往往可透过主干道两侧的油松和丁

香，看到若隐若现的牡丹花，常不由自主前来观赏。

全园自然野趣浓厚，既可见牡丹与山石、古木、建筑的有机结合，也可体会园路的迂回曲折峰回路转，感受疏密有致、远近高低各不同的景色。牡丹照壁和其对面的"群芳阁"如能设置更多的座椅供游人休息，则更理想。

第六节　月季园

一、月季园概述

月季园是利用蔷薇属 (Rosa) 植物布置而成的专类园。月季专类园除了承担收集、保存月季品种的功能，还有着观光游览、科普教育的作用。

中国蔷薇、月季有着悠久的栽培历史。早在 2000 多年前的汉武帝时代（公元前 140～前 87），宫苑内即有蔷薇栽培。宋、明时期的蔷薇、月季品种十分丰富，在世界上居于领先地位（陈俊愉，1986）。月季花容秀美，色彩丰富，馥郁芳香，四时常开，有"花中皇后"的美誉，且栽培容易，对气候适应性强，是百姓最喜欢的花卉之一，并受到古今无数文人墨客的赞咏。苏东坡有诗曰："花落花开无间断，春来春去不相关。牡丹最贵惟春晓，芍药虽繁只夏初。惟有此花开不厌，一年长占四时春"；杨万里则赞它"只道花无十日红，此花无日不春风"；现代著名将军张爱萍称赞月季"花开迎春早，临风月月红"。

尽管我国古代月季品种极为丰富，但是现代意义上的月季专类园却始于欧洲。月季园是较早建设的植物专类园之一，在欧美较为流行并且广泛分布。在西方国家，月季专类园的建设在月季应用上被誉为"戒指上的宝石"。国外比较著名的月季园有美国华盛顿公园月季园、英国伦敦的英国皇家月季协会月季园、法国巴黎的莱恩蔷薇园等。现在我国北京、天津、西安、大连、常州等几十个城市都把月季定为市花，许多城市从 20

世纪 50 年代开始相继建起了月季园，其中有些逐渐成为集科研、观赏于一体的著名景点，如北京天坛月季园、北京植物园月季园、江苏淮安月季园等。

二、月季的种质资源

月季，蔷薇科蔷薇属常绿或半常绿灌木，俗称月月红，原产我国。现代月季 (Rosa cvs.) 是我国的香水月季、月季和七姊妹等输入欧洲后，在 19 世纪上半叶与当地及西亚的多种蔷薇属植物杂交，并经多次改良而成的一大类群优秀月季。在近 2 个世纪以来，被用于创造现代月季新品种的蔷薇原种主要有 15 个，其中 10 种左右原产中国，包括月季、香水月季、巨花蔷薇、野蔷薇、光叶蔷薇、玫瑰、硕苞蔷薇、黄蔷薇、密刺蔷薇、血蔷薇（陈俊愉，2001）。现在常见的月季，绝大多数都是现代月季品种。目前世界约有 25 000 个现代月季品种（岳玲等，2010），并且新的品种不断出现。

根据目前广为栽培的现代月季在园林中的应用形式，可以将其分为以下 6 种主要类型：

（一）丰花月季

又称聚花月季，分枝多，株型整齐，有成团成簇开放的中型花朵，花色丰富，四季开花（图 17-62）。抗寒耐热，平时不需要细致管理。应用广泛的品种有粉花的'Betty Prior'（'杏花村'）、红花的'Red Cap'（'红帽子'）、白花的'Iceberg'（'冰

图17-62

图17-63

图17-64

图17-65

图17-66

图17-67

图17-62　丰花月季(苏醒摄)

图17-63　微型月季(仇莉摄)

图17-64　藤本月季(仇莉摄)

图17-65　地被月季(赵芳丽摄)

图17-66　树状月季(仇莉摄)

图17-67　其他品种月季(仇莉摄)

山'）、黄花的'Gold Marry'（'金玛丽'），以及'Golden Holstiein'（'金色赫尔斯坦'）、'Independence'（'独立'）、'Winter Plum'（'冬梅'）、'Carefree Beauty'（'无忧女'）、'Green Sleeves'（'绿袖'）、'Rumba'（'伦巴'）等。

（二）微型月季

四季开花之极矮型月季，高约20cm，枝叶细小，花径1～3cm，重瓣，枝密花繁。耐寒性强（图17-63）。品种有'Baby Crimson'（'红婴'）、'Scarlet Gem'（'红宝石'）、'Margo Koster'（'小古铜'）、'Tom Thumb'（'拇指'）、'Red Elf'（'红妖'）、'Pink Petticoat'（'粉裙'）等。

（三）藤本月季

杆茎柔软细长呈藤本状或蔓状，茎长一般可达3～5m（图17-64）。有一季开花的品种，也有两季或四季开花的。如'Mermaid'（'美人鱼'）自仲夏至秋季开放，'Climbing Peace'（'藤和平'）则四季开花。常用品种还有'Dortmud'（'多特蒙德'）、'Compassion'（'怜悯'）、'Golden Shower'（'金绣娃'）、'Uncle Waltor'（'瓦尔特大叔'）、'Spectra'（'光谱'）、'Darthuizer Orany Fire'（'橘红色火焰'）等。

（四）地被月季

地被月季是藤本月季的一个分支，因其直立生长20～40cm后即开始横卧，向水平方向伸展，另有一些类型其茎蔓贴地而生，节间着地后可自行生根，可作地被植物用（图17-65），因而得名。常见品种'巴西诺'（'Bassino'）、'恋情火焰'、'哈德福郡'等。

（五）树状月季

栽培过程中，将月季芽接在粗壮的高干或半高干的砧木上，培育形成树状月季（图17-66）。根据嫁接品种的特性和修剪方式的不同，可以把树状月季的树形划分为圆球形、倒钟形、卵形、馒头型、伞型、垂枝型等（李保忠，2006）。树状月季可形成立体景观，弥补了北方多季节开花小乔木的空白。

（六）其他品种月季

除上述5种类型以外，园林中应用的现代月季主要还包括杂种长春月季、杂种香水月季、壮花月季3个杂交品种群（图17-67）。杂种长春月季是现代月季的起点和基础，约在1840～1890之50年间，品种丰富，风靡一时，著名品种有开白花的'Frau Karl Druschki'（'德国白'）、开粉花的'Paul Neyron'（'阳台梦'）和开红花的'General Jacqueminot'（'贾克将军'）等。后因其不能四季连续开花，且花色不够丰富，故在杂种香水月季问世后，已较少栽培。杂种香水月季是由香水月季与杂种长春月季杂交选育而成，为目前栽培最广、品种最多的一类，花大而色、形丰富，四季中开花不绝。著名品种有'Condesa de Sastago'（'金背大红'）、'Crimson Glory'（'墨红'）、'Peace'（'和平'）、'Confidence'（'信用'）、'Perfecta'（'十全十美'）、'Fragrant Cloud'（'香云'）等。壮花月季则是由杂种香水月季与丰花月季杂交而成的改良品种群，是近代月季花中年轻而有希望的一类。植株强健，生长较高，能开出成群的大型花朵，四季勤花，适应性强。著名品种有'Queen Elizabeth'（'粉后'）、'White Queen Elizabeth'（'白后'）、'Scarlet Queen Elizabeth'（'红后'）、'Garden Party'（'游园会'）、'Diamond'（'火炬'）、'Montezuma'（'杏醉'）、'Miss France'（'法国小姐'）、'Lucky Lady'（'幸福女'）、'Mount Shasta'（'雪峰'）等。

三、月季的生态习性和月季园的选址

（一）月季的生态习性

1. 光照

月季喜日照充足，空气流通，排水良好而避风的环境。盛夏过热时，又需适当遮阴，过于强烈的阳光照射对花蕾发育不利，花瓣在强光下易焦枯。

2. 温度

月季性喜温暖，多数品种最适温度白天15～26℃，夜间10～15℃。忌高温和干风，气温超过30℃月季生长不良，开花小，色泽暗淡无光，因此，月季虽能在生长季开花不绝，但以春、秋两季开花最多最好。月季也能耐一定的低温，一般在温度低于3～5℃时开始休眠。不同的类型对低温的忍耐能力不同，一般攀缘类和聚花类品种能耐-15℃低温；某些小的多花类及老式月季花，则能经受-20℃的低温；树状月季的耐寒能力较差，气温降到-8℃就必须加以保护。现在世界上已培育出能耐-30℃的品种（刘少宗，2003；张秀英，2005）。

3. 土壤

月季对土壤要求不严，喜肥水，也不挑肥，并能耐受瘠薄和干旱。以富含有机质、疏松、肥沃、排水良好而微酸性的(pH值6～6.5)土壤为最好，稍黏重也可生长。

4. 湿度

月季生长期最适宜的空气相对湿度为75%～80%，但稍干、稍湿也可。

（二）月季园的选址

除月季以外的蔷薇属植物大部分也都喜光、耐旱、忌积水和严寒，忌冷风和干风的环境，所以露天的月季园应选择在地势高燥、阳光充足的地方，以背风向阳的坡地为佳；土壤以疏松的微酸性沙壤土为宜，稍微黏重的土壤也能适应，但是忌黏重不透水的土质，土壤酸碱度为6～7。另外，还应考虑交通方便、水源良好、无污染等环境因素。

四、月季园的植物景观设计

月季园有多种类型，既可以只用各类型的现代月季形成具有月季特色的月季专类园，又可以在月季园内广泛收集古老月季和多种蔷薇属植物而形成内容更为丰富的蔷薇园，还可以在大型公园中设置月季园，成为园中园。不同类型的月季园侧重点有所不同，或以观光游览为主，或以试验、品种收集或科研为主，或是两者兼顾。但大体上都是根据蔷薇属植物的特点进行设置，结合其他植物和各园林要素、园林展览，营建独具特色的景观和引人入胜的活动。

（一）月季的景观设计要点

月季园的植物景观设计应重点根据蔷薇属植物的生长习性和形态特点进行布置。宜将长势相同或相近的品种和种集中种植，以保证整体性，防止园圃的植物杂乱无章，也有利于日常的养护管理。另外也常根据花色和花期来进行布置，以形成较为一致和壮观的花园景观。例如南非首都约翰内斯堡植物园的月季园将60多种4500多株月季以花色为基调板块布置在草坪中。

丰花月季株型整齐，最善表现群体之美，可按其花色组成色带和色块。微型月季和小型的丰花月季植株紧凑、花朵密集，一般布置于花圃或花坛的边缘，比较容易形成精致的图案和华美的装饰纹样。藤本月季常被布置在专类园中的花架、花篱、花柱、拱门或攀缘于墙体上，形成各种丰富的园林植物小品和立面效果。地被月季可用作木本观花地被，还可用于覆盖坡石。树状月季造型独特，多栽植在园路的两侧，形成迎宾的气氛，也可布置在花坛的中央或边缘上，从而成为观赏视觉的焦点，丰富月季园的立面效果。

杂种香水月季是月季专类园的主要观赏种类，通常布置于园中的主要位置。一般把不同色彩、高度、丰花期的品种分成小块布置，中间用草坪衬托。绿色的草坪既能作为底色反衬出月季花色的明艳，又会避免因过密的繁花所产生的通风不良而导致严重的白粉病。壮花月季和一些长势强的品种，一般集中在园区的外围或作为花坛、花境的背景。

在月季园的周边可配植国内外的一些蔷薇属原种植物，如野蔷薇、黄刺玫、月季、报春刺玫、黄蔷薇、刺玫蔷薇、伞花蔷薇、宽刺蔷薇、峨眉蔷薇、缫丝花、金樱子、硕苞蔷薇、山木香、秦岭蔷薇、山刺玫、疏花蔷薇、华西蔷薇、美蔷薇等。

原产我国的蔷薇属植物有56种（不包括变种），正因为与西方的百叶蔷薇等杂交，才育出至今有2万多个栽培品种。可用文字及树枝状图表来说明育种过程，使月季园更具科研及科普性。

图17-68-1

图17-68-2

图17-68 北京玫瑰公园雕塑(仇莉摄)

（二）与其他植物的组景

月季在寒冷地区冬季常会落叶，为避免月季落叶后月季园过分单调枯寂，在园内还要布置一些常绿树种、常年异色叶树种、秋色叶树种及其他植物，丰富秋冬的景观。可选用的植物有云杉、侧柏、金叶侧柏、龙柏、桧柏、金叶桧、沙地柏、金叶雪松、灰绿云杉、银杏、三角枫、紫叶李、紫叶矮樱、紫叶桃、紫叶小檗、金叶女贞、大叶黄杨和小叶黄杨的彩叶品种等，与各类型月季搭配，使之相映成趣。但这些植物只能作为月季园的点缀，配植的位置和数量都要适当，不能喧宾夺主，以致减弱月季园的特色。

（三）其他园林要素和展览形式的应用

在月季园中可以结合其他园林要素表现月季的主题，雕塑是最直观的语言。如北京市玫瑰公园入口及中心广场处，结合水景和植物背景设置色彩浓烈的主题雕塑，形成鲜明且和谐的整体印象（图17-68）。还可以在铺装、园林建筑和构筑物的外墙装饰、栏杆等细节处引入与月季相关的元素，如月季花形的图案，或代表月季丰富花色的彩色碎拼瓷片的大量使用。通过设计语言的不断重复，有助于营造出月季园的整体连续性，也在色彩上最大限度地烘托主题，同时避免冬季景观的单调。

另外，还可以通过展览的形式将月季栽培与文化结合，以月季为载体，深入发掘文化内涵，形成特色鲜明的植物景观。如天坛公园2007年的"天地同和"主题的展览，与天坛礼乐文化相结合，在中华传统文化"礼乐"、"和谐"等方面进行深入发掘，设计了甲骨文中的"和"字造型，正所谓"古调和今声，八音奏和谐"。并在展览中对展览内容进行详尽的文字说明和讲解，通过制作展板等方式从多个方面对月季栽培技艺、天坛月季文化进行宣传和展示，将文化与科普渗透到展览的每个环节，使参观者不仅仅看到美丽的月季花，同时还经历了一个完整的月季文化游历过程。

五、月季园的实例分析

在我国，以月季为主要植物的专类园和公园比比皆是，这些月季园在文明城市建设及生态城市建设中发挥着重要作用。北京植物园月季园是其中比较成功的范例之一（图17-69至图17-71）。

北京植物园建于1992年，是月季品种搜集和展示专类园，面积7hm²。设计中巧妙地设置轴线，借景园外的玉泉山和香炉峰。在因地制宜、充分利用现状地形和植物的基础上，种植与功能相结合进行分区布局。如丰花月季安排在直径90m、面积约6000m²的主景区——沉床园。结合地形设计的沉床园既适合有层次地将各种大块色彩表现出来，又正好把中心的喷泉广场与主干路相隔，较大面积的广场便于开展多种游园活动。全园构图中心选择花魂雕塑点出主题。月季栽植尽量与周围树群相配或独立做成色带及花环，井然有序（张佐双，刁秀云，2004）。

北京植物园月季园建成以后，成为北京地区乃至北方最大的月季专类园，搜集栽培月季品种达 1200 多个（赵世伟，2008）。多年来，数次举办大型月季展览，现已成为文化交流、陶冶市民情操的场所，是一座月季花的天然博物馆。每年植物园都要引进大量月季新品种，并着力利用资源优势，培育富有特色的新品种。

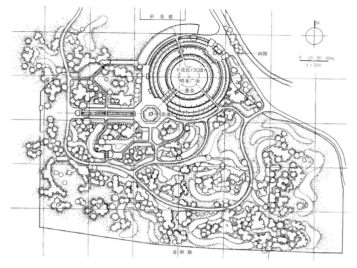

图17-69

图17-69　北京植物园月季园平面图(引自北京市园林局《北京园林优秀设计集锦》，1996)
图17-70　北京植物园月季园沉床园（黄亦工摄）
图17-71　北京植物园月季园花魂雕塑（仇莉摄）

第十七章　专类园的植物景观设计

图17-70

图17-71

第七节　棕榈园

棕榈科为泛热带分布的科，现代分布区主要在南北两半球热带地区，少数种还延伸分布到两半球暖亚热带，甚至达中亚热带地区，分布区边缘最北达日本中部、中国长江流域及黄河下游的南部、美国加利福尼亚州与佛罗里达州和地中海北部；最南达智利中部和新西兰、澳大利亚南部。而现代分布中心主要在热带与暖亚热带的亚洲，中、南美洲，大洋洲及非洲的东、南、西部；但分布区的密集中心则是在热带亚洲、南美洲、南太平洋群岛及非洲东南部，借助温室引种栽培的区域则几乎遍及全球。棕榈科植物以其特殊的造型、高贵的气质，成为世界园林景观设计中最能体现热带景观的一个特殊种类，广泛地应用于广场、公园、住宅区、庙宇、道路等地。

棕榈科植物在我国主要的分布与引种地区为华南、东南和西南地区，其中华南地区大部分种类在华南植物园、深圳仙湖植物园、广东棕榈园林工程有限公司、海南热带植物园（儋州）和海南省兴隆热带花园（万宁）；东南地区除台湾外，主要引种在厦门万石植物园和厦门市华侨亚热带植物引种园；西南地区的引种种类多见于西双版纳热带植物园（林有润，2002）。

一、棕榈植物的种质资源及分类

棕榈科 Palmae 名称自 A. L. de Jussieus (1789) 确定以来，许多学者对该科进行了系统的研究。也有将该科区分为 6 亚科 (subfamilies)——Coryphoideae，Calamoideae，Nypoideae，Ceroxyloideae，Arecoideae，Phytelephantoideae，并在亚科下设若干族及亚族。根据我国学者林有润的分类，将棕榈植物中分出一个新科——省藤科。

由于植物学家在种和属的界定上的不一致，在种类的统计上存在一些差异 (David L, 1995)。根据文献记载，棕榈科植物大约有 200 个属，2600 个种。若将棕榈类植物分为棕榈科和省藤科，则棕榈科在全世界有 178 属，约 1960 种，主要分布在热带及南北两半球的暖亚热带地区，我国有 14 属约 47 种，今年成功引进的有 70 多属，340 种。省藤科共有 22 个属，约 710 种，主要也分布在热带及南北两半球的暖亚热带地区，我国有 4 属，42 种（含变种），近年引种成功的约有 12 属，30 种。常用的观赏棕榈植物主要有以下一些种类（表 17-3）。

表 17-3　我国适用的棕榈植物名录表（刘海桑，1999）

序号	种类	拉丁名	原产地	我国适栽地区	生理特性	主要观赏特征
1	假槟榔	*Archontophoenix alexandrae*	昆士兰	T-SS		树冠；果红色
2	槟榔	*Areca catechu*	东南亚	T-(SS)		茎绿色
3	三药槟榔	*Areca triandra*	热带亚洲	T-SS	耐阴	茎绿色
4	鱼尾桄榔	*Arenga caudata*	中南半岛	T-SS	耐阴	羽片鱼尾状
5	香桄榔	*Arenga engleri*	中国台湾，琉球	T-MS	耐阴	微风中叶美花香
6	糖椰/桄榔	*Arenga pinnata*	热带亚洲	T-(SS)		叶巨型近直立，果艳
7	霸王棕	*Bismarckia nobilis*	马达加斯加	T-SS		株型巨大，掌叶坚韧
8	非洲糖棕	*Borassus aethiopum*	热带非洲	T		茎上部膨大
9	糖棕/扇棕	*Borassus flabellifer*	热带非洲	T-SS		株型甚大，叶鞘宿存

序号	种类	拉丁名	原产地	我国适栽地区	生理特性	主要观赏特征
10	冻椰/布蒂椰	*Butia capitata*	巴西，乌拉圭	T-S	耐旱	叶蓝绿色
11	毛冻椰	*Butia eriospatha*	巴西南部	T-MS	耐旱	树冠；花序
12	丛生鱼尾葵	*Caryota mitis*	热带亚洲	T-SS		羽片鱼尾状
13	鱼尾葵	*Caryota ochlandra*	中国华南、西南	T-SS		羽片鱼尾状
14	单穗鱼尾葵	*Caryota mouostachya*	中国华南、西南	T-SS		羽片鱼尾状
15	董棕	*Caryota urens*	中国西南	T-SS		羽片鱼尾状
16	安第斯蜡椰	*Ceroxylon quindiuense*	安第斯山脉	S		株型巨大
17	袖珍椰子	*Chamaedorea elegans*	墨西哥	T-SS		株型矮小
18	欧洲矮棕	*Chamaerops humilis*	地中海	T-S		多种叶色、株型
19	琼棕	*Chuniophoenix hainanenis*	中国海南	T-SS	耐阴	果鲜红
20	小琼棕	*Chuniophoenix nana*	中国海南	T-SS		果鲜红
21	椰子	*Cocos nucifera*	热带地区	T-(SS)	耐盐	树冠婆娑
22	贝叶棕类	*Corypha* spp.	热带亚洲、大洋洲	T-(SS)		巨大顶生花序
23	三角椰	*Dypsis decaryi*	马达加斯加	T-SS	耐阴	三角形树冠，叶粉绿
24	散尾葵	*Dypsis lutescens*	马达加斯加	T-SS	耐阴	叶柄黄绿色
25	油棕	*Elaeis guineensis*	非洲	T-(SS)		树冠；叶鞘宿存
26	酒瓶椰	*Hyophorbe lagenieaulis*	马斯克林群岛	T-(SS)		茎膨大似酒瓶
27	棍棒椰	*Hyophorbe verschaffeltii*	马斯克林群岛	T-SS		茎膨大成纺锤形
28	穗花轴榈	*Licuala fordiana*	中国华南	T-SS	耐阴	果鲜红
29	刺轴榈	*Licuala spinosa*	中国海南及东南亚	T-SS		果橙黄色
30	圆叶轴榈	*Licuala grandis*	瓦努阿图	T-SS		叶圆形
31	蒲葵	*Livistona chinensis*	中国华南、西南	T-MS		叶扇形
32	高山蒲葵	*Livistona saribus*	东南亚	T-SS		叶扇形
33	澳洲蒲葵	*Livistona australis*	澳大利亚	T-SS		叶扇形
34	水椰	*Nypa fructicans*	热带亚洲	T		佛焰花序顶生
35	加那利海枣	*Phoenix canariensis*	加那利群岛	T-MS	耐盐	球形树冠，菱形叶痕
36	枣椰/海枣	*Phoenix dactylifera*	中东、北非	T-MS	耐盐	叶蓝绿色
37	软叶刺葵	*Phoenix roebelenii*	老挝	T-SS	耐阴	叶亮绿
38	银海枣	*Phoenix sylvestris*	印度	T-MS	耐旱	球形树冠，梯形叶痕
39	山槟榔类	*Pinanga* spp.	热带亚洲	T-SS	耐阴	株型
40	国王椰	*Ravenea rivularis*	马达加斯加	T-SS		树冠
41	菜王椰	*Roystonea oleracea*	热带美洲	T-SS		茎平滑似水泥柱
42	大王椰	*Roystonea regia*	热带美洲	T-SS		株型
43	矮菜棕	*Sabal minor*	美国南部	T-MS		掌叶坚韧
44	菜棕	*Sabal palmetto*	美洲中部	T-MS		掌叶坚韧，叶鞘宿存
45	皇后葵	*Syagrus romanzoffiana*	南美中部	T-MS		树冠
46	棕榈	*Trachycarpus fortunei*	中国华南	(T)-S		株型
47	龙棕	*Trachycarpus nanus*	中国广西			
48	丝葵	*Washingtonia filifera*	美国、墨西哥	T-MS	耐旱	枯叶裙，茎粗，白丝
49	大丝葵	*Washingtonia robusta*	墨西哥西北	T-MS	耐旱	枯叶裙甚长，茎高大
50	狐尾椰	*Wodyetia bifurcata*	昆士兰	T-SS		茎膨大，叶似狐狸尾
51	棕竹	*Rhapis exelsa*	中国华南	T-S	耐阴	叶色翠绿

序号	种类	拉丁名	原产地	我国适栽地区	生理特性	主要观赏特征
52	矮棕竹	*Rhapis humilis*	中国西南	T-S	耐寒	株型矮小
53	细棕竹	*Rhapis gracilis*	中国华南、西南	T-SS		茎细
54	粗棕	*Rhapis robusta*	中国广西	SS	耐阴	叶掌状 4 裂
55	多裂棕竹	*Rhapis multifida*	中国云南南部	T-SS		叶形秀丽

注：T:热带; S:亚热带; SS:南亚热带; MS:中亚热带。

图 17-72　红棕榈（苏雪痕摄）

二、棕榈植物的景观特色

棕榈植物具有独特的景观品质，这在设计棕榈园时需要重点关注和合理的组合应用。其景观特色主要体现在以下方面：

（一）茎干之美

棕榈植物茎干差异巨大，有挺拔高干的安第斯蜡椰、霸王棕、伊拉克蜜枣、假槟榔、槟榔等；树干粗壮的智利蜜椰、壮蜡棕、加那利海枣等则犹如擎天巨柱；茎显着膨大的如酒瓶椰、大王椰、红棕榈（图 17-72）、刺瓶椰、酒樱桃椰、非洲糖棕、瓶棕等诱人可爱；还有茎覆有枯叶裙或密布纤维的种类如丝葵、大丝葵、裙蜡棕、长发银棕等；中型丛生型以及能正常分枝的种类如麦氏皱籽椰、非洲海枣、叉干棕等。

（二）叶形之美

棕榈植物的叶形基本上有羽状裂和掌状裂，且基本位于植株顶部，但是由于其着生方式不同、大小差异显著，色彩也有所不同。叶大型的种类如可亨油棕、王拉菲亚椰、孔雀椰、贝叶棕、霸王棕（图 17-73）等；叶形奇特的种类如圆叶轴榈、泰氏棕、狐尾椰、诺曼椰、三角椰等；叶色特别的种类如红椰、蓝拉坦棕、海枣、凤尾椰等。

（三）花果之特色

长穗棕、糖椰、巨籽棕、圣诞椰、毛冻椰等的花、果（序）大型或色彩艳丽，有红、白、黑、蓝、紫黑、黄、黄绿等，也常常成为专类园中独具观赏特色的植物景观，如果序长达 2m 的鱼尾葵（图 17-74）。

三、棕榈园的选址和景观设计

棕榈植物是热带和亚热带喜温暖的树种，因此必须考虑当地的气候条件，在南亚热带和热带地区，可以露地建设棕榈园，而在冬季较为寒冷的地区，通常将棕榈植物和其他热带植物结合植于温室里，以展示热带风光。其次，除了湿地棕、水椰等少数种类外，棕榈植物大部分不耐水湿，因此棕榈园的选址需排水良好，即使在水边也应注意根部不要浸水。除此之外，棕榈植物习性多样，有的为强阳性（如大王椰子），有的喜阴（如轴榈），有的耐旱（如枣椰子），有的喜湿（如水椰），有的耐贫瘠（如石山棕），有的好肥，有的耐盐（如椰子），有的耐碱（如棕榈），大多数种类抗风性甚强（如椰子、加拿利海枣），因而对于各种生境条件都有相应的棕榈植物。

图17-73

图17-74

图17-75

其要点如下（刘海桑，1999）：

（一）孤植

采用孤植展示棕榈植物的个体美，特别是展示其特色的茎干、叶形和花果之美，如加那利海枣、酒瓶椰、贝叶棕、长穗棕等。

（二）列植

采用列植展示群体韵律美，茎竖直生长的棕榈类种类都可以列植，尤以茎干显著膨大的种类为佳（图17-75）；对于茎干通直、无任何膨大的种类，可与修剪成球状的福建茶、七里香、黄金榕等组景，以增加景观层次，减少茎干纵向的生硬单调感。但在较狭窄的园路两侧，只宜种植茎干通直纤细的羽状类型棕榈植物，如槟榔、假槟榔、皇后葵等。这样既可突出植物的清奇秀丽，又能给人以曲径通幽的感受。在棕榈园的主道等较宽的路径旁，可在外侧各配植一列双子叶的树木，既可求得沿途较大范围的树荫，又可形成疏密、明暗、叶片质感对比的优雅的景观画面。

（三）丛植

在一些较为空旷的草坡上主要表现棕榈植物的群体美，同时兼顾单株的个体美，以较为低矮的灌木状棕榈植物为宜，如软叶刺葵，也可以采用同种不同株高的丛植方式。适合孤植的种类亦可丛植，但以表现个体茎

图17-73　霸王棕（苏雪痕摄）
图17-74　鱼尾葵果序（苏雪痕摄）
图17-75　广州珠江公园大王椰子列植（姚瑶摄）

棕榈园的选址可以充分利用各种地形条件，特别是在具有微地形起伏的缓坡地和临水的区域，更易形成丰富多变的景观特色，还可以通过倒影体现棕榈植物修长婆娑的体态之美。它们与草坪的组景也是一种极佳的造景方式，首先棕榈植物树冠清秀，通透性好，对树冠下的草的生长影响较小，再者棕榈植物四季常青，每年的落叶甚少且易清除，不易破坏草坪的整洁、优美。草坪简单的场景还能映衬出棕榈植物的婀娜多姿或刚健雄壮。

棕榈园的设计过程中，应根据不同棕榈植物的形体，依据美学的规律进行景观设计，

图17-76

图17-77

图17-78

图17-76 董棕
群植 (苏雪痕摄)
图17-77 广州
兰圃列植的棕竹
(苏雪痕摄)
图17-78 广州
流花湖公园湖堤
两边的蒲葵 (苏
雪痕摄)

干甚高或叶甚大为主的不宜丛植。例如，丛植金刺椰难以表现植株的高大。此外应避免掌状类型棕榈植物和羽状类型棕榈植物混合丛植，否则会使植丛产生分离感。丛植对植株色彩的表现有加强作用，例如丛植红椰或蓝拉坦棕于绿色的草地上。丛植还能消除茎干纵向的单调生硬感。高度不一、茎干有明显的叶环痕及绿色冠茎的种类，还可表现时间的变化，产生一定的动势，自然形成景观的焦点。至于椰子等在基部自然弯曲的种类，可形成生动活泼的画面。

（四）群植

组成群落结构，表现群体美的主要方式。上层种植大型棕榈植物，其下栽植耐阴低矮的轴榈、棕竹、燕尾棕、单穗鱼尾葵等。至于大面积的场所，亦可专门营造成棕榈岛的构筑。藤本类型可用做林中的层间植物，再现自然群落外貌 (图 17-76)。

（五）植篱

利用中小型丛生型棕榈植物做成树篱、矮篱，以分隔空间，构筑夹景以突出空间端部的景物，或构筑障景以遮蔽一些不甚美观的物体，如图 17-77。植篱不宜过多、过长，否则空间会零散、闭锁，不利于"棕榈景观"开朗风景的构筑。

（六）坛植

突出株形特别优美的棕榈植物的良好方

式。如在交叉路转盘中组景或坛植酒瓶椰，均能汇聚游人的视线，成为主景。一些小型棕榈植物亦可和草花相配植于花坛中，形成色彩对比鲜明的景观。

（七）特别的景观

棕榈植物的树冠自然整形、通透性好，种于水边，尤其是椰子等茎干能弯曲的种类，可在水中形成秀美的倒影。借助灯光的照射，使棕榈植物在晚上有一优美的轮廓，如广州流花湖公园水边的假槟榔及湖堤上两边的蒲葵（图17-78）。在某些东向或西向无遮挡的高处种植棕榈植物，可通过旭日或夕阳的照射而形成半隐半现、半明半暗的优美的轮廓影景景观。

（八）景观设计时应注意的问题

除植篱外，应避免密植，尤其要避免与其他双子叶阔叶树种混植，否则使棕榈植物的个体美难以表现；更应避免与针叶树种混种，因为两者分别代表了热带和温带两种景观，在构筑"棕榈景观"时，可以考虑用一些针叶树种做序景，以求得两者在叶形、质感、树冠上的对比，但要用阔叶树木做过渡，避免跳跃过大。在缓坡、山地上，则可在北向的场所种植一些针叶树，以此温带景观作冷暖的对比，可表现出地域上或季相上的景观差异。在利用棕榈植物造景时，必须考虑当地的气候条件，其次要考虑排水的问题。因为除了湿地棕、水椰等少数种类，大多不耐水浸。

综上所述，棕榈植物的景观设计基本上要把握它本身固有整株的自然姿态、质感特性和鲜明的个性。也就是说，应把握并充分利用其高度自然整形的园林特征，运用对比为主的手法，充分考虑质感的差异，表现出羽状类型植株的典雅清奇，掌状类型植株的雄浑劲健以及棕榈植物群体的韵律美。实质上是把棕榈植物的自然美和人类的人文美结合起来造景，让观赏者结合各自的体验而感悟到"棕榈景观"如诗似画，赏心悦目，超凡脱俗的意境。

第八节 阴生植物园

一、阴生植物园的概述、选址和环境营造

阴生植物专类园是通过营造一个适合阴生植物生长的局部阴湿小环境，结合造景手法，提供人们观赏和了解阴湿生境的植物景观。由于阴生植物园展示的植物通常具有特殊的外形，以观叶为主，与光线充足环境下的植物景观不同，受到普遍的欢迎，国内外大多数植物园均建有阴生植物专类园。另外在城市里，尤其是家庭庭院和地产项目中，由于都有一些常年无法见到阳光的庇荫处，人们也常常用耐阴植物来进行装点美化。

阴生植物园宜因地制宜地选择立地条件，通常选择已经具有一定郁闭度的林下环境作为阴生植物园，容易形成较为自然的景观环境，犹如进入天然森林中的阴生植物环境中。一般情况下，70%的森林郁闭度比较适合大部分阴生植物的生长和专类园的造景。如湖南森林公园的阴生植物专类园，就是利用原为植物园引种驯化的实验苗圃，其地形为狭长型小丘陵山谷，两旁为森林覆盖的珍稀植物专类园，郁闭度为70%，大部分区域呈林下、林中天然的阴生植物生长的最佳环境。利用天然地形或已有的森林植被形成的阴生植物园不仅易于形成比较自然的群落环境，还易于长期的维护管理，是比较理想的阴生植物的选址。

当没有适宜的林下环境时，一些人工创造的环境也能够营造阴生植物园，但是这些构筑物如荫棚、廊架等应该和园林建筑、攀缘植物相结合，或设计成美观的建筑小品。如广州珠江公园将阴生植物区"醉绿园"的屋架与茶室结合，并设计有雾喷、水景等景观元素，使得阴生植物的环境和园林景观充分地结合。园中以热带阴生植物

图17-79-1

图17-79-2

图17-80

图17-79 广州珠江公园阴生植物区"醉绿园"（王丹丹摄）

图17-80 广州珠江公园阴生植物园"石涧鸣琴"（陈笑摄）

为主，栽种多种珍稀的阴生植物种类，主要植物种类有桫椤、观音莲座蕨、金毛狗蕨、澳洲苏铁、竹芋、棕竹、紫背桂、海芋、绿萝、喜林芋、瓜栗、蝎尾蕉等约200种热带阴生植物（图17-79）。此外，还结合布置了溪流水景"石涧鸣琴"，潺潺流水、声如鸣琴（图17-80）。为营造阴生环境中的高湿度采用的大型喷雾，更造就了一幅仙境般的意境。身在其中，恍如天上人间，成为游人参观率最高的景点。

厦门植物园也将阴生植物区的廊架结合地形，设计成坡地上的一个园林建筑。人工构筑物造就的阴生植物园由于受体量等条件的限制，一般适宜于一些小型的植物园或展示区的布置。而且由于受到外界环境条件的影响较大，因此在维持阴生小环境的管理中，

需要投入的人力物力都比较大。

在阴生植物专类园的环境营造中，必须充分了解各种植物的特性，因为一般阴生植物种需要荫湿小气候，但是每个物种的特性、需求却有所不同，如观叶阴生植物空气湿度就不能过大，过大反而不适于它们的生长。在设计时，对这类植物就必须考虑其地形和喷灌条件。同时还必须注意到季节的变化，在夏季的梅雨季节，连绵的雨水往往会使空气湿度过高，倘若采用密度过大的喷灌设备加湿，就会致使一些植物根系腐烂。

二、阴生植物园的植物景观设计

阴生植物园由于其光线相对较暗，耐阴植物中具有明亮的、显眼的颜色的植物总是不如喜阳植物中的种类多，阴生环境下，开

图17-82-1

图17-82-2

花的植物种类也相对少。因此，阴生花园总比阳光花园来得更为微妙和安闲 (Christoper J. Starbuck)，需要非常注重通过植物的色彩、质感和形态来形成其景观特色，例如高大的树蕨、宽叶奇特的鸟巢蕨、叶色斑斓的各种竹芋、凤梨和秋海棠植物，常常形成阴生花园中的主角。

（一）色彩的搭配

通常将浅色的、彩叶类的或者观花类的耐阴植物作为前景，而将深色的植物作为背景植物群落。例如彩叶类的秋海棠、金脉爵床、竹芋、金苞花布置于浓密和深绿色的植物群落前，就能醒目地突出这些植物的特色，形成一个层次丰富的植物景观（图17-81）。通常具有光泽的叶子比深暗的或天鹅绒般的叶子更为醒目，杂色斑驳的或黄绿色的叶子在阴生环境下比纯绿色或蓝绿色的更为明亮，至于其他浅色如白色、奶色、黄色和粉紫色则更加突出。深色的红、蓝和紫色常常在阴生环境中不那么突出，除非和浅色的植物在一起形成一种强烈的反差。因此在阴生环境中，集中布置叶色及花色较浅植物有利于形成焦点。此外，蓝绿色的翠云草作为地被来统一色彩较为理想。

（二）质感的组合搭配

阴生植物的质感丰富多变，例如大叶的龟背竹、海芋、春羽、喜林芋等具有相对较粗的质感，而蕨类植物叶片多裂且细小而形成较为精细的质感，质感的强烈对比可以形成一些变化并运用在需要强调的植物群落的

图17-81 广州珠江公园彩叶植物配置（黄冬梅摄）
图17-82 广州珠江公园阴生植物质地的对比（仇莉摄）

设计中（图17-82）。

（三）形态的应用

耐阴植物中不乏具有奇特形体的植物，如树蕨（图17-83）、鸟巢蕨、鹿角蕨、纤纤青丝般的天门冬等，这些形态奇特的植物应配植于醒目的位置，如植物群落的前部、位于视平线的位置、或作为主景植物进行展示。而有些植物具有独特的外形，如金字塔形、柱状的植物可以产生秩序感，圆形、轮形和发散形的植物可以形成一种特殊的效果，在植物景观设计时应认真谨慎搭配。

（四）生长习性的协调

阴生植物依据其耐阴程度不同可以分为

图17-83 深圳
仙湖植物园树蕨
(王小玲摄)

植物景观规划设计

耐阴植物和半耐阴植物，植物景观设计时应根据植物耐阴程度不同合理地布置，特别是在上下木的选择上，应当将半耐阴的植物置于耐阴植物的上层，以形成相对稳定的群落关系。

三、阴生植物的选择

在自然界中，阴生植物通常生长于密林丛中、岩石缝隙、山洞、峡谷、沟壑等光照相对较弱的地方。由于我国幅员广阔，生境多样，气候类型丰富，因此不同地区的阴生植物资源也有所不同，总体上可以发掘应用的阴生植物种质资源非常丰富，南方地区的阴生植物种类比北方多，应用也较为广泛。主要的阴生植物集中在蕨类植物、天南星科、百合科、秋海棠科、苦苣苔科、竹芋科、姜科等植物种类中，而各个地方因气候的差异也有所不同。

北方地区的耐阴植物种类相对较少，主要适生种类有白及、马蹄金、酢浆草、非洲凤仙、玉簪、紫萼、连钱草、黄芩、垂盆草、紫花地丁、蛇莓、紫露草、铃兰、土麦冬、落新妇等。北京地区大部分蕨类植物在荫蔽或半阴的环境下生长最好，如草问荆、溪洞碗蕨、华东蹄盖蕨、东北峨眉蕨、峨眉蕨、荚果蕨、鞭叶耳蕨等。

华东华中地区的阴生植物的资源较北方地区丰富，常用的阴生植物以兰科、蕨类、苦苣苔科、姜科、卷柏科、百合科、五加科、天南星科等为主，例如八角金盘、杜茎山、大吴风草、仙茅、大叶仙茅、麦冬、蕙兰、杜鹃兰、虾脊兰、白及、广东石豆兰、毛萼

山珊瑚、独蒜兰、斑叶鹤顶兰、鹤顶兰、大花斑叶兰、斑叶兰、扇脉杓兰、建兰、多花兰、春兰、寒兰、墨兰、六角莲、八角莲、东瀛珊瑚、紫金牛、栀子花、魔芋、半夏、野芋等。可应用的蕨类植物资源也较丰富，以浙江省为例，具有观赏价值较高的蕨类植物共50种，分属46属37科，大多数适合阴生环境下生长，例如翠云草、问荆、姬蕨、边缘鳞盖蕨、中华里白、井栏边草、蜈蚣草、斜羽凤尾蕨、铁线蕨（吕洪飞 等，1998），其他还有蛇足石松、石松、卷柏、紫萁、海金沙、瓦韦、石韦、国家一级保护植物桫椤等多达数百个种。湖南森林公园的阴生植物区共收集保存阴生植物580种，物种配植按分类系统主要分为兰科植物区、蕨类植物区、苦苣苔科植物区、姜科植物区、卷柏科植物区、百合科植物区等。另外，上层植物配植有银杉、墨紫含笑、紫花含笑等。这些物种充分展示了中南地区阴生植物的物种多样性和生境多样性。

华南地区是我国阴生植物种类最为丰富的地区，因为这里不仅植物资源丰富，而且大量的南亚热带和热带雨林植被造就了天然的阴生环境。有学者统计在我国的海南岛有花木种质资源859种，栽培花木约453种，其中大部分是耐阴植物（安锋 等，2006）。我国的西双版纳热带植物园的阴生植物园收集保存热带阴生植物512种（张维柱 等，1993）。其中包括有22种兰科植物，95种天南星科植物，51种蕨类植物，67种旅人蕉科植物，46种苦苣苔科植物，19种姜科植物，39种凤梨科植物，以及奇特的国家一级保

护植物桫椤，二级保护植物鹿角蕨、皇冠蕨、鸟巢蕨，三级保护植物老虎须等，充分展示了热带阴生植物的物种多样性和生境多样性，所创造出的具有热带雨林结构的人工群落和运用园林艺术手法营造的优美植物景观则呈现出了丰富多彩的热带雨林中阴生植物的神奇景观。深圳仙湖植物园的阴生植物园收集保存的种类更是多达1000种左右（李沛琼 等，2003），常见的耐阴植物有属于孢子植物的蕨类中的多数种类、属于种子植物的天南星科、兰科、苦苣苔科、爵床科、胡椒科、姜科以及秋海棠科等的部分种类；半耐阴植物较常见的除有部分蕨类植物外，还有竹芋科、大戟科、凤梨科、西番莲科、石蒜科、百合科、五加科、葡萄科、野牡丹科、绣球科、马鞭草科以及龙舌兰科等的部分种类。

Deborah L. Brown 还提出了阴生植物园更为广泛的适用植物类型，并详细描述了每一个类型在建造阴生植物园中的特点，不妨也可以建设一种更丰富的阴生花园植物景观。

（一）一、二年生植物

这类植物在阴生花园中最为醒目，除了在极度阴暗的环境下，一年生植物可以从早春至霜冻为止持续展示不同的色彩。在非常阴的环境下，一年生植物开花不良，但是有一些植物在轻度遮阴的条件下开花反而比全阳光下好。例如彩叶草、四季秋海棠、矮鼠尾草、二月蓝等。

（二）球根植物

春季开花的球根花卉可以像一年生植物一样种在很荫蔽的环境中，每年秋季将其种在园中而待花开后清除。这些球根花卉已经有发育好的花蕾了，只需要在冬季让增大并在来春开花。大部分的球根花卉不能一直生长在阴暗的环境下，必须要在花后让叶片接受阳光，不然来年就不能开花。而有些球根花卉如球根秋海棠却能适应半阴的环境，因为它精细的花朵无法忍受全阳光环境。

（三）多年生植物

许多多年生植物在半阴环境下开花良好，这些植物大部分是林下植物，开花季节比较早，花色大都比较淡雅。大多数开花仅有几周时间，但是在没有花的时间里，其叶子可以在阴生花园中扮演比较重要的角色，所以有些植物例如玉簪被选作阴生花园的材料更是因为它们的叶片而非花朵。蕨类植物根本就不开花，但却是阴生花园不可或缺的重要材料。在极度阴暗和一般难以种植其他植物的环境下，依旧有多种多年生的地被植物可以很好地生长。一些野生的紫罗兰，峡谷的百合和野生姜属植物耐性很强，甚至可以在一年生和另外一些多年生植物无法生长的地方存活。

第九节　杜鹃园

杜鹃花历史悠久，起源于中生代白垩纪（距今约6700万年），曾广泛分布于北半球，由于受第三纪干旱和第四纪冰川的侵袭，仅亚洲东部保存较为完好。在中国，杜鹃花作为药用植物在民间应用已久，早在《神农本草经》（公元220～265年）中就记载："踯躅（即黄杜鹃，别名闹羊花）味辛，温，主贼风在皮肤中淫痛，温疟恶毒诸痹"。南北朝时，陶弘景撰《本草经集注》（公元492年）中也有"羊踯躅，羊食其叶，踯躅而死，故名"的记载。杜鹃花用于栽培观赏则大致始于唐代，唐代大诗人白居易（公元772～846年）对杜鹃花最为喜爱，曾数次移栽庭院。

杜鹃园的出现历史较长，在国内外的植物园中均可见，在东方以我国和日本比较出名。我国著名的有江苏无锡的杜鹃园，沈阳的杜鹃园，玉龙雪山高山杜鹃园，都江堰市龙池山还有个亚洲最大杜鹃园，黑牛坪杜鹃园是我国江北最大的野生杜鹃园区，其他还有五台山杜鹃园，锡惠公园里的杜鹃园，庐

图17-84 英国某杜鹃园盛花期时的景观（乔治·安德森摄）

图17-84

山植物园的国际友谊杜鹃园等；在日本有西园的杜鹃园。在西方也有许多著名的杜鹃专类园，如德国布莱梅杜鹃园，英国爱丁堡皇家植物园中的杜鹃园等。图17-84为英国某杜鹃园盛花期时的景观，考虑到杜鹃喜半阴环境，该园结合地形和疏林，为杜鹃提供良好的生长环境。

一、杜鹃种质资源概述及其分类

（一）杜鹃种质资源概述

杜鹃花是我国的十大名花之一，枝叶稠密丰满，花色艳丽非凡，花姿优雅独特，冠绝群芳。杜鹃花种类特别丰富，全世界有杜鹃花800多种，中国有460多种，而云南就占了420种，堪称世界杜鹃花的中心。其野生分布最广阔、最具气势的地区莫过于贵州的"百里杜鹃"，延绵100里的丘陵上布满了30余种姹紫嫣红的杜鹃（图17-85）。此外，云南的苍山顶、中甸等也可见到大片的野生的总状花序杜鹃（图17-86）。

18世纪瑞典植物学家林奈在《植物种志》（公元1735年）中建立了杜鹃花属

Rhododendron。19世纪中叶，英国在喜马拉雅山考察，发现大量杜鹃花新种，引起各国对中国西南高山地区杜鹃花资源的注意，19世纪至20世纪中，英国、法国、美国、德国、俄国等国的植物学家深入中国西南及华东等地调查采集，共发表新种482种。外国人从云南采回的杜鹃花，培育出了上千个杜鹃花品种。新中国成立以前，英国爱丁堡皇家植物园曾先后7次派专家、博士到中国云南，一共采集了31000多号标本，带走了6000余种植物，其中包括多种杜鹃花。所以至今在英国爱丁堡皇家植物园里都还有以中国杜鹃花为主体的杜鹃花园，共计有杜鹃属植物47个分类群，其中种34个，亚种5个，变种7个，杂交种1个，隶属于17个亚组或组。其中高山杜鹃亚组 Subsection Lapponica 21种、火红杜鹃亚组 Subsetion Neriiflora 6种、怒江杜鹃亚组 Subsection Saluenense 5种、大理杜鹃亚组 Subsection Taliesia 2种，其他各亚组只1种。这些杜鹃种类都不是产于英国的，47个分类群中，来自于中国的就有41个，喜马拉雅东部的4个，日本1个，

图17-85 贵州
百里杜鹃(苏雪
痕摄)
图17-86 云南
中甸野生杜鹃
(苏雪痕摄)

主要分布于中纬度温暖地带，耐热性较强，
亦较耐旱，多生于丘陵、山坡树林中。有杜鹃、
满山红、羊踯躅、毛白杜鹃、马银花、三叶
杜鹃等。

（3）亚热带山地、高原杜鹃类：主要
分布于我国南部较低纬度地区。分为五型：
附生灌木型、山地季雨林乔（灌）木型、旱
生灌木型、高山湿生灌木型及高山垫状灌
木型。

2. 根据杜鹃花的生态类型分类

（1）高山垫状灌木型：在原产地分布于
海拔3000～4000m的高山流石滩及岩石风
化带下部。株形矮小，高仅10～70cm，分
枝低而密，紧贴地表，花朵繁茂。如牛皮杜
鹃、苞叶杜鹃、腋花杜鹃、毛喉杜鹃等。

（2）高山湿地灌丛型：生长在潮湿的高
山沼泽地带，株高1～3m，常以间片式分布
于温生地带，地表多被一层厚厚的苔藓覆盖。

（3）旱生灌木型：分布于海拔1500～
2500m的向阳山坡，株高1～3m，有粗壮的
树干、粗糙的树皮，耐旱力强。如云南杜鹃、
大白杜鹃等。

（4）亚热带山地常绿乔木型：植株较高
大，乔木状，高可达10m。分布在亚热带常
绿阔叶林中，土壤肥沃，空气湿度较大。如
大王杜鹃、马缨花等。

图17-8

缅甸1个，亚洲东部1个，几乎全是来源于
亚洲的种类。

（二）杜鹃花的分类

经典的分类是荷兰 H.Sleumer 、英国
J.Cullen 和 D.F hamberlain 等人的分类系统，
将全属分为5个亚属和8个组；在商品市场
上也有按照花期和品种来源地分为春鹃、夏
鹃和西鹃三大类的；但是在建设杜鹃花专类
园时，常会依据杜鹃的自然分布、生态习性
或生态类型来分类。

1. 根据原产地和生态习性的分类

（1）北方耐寒类：分布于东北、西北及
华北北部。落叶：大字杜鹃、迎红杜鹃等；
半常绿：兴安杜鹃等；常绿：照山白、小叶
杜鹃等。

（2）温暖地带低山丘陵、中山地区类：

（5）附生型：分布于热带雨林及季雨林中，依附于其他乔木的枝干上。株高 1～2m，枝条细软下垂，根系发达，密布所附生的植物上。如越橘杜鹃、密叶杜鹃等。

二、杜鹃园的选址和景观设计要点

（一）选址

杜鹃栽植土壤以 pH4.5～5.5 的腐殖土为宜，光照以 60%～80% 最宜，且不宜低于 21%，勿见全光，空气湿度在 60%～70%。因此最宜布置于林下、溪旁、池畔、岩石边、缓坡、陡壁、林缘，形成自然美的景观。

（二）杜鹃园的景观设计要点

1. 改造地形，利用各种造景元素

杜鹃园在营造之前，一般都要对地形加以改造，要保证园内有起伏的地势，有山体、丘陵、坡地、谷地，有湖泊、小潭、瀑布等水体。山脚之下可用置石点缀，水体之上可架小桥相连。只有利用自然界中丰富的造景元素，才能充分表现出杜鹃花在大自然中的壮丽景观。

2. 依生态习性选择适宜种类

如前所述，杜鹃花的生态类型大致分为以上 5 种，这些不同类型的种类要求不同的环境与之适应，在造园时必须充分考虑到各类型的生态习性。如高山湿生灌丛型的杜鹃，可植于林中荫湿的环境。旱生灌木型的杜鹃，就应植于较向阳的缓坡之上，但因其原产地海拔较高，在低纬度地区一般要用上层乔木

图17-87 色彩丰富的杜鹃（苏雪痕摄）

为其营造半阴的环境。

例如在英国爱丁堡植物园中，高山杜鹃亚组 Subsection Lapponica 的生长表现最好，因为高山杜鹃亚组主要分布海拔 3000～4000m 的高山上，这些地区最低温达 -15～-18℃，最高温 20℃，爱丁堡与这些地方相比，纬度高而海拔低，温差的幅度相近，适于高山亚组的生态环境要求。

3. 按色块群植，突出色彩效果

杜鹃花色丰富，花朵繁密，一些矮生种类在盛花时可完全覆盖其枝叶，在大自然的森林中往往会形成壮丽的景观。因此，人工造园时可把生长势和花色相同的种类按不同的团、块、片自然布置，形成大的色块，利用一定的数量感，再现自然景观。但在色彩搭配上一定要艺术，利用互补色强调种类之间的对比，吸引游人的注意力；利用近似色突出种类之间的协调，达到色彩间的自然过渡。这样每到春天，各种杜鹃竞相开放，深红、玫瑰红、浅红、浅白、浅黄等五颜六色的花块，给人以美感（图 17-87）。

4. 按形态特征设计

造园时常把不同形态特征的植物配植在园中不同的位置。如可把毛鹃种植于园路边缘，并稍加修剪，使其成为低矮的花篱；把一些较高大的常绿杜鹃种植在路的转弯处，让游人充分欣赏其硕大的花朵和油亮的叶子。如爱丁堡植物园杜鹃园的植株高度都小于 130cm，是属于小杜鹃类型。园中杜鹃种植，以块状密植为主，根据地形的变化设计出同一高度同种或不同种的若干类群，形成明显的层次感，并配以草坪、水沟、裸石，造成精致的人文植物景观。而以草莓花杜鹃、粉紫杜鹃和紫背杜鹃等为主的杜鹃高度仅 10～30cm，伏地生长，成地毯状，像给地表披上了彩衣。

5. 群落设计

杜鹃园内经常配植一些乔、灌木来丰富园内的季相，并为杜鹃花提供适宜的阴生环境。如可种植香樟、银杏、桧柏、油松等作为上层树种，但以松树最宜。清晨从黑松松叶上收集的露水 pH 值为 5.2，落下的干枯松针也呈酸性，与杜鹃喜酸性土壤的特点相吻合；宜种植红叶李、鸡爪槭

图17-88

图17-89

图17-88 杭州
孤山上的杜鹃
(苏雪痕摄)
图17-89 英国
某公园水边杜鹃
倒影(苏雪痕摄)

等彩叶植物点缀其间，也可种植蕨类等阴生植物分布于花丛之下。由于杜鹃喜半阴环境，因此上层乔木最好选择枝叶较为稀疏，种植密度适宜，并尽量提高乔木的枝下高，以便散射光能良好透入，如杭州孤山种植的杜鹃(图17-88)。另外，在杜鹃园的四周，可用高大的乔木作为背景，围合成私密的小空间，成为小家庭及恋人休闲钟爱之处。欧美国家喜欢将杜鹃植于水边，春花秋叶，倒影绚丽(图17-89)。如遇山体或地形的则在坡上成片栽植，可命名为杜鹃坡、杜鹃谷等。

第十节　梅园

一、梅园的历史概述

梅为蔷薇科李属植物。我国有3000年以上的梅树栽培历史(陈俊愉，1996)。以结果为主要栽培目的的梅树，我们通常称为果梅。梅之花，花期甚早，花色丰富、花香宜人、品种繁多；梅之树，寿命长，姿态美、距今2000多年前梅已作为园林树木用于园林绿化；梅之文化丰富、品格高尚、神韵俱佳，系中国特产传统名花与嘉果。

据《西京杂记》记载，在上林苑中有"宫粉"等梅花品种。梅之真正"以花闻天下"，是在南北朝的时候，当时在南京、扬州一带种了不少梅花。到了唐朝，植梅咏梅之风大盛，"朱砂"、"绿萼"等类型也开始培育出来。宋代是梅花栽培的鼎盛时期，如宋代范成大著《梅谱》记载了苏州十多个梅花品种，其中还包括出现不久的"玉蝶"类型。自唐宋以来，专植梅树成园林以供游赏开始兴起。如唐代白居易诗曰："三年闷闷在余杭，曾与梅花醉几场。伍相庙边繁似雪，孤山园里

丽如妆。"(《西湖志余》)，这可能是我国最早的梅园(陈俊愉，1988)。范成大《梅谱》(约公元1186年)记载的苏州附近之石湖"范村"，可以称为世界第一个梅花品种园。

截止到2008年，全国已经建成的梅园至少40多个(陈俊愉，2010)。按栽培用途分类，大致可以概括为两大类：

一是像江苏邓尉、浙江余杭超山和萧山诸坞、广州罗岗、安徽绩溪等地，以采花收果为主要目的，在乡村农舍门前屋后，营造梅林，开白色单瓣花，盛花期香雪似海的自然景观，体现了梅花的群体美。每当进入立夏季节，粒粒梅果悬挂枝头，观花与收果有机结合。这类梅园，树种单纯，造园粗放，质朴自然，气魄宏大，生产与旅游相结合，是发展梅花产业的有效途径。

二是像昆明黑龙潭、南京梅花山、上海莘庄梅园、无锡梅园、武汉磨山梅园和杭州灵峰探梅等，是近几十年内发展起来的专类园。选择依山傍水的名胜古迹，开辟大面积的梅花观赏区，经园林规划设计，连片或

分块种植，赏花为主，合理搭配花色品种以及各种配景植物，创造出四季有景的季相景观。这类以梅花为主的植物造景公园，近年来发展迅猛。其中武汉东湖磨山梅园、南京中山陵梅花山梅花谷、无锡梅园、杭州灵峰探梅、昆明黑龙潭公园、青岛梅园、上海世纪公园、成都幸福梅林等梅园每年举行梅花节，已经成为这些地方冬春赏梅和旅游的胜地。北京鹫峰梅园、北京明城墙遗址公园梅园、北京植物园梅岭、北京钓鱼台国宾馆梅园等已经成为北京赏梅的好去处。这些梅园或梅花景区的规划与建设各有自己的背景与特色。

二、梅花的生态习性

（一）温度

梅是亚热带树种，喜温耐寒，在年均温 16～23℃ 的地区自然生长最好。不同类型梅花品种的抗冻性不同，其中杏梅品种群和美人品种群的抗寒性最强。如在杏梅品种群中，'燕杏'梅适应性最强，表现出抗旱、抗寒、耐瘠薄、抗病、抗风等优点。'公主木兰'梅仅在公主岭有试验，已正常开花。'淡丰后'梅在大庆和公主岭已能初花。'送春'梅在赤峰也经受了 -23.9℃ 低温。'中山杏'梅较上述品种抗性稍弱。

在樱李梅品种群中，'美人'梅能抗 -25℃，'俏美人'和'黑美人'梅能抗 -30℃。

在真梅大品种群中，江梅（单瓣）品种群抗性强，如'密花江'梅抗性表现最好，在兰州能露地开花；'复瓣跳枝'梅、'三轮玉蝶'梅、'北京小'梅、'北京玉蝶'梅、'朱砂晚照水'梅、'青岛朱砂'梅、'小绿萼'梅、'小宫粉'梅、'大羽'梅、'素白台阁'梅、'单瓣朱砂'梅、'白须朱砂'梅、'红须朱砂'梅、'小红朱砂'梅、'多萼朱砂'梅、'江南朱砂'梅、'粉红朱砂'梅等梅花品种在北京能露地栽培，应该选择背风向阳地势高燥处栽植。

（二）水分

梅系较抗旱的树种，最畏涝，积涝 3 日致死。干旱对梅花的影响虽常不致死，却往往影响其正常生长。尤其是伏旱秋旱，易引起梅叶卷曲乃至脱落。

水分也影响梅树的开花结实。花后 3～4 天的平均降水量往往与结实率呈负相关。这是因为水分多、湿度大不利于花粉的传播。在 6 月份适度干旱有利于花芽分化。

（三）光照

梅树属于阳性植物，在阳光充足的地方生长健壮，开花繁茂。梅树栽培过密或植于浓荫之下，生长不良，花少势弱，终至死亡。但夏秋过强的日照，也会造成某些梅品种的叶面出现灼伤，如果在梅树西侧有一定程度的遮阴最好。

（四）土壤

梅树对土壤要求不严，无论微酸性、中性、微碱性，还是沙壤、壤土、黏壤等，均能正常生长。当 pH 值小于 4.5 或大于 7.5 时，真梅品种群的梅有时表现生长不良，重者甚至死亡。杏梅也可在 pH 值为 8～9 的土壤中正常生长开花。梅花根系多分布在地表下 40～45cm 土层内，为浅根性树种。土层深厚、地下水位在 1m 以下、排水良好的黏壤土和沙壤土最适梅树生长。

（五）空气污染

梅树不耐空气污染；对氟、氟化物、硫、二氧化硫和汽车尾气比较敏感。

三、梅花品种简介

国际梅品种登录权威陈俊愉院士将梅花品种按照"二元分类"分类法和与国际接轨的原则，将梅品种分为 11 个品种群。按起源分为两组，一组是种内起源（真梅系的 9 个品种群），另一组是以梅为亲本之一的种间杂交（杏梅系和樱李梅系的 2 个品种群）。《中国梅花品种图志》（陈俊愉，2010）共收录高质量的国产品种和少数国外引入较早且表现好的梅花品种 318 个。

根据区域试验观察，北京地区可以露地栽培的梅花品种有 47 个（北京露地栽培的梅花品种共 81 个，其中 34 种在北京栽培还不超过 3 年，仍处于保护阶段，下面做 * 标记的就是这类仍处于试验阶段的品种）：

朱砂品种群为 (6/15 个)：'朱砂晚照水'

梅、'绯之司'梅、'大盃'梅、'白须朱砂'梅、'青岛朱砂'梅、'红千鸟'梅、'红须朱砂'梅*、'多萼朱砂'梅*、'小红朱砂'梅*、'江南朱砂'梅*、'皱瓣朱砂'梅*、'粉红朱砂'梅*、'迎春粉'梅*、'台阁朱砂'梅*、'单瓣朱砂'梅*。

宫粉品种群(4/18个):'小宫粉'梅、'八重寒红'梅、'大宫粉'梅、'开连红'梅、'银红'梅、'傅粉'梅、'大羽'梅*、'南京红'梅*、'人面桃花'梅*、'晚碗宫粉'梅*、'淡桃粉'梅*、'锦生'梅*、'锦红'梅、'扣瓣大红'梅*、'粉皮宫粉'梅*、'粉霞'梅*、'小宫粉'梅、'虎丘宫粉'梅*。

单瓣品种群有(10/11个):'养老'梅、'冬至'梅、'占今集'梅、'雪月花'梅、'红冬至'梅、'道知边'梅、'白加贺'梅、'北斗星'梅、'梅乡'梅、'江'梅、'雪'梅*。

绿萼品种群有(3/4个):'变绿萼'梅*、'月影'梅、'小绿萼'梅、'白狮子'梅。

跳枝品种群有(2/5个):'复瓣跳枝'梅、'单瓣跳枝'梅、'米单跳枝'梅、'晚跳枝'梅、'鬼桂花'梅*。

玉蝶品种群有(5/6个):'玉牡丹'梅、'虎之尾'梅、'北京玉蝶'梅、'香瑞白'梅、'三轮玉蝶'梅、'素白台阁'梅*。

垂枝品种群有(1/6个):'绿萼垂枝'梅、'双碧垂枝'梅*、'单粉垂枝'梅*、'吴服垂枝'梅*、'粉皮垂枝'梅*、'绫粉垂枝'梅*。

杏梅品种群有(13个):'武藏野'梅、'淋朱'梅、'江南无所'梅、'丰后'梅、'淡丰后'梅、'送春'梅、'燕杏'梅、'花蝴蝶'梅、'花木兰'梅、'中山杏'梅、'单瓣丰后'梅、'入日之海'梅、'单杏'梅。

美人品种群(3个):'美人'梅、'小美人'梅、'黑美人'梅。

四、梅园规划选址

梅园选址要考虑经营条件和自然条件。

(一) 经营条件

梅园选址应选择交通便利、有灌溉水源且排水通畅、有动力电源和良好电讯设施的地方,以便于日后的养护管理和满足游客需求。

(二) 自然条件

地势和排水对梅树生长发育十分重要。宜选地势高燥不会发生涝灾之地,或地形有一定坡度而排水良好、背风向阳的地方植梅。冬春季易发生冻害的地区,选择南向或东向的山坡,可避开西北寒流的袭击。在南方地区冬季低温较高且变化剧烈的地区,北向阴坡春季气温变化慢,水分条件好,梅生长反而好于阳坡。在高山地区,山顶易遭风害,谷底又可能造成冷空气沉积形成"冷湖",宜选择山坡中段建立梅园。

梅喜空气洁净、怕污染,梅园选址最好选择空气清洁之地。

梅园土壤质地以沙壤土、中壤土、黏壤土为宜。土壤不要过酸或过碱。地下水位不宜过高,高于1m要考虑作微地形。

梅和酸枣毗邻容易形成共同的病虫害。

五、梅园植物景观设计

(一) 植物景观设计的科学性

试验测定梅的光补偿点为2000～3000lx相当于平均自然光强的4%～5%,光饱和点为35000～400001x,相当于平均自然光强的70%～80%(陈凯等,1998),这个数据与自然情况吻合。如果光照不足,树势衰弱,开花稀少、树小枝细。野生梅树在自然界位于群落的上层,说明梅属阳性树种,喜光。因此,梅宜作群落的上层,在冠大荫浓的高大乔木正下方不适合栽植梅花,美人梅最好有西方遮阴,以防日灼。

梅树根系浅、怕涝,因此其树下灌木或地被草坪要选择耐干旱、耐阴、低矮、常绿、与梅没有共同的病虫害或没有转主寄生形成侵染循环的树种。

在梅花的主要分布区,在建立梅园时可以在梅花品种调查的基础上,根据梅的11个品种群建立梅花种质资源圃,不但可以提高梅园的科普性,并且为梅花的遗传多样性研究提供了得天独厚的条件。

(二) 植物景观设计的艺术性

古人品梅,原则上是"贵稀不贵密,贵瘦不贵肥,贵老不贵嫩,贵含不贵开",此

图17-90

图17-91

图17-92

图17-93

植物景观规划设计

图17-90 南京梅花山孤植在水边的梅花（魏玮摄）

图17-91 无锡梅园照水的梅花（魏玮摄）

图17-92 建筑周围与景石搭配的梅花（李庆卫摄）

图17-93 无锡梅园的梅石配置小品（魏玮摄）

称为赏梅花"四贵"，清人龚自珍曾总结说："梅以曲为美，直则无姿。以欹为上，正则无景。以疏为贵，密则无态"。

文震亨《长物志》写到："幽人花伴，梅实专房，取苔护藓封，枝稍古者，移植石岩或庭际，最古。另种数亩，花时坐卧其中，令神骨俱清。绿萼更胜，红梅差俗；更有虬枝屈曲，置盆盎中者，极奇。"孤植取其古，片植取其清，盆植取其奇"古、清、奇"三个字概括了梅的配置要点。

1．孤植

在视觉的焦点、或建筑物的角隅处，孤植1株梅树，宜选择姿态奇特苍老的植株。

水边植梅，应尽量选用疏枝横斜之老梅或垂枝类品种，使梅姿、梅韵与水体相互掩映，虚实相应。梅花性喜干爽，最忌积水，故水边植梅一定要选高燥处或适当堆土，注意排水，使植物能正常生长而达到所期望的景观效果。并且，由于水的比热大，在长江流域湖水不会完全结冰，到冬天水边温度一

般高于陆地，能够促使梅花早开放（王其超，1998）。这些因素都是需要考虑到配置当中的，如南京梅花山孤植在水边的梅花（图17-90)和无锡梅园照水的梅花（图17-91)。

梅与石配置，可以使景观变得生动活泼，丰富景观的形式和内容（图17-92)。梅的姿态，石的质感选择等，都是影响到梅石配置效果的重要因素，如无锡梅园的梅石配置小品（图17-93)。

2．对植

对植梅花，多用在建筑物的入口处、亭子或桥头的两旁。以武汉磨山梅园"一枝春馆"入口处最为突出，入口两边白墙的漏窗体量适度，用'晚粉宫粉'对植于花墙前，盛开时墙内外均可赏梅，且颜色对比强烈，以白墙衬托梅花，效果相得益彰（图17-94)。又如南京梅花山建筑前对植的梅花（图17-95)。

3．丛植

丛植是草坪上梅树组景的主要方式，无锡梅园多在园中的块状草坪上按一定的构图

形式丛植4～5株2.5m左右高的梅花，远看一片色彩绚丽的梅花，近看则株株挺秀多姿，兼顾了群体中的个体美，如上海莘庄的丛植景观和南京梅花山的丛植梅花（图17-96）。

4. 片植

片植的配置方式主要展现群体美，片植梅花姿态不宜太奇，树形主要是自然开心形。片植可以采用自然式或规则式配置，将园圃划分为规则的几何形栽植地，内部等距离地栽植各梅花品种，最好按品种块状混交，以便于品种收集、比较以及栽培管理。群植梅花体现梅花群体美，南京明孝陵、南京梅花山（图17-97）、武汉磨山梅园和无锡梅园（图17-98）等均有大片的梅花集中栽植景观。

5. 不同花期梅花品种的搭配

梅花品种繁多，按花期分，可以分为早花品种、中花品种晚花品种。以南京梅花山为例，把早花品种（2月上旬至中旬），如'单瓣早白'梅、'淡寒红'梅、'南京红'梅、'小宫粉'梅、'长蕊宫粉'梅等栽植一区；把晚花品种（3月下旬），如'大宫粉'梅、'虎丘晚粉'梅、'扣瓣大红'梅、'金钱绿萼'梅、'梅红台阁'梅、'黄金鹤'梅和杏梅品种、樱李梅品种另栽一区；而把多数品种（2月下旬至3月上、中旬），集中连片栽植，可延长梅园的群体花期，创造出交替开花的优美景色。

6. 不同花色梅花品种的搭配

在梅园配置时，可以将花期相近的品种，按花色分小区栽培，每当开花之际，梅园呈现出红一片、粉一片、白一片，对比鲜明，别具特色，如上海的莘庄梅园就是这样。如果一个区域多以朱砂品种为主，配置过程中就极少量点缀绿萼或是江梅等白花品种，这些白花品种植株树体高大、株行距大、树形好；如果是以宫粉型为主的地块，则多相间种植江梅、绿萼或玉蝶品种；如果是成片的白梅组成的香雪海，则多在道路两旁或是道路的交叉口点缀深色宫粉或是朱砂品种，以用来引导游人。

图17-94

图17-95

图17-96

图17-97

图17-94 南京梅花山的对植梅花（魏玮摄）
图17-95 武汉磨山梅园的对植配置（魏玮摄）
图17-96 南京梅花山的丛植梅花（魏玮摄）
图17-97 南京梅花山片植梅海灿烂景象（魏玮摄）

第十七章 专类园的植物景观设计

图17-98　无锡梅园的群植景观
(李庆卫摄)

图17-98

7. 梅园其他植物的选择与配置

季相是梅园植物景观设计必须考虑的一个重要方面。梅花为小乔木，冬日怒放，为满足梅园的季相要求，故园林中常以雪松、圆柏为背景，厚重深绿，高大挺拔的松林可衬托出梅花的高贵典雅的品格和曲折多变的姿态。如果梅园是四季开放，必须考虑梅花凋谢之后其他季节的景观效果。南京明孝陵在丛植梅花周围配置桂花、红花檵木、紫叶小檗、金叶女贞等常绿灌木和彩叶篱，既形成多样统一、整齐简明的景观，也弥补了冬季之外色彩变化不足的缺陷。南京植物园常见多处将梅花与蜡梅、紫叶桃、连翘等树种混栽，形成春色迤逦，明媚多彩的景象；而无锡的梅园中梅花、蜡梅搭配荷花、慈孝竹、紫薇、月季、含笑、茉莉等植物，炎炎夏日荷叶泛彩，风光无限，而园内的鸡爪槭、桂花、糯米条、香樟等色叶乔木和芳香植物将为游人送来秋日的芬芳绚丽；在冬季，多数的江南园林采用了梅花与南天竹、枸骨、八角金盘相搭配，使得隆冬呈现出"红果，黄花，绿叶"交相辉映的勃勃生机，加上山石相配左右，苍翠绿树为背景，组成了精美的天然园林艺术小品，如莘庄公园中的梅花与其他植物的配置。此外，还可以"岁寒三友"(图17-99)或"四君子"为主题配置植物景观，表现中国传统的花文化，突出园子的主题。

（三）梅园风格的地方性

梅园的地方风格可以依据基址本身的地形地貌植物和文化特点，以及当地建筑的风格，人文典故、梅文化来等塑造。现以有"天下第一梅山"之称的南京梅花山为例：

南京梅花山是南京东郊钟山脚下一座海拔55m的小山。因岗上多梅花，故被称为梅花山，1929年孙中山先生奉安中山陵后，栽培了大片梅花，后来梅园面积不断扩大，品种逐年增多，成为广大游人赏梅胜地。新中国成立以来，南京市人民政府顺应广大市民植梅赏梅的习俗，专门在钟山之南"孙陵岗"广植梅树，逐渐形成蔚为大观的梅林。1982年，南京市将梅花定为"市花"。梅花山采用梅茶间作的方式，在梅下遍植茶树，使整个梅花山不但能观赏，而且增加了经济效益。1993年，陵园在梅花山东麓新建了一座孙权故事园。同时在孙权故事园中还引种了100多种日本的梅品种，为梅花的研究工作提供了丰富的品种资源。新梅园是自成一体的自然山水型梅花专类园。新梅园东侧，筑有一座水泥花廊架，小丘上并筑一座白石圆亭，名放鹤亭。林逋的白石雕像就坐落在

图17-99 青岛梅园松竹梅配置（李庆卫摄）

图17-99

299

第十七章 专类园的植物景观设计

放鹤亭南面的水池内。园内铺设曲折的小径，点缀苍劲古拙的清代老梅桩，还有别出心裁的石刻咏梅诗词。同时，新梅园还配植了樱花、合欢、池杉等观赏植物，并铺设草坪，使全园四季有景。这样，南京梅花山梅花谷梅园地形为丘陵山水型，栽植梅花约有350多个品种，其中自育品种30多个，植梅3万余株，主栽品种以'寒红'、'别脚晚水'、'南京红'、'南京红须'、'淡桃粉'、'南京复黄香'、'粉红朱砂'、'双碧垂枝'等品种为主。以松、茶为配景，与水生植物和陆生观赏植物形成四季景观，以品种丰富、大树多、规模宏大、文化突出为特色。

自1996年始，每年的春季都举办南京国际梅花节。梅园地方特色鲜明，景观效益、经济效益、社会效益突出。

第十一节　仙人掌及多肉植物专类园

由于仙人掌及多肉植物具有独特的外形，高度储水功能和极强的耐旱、抗高温特性，常被布置成热带、亚热带干旱沙漠或戈壁的特色景观，吸引大量的游人观赏；又有一些比较小型的仙人掌及多肉植物易于盆栽，形态惹人，独具特色，不仅花型奇特多变，花色鲜美秀丽，茎和叶也颇有特色，晚上还能释放氧气，是一种健康花卉，常置于几案窗台作为摆设，成为家庭、医院、机关办公场所的观赏花卉新秀。在世界各地的植物园专类园中，仙人掌及多肉植物的专类园也是属于较多出现的类型之一（胡永红，2006）。

一、仙人掌及多肉植物种质资源

植物学上将多肉植物也称为肉质植物或多浆植物，这个名词系瑞士植物学家琼·鲍汉在1619年首先提出的，意指这类植物具肥厚的肉质茎、叶或根，它包括了仙人掌科、番杏科的全部种类和其他50余科的部分种类，总数逾万种。但园艺学上多肉植物的含义比植物学上多肉植物的含义狭窄，园艺学上所称的多肉植物或多肉花卉，不包括仙人掌科植物。在花卉园艺上，仙人掌科植物专称为仙人掌类植物或仙人掌类花卉（简称仙人掌类或掌类）。之所以要分开是由于它们之间在习性上、栽培繁殖上有区别。目前仅仙人掌类植物就有140余属，2000种以上，多肉植物则包括了番杏科、景天科、大戟科、龙舌兰科、萝藦科、百合科、菊科、凤梨科、马齿苋科、葡萄科等约55个科的多浆的种类（吴涤新，1994）。

以我国收集仙人掌及多肉植物最多的厦门植物园为例，其收集的资源见表17-4（周群等，2003）。

表 17-4　厦门植物园多肉植物分科统计

序号	科名	属数	种数	栽培特性	代表种
1	龙舌兰科 Agavaceae	7	48	喜阳光充足	金边龙舌兰 *Agave americana* 'Variegata'
2	鸭跖草科 Commelinaceae	2	4	要求较高的空气湿度和柔和的光线	银毛冠 *Cyanotis somalensis*
3	薯蓣科 Dioscoreaceae	1	2	宿根性肉质植物，夏眠时放凉爽处	龟甲龙 *Testudinaria testudinaria*
4	福桂花科 Fouquieriaceae	1	2	夏季高湿休眠	观峰玉 *Idria columnaris*
5	夹竹桃科 Apocynaceae	1	2	冬季少浇水，喜阳	沙漠玫瑰 *Adenium obesum*
6	萝藦科 Asclepiadaceae	3	16	喜阳，冬季最低温 3℃，停止浇水	青龙角 *Echidnopsis cereiformis*
7	葫芦科 Cucurbitaceae	11	25	喜阳，冬季休眠，停止浇水	嘴状苦瓜 *Momordica rostrata*
8	菊科 Compositae	3	3	夏眠时落叶，须控制浇水，喜阳	七宝树 *Senecio articulatus*
9	唇形科 Labiatae	1	15	喜阳，露地栽植	卧地延命草 *Plectranthus prostratus*
10	苦苣苔科 Gesneriaceae	1	2	冬季休眠停止浇水，喜阳	断崖之女王 *Rechsteineria leucotricha*
11	葡萄科 Vitaceae	2	2	喜阳，冬季耐 > 3℃低温	葡萄瓮 *Cyphostemma juttae*
12	凤梨科 Bromeliaceae	3	10	耐旱、耐阳、抗寒性	缟剑山 *Dyckia brevifolia*
13	胡椒科 Piperaceae	1	2	冬季少浇水	红叶椒草 *Peperomia claveolens*
14	龙树科 Didiereaceae	1	2	喜阳，冬季少浇水	亚龙木 *Alluaudia procera*
15	天南星科 Araceae	1	1	夏天须遮阴	雪铁芋 *Zamioculcas zamiifolia*
16	西番莲科 Passifloraceae	1	1	喜阳，冬季休眠时水量控制	徐福之酒瓮 *Adenia glauca*
17	马齿苋科 Portulacaceae	2	6	冬季半休眠少浇水，夏季长势好	马齿苋树 *Portulacaria afra*
18	桑科 Moraceae	2	2	冬季少浇水	白面榕 *Ficus palmeri*
19	木棉科 Bombacaceae	2	2	喜阳，冬季落叶休眠停止浇水	龟纹木棉 *Bombax ellipticum*
20	辣木科 Moringaceae	1	1	耐旱	象腿树 *Moringa thouarsii*
21	梧桐科 Sterculiaceae	1	2	较耐旱	瓶杆树 *Brachychiton rupestris*
22	牻牛儿苗科 Geraniaceae	1	1	夏眠时控制浇水，冬季 5℃以下休眠	黑罗沙 *Sarcocaulon multifidum*
23	石蒜科 Amaryllidaceae	3	4	夏眠及冬眠时控制浇水	油点百合 *Ledebouria socialis*
24	百合科 Liliaceae	5	100	冬季生长停滞时少浇水	条纹十二卷 *Haworthia fasciata*
25	大戟科 Euphorbiaceae	5	83	喜阳	绿珊瑚 *Euphorbia tirucalli*
26	景天科 Crassulaceae	10	160	盛夏宜干燥	石莲花 *Echeveria peacockii*
27	番杏科 Aizoaceae	21	75	特耐旱，少浇水，夏季(5～9月)休眠，适温 25～30℃	大津绘 *Lithops otzeniana*
28	仙人掌科 Cactaceae	71	371	喜阳，耐旱，不干不浇	金琥 *Echinocactus grusonii*

二、仙人掌及多肉植物的观赏特点及展示方式

仙人掌及多肉植物是一类形态各异，比较具有趣味性的植物，吴涤新总结了主要的观赏特征有以下几点（吴涤新，1994）：

（一）体态奇特

多数种类有特异的变态茎，有扇形、圆形、多角形等。如山影拳（*Piptanthocereus peruvianus* var. *monstrous*）的茎生长不规则，体态如熔岩状，清奇而古雅；生石花（*Lithops pseudotruncatella*）的茎为球状，园艺品种极多，外形犹如各种斑驳的卵石，虽是对于干旱的一种"拟态"适应性，却成了观赏的奇品。一些植物体态高大，非常雄伟壮观，如仙人柱（*Cereus uruguayansus*），猴面包树（*Adansonia digitata*），而很多植物又非常小巧可人，可把玩于掌中。

（二）棱形各异

有些仙人掌和多肉植物的棱肋都突起在肉质茎的表面上，有上下贯通的，也有螺旋状排列的，分锐形、钝形、瘤状、锯齿状等十多种形状。此外，棱肋的条数多少也有很大的不同，如昙花属、令箭荷花属只有 2 棱，量天尺属有 3 棱，金琥属的有 20 条，它们棱形各异，趣味横生。

（三）刺形多变

这些植物的变态上常有刺座（刺窝），刺座的大小及排列方式也依种类不同而有变化。刺座除着生刺、毛以外，还有着生仔球、茎节或花朵，刺的形状也有针状、刚毛状、钩状、毛发状、麻丝状、舌状、顶冠状等。刺形多变，形成了这类植物的重要观赏特点之一，如金琥是大型刺，每个刺窝着生 7～9 刺，金黄色，呈放射状，使得球体壮观而美丽（图 17-100）。

（四）花色花形丰富

这类植物的花色还常常色彩艳丽，以白、黄、红等色为主，多数种类重瓣性强，不少种类如昙花是傍晚至夜间开花或有香味。花

图17-100

朵的着生位置也有顶生、侧生和沟生等，花形的变化也很丰富，有漏斗形、管形、钟形以及辐射形和左右对称花等。

仙人掌类和多肉植物除了有很高的观赏价值外，习性与其他花卉也迥然不同，这些植物多为热带和亚热带的植物，因此许多国家，特别是冷凉气候的国家通常都建立专门的温室来培养和展示。一些气候温暖，冬季最低气温在 8～10℃以上的地区，则建立以仙人掌类和多肉植物为主体材料的露天专类花园。有些热带亚热带地区的国家甚至在城市中的街心花园栽植布置仙人掌类和多肉植物的花坛，如在我国广东、福建南部和东南亚的一些国家和地方，已将仙人掌及其他的多肉植物组景成一沙漠景观，置于城市的一些拐角或一些立体花坛当中，很好地利用了仙人掌及多肉植物喜阳、耐旱的特性。

在我国的植物园及其他园艺机构里，主要是通过温室来培养和展示这类植物的，而且大多还为它们建立了专门的温室，如厦门植物园内有国内较为著名的收集和展示仙人

图17-100 美国亨廷顿植物园金琥（苏雪痕摄）

植
物
景
观
规
划
设
计

图17-101　北京
植物园（黄冬
梅摄）
图17-102　北京
花卉大观园（王
丹丹摄）
图17-103　深
圳仙湖植物园
（王小玲摄）

掌及多肉植物的温室和室外专类展示区。此
外还有北京植物园（图17-101）、北京花卉
大观园（图17-102）、深圳仙湖植物园（图
17-103）、上海植物园等开设了专门的多肉植
物专类园。

三、生境条件的营造

　　仙人掌及多肉植物并不完全如人们想象
的是在极度干热的生境条件下生长的，不同
的植物对环境的要求仍有差异。

（一）温度

　　多肉植物大多分布在热带、亚热带地区，
但它们并不是只怕冷不怕热，而是因种类不
同和分布地气候条件的不同，对温度有多样
性的要求。根据我国大部地区的气候条件，
可以把多肉植物对温度的要求分为三个类型
（谢维荪，2001）：

　　1. 陆生类型

　　大多数陆生类型的仙人掌类、龙舌三属、
丝兰属、大戟属（少数种例外）（图17-104）、

龙树科、夹竹桃科（棒槌树例外）、国章属、马齿苋属和芦荟属的大部分种类要求较高的温度。大致在气温 12～15℃ 时刚开始生长，低于这一温度，则生长停滞，冬季基本上处于休眠状态。每年的 4～5 月和 10～11 月是生长最旺盛的季节。

2. 附生类型

包括大多数附生类型的仙人掌类、番杏科中一些肉质化程度不高的草本或亚灌木、景天科的大多数种类、百合科的十二卷属、萝藦科的大部分种类、夹竹桃科的棒槌树、马齿苋科中回欢草属的大叶种，它们的最佳生长季节是春季和秋季。夏季生长迟缓，但休眠不很明显或休眠期较短，冬季如能维持较高温度也能生长，但其耐寒性较差。

3. 其他科属类型

番杏科大部分肉质化程度较高的种类、马齿苋科回欢草属中具纸质托叶的小叶种、景天科奇峰锦属和青锁龙属的部分种类、百合科的大苍角殿和曲水之宴、百岁兰、佛头玉、龟甲龙等，均为"冬型"种，生长季节从秋到翌年春。冬季应维持较高的温度，最好能保持在 12℃ 以上。夏季有长时间的休眠，通常气温达到 28℃ 以上时即进入休眠阶段。

（二）光线

多肉植物中除少数生长在热带丛林中的附生种类外，原产地大多在低纬度高海拔地区的多肉植物，对光照要求比较高。同时，光线又常常和温度发生矛盾，特别是在仙人掌类和其他科多肉植物混栽一室的情况下，更难控制。有专家建议将夏季休眠的多肉植物和仙人掌类分棚栽培管理和组景，最好还将仙人掌类附生类型的和陆生类型的分开种植和组景。

（三）水分

虽然多肉植物中的大多数种类都能耐较长时间的干旱，不会因短期的无暇照顾而干死，但并不是说它们不需要水分，通常处于休眠状态时所需水分较少，而当迅速恢复生长时，对水分的要求还是较高的。一般来讲，附生类型的种类对水分的要求比陆生型的高，幼苗阶段比生长已基本停滞的大球

图17-104

要求更多的水分，叶很多很大的多肉植物比株形矮小、非常肉质化的种类需水更多。大多数种类对空气湿度的要求并不太高，但是原产热带雨林的附生类型的种类，需要较高的空气湿度。一些冷性沿岸的沙漠降雨量不大，但空气湿度很高，因而原产这些地区的种类也需要较高的空气湿度。

（四）土壤

和通常想象的相反，多肉植物对土壤的要求相当高，不是随便弄点什么土或沙子就可以种好的。所谓要求高并不是指土壤肥分越高越好，而是必须根据种类的不同习性和要求来配制最适合它们生长的培养土。多肉植物对土壤的基本要求是：疏松透气，排水、保水性好，含一定量的腐殖质，颗粒度适中，没有过细的尘土，呈弱酸性或中性（少数种类可以为微碱性）。

不同类型的种类对土壤的具体要求有所不同。如附生类型的仙人掌类，要求疏松透气，腐殖质多呈弱酸性的土壤，最好不要含沙子、石砾和石灰质材料。而一些原产石灰岩地带的种类，如仙人掌科的月华玉属、白虹山属、岩牡丹属，番杏科的天女属和肉黄菊属，要求疏松透气、富含钙质的土壤。量天尺、仙人球（草球）和生长快的仙人掌属、天轮柱属种类，要求富含腐殖质的土壤。而生石花等小型种类，培养土中不应含过多的腐殖质。目前常见栽培的种类中，除原产加勒比海诸岛的花座球属种类外，土壤中均不

图17-104 大戟科霸王鞭（苏雪痕摄）

图17-105 美国亨廷顿植物园仙人掌及多肉植物组景（苏雪痕摄）

的仙人柱、猴面包树等，土层应该适当加深至1m以上。通常可以在土壤表面撒上沙、砾石或碎石，模拟沙漠戈壁的植物生长环境。

仙人掌及多肉植物的组景除了按照上述生境条件进行布置外，从观赏及美学角度出发，对其组景也有一些特殊的要求和手法，总体上应当遵循以下一些基本的手法：

（1）体量：高大的在后作为背景，矮小的作为前景。

（2）色彩：花色或株色色泽深沉的在后，色彩艳丽丰富的在前。

（3）株形姿态：形体简单的在后，体态丰富多样的在前。

（4）生态位：附生的可以借助其他物体生长的在后，地栽的应在前。

具体组景时，还需要在上述的基本方法外，通过在重点位置强调特色的单株或群落，如硕大的金琥球、壮观的仙人柱等，使得整个专类园的植物景观层次分明、重点突出、特色鲜明。如能再结合布置沙丘、碎石滩、各种热带异域风情的小品雕塑，则可以更加形象逼真地展示仙人掌及多肉植物的特色生境景观，如美国亨廷顿植物园的仙人掌植物组景（图17-105）。

另外，在设计中还可以根据原产地进行布置，如非洲原产区、南美洲原产区、大洋洲原产区、南亚原产区等。

能含有盐分。

四、景观设计的要点

仙人掌及多肉植物专类园的建园分为露地和室内两类。一般在热带或亚热带国家或地区有条件在露地建设该类专类园，而在暖温带及更为冷凉的地方，或者雨水过多的地方则多在室内布置专类园。

由于仙人掌及多肉植物具有发达的储水组织，耐旱性一般较强，而且多为须根系，这就要求土壤的排水非常通畅，总体而言，以透气良好的沙壤土为好，具体的土壤化学性质和成分应根据不同的植物需求而有所变化，厚度基本控制在30～40cm，对于高大

第十二节　蔬菜瓜果园

一、蔬菜瓜果园的景观及类型

（一）景观

蔬菜瓜果是人类最早认识的植物种类，是人类赖以生存的食物之一，至今也是很多家庭园艺中展示的景观。蔬菜瓜果园就是通过园林的造景手法，将食源性的蔬菜瓜果展示给公众，还结合体验式的布展方式，让观众亲身体验蔬菜瓜果的栽培和采摘等过程，是植物科普类的主要展园。在国外，蔬菜瓜果园通常称作为可食用的植物花园（Edible garden），广泛地在家庭庭院中经营这一类花

园。各种不同年龄段的人们都可以从这些园中找到乐趣，通过照料植物培养责任心，学习植物栽培的技巧，建立自信，培养热爱自然的兴趣和探索发现的积极性，学会合作和培养创造能力以及学习营养方面的知识，如香港花展中小学生菜园设计（图17-106）。

（二）类型

世界各地不同的地带有着丰富的蔬菜瓜果，这里不乏具有较高观赏价值的种类，特别是某些瓜菜培育了不同形状、色彩及体量、有较高观赏价值的品种，或展示一些诸

图17-106

图17-107

如无土栽培、水培等新技术，如南瓜、辣椒、茄子、西葫芦、葫芦（图17-107）等。另外还包括了药草、香料植物及果树，在法国一些面积较小的家庭果树庭园中种植的果树大多整形修剪成规则式的篱壁形或嫁接在矮化砧上。总体而言，蔬菜瓜果园根据其主要目的分为如下类型：展示特殊蔬菜瓜果的观赏特色、布置成特色的乡村景观、结合科普教育的展示和布置体验式园林的。这些类型并不是单一功能的，大多数复合在一起进行展示。

二、主要景观设计手法

（一）选址

由于大多数蔬菜瓜果园的游客为城市市民，特别是家长带领小孩以体验乡村生活，了解农业生产和进行农业科普为主要目的，因此，蔬菜瓜果园的选址一般要求临近大城市，特别是在一些城市化程度高、交通发达、通讯便利的近郊，另外依托当地的风景名胜区和大型公园、度假区等设立蔬菜瓜果园，既可增加休闲观光的内容，也可以提高蔬菜瓜果园的经济效益和社会效益。在具体选点上，应该对地理位置、交通道路、配套服务设施、通讯等进行评估。

从选址的小气候来讲，适宜的气候、肥沃的土壤、适宜的水文条件是关键的因素，特别是不能有灾害性天气的潜在危险。

（二）活体材料的选择

观赏的蔬菜瓜果一般以活体植物来展示，对植物材料选择应考虑当地的气候特点、建园目的、规模大小、设施技术水平等，既要考虑一定的科学性，如类型的齐全和代表性，也要考虑蔬菜瓜果植物的形态特点，保证丰富的景观类型（孟欣慧，2007）。

植物的茎叶花果是蔬菜瓜果园重要的景观构成元素。如南瓜的叶大、近圆形、粗糙、有一种粗犷的田野乡村景观；而芫荽的叶子较小，但其叶的光泽度高，给人一种细腻纤柔的视觉景象。花因植物种类和品种的不同而形态、颜色各异，具有各自的观赏特点，如茄子的紫色小花俊逸高雅，而丝瓜的黄花就显得比较亮丽。设计时既可把各种花色的瓜果蔬菜相邻相间布局，构成五彩缤纷的花海；也可把同一种花色或渐进色的瓜果蔬菜搭配在一起，利用它们之间的明度、饱和度的微差，形成一种层次渐进、富有节奏韵律感的园林景观。

果实是蔬菜瓜果园中最为主要的素材之一，也是最具有趣味性的观赏对象，深受小朋友的喜爱。如紫色的茄子，红色的辣椒、西红柿，黄色的南瓜、绿色的芸豆等。而且同一种果实从幼果到成熟，常常经历一系列的颜色变化，如西红柿从幼果到成熟，会经过绿、青、白、红等各种颜色的变化，因而植株上往往同时挂满不同颜色不同大小的同种果实，从而构成优美的群体景观。果实的形状也是多种多样，蛇瓜细长如蛇（图17-108），佛手瓜状如佛手，西红柿呈扁圆形，特别是观赏南瓜（图17-109)，形态色彩各异。果实的大小悬殊很大，芸豆只有20cm左右，而蛇瓜确能长几米长；有些品种南瓜只有几十克，有的却有75kg，堪称园林一大奇特

图17-108

图17-109

图17-110

图17-111

植物景观规划设计

图17-108 深圳光明农场蛇瓜细长如蛇（苏雪痕摄）

图17-109 昆明世博园蔬菜瓜果园观赏南瓜（苏雪痕摄）

图17-110 昆明世博园蔬菜瓜果园入口（苏雪痕摄）

图17-111 深圳光明农场叶菜区（苏醒摄）

的景观，在园中若把其布置在一起，会构成鲜明的对比。

（三）蔬菜瓜果园的景观设计

观光蔬菜瓜果园一般分为入口区、生产区、示范区、观光区等。

入口区的景观小品可采用自然的材料构筑，体现出质朴的农家气息，如昆明世博园蔬菜瓜果园的入口选用篱笆作为入口的景观要素，给人以宾至如归感（图17-110）。

生产区占地面积较大，需选择土壤、地形、气候条件较好，并且有灌溉、排水设施的地段，此区一般因游人的密度较小，可布置在远离出入口处。示范区是因新品种新技术的生产示范需要而设置的区域，最好设有专用出入口。观光区是闹区，选址可选在地形多变、周围自然环境较好的地方，让游人身临其境感受田园风光和自然生机。

观光区是蔬菜瓜果园中主要的游览区域，可按照植物的产品器官分为以下5个区：根菜区，包括肉质根类如萝卜、芜菁等和块根类如豆薯、葛藤等；茎菜区，包括嫩茎类如莴苣、竹笋、芦笋等，肉质茎类如榨菜、球茎甘蓝等，块茎类如马铃薯、菊芋等，球茎类如荸荠、芋头等，根茎类如藕、姜等；叶菜区（图17-111），包括普通叶菜类如小白菜、芹菜等，结球菜类如大白菜、结球甘蓝等，辛香叶菜类如葱韭菜等，鳞茎叶菜类如大蒜、洋葱等；花菜区，如花椰菜、金针菜等；果菜区，包括瓠瓜类如南瓜、冬瓜（图17-112）等，浆果类如西红柿等，荚果类如豇豆、菜豆、蚕豆等。

观光区通常还应结合一些农业构筑设施，形成具有浓郁乡村风情的景观，如在园

図17-112

中设立一个有趣的稻草人，一方面是蔬菜瓜果园的标识，另一方面也是驱鸟的一种方式，别具特色。可以充分利用攀缘蔬菜瓜果，以钢筋为骨架，做成各种立柱、三角锥等几何体，让蛇瓜、丝瓜、葫芦等攀缘、缠绕植物任其攀缘，作为特殊景点置于园区的入口处。或是点缀在园区的休闲绿地中，或是以门廊、绿色长廊的形式布局在道路两旁，形成夏可遮阴、冬可透阳的生态长廊，也可通过不同部位的扭枝造型，形成扭枝上的串串花、串串果。通过设计多层次的绿色复合空间，构成良好的视觉形象，同时又可以充分地利用空间。

　　园区的平面布局应根据各功能分区相对应的环境要求，合理布局各区，如生产区、示范区、设施栽培区、观光休闲区等，既要充分考虑到各区的独立与完整性，还要注重各分区之间的联系，包括各区便捷的交通联系，各景区景观内涵的联系，营造一种有交替、渐变、节奏、韵律感的空间，使景观在多样变化中取得统一。

三、案例介绍

　　云南世博园的蔬菜瓜果园是目前国内第

图17-112　深圳光明农场观赏冬瓜类（苏醒摄）
图17-113　云南世博园的蔬菜瓜果园（苏雪痕摄）

一个该类型的专类园，位于世博园主入口大道南侧，占地4900m²，共展示蔬菜瓜果46科71属108种（含变种），297个品种（品系）（孟金贵，1999）（图17-113）。

　　该园在总体布局上，充分融入了园林设计造园的手法，把蔬菜瓜果当做观赏植物，依据不同植物材料的外形、色彩、物候期等观赏特征，结合具有乡村特色的篱笆、棚架、农舍建筑等精心布置，形成了体现人与自然、人与食源、人与园艺紧密亲切和谐的园林景观。在展示区还布置具有观赏性的水果树种，如李、桃、梅、杏、梨、芭蕉、苹果、柿子、

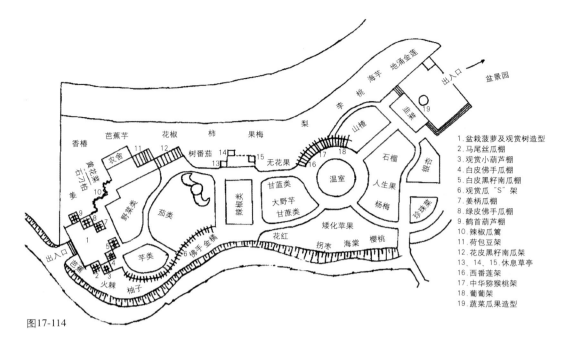

图17-114

1. 盆栽菠萝及观赏树造型
2. 马尾丝瓜棚
3. 观赏小葫芦棚
4. 白皮佛手瓜棚
5. 白皮黑籽南瓜棚
6. 观赏瓜"S"架
7. 姜柄瓜棚
8. 绿皮佛手瓜棚
9. 鹤首葫芦棚
10. 辣椒瓜篱
11. 荷包豆架
12. 花皮黑籽南瓜架
13、14、15. 休息草亭
16. 西番莲架
17. 中华猕猴桃架
18. 葡萄架
19. 蔬菜瓜果造型

植物景观规划设计

图17-114 昆明世博会蔬菜瓜果园平面规划图（王文奎提供）

番石榴、杜果、荔枝、龙眼、葡萄等。兼具观赏性的草本类蔬菜和瓜果有：南瓜、蛇瓜、黄秘葵、紫苏、朝天椒、红茄、白团茄、紫团茄、蛇茄、黑辣椒、黄辣椒、乳白辣椒、五彩椒、簇生椒、樱桃椒、羽衣甘蓝、紫甘蓝、紫生菜、红叶菜、佛手瓜、葫芦瓜等（图17-114）。

第十三节　药用植物园

药用植物园 (Medicinal plants garden) 也称药草园、本草园、百草园等，它是指通过园林景观营造的艺术手法，将具有观赏价值的药用植物布置于一定的区域内，具科研、保护、科普、展示、游览并延伸至疗养、养生等功能的植物专类园。

一、药用植物园概述

（一）药用植物园的发展

中医药的文化博大精深、源远流长，但是长期以来，药用植物都是广布于山林野外，将药草搜集成园，有史可据最早可以上溯到北宋司马光 (1019～1086)《独乐园记》中的采药圃。《独乐园记》中记载："沼东治地为百有二十畦，杂莳草药，辨其名物而揭之。畦北植竹，于其前夹道如步廊，以蔓药覆之，四周植木药为藩，授命之曰采药圃。"由书中描述可见，这已经是一个药用植物园的雏形了，比意大利在帕多瓦建立的所谓世界第一座药用植物园早了大约 500 年 (余树勋，2000)。

1545 年位于意大利北部的帕多瓦大学为了满足药学系的教学，建立了欧洲历史上最古老的帕多瓦药用植物园，此后欧洲各地陆续建立植物园。从西方植物园的发展历史来看，植物园是从栽培药用植物开始的，由中世纪的药草园逐渐转变而来。现如今，药用植物依然是构成植物园景观的重要组成部分，例如我国的中国科学院北京植物园、上海植物园、杭州植物园、华南植物园、昆明植物园等，都建有药用植物区。近几年，随着中医药旅游的兴起，具有养身、保健等功能的新型药用植物园也开始受到青睐。

（二）药用植物园的类型

根据药用植物园的功能和性质的不同，可大致将其分为以下三类：

图17-115 上海第二军医大学药用植物园入口（姚瑶摄）

图17-115

309

第十七章 专类园的植物景观设计

1. 科研、游览结合的药用植物专类园

该类药用植物园主要是指植物园中的药用专类园，如中国科学院北京植物园的本草园、杭州植物园的百草园等；此外还包括一些科研机构下属的药用植物园，如中国医学科学院下属的北京药用植物园。该类药用植物园以药用植物的收集、迁地保存、研究以及展示、观赏为主，注意植物生境的营造，注意植物景观与道路、地形、建筑及园林小品等其他景观要素之间的配合，而像北京药用植物园这样的药草园更是超出了一般专类园的范畴，其景观丰富、设施齐全，已经完全具备园林的外貌，颇似一个综合公园。

近年来，随着中医药旅游业的兴起，一些药用植物园结合中医药文化，提供药疗、药膳、药浴等服务，游人在观赏的同时还能切实地感受到中医药的魅力，很好地将药用植物园的观赏和应用结合起来。然而值得注意的是，在实践过程中，需要避免商业化气息过重导致对其科研性、文化性的影响。

2. 以教学实践为主的药用植物园

该类药用植物园主要是指一些医药类院校附设的药园，主要用于药用植物学教学实践，目的是增加学生的感性认识，为学生提供一个理论联系实际的平台，如广州中医药大学、上海第二军医大学（图17-115）、漳州护理学院等都设有自己的药用植物园。该类药用植物园一般来说面积都不大，主要以药圃的形式出现，功能以科研和教学为主，因而药用植物之间的配植也比较简单，缺乏较完善的园林规划理念。

3. 新型养身、保健类药用植物园

这是一种新兴的药用植物园类型，它随着人们对城市园林绿地的生态保健作用的认识不断加深而日渐兴盛起来。很多药用植物不仅具备一般植物的生态价值，还可以释放出一些特殊的化学物质，这些物质通过肌体、皮肤、毛细血管的呼吸作用，发生医学反应，对人体具有一定的防病、治病和医疗保健作用。例如某些植物产生的挥发性芳香物质，可以使神经、体液进行相应调节，促进人体相应器官分泌出有益的激素及体液，释放出具有生理活性的物质，改善人体神经系统、分泌系统等，从而达到和谐全身器官功能的作用（刘志强，2008）。该类药用植物园主要是利用药用植物的药学特性，根据不同的需要进行设计，其科研性有所下降，重在强调药用植物的功能性，比较适宜在一些医院、疗养院附近设置。

二、药用植物种质资源

我国幅员辽阔、地形复杂、气候多样，蕴藏着丰富的药用植物资源，这些资源伴随着中医药学的发展逐渐被人们熟知。"昔神农尝百草之滋味，以救万民之疾苦，后世师祖，由是本草之学兴焉（苏颂，北宋：《本草图经》)"，我国现存最早的药物学专著《神农本草经》便是取"神农尝百草"的神话故事为名，其书于公元前 200 ～ 25 年共记载了药物 365 种，其中植物药 252 种，此后的 1000 多年，至 19 世纪末，本草著作渐多，其中最负盛名的便是 1578 年问世的《本草纲目》(李时珍，明)，全书 52 卷，约 190 万字，分 16 部 62 类，共记载药物 1892 种，其中植物药 1095 种（一说 1094 种），并将植物部分分成草、谷、菜、果、木五部。

到了近现代，通过对全国中药资源的普查，于 1994 年出版的《中国中药资源志要》共收录药物 12807 种，其中药用植物 11146 种（含种以下等级 1213 个），涉及 383 科 2309 属，包括藻类、菌类、地衣类低等植物及苔藓类、蕨类、种子植物类高等植物，这其中种子植物占 90% 以上，是我国药用植物的主体（中国药材公司，1994）。我国 6 大行政区按药用植物种类数量的排序依次是：西南、中南、华东、西北、东北、华北，其中西南和中南两区的中药资源种类约占总数的 50% ～ 60%，所属省区一般有 3000 ～ 4000 种，而分布比例最少的华北地区，所属省份一般也有 600 种以上，如北京地区就有药用植物 901 种（张惠源 等，1995）。

如此丰富的药用植物资源，其中相当一部分除药用外，还具有极高的观赏价值，为建立具备园林展示功能的药用植物园提供了可能，在具体的设计时，可根据需要进行选择。

三、药用植物园的选址

和其他植物专类园一样，在建立药用植物园之前，应了解场地的地形、土壤、气象、水源、植被等自然条件，避开一些极端的立地条件，如干旱、土壤瘠薄、全荫蔽、盐碱地、沼泽等环境。适于药用植物栽培的场地一般以平坦但有微地形为佳，以便形成适宜于不同药用植物生长的阳坡地、阴坡地、干旱地及阴湿地等；场地宜地势高燥、空气流通，无干旱、水淹危险，还应避开寒冷气流聚集之地；土质以疏松的沙质壤土为宜，以便易于排水和不妨碍药用植物根部的伸长。

四、药用植物园植物景观设计

（一）结合药用植物的生长习性

在药用植物园中，常常将药用植物分区种植，分区的方式很多：有按生态型布置的，如岩生药用植物区、水生药用植物区、湿生药用植物区、阴生药用植物区等；有按照生活型布置的，如草本药用植物区、木本药用植物区、藤蔓药用植物区等；有按药用植物特点布置的，如常用药草区、珍稀和濒危药草区、民族药草区等；有按药效特点布置的，如清热解毒药材区、祛风湿药材区、补虚及滋补阴阳药材区等；还有按产地分中药草区（传统药材区）和国外药用植物区等。无论是采用哪种分区，在分区内都应该结合药用植物的生态习性进行种植，譬如有些药园，将具有同一种疗效的药用植物以药畦的形式集中布置在一起，但是却忽视了这些植物之间的习性千差万别，从而导致了部分药草长势很差，出现了局部甚至是大片的荒芜景象，空留着一个个标识牌，药、草难辨，同时也大大影响了整个药园的景观。

药用植物的习性差距很大，宜结合地形模拟自然，创造出各种复杂的生态环境，适地适药。例如很多药用植物喜欢阴湿环境，像黄精、玉竹、一叶兰、石蒜、换锦花、忽地笑、玉簪、紫萼、白穗花、白及、藜芦、七叶一枝花、金粟兰、金线草、四块瓦、八角莲、细辛、杜衡、活血丹及多数蕨类等，就可以种植一些药用的乔灌木，如金钱松、杜松、红豆杉、南方红豆杉、侧柏、苦楝、杜仲、银杏、七叶树、厚朴、鹅掌楸、女贞、山茱萸、枫香、喜树、槐树、梓树、楸树、槭木、刺楸、香樟、肉桂、阴香、通脱木、十大功劳等，为其提供上层庇荫，从而形成药用风景林式的植物群落（图 17-116）；而对于像蓍草、金盏菊、杭白菊、千里光、千

日红、蓝刺头、蒲公英、石竹、一串红、蓝花鼠尾草、荆芥、野决明、防风、华北蓝盆花、一枝黄花、虞美人、柴胡属等这样的喜光植物，则可以选择向阳坡或平地以花田、花台的形式布置（图17-117）；对于耐水湿的如枫香、苦楝、桑、接骨木、问荆、木贼、千屈菜、落新妇、香蒲、黄菖蒲、慈姑等，可以靠水边布置；在相对瘠薄干旱的地方则可以种植金露梅、甘草、补血草、莲花掌属、瓦松、草麻黄、木贼麻黄、锁阳、肉苁蓉等药用植物。

（二）结合植物景观设计的艺术性

药用植物园不仅仅具科研功能，它还需要面向普通的游人，具有展示功能，因而药用植物的种植还需要考虑其观赏性，设计者可以根据不同的设计意图，通过变化与统一、协调与对比、对称与均衡、韵律与节奏等手法，综合应用药用植物材料，形成各种不同的植物景观。

由于药用植物种类繁多，有些生长期很短、有些观赏性不佳，而多数药用植物园又兼顾科研、搜集等功能，从而使园子往往呈现出杂乱、荒野的景象，在设计的过程中应当避免，可以将这些观赏性不佳但具备科研价值的药用植物布置在离园路较远的地方，或者与展示游览区域隔开，在园路两侧、林缘等靠近游人的区域多布置一些观赏价值较高的植物（图17-118、图17-119），如观花的有：梅、棣棠、紫薇、贴梗海棠、木芙蓉、玫瑰、栀子花、迎春、金丝桃、夹竹桃、锦鸡儿、牡丹、芍药、菊花、鸢尾、桔梗、黄芩、乌头、石蒜、水仙、贝母属、落新妇、荷花等；观叶的有：南天竹、红背桂、紫叶小檗、玉竹、黄精、鹿药、垂盆草、万年青、火炭母、天南星、八宝景天、博落回等；观果的有：

图17-116 阴生药用植物的药林景观（姚瑶摄）
图17-117 喜光药用植物的药畦景观（姚瑶摄）
图17-118 延中绿地药草园（姚瑶摄）
图17-119 武汉芳香保健园（姚瑶摄）

植物景观规划设计

图17-120 桃儿七（Sinopo-dophy-llum）（姚瑶摄）

图17-121 滇重楼（Paris polyphylla var. yunnanensis）（姚瑶摄）

图17-122 狼毒（Stellera cha-maejasme）（姚瑶摄）

山楂、柿树、丝绵木、接骨木、火棘、石楠、紫珠、南天竹、枸骨、枸杞、佛手等。

（三）注意提高药用植物园的趣味性

对于一名普通的游客来说，他进入药用植物园很大的一个动机就是好奇心。中医药文化博大精深，但似乎总透着一种神秘感；一些药名大家都耳熟能详，可是究竟庐山真面目如何知道的人并不多，即使是抓了一辈子药材的老中医也未必都见过那些药材的自然形态。在进行植物景观设计的时候，便可以结合游人的好奇心、探索欲，在游览路线中视线焦点的位置陆续地布置一些常用的药用植物，如连翘、板蓝根、三七、人参、两面针、益母草、乌头、当归、延胡索、九头

图17-123

图17-123 小茅屋与药草相映成趣(姚瑶摄)

狮子草等，或者一些形态比较奇特的药用植物，如一把伞南星、灵芝草、桃儿七（图17-120）、青荚叶、细辛、山荷叶、兔儿伞及重楼属植物（图17-121）等，甚至是一些有毒的植物，如狼毒（图17-122）、胡蔓藤、半夏、羊踯躅、曼陀罗、鸦胆子、大戟等，再结合标识牌、展板将这些药物的相关知识呈现给游人。此外，还可以结合园艺疗法，集中布置一些香花、香草植物，如桂花、蜡梅、木香、紫玉兰、茉莉、瑞香、结香、玫瑰、栀子花、迷迭香、紫苏、香薷、岩青兰、罗勒、薰衣草、薄荷、留兰香等，从而增加了游人的参与性，将中国古老而悠久的中医药文化在人们游赏的过程中慢慢展现出来。

五、其他景观元素

除了植物，药用植物园中还有一些其他景观元素，合理地布置这些元素，安排好植物景观与它们的关系也很重要。

（一）园路

药用植物园中的道路多以自然式为主，顺应着地形起伏蜿蜒于药丛之间，为了营造出静谧安逸的氛围，园区内道路也不宜过宽，多在1～2.5m之间，药畦之间的路甚至可以更窄。很多药用植物需要精细的管理，因而药用植物园中的道路网会相应地密集一些，这些路网密集的地方可以考虑结合卵石、汀步、草坪等，以减少硬质铺装的面积。

（二）建筑

提到药草、药用植物，人们总是不可避免地会想到古老的中医药，因而在药用植物园中除了一些服务性建筑以外，常常会点缀一些富于村野山林气息的茅屋篱墙或者极具古典韵味的亭台楼阁、长廊小桥之类，它们掩映于花木之间，别有意境（图17-123）。

（三）水体

园林得水而活，在药用植物园中，水体除了具有景观作用外，还是展示一些水生药用植物必不可少的载体。《本草纲目》将"草部"分成了9类，其中一类便是"水草"，如萍蓬草、莕菜、菖蒲、香蒲、泽泻、荷花等，将这些水生药用植物按照艺术的手法搭配起来便可形成丰富的水景。

图17-124

图17-124 昆明世博园本草园入口处李时珍雕像（姚瑶摄）

（四）山石与廊架

蔓药，即藤本药用植物，也是药用植物园中不可或缺的一部分，如爬山虎、金银花、猕猴桃、葛藤、紫藤、木通、五味子、何首乌、啤酒花、雷公藤、绞股蓝、昆明山海棠等，它们往往依附于山石和廊架出现。山石、廊架的体量可视具体的环境而定，一般不宜过大，可以用来组织空间，也可以给游人创造一个好的休憩场地。

（五）其他园林小品

药用植物园中除了布置诸如园灯、座椅、垃圾桶之类的必须设施外，比较多出现的就是关于医药文化方面的一些小品，譬如李时珍、孙思邈等人的雕像（图17-124），或者葫芦、阴阳八卦之类的符号、意向。除此之外，最重要的就是标识牌及科普展板了，可以通过这些媒介将药名、药物的识别特征以及主治病症等相关知识普及给游人，值得注意的是需要确保这些标识牌的准确性以及文字的通俗性。

六、案例分析

（一）中国科学院北京植物园本草园

中国科学院北京植物园地处北京西北郊香山南路，占地57hm²，本草园位于植物园的东南部位，占地1.5hm²，共搜集药用植物400余种（图17-125）。

本草园的主入口位于园子西侧，需绕过一块绿地才能进入园区，加上园路两侧林木密植，形成一种"初行狭，复行数十步，豁然开朗"之势（图17-126）。入口处还设置了一些科普展板，介绍一些关于药用植物的医药知识（图17-127）。

园子西侧分别形成2～4m高的两个缓坡，可以有效地防止西晒，其上密植木本药用植物，如油松、白皮松、银杏、梓树、毛泡桐、七叶树、杜仲，林下片植了大量的阴生药用植物，如铃兰、玉竹、黄精、玉簪、八角金盘等，林缘配置了一些喜光耐半阴的植物，如金雀儿、香茶藨子、东北茶藨子、芍药等，从而整体形成了药林式的阴生药用植物区。药林的东侧地势平坦，依次分布着半阴生药用植物区、有毒植物区、抗肿瘤药用植物区、传统药用植物区、芳香药用植物区、国外药用植物区、台地花园等。在本草园的东北角引用中医中常用的"五行八卦"，设置了一个五行八卦广场，其上用各色花坛或石台表示出乾、坤、巽、坎、艮等代表的图形（图17-128），在广场的东侧结合一个宽3m、长约60m的四折花架形成了攀缘药用植物区，主要种植了紫藤、凌霄、猕猴桃、木通等，这里常常是游人驻足休憩的场地（图17-129）。

整个园子将药用植物园的科研性与景观性结合得很好，小巧别致，静谧清雅，不失为一个园中之园。

（二）上海延中绿地药草园

延中绿地位于上海市静安区、卢湾区和黄浦区三区交界处，药草园位于延中绿地L4地块的东面，面积3000余平方米，分为岩生药草区、阴生药草区、常用药草区和香型药草区（图17-130），种植药用植物100余种。

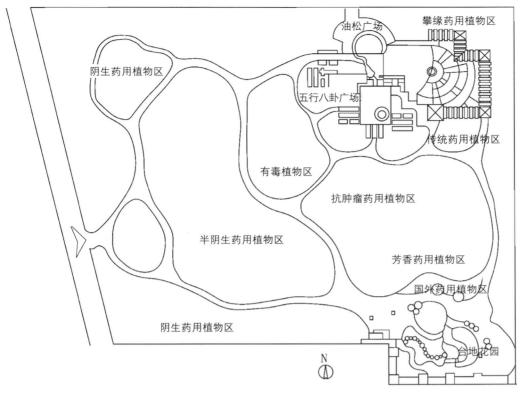

图17-125　中国科学院北京植物园之本草园平面示意图（姚瑶根据园区导游图绘制）

图17-126　本草园入口（姚瑶摄）

图17-127　入口处的科普展板（姚瑶摄）

图17-128　五行八卦广场（姚瑶摄）

图17-129　攀缘药用植物区（姚瑶摄）

图17-125

图17-126

图17-127

图17-128

图17-129

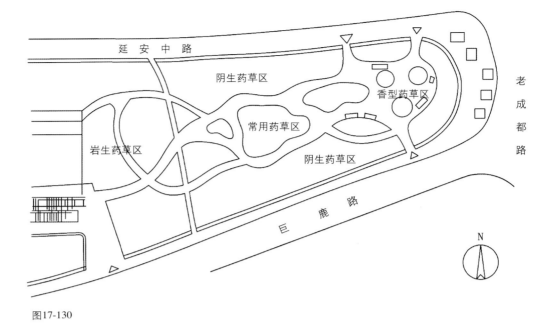

图17-130

图17-131-1

图17-131-2

图17-130 上海延中绿地药草园平面示意图（姚瑶根据园区导游图绘制）

图17-131 延中绿地药草园景观（姚瑶摄）

岩生药草区：结合山石选择了一些耐瘠薄的岩生植物，如垂盆草、佛甲草、三七、费菜、马兰、掌叶大黄、紫花地丁等。

阴生药草区：利用原有的香樟遮阴，结合喷雾系统营造出阴湿的生态环境，种植了一些阴生药用植物，如玉簪、白及、九头狮子草、活血丹、鱼腥草、败酱等。

常用药草区：主要选择了一些人们日常使用的药用植物，如何首乌、板蓝根、贝母属、五味子、宁夏枸杞、云南土沉香、五加、丹参等。

香型药草区：主要选择具芳香气味的一类药用植物，如香桃木、迷迭香、神香草、薄荷、鼠尾草、薰衣草、百里香、柳叶马鞭草、佩兰等。

药草园采用自然式布局，以药用植物为主，模拟自然，形成乔灌草多层次的群落结构，花开不断、药草芬芳，再加上蜿蜒曲折的碎拼小路，高低错路的岩石镶边，既有江南园林的精致，又不失杏林药草的野趣，在车水马龙的上海市中心实在是一处不可多得的景观（图17-131）。

延中绿地的药草园，与一般的药用植物园不一样，它作为一种新的尝试，将植物专类园引入到城市的公共绿地之中，这种做法是值得肯定的，它将神秘的药用植物零距离地面向大众，增加了公共绿地的文化和科学内涵，对普及和宣扬中医药知识以及推广药用植物在园林中的应用都起到了一定的作用。然而，值得一提的是，药草园的养护和管理难度要比普通的园林绿地大得多，各地在建设的过程中需要根据实际情况仔细斟酌，不可盲目，以免造成资源的浪费。

图17-132　大庆水泡子(姜国义摄)

第十四节　湿地公园

一、湿地的定义、分类与功能

（一）定义

尽管有数十种的湿地定义，但目前均以国际湿地公约(Ramsar 公约)中的湿地定义为准，即"湿地是指天然或人工，长久或暂时性的沼泽地、泥炭地、水域地带，静止或流动的淡水、半咸水、咸水，包括低潮时水深不超过 6m 的海水水域"。而水田、养殖池塘、盐业用地、蓄水用地、运河和废水处理区均为人工湿地。

我国湿地面积曾达到 6570 万 hm^2，占国土面积的 7%。由于近代围海造田，不科学的开发及改造，至今我国的天然湿地面积已缩至 3620 万 hm^2，仅占国土面积的 3.77%(全球平均值为 6%)。因此我国的天然湿地面积损失了 40% 以上，其中绝大部分为生态功能强大的沼泽湿地、湖泊湿地及滨海湿地，另有库塘湿地面积 228 万 hm^2，水稻田 3800 万 hm^2(国家林业局·易道环境规划设计有限公司，2006)。

（二）分类

我国的湿地种类齐全，天然湿地在内陆如东北大庆油田的"水泡子"(图 17-132)，西北的青海湖(图 17-133)；滨海湿地如深圳大梅沙的红树林(图 17-134)、海口某港汊的红树林(图 17-135)；淡水湿地有江、河、湖(海)、沼泽，如山东潍坊白浪河、北京妫水河、桂林漓江、无锡太湖、杭州西湖、宁波鄞州东钱湖、昆明滇池、大理洱海、内蒙古野鸭湖、内蒙古将军泡、中甸碧塔海、九寨沟五色海等(图 17-136 至图 17-148)；在大的淡水或咸水湿地旁常形成很多沼泽，其上生长丰富的沼生植物，如青海湖及中甸碧塔海边的沼泽(图 17-149 至图 17-152)。

另有一种非常特殊的湿地，是由水中含大量碳酸钙长期流动积淀形成梯田状的台地湿地，如九寨沟的黄龙、丽江的蓝月谷及白水台等(图 17-153、图 17-154)。此外还有很多瀑布及流水滩形成的湿地(图 17-155、图 17-156)。

植物景观规划设计

图17-133

图17-134

图17-135

图17-133 青海湖(苏晓黎摄)
图17-134 深圳大梅沙红树林(苏雪痕摄)
图17-135 海口某港汊红树林(苏雪痕摄)
图17-136 山东潍坊白浪河(苏雪痕摄)

图17-136

图17-137

图17-138

图17-139

图17-140

图17-141

图17-137　北京妫水河(姚瑶摄)

图17-138　桂林漓江(苏雪痕摄)

图17-139　无锡太湖(苏雪痕摄)

图17-140　杭州西湖柳浪闻莺(苏雪痕摄)

图17-141　宁波鄞州东钱湖(苏雪痕摄)

植物景观规划设计

图17-142

图17-143

图17-144

图17-145

图17-142　昆明
滇池(苏雪痕摄)
图17-143　大理
洱海(苏雪痕摄)
图17-144　内蒙
古野鸭湖湿地
(苏雪痕摄)
图17-145　内蒙
古野鸭湖湿地鸟
瞰(苏雪痕摄)
图17-146　内蒙
古湿地(苏雪痕
摄)

图17-146

图17-147　中甸碧塔海(苏雪痕摄)

图17-148　九寨沟五色海(苏雪痕摄)

图17-149　青海湖边沼泽(苏雪痕摄)

图17-150　碧塔海边沼泽(苏雪痕摄)

图17-151　中甸林下沼泽(苏雪痕摄)

图17-152　九寨青草滩(苏雪痕摄)

植物景观规划设计

图17-153 黄龙碳酸钙台地(苏雪痕摄)

图17-154 白水台山顶碳酸钙湿地(苏雪痕摄)

图17-155 九寨沟树正瀑布(苏雪痕摄)

图17-156 九寨沟珍珠滩(苏雪痕摄)

图17-157　上海滨江森林公园人工湿地(苏雪痕摄)
图17-158　宁波鄞州人工湿地中人工绿岛(苏雪痕摄)

323

第十七章　专类园的植物景观设计

人工湿地是人为营建的，如上海滨江森林公园、深圳东部华侨城、宁波鄞州等地的湿地（图17-157至图17-158）。还有很多湿地兼有天然和人工成分，很多被建成多功能的湿地公园，如西溪湿地。

（三）功能

湿地被誉为"地球之肾"，具有独特的生物多样性的湿地生态系统，还有涵养水源、补水、排水、调节洪水、降解污染、净化水质、调节气候以及科普、游览等功能。

1. 沼生、水生植物的净化功能

水生植物通过气孔将氧气从植物上部器官输送到根部，有的还能通过根系扩散并氧化根际的土壤，如睡莲的氧渗透发生在根端，能使锰等有毒离子再一次被氧化而沉淀。香蒲的根能长到0.3m深，蘑草的根可达0.76m深，在水中都有去氮能力，因为湿地中脱氮需要足够的氧气，它们不但除氮效果好，还能忍受较宽的pH值环境。水生植物根部有一厌氧区，而同时在根际周围有一好氧区，根系能将水生植物茎、叶输送来的氧气固定，从而维持根际的氧化还原势态。易溶金属如铁、锰、铜等经微生物氧化后，以氧化物或硫化物的形式沉淀到湿地的基层中，降低出水的生物需氧量，及悬浮物、氮、重金属、有机物及病原体的含量，其处理机制包括物理、化学作用及微生物、植物的吸收与代谢作用等。如水生植物具有吸收、积累、转化重金属及放射性元素的能力，可同化某些有机分子及去除杀虫剂的毒素。植物与细菌生长及死亡的生命周期中以还原态的有机物形式积累在表流湿地的底部，并逐步转化为泥炭及煤。在湿地中，植物的枯枝落叶积聚在砂砾床的表面并逐步分解成各种有机物质。挺水植物主要通过根净化污水，沉水植物如苦草等则是全株表面均可净化污水。凤眼莲（水葫芦）繁殖能力极强，除污能力快速，但被列为入侵植物，浮萍在水面汇聚在一起，阻挡阳光透入水中，可抑制藻类生长。芦苇根系输氧促进深层有机物质氧化分解能力极强，秋季花穗摇曳，景色极佳，所以芦苇、香蒲、蘑草成为湿地中最受欢迎的污水处理植物。植物的生物量直接涉及其去污能力。经测试普通香蒲为$8.02kg/m^2$，黄菖蒲$3.97kg/m^2$，蘑草$3.13kg/m^2$，卵穗荸荠$0.98kg/m^2$，黑三棱$0.63kg/m^2$。通过这些数据可以用来估计每一种植物单位面积吸污的能力。

2. 食物链、生物链、湿地生态系统的营建

湿地的营建并非只是选择一些耐水湿的岸边植物及水生植物，而是与鱼、虾、昆虫、鸟类等共同组成的湿地生态系统。云南大理蝴蝶泉在以前没施农药前盛产蝴蝶，其成虫为虹吸口器，幼虫为咀嚼口器，均偏爱芳香植物及蜜源植物。在泉中的合欢树上吊着一串串蝴蝶的成虫，而泉周都是香樟、阴香、黄连木等芳香树种，此外龙船花、五色梅、细叶萼距花、东方蓼、一串红、兰花鼠尾草、醉鱼草、美女樱等花朵中均有蜜，故为蝴蝶成虫所爱（图17-159、图17-160）。叶片含精油细胞的芸香科植物如柑橘类则是蝴蝶幼虫之所爱。

重庆白鹭宾馆前有一条河流，宾馆旁几棵大树上聚集着数百只白鹭，而不远处的大

植物景观规划设计

图17-159

图17-160

等）、细菌或其他微生物的食物链。香蒲被蚱蜢吃掉，蚱蜢又成为雀鹰的食物。池塘中绝大部分氧气主要靠藻类产生，可溶性的矿物质和盐分可为藻类提供营养物，在干燥地区，高蒸发率不断带来新鲜水分，使藻类快速生长。藻类常被浮游动物所吞食，而浮游动物又是鱼类和两栖类动物的食物。水蚤是极小的甲壳类动物，在水中呈群状，以自由漂浮的藻类为食，它能快速地净化水体，而后被鱼类吞食掉。睡莲的叶可以阻挡部分阳光而抑制藻类生长。多种水鸟都以水生植物为主要食物来源，如眼子菜、野稻、野芹菜、浮萍等（图17-163）。

二、湿地去污工艺及植物去污、净水的原理和范例

净化水质、去污不能单靠植物完成，必须先由工业设备先行去污处理，再辅以植物，则效果倍增。

树上几无一只。主要是宾馆与河流间为水稻田，稻田中有小鱼虾、泥鳅、黄鳝、蝌蚪等白鹭所需的食物，而另处因为是玉米旱地，没有食物链（图17-161、图17-162）。宁波鄞州区的人工河中种植了很多漂浮的绿岛，有蕹菜、大花美人蕉、黄菖蒲、菖蒲、再力花、梭鱼草、香蒲、茭白、姜、芦苇、芦竹、水禾、聚草、睡莲、王莲等。聚草生长繁衍迅速，要定期疏割，疏割时发现茎上附着大量的田螺，还有鱼虾，因此绿岛也是良好食物链的平台。稗草、藨草、蓼、莎草、狗尾草、沼泽豌豆、苦荞麦等都给各类禽鸟提供了食物。

有些碳水化合物转变成植物（如香蒲

图17-162

图17-161

图17-163

（一）北京柳荫公园中水处理工艺特点

采用"生物接触反应器"接触过滤工艺及"氧——生物活性碳过滤"并以"水解酸化、二氧化氯消毒"的综合处理工艺，通过厌氧、好氧反应器及后续硝化细菌和反硝化细菌的作用，使废水中的含氧有机物转化成 N_2，除磷依靠聚磷菌的作用，在好氧条件下充分吸磷，在厌氧条件下释放磷，辅助化学絮凝作用，从而达到除磷，并用接触氧化的 NO_2、推流曝气、CASS 等先进工艺和一批先进设备如臭氧发生器、多相溶气装置、二氧化氯发生器，达到了降磷、除臭的处理效果。该工艺占地面积小，自动化程度高，安装调试方便，加药量小，运行费用低，周期产水量高（图17-164），通过园林设计将出水从假山瀑布跌落湖中形成一道自然景观，与周围环境结合更加自然（图17-165）。

（二）成都活水公园

成都活水公园是国内第一座以净水为主题的城市生态环保公园。采用国际先进的"人工湿地污水处理系统"，由中、美、韩三国的水利、园林、环境专家共同设计，是成都市府南河综合整治工程的代表作，被誉为"中国环境教育的典范"。全园占地 $24000m^2$，寓意人与自然的"鱼水关系"，取府南河的污水，依次流经厌氧沉淀池、水流雕塑、兼氧池、植物塘、植物床、养鱼塘、氧化沟、戏水池等水净化系统，由浊变清，由死变活，取名"活水"。结合数十种水生植物的展示，公园集教育、观赏、游览为一体，让游人走进自然。

1. 厌氧沉淀池

直径 12m，深 8.5m，容积 $780m^3$。泵入池中的污水其固形物经物理沉降作用，使比水重的悬浮物沉于水底，从排泥管排出，比水轻的悬浮物浮于水面，由人工清理。可溶性有机污染物，经池中厌氧微生物分解成甲烷、二氧化碳或较低分子的有机物，排入大气或随水流出，进入下一道水流雕塑工序（图17-166）。

2. 兼氧池

深 1.6m、容积 $48m^3$，是"人工湿地塘床生态系统"的前端配水装置，从厌氧沉淀池和水流雕塑流进来的水，通过导虹吸管、流量计及阀门控制，按工艺要求分为两路注入"人工湿地塘床系统"，兼氧池中的微生物及动物对于污水也有一定的净化作用（图17-167、图17-168）。

3. 植物塘、床生态系统

从兼氧池流出的水进入了植物塘、床，在塘、床中密植有凤眼莲、大藻、芦苇、菖蒲、香蒲、茭白、芋头、慈姑、泽泻、马蹄莲、旱伞草、绿萍、紫萍、睡莲等植物，将污水一道道地净化后流入养鱼塘，塘内养有供游人观赏的金鱼（图17-169、图17-170）。

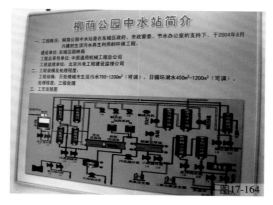

图17-164

图17-165

图17-166

图17-164　北京柳荫公园中水处理工艺流程图（苏雪痕摄）
图17-165　北京柳荫公园中水利用景观（苏雪痕摄）
图17-166　成都活水公园厌氧池（苏雪痕摄）

图17-167

图17-168

17-167 成都活
水公园水流雕塑
(苏雪痕摄)
图17-168 成都
活水公园兼氧池
(苏雪痕摄)
图17-169 成都
活水公园植物塘
(苏雪痕摄)
图17-170 成都
活水公园金鱼池
(苏雪痕摄)

图17-169

图17-170

植物景观规划设计

三、兼有天然和人工的湿地公园

（一）北京翠湖湿地公园

翠湖湿地位于温榆河上游，以南沙河为主要水源，总面积 666.67hm²，核心区为 266.67hm²，翠湖湿地公园以开展生态旅游、科研、科普、国际交流为宗旨，恢复以自然环境为基础，保持湿地生态系统的完整性。具体恢复技术包括水生植物的恢复、鸟类栖息地的建设和修复、食物链的构建、湿地水资源管理、人工复合湿地净化水技术等，采用"环境艺术"理念，使山、水、路、岛、林、草等景观和谐融合。

1. 翠湖湿地地表水体自净化湿地处理系统

湿地处理系统的主要功能是对翠湖湿地地表水体进行自净化处理，由污水塘、表流湿地、潜流湿地、水草湿地和综合生物塘五个单元组成，属于稳定塘人工处理湿地和天然处理湿地的组合系统。

2. 污水塘

污水塘属于一个小型的兼性稳定塘，是污水处理单元，其生物系统由细菌、藻类和诸如凤眼莲、浮萍、菱、睡莲等水生植物组成，具有稳定水质、去除可沉降颗粒物、降低污水中有机物和氮磷物质含量的作用（图17-171、图17-172）。

3. 表流湿地

表流湿地依据种植植物种类的不同，可以进一步分为芦苇湿地、水葱湿地和香蒲湿地等小单元，水体中大量生长具有降解有机物功能的微生物，它们以生物膜的形式附着在水生植物浸入水体的植株表面，与过流水体充分接触，实现对有机物的高效去除。芦苇、香蒲等植物生长过程中，也可从水中吸收氮、磷等营养物质，因此对污水中各类污染物质都有较强的净化能力（图17-173）。

4. 潜流湿地

首先在原地基上铺以砾石作为进出口流水的过滤材料，然后填充介质层，最后填充厚表土作为基质层，在沿潜流湿地水流方向一侧建一径为15cm的管道，水从湿地表面以下流过，过程中与介质层充分接触，水中的磷被填料和土壤层固定，具有较好的除磷效果，同时芦苇发达的根系上聚居硝化菌，远离根系的区域存在着反硝化菌，有利于生

图17-171 北京翠湖湿地(苏雪痕提供)
图17-172 污水塘植物(苏雪痕提供)
图17-173 表流湿地植物(苏雪痕提供)
图17-174 潜流湿地植物(苏雪痕提供)
图17-175 水草湿地-苦草(苏雪痕摄)

物脱氮过程的顺利进行（图 17-174）。

5. 水草湿地

水草湿地属于以生长沉水植被为特征的表流湿地，对进水水质的要求比表流湿地严格，特别在水的透明度指标方面要求高。但是由于水草的全部植株都浸没在水中，茎叶完全从水体中吸收营养元素，对水的处理效果更佳（图 17-175）。

6. 北京可用的水生植物

挺水：香蒲、宽叶香蒲、水烛、长苞香蒲、小香蒲、黑三棱、野慈姑、泽苔草、泽泻、东方泽泻、花蔺、菰、芦苇、芦竹、菹草、水葱、花叶水葱、菖蒲、水芋、宽叶谷精草、

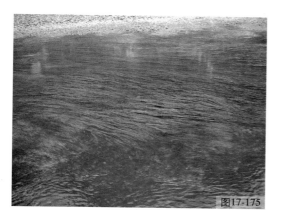

图17-175

驴蹄草、雨久花、灯心草、德国鸢尾、花菖蒲、黄菖蒲、燕子花、东方蓼、荷花、西洋菜、水田碎米荠、千屈菜、水芹、泽芹、珍珠菜、睡菜、水苏、薄荷、水苦荬、杉叶藻等。

浮水：槐叶萍、浮叶眼子菜、眼子菜、浮叶慈姑、水鳖、萍蓬草、芡实、睡莲、东北菱、菱、四角菱、莕菜、茶菱。

沉水：矮慈姑、钝叶眼子菜、光叶眼子菜、菹草、龙舌草、苦草、黑藻、金鱼藻、狐尾藻、陌上菜、狸藻。

（二）西溪国家湿地公园

西溪湿地位于杭州市区西郊，距西湖不到 5km，属平原湿地型城市次生湿地。这里生态资源丰富，自然资源质朴，文化积淀深厚。西溪自古就是隐逸之地，被文人、名人视为人间净土、世外桃源，曾与西湖、西泠并称杭州"三西"，是目前国内第一个集城市湿地、农耕湿地、文化湿地于一体的国家湿地公园。

早在 20 世纪五六十年代西溪为 60km² 有余，目前西溪湿地总面积约为 10.08km²。包括东部、中部和西部三大部分，其中东

图17-176

图17-176 杭州西溪国家湿地公园(苏雪痕摄)

部是 2.4km² 的湿地生态保护培育区；西部是 1.78km² 的湿地生态景观封育区；中部是 5.9km² 的湿地生态旅游休闲区。其中水域面积约占 52%。

西溪湿地的形成与发展，已有数千年的悠久历史，历经了东汉发现、唐宋发展、明清全盛、民国衰落的演变过程。1800 年前，西溪属原生态自然湿地。东汉以后，由于人为干预，逐渐演变为次生湿地。

西溪湿地生物资源丰富，约分布有维管束植物 85 科 182 种 221 种；鸟类 12 目 26 科 89 种。西溪湿地著名的自然景观主要有"西溪探梅"、"秋雪听芦"、"荻芦散花"、"蒹葭泛月"、"秋雪八景"、"淇上初夏"、"云栖曲水"等，并有寺庙庵祠、文人物业、桥亭台阁、河埠舟楫、辇道牌楼、墓葬饰物等物质文化遗迹，以及诗文艺术、民间风俗等非物质文化遗迹。固有的自然环境和民风俗习使它拥有一派田园水乡风光和逸致文化的氛围。

西溪湿地公园的开发理念包括"生态优先，最小干预，修旧如旧，注重文化，以人为本和可持续发展"六大原则，保护湿地中大量桑基、柿基、竹基、柳树、芦苇荡和获群落。保留了合建港、包家埭约 2km² 的一级生态保护区，突现了独具西溪特色的生态、人文和科普三大功能，恢复和重建了杭州湿地植物

园、福堤、莲花滩观鸟区、高庄、河渚古街。

总规面积 10.08km²，一期开发 3.46km²，已于 2005 年 5 月 1 日正式开放，内有 94% 的面积为生态保护区，另有科普教育站点 6 处以及 8 大人文景观。二期开发 4.89km²，2007 年 10 月 1 日开园。园内景点如游船码头、西溪草堂、西溪梅墅、梅竹山庄、西溪水阁、千金漾观鸟区、深潭口、朝天暮漾生态保护区、虾龙滩生态保护区、烟水庵、秋雪庵、茭芦田庄、烟水鱼庄、垂钓俱乐部等（图 17-176 至图 17-179）。

作为文化西溪的河渚街反映了自古居民的生活，其历史非常吸引当代游客。可以见到当时的茶楼、酒坊、酒楼、伞铺、豆腐坊、糕团铺、兴染坊、印花布店、竹编铺、刺绣馆、土特产店、演武场、龙舟陈列馆、陈万元老宅、河渚塔、洪钟别业等生态、文化、科普景观（图 17-180、图 17-181）。

1. 西溪湿地植物景观设计的原理

蔡建国在其博士论文中对 29 种湿地植物进行了污水胁迫、耐旱胁迫、耐涝胁迫等逆境生理研究，得出以下几方面重要结论，可以作为西溪湿地植物景观设计的依据。

（1）湿地植物富集营养元素的能力：综合分析表明，不同湿地植物对营养元素吸收或富集的能力差异较大，同一湿地植物对不

图17-177

图17-178

图17-179

图17-180

图17-181

图17-177 杭州西溪国家湿地公园游船码头(苏雪痕摄)

图17-178 杭州西溪湿地公园(苏雪痕摄)

图17-179 杭州西溪国家湿地公园水中栈桥(苏雪痕摄)

图17-180 杭州西溪国家湿地公园河渚街豆腐坊(苏雪痕摄)

图17-181 杭州西溪国家湿地公园河渚街刺绣坊(苏雪痕摄)

同营养元素的吸收和富集也不相同。

单因子分析表明：

旱伞草、泽泻、水烛和姜花吸收氮素能力很强；

花菖蒲、香蒲、荇菜、苦草、大花美人蕉、泽泻、睡莲和香菇草等吸收磷素能力好；

对钾的富集能力强的有水烛、大花美人蕉、香菇草、荇菜、水禾、泽泻、细叶莎草、黄菖蒲、花叶芦竹和苦草；

对钙具有较好的富集能力的有泽泻、荇菜、旱伞草、千屈菜、香菇草和水烛；

对镁富集能力强的是荇菜、水禾、再力花、慈姑、泽泻、旱伞草和千屈菜等；

对铁富集能力很强的有千屈菜、香菇草、金鱼藻、细叶莎草、梭鱼草、睡莲和慈姑等；

对锰富集较强有苦草、香菇草、金鱼藻、梭鱼草、再力花、千屈菜、荇菜和茭白等；

对锌富集能力强的植物有苦草、荇菜、千屈菜、香菇草、水禾、金鱼藻和细叶莎草等；

对铝富集能力强的植物有千屈菜、花菖蒲、苦草、梭鱼草、睡莲、水禾和再力花等；

对钠富集较强的植物有荇菜、苦草、睡莲、水禾、再力花、细叶莎草和慈姑。

在城市湿地植物景观规划设计中，根据城市湿地的富养化或污染程度，根据水体的污染物质的种类、位置和季节不同，进行综合评价后，选用适合的湿地植物有利于水体净化，有利于湿地植物的生长，有利于湿地生态功能的恢复。

（2）湿地植物的抗旱性研究：湿地植物对干旱的胁迫采用不同指标检测（叶片质膜透性、脯氨酸含量、叶绿素含量、丙二醛含量、保护酶系统），其结果是有差异的，结合形态观测，综合各指标得出29种湿地植物的综合排序（由强到弱）依次是：香蒲、紫芋、黄菖蒲、花叶芦竹、水薄荷、玉蝉花、姜花、水葱、菖蒲、泽泻、大花美人蕉、三白草、花叶芦苇、蜘蛛兰、荷花、香菇草、再力花、慈姑、千屈菜、花菖蒲、梭鱼草、斑茅、睡莲、水禾、旱伞草、茭白、聚草、荇菜、中华萍蓬草。

（3）湿地植物的耐涝性研究：对杭州习见应用的14种湿地植物的耐涝胁迫的逆境生理特性进行定量和定性研究，综合各指标得出14种湿地植物的综合排序（由强到弱）依

次是：

紫芋、茭白、花叶芦苇、大花美人蕉、梭鱼草、香蒲、睡莲、黄菖蒲、泽泻、水毛花、千屈菜、菖蒲、花叶芦竹、再力花。

2. 西溪湿地植物景观规划的指导思想与设计模式

（1）指导思想：立足杭州西湖和西溪湿地长期水陆变化和区域湿地植被，遵循生态位、耐性定律与耐性限度理论、群落演替理论、生态设计、湿地恢复等湿地植物造景理论，依据湿地植物对干湿适应、净污能力和光合特性，从杭州区域范围内来全面考虑城市湿地植物景观规划设计要求，最终建成功能综合、配置科学、文教结合、生物多样性丰富、健康稳定的城市湿地和湿地植物群落。

在规划设计中遵循生态性原则、经济性原则、生物多样性原则、功能综合性原则以及地域文化性原则。

（2）西溪湿地植物景观规划设计模式：根据杭州湿地水陆变化和气候的特点，在湿地景观规划设计理论的指导下，依据湿地植物的定性测定结果，结合杭州湿地植物种类，提出杭州湿地景观规划设计模式，共5型14亚型，并给出西溪湿地植物景观规划设计模式方案。

a. 生产型湿地植物景观规划设计模式：生产型湿地植物景观规划设计模式根据生产产品的不同又可细分为食用亚型（图17-182）、饲用亚型（图17-183）、药用亚型（图17-184）和供材亚型（图17-185）等4种。

b. 景观型湿地植物景观规划设计模式：景观型湿地植物景观规划设计模式根据湿地植物的观赏特性不同可分为观花亚型（图17-186）、观叶亚型（图17-187）和观姿亚型（图17-188）等3种。

c. 生态型湿地植物景观规划设计模式：生态型湿地植物景观规划设计模式根据湿地植物的不同生态作用分为护堤亚型（图17-189）、拦集亚型（图17-190）和益生亚型（图17-191）等3种。

d. 文化型湿地植物景观规划设计模式：文化型湿地植物景观规划设计模式根据湿地植物的花文化和传统湿地植物景观不同可分为传统亚型（图17-192）和文教亚型（图17-

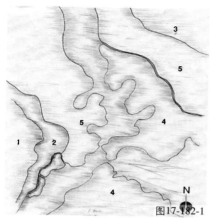

图17-182-1

代码：1枫杨 2水芹 3茭白 4菱角 5荷花（藕）

图17-182-2

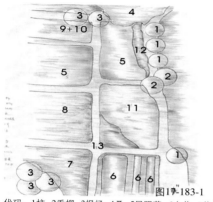

图17-183-1

代码：1柿 2垂柳 3枫杨 4桑 5凤眼莲 6水芹 7茭白
8荷花（藕） 9水鳖 10水禾 11满江红 12芋
13蒲公英

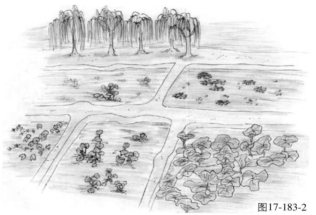

图17-183-2

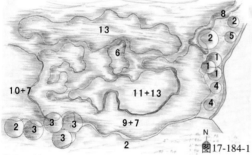

图17-184-1

代码：1榆 2垂柳 3枫杨 4梅 5李 6芦苇 7水芹 8接骨草
9香根草 10水薄荷 11荷花 12泽泻 13灯心草

图17-184-2

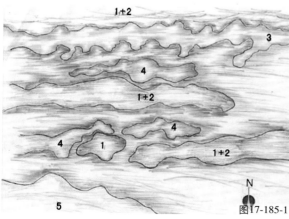

图17-185-1

代码： 1池杉 2水杉 3水毛花 4灯心草 5南川柳

图17-185-2

图17-182 生产型食用亚型湿地植物景观规划设计模式（蔡建国绘）

图17-183 生产型饲用亚型湿地植物景观规划设计模式（蔡建国绘）

图17-184 生产型药用亚型湿地植物景观规划设计模式（蔡建国绘）

图17-185 生产型供材亚型湿地植物景观规划设计模式（蔡建国绘）

图17-186 景观型观花亚型湿地植物景观规划设计模式（蔡建国绘）

图17-187 景观型观叶亚型湿地植物景观规划设计模式（蔡建国绘）

图17-188 景观型观姿亚型湿地植物景观规划设计模式（蔡建国绘）

植物景观规划设计

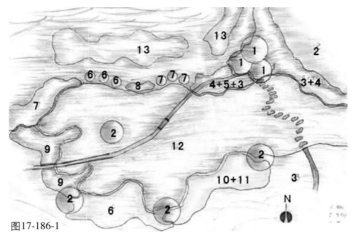

图17-186-1

代码：1柿 2垂获 3芒 4白茅 5荻 6茭白 7千屈菜 8香蒲
　　　9黄菖蒲 10花毛茛 11球穗苔草 12凤眼莲 13荷花（藕）

图17-186-2

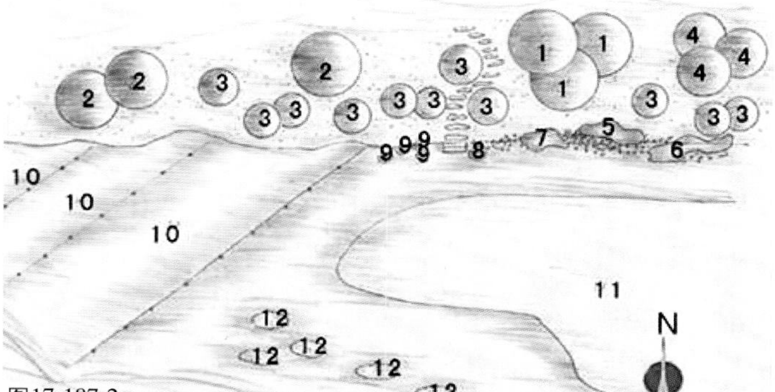

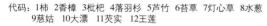

图17-187-2

图17-187-2

代码：1柿 2香樟 3枇杷 4落羽杉 5芦竹 6苔草 7灯心草 8水葱
　　　9慈姑 10大漂 11芡实 12王莲

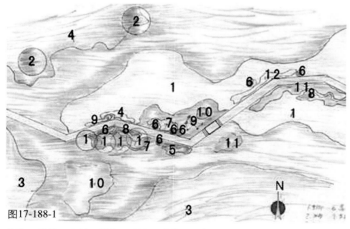

图17-188-1

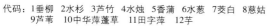

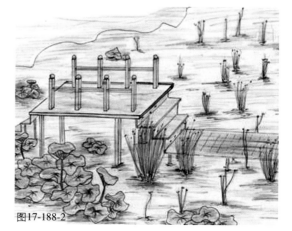

图17-188-2

代码：1垂柳 2水杉 3芦竹 4水烛 5香蒲 6水葱 7茭白 8慈姑
　　　9芦苇 10中华萍蓬草 11田字萍 12芋

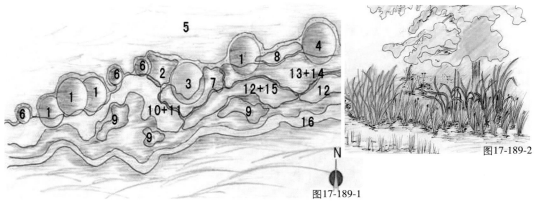

图17-189 生态型护堤亚型湿地植物景观规划设计模式(蔡建国绘)

图17-190 生态型拦集亚型湿地植物景观规划设计模式(蔡建国绘)

图17-191 生态型益生亚型湿地植物景观规划设计模式(蔡建国绘)

图17-189-2

图17-189-1

代码：1枫杨　2构树　3合欢　4柿树　5雷竹　6斑茅　7茭白　8问荆　9水烛　10花毛茛
11条穗苔草　12水禾　13砖子苗　14马唐　15双穗苔草　16香根草

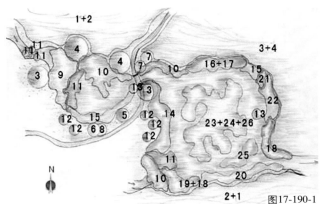

图17-190-1

图17-190-2

代码：1榉　2榆　3枫杨　4构树　5李　6梅　7云南黄馨　8紫薇　9芦苇　10水烛
11水葱　12斑茅　13再力花　14茭白　15姜花　16旱伞草　17香蒲
18菖蒲　19黄菖蒲　20花叶美人蕉　21花叶芦竹　22海寿花　23中华萍蓬草
24睡莲　25莕菜

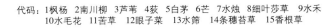

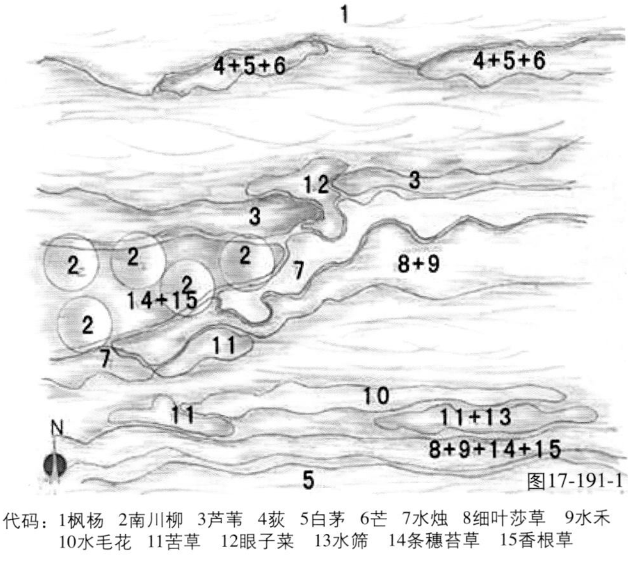

图17-191-1

图17-191-2

代码：1枫杨　2南川柳　3芦苇　4荻　5白茅　6芒　7水烛　8细叶莎草　9水禾
10水毛花　11苦草　12眼子菜　13水筛　14条穗苔草　15香根草

植物景观规划设计

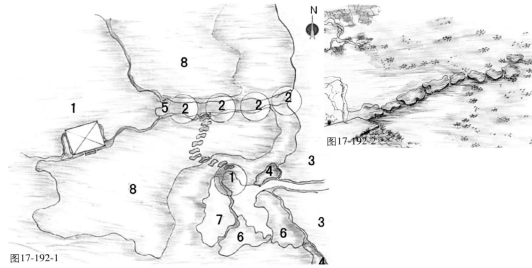

图17-192-1

代码：1柿 2垂柳 3桑 4茭白 5荻 6菖蒲 7槐叶萍 8菱角

图17-193-1

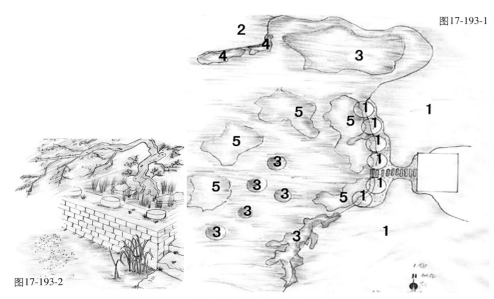

图17-193-2

代码：1柿 2枫杨 3荷花 4茭白 5满江红

图17-192 文化型
传统亚型湿地植
物景观规划设计
模式 (蔡建国绘)

图17-193 文化型
文教亚型湿地植
物景观规划设计
模式 (蔡建国绘)

图17-194 综合型
立体亚型湿地植
物景观规划设计
模式 (蔡建国绘)

图17-195 综合型
复合亚型湿地植
物景观规划设计
模式 (蔡建国绘)

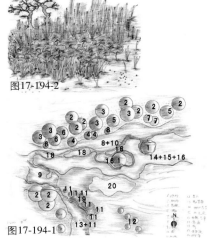

图17-194-2

图17-194-1

代码：1池杉 2枫杨 3苦楝 4梅 5批杷 6小构树
7紫薇 8白茅 9芦苇 10荻 11水烛 12茭白
13花菖蒲 14细叶莎草 15水毛花 16垂穗苔草
17菖蒲 18荷花 19金鱼藻 20田字萍

图17-195-2

图17-195-1

代码：1水杉 2垂柳 3枫杨 4合欢 5白茅 6芒
7荻 8再力花 9千屈菜 10水芹 11水葱 12水烛
13花毛茛 14条穗苔草 15细叶莎草 16水薄荷
17水生美人蕉 18接骨草 19中华萍蓬草 20野菱
21菖蒲 22海寿花 23香根草

193) 2种。

e.综合型湿地植物景观规划设计模式：综合型湿地植物景观规划设计模式根据湿地植物的群落结构和功能特性可分为立体亚型（图17-194）和复合亚型（图17-195)2种。

西溪湿地植物景观规划设计模式概念性方案（图17-196)：

（3）不同水位的湿地植物景观规划设计：对于常水位线以下区域水流平缓的地方应多种植多种水生植物（包括沉水植物、浮水植物、挺水植物等）进行科学地设计，采用混合种植和块状种植相结合，美化水面，净化水质，为水生动物提供栖食和活动场所，对于高干、生长快的植物，如芦苇等要控制种植量，控制其无序扩散，漂浮植物原则上不用或局部控制使用。

常水位线至洪水位线之间区域是湿地植物景观规划设计的重点，其上植物的功能有固堤、水土保持和美化堤岸作用，下部以湿生植物为主，上部规划以中生但能耐短时间水淹的植物，如枫杨、乌桕、苦楝等，配置种植种类应考虑群落化，物种间应生态位互补，上下有层次，左右相连接，根系深浅相错落，以多年生草本和灌木为主体，可种植少量乔木树种，如水杉、垂柳、落羽杉、枫杨等，避免应用侵害性大的藤本植物，如葎草、野葛等。

洪水位线以上是湿地绿化的亮点，是湿地景观营造的主要区段，它起着居高临下的控制作用，群落的构建应选择以当地能自然形成片林景观的树种为主，物种应丰富多彩，类型多样，可适当增加常绿植物比例，常绿植物总量达50%～60%，以弥补洪水位线以下植物群落景观在冬季萧条的缺陷，如湿地松、香樟、桂花、垂柳、水杉、落羽杉等，在原则中提到的经济植物主要在这一区域中种植。如笋材两用的散生竹（如水竹、高节竹、雷竹）、桑、柿、柑橘和园林绿化苗木等。但在种植时，一定要严格按设计要求进行控制，特别是绿化苗木的种植，以落叶树种为主，减少或不带土球，挖苗时只能间挖，保持一定的盖度，从而保持湿地植物景观的完整性和河道的安全性。

西溪湿地植物景观规划设计的驳岸设计通常采用4种形式，即自然式、复合式、梯形式和柜形式（图17-197)。一般多采用前两种，即自然式和复合式，对于城区交界处或桥梁结合处，可以采用梯形式或柜形式。

3. 西溪湿地主要观赏植物

西溪湿地主要观赏植物有：荷花、黄菖蒲、王莲、蒲苇、睡莲、玉蝉花、蓼子草、芒、荸荠、狼尾草、柽柳、三白草、红莲子草、水葱、聚草、水禾、水毛花、田字萍、美人蕉、紫芋、香菇草、蜘蛛兰、再力花、菖蒲、石菖蒲、黄花水龙、花叶菖蒲、茭白、花菖蒲、金边芦苇、槐叶苹、斑茅、显脉香茶菜、水

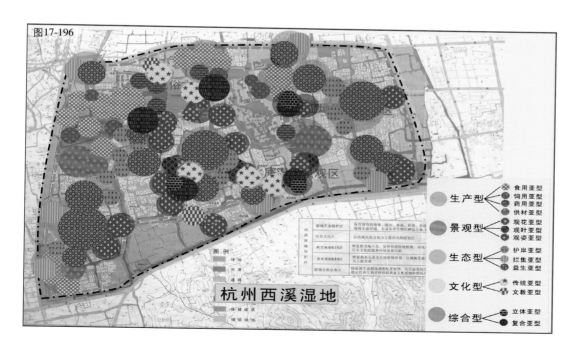

图17-196 西溪湿地植物景观规划设计模式概念性方案(蔡建国绘)

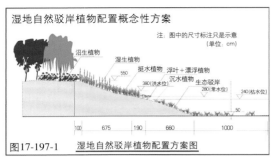

湿地自然驳岸植物配置概念性方案

注: 图中的尺寸标注只是示意
(单位: cm)

图17-197-1 湿地自然驳岸植物配置方案图

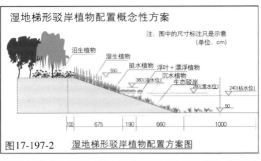

湿地梯形驳岸植物配置概念性方案

注: 图中的尺寸标注只是示意
(单位: cm)

图17-197-2 湿地梯形驳岸植物配置方案图

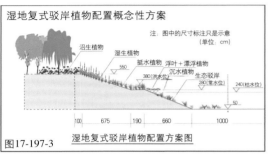

湿地复式驳岸植物配置概念性方案

注: 图中的尺寸标注只是示意
(单位: cm)

图17-197-3 湿地复式驳岸植物配置方案图

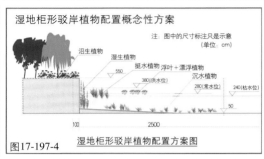

湿地柜形驳岸植物配置概念性方案

注: 图中的尺寸标注只是示意
(单位: cm)

图17-197-4 湿地柜形驳岸植物配置方案图

图17-197 湿地植物景观规划设计的驳岸方案图 (蔡建国绘)

鳖、水芹、香蒲、紫露草、莕菜、千屈菜、泽泻、砖子苗、水盾草、大茨藻、菹草、狐尾藻、红蓼、黑藻、酸模叶蓼、翅茎灯心草、绿萍、水蕨、满江红、薏苡、菱、莼菜、慈姑等。其他华东可用的湿地植物还有广角草(野慈姑)、短叶伞草、花叶卡开芦、黄花蔺、金钱蒲、苦草、宽叶泽苔草、芡实、水薄荷、水罂粟、水芋、梭鱼草、圆叶泽苔草等。

(三)香港米浦湿地公园

米浦湿地公园(图17-198)属于香港后海湾湿地,每年冬天,约有54000只水禽来到后海湾湿地过冬;春秋两季,约有2万~3万只涉禽来此作为迁徙途中的驿站。

此公园最大的特点是科普、游览、参与性强。园内设有很多宣传各种湿地及湿地植物、鱼类、鸟类、昆虫等知识,老少皆宜(图17-199)。如介绍高地溪流、河床、瀑布、小漩涡的形成;不同生物各自防御被水流冲走的方法;静水、溪流、急流及水表、水中、水底的生物以及它们如何维持生命;潮湿多雨季节的生物繁育生命周期;干燥冬季鸟类如何觅食种子、昆虫……

湿地探索中心(湿地探索生命之旅)包括(图17-200):

(1)溪畔漫游径(图17-201):可漫游淡水沼泽、鱼塘、湿耕地,从湍急的上游到

渐缓的中下游。

(2)演替之路(图17-202):由开阔的水面演替成湿木林,当中主要群落依次由沉水植物→浮水植物→挺水植物→最后到乔灌木的湿木林。

(3)红树林浮桥(图17-203、图17-204):在过浮桥时识别多种红树,如秋茄树、银叶树、木榄、海漆、老鼠簕、卤蕨等;观察其种子胎生现象及会呼吸的支柱根;与红树林共同生活的沼潮蟹、双齿近相手蟹、弹涂鱼、白胸苦厄鸟、玉黍螺等生物。

(4)观鸟屋(图17-205、图17-206):是游客参与最多、最有兴趣的项目。有三处观鸟屋,分别观察河畔、鱼塘和泥滩三处的鸟类。当地有190种鸟类,其中不少为候鸟。

(5)原野漫游径:在保护区边缘,沿途经过林地、草地、季节性洼地、芦苇床、蝴蝶园、蝙蝠箱。

(6)探索湿地生趣电影:定时放映有关湿地知识的电影,如河溪生物自由游、池塘放大镜、红树的生存之道、水生植物用处多等。

(7)介绍水位控制设施:每天或每季如何调节水位以吸引野生生物生活和繁殖。

(8)介绍水生作物(图17-207):水稻、蕹菜、西洋菜、芋、莲藕、菱角、薏苡、慈姑、茭白、水芹等。

介绍水生生物:浅水中的水龙、苹、睡

图17-198 香港
米浦湿地公园
(苏雪痕摄)
图17-199 科普
知识宣传亭(苏
雪痕摄)
图17-200 湿地
探索中心(苏雪
痕摄)
图17-201 溪畔
漫游径(苏雪痕摄)
图17-202 演替
之路(苏雪痕摄)
图17-203 红树
林浮桥(苏雪痕摄)

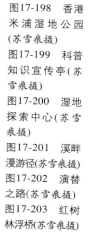

337

图17-200

溪畔漫遊徑是一條沿著模擬香港河溪而設的步
道。某些動物有特別的適應能力,讓牠們能在湍
急的上游生活。中下游溪流的水流漸緩並進入開
闊水域,當中長有多種水生植物。在溪畔漫遊徑
尾段,你可以找到淡水沼澤,魚塘,濕耕地。這
些多樣化的生境,是多種蜻蜓的棲息之所。
The Stream Walk locates along the stream which
showcase a model of stream habitats in Hong Kong.
Some animals have special body features to

图17-201

這條木橋帶領我們看到生態環境如何由開闊水域
演替成濕木林。當中主植物群落按次改變,經沉
水植物、浮水植物、挺水植物,最終是灌木和喬
木組成的濕木林。
This boardwalk demonstrates the process of pond
succession. It starts from an open water and finally
become a wet woodland. In which, the dominant
plant community changes successively from
submerged plants, floating plants, emergent plants.
then finally shurbs and trees.

图17-202

紅樹林浮橋設於一條狹窄的水道上,兩旁有多種
紅樹生長,浮橋隨著潮水漲退而升高和下降。在
這裏也居住著種類繁多的潮間帶動物,例如招潮
蟹和彈塗魚等。
Mangrove boardwalk is established along a narrow
water channel in a mangrove swamp. It rises and
falls as the tide comes and goes. It is home for
different intertidal organisms, including fiddler crabs
and mudskippers.

图17-203

图17-204

图17-205

图17-206

石斑木（车轮梅）、山指甲、美蕊花、五色梅、伞树、翅荚决明、姜花、风车草、黄花绒叶草、木荷、野牡丹、粉绿狐尾藻、刺桐、龙眼、杜果、人面子、火筒树、炮仗竹、假连翘、鲫鱼胆、羊蹄藤、十字苔草、黑面神、牛耳枫、梅叶冬青等。

上述几个例子各有特色，如柳荫公园主要是展示污水处理后的中水在园林里的应用；成都活水公园为小范围通过沉淀、流动、植物塘床治理污水的一座科普示范性公园；翠湖公园是突出污水塘、表流湿地、潜流湿地、水草湿地治理湿地污水的示范工程；西溪湿地公园突出在保护和恢复原有鱼塘农耕文化及古代生活场景的同时，提出了湿地植物景观设计的不同模式；米浦湿地公园在原有湿地基础上，系统介绍和反映湿地的食物链、生物链所构成的湿地生物系统。

莲；沉水的苦草、金鱼藻、黄花狸藻、水筛、水马齿、满江红、槐叶苹等；挺水植物灯心草、笔管草、龙筛草、茳芏等。

野生湿木林植物：水翁、水团花、水同木、露兜树、香港算盘子等。一路行来可以增加很多植物知识，认识到耐水湿的植物及当地野生植物，因每种植物上均有中文及拉丁学名，如旅人蕉、糖胶树、黄葛树、对叶榕、水石榕、黄槿、草海桐、乌桕、假苹婆、

图17-207

植物景观规划设计

第十五节　植物园

一、植物园的概念、意义和类型

（一）概念

《中国大百科全书》的建筑、园林、城市规划卷中对植物园的解释是："从事植物种质资源的搜集、比较、保存和育种学等科学研究的园地，还作为传播植物学知识，并以种类丰富的植物构成美好的园景供观赏游憩之用"。

目前国际植物园保护组织对植物园的定义是："拥有活植物收集区，并对收集区内植物进行记录管理，使之可用于科学研究、保护、展示和教育的机构"。

笔者认为，植物园是搜集和保护大量从国内外引种的植物供科研、科普和游憩的场所，为游人展示模拟的自然植物景观和人工植物景观，了解植物的观赏特性、生态习性及生产功能，从而教育游人更加热爱自然、保护环境。

（二）意义

植物对地球上所有生命都有根本上的重要意义，是人类赖以生存和发展的物质基础，人们所需要的食物、药物、能源、各种原材料等直接或间接来源于植物，甚至人类呼吸所需要的氧气也依赖绿色植物来制造，所以人类和植物是息息相关、休戚与共的。

工业化及城市化以来，经济的高速发展对环境造成严重的破坏作用，其中首当其冲的受害者就是植物。森林正以惊人的速度被砍伐，农村不合理的垦殖、工业和贸易的发展及各种自然灾害，使许多植物处于濒危状态。据估计，如不采取措施，在未来的二、三十年中，全世界257000余种维管束植物中将有6万种要遭到灭绝。我国3万种高等植物，稀有濒危植物就已达4500～6000种，而且每天正以一定的速度走向灭绝。有鉴于此，世界各地的自然保护区、植物园正在为保存丰富的生物多样性而努力。

国外植物园搜集、保护植物种质资源的力度及成绩较大，如英国邱园从国内外引入的活植物有5万余种，爱丁堡皇家植物园26000种，美国纽约植物园15000种，亨廷顿植物园12000余种，阿诺德树木园6200种等。我国科学院系统共引种13500种左右，占全国3万种维管束植物45%左右。全国植物园共保存有20000种，占全国植物60%～70%，与国外植物园比起来我国较老的植物园一般保存植物3000～4000种，超过5000种的较少，如华南植物园、厦门植物园等。

21世纪生物多样性已成为全球环境热点之一，保持和可持续利用生物多样性是全世界面临的重大课题。

植物园是栽培、引种驯化、研究、收集多种植物的场所，是全世界活植物的标本库。植物园不同于公园，他作为城市绿地系统中极其独特而重要的一环，承担着进行植物科研、科普、展示、保存、迁地保护、引进和推广的作用，也是公众游憩的场所。

植物园的建设代表了一个城市社会科学文化发展的水平和文明程度，与经济发达的国家相比，我国植物园无论是在数量上，还是科技水平上，甚至植物景观设计等方面都存着差距。就以日本为例，其国土面积仅为我国的3.9%，人口数量为我国的9.8%，可植物园却有119所，而我国还不到160所。

我国自20世纪80年代以来，经济蒸蒸日上，人民生活质量日新月异，因此有深圳仙湖植物园、济南植物园、华西高山植物园、石家庄植物园、邯郸植物园、保定植物园、郑州植物园、洛阳植物园、上海辰山植物园、银川植物园、延安植物园等相继筹建和陆续建成。

（三）类型
1. 按性质划分

植物园按性质划分有综合性植物园、专

业性植物园、专项搜集的植物园。

（1）综合性植物园：综合性植物园指兼备多种职能，即科研、科普、游览、示范及生产的规模较大的植物园。建园目的首先是为了进行植物分类、科、属、种等系统发育的研究，同时也注意经济用途及植物景观设计。它是将科研与对外开放结合起来，把植物生态习性及美学特性融为一体的植物园，也是目前世界上较普遍的一种类型。如英国的邱园、爱丁堡皇家植物园、英国皇家园艺协会的威斯利公园；美国的纽约植物园、亨廷顿植物园；印度尼西亚的茂物植物园等。目前我国这类植物园有华南植物园、昆明植物园、北京植物园、南京中山植物园、庐山植物园、武汉植物园、西双版纳植物园、贵州植物园、厦门植物园、上海植物园、上海辰山植物园、深圳仙湖植物园、沈阳植物园等。

（2）专业性植物园：这类植物园大多属于某科研单位、大专院校，所以又可称之为附属植物园，它是根据一定的学科、专业内容布置的植物标本园、树木园、药圃等，如北京药用植物园、南宁广西药用植物园、南京药用植物园、浙江大学植物园、南京林业大学树木园、武汉大学树木园、美国阿诺德树木园等。

（3）专项搜集的植物园：从事专项植物搜集的植物园也不少，如美国加州的一个森林遗传研究所附属的埃迪树木园（Eddy Arboretum）专项搜集松属植物，有 72 个种、35 个变种、90 个杂交种，其中搜集最全的是美国黄松的各种生态型。美国亚拉巴马州有一个茶花属树木园，搜集了包括山茶在内的 12 个种，800 多个品种。韩国美林植物园专引种槭树属的种、变种、品种达 800 个之多，尤其是鸡爪槭的变种最多。我国浙江竹类植物园搜集竹类 25 个属，222 个种及品种。

2. 按隶属关系划分

（1）隶属于科学院系统的植物园，如华南植物园、昆明植物园、北京植物园南园、庐山植物园、武汉植物园、莫斯科总植物园、列宁格勒植物园等。

（2）隶属于高等院校的植物园，如浙江大学植物园、海南儋县热作学院树木园、武

汉大学树木园、台湾大学试验林树木园、剑桥大学植物园、牛津大学植物园、纽约植物园、东京大学植物园等。

（3）隶属于城建园林系统的植物园，如北京植物园北园、杭州植物园、上海植物园、厦门植物园、深圳仙湖植物园、沈阳植物园等。

（4）隶属于林业系统的植物园，如黑龙江森林植物园、长白山植物园、南宁树木园、贵州林科所树木园、华南林科所树木园、银川植物园、台北植物园等。

（5）隶属于医学科学院，各省卫生厅及其他医药单位经办的植物园，如北京药用植物园、南宁广西药用植物园、西双版纳药用植物园等。

（6）隶属于农业部的植物园，如海南热带经济植物园、兴隆热带植物园等。

（7）从属关系特殊的植物园，如陕西榆林卧云山植物园是民办植物园，阿诺德树木园为私人捐赠，香港嘉道里动植物园是由私人转为香港市政局的，熊岳树木园属果树研究所，江苏如东县耐盐碱植物园属县科委。

二、植物园的功能

（一）保护生物多样性

生物多样性是某一地区乃至全球所有生态系统、物种和基因的总称。植物园保护了大量的植物种质资源及其基因，创造了生境的多样性，为生活在植物园中的野生动植物提供了生存条件，从而保护了生物多样性。生物多样性是植物园的灵魂。植物园是一个有系统、有目的的引种驯化和栽培植物的场所，是植物种质资源的集中点、活植物的标本园，尤其是濒危植物、特产植物、孑遗植物、珍稀植物、奇花异草、嘉果名木的保存所与展览区。据不完全统计，在世界 148 个国家的 1800 多个植物园和树木园中，已收集、栽培了 80000 多种维管束植物，占所有植物总量的 1/3，故有人将其称为植物基因银行，这是植物园极为重要的功能。如北京植物园的"樱桃沟自然保护试验区"就有大量的当地乡土植物和鸟类，在各专类园中也收集了大量种及品种，如牡丹园有牡丹品种 262 个、芍药品种 220 个，碧桃园中有 45 个品种，月季园中有 1000 多个品种；杭州植物园收

集保存 40 余种浙江特有的植物种类和 104 种国家珍稀濒危植物；仙湖植物园还建立了国际苏铁迁地保护中心，收集了苏铁科植物 11 属约 130 余种。目前世界上有 15000 种植物濒临绝种的危险，全球 1800 个植物园都在承担着保护濒危植物的任务。美国十分重视珍稀濒危植物的就地保护和迁地保护，已使 3000 余种受威胁植物大部分得到就地保护。前苏联经统计 172 种濒危植物中就有 100 种已列入植物园中栽培。我国植物红皮书中所列 389 种濒危植物中已有 257 种被引入植物园保护。由此可见植物园已成为就地保护和迁地保护植物种质资源的重要园地。

（二）科学研究

植物学是一门古老的学科，400 年来它的研究不断地为人类的生活和生产服务。植物园是以科研的面貌出现的，自然界的高等植物在全世界约为 30 万种，但已经被人们利用或进一步成为栽培品种的种类却不足 1/500，如何应用科学手段，充分地挖掘和利用自然植物资源为人类服务，是一项长期、艰巨的任务，如何转化野生植物为栽培植物，如何转化外来植物为本土植物，如何改变植物性状培育新的优良植物种类为人们发展生产和城市园林绿化服务等，是植物园责无旁贷的科研任务。

国外许多附设在大学里的植物园，招收研究生进行科研并授以学位，如纽约植物园、阿诺德树木园。植物园有的设在研究所内，如华南植物园、北京植物园南园，也有研究所设立在植物园内，如英国的邱园，邱园内还设立学校培养研究生。总之，植物园以大量的活植物、图书馆及标本馆，三位一体地成为植物学科研究的重要基地。

（三）观光旅游

植物园中丰富的植物种类组成了千姿百态、绚丽多彩的植物景观，无论是植物个体、群体或是与园内的山石、水面、小品、建筑、园路的组景，均吸引着大批游人，成为旅游休闲的重要场所，有的植物园甚至成为一些城市游客必游的景点。如英国的邱园年接待游客达 130 万人次，我国诸如北京植物园北园年游客量均超过 100 万人次，尤其是春季"桃花节"，沿途的车队都排成了长龙，自从热带大温室建成后，就连寒冷的冬季都是游客如潮，一些偏爱自然景观的游客，樱桃沟自然保护区就成为首选之处。各植物园均有自己的特色，所以每当梅花、牡丹、荷花、菊花、月季、桂花等盛开时，更是游人如织。全国近 160 余个植物园每年能接待游客 3000 万人次以上。

（四）科学知识的普及

植物园是人们认识大自然的窗口，用植物进化系统及分类系统向人们揭示了自然的奥妙：30 万种植物之间的亲缘关系、进化顺序以及它们在分类系统中如何归纳成门、纲、目、科、属、种等单位。在植物铭牌上常记载着科、属、种名、原产地、习性、用途等，帮助游人来了解相关知识。植物园内各种植物专类园、各种植物生长在适宜的生态环境上，加上温室、科普画廊、科普馆、陈列馆、博物馆、专题展览、植物铭牌、导游和宣传资料等向游人普及植物学、生态学、环保及生物多样性保护等多方面的知识，并结合园林艺术的组景，让游人在游览、休息中参观学习、增长知识。

（五）生产及推广

植物园不是一个纯理论性的研究机构，它是直接为社会生产服务的。植物园把最新的植物领域的科研成果，应用到社会生产实践，用科学的、先进的生产技术和新产品提高社会的生产水平。为此，在植物园内进行一些示范性的生产和新优种苗的繁殖推广工作，也是植物园的主要工作之一。

（六）为城市绿化服务

植物园通过引种、驯化乡土及外来优良植物，及时发现芽变，以及以这些植物为亲本栽培出新优的杂交后代，提供给城市绿化最佳的植物资源。如杭州植物园从浙江省 40 余种乡土秋色叶树种中，精选出 19 种观赏效果好最佳者，如银杏、金钱松、水杉、连香树、枫香、乌桕、毛黄栌、黄连木、野漆、肉花卫矛、小鸡爪槭、五角枫、秀丽槭、橄榄槭、毛鸡爪槭、天目槭、无患子、蓝果树、四照花等，使杭州园林的秋色更加迷人。杭州有丰富的蕨类资源，如石韦、抱石莲、江南星蕨、肾蕨、铁线蕨、翠云草、紫萁、海金沙、圆盖阴石蕨、井口边草、狗脊、贯众等已或多或少在园林中应用或仍处在野生状态，自然地滋补或点缀着景观。杭州植物园筛选出 50 种野生蕨类，建议应用于植物景观中。

针对独栋别墅、连体别墅均有前后小花园，植物园展示和设计各种小花园、小果园、小菜园，引来许多家庭园艺爱好者选取。此外植物园还展出各种花坛、花境、树坛、树墙、绿篱及几何、动物造型等，所有这些示范，不仅使游人感到心旷神怡，而且通过学习、模仿，对私人庭院及城市绿化均起到指导作用。

三、植物园的植物景观设计

一个优秀的植物园应该具有"科学的内容、园林的外貌和文化艺术的内涵"。

（一）科学的内容

科学内容主要包括展示植物之间的亲缘、进化关系，而植物学家将被子植物归纳成各自的植物分类系统，全世界在学术上的分类系统有 30 余种；其次是植物的个体生态，每种植物在其系统发育过程中有其与之相适应的环境，形成了自己的生态习性；在大自然中植物常群居而形成不同的植物群落，各种植物在群落中有自己的生态位，因此植物园中的植物景观设计要模拟自然来满足各种植物的个体生态习性及群体生态结构与组成。

1. 展示被子植物的分类系统

当前常采用的分类系统有德国的恩格勒系统、英国的哈钦松系统、美国的克朗奎斯特系统。如英国邱园和我国华南植物园用的是哈钦松系统，德国大莱植物园和我国杭州植物园采用的是恩格勒系统，我国上海辰山植物园、北京植物园、石家庄植物园等均采用克朗奎斯特系统。

克朗奎斯特分类系统由 11 个亚纲组成，相互之间相对独立，因此在植物景观规划设计中最能体现园林外貌（图 17-208）。

克朗奎斯特植物分类系统创立于 1981 年，他把被子植物（称木兰植物门）分为木兰纲和百合纲，前者包括 6 亚纲，64 目，318 科；后者包括 5 亚纲，19 目，65 科。合计 11 亚纲，83 目，383 科，现介绍如下：

(1) 木兰亚纲 Subclass I. Magnoliidae

(a) 木兰目 Magnoliales
　　木兰科 Magnoliaceae
(b) 樟目 Laurales
　　蜡梅科 Calycanthaceae
　　樟科 Lauraceae
　　莲叶桐科 Hernandiaceae
(c) 胡椒目 Piperales
　　金粟兰科 Chloranthaceae
　　三白草科 Saururaceae
　　胡椒科 Piperaceae
(d) 马兜铃目 Aristolochiales
　　马兜铃科 Aristolochiaceae
(e) 八角目 Illiciales
　　八角科 Illiciaceae
　　五味子科 Schisandraceae

(f) 睡莲目 Nymphaeales
　　莲科 Nelumbonaceae
　　睡莲科 Nymphaeaceae
　　莼菜科 Cabombaceae
　　金鱼藻科 Ceratophyllaceae
(g) 毛茛目 Ranunculales
　　毛茛科 Ranunculaceae
　　星叶草科 Circaeasteraceae
　　小檗科 Berberidaceae
　　木通科 Lardizabalaceae
　　防己科 Menispermaceae
　　马桑科 Coriariaceae
　　清风藤科 Sabiaceae
(h) 罂粟目 Papaverales
　　罂粟科 Papaveraceae

(2) 金缕梅亚纲 Hamamelidae

(a) 昆栏树目 Trochodendrales
　　水青树科 Tetracentraceae
　　昆栏树科 Trochodendraceae
(b) 金缕梅目 Hamamelidales
　　连香树科 Cercidiphyllaceae
　　领春木科 Eupteliaceae
　　悬铃木科 Platanaceae
　　金缕梅科 Hamamelidaceae
(c) 交让木目 Daphniphyllales
　　交让木科 Daphniphyllaceae
(d) 双蕊花目 Didymelales
(e) 杜仲目 Eucommiales
　　杜仲科 Eucommiaceae
(f) 荨麻目 Urticales
　　榆科 Ulmaceae

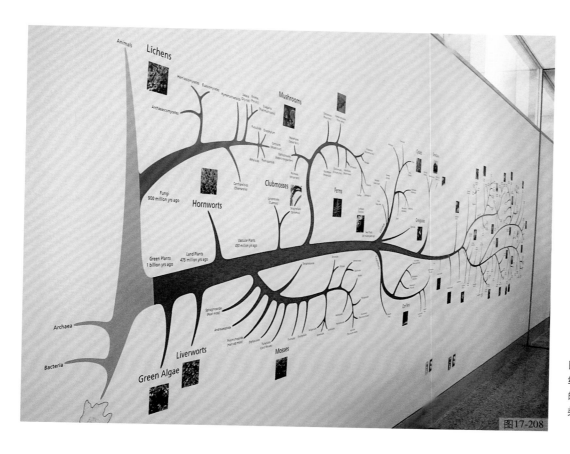

图17-208　美国
纽约植物园墙上
的克朗奎斯特分
类系统树枝图
（苏雪痕摄）

桑科 Moraceae

荨麻科 Urticaceae

(g) 塞子木目 Leitneriales

(h) 胡桃目 Juglandales

　　马尾树科 Rhoipteleaceae

　　胡桃科 Juglandaceae

(i) 杨梅目 Myricales

　　杨梅科 Myricaceae

(j) 壳斗目 Fagales

　　壳斗科 Fagaceae

　　桦木科 Betulaceae

(k) 木麻黄目 Casuarinales

　　木麻黄科 Casuarinaceae

(3) 石竹亚纲 Caryophyllidae

(a) 石竹目 Caryophyllales

　　紫茉莉科 Nyctaginaceae

　　仙人掌科 Cactaceae

　　藜科 Chenopodiaceae

　　苋科 Amaranthaceae

　　马齿苋科 Portulacaceae

　　落葵科 Basellaceae

　　石竹科 Caryophyllaceae

(b) 蓼目 Polygonales

　　蓼科 Polygonaceae

(c) 白花丹目 Plumbaginales

　　白花丹科 Plumbaginaceae

(4) 五桠果亚纲 Dilleniidae

(a) 五桠果目 Dilleniales

　　五桠果科 Dilleniaceae

　　芍药科 Paeoniaceae

(b) 山茶目 Theales

　　金莲木科 Ochnaceae

　　龙脑香科 Dipterocarpaceae

　　山茶科 Theaceae

　　猕猴桃科 Actinidiaceae

　　五列木科 Pentaphylacaceae

　　沟繁缕科 Elatinaceae

(c) 锦葵目 Malvales

　　杜英科 Elaeocarpaceae

　　椴树科 Tiliaceae

　　梧桐科 Sterculiaceae

　　木棉科 Bombacaceae

　　锦葵科 Malvaceae

(d) 玉蕊目 Lecythidales

　　玉蕊科 Lecythidaceae

(e) 猪笼草目 Nepenthales

　　猪笼草科 Nepenthaceae

　　茅膏菜科 Droseraceae

(f) 堇菜目 Violales

　　红木科 Bixaceae

　　半日花科 Cistaceae

　　旌节花科 Stachyuraceae

　　柽柳科 Tamaricaceae

　　瓣鳞花科 Frankeniaceae

　　钩枝藤科 Ancistrocladaceae

　　时钟花科 Turneraceae

　　西番莲科 Passifloraceae

　　番木瓜科 Caricaceae

　　葫芦科 Cucurbitaceae

　　秋海棠科 Begoniaceae

(g) 杨柳目 Salicales

　　杨柳科 Salicaceae

(h) 白花菜目 Capparales

　　十字花科 Brassicaceae

　　辣木科 Moringaceae

(i) 肉穗果目 Batales

　　肉穗果科 Bataceae

菊科 Asteraceae

(7) 泽泻亚纲 Alismatidae

(a) 泽泻目 Alismatales
花蔺科 Butomaceae
泽泻科 Alismataceae

(b) 水鳖目 Hydrocharitales
水鳖科 Hydrocharitaceae

(c) 茨藻目 Najadales
水雍科 Aponogetonaceae
冰沼草科 Scheuchzeriaceae
水麦冬科 Juncaginaceae
眼子菜科 Potamogetonaceae
川蔓藻科 Ruppiaceae
茨藻科 Najadaceae
角果藻科 Zannichelliaceae
波喜荡草科 Posidoniaceae
丝粉藻科 Cymodoceaceae
大叶藻科 Zosteraceae

(d) 霉草目 Triuridales
霉草科　Triuridaceae

(8) 棕榈亚纲 Arecidae

(a) 棕榈目 Arecales
棕榈科 Arecaceae

(b) 巴拿马草目 Cyclanthales
巴拿马草科 Cyclanthaceae

(c) 露兜树目 Pandanales
露兜树科 Pandanaceae

(d) 天南星目 Arales
天南星科 Araceae
浮萍科 Lemnaceae

(9) 鸭跖草亚纲 Commelinidae

(a) 鸭跖草目 Commelinales
鸭跖草科 Commelinaceae

(b) 谷精草目 Eriocaulales

(c) 帚灯草目 Restionales
帚灯草科 Restionaceae

(d) 灯心草目 Juncales
灯心草科 Juncaceae

(e) 莎草目 Cyperales
莎草科 Cyperaceae
禾本科 Poaceae

(f) 独蕊草目 Hydatellales
独蕊草科 Hydatellaceae

(g) 香蒲目 Typhales
黑三棱科 Sparganiaceae
香蒲科 Typhaceae

(10) 姜亚纲 Zingiberidae

(a) 凤梨目 Bromeliales
凤梨科 Bromeliaceae

(b) 姜目 Zingiberales
鹤望兰科 [旅人蕉科]
Streliziaceae
芭蕉科 Musaceae
兰花蕉科 Lowiaceae
姜科 Zingiberaceae
美人蕉科 Cannaceae
竹芋科 Marantaceae

(11) 百合亚纲 Liliidae

(a) 百合目 Liliales
雨久花科 Pontederiaceae
百合科 Liliaceae
鸢尾科 Iridaceae
龙舌兰科 Agavaceae
蒟蒻薯科 Taccaceae
百部科 Stemonaceae
菝葜科 Smilacaceae
薯蓣科 Dioscoreaceae

(b) 兰目 Orchidales
兰科 Orchidaceae

（1）木兰亚纲中可展出木兰园及以睡莲目为主的精致的水景园。

木兰园：木兰园中大部分为开花的乔木，可以说是木本花卉中的佼佼者。以木兰属、含笑属、木莲属为主，适当展出鹅掌楸和观光木。

木兰属中大部分为肉质根，因此要营造排水较好的地形和土壤，根据各气候带不同选择乡土的木兰种为主，再加入些外地引入的木兰种。用做上层的常绿乔木有山玉兰和从美国引入的广玉兰，落叶乔木有白玉兰、朱砂玉兰、望春玉兰、天目木兰、黄山木兰、武当木兰、厚朴、凹叶厚朴、天女花、西康木兰等；下层常绿灌木有夜合花，落叶灌木有紫玉兰及原产日本的星花木兰、日本辛夷等。含笑属中常绿的上层乔木有深山含笑、乐昌含笑、醉香含笑、白兰花、黄兰等；下层常绿灌木有含笑和云南含笑。木莲属中常见的常绿乔木有木莲及红花木莲。再展出原产中国的鹅掌楸及引入的美国鹅掌楸这两种落叶乔木，最后可展出由我国植物学家钟观光发现的常绿大乔木观光木。

以睡莲目为主的水景园：大叶的浮水植物有原产我国的芡实和原产亚马孙河的王莲，其次是荷花，再次为萍蓬草以及各种睡莲，如睡莲、白睡莲、红睡莲、蓝睡莲和墨西哥黄睡莲，叶较小的有莼菜。也可加上些很像睡莲科实为龙胆科的荇菜，还可展示沉水植物中的金鱼藻。此外，为了与睡莲目植物叶片的水平线条相对比，还可在水中种植一些千屈菜、黄菖蒲、花叶水葱等，在岸边可种植花穗洁白硕大的蒲苇。

（2）金缕梅亚纲中尽是大乔木，因此可以按科属设计成密林、树丛、树群、孤立树，为便于游客游览还可设计成大片的疏林草地。

（3）石竹亚纲中尽是草本植物，因此可以设计成缀花草地，也可与疏林草地及水景园结合。

（4）五桠果亚纲中的芍药科可收集芍药属木本的牡丹、草本的芍药种及品种设计成牡丹芍药园。山茶科中很多植物极为美观，可设计成山茶园，这一科植物不少种类较为耐阴，喜酸性土壤。上层常绿乔木可用木荷、石笔木，落叶小乔木有紫茎；第二层可用常绿大灌木或小乔木的山茶花、喜阴及较高空气湿度的金花茶、美人茶、云南山茶、油茶、茶、浙江红花油茶、宛田红花油茶、广宁红花油茶，第三层可用常绿的茶梅、尾叶山茶、连蕊茶等。杜鹃花科可设计成杜鹃园。

（5）蔷薇亚纲的蔷薇科中集中了大量美丽的乔灌木，可以设计成众多的专类园，如蔷薇园、桃李园、樱花园、海棠园等。漆树科中众多的槭树是秋色叶的主要树种，所以可以命名为槭树园或与蓝果树科中的紫树，山茱萸科中的红瑞木、四照花，卫矛科中的卫矛，冬青科各种观红果的种类，漆树科中的黄栌、野漆树、火炬树、黄连木，使君子科中的榄仁树，无患子科中的无患子，七叶树科中的七叶树等组成绚秋园，而珙桐可以以孤立树或树丛的形式重点展出。石榴科中的石榴既可观花，又可赏果，且花型、花色丰富，有重瓣、单瓣、白色、黄色、红色、橙红色等，既有高大的大灌木或小乔木，又有如月季石榴、千瓣月季石榴及墨石榴等矮生小灌木，故可设计出多姿多彩的石榴专类园。在华南亚热带中南部，木棉科、桃金娘科、野牡丹科的种类是重点观赏种类，尤其是桃金娘科中各种常绿大乔木如桉属中柠檬桉、蓝桉、细叶桉的叶色、干皮均各有特色，且具香味；白千层树干呈灰白色，枝叶具香味；洋蒲桃和蒲桃既可观花，又可食果，且均可作为上层乔木植于水边；红千层，尤其是垂枝红千层，红色的穗状花序犹如瓶刷，枝细长下垂，它可以作为小乔木配植在中层，而常绿灌木桃金娘、耐阴的赤楠、香桃木等可植于下层林内或林缘。

（6）菊亚纲中可设计桂花园、丁香园、琼花园、忍冬园四个专类园。

桂花园：桂花园最大的特点是每逢秋月桂子香，如桂花中的金桂、银桂、丹桂，而四季桂的花期从5月开到9月，其品种'日香桂'（'月月桂'）几乎在生长期均能开花。桂花不仅花香袭人，而且树形圆整既可以桂为林，也可孤植，在寺庙的大殿及大门入口两侧常对称种植桂花。

丁香园：丁香是华北地区的特产，花美且香，适应性强，喜光又耐半阴，除暴马丁香、北京丁香为小乔木外，其余均为灌木，因此在上层除种植暴马丁香、北京丁香外，可再植流苏树、女贞，下层的丁香花色、花序各异，花白色的有关东丁香、白丁香、红丁香；花蓝紫色的有波斯丁香、蓝丁香、辽东丁香、欧洲丁香；花淡紫色的有裂叶丁香、小叶丁香、毛叶丁香、什锦丁香和紫丁香。值得一提的是欧洲丁香原种是蓝紫色，但栽培品种中有白色、蓝色、紫色、堇紫色、红色等，还有重瓣品种；波斯丁香的栽培种中也有白色、红色、粉红色等；什锦丁香栽培品种中有白色、淡玫瑰紫色、红色、重瓣、矮生种；北京植物园在暴马丁香中发现有黄色花序的变异，正在大力扩繁中。

木犀科中还有其他美丽的观赏灌木，如开黄花的连翘、金钟花、迎春、南迎春、小黄馨、浓香探春、探春等；开白花的有茉莉、毛茉莉、素方花、多花素馨、素馨花；开紫花或红色花的有红素馨，而这些种类均可植于桂花园、丁香园的周围。

琼花园：荚蒾属植物花序硕大，大部分红果累累，再加上有隋炀帝南下赏琼花的典故，琼花也曾名噪一时。荚蒾属植物多落叶灌木，少常绿种类，大部分种类喜光耐阴，在自然植物群落中常作下木，如华北、东北的天目琼花、暖木条荚蒾，常绿的华南珊瑚树及其变种珊瑚树最宜作为背景；山枇杷和毛枝常绿荚蒾在众多的落叶灌木中很突出；花形如丁香且芳香的香荚蒾是荚蒾属中很特别的一种；琼花则是木本绣球的变型；蝴蝶绣球、欧洲绣球、欧洲雪球、天目琼花、木本绣球的花序均硕大而具大型白色不孕花；蝴蝶绣球的变型蝴蝶戏珠花，其大型白色不孕花的裂片两大两小，状如蝴蝶，故得名。此外还有蝶花荚蒾、荚蒾、陕西荚蒾、桦叶荚蒾、绵毛荚蒾、腺叶荚蒾、伞房荚蒾等。

忍冬园：忍冬属植物有灌木也有缠绕性藤本种类，大部分为落叶类，少数为半常绿，因此在园内可设置花架、花廊等建筑小品。花色丰富，金银花、金银木开花均先白后黄，葱皮忍冬花鲜黄色，鞑靼忍冬的原种开花粉红、红或白色，但其栽培品种有白花 'Albo'、大花纯白 'Grandiflora'、大花粉红 'Virginalis'、浅粉 'Albo-rosea'、深粉 'Sibirica'、深红 'Arnold Red'，华北忍冬花暗紫色，贯月忍冬花橘红色至深红色，布朗忍冬花橙色至橙红色，但其栽培品种 '垂红' 布朗忍冬，花冠外红内橘红色，'倒挂金钟' 忍冬花鲜红色，台尔曼忍冬花冠亮橙黄色，金红久忍冬花冠紫红至玫瑰红色；金银花果黑色，蓝靛果忍冬果蓝色或蓝红色，其他种类大多为红色。灌木中除郁香忍冬为半常绿，其余均为落叶种类；藤本中除了台尔曼忍冬、盘叶忍冬为落叶外，其余大多为半常绿种类。因此考虑四季景观可采用半常绿种类多些，注重芳香环境的营造可多采用郁香忍冬及金银花，为了花色丰富可多采用鞑靼忍冬及其栽培品种。

（7）泽泻亚纲中大多数为水生植物，既有挺水种类，也有浮水及沉水种类，但观赏性并不突出，因此可以设计成有别于展览睡莲目的精致水景园，而使其极富天然野趣。

（8）棕榈亚纲主要可设计成棕榈园，而天南星科中多数耐荫的藤本和草本，可放在阴生园中。

（9）鸭跖草亚纲中大多为直线条的挺水植物及观赏草，可与泽泻亚纲共同组成野趣的水景园。

（10）姜亚纲中各科植物主要用于热带温室中作为空中花园的附生景观及耐荫地被，而旅人蕉、尼古拉鹤望兰、鹤望兰、芭蕉等则可在温室内孤植和丛植。如在亚热带南部和热带植物园中则可露地栽植，展示热带植物景观。

（11）百合亚纲中可设计百合园、鸢尾园及兰园或兰圃。

2. 展示植物个体及群体的生态习性

这是适地适树的基本要求，也是植物景观健康、持续利用的保证，因此在不同气候带都应先选择乡土植物及相似气候引种的种类，同时要根据该种植物在原产地的生态环境加以模拟，在竖向设计时要满足其习性的要求。以生态环境应用为主的专类园如岩石园、水景园、沼泽园、墙园、高山植物温室等，即可向人们展示大自然的岩生植物及其景观、湿地植物及其景观、高山植物及其景观。即使是在同一个岩石园中，也有不同的生态环境：沙砾地或干河床上生长着耐干旱的植物，小池塘和花溪中种着各类美丽的耐水湿植物，石缝及土层较薄处可见耐干旱、耐瘠薄的植物。

现以裸子植物为例，裸子植物门往往被单独划分为一类，其中可设立苏铁园、松柏园及我国孑遗珍贵树种区等。总的来说该区植物同属种类具有较为相似的习性，但也有不少科属中的种类习性不同，因此，在竖向设计上应有微地形，其上可种植强阳性又要求排水良好的树种，而在地形的背阴处及乔木下层可种植喜阴种类，较大面积可以树丛、疏林形式种植喜光又耐阴的种类。松柏园中还应有水杉、落羽松、池杉等，因为杉科中某些种类原产地的生境条件是沼泽，要求酸性土壤。

现将松柏园中植物种类对光照的要求做一介绍：

①同属种类各种间有相似的对光照要求的

强阳性种类：如落叶松属中的落叶松、华北落叶松、黄花落叶松、日本落叶松等，它们宜种植在微地形顶部。

喜光的种类：油杉属中的云南油杉、铁坚油杉、油杉。

喜阴的种类：冷杉属中的冷杉、辽东冷杉、臭冷杉、日本冷杉、金松，三尖杉属中的粗榧、三尖杉，红豆杉属的紫杉、红豆杉、南方红豆杉、欧洲紫杉，扁柏属的日本花柏、日本扁柏、白豆杉属的穗花杉，榧树属的榧树、香榧、日本榧树，罗汉柏属的罗汉柏，铁杉属的铁杉、云南铁杉等。

喜光耐阴的种类：美国香柏、朝鲜崖柏、柏木、滇柏、柳杉、日本柳杉等。

②同属各种间对光照要求不一者

松属中多数是喜光的，甚至是强阳性的，但偃松却喜阴，可作下木，而日本五针松、乔松和白皮松均为喜光稍耐阴的中性树种。

圆柏属中铺地柏、沙地柏喜光，其他种类均喜光耐阴。

云杉属中的丽江云杉、白杆喜光耐阴，而青杆、云鳞松均耐阴，刺柏属中杜松喜光，而台湾桧喜光耐阴，罗汉松属的竹柏耐阴性要强于罗汉松。

③杉科中不同种对水湿要求各异

喜湿而植于水边沼泽的种类有落羽松、池杉、墨西哥落羽杉等，水杉可离水边稍远些，喜湿又要排水良好，而水松却甚至可以植于水中。

裸子植物中多子遗种，如我国特有的有银杏、水杉、银杉、水松、金钱松、穗花杉等，可独立设计成专区。

3.为了展示植物地理分布

常利用各类温室分别展示澳大利亚、新西兰、欧洲、美洲、亚洲、非洲等地理区域的植物种类及植被外貌，最常见的是热带雨林植物及其景观。

（二）园林的外貌

1.植物个体

植物个体的观赏特性、文化内涵，群体的景观与其他诸如植物与植物、道路、建筑、水体、岩石、小品等硬质景观组景均可体现园林的外貌，给人以美的享受。

（1）植物的形体

圆柱形：大鳞肖楠、意大利丝柏、台湾桧。

塔形：塔形小叶杨、塔柏、水杉、香柏。

卵形：欧洲七叶树、线柏、悬铃木。

圆锥形：雪松、异叶南洋杉。

半圆形：青皮槭。

垂枝形：垂枝樱、垂枝雪松、垂枝山毛榉、垂枝桦、垂枝榆等。

棕榈形：棕榈、蒲葵、大王椰子。

球形：球柏、海桐。

匍地形：沙地柏、铺地柏、匍地云杉。

（2）植物的干和枝

干形：瓶干树、大王椰子、酒瓶椰子、佛肚树、佛肚竹、龟甲竹。

枝形：龙爪桑、龙爪枣、龙爪柳、龙游梅。

干色：斑驳的有白皮松、悬铃木、榔榆、木瓜、光皮梾木、天目紫茎、油柿、豹皮樟、天目木姜子等；古铜色的有稠李、山桃、樱、白色有白桦、赛黑桦、柠檬桉、粉单竹；红色有血皮槭、美人松；绿色有青榨槭。

枝色：白色有二色莓；红色有红瑞木；黄色有金枝槐、金丝柳；紫红色有青刺藤。

（3）植物的叶

巨叶：桃椰、董棕、大叶蚁塔、千岁兰。

退化的细叶：光棍树、木麻黄、假叶树。

奇叶：蜂腰变叶木、戟叶变叶木、狐尾椰子、狐尾天门冬、双形叶的蓝桉、胡杨。

秋色叶：紫红色：黄栌、枫香、北美枫香、乌桕、红瑞木、牛迭肚、火炬树、美国红栌；黄色：银杏、无患子、白蜡、桑、绒毛山核桃。

常色叶：紫红：紫叶矮樱、紫叶李、紫叶小檗、红花檵木、红叶石楠、红枫、肖黄栌；金黄：金叶黄栌、金叶榆、金叶栾、金叶槐、金叶薯、金叶连翘、金叶小叶榕；银灰色：朝雾草、银石蚕、银蒿、雪叶菊、绵毛水苏；蓝色：蓝羊茅。

香叶：莸、木本香薷、薄荷、留兰香、香叶天竺葵。

彩叶：花叶木薯、花叶复叶槭、花叶红瑞木、狗枣猕猴桃。

（4）植物的花

香花：桂花、月季、丁香、玫瑰、香荚蒾、郁香忍冬、刺槐、菊花。

巨型：巨魔芋。

大型：木棉、火焰树、红掌、大花紫薇。

花色：蓝色：长白楼斗菜、蓝刺头、大花飞燕草、细叶婆婆纳、百子莲。红色：凤凰木、木棉、石榴、山茶、美蕊花。各色：月季、牡丹、芍药、丁香、碧桃、百合、郁金香。黄色：棣棠、迎春、连翘、栾树。白色：白玉兰、银薇、圆锥八仙花、琼花、蝴蝶树、白鹃梅、珍珠梅。

奇特：花锚、猪笼草、美丽马兜铃、垂枝赫鸟、鹤望兰、红掌、苏铁、青荚叶、巨魔芋。

（5）植物的果

巨型：木波罗、榴莲、眼镜豆、炮弹树。

果色：白色、红瑞木、白珠树、雪果、金粟兰；蓝色：蓝靛果忍冬、阔叶十大功劳、七筋姑、桂花；红色：平枝枸子、珊瑚树、金银木、火棘、冬青、海芋、红豆杉、接骨木、毛叶山桐子；紫色：小紫珠、海州常山、桑葚；黄色：柚子、柑橘、橙子、梨；黑色：小叶女贞、青荚叶、茶薦子。

奇特：猫尾木、猫儿屎、吊瓜木、腊肠树、蛇皮果、秤锤树。

香果：柑橘属、香梨、伊兰香、香子兰、胡椒、花椒、木瓜。

2. 植物的应用及组景

（1）植物园中的植物景观丰富多样，有自然式景观，也有规则式景观。常模拟自然界的密林、疏林、树丛、群落、灌丛、林缘、林间小道、高山草甸等，设计成孤赏树、树坛、疏林草地、缀花草地、色带、色块等。根据应用需要有绿篱、绿墙、草坪、地被等景观。

（2）在树林和植物空间组成中常注意到天际线、林缘线、空间的大小及开合程度。

（3）植物景观中运用对比和突出主景的效果最佳，如色彩、大小、明暗、树形、聚散、高低、收放等对比，也可通过色彩、形体基调来突出主景。

（4）季相：春花、夏荫、秋色、冬态。

（5）组景：组景植物与植物，水体、建筑、园路、岩石间的组景丰富多彩，更是不胜枚举。

（6）植物园内各种植物专类园及示范更是植物景观的主体，不再赘述。

四、国内外部分植物园简介

（一）国外植物园简介

1. 英国邱园（Royal Botanical Gardens，Kew）（图17-209）

邱园地处温带，绝对最低气温 -9.5℃，绝对最高气温 33.8℃，年降水量 593mm，总面积 120hm²，建于 1759 年，其子园维克赫斯特（Wakehurst Place），建于 1965 年，面积为 185hm²。在邱园的植物标本馆中保存了 700 万份标本，其中 25 万份为模式标本，图书馆藏书 75 万册，活植物 50000 种，园内有岩石园、禾草园以及木本植物专类园中桦木、杨、柳、栎、桤木、白蜡、松柏类、蔷薇科、胡桃、豆科、小檗、梓树、桑、

杜鹃、木兰、鹅掌楸、桉树、珙桐、丁香、紫藤、连翘等多个乔、灌木科或属的专类园，其中最大特点为先后建立的各类温室，最早于 1761 年建立了柑橘温室（Orangery），主要是保护柑橘及一些不耐寒的裸子植物和某些常绿阔叶植物过冬。1844～1848 年建立了棕榈温室（17-210），引种以棕榈科为主的热带植物及苏铁、露兜、香蕉、可可、咖啡、橡胶、木棉、番木瓜、无忧花等。棕榈温室造型优美，为维多利亚建筑的典型代表，是邱园的标志性建筑，从 1860 年开始，陆陆续续至 1899 年建成了总面积为 4451m² 的温带温室（图 17-211），供暖温带植物生长和过冬，在温带温室之后建澳大利亚温室，展出澳大利亚特有的适应少雨耐干旱的植物。

图17-209

图17-210

图17-211

图17-209 邱园大门（苏晓黎摄）
图17-210 邱园棕榈温室（苏晓黎摄）
图17-211 邱园温带温室（苏雪痕摄）

图17-212

图17-213

1887 年建高山植物室（图 17-212）展出高山植物，1978 年在对高山植物生态习性进一步了解后，于 1981 年建立了新的高山植物室，展出高山植物如番红花属、贝母属、鸢尾属、水仙属、报春花属、虎耳草属等 2000 余种。高山温室有诸多要求，通风要好，保持一定的空气湿度，有控制底温及灌溉的设施，有保证光照及调节光照的设施。1984 年至 1985 年建成了热带植物温室（威尔士王妃温室）（图 17-213），占地 4490m^2，包含着热带纳米布（Namib）沙漠的干旱热带，一直到红树沼泽的潮湿热带，共 10 种不同的热带环境。其他还有天南星温室、蕨类温室、睡莲温室等。园内还有很多景点，如杜鹃谷、中国塔、日本门楼、女王亭及维多利亚女王宫殿与小花园等（图 17-214 至 17-219）。维克赫斯特公园的生态环境条件优于邱园，故而可种植一些较不耐寒的种类，但

图17-214

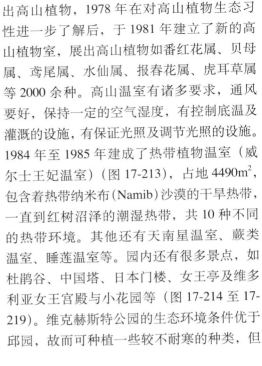

图17-215

图17-216

图17-217

图17-218

图17-212　邱园高山温室（苏晓黎摄）

图17-213　邱园热带温室（苏雪痕摄）

图17-214　邱园日本园（苏雪痕摄）

图17-215　邱园中国塔（苏雪痕摄）

图17-216　邱园岩石园（苏雪痕摄）

图17-217　邱园墙园（苏雪痕摄）

图17-218　邱园沼泽园（苏雪痕摄）

植物景观规划设计

图17-219 ᅠ ᅠ ᅠ ᅠ ᅠ ᅠ图17-220ᅠ ᅠ ᅠ ᅠ ᅠ ᅠ图17-221

园中有一种子库（Seed Bank），在不同低温条件下储存着大量种质资源的种子，此两园年游客量分别达到125万人次和14.5万人次。

2．英国爱丁堡皇家植物园（Royal Botanical Garden，Edinburgh）

该园地处北纬55°58′N，绝对最低气温可达-17℃，绝对最高气温29.2℃，年降水量1527mm，馆藏标本200万份，活植物26000多种，其中杜鹃花科来自中国的就有306种，其他如报春、绿绒蒿、百合、海棠、蔷薇属等植物也大多来自中国。总园有欧石南园、岩石园、高山植物室和石槽、展览温室、棕榈温室、树木园、矮林（Copse）、杜鹃草地区、池塘区等。岩石园是爱丁堡皇家植物园的品牌，为世界一流，收集有5000多种高山、北极和地中海区域的植物。该园收集中国植物也是最多的，尤其是杜鹃属植物。1990年与四川华西植物园建立关系后，将原产中国的杜鹃扩繁后逐步返回，两园科技人员交流至今（图17-220至图17-226）。

图17-222

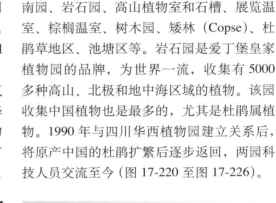

图17-223

图17-225

图17-224

图17-226

图17-219ᅠ 邱园禾草园(苏雪痕摄)

图17-220ᅠ 爱丁堡皇家植物园入口(苏晓黎摄)

图17-221ᅠ 爱丁堡皇家植物园微型岩石园(苏雪痕摄)

图17-222ᅠ 爱丁堡皇家植物园高山植物墙园(苏晓黎摄)

图17-223ᅠ 爱丁堡皇家植物园岩石园(苏晓黎摄)

图17-224ᅠ 爱丁堡皇家植物园欧洲山毛榉绿墙(苏晓黎摄)

图17-225ᅠ 爱丁堡皇家植物园新建的中国园(苏晓黎摄)

图17-226ᅠ 爱丁堡皇家植物园温室(苏晓黎摄)

3. 英国皇家园艺学会威斯利植物园(Royal Horticultural Society's Garden, Wisley)(图17-227至图17-230)

该园地处温带，绝对最低气温-9.5℃，绝对最高气温33.8℃，年降水量593mm，占地98hm²，温室面积4046m²。

特色：不同于邱园和爱丁堡皇家植物园的岩石园，既有自然式风格，又有规则式风格。岩石园下有两条花溪，溪边种植了大量的鸢尾属、报春花属、落新妇属、玉簪属、蕨类等美丽的花卉。

其次是有地形起伏最长的双面花境夹道，一直通向展示新优品种的花卉展览区，游人可仔细近距离欣赏诸如大丽花、菊花、月季等的新优品种，园内还特设盲人园和残疾人园。

该园的宗旨是要向皇家园艺学会会员和游客展示所保存及培育的各种花卉、果树、蔬菜新品种。在实践中培养园艺人才和植物分类、植物病理等相关学科的研究工作。

4. 美国亨廷顿植物园(The Botanical Gardens at the Huntington)(图17-231至图17-232)

地处北亚热带，建于1901年，面积为82.8hm²，绝对最低气温-2.2℃，最高气温43.3℃，年降水量376mm。馆藏标本7500份，藏书60万册，活植物约12000种。特色专类园以沙漠多浆植物园及棕榈园最为突出，沙漠多浆植物园是全世界最大的仙人掌类和多浆植物收集圃之一。此外在1909年还建立了兰科和热带温室、山茶园、苏铁园、日本园和莎士比亚园等。苏铁园已收集11个属中的9个属共75种。

图17-227 威斯利植物园外的草坪(苏晓黎摄)
图17-228 威斯利植物园草坪花境带(苏晓黎摄)
图17-229 威斯利植物园新优花卉品种园(苏晓黎摄)
图17-230 威斯利植物园花境(苏晓黎摄)
图17-231 亨廷顿植物园大门(苏雪痕摄)
图17-232 亨廷顿植物园沙漠多浆植物园(苏雪痕摄)

图17-227

图17-228

图17-229

图17-230

图17-231

图17-232

5. 美国纽约植物园(New York Botanical Garden)(图17-233至图17-237)

地处温带，建于1891年，面积100hm²，绝对最低气温-18.9℃，绝对最高气温41.7℃，年降水量1057mm，馆藏标本550万份，全园分28个区，专类园有岩石园、乡土植物园、蔷薇园、草药园、水生植物园、香料植物园等。较为突出的是建成了世界最大的植物博物馆，在展厅内墙上有克朗奎斯特分类系统植物进化的树枝图。纽约植物园的温室是美国最大的维多利亚式温室，温室里收集棕榈科中1/4属的植物，此外还有"新大陆沙漠植物室"、"旧大陆沙漠植物室"、"蕨类室"、"热带区系室"等。岩石园是该园室外的精华，从落基山、喜马拉雅山、阿尔卑斯山、比利牛斯山植物展区到美国的乡土植物引种区等，包罗万千，从早春开始便有植物次第开花。

6. 美国弗尔恰尔德热带植物园 (Fairchild Tropical Garden)(图17-238至图17-240)

建于1938年，面积34hm²，绝对最低气温1.1℃，最高气温36.7℃，年降水量1169mm，活植物4000种，馆藏标本16.5万份，藏书8000册。全园分棕榈区、苏铁区、开花乔灌木区、热带雨林区、藤本植物区、旱生植物区等。其中棕榈区收集有500种棕榈科植物，与水体组景，倒影婆娑、景色迷人，游人到此流连忘返，可以说是全世界最美的棕榈园。其次苏铁区也收集了9属42种，颇具规模。

图17-233 纽约植物园大门(苏雪痕摄)
图17-234 纽约植物园平头赤松(苏雪痕摄)
图17-235 纽约植物园某种垂枝柏(苏雪痕摄)
图17-236 纽约植物园温室(胡永红摄)
图17-237 纽约植物园儿童科普园地(翻拍自《纽约植物园》)
图17-238 弗尔恰尔德热带植物园棕榈园(苏雪痕摄)
图17-239 弗尔恰尔德热带植物园园景(苏雪痕摄)
图17-240 弗尔恰尔德热带植物园海芋(苏雪痕摄)

图17-233

图17-234

图17-235

图17-236

图17-237

图17-238

图17-239

图17-240

7. 美国洛杉矶树木园(Los Angeles State and County Arboretum)(图17-241至图17-244)

处于北亚热带，建于1948年，面积51hm²，温室面积2330m²，绝对最低气温-2.2℃，最高气温43.3℃，年降水量357mm，活植物6000种，馆藏标本1.6万份，藏书17000册。园内乡土树木老人葵及引入的丝柏（意大利柏木）极为引人注目，药草园、蔷薇园、水生植物园也很有特色。树木园中的植物按地理来源分区，科普教育部分有水生植物园、草地、示范家庭花园、热带植物温室及史前丛林植物园等。园内从地中海区域和类似气候区域及澳大利亚引入了大量的植物，其中主要为金合欢及桉树、蓝木

槿、柳穿鱼叶白千层、南美的金黄钟花、蔓生非洲雏菊等，此外还有芦荟、苏铁科、棕榈科、榕属、柏属、木兰属、海桐、桃金娘科、兰科等植物。

8. 阿诺德树木园(The Arnold Arboretum)(图17-245)

地处北温带，建于1872年，面积132hm²，绝对最低气温-26.7℃，最高气温38.3℃，年降水量1076mm，馆藏标本520万份，活植物6200种，其中有槭属、荚蒾属、苹果属、杜鹃属、连翘属、丁香属、木瓜属、栎属、松柏类等。1947年从我国引入了活化石水杉，栽植于树木园主入口附近引以为荣，中国鸽子树（珙桐）也让游人如痴如醉。

图17-241 洛杉矶树木园大门（游人摄）
图17-242 洛杉矶树木园丝柏（意大利柏木）（苏雪痕摄）
图17-243 洛杉矶树木园老人葵（苏雪痕摄）
图17-244 洛杉矶树木园园景（苏雪痕摄）
图17-245 阿诺德树木园大门（苏雪痕摄）

图17-241

图17-242

图17-244

图17-243

图17-245

9. 新加坡植物园(Singapore Botanical Gardens)(图17-246至图17-250)

建于1859年，面积47hm²，绝对最低气温18.9℃、最高气温36.1℃，年降水量2413mm，是世界上著名的热带植物园之一。馆藏标本65万份，藏书20万册。万带兰的天然杂种万带'约奇小姐'兰为新加坡的国花，在兰花园中最引人注目，新婚夫妇常选择此处与国花合影留念，因此植物园极重视兰花的育种及工艺品开发研究。新加坡全国就像一座花园城市，植物园为此研究植物减污功能降低城市化和工业化带来的负面影响，为城市建设服务。另外也注重热带经济作物的引种研究，三叶橡胶的引种开发就为国民经济作出了重大贡献。新加坡植物园为此成为国内外游人喜爱游憩、活动的最佳场所。

10. 印度尼西亚茂物植物园(Botanical Garden of Indonesia)

茂物植物园是世界上最古老、最著名和最大的热带植物园之一，建于1817年，面积87hm²，总园位于雅加达，其他有5个分园在爪哇、巴厘和苏门答腊，绝对最低气温为18.9℃，绝对最高气温为36.7℃，年降水量1799～4300mm，馆藏标本200万份，藏书12万册，活植物52927种，特色植物

图17-246 新加坡植物园附生景观(苏雪痕摄)

有棕榈科、兰科、豆科、夹竹桃科、天南星科、茜草科、大戟科、龙脑香科、芭蕉科、薯蓣科以及各种热带果树。主要的景区有1896年建成的橄榄大道，大型藤本过江龙在巨大的橄榄树干上和树顶上往返交织，景观颇为宏伟。来自苏门答腊的浅红婆罗双和来自爪哇的 *Ficus allipila* 两株大树，树干洁净光滑、

图17-247 新加坡植物园附生景观(苏雪痕摄)
图17-248 新加坡植物园兰园(苏雪痕摄)
图17-249 新加坡植物园兰园新加坡国花(苏雪痕摄)
图17-250 新加坡植物园粉纸扇(苏雪痕摄)

图17-251 印度尼西亚茂物植物园"夫妻树"（苏雪痕摄）

图17-252 华南植物园大门（苏雪痕摄）

图17-253 华南植物园子遗植物区（苏雪痕摄）

图17-254 华南植物园酒瓶椰子（苏雪痕摄）

图17-255 华南植物园笔筒树（苏雪痕摄）

图17-256 华南植物园阴生植物区（苏雪痕摄）

图17-257 华南植物园苏铁园（苏雪痕摄）

板根明显，被称为一对"夫妻树"。其他如旅人蕉、油棕、苏铁、水景均为热带特色的景点（图17-251）。

（二）国内植物园简介

1. 华南地区

（1）华南植物园（图17-252至图17-257）

地处南亚热带，建于1956年，面积300hm²，绝对最低气温-2℃，最高气温38℃，年降水量1600～1800mm，活植物8000余种，该园依照植物分类系统和植物生态习性将中国传统园林手法融于自然之中，全园建有棕榈园、药用植物园、裸子植物区、子遗和珍稀植物区、木兰园、山茶园、杜鹃园、阴生植物园、经济植物区、树木园、竹园、苏铁园、姜园、兰圃等，此外还有蒲岗自然保护区等。棕榈园的种质资源数量居全国一流，木兰园引种国内外木兰科植物达10属120种。

（2）深圳仙湖植物园（图17-258至图17-263）

地处南亚热带，建于1982年，面积580hm²，绝对最低气温0.2℃，绝对最高气温38.7℃，年降水量1940mm，本园是以旅游、科研、科普及生产相结合的植物园。科普中有全国植物园中独一无二的木化石园，

图17-252

图17-253

图17-254

图17-255

图17-256

图17-257

图17-258

图17-259

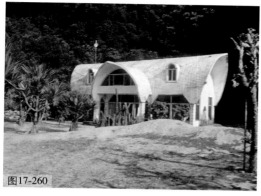
图17-260

图17-261

图17-262

图17-263

图17-258 深圳仙湖植物园大门(苏雪痕摄)

图17-259 深圳仙湖植物园蝴蝶园(苏雪痕摄)

图17-260 深圳仙湖植物园温室(苏雪痕摄)

图17-261 深圳仙湖植物园木化石林(苏雪痕摄)

图17-262 深圳仙湖植物园南洋杉(苏雪痕摄)

图17-263 深圳仙湖植物园董棕、皇后葵草地(苏雪痕摄)

集中了来自中国、南非、印度尼西亚等国大小不等600多根硅化木，尽显当年气候及地壳变迁的沧桑景象，与之相匹配的科普馆中恐龙的骨架引起游人极大兴趣。全园有活植物3000余种，较为突出的有沙漠植物区，由亚洲、美洲、非洲三个造型各具特色的温室组成；苏铁园除收集了我国已知的全部种类外，加上国外引入的种类共有130多种，为我国目前种类最多的苏铁科植物的种质资源库；棕榈区收集70余种，由董棕及桃榔组成的树群在大草坪上极为迷人，吸引大量游客前往游赏。阴生植物区中以蕨类、兰科、天南星科、秋海棠科、竹芋科等600多种与品种展出，区中溪流、小池塘中还有沉水植物；裸子植物区收集90余种及品种，其中包括一级保护植物银杉；百果园中种植了如杧果、荔枝、木波罗、龙眼、神秘果等热带果树；竹园中收集了人面竹、悬竹属（*Ampelocalamus*）等60余种；水生植物园中展出了睡莲科、泽泻科、千屈菜科、莎草科等植物20余种，另有荷花品种170余个。此外，还有兰园、珍稀濒危植物区、盆景园等。与其他植物园有所不同的是园内设立了"天上人间"、"仙湖景区"、"弘法寺景区"等，尤其是每年到弘法寺来的香客均有数十万之多。

（3）厦门植物园（图17-264至图17-268）

地处南亚热带，面积227hm²，绝对最

图17-264

余种植物，为城市绿化建设做出了卓越的贡献，目前厦门市有 20% 均为棕榈科植物，叶子花是厦门市花，近年来已引种优良品种数十种，此外还有裸子植物园、桉树园、竹园、阴生植物园、水生植物池、兰花圃、山茶园、果园、药用植物园等。

2. 华北地区

（1）北京植物园（北园）（图 17-269 至图 17-277）

地处暖温带，始建于 1956 年，面积 157hm²，绝对最低气温 -17.5℃，绝对最高气温 41.3℃，年降水量 634.2mm，引种活植物有 10000 个种及品种。园内有牡丹园、木兰、宿根花卉园、丁香园、桃花园、竹园、海棠枸子园、月季园、梅园、绚秋园等专类园以及树木园，树木园中包括银杏松柏区、木兰小檗区、槭树蔷薇区、泡桐白蜡区、椴树杨柳区、悬铃木麻栎区等六个分区，此外，园内还有展览温室、盆景园、樱桃沟自然保护区、卧佛寺古迹区、曹雪芹纪念馆、苗圃试验区等。尤其是 1998 年建成了 6200m² 现代化热带温室，室内分热带雨林、沙漠植物、热带兰、凤梨、食虫植物展室和四季花园等，展示热带植物 3100 余种及仙人掌、多肉植

低气温 1.5℃，绝对最气高温 38.4℃，年降水量 1055.5mm，全国引种活植物已超出 5000 种，其中苏铁科、旅人蕉科、天南星科、露兜树科、南洋杉科、仙人掌科等以及其他科属的多肉植物、棕榈科、凤梨科、叶子花及热带兰等引种成果突出，最具特色的有棕榈园、温室内多肉植物结合室外露地的沙漠植物景观，已收集 1230 余种，是国内引种栽培仙人掌与多肉植物最丰富的植物园之一。棕榈、苏铁园地形起伏，已引种 200

图17-264 厦门植物园大门（苏雪痕摄）
图17-265 厦门植物园露天沙生多浆植物园（苏雪痕摄）
图17-266 厦门植物园象腿树（苏雪痕摄）
图17-267 厦门植物园水景舞台（苏雪痕摄）
图17-268 厦门植物园棕榈园（苏雪痕摄）

图17-265

图17-266

图17-267

图17-268

图17-269 北京植物园南门(仇莉摄)

图17-270 北京植物园展览温室(仇莉摄)

图17-271 北京植物园丁香园入口(黄冬梅摄)

图17-272 北京植物园碧桃园(苏雪痕摄)

图17-273 北京植物园月季园鸟瞰(仇莉摄)

图17-274 北京植物园海棠园(苏雪痕摄)

图17-275 北京植物园郁金香园(苏雪痕摄)

图17-276 北京植物园牡丹园(仇莉摄)

图17-277 北京植物园樱桃沟的水杉林(仇莉摄)

第十七章 专类园的植物景观设计

图17-278

物 1000 余种。

　　每年春季桃花节、郁金香花展以及秋季观红叶期都是游人如潮，自现代化热带温室建成以后，加上盆景园，冬季也不乏游客。该园曾先后向北京市城市绿化推荐和提供近 200 余种新优植物，如矮紫杉、粗榧、杂种鹅掌楸、平枝枸子、朝鲜小檗（*Berberis koreana*）等，为北京市绿化、美化作出了贡献。

　　（2）北京植物园（南园）（图 17-278 至图 17-280）

　　与北京植物园北园原为一个植物园，后一分为二，位于北京植物园路南侧，建于1955 年，面积 57hm²，该园以科研为主，兼顾科普、教学和游览，已引种栽培乔灌木 2000 余种，温室中亚热带、热带植物 1500 余种，宿根、球根花卉 500 种，果树、中草药、油料、芳香、水生植物等 1900 余种，

图17-280

共计约 6000 种（含品种）活植物，馆藏标本 75000 余号。全园有树木园、宿根球根花卉园、牡丹芍药园、月季园、药用植物园、岩石园、展览温室、水生植物区、藤本植物区、野生果树区、环保植物区、濒危植物区等，科研成果卓越，尤其在葡萄早熟品种、无核鲜食品种及抗寒酿酒品种等育种上成果显著，推广后取得了很大的经济及社会效益，其他在引种迷迭香、薰衣草、红花、甜高粱、

图17-278　北京植物园(南园)大门(仇莉摄)
图17-279　北京植物园（南园）水景园(苏雪痕摄)
图17-280　北京植物园(南园)水景园(黄冬梅摄)

图17-279

图17-281 石家庄植物园鸟瞰(胡文芳摄)
图17-282 石家庄植物园大门广场新姿(胡文芳摄)
图17-283 石家庄植物园海棠飞瀑(胡文芳摄)
图17-284 杭州植物园大门(王丹丹摄)
图17-285 杭州植物园裸子植物区(苏雪痕摄)

月见草等方面取得了很好的成绩，丁香属及野牛草的引种、研究为北京市的园林绿化工作做出了很大贡献。

（3）石家庄植物园（图17-281至图17-283）

建于1998年，面积为167hm²，是华北地区最大的植物园，建园目的是集游览、观光、科普、教育、科研及新品种开发为一体，是河北省一个亮点。全园有松柏园、木兰园、牡丹芍药园、月季园、碧桃园、海棠园、丁香园、竹园、水生植物园、药用植物园、宿根花卉园、名木古树园、热带温室展区等专类园。此外还有迎宾广场、榕树广场、120m长的跌水广场、时钟广场、化石林、湖区景观、海棠飞瀑等景区，2hm²的高尔夫练习场颇受欢迎。园林科研所除科研外还承担了城市绿化节日盆花供应的任务，科普馆普及植物知识，老少皆宜。

3. 华东地区

（1）杭州植物园（图17-284至图17-289）

地处北亚热带，创建于1956年，绝对最低气温-10.5℃，绝对最高气温41℃，年降水量1400.7mm，为一所具有优美园林外貌、丰富科学内容、普及植物科学及环境科学知识的综合性、多功能植物园。全园分植物分类区，其中被子植物按恩格勒系统排列。经济植物区分淀粉、油脂、纤维、栲胶、香

植物景观规划设计

图17-286 杭州植物园金钱松林下的锦绣杜鹃（苏雪痕摄）

图17-287 杭州植物园山水园的毛白杜鹃（苏雪痕摄）

图17-288 杭州植物园垂直群落（苏雪痕摄）

图17-289 杭州植物园百草园常春油麻藤（苏雪痕摄）

图17-290 上海植物园大门（苏雪痕摄）

图17-291 上海植物园平面图（苏雪痕摄）

图17-292 上海植物园主路两旁行道树（苏雪痕摄）

图17-293 上海植物园盆景园（苏雪痕摄）

料、工业原料、药用植物等小区；观赏植物区中有木兰山茶园、槭树杜鹃园、樱花碧桃园、桂花紫薇园、海棠园、竹园、山水园、灵峰探梅园、树木园等专类园。全园有活植物3500种，其中百草园鼎盛时期就有2000种植物；竹园主要收集华东地区竹类16个属100余种。植物园繁殖保存了340余种浙江特有的珍稀濒危植物，特别是对国家一级保护的百山祖冷杉、普陀鹅耳枥、夏蜡梅进

行了收集与研究。

园中每年举行早春"灵峰探梅"、仲春"杜鹃花展"、中秋"金秋赏桂"活动，吸引大量游客，年游客量超过百万人次。

（2）上海植物园（图17-290至图17-295）

地处北亚热带，1974年建园，面积81.86hm²，绝对最低气温-12.1℃，绝对最高气温40.2℃，年降水量1143.4mm，该园以引种栽培江苏、浙江、安徽野生园林植物种

图17-294 上海植物园松柏园水杉秋色（胡永红摄）

图17-295 上海植物园牡丹园（胡永红摄）

图17-296 上海辰山植物园大门（苏雪痕摄）

质资源为主，是具有观光、游览、科研、科普、生产等多功能的综合性植物园。已建成的专类园有松柏园、玉兰园、牡丹园、桂花园、药草园、竹园、蔷薇园、杜鹃园、槭树园、蕨类园等，而盆景园则成为上海植物园的亮点和标识，建筑风格优雅而实用，室外还有一中国特色的、与水体结合的微型岩石园，园内海派盆景享誉国内外，树桩盆景、山水盆景、水旱盆景、微型盆景、壁挂盆景应有尽有。2001年新建一座大温室，面积约5700m²，展示植物3000余种，突出热带雨林、四季花园和热带荒漠植物景观。科研成果包括了对枸子属、槭树属植物的引种研究，对行道树树种、上海藤本植物、球根花卉、阴生植物等进行了筛选和应用研究。

（3）上海辰山植物园（图17-296至图17-302）

与上海植物园一样，是一个集科研、科普和观赏、旅游为一体的综合性植物园。将来上海植物园将着重引种、栽培、应用、研究，更多着重于新优园艺品种上，而辰山植物园着重于植物种的收集上，该园面积207.63hm²，2007年筹建，至2010年4月开放，已建成4大功能区26个专类园，收集引种植物已达9000余种，4大功能区分别为中心展示区、植物保育区、五大洲植物区和外围缓冲区，26个专类园包括儿童植物园、藤蔓园、植物造型园、珍稀植物园、球宿根园、观赏草园、旱生植物园、芍药园、金缕梅园、木犀园（桂花园）、新品种展示园、月季园、春景园、矿坑花园、岩石和药用植物园、油料

图17-297 上海辰山植物园温室（王丹丹摄）

图17-298 上海辰山植物园平面图（苏雪痕摄）

图17-299

图17-300

图17-301

图17-302

植物景观规划设计

图17-299 上海辰山植物园鸟瞰（苏雪痕摄）

图17-300 上海辰山植物园矿坑花园(苏雪痕摄)

图17-301 上海辰山植物园岩石和药用植物园（苏雪痕摄）

图17-302 上海辰山植物园湿生植物园（王丹丹摄）

植物园、染料植物园、纤维植物园、盲人植物园、蔬菜园、槭树园、华东区系园、蕨类植物园、湿生植物园、水生植物园、鸢尾园。分为4种类型：第一类依植物季节特性和观赏类别集中布置，如月季园、春花园、观赏草园等；第二类则更具游园趣味性和科普功能，如儿童植物园、植物迷宫及染料植物专类园等；第三类是结合植物园的研究方向和生物多样性保护，以专类植物收集和引进植物新品种展示区为主，如配合桂花品种国际登录，建设桂花种质资源展示区，收集华东区系植物，建设华东植物收集展示区等；第四类是根据辰山植物园场地特征营建的特色专类园区，如水生植物专类园、矿坑花园等，可谓园区"亮点"。

（4）南京中山植物园（图17-303至图17-308）

地处北亚热带，始建于1929年，面积

图17-303 中山植物园北园门口（伏建国摄）

图17-304 中山植物园北园门口宣传板（伏建国摄）

图17-305 中山植物园南园大门（伏建国摄）

图17-306 中山植物园盆景园门口（伏建国摄）

图17-303

图17-304

图17-305

图17-306

186.4hm²，温室面积 2200m²，绝对最低气温 -13℃，绝对最高气温 43.0℃，全园有活植物 2500 余种与品种，馆藏标本 70 万份，已建成园林植物观赏区、植物分类系统园、树木园、松柏园、药用植物园、蔷薇园、珍稀濒危植物园、盆景园及盲人园等。该园自 1954 年恢复重建以来以植物分类学为基础，并在植物引种驯化、植物资源开发利用、植物生态和环境保护等方面进行研究，结合园景建设取得了重要成果。其中药用植物研究为药物的工业生产原料做出了重要贡献；引种栽培了我国珍稀濒危植物 100 余种，包括鹅掌楸、独花兰、宝华玉兰、秤锤树等；引入耐寒桉树树种、金鸡菊、冬青、鸢尾等优良品种，建立了暖季草坪种类及悬钩子种质资源圃和开展了植物对污染生态的研究，为城市园林绿化建设提供了可靠的理论依据及推荐了优秀的绿化树种。

4. 西南地区

（1）昆明植物园（图 17-309 至图 17-314）

地处中亚热带内陆高原，始建于 1938 年，1975 年扩建和重建，面积由 43.8hm² 扩展至 666hm²，绝对最低气温 -5.4℃，最高气温 31.5℃，年降水量 1006.5mm，活植物 4000 余种，已建成系统树木园，已收集包括裸子植物在内的 1300 种植物，山茶园收集有云南山茶 100 余个品种、金花茶 11 种、山茶花 300 余个品种，木兰园近 100 种，杜鹃园已收集 320 个种及品种，包括云南常绿杜鹃 120 种、百草园收集云南特有种及一般种 1000 余种，油料植物区栽培油橄榄 82 个品种，单子叶植物与水生植物收集有 200 多种。此外，有高山花卉 50 余种，兰花近 200 种，秋海棠野生种 80 余个、栽培品种 300 余种，推广了木兰科植物近 10 种及大量地被植物如麦冬、蝴蝶花、石蒜、忽地笑、野芝麻、鹭鸶草、扁竹兰、一叶兰、过路黄等，为昆明城市绿化提供了大量的绿化树种、行道树树种及地被植物。

（2）西双版纳热带植物园（图 17-315 至图 17-323）

建于 1959 年，面积 900hm²，地处热带季雨林，绝对最低气温 5℃，绝对最高气温 40℃，年降水量 1500mm，园内引种活植物

图17-307　中山植物园热带植物宫（伏建国摄）
图17-308　中山植物园药物园门口李时珍雕塑（伏建国摄）
图17-309　昆明植物园大门（苏雪痕摄）
图17-310　昆明植物园水景园蚁塔花(苏雪痕摄)
图17-311　昆明植物园路边的蕨类植物(苏雪痕摄)

图17-307
图17-308
图17-309
图17-310
图17-311

第十七章　专类园的植物景观设计

植物景观规划设计

图17-312 昆明植物园一叶兰地被(苏雪痕摄)

图17-313 昆明植物园山玉兰(苏雪痕摄)

图17-314 昆明植物园蓝桉(苏雪痕摄)

图17-315 西双版纳热带植物园大门(秦秀英摄)

图17-316 西双版纳热带植物园民族馆(秦秀英摄)

图17-317 西双版纳植物园苏铁(秦秀英摄)

图17-318 西双版纳热带植物园棕榈园(秦秀英摄)

图17-319 西双版纳热带植物园油棕林(秦秀英摄)

图17-320 西双版纳热带植物园蔡希陶雕像(秦秀英摄)

图17-312

图17-313

图17-314

图17-315

图17-316

图17-317

图17-318

图17-319

图17-320

图17-321

图17-322

图17-323

4000 种，建成了棕榈园，收集棕榈科植物 150 余种，还有兰花园、石竹园、百果园、百香园、榕树园、民族植物园、奇花异木园、阴生植物区、水生植物区、珍稀濒危植物区、农林作物复层混交试验区等。科研成就卓越，瓜尔豆（*Cyamopsis tetragonoloba*）的引种栽培及综合利用研究填补了我国植物胶生产空白，龙血树开发结束了中国没有血竭资源植物的历史，在橡胶林下种植耐荫的药用植物开展了复层混交人工群落生态系统的研究。园内有一片热带雨林自然保护区是游人必游之处，每年游人达 40 万～50 万人次。

（3）重庆南山植物园（图 17-324 至图 17-327）

地处中亚热带，1959 年在南山公园基础上改建而成，2004 年更名为重庆市南山

图17-324

图17-321　西双版纳热带植物园大王椰子（秦秀英摄）

图17-322　西双版纳热带植物园龙血树园（秦秀英摄）

图17-323　西双版纳热带植物园龙脑香（秦秀英摄）

图17-324　重庆南山植物园大门（苏雪痕摄）

图17-325

图17-326

图17-327

植物园，面积551hm²，以收集我国亚热带低山植物种质资源为主，通过专类园来引种、保存、栽培、应用、研究，是集科普、科研、游览为一体的低山观赏植物园。

根据功能要求分为风景林区、专类园区、科研苗圃区和植物生态保护区，在18个专类园中已建成的有蔷薇园、兰园、梅园、樱花园、碧桃园、山茶园、盆景园、中心景观园等，还定期举办茶花展、梅花艺术节、樱花节及金秋赏桂等大型花展，开展园林科普教育、知识讲座、环境保护等群众性互动项目以及各类游园和文艺演出。目前该园已成为青少年植物科普教育基地、西南大学园林园艺学院以及城市管理学院等大专院校的教育基地。

（4）中甸高山植物园（图17-328至图17-331）

中甸高山植物园地处低纬度高海拔"三江并流"的横断山区，区内海拔从6740m陡然下降至1600m，雪线以下森林密布、江河横流，生态保存十分完整，植物特有种程度非常高，据调查有种子植物4600多种，是

图17-328

植物景观规划设计

图17-329

图17-330

图17-331

图17-332

一处难得的物种基因库。该园始建于2001年5月，海拔在3000～4000m之间，主园区占地2200hm²，分园区367hm²，以横断山区生物多样性保护和环境建设为目标，合理开发区域内生物资源及旅游资源为重点，建成我国以引种、收集、保存和研究高山花卉、高山药用植物、珍稀、濒危、特有植物为主要内容的生物多样性保育中心，并服务于公众环境意识教育和科普等诸多领域。

功能分区有：植物遗传资源保育及展示区、藏药植物园、木本植物区、草本植物区、杓兰就地保育区、珍稀濒危物种保育区、原始森林保育区、科研生产活动区、公众教育及学校交流活动区。

5. 东北地区

（1）黑龙江森林植物园（图17-332至图17-337）

地处寒温带，建于1958年，1992年命名为哈尔滨国家森林公园，面积137.4hm²，绝

对最低气温-38.1℃，绝对最高气温36.4℃，年降水量560.9mm，活植物种类1100种，园内以引种驯化温带、寒温带森林植物及保护珍稀濒危植物为主，宣传林业、普及森林植物知识为目的，展示大量乡土植物如白桦、花楸、黄檗、水曲柳、核桃楸、红松、樟子松、美人松等。已建成标本园（包括柳属、杨属、槭属、丁香属、忍冬属、蔷薇科、松科、豆科等植物种类）、水生植物园、药用植物园、森林植物地理区、果树区、经济植物区、森林浴区、西洋参栽培试验区等，是一个集旅游、

图17-329 中甸高山植物园野生金老梅（苏雪痕摄）

图17-330 中甸高山植物园瑞香狼毒（苏雪痕摄）

图17-331 中甸高山植物园金盏细辛（苏雪痕摄）

图17-332 黑龙江森林植物园大门（李文摄）

图17-333 黑龙江森林植物园红松（李文摄）

图17-333

图17-334 黑龙江森林植物园松杉园(李文摄)

图17-335 黑龙江森林植物园黑桦冬态(李文摄)

图17-336 黑龙江森林植物园樟子松林(李文摄)

图17-337 黑龙江森林植物园落叶松片林(李文摄)

观光、休憩、娱乐和科普活动为一体的多功能植物园。

（2）沈阳植物园（图17-338至图17-341）

地处温带，建于1959年，面积210hm²，绝对最低气温-30.6℃，绝对最高气温33.3℃，年降水量600～800mm，收集活植物1768种，园内建有树木标本园、草坪植物园、观果园、宿根花卉园、松杉园、蔷薇园、彩叶园、木兰园、杜鹃园、丁香园、牡丹芍药园、水生植物园、沼泽植物园、岩石园、阴生植物园、樱花园、百合园、药草园、珍稀植物园、边缘植物园等。其中百合园轴线明确，再辅以规则式花坛、花钵及绿篱，尽显规则式欧洲园林风格；樱花园则选择自然式植物景观，辅以代表日本民族文化的石塔、石灯笼、四角亭、洗手钵等小品、建筑，构成极具日本情调的园林

图17-338 沈阳植物园大门(孟宪民摄)

图17-339 沈阳植物园松林栈道(孟宪民摄)

图17-340 沈阳植物园百合园(孟宪民摄)

图17-341 沈阳植物园丁香园(孟宪民摄)

图17-342

图17-343

风格。园内还在红松林、白桦林间修建栈道，在增加游人游览兴趣的同时也可以避免植物根部受到伤害，保证了植物的正常生长。

　　该园与其他植物园不同之处，就是不拘泥于传统植物园的规划内容，加入了不少公园功能的内容，尤其是深化了水面的开发利用，在其上创造性地设计了悬桥、滚桶桥、溜索桥、好汉桥、高空网桥、秋千桥、飞渡桥等深受青少年喜爱的健身娱乐项目，为此大大提高了经济收益，为植物园进一步发展提供了有力的保障。

　　6. 西北地区

　　（1）西安植物园（图17-342至图17-349）

　　地处暖温带，1959年建园，绝对最低气温-20.6℃，绝对最高气温41.7℃。年降水量604mm，面积20hm²，该园引种以秦岭地区为主、以黄土高原地区为辅，兼顾国内外重

图17-344

图17-346

图17-342　西安植物园大门（苏雪痕摄）

图17-343　西安植物园水景园（苏雪痕摄）

图17-344　西安植物园秤锤树（苏雪痕摄）

图17-345　西安植物园珊瑚树（苏雪痕摄）

图17-346　西安植物园棕榈（苏雪痕摄）

图17-347　西安植物园紫藤（苏雪痕摄）

图17-345

图17-347

图17-348

图17-348 西安植物园凌霄(苏雪痕摄)
图17-349 西安植物园柽柳(苏雪痕摄)

图17-349

植物景观规划设计

要经济、观赏植物,已收集活植物3000余种。

由于背靠着秦岭,该市具有特有的小气候,虽地处温带,但有不少北亚热带植物能正常生长,部分常绿的乔、灌、藤、草本植物能在此生长正常、安全过冬,如棕榈、枇杷、石楠、桂花、珊瑚树、南天竹、蚊母等。故有利于营造近乎北亚热带的植物景观。

全园建有药用植物区、水生植物区、花卉区、果树及木本植物区、芳香植物区、植物分类区、裸子植物区、翠华园、展览温室等,1993年以来每年举办郁金香花展,吸引了大量游人,取得了可观的社会效益及经济效益。

(2)吐鲁番沙漠植物园(图17-350至图17-353)

地处温带内陆干旱沙漠气候,面积34hm²,绝对最低气温-28℃,绝对最高气温47.6℃,年降水量仅16.4mm,为干旱少雨、风沙大、日温差大、年温差大的沙漠地区气候。该园以引种沙漠地区沙生、砾生和盐生等耐旱植物为主,收集固沙植物及中草药,已有活植物460种。按恩格勒分类系统排列已建成柽柳园,有柽柳科植物3属17种;对梭梭属、沙拐枣属、白刺属、甘草属的种类均有收集及研究成果,为大面积发展固沙薪炭林、治沙示范、生产推广等作出贡献,

图17-350

图17-351

图17-352

图17-353

成为我国干旱沙漠地区植物种质资源保存和沙生植物研究的基地。

（3）榆林卧云山民办植物园（图17-354至图17-356）

这是一座民办植物园，建园目的就是要让沙退人进，建成一个集水保、环保、科普、开发致富于一身的园地。建于1995年，面积200hm²，年降水量426.4mm，已引入活植物1530余种和品种。已建成良种示范区（胡桑、白桦）、庭院绿化区（樟子松、圆柏、桂香柳、五角枫）、中草药区（甘草、串铃草、防风等）、经济林区（苹果、葡萄等）、树木引种区（君迁子、女贞、杜仲等）、濒危植物区（棉刺、百花蒿、水曲柳等）、野生花卉区（细叶鸢尾、角蒿等）、沙地柏区、低产林改造区、牧草区等，另外特色区有蒙古荬、野生泽兰、射干、文冠果、草麻黄、火炬树、小檗、卫矛、长柄扁桃、红花刺槐、白皮松、糖槭、百合等植物。

图17-354　榆林卧龙山民办植物园大门（苏雪痕摄）

图17-355　榆林民办植物园樟子松大苗（苏雪痕摄）

图17-356　榆林民办植物园引种的耐旱植物（苏雪痕摄）

思考题

1. 你对植物专类园的发展趋势有何见解？

2. 植物专类园的类型多样，不同的地区如何做到选择建造适宜的植物专类园？

3. 西方的岩石园和中国假山园有何异同？

4. 岩石园植物景观设计要点有哪些？

5. 哪些植物适合用于岩石园，它们应该具备什么特点？

6. 英国有多处著名的岩石园，如何很好地借鉴其优秀的造园技艺，你对于提高国内岩石园造园水平有何见解？

7. 观赏草的主要观赏特性有哪些？

8. 观赏草在应用中有哪些优点，缺点又是什么？

9. 如何解决禾草园冬季景观萧条的问题？

10. 如何选用合适竹种来营建南北方的竹园？

11. 在竹园植物景观营造过程中，为避免景观单一，可采取哪些设计方法？

12. 在营造"竹径通幽"的植物景观时，要注意哪些方面？

13. 牡丹园规划设计时，如何做到很好地展示牡丹丰富的品种类型？

14. 牡丹为中国传统名花，在牡丹园规划设计时，如何更好地体现牡丹文化特性？

15. 牡丹园景观设计有哪些原则？

16. 现代月季的类别及其应用特点是什么？

17. 列举我国园林绿地中应用的棕榈植物及其景观特色？

18. 分别列举出耐寒、耐旱、耐阴的棕榈科植物。

19. 棕榈植物景观设计的要点有哪些？

20. 如何理解营造阴生植物园需要更加注重了解和掌握植物的特性？

21. 阴生植物园在养护管理时需要注意哪些方面？

22. 阴生植物园设计时注意哪些要点？

23. 杜鹃依其自然分布、生态习性或生态类型分哪些类型？如何理解充分了解杜鹃类别是设计杜鹃园的基础？

24. 杜鹃园植物景观设计要点有哪些？

25. 梅园选址要注意哪些方面？

26. 梅花是中国的传统名花，如何在设计时更好地体现梅花的文化特征？

27. 在梅园的植物景观设计时，如何做到既突出梅园的景观特色，又兼顾其他季节的景色？

28. 仙人掌及多肉植物的观赏特点有哪些？

29. 仙人掌及多肉植物的栽培要领有哪些？

30. 仙人掌及多肉植物的景观设计需要注意哪几点？

31. 蔬菜瓜果园在园林应用中的前景如何？

32. 蔬菜瓜果园的特色及功能有哪些？

33. 药用植物园植物景观设计要点有哪些？

34. 如何从植物景观的角度提高药用植物园的观赏性和可参与性？

35. 如何看待药用植物在城市园林中的应用价值？

36. 湿地和湿地公园的区别有哪些？

37. 如何营建湿地公园的湿地生态系统？

38. 试述植物园的性质与意义。

39. 植物园的营建如何做到科学内容、园林外貌及文化、艺术内涵？

40. 如何在保证植物园性质的前提下提高经济效益？

注：本节选择笔者亲自访问过的植物园，并引用贺善安、张佐双、顾姻编写的《植物园学》及余树勋先生编著的《植物园规划设计》中部分内容综合而成。

第十八章　其他园林类型的植物景观规划设计

除前面章节所讲的主要园林类型外，还有一些其他园林类型，如寺观园林、墓园、野生动物园、盲人花园等，本章将对这些园林类型的植物景观规划设计进行论述。

第一节　寺观园林

一、寺观园林概述

中国古典园林按照园林的隶属关系可以分为：皇家园林、私家园林、寺观园林等类型，其中寺观园林主要是指寺庙和道观的附属园林，同时包括寺观内部庭院和外围地段的园林环境，也可泛指那些属于为宗教信仰和意识崇拜服务的建筑群所附设的园林（周维权，1999；陈从周，2001）。在古代历史中，寺观园林不同于私家园林和皇家园林，为普通老百姓提供了一个公共活动的场所。

寺观园林多选择环境幽静处进行建设，尽可能地利用天然环境进行园林绿化，如北京的潭柘寺，选择位于门头沟区东南太行山余脉宝珠峰南麓，寺庙依山而建，并处在周围九座山峰的环抱之中。北京大觉寺以及北京西山碧云寺等古寺均选址于山林茂密、环境优美的山川之中。宁波天童寺、报国寺也是在风景优美的自然山地上建造的。此外，古代城镇也兴建大量的寺庙，并有优美的园林环境。

寺观园林环境的氛围很大程度上依赖于植物的营造。作为中国古典园林三大类型之一的寺观园林，遵循古典园林植物景观的原理与方法之外，还有其独特的个性，具体表现在传统思想中的儒、道、佛对自然的态度、寺庙与植物的关系、寺庙园林植物选择特点及寺庙园林植物景观规划设计等方面。

二、传统思想对寺观园林植物景观的影响

中华民族有着悠久灿烂的传统文化，在中国思想史上虽然出现过诸多学术流派，而覆盖最广、传播最久、影响最深的是儒、道、佛三家。研究三家对自然的态度，就能把握住中国人对自然态度的关键。

儒学的创始人孔子提出："智者乐水，仁者乐山。智者动，仁者静；智者乐，仁者寿"（徐志刚，1997），这种从人的伦理道德的观点去看自然，把自然看作是人的某种精神品质的表现和象征。不论山水、松柏或其他自然现象，只要它同人的某种精神、品质、情操有同形同构之处，都可能为"君子"所"乐"。这种"乐"显然不是某种功利上的满足，而是精神上的感应、共鸣，是对自然与人之间有某种内在的同形同构的对应关系的发现。

以儒家的眼光看自然，则"山之拱揖也以礼，山之行徐也以和，山之环聚也以谨，山之虚灵也以智"（韩林德，1989）。植物成

为人的品德、感情和吉祥的化身："岁寒然后知松柏之后凋也"，以松柏比喻坚贞的品德。由这种"比德"思想指引而产生的梅兰竹菊"四君子"和松竹梅"岁寒三友"，以及陶渊明"采菊东篱下，悠然见南山"之爱菊，周敦颐"出淤泥而不染"之爱莲，林和靖"疏影横斜水清浅，暗香浮动月黄昏"之爱梅等，无不为植物赋予了人格的象征。

道教的创始人老子看到了在自然中一切事物的产生变化都是无意识、无目的的，但其结果却又都是合乎某种目的的。自然并没有下意识地要去追求什么，但它却在无形中达到了一切，从而加以哲学的概括："人法地、地法天、天法道、道法自然"（任继愈，1985）。将"自然"提到老子所极力推崇的"道"的师法对象的高度。明代计成在《园冶》中提炼的"虽由人作，宛自天开"的造园理论，也是道家的"师法自然"在造园中的精妙体现。师法自然同样是寺庙园林乃至现代园林植物景观规划设计的指导原则。

佛教创立于公元前6～前5世纪的印度，创始人释迦牟尼所出生、苦行乃至圆寂的环境，都与美丽的树木有关。佛教自两汉之际传入中国，与中国的传统文化相结合而产生传播广、信徒多的中国化的佛教——禅宗，更是以顺应自然不失本性为悟道的首要，以自然之景为永恒的本真体现。以禅的眼光看自然，则"春有百花秋有月，夏有凉风冬有雪。若无闲事挂心头，便是人间好时节"，"青青翠竹，总是法身，郁郁黄花、无非般若。"（任晓红，1994）大自然中的风花雪月无不禅理，草木花叶皆是玄机。宋代的黄庭坚就是闻木犀花香而顿悟禅旨的，木犀花香饱含着生命气息扑鼻而来，使人体会到自然界永恒的生机。佛教的自然观影响了佛门弟子对植物的认识。

这样，我们就会发现中国人对自然的态度无不打上儒、道、佛的烙印。传统的哲学、美学从视觉感知所产生的形而下的层面越出，达到追求意境、提升灵魂的形而上的高度。将自然的感悟与人的精神相融合，真正达到"天人合一"的境界。

三、寺观和植物的关系

中国的寺观主要是佛寺、道观两家宗教的活动场所，也包括儒教的孔庙建筑等。寺观与植物的关系，既是美学的，又是宗教的。寺因木而古，木因寺而神。

（一）寺因木而古

中国古代的建筑以木构架为主要的结构方式，风雨剥蚀，难以久长，几十年或百年后，便需修葺重建，因而很少有古意。名木古树不仅高耸巨大，"霜皮溜雨四十围，黛色参天三千尺。"具有强力的形体美，而且皴痕记流年，给人以幽深古远的历史沧桑感。"多年树木碍筑檐垣，让一步可以立根，斫数桠不妨封顶。斯谓雕栋飞楹构易，荫槐挺玉成难"（计成，明代），指出了保护古树的重要性。无论是入世的儒家孔庙，还是出世的禅宗、道教寺宇，无不珍护名木古树。曲阜"三孔"之一的孔林，总面积200hm^2，树木4万多株，"古柏森森聚虬龙，石麟含笑坐春风"。古老的孔林，不仅以其久远的历史和丰富的文物遗物扬名于世，而且也是一座博大、深厚、格调独具的园林。

佛教修行方法之一的"安静而止息杂虑"的禅定，需要修行者以静坐敛心专注一境，从而达到身心"轻安"，观照"明净"的状态，修行的环境自然要安静。植物不仅能远隔尘世，过滤噪音，产生静谧幽深的森林环境，而且还会给人提供一种神性的启迪、精神的慰藉和陶冶于广袤自然的乐趣。因而"禅林"既是丛林，更是禅机。无论戴叔伦的："归来挂衲高林下，自剪芭蕉写佛经"，还是皎然的："清朝扫石行道归，林下暝禅看松雪"，无不参禅佛于林中，因而名刹古寺皆翠色耸天，绿荫匝地。北京卧佛寺内娑罗树"大三围，皮鳞鳞，枝槎槎，瘿累累，根挓挓，花九房峨峨，叶七开蓬蓬，实三稜陀陀，叩之丁丁然。周遭殿墀，数百年不见日月"（刘侗，明代），几疑是释迦牟尼圆寂时所庇荫的娑罗树所迁移。北京慈仁寺"殿前双松，当时已称数百年物，东一株高四丈余，偃盖三层，涛声满天；西一株仅二丈余，低枝横荫数亩，鳞皴爪攫，以数十红架承之"，松柏长青，佛道久远。宁波天童寺，周围植物资源十分丰富。植被类型主要有常绿的阔叶林，阔叶常绿、落叶混交林，针、阔混交林，针叶林，竹林，

灌草丛等。植被垂直结构为5个类型：山脚部分为针、阔混交林，常绿阔叶和毛竹林，山腰部分为常绿、落叶混交林，山顶部分为阔叶矮林和灌木丛。据鄞县林业局1985年调查，有种子植物112科580种，蕨类植物15科34种。如此丰富的森林环境，不仅至清末成为中国禅家四大丛林之一，而且被誉为全国五大丛林之一（图18-1）。

（二）木因寺而神

树木虽寿长千年，但由于人类的活动而屡遭破坏。庄子在寓言中描述"散木"因无用而保天年，高大悠古。现实中能保存至今的名木古树多与寺观有关。由于人们对佛教的信仰，使得佛寺周围的树木神化而免遭破坏，多数名木古树保存至今，历代相传，蔚为壮观。如据载有1200年历史的北京戒台寺九龙松（白皮松）（图18-2），又有1300多年历史的潭柘寺中的帝王树（银杏）和华北地区最古老的被人们称为北方娑罗树的七叶树。又如曲阜孔庙大成门内左侧有一桧挺立，高约10m，粗可合抱，树冠如帷盖，青笼苍翠，旁有一树桩，饱经风雨而未摧，这便是驰名天下的"先师手植桧"。此桧被视为孔子思想的象征，倍受敬仰。明代钟羽正的《孔庙手植桧歌》，将古桧视为孔学兴衰的象征："此桧日茂则孔氏日兴"，并与王朝的兴衰相联系："恍惚枯荣关气数"。孔庙中的另一景"杏坛"，其杏树不但凝固"孔子游乎缁帷之林，坐休乎杏坛之上，弟子读书，孔子弦歌鼓琴"的历史故事，而且把红花摇曳的杏树提升到"岂是人间凡卉比，文明终古共春熙"的神化高度（叶涛，1996）。再如北京孔庙大成殿前的古柏，已有600多年历史，"凌寒翠不夺，还暄绿更浓。"据民间传说，明代奸相严嵩代嘉靖皇帝来此祭孔，被柏枝掀掉了乌纱帽，严被罢相后，人们称此柏为"除奸柏"（廖频，望天星，1993）。

清朝龚自珍《说京师翠微山》记叙了龙泉寺上之四松："形偃神飞，白昼若雷雨；四松之蔽可千亩"（倪其心等，1985）。北京西山八大处香界寺山门内的古松，"雪霜知劲质，今古占嘉名"，是寺庙悠久历史的见证（图18-3）。北京大觉寺，寺中有被誉为"大觉六绝"的奇景珍物，其中三绝是古木：植于400年前的白玉兰、抱塔松（图18-4）和六人方可合抱的古银杏树（图18-5）。

四、寺观园林植物的选择特点

由于寺观分布地域千差万别，其庭园所用植物也必然会受到生态条件和气候条件的制约而有差异。有些寺庙还选用当地乡土树种来命名寺院。如北京潭柘寺即因此地曾盛产柘树而闻名，广州的六榕寺也是因寺内榕树古木而名。寺庙园林寓宗教与游乐于一身的特点，决定了其在园林植物的选择上必有其自身特点。

（一）选择与宗教文化相关的植物

1. 佛寺园林植物的选择

《佛教的植物》一书分类整理了大量与佛教文化相关的植物，结合考证其他文献将与佛教文化相关的植物归类整理如下：

（1）与佛陀相关的植物：崇拜遗物是佛教信条的显著特点，也符合中华民族的心理特征。因此与佛祖有关的一些植物也就理所当然地被当做佛的化身而成为信徒顶礼膜拜的对象（刘善修，霍美定，1991）。不同的佛经记载了不同的植物，主要种类有无忧树、海南蒲桃（乌墨）、吉祥草、毛竹、高山榕、娑罗树（图18-6）、菩提树（图18-7）、七叶树、铁力木等。

佛祖诞生于无忧树下，悟道于菩提树下，圆寂于娑罗树下，因此这三种植物均为佛教圣树。随着佛教的传播，菩提树也伴着传教者的足迹而遍布东南亚及中国。缘其与佛教的关系，菩提树在我国南方的寺院中非常多见。广州光孝寺的菩提树因其为东土菩提第一株，故最为著名。佛教还常常将菩提树叶作为一种礼物相互赠送。云南省德宏傣族景族自治州和西双版纳傣族自治州，几乎每个寺院都有一株菩提树，傣族人民对菩提树非常尊敬，称其为"吉祥之树"。我国西藏的唐卡所描绘的佛经故事中，亦经常出现菩提树。

在中国，南方产的"娑罗树"实则是苏木科的植物；北京称的"娑罗树"实则为七叶树。七叶树夏初开直立密集型白花，极像一串串玉质小佛塔，使其蒙上一层神秘色彩（图18-8）。七叶树分布很广，杭州的灵隐寺、北京的大觉寺、潭柘寺、卧佛寺、法源寺等各大寺庙都有其古树，它似乎已成为寺庙的一种象征。

另外，释迦牟尼最初是在阎浮树（海南蒲桃）下开始思索世间及人生真谛的，因此

图18-6　厦门南普陀娑罗树（王小玲摄）
图18-7　厦门南普陀菩提树（王小玲摄）
图18-8　潭柘寺塔院与七叶树（金荷仙摄）

图18-6

图18-7

图18-8

他出家成道后，阎浮树便成为佛教中神圣的思索之树。

（2）佛教中的观花植物：花在佛教中具有重要的意义，花既是用来供养佛菩萨的妙好之物，又可用来譬喻佛陀的清净无染。主要的观花植物有荷花、睡莲、山玉兰、曼陀罗、刺桐、石蒜、茉莉、菊花、素馨花等。

在所有的花木中，要数莲花与佛教的关系最为密切了。这与佛教的传说与教义是分不开的。佛法认为，一切人类及众生同具佛性，只是由于层次不同，觉悟程度也有差异，有些人可以达到最圆满的境地得到解脱，有些人则不能。佛陀将世界上不同类型的人比作各种不同的莲花，隐喻了人人同具佛性的道理。由于莲花在佛教上的神圣意义，我国各地的禅寺丛林，不仅普遍凿池引植莲花，而且在有关佛教的建筑和艺术品中到处可见莲花图案。比如江南许多寺院的香道石板刻有不同形态的莲花图案。

此外，茉莉原产印度，在佛书上名"华"，说它可以装饰秀发。由于它的纯洁、芬芳和美丽，在印度一直作为佛教的吉祥物。随着佛教的东传，茉莉花很早就来到我国，并得到人们的厚爱，受到历代诗人的赞誉。寺院常以茉莉插瓶供奉于佛龛之上，借以除祛污浊及祝愿香客。

（3）佛教的香料植物：印度位于气候酷热的热带地区，人体易生体垢、恶臭，因此，自古以来，为了消除体臭，就将当地盛产的香木制成香料，涂抹在身上，称为涂香平；或是焚香料熏室内及衣服，称为烧香或熏香。而涂香、烧香是佛教的6种供养佛陀的方式中最为重要的方式之一。佛典中也常以香这一美好的气味，来比喻圣者的五分法身，尤其是常以香来比喻戒德的芬芳，及如来功德的庄严。佛典里记载的香料植物有沉香、旃檀、黄兰、乳香木、龙脑树、安息香等。

（4）佛教修法用的植物：佛法以修行解脱为中心，所以在日常生活中，常利用身边随手可得之物，重新诠释其意义，作为修行的方便器具。念珠是最为常见和重要的修行器具之一。念珠有各种材质，其中使用植物材质做成的念珠，最为普遍。除了无患子之外，菩提子、莲花子也是常见的植物念珠材质。

而在纸未发明前，佛教也常用植物来刻写经文。其中刻写经文的植物最常见的是贝叶棕叶。现今流存的许多古经都是刻在贝叶棕叶上，又称为"贝叶经"，其他植物种类有无患子、美罗勒、黑芥、紫铆、贝叶棕、苹婆等。

（5）佛教的药用植物：佛陀又被称为无上医王，因此在佛法中经常以医药作为譬喻，因为众生从无始以来，由于烦恼的缘故，在生死中轮回无法解脱，佛菩萨了知众生的生、老、病、死等共同的根本烦恼，与个别之根机、因缘而一一施以教化，令其得以解脱。在佛教的经典中以医药作为譬喻，将众生的无名烦恼比喻为病，而佛法则如同医病之药，能使众生解脱烦恼。佛教中的药用植物，具有世间与出世间的含义，不只救度世间的疾病苦痛，更重要的是以法药来疗治众生的无名烦恼，是佛经中记载的佛教植物的重要组成部分。药用植物有郁金、番红花、苦楝、印度楝树、枸杞、夹竹桃、大叶合欢、黄姜、枣树、木橘、槟榔等。

（6）佛教中的食用植物：佛教经典中记载的主要粮食植物有水稻、豆属、胡麻、茶树、甘蔗、芭蕉、波罗蜜、面包树、番木瓜、石榴、枣椰等。

佛教传入中国后，饮酒是佛规不允许的。而饮茶可以抵制坐禅的睡魔，使头脑清醒，所以僧民慢慢都喜欢饮茶。茶树终年常青碧绿，且茶性净洁，久饮益思，助人寂静斯文，为佛教平添了一层神秘色彩。江南寺院应用了各种山茶，由于此花花期较长，花色品种较多，给寺院平添盎然生机。

另外，石榴在寺庙中应用广泛。据载石榴是随着佛教一起从中亚西亚流传到中国的。在佛教中，石榴图案是被神化的形象，它常与棕榈叶和莲花结合在一起，石榴果被安排在莲花座上，两侧配以棕榈和莲花的枝叶。

（7）佛典中的奇异植物：如比喻世间赞叹如来出世的刺桐（珊瑚树）。

（8）经论譬喻的植物：以譬喻的方式说法的植物，在佛典中极为常见。通常是以具体事物拟喻抽象佛理，或拿自然景观、世俗人事现象等来譬喻佛法中之某些事实。植物种类有比喻比丘内在德行与外在威仪的杜果，蓖麻比喻众生无名烦恼，苏铁的无花无果比喻无心和无作的妙用，芦苇坚韧的再生力及相互依偎的特性比喻六根六尘的相互作用，木芙蓉比喻忏悔后能生菩提因缘。

（9）其他与佛教文化相关的植物：小乘佛教中，常有五树六花之说，其中五树在上面的论述中已经提到过的菩提树、槟榔、贝叶棕、扇叶糖棕、大青树（高山榕）；六花中除了荷花，还有文殊兰、黄姜花、鸡蛋花、黄兰（黄缅桂）、地涌金莲（冯宜冰等，2007）。

此外，华北地区常用椴属植物来代替菩提树，因为其叶形似菩提叶。西北地区则用暴马丁香来代替菩提树。最有名的要数西宁塔尔寺内，据说有一棵600多年的暴马丁香，被誉为"西域菩提树"。

2. 道观园林植物的选择

道教中植物的应用，一则通过绘画艺术的方式，或在殿堂壁上敷施壁画；或在建筑的廊柱、额枋、檐额处雕镂或绘制；或丹墨中堂、条屏画幅室内悬挂、张贴；而对于庭院空间的植物种植，也根据其植物的文化属性予以选择、搭配和组合，喻示吉祥文化的感悟（王铎，2003）。

我国道教宫观中，赋予某些花木神秘的色彩，借以扩大道教的影响，至今，从保留下来的道观花木遗迹看，充分反映了道教的风格（李传斌，1995）。

（1）比喻超凡脱俗，如莲花，喻意人在生死烦恼中，不为生死烦恼所污染。道观中常见莲花座、莲花塘、莲花缸，还有道教中八仙之一手持莲花的何仙姑。

（2）喻意驱邪益寿，道教经典中记载，每年三月三日，是王母娘娘生辰，举行"蟠桃会"，这大概是道教宫观种植桃花的原因。此外，唐诗中所描述的神仙居所一般清云缭绕、夭桃灿然，如储嗣宗《宿玉萧宫》："尘飞不到空，露湿翠微宫。鹤影石桥月，箫声松殿风。绿毛辞世女，白发入壶翁。借问烧丹处，桃花几遍红。"诗文将桃花列入仙境中，可见，道观中栽植桃树有利于营造宗教氛围，描写道观中桃花景象的诗词比比皆是，如唐代著名诗人刘禹锡的《游玄都观》："紫陌红尘拂面来，无人不道看花回；玄都观里桃千树，尽是刘郎去后栽。"对玄都观桃花景致描写更详细的是唐诗人章孝标的《玄都观栽桃十韵》："驱使鬼神功，攒栽万树红。熏香丹凤阙，妆点紫琼宫。宝帐重庶日，妖金遍累空。色然烧药火，影舞步虚风。粉扑青牛过，枝惊白鹤冲。拜星春锦上，服食晚霞中。棋局阴长合，箫声秘不通。艳阳迷俗客，幽邃失壶公。根柢终盘石，桑麻自转蓬。求师饱灵药，他日访辽东。"诗中所述道观中栽植桃花可以驱除妖魔鬼怪，民间也有食桃为仙的传说，因此，桃树在道观中广为种植。此外，还有柳树和艾蒿叶可驱毒辟邪；葫芦也被认为是驱邪植物，古人常将其种植于房前屋后，可能与道教的仙人张果老用"宝葫芦"装酒有关。

（3）喻意青春常在，树形高大、气魄雄伟的松柏象征着道士们的健康与长寿。除了松柏以外，还有古老的杉、槐（图18-9）、榆、樟等。北京白云观和东岳庙内参天槐树，至今枝繁叶茂，甚为壮观。

（4）喻意长生不老，如银杏，道观中的古银杏有着"寿、富、奇、神"的特点；还有椿树也喻意长寿。北京白云观宗师庑前有一棵椿树，枝叶繁茂；玉兰，其花苞似"笔"，与"必"谐音，其与寿石组合，有必得其寿之寓意。

（5）喻意高纯尊贵，如桂花，树形优美，金灿灿的花朵，香甜浓郁，象征尊贵高纯，中国素来就有崇尚黄色的传统。

（6）喻意多子多福，如石榴，象征着富贵吉祥，许多宗教传说中都有关于石榴的记载。此外还有枣、栗子等在民间也象征多子多福。北京东岳庙瞻岱门旁有一棵枣树，高大粗壮，每到丰收季节，硕果累累。

（7）喻意相思，海棠为全真教的一种象征。北京东岳庙松鹤堂前对植两棵海棠，枝

图18-9 北京白云观内槐树（王小玲摄）

图18-9

干繁茂，花开季节，娇艳动人。

（8）其他喻意植物，梧桐象征吉祥、富足、安康，巍宝山长春洞南厢房的侧山墙上画有"百鸟朝凤"，该图中间为一棵枝繁叶茂的梧桐树，体现了梧桐树引凤的文化含义；蜡梅有傲寒、坚贞之意，河北省鹿泉市的十方院道观有一棵300多年树龄的蜡梅，每逢寒冬时节，烂漫的花朵挂满枝干，浓郁的香气扑面而来，满院清香，堪称一枝独秀雪梅景（张丽丽、王立君等，2009）；竹类，有德贤君子的寓意。紫薇，为了纪念五代时华山道教中杰出大师——陈抟老祖，全真道华山派的道观中多栽植紫薇以象征门派；此外，梅花和杏花有"快乐、幸福、长寿、顺利、和平"之意；山茶，有傲寒的寓意；牡丹，寓意国色、花王、富贵、坚贞、不辱；黄杨，寓意长青、永恒。均可在道观中种植。

（二）选择与寺观园林环境相统一的植物

1. 佛寺中园林植物的选择

（1）人为赋予特定含义的植物，佛门弟子对植物"以物托志"，赋予植物特定的意义。常见的有：松柏类、银杏、玉兰、桂花、梅花、栀子、兰属花卉、文竹、人心果，长寿的植物榕树寓意永恒，香火不断。

其中，松柏类植物形态苍劲肃静，颇含佛法森严、幽远、不可侵犯之意。加上松柏类植物往往寿命很长，可作为寺庙的历史见证。几乎所有的寺庙都有松树的栽植。庭园中的松树常采取孤植的手法，欣赏其苍劲古朴的画意。戒台寺院内院外的古松，久负盛名。自明代以来，许多来寺院观光的文人，包括清代的皇帝，都写下了不少吟咏古松的诗句。其中以卧龙松、自在松、活动松、九龙松、抱塔松最为著称（图18-10）。

在寺庙庭园中栽植柏树，常常会产生一种肃穆的氛围。如北京大觉寺大雄宝殿前院内古柏森森，形成一种神秘的气氛。陕西西安慈恩寺内的古柏更是阴森幽古。许多寺院将银杏树植于山门两侧以示威严。如南京的栖霞寺和灵谷寺。寺庙庭园中也常孤植银杏以欣赏其优美的姿态。如北京大觉寺内"独木成林"古银杏以及浙江舟山普陀山"梅福

图18-10

图18-11

图18-10　北京戒台寺卧龙松（金荷仙摄）
图18-11　北京雍和宫内柿树（金荷仙摄）

禅院"庭院入口墙角之银杏。寺庙钟鼓楼前栽植银杏也非常普遍，如北京碧云寺钟楼前的银杏与侧柏。

（2）以佛命名的植物，这一类植物由于直接以佛命名，给人以神秘莫测之感，因而也成为寺庙园林中的常用植物。如：观音竹、观音柳、罗汉松、小佛肚竹、大佛肚竹、文殊兰等（王蕾，2007）。柿子与寺近音（图18-11），北京的许多寺庙都栽有柿树，柿树红色的秋色叶丰富了寺庙的季相变化，给肃穆的寺庙增添几分生气，橙黄色的果实与寺庙气氛也颇为融洽。

（3）除佛教经典记载外的其他食用植物，由于古代寺院类似于一个独立庄园，僧民靠自给自足来生活。加上教规禁止僧尼荤食，僧尼生活基本依赖植物性食物。因此寺院中

植物景观规划设计

图18-12 浙江天台智者塔院竹林（金荷仙摄）
图18-13 宁波阿育王寺大雄宝殿前香樟（金荷仙摄）

香、含笑、瑞香、结香、金银木等。

（6）佛教忌讳植物，《佛教的植物》一书写到不同的佛教的经典中记述的五辛略有不同，主要有蒜、葱、洋葱、薤（野葱）、韭菜等植物，佛门弟子是不可食用的。此外，笔者在调查佛寺园林时，访问了温州江心寺木鱼方丈，了解到姜和香椿嫩叶，佛门弟子也不可食用。因此，在僧人生活区域的禅房一般也不种植这两种植物。笔者还访问了北京法源寺、苏州寒山寺、杭州灵隐寺等寺院法师，他们一致认为寺院中禁种带刺激性的植物，但对于其他花木没有特殊规定。

从《广群芳谱·花谱》中记载的诗词中可知，古人对桃花褒贬不一。赞美桃花美艳的诗词很多，还常用桃花比喻漂亮的女子，如唐代诗人孟郊《清东曲》："樱桃花参差，香雨红霏霏。含笑竞攀折，美人湿罗衣。"又如宋诗人韩驹的"桃花如美人，服饰靓以丰。徘徊顾香影，似为悦己容。树枝有余妍，窈窕禁省中。"然而以桃花比喻妓女的例子在唐诗中也很常见，如杜甫的《漫兴》中有句"癫狂柳絮随风舞，轻薄桃花逐水流"，用桃花比喻女性的轻薄，流传至今，仍有"桃色新闻"一说。而佛教教义中的五戒要求佛门弟子是不许近女色的，鉴于桃花的以上比拟，不宜栽植于佛寺中佛门弟子的生活区。

佛法规定，多棘刺植物，意涉世间是非，寺院一般是忌种的。笔者调查了诸多寺庙，也很少见有月季的栽植。但有500年历史的北京法海寺壁画却用月季、牡丹等花卉衬托以象征"梵天佛地"境界。笔者认为棘刺类植物尽量不选用。

佛道虽然不排斥自然之美，但为了更清静地修行悟道，僧人道士对于寺观园林环境的创造也必然以清雅幽静为原则，他们对于浅色花系似乎有更多的偏爱（图18-14）。古代僧人、道士一般都有很高的修养，他们常与文人名士交往，所以对于庭园花木的布置也更多地受文人的影响。

2. 道观园林植物的选择
一些被人们视为吉祥的其他植物，在道教园林中也有应用，如吉祥草，象征吉祥如意；橘，与"吉"谐音，喻意吉祥；梅花，其五个花瓣被认为五个吉祥神，有"梅开五

常植一些与饮食有关的的植物如竹子、长苞香蒲、黄花菜；水果类有柑橘、柚、佛手等，北方则多为苹果、白梨、杏等。古代僧徒充分利用寺院土地丰饶、劳力充足、环境多依山傍水的有利条件，建立花圃、药圃、菜园和果园。

其中，竹子不仅可供笋，而且也有很高的观赏价值。竹常令人想到脱俗，郑板桥的"无竹使人俗"使僧人将佛教超尘脱俗的思想与之联系在一起。南北寺院都喜欢种竹。如北京红螺寺、潭柘寺，浙江天台山国清寺及智者塔院都有竹子的应用（图18-12）。

（4）终年常绿，便于静修的植物（朱钧珍，2002），除了松柏类的植物外，还有香樟（图18-13）、楠木等。江南寺观园林常植以香樟作为浓荫古朴的植物基调。

（5）香花植物，花与佛教有很多渊源，历来，佛寺有应用香花植物的惯例，香花植物可以在佛寺内广泛应用。如白兰花、九里

图18-14

华北地区佛寺内常见的有油松、白皮松等。

无论哪种形式的宗教园林，在中国都有千年以上的发展历史了，因此，在园林植物的选择上，株型奇特、花色丰富、富有寓意的许多其他传统花木均可在宗教园林中使用。如国色天香的牡丹（图18-15）、杜鹃、中国水仙、冬青等。

（四）选择与经济发展同步的植物

从国外引种的一些植物在传统的宗教园林中也有应用，如广玉兰（其花似佛教圣花荷花）（图18-16）等。再者，佛教由国外传入中国，因此，寺观园林中的植物选择，重要的是看花木的形态、姿色是否适宜、是否符合寺庙园林的文化和氛围。总之，随着经济的发展，植物的文化也赋予其新的内容，寺观园林中的植物应以中国原产的植物为主，适当配置合适的外来引种植物。

五、寺观园林植物景观规划设计

（一）植物景观规划设计的美学原理

植物景观设计必须遵循科学性与艺术性的和谐统一原则。既要满足植物与环境生存适应性的统一，又要通过艺术原理体现出各种植物个体和群体的形式美以及人们欣赏时所产生的意境美。植物是有生命的，配置时应考虑其生命周期与季相变化，同时借鉴古典文学及绘画艺术原理，巧妙地利用其形态、质地、色彩和气味等特征与环境的关系，创作出富有诗情画意的生态图景。

1. 变化与统一

统一原理在植物造景中的运用，是指植物的体形、体量、色彩等方面具有一定的

福"之说；忍冬属忍冬科的一种蔓性藤本，特产我国，它于春夏花不绝，黄白相映，又称"金银花"，金银花清香宜人，由于忍冬越冬不死，可比作人的灵魂不灭，轮回永生，所以被大量运用在佛教艺术上。

《佛教的植物》一书有写，道家也称韭、薤（野葱）、蒜、芸薹（油菜）、胡荽（香菜）为五辛禁食，道观内也不宜种植这几类植物。

（三）选择与当地气候相适应的园林植物

每个地区的宗教园林都可根据当地的气候特征，选择形态优美的乡土植物，以丰富宗教园林的植物景观，并可体现当地风貌。通过调查，华东地区佛寺内常见的乡土树种有山茶、菊花、鸡爪槭、杨梅等，华南地区佛寺内常见的乡土植物有幌伞枫、叶子花，

图18-15

图18-16

图18-14 浙江天目山太子庵入口绣球花（全荷仙摄）
图18-15 潭柘寺内片植牡丹（王小玲摄）
图18-16 法雨寺内对植广玉兰（王小玲摄）

植物景观规划设计

图18-17

图18-18

图18-19

相似与一致性，给人以统一的感觉。凡是同一树种成片栽植，最易形成统一的气氛。寺观园林常常在前导部分采用此种栽植方式表现宗教玄奥深远的意境。天台山高明寺的松林山径，作为山林寺庙的前导，以简洁的植物景观孕育游人的宗教心态。宁波天童寺的"二十里松林"、杭州灵隐寺的"九里云松"都非常著名（图18-17）。

杭州云栖寺的竹径长800余米，弯弯曲曲地穿行于浓密的毛竹林中，并借地形起伏，溪涧涓流及园林建筑，形成"夹径萧萧竹万枝，云深幽壑媚幽姿"的竹径景观。宋杨万里《莲花》："红白莲花共塘开，两般颜色一般香。恰似汉殿三千女，半是浓妆半淡妆"，道出了变化与统一的原理。在统一的植物群落中，间以不同的植物产生高低不一，错落有致，使统一的主调中具有丰富变化的多样性。自然式的园路旁，如只用一个树种，路线一长，容易产生单调感。而通往普陀山慧济寺的甬道两侧种植是一种有变化的很好的案例，两侧的坎墙由山石自然堆砌而成，坎上有大量的蚊母树群，间以少量的山茶花和蜡梅，常绿的蚊母树给甬道增添了神秘幽暗的气氛，同时山茶、蜡梅的间断出现打破了植物景观的单一（图18-18）。继续前行，甬道由自然坎墙转为规整墙体，植物景观也发生变化。

2. 协调与对比

植物景观设计应注重植物与植物之间，植物与环境之间的和谐与统一。如北京大觉寺的附属园林，位于地势较高的山坡上，西南角依山叠石，设置"领要亭"，四周古木参天，清幽宁静，错落有致，颇为协调（图18-19）。有时运用植物的形态、色彩及明暗度，产生强烈的对比，使景观主题更为醒目突出。如苏州虎丘寺的冷香阁，萧萧的竹丛，墙面上铺满的常春藤及四周的七叶树、广玉兰等，不但植物间有高低硬软的对比，而且将白色的冷香阁墙面衬托得尤为醒目（图18-20）。

3. 对称与均衡

中国人崇尚自然，很少有人为对称的植物配置，即使有，亦是在统一树种的情况下产生相对对称的效果。如苏州报恩寺中轴线西侧植以香樟形成相对对称，庄严静穆的艺术效果。再如北京红螺寺大雄宝殿前有雌雄

图18-20

银杏树各一株，高约 30m，树龄逾千年。雄树每至春季繁花满枝，雌树秋季果实累累。此二树与山门前的万竿翠竹及主殿的绕松紫藤并称为寺中三绝。

自然式均衡手法则随处可见。一般说来，寺观园林主要殿堂的庭宇多栽植松、柏、香樟、银杏、七叶树、楸树、槐树、榕树等姿态挺拔、虬枝古干、叶茂荫浓的树种以烘托宗教的肃穆幽玄，同时在客观上丰富了建筑物的立面效果（图18-21）。北京潭柘寺自山门到毗卢阁的主轴线两侧，苍古的油松反复出现，形成寺庙清幽的植物基调（图18-22）。雄伟的大雄宝殿两侧植以高大的银杏树与七叶树。北京法源寺天王殿前庭列植了大量圆柏，让人一进寺庙就产生一种敬畏感，营造了宗教肃穆氛围（图18-23），而法源寺藏经楼前七叶树与银杏也与环境气氛非常协调。

图18-21

图18-22

（二）植物种植形式

寺观园林中的植物种植形式有孤植、对植、列植、丛植、群植、林植、篱植等。植物景观设计形式对于寺观园林氛围的营造和空间形成非常关键。小的寺观园林内植物景观单一，以对植、列植为主；大的寺观园林中，寺前引导部分以列植和群植为主，如甬道、香道是通往寺庙的主要交通路线，长长的香道，在宗教意义上便成了香客从"尘世"通向"净土"的过渡，常用自然丛林、竹林、松柏林等植物群落来烘托。寺庙崇拜部分以枝干挺拔的乔木对植或列植等规则式为主，以营造庄严、肃穆的膜拜空间。寺庙生活部分，即禅房的植物景观则丰富多样，多采用丛植等自然式种植中国传统的名花、一些食用植物及药用植物，达到"禅房花木深"的效果，如白云观、广济寺。

1. 孤植

孤植是单株的种植一株或几株同种的植物，表现植物个体美，多选用色彩明艳、姿态优美或具香味的植物，如玉兰、七叶树、槐树等。许多寺观园林中的古树名木都是孤植的。如北京潭柘寺的"卧龙"松、"九龙"松等。

孤植的树木不仅因姿态、花色和香气等出众，且久远高古而弥觉珍贵，孤植使之更

图18-23

图18-21 北京大觉寺大雄宝殿院内侧柏（金荷仙摄）
图18-22 北京潭柘寺山门牌坊（金荷仙摄）
图18-23 法源寺内列植圆柏（王小玲摄）

为突出醒目。如北京戒台寺内的许多形状奇特的古松，自古有"潭柘以泉胜，戒台以松名"之说，使寺扬名。植于辽代的卧龙松，为戒台寺诸松之首。此松扎根于石砌的高墙上，凌空横卧，虬曲离奇，"枝柯偃后龙蛇老，根脚盘来爪距粗。"有如苍龙倚碑石而息。还有九龙松形态高大，气势磅礴，主干分九杈，仿佛九龙腾绕。北京西山八大处大悲寺中的古银杏，年逾 800 多年，仍枝荣叶茂。一到秋天，满树金黄，犹如古木披袈裟，天人合一，植物与佛教相关联，成为八大处一绝（图18-24）。寺庙与植物的关系，不是简单的建筑与植物的衬托、对比，而是生命与神灵的融合、升华，犹如氢氧结合成水之质变，成为不可分割的全新整体。

图18-24 北京西山八大处大悲寺圆通宝殿前古银杏（金荷仙摄）

图18-25 法源寺内丁香（王小玲摄）

2. 对植

对植是两株或两丛相同或相似的植物，按照一定的轴线关系，左右两边对称种植。寺庙园林中常见的种植形式，包括入口和寺庭内各殿间让香客膜拜的空间中常采用这种形式，以建筑前对植乔木树种最多，如潭柘寺的两棵被称为"帝王树"的古银杏，华东地区很多佛寺园林中的大雄宝殿建筑前对植古朴的香樟。

3. 列植

列植是运用乔木或灌木，按照一定的直线或者曲线排列种植。在寺观园林外的引导部分和园林内的道路两侧多用列植，具有强烈的引导性。

4. 丛植

丛植是指由几株或十几株灌木栽植在一起，构成层次丰富的植物景观。主要见于佛寺园林、道观园林中僧人和道士的生活区域。

在寺观内部，丛植既可产生小的绿化环境，又可阻隔建筑物，使景致虚实对比变化，情趣无穷。按植物组合种类可分单种与杂植两类。

单一树种的成片种植会产生单纯的整体效果，许多古寺因特有的单种而闻名遐迩。如唐朝崇业坊内的玄都观，以桃花之盛闻名于长安："人人皆言道士手植仙桃，满观如红霞。"诗人刘禹锡曾多次游览，并作诗咏之："紫陌红尘拂面来，无人不道看花回；玄都观里桃千树，尽是刘郎去后栽。"南宋杭州的诸多寺庙，均有名花。月轮山寺的桂子；灵隐寺的桂花、辛夷花、凤仙花；孤山寺的梅花、石竹；天竺寺的石榴花、木樨；龙山真觉院黄紫瑞香、枇杷；菩提寺南漪堂杜鹃花；吉祥寺牡丹；梵天寺杨梅、卢橘；云居寺的青桐；招贤寺的紫阳花；真际寺及报国寺的银杏；韬光寺的金莲花等都颇负盛名（金荷仙，1995；陆鉴三，1981）。北京法源寺历经沧桑，至今尚被完好地保存着。园内花木比其古老历史和建筑格局更负盛名，素有"花之寺"之称。寺中古木有唐松宋柏，还有数百年之银杏，高大的文冠果树。另外海棠、牡丹、丁香、菊花等均为寺院名花（图18-25）。这些花常植于配殿附近及生活区域，以营造"禅房花木深"的意境。

北京永安寺白塔旁的桃花，到春天竞相开放。"碧桃花发九天香"，春色携教义而飞扬。

不同树种的相间杂植会产生形态、季相等的变化对比，从而形成丰富多彩的审美效果。如北京永安寺，丛植的树木把整个庙遮掩衬托得含蓄而醒目（图18-26）。再如北京西山八大处的灵光寺，阔叶与针叶相杂的林带，是前池后塔间的绿色屏障。一如前后两山间的白云，拉开前后距离。绿色生命自然错落的林冠与建筑物的整齐规范产生形式上的对比变化，富有韵律（图18-27）。

5. 群植

群植是采用由十几株到二三十株的乔木灌木混合栽植。群植可形成层间丰富的植物景观，山林佛寺园林和和山林道观园林内多用这种方式进行植物景观设计，城市中规模

图18-26

图18-27

图18-28

图18-29

图18-26 北京北海永安寺白塔（金荷仙摄）
图18-27 北京西山八大处灵光寺（金荷仙摄）
图18-28 掩映于深山中的天台山方广寺（金荷仙摄）
图18-29 普陀山海天佛国（金荷仙摄）

387

第十八章 其他园林类型的植物景观规划设计

较大的佛寺、道观园林也有应用。

6. 林植

林植是成片种植乔灌木，构成林地景观。一般用在大环境的分布，从寺观的整体规划来说，绿化用地要大于建筑面积，以其整体的气势产生恢弘的绿化效果。古诗："深山藏古寺"，这"深山"既在于远离尘嚣，更在于树木茂密。如宁波天童寺，不仅寺建山中，被绿海吞淹，而且寺前有二十里引导松林，寺之气势范围随植物而延伸扩大。浙江天台山的国清寺和方广寺均掩映于绿海之中（图18-28）。再如北京红螺寺，无论前屏的凤凰山，还是东西峙立的青龙山、白虎岗，无不树木葱茏浓荫蔽日，达到"攒峰叠翠微"的意境。浙江普陀山的植被非常丰富，岛上植被以亚热带常绿阔叶林为主，也混杂着北方暖温带的落叶阔叶林。法雨寺周围的香樟、枫香、栓皮栎、马尾松等常绿、落叶针阔混交林，使寺庙藏隐于自然之中。普陀山在幽洞奇岩、海景变幻之外增加一道树木翁郁的风景，使之成为我国佛教四大名山之一（图18-29）。

7. 篱植

篱植是紧密栽植小乔木或者灌木，形成结构紧密的规整式植物景观。寺观园林中一般有叶篱和花篱两种形式，此种应用形式较为少见，宁波奉化的雪窦寺、北京大钟寺等有应用。

宗教是抽象的，植物是自然的，人们通过寺观园林巧妙地将抽象的具象化，自然的人性化，视道如花、化木为神，从而使抽象的宗教、人为的建筑与自然的植物三者有机地融为一体，产生既有深厚文化底蕴，又具蓬勃生机的园林艺术效果，为园林领域写下精彩夺目的华丽篇章。

第二节 墓 园

一、墓园概述

墓园是近现代出现的一种墓地形式，是园林化的公墓，属于特殊类型的城市公共绿地，是城市公共绿地系统的组成部分。它具有公园的性质，在满足安葬和纪念逝者的基本功能的同时，更为生者提供游览、交流、休闲等多种功能。它反映出地理学、宗教信

图18-30 昆明金宝山园林艺术公墓二十四孝亲情园（黄冬梅摄）

图18-31 上海福寿园名为悟的雕塑景观（黄冬梅摄）

图18-32 上海福寿园童稚园景观（黄冬梅摄）

仰、社会态度、美学及卫生等多方面的考虑，并且其精神功能远胜于实际物质功能。如举世闻名的法国拉雪兹神甫墓园，便是展示巴黎城市历史人文的窗口；又如上海龙华烈士陵园、广州黄花岗烈士陵园及南京中山陵，既是开展爱国主义教育的场所又是市民日常休闲活动的场地。

我国20世纪90年代后建设的墓园，开始关注文化建设，将生命文化、地域文化融入墓园景观中。如昆明金宝山园林艺术公墓，继承我国传统的孝道文化，结合园林小品建有二十四孝亲情园（图18-30），弘扬了民族传统文化；上海福寿园通过雕塑小品演绎老上海人的生活点滴，并展现儒、道、释三家对生的阐释和对死的态度，其中一组名为悟的雕塑（图18-31），双手合十的修行者自土中缓缓上升，徐徐而来，仿佛在不断地追求人生、感悟生命，隐喻着佛教以入世之心，说出世之道理：名噪一时终究是黄沙一捧，蓦然回首也只是皓首蹉跎。北京天寿园

的生命博物馆和上海福寿园的人文历史博物馆，为市民提供积极健康的人生观教育场所。同时，一些墓园还为癌症患者、红十字爱心捐赠者、基督教徒以及儿童建立特殊的墓区，这些墓区结合生者的喜好布置，如上海福寿园内的童稚园（图18-32），在墓碑周围布置有儿童生前喜爱的玩具和花草树木，呈现出生命虽然短暂但也精彩，这充分体现出随着社会的发展，人们对待生死问题的态度更加豁达。上海福寿园还定期为逝者家属和患者举办情感交流活动，体现对不同群体的关怀。

城市规划工作者应根据城市的地域特征、自然条件和发展规划，确定墓园的总体规模、分布及选址，合理规划和设计墓园，营建自然、宁静并具有文化内涵的墓园景观，解决人地矛盾，提高土地利用价值。一般而言，墓园分为入口广场区及服务区、墓区、休闲区和林带隔离区。

二、墓园植物景观的意义及植物种类选择

植物景观在墓园景观中扮演着重要的角色，植物能够营造优美的环境，给冰冷的碑体带来生命气息，带来亲切祥和的氛围。人们可通过组织不同的植物空间，利用不同的植物形态和植物的季相变化，来表达思想感情，创造纪念性意境和氛围。此外，植物还因具有特定的文化象征意义，能够寄托生者对逝者的情感，成为情感交流的媒介。

墓园作为一种传统的纪念性景观，具有纪念意义和丰富的文化内涵，因而在植物的选择上必然有其自身的特点。除了要满足一般功能的要求外，还应具备以下几点特点：

（一）选择长寿的植物

墓园中常栽植一些树龄较长的植物以表示逝者永恒之意。这类植物常见的有松柏类、银杏、黄连木、樟树、苏铁、南天竹、楠木类、榕树、七叶树、无患子、朴树、青檀等。松柏类树形苍劲肃穆，有象征万古常青之意，也能表达人们对故人的怀念和敬仰之情，是我国墓园中最常见的树种，种类也有很多，在配置手法上常采用林植、对植与列植。如南京雨花台烈士陵园北入口烈士纪念雕塑广场上列植的龙柏，以及雕塑后的雪松林，都充分烘托出纪念雕塑的庄严雄伟。

（二）选择常绿树种

常绿树种凌冬不凋，具有顽强不息的生命力和万古常青的寓意，能够很好地营造墓园的纪念气氛，让墓园在四季中都能呈现生机盎然的景象。除松柏类植物以外，可以在墓园中选择的常绿树种种类很多，如冬青、罗汉松、白兰、石楠、广玉兰、香樟、蚊母树、含笑、青冈、十大功劳等。

（三）选择寓意美好的植物

墓园作为传统的纪念场所，凝聚着古老的文化信仰。中国人在墓旁种植寓意美好的植物，由来已久，目的是为了祈求平安吉祥，让逝者安息，这符合中国人的心理。例如，冢上栽植松柏的习俗已在中国延续千年，东晋·葛洪《西京杂记》曰："杜子夏葬长安北四里，墓前种松柏树五株，至今茂盛。"松柏在中国人心目中一向具有其他树种不可代替的地位，《史记》"松柏为百木之长也，而守门阙"。松柏类植物皮质粗厚，望之如龙鳞盘根，极具高贵之相，因而常作为宫殿庙堂的守护神，又因其常年枝叶繁茂，长盛不衰，象征逝者精神长存。此外，中国人墓旁常栽植的辟邪趋吉植物还有柳、桃、梧桐等。

（四）选择赋有人格化的植物

根据逝者生前职业和其喜爱的植物，选择与之相应的赋予人格化意义的植物。如生前是知识分子，则可选择具有文人色彩的"岁寒三友"、"四君子"、紫薇、白丁香、桂花等植物栽植在墓旁；如生前是教师，可以选择桃、李，表示"桃李满天下"的寓意。

（五）选择与宗教文化有关的植物

宗教文化时常赋予一些植物灵性和仪式性，供信徒们解读其中的道义，寄托虔诚信仰。我国地域辽阔，民族众多，各民族均享有自由的宗教信仰。佛教是在我国传播广泛、影响深刻的宗教，与佛教文化相关的植物种类有：无忧树、娑罗树、七叶树、优昙花（山玉兰）、荷花、丁香、吉祥草、石蒜、菊花、茉莉等。此外，我国墓园中还常栽植荷花，给人以步入佛国仙境的感觉。

（六）注重色彩姿态的选择

不同的色彩可以使人产生不同的心理感受和联想，逐渐人们也就对不同的色彩建立了其各自的象征。墓园中常选择白色、紫色、黄色、红色系的植物。白色象征纯洁和神圣，给人以宁静的感觉，适合墓园的氛围；紫色恬静而典雅，能够创造幽静的气氛；黄色给人光明、纯净的感受，象征着希望和崇高，在设计时可于休闲区域和服务区域栽植一些黄色系植物，增添园内明朗温馨的气息。墓碑附近还可适当栽植一些黄色系的草本植物和低矮灌木，以表达对逝者的崇敬。红色象征积极、光明、热烈，常常用来歌颂烈士血染的风采。墓园中局部地区可适当采用红色系的植物，使人精神振奋。如南京中山陵音乐台四周栽植的紫薇，红艳似火，催人奋进。

不同姿态的植物有不同的表现性质和象征意义。垂直向上型的植物，包括圆柱形、笔形、尖塔形、圆锥形等，如杜松、桧柏、龙柏、塔柏、南洋杉、池杉、落羽杉、水杉等，有庄严、肃穆的效果。树形挺拔俏丽的植物，如西府海棠、木棉、银杏、棕榈，能用以表达刚毅坚强、忠贞不屈、积极向上的精神。枝干下垂的植物，如垂柳、龙爪槐、迎春等，象征对逝者的依依不舍与沉痛追思。水平伸展的植物，如凤凰木、合欢、平枝栒子、铺地柏，能突出舒展、开阔、俊朗之感，象征平静、平和、永久。圆球形的植物具有内聚性，同时又由于等距放射，能与周围其他的植物很好地协调，有浑厚、朴实之感，如馒头柳、千头椿、大叶黄杨球、枸骨球等，这类植物能与和缓的地形营造安静的氛围。

（七）选择抑菌植物和芳香植物

抑菌植物能够有效抑制空气中的有害细菌的滋生，增加负氧离子，起到保健作用。芳香植物能够散发馨香，沁人心脾，不少芳香植物的挥发物质还有药用价值，也具有保健功效。在墓园当中栽植抑菌植物和芳香植物，能够净化环境，有益于游览者和祭扫者的身心健康，缓解祭扫者的悲痛情绪。

（八）适当采用草本植物

墓园中可适当采用草本植物作为点缀。色彩丰富的草花可以活跃墓园肃穆的单一气氛。国外的墓园特别注重墓穴周围草本花卉的配置，使墓园成为一个景观优美的花园（图18-33）。草本植物宜以宿根花卉为主，也可以根据死者家属的意愿布置花卉。位于山地的墓园还可以选择栽植一些野生花卉，与周边环境相融合。

三、墓园植物景观设计

在墓园植物景观设计前，应先调查当地的植物资源，了解设计场地内的植被情况，适当保留场地中具观赏价值和生态价值的植物。北京天寿园在建园时，保留了场地原有的柿树和古树青檀。柿树作为园中疏林草坪的骨干树种，其枝叶参天、苍劲古朴，赋予整个园区历史沧桑感，金秋时节硕果累累，又使园内充满田园气息，给人以亲切感。此外，墓园的植物景观设计应以常绿树种为基调，合理利用观花、色叶树种，摒弃以往墓

图18-33 德国某墓园墓穴植物景观（苏雪痕摄）

图18-33

地"白杨萧萧人惆怅"的阴郁气氛。

（一）墓园植物景观设计艺术原理的应用

1. 多样与统一原则

多样统一原则又称统一与变化原则，要求植物配置时，植物的体形、色彩、线条、质地、风格及比例要有一定相似性或一致性；同时要有差异变化，显示多样性。墓园中主干道两旁种植成列的龙柏，使人肃然起敬，产生一种庄严的统一感。但过多的统一会产生单调、呆板的感觉，所以要在统一中有变化，如选用松柏类植物时，可以用不同树形的松柏植物布置求得变化。

2. 协调与对比原则

要求植物配置时，注意相互的联系与配合，找出相似性和一致性。植物与建筑配置时体量的协调很重要，南京中山陵墓道两侧用高大的雪松与雄伟庄严的陵墓形成协调。相反，如果为了突出某个主题或景观，可以用对比的手法，使之显著或引人注目。上海龙华烈士陵园"不灭的火炬"雕像，用深绿色的龙柏和秋色叶树鸡爪槭做背景，来衬托白色的雕像。

3. 对称与平衡原则

对称与平衡原则又称均衡原则，要求植物景观设计时，将体量、质地不同的植物按照均衡的原则配置，使景观稳定，达到和谐。在配置时有规则式均衡和自然式均衡两种形式。规则式均衡在墓园中常见，如南京钟山下，谭延闿墓前对植的龙柏，给人以庄重的感觉。在廖仲恺、何香凝墓园内的休息亭旁，亭左侧的龙爪槐、大叶黄杨球与右侧的铅笔柏、广玉兰等高大常绿乔木搭配和谐，达到了自然式均衡的效果。

4. 韵律与节奏原则

韵律与节奏原则，原意是指艺术品的可比成分连续不断交替出现，而产生美感，是多样与统一原则的延续，要求植物景观设计时要有规律的变化，可以通过体形不同的植物，用重复出现的方式产生。如南京雨花台革命烈士殉难处用紫色和黄色的彩叶草交替种植。中华永久墓园在墓穴间用大叶红草和金叶假连翘交替种植，产生韵律感。

（二）墓园内主要区域的植物配置形式

1. 入口广场区及服务区

该区的植物景观应给人以亲切感。大型墓园入口广场的植物宜采用规则形式种植，讲究大色块的对比；小型墓园入口可结合山石水体选用自然式种植，起到障景并有扩大空间的效果。服务区内的植物景观应与服务建筑布局形式相协调，体现清新雅致的意境。此外，在举行重大纪念活动的时候，可以于入口添加立体花坛，突出关爱的主题，如福寿园服务区内摆放的爱心花坛，让每一位前来悼念的人感受到关爱。祭祀建筑旁可栽植与宗教文化有关的植物种类，与念经超度的气氛相统一，也可栽植松、竹、梅、桂花、南天竹等植物，给人以雅、静、清、幽之感。

2. 道路

具有纪念仪式性的道路，如墓道，应当采用列植形式，强调空间上的序列感、围合感和视线的交集。可采用垂直向上的塔形植物强调高耸入云天的效果，增添仪式感；也可采用高大挺拔，树形圆整的乔木增加整体气势；还可以通过密不透风的整形绿篱将视线范围限定在狭窄的线性空间上，指引人们走向庄严神圣的纪念空间。

3. 休闲区

休闲区的植物景观设计应体现舒适、休闲的氛围，形式宜灵活多变，以自然式为主。增加抑菌和芳香植物的应用，缓解悲恸情绪。如福寿园沁芳亭旁栽植的蜡梅很好地切合了景点的主题，待到隆冬时暗香四溢，沁人心脾。采用鸡爪槭、合欢和竹类植物等体态轻盈，叶质轻薄透亮的植物，让其在阳光照射下斑斓多姿，营造轻松明快的氛围。采用叶形宽大的植物种类，如芭蕉、蒲葵，在细雨纷纷的清明时节带来淅淅沥沥的声响效果，如诉如泣。选择鸟类昆虫喜食的植物，吸引鸟类前来取食，为该区带来勃勃生机，增添游赏乐趣。如福寿园藕香榭旁山石上点缀的火棘，入秋时节红果累累，能吸引鸟类来此啄食。

4. 墓区

墓区是全园的主要区域，也是人们参观、游览和受教育的地方。植物景观设计应当讲究统一中寻求变化，整体氛围强调宁静安详，

局部区域可以活跃气氛。各墓区单元或墓区与休闲区之间，常采用整形绿篱或林带进行隔离，保证墓区的相对私密性。可根据葬式特点来采取不同的植物景观形式。现今的葬式有传统立碑的穴葬，绿色生态的草坪葬、花葬、树葬。在土地资源日益匮乏的形势下，尘归尘土归土，不采用永久性纪念碑的生态葬法将是今后的发展趋势。

传统穴葬区在植物景观设计时，应注意与墓碑的形式和排布方式相协调，将墓碑掩映在花木丛中，弱化墓碑的突兀感。如上海福寿园采用金边大叶黄杨、桧柏、小叶黄杨、雀舌黄杨、金叶女贞等不同的植物材料，搭配组合在一起，形成色彩对比，并结合墓碑形式修剪成与之相协调的绿篱造型，使整个墓葬区简洁干净又不失沉闷。又如上海龙华烈士陵园无名烈士墓的墓碑，以弧线形式布置，与弧形绿篱结合形成韵律感（图18-34）。

墓碑前可适当预留小块绿地，按逝者家属的意愿进行植物景观设计。碑旁的植物景观可根据墓主的性格、喜好，选择具有象征意义的植物或墓主喜爱的植物，借物喻人，托物言志，向观者传达文化信息。形式可以灵活多样，可采用密植的植物群落，形成绿色的背景；或者在墓碑周围布置小型的花境、花坛或小型造型植物；另外，还可以选择一株乔木或大灌木作为主要背景树，下层搭配低矮的灌木或草本，与墓碑形成高低俯仰的呼应关系，使整个植物群落与墓碑构成一件完整的艺术品。

图18-34 上海龙华烈士陵园无名烈士墓植物景观（邵峰摄）

图18-35

图18-35 上海福寿园树坪葬区景观（黄冬梅摄）

图18-36 上海福寿园草坪葬区景观（黄冬梅摄）

图18-36

树葬区可以采用纪念林的形式结合园路进行设置，方便祭扫者到达，如上海福寿园将树葬区布置在园路两侧（图18-35）。逝者的纪念树通常用常绿树种来表示万古长青，除松柏类植物外纪念树还常采用桂花、石楠、山茶等。对松柏类植物的应用应避免单一，可选择油松、日本五针松、罗汉松、龙柏、侧柏、红皮云杉、青杆、塔柏、杜松、扁柏、柏木等不同的种类，丰富景观层次，打破阴冷、严肃的感觉，采用一些金叶种类，如金边云片柏、洒金侧柏等点缀其间。

草坪葬区的植物景观应讲究对比与协调，草坪四周栽植层次丰富的密林作为背景，中央可适当点缀一些树姿优美或富有象征意义的树种。上海宋庆龄陵园（原万国公墓）中的草坪葬区内，四周栽植香樟、石楠等常绿阔叶树种，围合出静谧的空间，草坪中点缀几株塔柏，仿佛生命的蜡烛在燃烧，令人

肃然起敬。福寿园中的草坪葬区以列植的龙柏和小叶黄杨整形绿篱作为背景，突显墓区内的肃穆气氛（图18-36）。

（三）墓园植物景观意境的体现方式

墓园植物景观设计应结合纪念性主题，用一定的植物种植形式来象征示意某种纪念意义：

1. 通过对植物空间的组织，来创造纪念形象、气氛和意境

不同的空间形态会带来不同的感觉，如巨大的尺度可以象征崇高和永恒，纪念烈士或罹难者园区的植物景观常采用列植、对植的方式，结合地形升高体现庄严凝重之感，以高大的常绿树种构成浓密的背景，来烘托纪念碑和雕塑。平常的尺度可以寓意平静和亲切，名人墓园内的名人雕塑旁，常配置中小型的植物组景，来营造轻松的情感交流氛围。低矮的植物景观往往使空间具有宽敞自由感，高耸浓密的植物能够围合出宁静私密的空间，墓园内可以利用这两种空间的对比达到动静相宜的效果。

墓园的植物景观设计应充分考虑空间领域内的视觉活动对心理产生的影响，通过视觉形象表现纪念特征，使人们在心理上得到一定的反应。例如南京中山陵博爱牌坊四周的植物景观，先以两层坡式草坪过渡，让人们的心情安静下来，拉开纪念序幕，通过牌坊后，以一条很长的墓道向上延伸，两侧的林带气势磅礴，并能将视线汇聚到中轴线上的最高点，使人们在慢慢向上的过程中"崇敬、瞻仰"之情油然而生。

又如南京雨花台烈士陵园纪念区的植物景观序列，整个轴线以雪松、马尾松、黑松、龙柏、圆柏、五针松5种常绿树种为基调，借以陪衬主峰碑体，苍郁葱茏的绿色背景，组成一个完整的纪念性空间环境。其间种植紫薇、海棠、梅花、桂花、玉兰、红叶李、广玉兰、火棘、麻叶绣球、深山含笑、映山红、山茶等观花、观果树种，以及三角枫、枫香、鸡爪槭、鹅掌楸、银杏等秋色叶树种，增加景观的色彩和季相变化，寓意烈士的革命精神永驻，他们的牺牲换来了今日的繁荣、绚

丽、昌盛、自由。轴线起点及纪念馆南广场周围的植物选用修剪形态的常绿植物，形成统一、整洁的植物景观，使人们在参加纪念活动之前有一个庄严肃穆的心理准备过程，从而形成有效的精神功能流线。在之后的纪念水池过渡区，则充分利用现有地形高差进行绿化，规则式与自然式相互结合，水池两侧的植物景观形成三级阶梯式，层次丰富。第一级以自然山林为背景，采用规则式的绿篱和丰富的灌木丛作镶边，第二级以斜坡草坪作为过渡，第三级采用用云南黄馨下垂的枝条柔化斜坡底部线条，结合整形灌木形成节奏感。最后，在整个轴线的高潮，列植有大体量的雪松，与高耸的碑体相互协调，起到良好的烘托作用。

2. 利用植物的形态、季相变化及其特定文化象征意义，来表达人们的思想感情

上海龙华烈士陵园的植物景观强调植物的层次和季节表现，并运用植物特定的文化象征意义来传达对烈士的崇敬。园内春日桃红溢园，夏日百花竞放，秋日红叶满地，冬日松翠梅香，四季松竹常青。具有独特文人品格的松竹，构成了陵园环境的主调。灿若红霞的枫叶，是烈士辉煌人生的写照。桃花是龙华的一道风景，"龙华千古仰高风，壮士身亡志未穷。墙外桃花墙内血，一般鲜艳一般红"，这首诗更使桃花和英雄融为一体。每到阳春三月，陵园便成了"桃花盛开的地方"，是上海人民传统春游观桃花处。

又如广州起义烈士陵园中采用南洋杉、水杉、圆柏、龙柏、池杉等圆锥状的树种；结合整形修剪的罗汉松、福建茶、垂叶榕、小蜡等，营造肃穆的气氛。运用垂枝型的柳杉、线柏、柏木、龙爪槐、垂柳、云南黄馨来表

示对烈士的缅怀。选择开红花的植物，如龙船花、大花美人蕉、红花羊蹄甲、木棉、刺桐、使君子等，歌颂烈士的风采，选用洁白芳香的广玉兰、白兰、含笑，象征先烈的业绩流芳百世。陵园内还选用龙眼、杧果、荔枝、蒲桃、阳桃、人心果、波罗蜜、柿树、石榴、枇杷等果树，象征革命果实，惠及后代的寓意。

3. 结合墓主的喜好、个性及形象进行植物景观设计

随着时代的发展，人们能够更真挚地对待生死问题，墓园中的植物景观不应只注重营造庄严肃穆的气氛，应从对沉痛哀伤的诠释中走出来，转向个性化方式的表达，使墓园呈现出更多样化的精神文化内涵。结合墓主的喜好、个性及形象进行植物景观设计，通过植物的象征意义表达生者的情感或逝者的人生态度。

文人墨客、专家学者和政治家的墓碑旁，常采用南天竹、竹类、鸡爪槭、玉兰、云南黄馨、沿阶草、吉祥草等姿态秀美洒脱的植物材料，体现他们刚正不阿的个性和对真理执着的追求。

我国著名散文家和漫画家丰子恺先生的墓周有竹子、棕榈、金边大叶黄杨、万年青、万寿菊、红叶石楠和杜鹃（图18-37）。棕榈和竹丛被用来当作墓碑的背景，竹丛表现了丰子恺先生恬淡闲适的文人气质；棕榈则让人联想起丰先生在其漫画《脚踏车》中描绘的场景，一个顽皮的孩子将手中的蒲扇当做脚踏车，自得其乐，体现了丰先生呼唤人们保持童真的热切之情；碑前栽植的万年青与万寿菊，表达了亲人对他的思念与崇敬；红叶石楠枝梢鲜红如火的新叶，仿如丰先生不断跳动的思想火焰。我国著名外交家乔冠华先生的墓碑（图18-38），展现的是他在中国

图18-37 丰子恺先生墓碑旁植物景观（黄冬梅摄）

图18-38 乔冠华先生墓碑旁植物景观（黄冬梅摄）

首次重返联合国大会上洒脱的姿态，表现了不卑不亢、挥洒自如的大国风度。墓碑四周绿树环绕，桂花、孝顺竹和垂柳三种植物组合形成一个浓密而层次分明的绿色背景，南天竹、海桐、大花马齿苋、沿阶草和小叶黄杨簇拥在墓碑旁，给人的整体感觉自然祥和，南天竹与竹丛轻盈的姿态，衬托出乔先生自信与潇洒的人格魅力。著名文学家石西民先生的墓碑造型形似石笋（图18-39），两旁栽植的云南黄馨、吉祥草及孝顺竹枝干轻柔秀丽，与墓碑相互协调，是对石先生"智求真，须自励，热血不羡淡清居"的写照。即便同是采用竹类植物，运用不同的配植手法，亦能够营造出不同的意境。章正华先生的墓旁仅仅采用一丛慈竹作为背景，竹丛与雕塑相互映衬，充分展现出纵情于自然，悠然自得的人物形象（图18-40）。

艺术家的墓旁通常栽植有红枫、紫叶李、玉兰、沿阶草、常青藤和万寿菊、四季秋海棠、矮牵牛等花期较长而花色鲜艳的草本花卉，歌颂艺术家们绚烂如花的艺术生命。电影导演谢晋先生的墓碑旁有红枫和三色堇组成的花带，表达了人们对谢导演的崇敬与热爱；电影演员于飞先生的墓碑上攀爬着的常春藤（图18-41），歌颂了他的艺术生命永远常青；电影演员上官云珠女士的墓碑四周环绕着由沿阶草和万寿菊组成的简洁素雅的花圈，表达了人们对这位"磨难虽多而心无瑕"的艺术家的崇敬（图18-42）。艺术家墓碑旁的植物景观，还时常结合墓碑营造出人们所熟悉的戏剧场景，烘托出艺术家生前所塑造的艺术形象。曾经饰演林黛玉的著名演员陈晓旭女士的墓旁（图18-43），垂柳依依，细竹摇曳，将林黛玉"闲静时如姣花照水，行动处似弱柳扶风"的形象体现得淋漓尽致，而碑旁挺拔的油松又向人们展现陈女士个性坚强的人格魅力。云南电影艺术家杨丽坤女士墓旁，栽植有杜鹃、三角梅和四季秋海棠，让人联想起她生前塑造的活泼俊俏的金花形象（图18-44）。

军人、烈士、革命志士的墓碑旁经常采用松柏类植物和花色红、叶色红的植物种类来衬托他们刚强的性格。俞秀松烈士的墓碑旁栽植的雪松与日本五针松，加上花色红艳的红花酢浆草，衬托出其从容不迫，英勇无畏的形象（图18-45）。福寿园中军魂园内的主题雕塑背景采用高耸向上的龙柏，烘托出军人威武雄壮的气魄。

图18-39 石西民先生墓碑旁植物景观（黄冬梅摄）

图18-40 章正华先生墓碑旁植物景观（黄冬梅摄）

图18-41 于飞先生墓碑旁植物景观（黄冬梅摄）

图18-42 上官云珠女士墓碑旁植物景观（黄冬梅摄）

图18-39

图18-40

图18-41

图18-42

图18-43

图18-44

图18-45

　　每一种花卉都具有各自相应的花语，在逝者碑前栽植鲜花，用鲜花传达对逝者的思念，比烧香祭拜更为真挚、亲切。

　　德国墓园中的墓碑旁，常常布置有各色各样精美的花卉盆栽。植物材料多为低矮的草本花卉，与小巧精致的碑体构成温馨亲切的景观，值得我们借鉴学习。这些草本花卉通常有仙客来、菊花、微型月季、非洲菊、丽格秋海棠、欧石南、观赏辣椒、观赏南瓜、雏菊、常春藤、银叶菊、天竺葵、孔雀草和景天类植物。人们能从不同植物的花语当中，感受到死者家属与挚友真挚的情感流露。一个儿童墓碑前摆放着精致可爱的观赏南瓜与小稻草人（图18-46），想必是儿童生前喜爱的宝贝，体现父母对其永远的眷恋与关爱；一位年轻女性墓碑前粉色的月季，代表了情人对她永恒的铭记；一位老人墓前摆放的翠绿的常春藤，一定是他的挚友向其传达诚挚的友情。这些自然的情感流露，能够打动在

图18-46

场的每一位观者，体会到生命的终结并不会阻止情感纽带的延续。

图18-43　陈晓旭女士墓碑旁植物景观（黄冬梅摄）

图18-44　杨丽坤女士墓碑旁植物景观（黄冬梅摄）

图18-45　俞秀松烈士墓碑旁植物景观（黄冬梅摄）

图18-46　德国墓园内墓碑旁的植栽（王莲英摄）

第三节　野生动物园

一、野生动物园植物景观规划设计的理论依据

（一）植物与动物的关系

1. 植物为野生动物提供充分的生存空间

　　在野生动物园的建设中应考虑动物的习性及生态学原则。例如鸟类有留鸟与候鸟之分，对有这两种鸟类共生的生育地而言，必须有多样化的植物种类以及多种形态的地形，以便满足每种鸟类的生态要求。同时各分区之间要尽可能地利用绿篱、行道树等构成线状生育地，使之与主要的动物生育地之间能相互连通。

　　建设生育地的技术要点是：

　　（1）改造地形。如开挖的池塘中间可以造人工岛，便于吸引某些水鸟（图18-47）。

图18-47

图18-47　成都野生世界水禽区人工岛（李军摄）

图18-48 植食动物展区与环境的融合（李军摄）

（2）树种与密度的选择。在野生动物生育地中，针叶林与阔叶林应都被选作造林的树种，即组成混交林，而热带及亚热带地区应以常绿阔叶林为主。由不同树种组成的生育地可使林地提前郁闭，便于鸣禽育雏成功，从而增加其物种数量。对野生动物保护地上植物所采取的抚育、管理方式，应以不破坏野生动物生育地为前提，要控制对矮树林的疏木、伐木和修枝工作以及焚烧等，有利于野生动物数量的增加。此外，在生育地种植可供动物食用的植物也是一项重要的工作。

2. 植物与植食动物相互作用的系统

作为生态系统中具第一生产力的植被，在长期进化过程中与系统内其他生物因子形成相互依赖和相互制约的关系。植食动物与植物相互作用形成的系统，即放牧系统，在植物群落生态学和草原生态系统研究中极受重视。某些植食动物，尤其是植食性哺乳动物，被认为是决定植物群落结构的关键种，它们对植物群落可产生极其深远的影响，主要体现在植食动物对植被净生产量的刺激作用，并决定着陆生植物群落的物种组成（图18-48）。

另外，气候变化对植物—植食动物系统产生一定的影响。动物对气温变化的反应要比植物快，它们被称为"早期预警系统"。气候变化使植食性哺乳动物的分布区发生变化，形成新的植物—植食动物系统，从而影响植被的结构及其变化。气温和降水不仅可以影响植食性动物的食物条件，还可以直接地影响动物的发育速度、繁殖力和寿命，从而间接地影响动物种群数量动态。例如，气温升高可使鼠类首次繁殖的起始日期提前，并可增加其一年内的繁殖次数，随之引起植物—鼠类植食动物相互作用系统的变化。

（二）人与动物的关系

生态系统是在一定时间和空间内，生物和非生物的成分之间，通过不同的物质循环和能量流动而相互依存的统一整体。人与动物同处于一个生态系统中相同生态位，即三大功能类群（生产者、消费者和还原者）中的消费者类群中，人既要管理生态系统，又是生态系统的组成成分，所以在改造自然的过程中，必须尊重自然，遵循生态系统的规律，与动物和谐相处，共同维持生态系统的平衡。

二、野生动物园各功能分区的植物景观

纵观全国的野生动物园的功能分区，大致可分为行车观赏区、步行观赏区、中心服务区、广场区、表演区、动物管理中心、科普馆等。有的还设有旅游度假村，如四川省雅安碧峰峡野生动物园；又如杭州野生世界依实际情况只设有游览观赏区（包括车行区和步行区）、后勤保障区和生态缓冲区三个区。但从游赏者的角度来看，最主要的是车行观赏区和步行观赏区，布置好这两大区的植物景观，对动物园的整体景观起着决定性的作用。

（一）野生动物展览的布局方式

1. 按地理分布布局

即根据动物原生的生活地区，如亚洲、欧洲、非洲、美洲（北美、南美）等地区排列，各区可按动物原产地的自然环境及建筑风格来布置。其优点是能使游人了解动物的地理分布及生活习性，有利于创造不同景区的特色。缺点是投资大，不便于饲养和管理，也不便将进化系统概念完整地介绍给游人。

2. 按动物的生态习性布局

即根据动物生存的生态环境布局，不同的生态环境如水生、草原、沙漠、冰山、疏林、山林、高山等（图18-49）。这种布局方式对动物生长有利，园容也生动自然，但人为创造各种景观环境的造价较高，占地面积较大。

图18-49 仿造
动物生存的野生
环境布置的展区
（孙大江摄）
图18-50 展览
区内自然式布置
的园路（孙大江
摄）

3. 按动物种类布局

即按游人爱好和动物珍贵程度、地区特产动物安排布局，如将一般游人喜欢的猴、猩猩、狮、虎、大象、熊、熊猫、长颈鹿等布局在全园的主要位置。

4. 混合式布局

融合上述多种布局方式，兼顾动物进化系统、地理分布和方便管理等进行布局较为灵活。

（二）各功能分区的植物景观设计

根据动物园的分区，模拟野生动物产地的植物景观特点，创造适于野生动物生存的空间环境。

1. 动物展区的植物景观

现代意义上的动物展示区要求创造野生环境的植物景观，仿造动物生存的自然生态环境，包括植被、土壤、地形、气候等，从而保证来自世界各地的动物能安全、舒适地生活。因此多数动物的展示区正向生态型、散放型方向发展，只有部分在当地气候条件下不能生存的动物，才仍然以馆舍方式展出。根据这一特点，在动物展示区进行植物景观营造时，就要充分研究各种动物原生生境的自然植被情况，还应了解不同种类动物的习性，如小熊猫跳跃距离为12m，则乔木应该远离12m，以避免小熊猫逃跑。又如破坏性大的猴子展示区，则需要对绿化树种采取相应的保护性措施。总之，不同种类的动物，要创造不同的植物景观。

2. 道路的植物景观

道路起到连接园内各个景点的作用，可分为主干道和次干道。园路的绿化要起到点缀风景的作用而不是妨碍视线，宜采用自然

式布置，与各动物展区的风格协调统一（图18-50）。平地的园路可用乔灌木树丛、绿篱、绿带来分割空间，使园路时隐时现，有高低起伏之感。园路交叉口是游人视线的焦点，可用花灌木来点缀。山地的园路要根据地形的起伏，有疏有密的种植。在有景可观的山路外侧，宜种植矮小的植物，不影响观景；而在无景可观的山路两侧，可以密植或丛植乔灌木，使山路隐藏在丛林之中，形成林间小道。

3. 公园的入口和大门的植物景观

入口和大门是园林的第一通道，应多安排一些服务性设施，如售票处、小卖部、等候亭廊等。入口和大门的形式多样，其植物景观设计应根据入口的形式、性质不同而有所区别。既要求和入口、大门的功能氛围相协调，还要突出动物园的特色。植物景观设计可起到软化入口和大门的几何线条、增加景深、扩大视野、延伸空间的作用。常见的入口和大门的形式有门亭、牌坊、园门和影壁等（图18-51）。

图18-51 成都
野生世界入口处
的绿化（李军
摄）

图18-52 成都
野生世界入口林
荫铺装广场（李
军摄）
图18-53 动物
表演场，设置台
阶式的看台（孙
大江摄）

图18-52

图18-53

4. 广场区的植物景观

广场具有疏散人流、休息等重要作用。野生动物园内广场的绿化，既不能影响车辆的通行，又要形成特色鲜明的景观。如在休息广场的四周可以种植乔木、灌木，中间适当铺设草坪、花坛，营造平静祥和的气氛；也可根据周围环境和游人活动的需要建立空旷铺装广场、林荫铺装广场、空旷草坪、林间草地和开放式活动草坪广场等（图18-52）。

5. 表演区的植物景观

首先应营造与表演动物原产地相似的植物景观。另外，表演区一般为下沉式，可种植高大的乔灌木，既可为游人遮阴，又可为动物表演提供背景（图18-53）。

三、野生动物园植物景观设计的方法

（一）野生动物园植物景观设计的原则

1. 安全性原则

包括两层含义，一方面要考虑到某些动物有跳跃或攀缘的特点，植物设计时要注意不能为其所用，而造成动物逃逸，对人畜造成伤害。另一方面在小动物展区，如鸟类展区，不能因植物的种植而增加其他动物对其攻击的可能性，使其自身的安全得到保障。

2. 生态相似性原则

通过地形改造与植物景观设计，创造出与展览动物原产地相似的生态环境条件。如骆驼原产于热带沙漠，需为其创造沙漠地带的生境（图18-54）。比利时安特卫普动物园就在骆驼园里铺了大量黄沙，并结合地势造出沙丘、绿洲、小溪等原产地的自然景观，为骆驼营造出良好的栖息环境。

3. 美观性原则

动物展览区主要目的是供游人参观欣赏之用，在营造植物景观时，美观性应是其主要原则之一。在营造与原产地相似的生境时，注重植物在形态、色彩、体量之间的协调关系，以展示植物美丽的花朵，优雅的姿态，斑斓的色彩。同时，营造动物原产地相似的生境，并不等于完全照搬其原产地的植被情况，因植物的适应性有限，引种驯化也比较复杂，如果照搬其原产地的植被，会导致多种植物的死亡。因此，只能充分利用现有的植物种类，合理搭配，营造出较为稳定的人工群落。另外，要把园林美学的原理及造园技法应用于展览区的建设，如堆山理水的技法，溪流岩石旁的植物景观设计，山体斜坡上的绿化方式，都可以应用于动物展览区的植物设计中。

4. 植物的实用性和长期性原则

所选植物的根、茎、叶、花、果对动物要无毒害或其他副作用，如夹竹桃科的夹竹桃，萝藦科的一些植物，天南星科的海芋、石蒜科的水仙等有毒植物，应避免在喜食植物的动物区布置。另外，所配植的植物要能为动物所喜爱，如猴园中可选柔韧性较强的

图18-54 骆驼
的栖息环境（苏
雪痕摄）

图18-54

藤本植物以利于猴子玩耍，喜阳光的动物可在展览区种植大面积的草坪，喜阴凉环境的动物在展览区种植高大的乔木等。

植物景观设计的长期性是指所选择的木本植物的茎、叶应是动物不喜欢吃的树种，否则容易被啃光。但在食草性动物展示区内可种大面积的动物可以食用的草本植物，或者在其他展区内种植能被动物采食果实的树木，如鸟园中种桑，桑椹可被鸟类食用等，为动物营造出了舒适的自然环境。

（二）野生动物园植物景观设计的要求

1. 野生动物园绿地建设的要求

野生动物园的绿地建设应该服从动物展览的要求，为生活在其中的各类动物创造接近自然的生态环境，为动物笼舍和陈列创造衬托背景，以及给游人创造良好的活动空间。根据园区的功能分区及动物的特点营建特色鲜明的植物景观。同时，不同的植物景观之间要有适当的过渡、相互融合，使动物园的植物景观在统一中有变化，形成完整的一体。根据各地的经验，游人要在风景秀丽、鸟语花香的环境中，尽兴地观赏动物嬉戏，其动物园的绿化面积至少要占全区面积的55%以上。

2. 野生动物园的植物景观设计

对于野生动物园动物展览区的种植设计，应该符合以下4个规定：有利于创造动物的良好生活环境；不能造成动物的逃逸；创造有特色的植物景观，以便形成游人参观游憩的良好环境；有利于卫生防护隔离。

动物移居动物园后，生活环境发生很大变化。应充分考虑动物原来的生活习性，尽量改善动物展区的环境，为其创造良好的生活空间。例如，在鸟类等飞禽笼舍内搭设可供鸟类休息的支架；植物可供某些兽类的攀缘，同时植物的芽、叶、嫩枝、树皮、青草可供食用，还可以起到遮阴、避雨、防风、调节气候和避免尘土的作用。兽舍附近的植物景观设计在满足防风遮阴等功能要求的前提下，尽可能结合动物的生态习性和原产地的地理景观来布置。如猴山附近的植物布置可以花果为主，形成花果山的景观；熊猫馆

附近多种竹子；爬虫馆可多种蔓藤植物；狮虎山种植以松树为主的植物等。

植物景观设计时既要满足动物的要求，在游人欣赏动物时，也为游人创造良好的观赏视线、背景和庇荫环境（图18-55、图18-56）。如在兽舍附近的安全栏内种植乔木或与兽舍组合成的花架、棚等。兽舍外环境也要尽量种植植物。相同的植物景观风格及色调可使兽舍内外连成一片，为游人提供一个集观赏、遮阴于一体的优良环境。

野生动物园的周围要设立卫生防护林带，林带宽度一般为10～20m，以疏透式结构林带为宜。卫生防护林带能起到防风、防尘、消毒、杀菌的作用。在园内可以利用园路的行道树作为防护林副带。按照有效防护距离为树高的20倍左右计算，必要时还可设一定的林带，以便真正解决动物园的风

图18-55

图18-56

图18-55 成都野生世界休息座椅的绿化（孙大江摄）
图18-56 成都野生世界火烈鸟园绿化景观（孙大江摄）

害。在一般情况下，通过植物合理种植，达到隔离的目的，以此解决卫生保护问题是有效的。但对于一些气味很大的动物笼舍仅靠绿化隔离带是不行的，在动物园规划时还应将这类笼舍布置在下风方向，并要用植物隔离这些笼舍。

3. 植物种类的选择

动物园内植物种类选择，除了满足其他公共绿地植物选择的规定要求，如选择适应种植地段立地条件植物、具有相应的抗性、适应栽植地的养护管理条件等一般性要求外，还需要具备以下两点要求。

（1）有利于模拟动物原产区的自然景观

动物生活在不同的气候带和地理环境中，形成了不同的生态习性，植物也同样在不同的气候和地理环境中形成各自的生物学和生态学特性。在动物园内创造动物原产地的生态习性和地理景观，不仅是满足动物生态习性的需要，也满足了动物展出的真实性和科学性的需要。在创造原产地的生态环境时，如不能满足动物原产区植物生长要求，也可以用与植物群体景观或个体形态相似的本地植物替代。如在北京地区生长的合欢代替非洲的凤凰木，能取得到同样的效果。

（2）种植对动物无毒、无刺、萌发力强、病虫害少的植物：动物活动范围内的植物景观设计，所选择的植物不仅要有较高的观赏价值，同时还要求这些植物不能对动物造成伤害。在动物活动场所不应种植叶、花、果有毒或有尖刺的树木，以免动物受到伤害，如构树对梅花鹿有毒害，熊猫误食槐树种子易引起腹泄，核桃对食草动物有害等。其他植物如茄科的曼陀罗、天南星科的海芋、夹竹桃科的夹竹桃，均含有对动物有毒害的物质。

在动物笼舍内也不宜种植动物喜欢吃的树种，可以种植动物不爱吃又无毒的植物。

对动物活动破坏树木严重的场地，仅在活动场地周围种植大乔木，以解决动物和游人的遮阴问题。

动物兽舍迎风面应该考虑多用常绿树种，而在笼舍和活动场地，则应该多种植落叶阔叶树种，以使冬日阳光充足。

（三）野生动物园植物景观设计的方法

在不同的分区，根据野生动物原产地的植被类型，模拟自然植被群落进行艺术组合。动物展示区内植物景观设计的方式很多，它主要由动物的生活习性所决定，常见的方式有：

1. 丛林式

主要适用于喜欢幽静的动物，浓密的丛林能为它们提供理想的藏身之处（图18-57）。如在澳大利亚墨尔本动物园灵长类动物展示区内由乔、灌木组成的丛林，就完全符合动物的习性。同时在林中的空地上特意放置动物玩耍的枯木，作为动物聚集的场所，以满足人们观赏的需求。

2. 湖泊溪流式

适用于水生或两栖类动物展区，通过营建一定的水面，为动物提供宽敞的活动空间，如很多野生动物园都设有较大面积的湖泊，作为天鹅等喜水禽类的展览区，湖面护坡用自然式草坪铺装，岸边植低矮的灌丛为动物提供休憩的场所（图18-58）。但对于一些有特殊能力的动物，要采取与之相应的防范措施进行植物景观设计，如河狸生性喜欢掘洞筑坝，在营造其展区时，就要用各种石块堆

图18-57 丛林式（李军摄）
图18-58 湖泊溪流式（孙大江摄）

成山涧溪流的景观，只在山石间配植少量的水生植物，以防止动物掘洞逃逸。

3. 沼泽式

适用于鳄鱼等沼生动物展区。以沼生植物为主，可用石块把浅水区与深水区分开，深水处以芦苇、香蒲等挺水植物为主，浅水处种植杉叶藻、慈姑、菖蒲等多种茎秆较低矮的水生植物作点缀，也可以完全模拟大自然滩涂地景观，种植各种野生植物来营造大自然荒凉的自然景观。

4. 开阔疏林式

适用于性情温顺的食草动物展区。这类动物一般易于人类接近，故其展区的植物景观设计可增大空间的通透性，便于人们观察动物的各种活动，更好地了解动物。如长颈鹿展区内主要种植草本植物，另植少量分枝点较高的乔木为其遮阴，一般不用灌木，以免遮挡游人视线。

在某些野生动物园的动物展区还设有动物表演区，主要展示一些动物经人工训练后具有的某种技能。这些区域的植物景观营造也应以开阔的草坪为主，仅在表演区后种植浓密的灌木，最好具备较好的观赏特性，达到遮阴美化的双重功能。

第四节　盲人花园

一、盲人花园概述

盲人花园，顾名思义即为盲人设置的专类花园，是让有视觉障碍的人们通过嗅觉、触觉、听觉等方式游览体验的花园，当然也同样可以为一般的游人游赏的。在西方，用芳香植物来吸引盲人游览的专类园，通常为了表示对盲人的尊重，不用"盲人花园（Blind Garden）"的名词，而用芳香园（Fragrant Garden）或感觉园（Sensory Garden）来命名。

中国大陆的第一个盲人植物园位于南京中山植物园内（图18-59），建成于1998年，设在国家级风景区中山陵园风景群落带，背倚钟山，占地1.2hm²，是目前中国大陆规模最大的盲人植物园，该园根据盲人触摸感知和嗅闻品析能力的特点，种植了芳香植物、果树、药用植物、水生植物、奇形叶片等乔灌木植物150种以上，其中60种植物挂有盲文铭牌、30种植物附设语音系统，较为详尽地介绍各种植物的名称、特点和用途等知识。2008年，该盲人植物园重新进行了扩建。到目前为止，苏州、郑州、上海（图18-60）等20多个城市也相继建设和规划了盲人植物园或专类花园。

二、盲人花园景观设计

（一）植物选择

在植物选材上，盲人无法通过"看"来体验和识别植物，但是盲人往往可以通过嗅觉、听觉、触觉来辨识和认识植物的特性。如苏州盲人植物园在植物设计时，按照植物的不同类型，分成四大区域：即芳香类植物区（如桂花、含笑、蜡梅、丁香、刺槐、栀子花）；叶型类植物区（如银杏、马褂木、

图18-59　中山植物园盲人植物园介绍（伏建国摄）

图18-60　上海辰山植物园盲人花园（胡永红摄）

图18-61　上海辰山植物园盲文识别标识牌（胡永红摄）

八角金盘、阔叶麦冬、鸡爪槭、金钱松、红枫等）；枝干类植物区（如杜仲、红瑞木、龙爪槐、紫薇、竹柏、结香等）和果实类植物区（如南天竹、果梅、枇杷、果石榴、无花果、柑橘等）。

总体而言，盲人花园的植物选择应该有以下要求：

（1）无毒无刺：以保证触摸和闻嗅植物时的安全。

（2）触觉与嗅觉：除视觉感受外具有明显的感觉特征的植物，比如具有不同的气味，鲜明的叶子形状或质感、不同形态特征的果实，这些特征易于通过嗅、触摸等途径识别，芳香园就是通过种植大量的芳香植物供盲人闻嗅识别。

（3）植物层次分明：乔灌草层次分明，主要植物特征易于在无障碍游赏环境条件下，易于被感知。

（4）植株株形低矮，植株的主要特征易于被盲人游客触摸和感知。

（5）与环境协调，尊重客观环境和立地条件。

（二）设计

盲人花园的设计中，还应充分考虑盲人的特殊性，通过设置盲道、不锈钢扶手、休息设施等，尽量为他们在活动时提供方便。另外，盲人花园的展示植物均配有盲文介绍牌及语音系统，让盲人可以像常人一样方便地赏析。如南京盲人植物园在设计这些设施时，从以下几点做了特殊的处理：

1. 地形

地形自然平缓，强调无障碍通行条件，道路平整，用鹅卵石铺成的盲人专用道，沿路有长达400余米的不锈钢护栏等设施。

2. 台地

植物栽植位置尽量便于盲人触摸和闻嗅识别，如设置0.5～1.0m左右高度的花台栽植以便于盲人站立或坐轮椅时可以触摸，种植位置临近道路以便于盲人下蹲便可接触。

3. 无障碍

盲人花园的建筑和服务设施必须有特殊考虑，除满足无障碍要求外，还强调了建筑及设施边角圆滑、满足引导盲人和便于使用的要求。

4. 认知系统

为了方便盲人识别，设置有通用的盲文识别标识系统（图18-61）和语音识别讲解系统。

思考题

1. 比较寺观园林与皇家园林和私家园林的异同点。

2. 在恢复兴建寺观园林时，植物选择有何特点？

3. 功能较完善的寺观园林主要分为引导部分、崇拜部分、生活部分和游览部分几大区域，每一个区域植物种类及应用方式有何异同？

4. 墓园植物景观的设计要点有哪些？

5. 社会上有的观点认为墓园仅仅是经营者的营销手段之一，如何辩证地看待墓园植物景观的营建？

6. 如何进行动物园内的景观设计，使植物更好地发挥卫生防护、隔离、杀菌等作用？

7. 动物园内不同的功能分区植物选择不同，在植物选择时如何做到适地适树？

8. 在动物园的植物景观设计时，如何做到体现原产地植物景观特色？

9. 如何理解充分了解动物的习性，才能更好地营造动物园的植物景观？

10. 盲人花园的特点及设计要点有哪些？

安　锋,兰国玉,蔡建成.海南耐荫植物资源及其开发利用[J].热带农业科学,2006 (2):69-74.

班孟坚.西都赋.汉.

陈淏子.花镜.清.

陈俊愉.中国花卉品种分类学[M].北京:中国林业出版社,2001.

陈俊愉.月季花史话[J].世界农业,1986 (8):51-53.

陈俊愉.梅花与园林[M].北京:北京科学技术出版社,1988.

陈俊愉.中国梅花品种图志[M].北京:中国林业出版社,2010.

陈俊愉主编.中国梅花[M].海口:中国海南出版社,1996.

陈应发,陈放鸣.国外森林游憩价值评估的两种流行方法[J].北京林业大学学报,1994,
　　16(3):97-105.

陈自新,苏雪痕等.北京城市园林绿化生态效益的研究(1)-(6)[J].中国园林,1998,(1)(2)(3)(4)
　　(5)(6).

陈宗之.集贤圃记[M](选自《中国历代名园记选》).明.

成仿云等.中国紫斑牡丹[M].北京:中国林业出版社,2005.

成克武,崔国发,王建中,李俊清.北京喇叭沟门林区森林生物多样性经济价值评价[J].北
　　京林业大学学报,2000,22(4):66-71.

程绪珂,胡云骅.生态园林的理论与实践[M].北京:中国林业出版社,2006.

笪重光.画筌.清.

董雅文.城市生态的氧平衡研究[J].城市环境与城市生态,1995,8(1):15-18.

董仲舒.深察名号.汉.

冯宜冰,张卫玲,张兆森.中国寺庙园林植物造景特色探究[J].山东林业科技,2007（3）:68-69.

高士奇.江春草堂记[M](选自《中国历代名园记选》).清.

龚　贤.龚安先生画决.明.

顾大典.谐赏园记(选自《中国历代名园记选》).明.

国家林业局·易道环境规划设计有限公司编.湿地恢复手册:原则、技术与案例分析[M].北京:
　　中国建筑工业出版社,2006.

韩红霞,高峻,刘广亮.遥感和GIS支持下的城市植被生态效益评价[J].应用生态学报,2003,(12).

贺善安,张佐双,顾姻.植物园学[M].北京:中国农业出版社,2005.

胡永红 , 黄卫昌等 . 展览温室与观赏植物 [M]. 北京 : 中国林业出版社 , 2005.

胡永红 . 专类园在植物园中的地位和作用及对上海辰山植物园专类园设置的启示 [J]. 中国园林 ,
　　2006, (07):50-55.

胡志斌 , 何兴元 , 李月辉 , 孙雨 , 宁祝华 . 基于 CITYgreen 模型的城市森林管理信息系统的构建
　　与应用 [J]. 生态学杂志 , 2003, (06).

华北地区建筑设计标准化办公室 . 西北地区建筑标准设计建筑构造通用图集（ 88J10 ）（ S ）.

计　成 . 明 . 园冶 .

江无一 . 明 . 横山草堂记 .

蒋　骥 . 清 . 读画记闻 .

李保忠 . 月季品种的引种、分类与综合评价研究 [D]. 南京林业大学 , 2006.

李传斌 . 浅说道观园林 [J]. 花木盆景 , 1995, (6):32.

李春娇 , 董丽 . 试论植物园专类区规划 [J]. 广东园林 , 2007, (02).

李　斗 . 清 . 扬州画舫录 .

李格非 . 宋 . 洛阳名园记 .

李嘉珏 . 中国牡丹与芍药 [M]. 北京 : 中国林业出版社 , 1999.

李沛琼 , 张寿洲 , 王勇进 , 傅晓平编着 . 耐荫半耐荫植物 [M]. 北京 : 中国林业出版社 , 2003.

李时珍 . 明 . 本草纲目 .

李树华 . 园林种植设计学 [M]. 北京 : 中国农业出版社 , 2010.

郦芷若等 . 世界公园 [M]. 北京 : 中国科学技术出版社 , 1992, 77.

林有润 . 观赏棕榈 [M]. 哈尔滨 : 黑龙江科学技术出版社 , 2002.

刘海桑 . 棕榈植物的造景艺术 [J]. 中国园林 , 1999, (06):19-22.

刘少宗 . 园林植物造景 (下)——习见园林植物 [M]. 天津 : 天津大学出版社 , 2003, 322-323.

刘义庆 . 南朝宋 . 世说新语 .

刘志强 , 洪亘伟 . 园艺疗法在我国城市园林中的应用研究 [J]. 苏州科技学院学报 , 2008,
　　21(1):49-53.

陆绍珩 . 明 . 醉古堂剑扫 .

吕洪飞 , 林雁 , 陈韬 . 浙江省观赏蕨类植物资源观赏特性的评价 [J]. 浙江师大学报 (自然
　　科学版), 1998, 21(2):63-70.

孟金贵 . 中国 '99 昆明世界园艺博览会蔬菜瓜果园的造园特色 [J]. 中国园林 , 1999, (06).

孟欣慧 . 观光蔬菜瓜果园规划设计要点 [J]. 北方园艺 , 2007, (7):117-118.

孟欣慧 . 牡丹在美化环境中的应用 [J]. 湖南科技学院学报 , 2006, 27(1):267-270.

潘　岳 . 晋 . 闲居赋 .

覃勇荣 , 刘旭辉 , 卢立仁 . 佛教寺庙植物的生态文化探讨 [J]. 河池学院学报 , 2006, (2):11-17.

全佛编辑部编 . 佛教的植物 [M]. 北京 : 中国社会科学出版社 , 2003.

司马相如 . 汉 . 上林赋 .

苏　轼 . 宋 . 虔州八境图•序 .

苏雪痕 . 植物造景 [M]. 北京 : 中国林业出版社 , 1994.

孙国光 . 明 . 游勺园记 (选自《中国历代名园记选》).

汤　珏 , 包志毅 . 植物专类园的类别和应用 [J]. 风景园林 , 2005, 61-64.

汤　珏 . 中外岩石园比较及研究案例 [D]. 浙江大学硕士论文 , 2006.

陶渊明 . 东晋 . 读山海经十三道 .

陶渊明 . 东晋 . 归田园居五首 .

天津市园林管理局编 . 城市绿化工程施工及验收规范（CJJ/T 82-99 ）（S ）. 北京 : 中国建筑工
　　业出版社 , 1999.

汪　灏 . 清 . 广群芳谱二十二卷 · 花谱 .

王　铎 . 中国古代苑园与文化 [M]. 武汉 : 湖北教育出版社 , 2003.

王　蕾 . 中国寺庙园林植物景观营造初探 [J]. 林业科学 , 2007, (1):62-67.

王莲英 . 中国牡丹品种图志 [M]. 北京 : 中国林业出版社 , 1998.

王秋圃 , 刘永书 . 岩石园与岩石植物 [J]. 中国园林 , 1989, (01): 43-44.

王　维 . 唐 . 山水诀 .

王　维 . 唐 . 山水论 .

文震亨 . 明 . 长物志 .

吴涤新 . 花卉应用与设计 [M]. 北京 : 中国农业出版社 , 1994.

谢维荪 . 仙人掌类与多肉花卉 [M]. 上海 : 上海科学技术出版社 , 2001.

杨士弘 . 城市绿化树木碳氧平衡效应研究 [J]. 城市环境与城市生态 , 1996, 9(1):37-39.

杨炫之 . 北魏 . 洛阳伽蓝记 .

叶　朗 . 中国美学史大纲 [M]. 上海 : 上海人民出版社 , 2005.

叶文虎 , 魏斌 , 仝川 . 城市生态补偿能力衡量和应用 [J]. 中国环境科学 , 1998, (04).

于连生 . 自然资源价值论及其应用 [M]. 北京 : 化学工业出版社 , 2004.

余树勋 . 花园设计 [M]. 天津 : 天津大学出版社 , 1998.

余树勋 . 植物园规划与设计 [M]. 天津 : 天津大学出版社 , 2000.

余树勋 . 园中石 [M]. 北京 : 中国建筑工业出版社 , 2004.

袁　起 . 清 . 随园图说 (选自《中国历代名园记选》).

岳玲等 . 月季抗性研究进展 [J]. 北方园艺 , 2010, (09):225-227.

臧德奎 , 金荷仙 , 于东明 . 我国植物专类园的起源与发展 [J]. 中国园林 , 2007, (6).

张　潮 . 明 . 幽梦影 .

张　淏 . 宋 . 艮岳记 .

张惠源 , 赵润怀 , 袁昌齐 , 孙传奇 , 张志英 . 我国的中药资源种类 [J]. 中国中药杂志 , 1995,
　　20(7):387-390.

张丽丽等 . 道观园林植物景观营造初探 [J]. 中国农业学通报 , 2009, 25(18):283-287.

张维柱 , 黄文 , 王洪 . 西双版纳阴生观叶植物种质资源 [J]. 园艺学报 , 1993, 20(3):289-294.

张秀英 . 园林树木栽培养护学 [M]. 北京 : 高等教育出版社 , 2005.

张祖刚 . 世界园林发展概论 [M]. 北京 : 中国建筑工业出版社 , 2003.

赵　佶 . 御制艮岳记 . 宋 .

赵世伟,张佐双.园林植物景观设计与营造[M].北京:中国建筑工业出版社,2001.

赵世伟.北京植物园月季园:西山脚下的浪漫伊甸园[J].中国花卉园艺,2008,24.

郑圆勋.明.影园自记.

中国大百科全书编辑委员会.中国大百科全书.建筑、园林、城市规划卷[M].北京:中国大百科全书出版社,1986:552,589.

中国建筑标准设计研究院 组织编制.建筑场地园林景观设计深度及图样（06SJ805）（S）.

中国药材公司.中国中药资源志要[M].北京:科学出版社,1994.

周道瑛.园林种植设计[M].北京:中国林业出版社,2008.

周 密.宋.吴兴园林记.

周 群,王成聪.厦门植物园多肉植物资源及应用评价[J].亚热带植物科学,2003,32(3):42-46.

周维权.中国古典园林史[M].北京:清华大学出版社,1999.

朱长文.宋.乐圃记(选自《中国历代名园记选》).

朱红译.欧盟植物园行动计划.杭州植物园通讯,2000,(3):2-6.

朱钧珍.香港寺观园林景观[M].香港:香港特别行政区,2002.

[美]克雷格·S·坎贝尔,迈克尔·H·奥格登著.吴晓芙译.湿地与景观[M].北京:中国林业出版社,2005.

American Forests. CITYgreen —Calculating the value of nature(version 5.0). Wishington, DC: American Forests. 2000.

Carey, D.I. Development based on carrying capacity[J].Global Environmental Change, 1993, 3(2):140-148.

Chai Y-X(柴一新), Zhu N(祝宁), Han H-J(韩焕金). Dust removal effect of urban tree species in Harbin[J]. Chin. J. Appl. Ecol. (应用生态学报), 2002, 13 (9):1121-1126(in Chinese).

Chen Y-H(陈云浩), Li X-B(李晓兵), Shi P-J(史培军). Landscape spatial － temporal pattern analysis on change in the fraction of green vegetation based on remotely sensed data : A case study in Haidian district, Beijing [J]. Acta Ecol. Sin. (生态学报), 2002, 22(10):1581-1586 (in Chinese).

David L. Jones. Palms[M].Smithsonian Institution press, 1995.

Dicket, Thomas and Andrea E.Tuttle. Cumulative impact assessment in environmental planning, a coastal wetland watershed example[J]. Environmental Impact Assessment Review, 1985, (5):37-64.

Dwyer.J, and H.W. Schroeder. Social and economic benefits of the urban forest, pp 442–446. In Foresters Together: Meeting Tomorrow's Challenges:Proceedings of the 1993 Society of American Foresters National Convention. Society of American Foresters,Bethesda, MD. 1993.

Gao J(高峻), Yang M-J(杨名静), Tao K-H(陶康华). Analyse the pattern of urban greenery features in Shanghai[J]. China Landscape Architech (中国园林), 2000, 16 (1):53-56.

Heisler, G. Energy savings with trees. J. Arboric.12:113-125. 1986.

Hu D(胡聃). Discussion on assessment of urban green space synthetical effect[J].Urban Envi ron Urban Ecol(城市环境与城市生态), 1994:18-22.

Huang G-Y(黄光宇), Chen Y(陈勇). Discussing city ecology degrees and Ecology City[J].
Urban Environ. Urban Ecol. (城市环境与城市生态), 1999, 12(6):28-31.

Huang Y-Y(黄银晓), Lin S-H(林舜华), Han R-Z(韩荣庄), et al. The effect of urbanization
on growth and development of plants[J]. Acta Phytoecol Geobot Sin. (植物生态学与地植物学
学报), 1988:12(4):255-264.

Jessie L. Scott and David R. Betters. Economic Analysis of Urban tree Replacement Decisions,
2000, p69-77.

Jiang G-M(蒋高明). Urban Vegetation : Its charateristic ,type and function[J].Chin. Bull. Bot.
(植物学通报), 1993, 10 (3):21-27 .

Koob T, Barber EM, Hathhorn EW. Hydrologic design considerations of constructed wetlands
for urban stromwater runoff[J].J A mer Water Resou Assoc, 1999, 35 (2):323-331.

Li D(李德). Mathematical model on greenland ecological benefit[J].For. Econom. (林业经济),
1995, (5):67-69.

Miller, R.W. Urban Forestry Planning and Managing, Urban Greenspaces. Prentice Hall,
Upper Saddle River, NJ. 1997, 480 pp.

Reethof, G, and O.H. McDaniel. Acoustics and the urban forest, pp 321–329. In Proceedings of
the National Urban Forestry Conference, State University of New York, NY. 1978.

Rowntree, R.A. Ecological values of the urban forest, pp 22–25. In Proceedings of the Fourth
Urban Forestry Conference, American Forestry Association,Washington, DC. 1989.

Seidl. I, Tisdell. C. A. Carrying capacity reconsidered: from Malthus population theory to
cultural carrying capacity[J]. Ecological economics, 1999, 31: 335-348.

附录：书中出现的植物一览表

植物名称	拉丁学名	科名	属名	性状
A				
埃及白睡莲（齿叶睡莲）	*Nymphaea lotus* var. *dentata*	睡莲科	睡莲属	草本（水生）
矮爵床	*Rostellularia humilis*	爵床科	爵床属	草本
矮牵牛	*Petunia hybrida*	茄科	矮牵牛属	草本
矮生栒子	*Cotoneaster dammerii*	蔷薇科	栒子属	常绿灌木
矮紫杉	*Taxus cuspidata* 'Nana'	红豆杉科	红豆杉属	常绿灌木
安德喜林芋（金叶喜林芋）	*Philodendron andreanum*	天南星科	喜林芋属	草本
安徽小檗	*Berberis anhweiensis*	小檗科	小檗属	落叶灌木
桉树（大叶桉）	*Eucalyptus robusta*	桃金娘科	桉属	常绿乔木
凹叶厚朴	*Magnolia officinalis* subsp. *biloba*	木兰科	木兰属	落叶乔木
B				
八宝	*Sedum spectabile*	景天科	八宝属	草本
八角枫	*Alangium chinense*	八角枫科	八角枫属	落叶乔木
八角金盘	*Fatsia japonica*	五加科	八角金盘属	常绿灌木
八角莲	*Dysosma versipellis*	小檗科	鬼臼属（八角莲属）	草本
八仙花（绣球）	*Hydrangea macrophylla*	虎耳草科	绣球属	落叶灌木
巴东荚蒾	*Viburnum henryi*	忍冬科	荚蒾属	常绿、半常绿灌木或小乔木
巴山冷杉	*Abies fargesii*	松科	冷杉属	常绿乔木
巴西铁树	*Dracaena fragrans*	龙舌兰科	龙血树属	常绿灌木或乔木状
芭蕉	*Musa basjoo*	芭蕉科	芭蕉属	高大草本
坝王栎	*Quercus bawanglingensis*	壳斗科	栎属	常绿乔木
白斑亮丝草	*Aglaonema commutatum*	天南星科	广东万年青属	草本
白背瓜馥木（白叶瓜馥木）	*Fissistigma glaucescens*	番荔枝科	瓜馥木属	攀缘灌木
白背黄肉楠	*Actinodaphne glaucina*	樟科	黄肉楠属	常绿乔木
白边铁树（银线龙血树）	*Dracaena deremensis* 'Warneckii'	龙舌兰科	龙血树属	常绿灌木
白蝶合果芋（白蝴蝶）	*Syngonium podophyllum* 'White Butterfly'	天南星科	合果芋属	草本
白丁香	*Syringa oblata* var. *alba*	木犀科	丁香属	落叶灌木
白粉藤	*Cissus repens*	葡萄科	白粉藤属	草质藤本
白花酢浆草	*Oxalis rubra* 'Alba'	酢浆草科	酢浆草属	草本
白花鞑靼忍冬	*Lonicera tatarica* 'Albo'	忍冬科	忍冬属	落叶灌木
白花杜鹃（毛白杜鹃）	*Rhododendron mucronatum*	杜鹃花科	杜鹃属	半常绿灌木
白花含笑	*Michelia mediocris*	木兰科	含笑属	常绿乔木
白花芍药	*Paeonia sterniana*	芍药科	芍药属	落叶灌木
白花油麻藤	*Mucuna birdwoodiana*	蝶形花科	黧豆属	常绿木质藤本
白花鱼藤	*Derris albo-rubra*	蝶形花科	鱼藤属	常绿木质藤本
白花紫露草	*Tradescantia fluminensis*	鸭跖草科	鸭跖草属	草本

植物名称	拉丁学名	科名	属名	性状
白桦	*Betula platyphylla*	桦木科	桦木属	落叶乔木
白及	*Bletilla striata*	兰科	白及属	草本
白金葛	*Scindapsus aureus* 'Marble Queen'	天南星科	藤芋属	蔓性草本
白鹃梅	*Exochorda racemosa*	蔷薇科	白鹃梅属	落叶灌木
白蜡	*Fraxinus chinensis*	木犀科	白蜡属	落叶乔木
白兰	*Michelia alba*	木兰科	含笑属	常绿乔木
白榄（橄榄）	*Canarium album*	橄榄科	橄榄属	乔木
白梨	*Pyrus bretschneideri*	蔷薇科	梨属	落叶小乔木
白蔹	*Ampelopsis japonica*	葡萄科	蛇葡萄属	落叶木质藤本
白蓼	*Polygonum orientale* 'Album'	蓼科	蓼属	草本
白马骨	*Serissa serissoides*	茜草科	白马骨属	常绿或半常绿小灌木
白毛杜鹃（柔白杜鹃）	*Rhododendron vellereum*	杜鹃花科	杜鹃属	常绿小乔木
白毛枸子	*Cotoneaster wardii*	蔷薇科	枸子属	常绿灌木
白皮松	*Pinus bungeana*	松科	松属	常绿乔木
白千层	*Melaleuca leucadendron*	桃金娘科	白千层属	常绿乔木
白杆	*Picea meyeri*	松科	云杉属	常绿乔木
白乳木（白木乌桕）	*Sapium japonicum*	大戟科	乌桕属	落叶小乔木
白瑞香	*Daphne papyracea*	瑞香科	瑞香属	常绿灌木
白三叶	*Trifolium repens*	蝶形花科	车轴草属	草本
白树卫矛	*Euonymus geloniifolium*	卫矛科	卫矛属	常绿灌木
白睡莲	*Nymphaea alba*	睡莲科	睡莲属	草本（水生）
白穗花	*Speirantha gardenii*	百合科	白穗花属	草本
白檀	*Symplocos paniculata*	山矾科	山矾属	落叶灌木或小乔木
白头婆（泽兰）	*Eupatorium japonicum*	菊科	泽兰属	草本
白网纹草	*Fittonia verschaffeltii* var.*argyroneura*	爵床科	网纹草属	草本
白纹竹芋（斑竹芋）	*Maranta arundinacea* 'Variegata'	竹芋科	竹芋属	草本
白苋草	*Alternanthera ficoidea* 'Variegata'	苋科	莲子草属	草本
白线文殊兰	*Crinum asiaticum* 'Silver-stripe'	石蒜科	文殊兰属	草本
白辛（白辛树）	*Pterostyrax psilophyllus*	安息香科	白辛树属	常绿乔木
白叶花楸	*Sorbus cuspidata*	蔷薇科	花楸属	落叶乔木
白榆（榆树）	*Ulmus pumila*	榆科	榆属	落叶乔木
白玉兰	*Magnolia denudata*	木兰科	木兰属	落叶乔木
白玉棠	*Rosa multiflora* 'Albo-plena'	蔷薇科	蔷薇属	落叶灌木
白纸扇	*Mussaenda philippica*	茜草科	玉叶金花属	藤状灌木
白珠树	*Gaultheria cumingiana*	杜鹃花科	白珠树属	常绿灌木
百合	*Lilium brownii* var. *viridulum*	百合科	百合属	草本
百花蒿	*Stilpnolepis centiflora*	菊科	百花蒿属	草本
百花花楸	*Sorbus pohuashanensis*	蔷薇科	花楸属	落叶乔木
百里香	*Thymus mongolicus*	唇形科	百里香属	常绿灌木（亚灌木）
百山祖冷杉	*Abies beshanzuensis*	松科	冷杉属	常绿乔木
百子莲	*Agapanthus africanus*	石蒜科	百子莲属	草本
百足藤（蜈蚣藤）	*Pothos repens*	天南星科	石柑属	附生藤本
柏木	*Cupressus funebris*	柏科	柏木属	常绿乔木
败酱	*Patrinia scabiosaefolia*	败酱科	败酱属	草本
斑纹竹芋（斑叶竹芋）	*Calathea zebrina*	竹芋科	肖竹芋属	草本
斑叶澳洲鸭脚木	*Schefflera actinophylla* 'Variegata'	五加科	鹅掌柴属	常绿小乔木
斑叶多孔龟背竹	*Monstera adansonii* 'Variegata'	天南星科	龟背竹属	草本
斑叶鹅掌藤	*Schefflera arboricola* 'Variegata'	五加科	鹅掌柴属	常绿灌木
斑叶欧洲白蜡	*Fraxinus excelsior* 'Variegata'	木犀科	白蜡属	落叶乔木
斑叶山菅兰	*Dianella ensifolia* 'Silvery Stripe'	百合科	山菅兰属	草本
斑叶石菖蒲	*Acorus gramineus* 'Variegata'	天南星科	菖蒲属	草本

植物名称	拉丁学名	科名	属名	性状
斑叶橡胶榕（斑叶胶榕、花叶橡皮树）	Ficus elastica 'Variegata'	桑科	榕属	常绿乔木
斑叶小蜡（银姬小蜡、花叶山指甲）	Ligustrum sinense 'Variegatum'	木犀科	女贞属	半常绿灌木或小乔木
斑叶熊掌木	Fatshedera × lizei 'Variegata'	五加科	熊掌木属	常绿蔓性灌木
斑叶一叶兰	Aspidistra elatior 'Variegata'	百合科	蜘蛛抱蛋属	草本
斑叶鱼腥草	Houttuynia cordata 'Variegata'	三白草科	蕺菜属	草本
斑叶玉竹	Polygonatum odoratum 'Variegata'	百合科	黄精属	草本
斑叶紫露草	Tradescantia albiflora 'Variegata'	鸭跖草科	鸭跖草属	草本
斑竹（湘妃竹）	Phyllostachys bambusoides 'Tanakae'	禾本科	刚竹属	竹类
板蓝根（菘蓝）	Isatis indigotica	十字花科	菘蓝属	草本
板栗	Castanea mollissima	壳斗科	栗属	落叶乔木
半夏	Pinellia ternata	天南星科	半夏属	草本
半支莲（大花马齿苋）	Portulaca grandiflora	犁牛儿苗科	犁牛儿苗属	草本
瓣蕊唐松草	Thalictrum petaloideum	毛茛科	唐松草属	草本
苞叶杜鹃	Rhododendron bracteatum	杜鹃花科	杜鹃属	常绿灌木
宝华玉兰	Magnolia zenii	木兰科	木兰属	落叶小乔木
宝兴杜鹃	Rhododendron moupinense	杜鹃花科	杜鹃属	常绿灌木
宝兴掌叶报春	Primula heucherifolia	报春花科	报春花属	草本
保亭叉柱花	Staurogyne paotingensis	爵床科	叉柱花属	草本
报春刺玫	Rosa primula	蔷薇科	蔷薇属	落叶灌木
报春花	Primula malacoides	报春花科	报春花属	草本
抱石莲	Lepidogrammitis drymoglossoides	水龙骨科	骨牌蕨属	蕨类
豹皮樟（紫皮樟）	Litsea coreana var. sinensis	樟科	木姜子属	常绿乔木
豹纹竹芋	Maranta leuconeura 'Kerchoviana'	竹芋科	竹芋属	草本
暴马丁香	Syringa reticulata var. mandshurica	木犀科	丁香属	落叶灌木或小乔木
爆仗竹（炮仗竹）	Russelia equisetiformis	玄参科	爆仗竹属	草本
杯花韭	Allium cyathophorum	百合科	葱属	草本
北京丁香	Syringa pekinensis	木犀科	丁香属	落叶灌木或小乔木
北京虎耳草	Saxifraga sibirica var. pekinensis	虎耳草科	虎耳草属	草本
北京杨	Populus × beijingensis	杨柳科	杨属	落叶乔木
北美红杉	Sequoia sempervirens	杉科	北美红杉属	常绿乔木
北沙柳	Salix psammophila	杨柳科	柳属	灌木
北五味子	Schisandra chinensis	五味子科	五味子属	落叶木质藤本
北重楼	Paris verticillata	百合科	北重楼属	草本
贝拉球兰	Hoya bella	萝藦科	球兰属	攀缘灌木
贝叶棕	Corypha umbraculifera	棕榈科	贝叶棕属	棕榈类
闭鞘姜	Costus speciosus	姜科	闭鞘姜属	草本
篦齿苏铁	Cycas pectinata	苏铁科	苏铁属	常绿木本
碧桃	Prunus persica 'Duplex'	蔷薇科	李属	落叶小乔木
薜荔	Ficus pumila	桑科	榕属	常绿木质藤本
扁柏（日本扁柏）	Chamaecyparis obtusa	柏科	扁柏属	常绿乔木
扁担藤	Tetrastigma planicaule	葡萄科	崖爬藤属	木质大藤本
扁桃（巴旦杏）	Prunus amygdalus	蔷薇科	李属	落叶乔木
扁竹兰	Iris confusa	鸢尾科	鸢尾属	草本
变叶木	Codiaeum variegatum	大戟科	变叶木属	常绿灌木或小乔木
杓兰	Cypripedium calceolus	兰科	杓兰属	草本
蔍草	Scirpus triqueter	莎草科	蔍草属	草本（水生）
槟榔	Areca catechu	棕榈科	槟榔属	棕榈类（乔木）
并蒂莲（千瓣莲）	Nelumbo nucifera 'Thousand Petals'	睡莲科	莲属	草本（水生）

植物名称	拉丁学名	科名	属名	性状
波棱瓜	*Herpetospermum pedunculosum*	葫芦科	波棱瓜属	藤本
波罗蜜（树波罗、木波罗）	*Artocarpus heterophyllus*	桑科	波罗蜜属	常绿乔木
波士顿蕨	*Nephrolepis exaltata* var. *bostoniensis*	肾蕨科	肾蕨属	蕨类
波斯丁香	*Syringa × persica*	木犀科	丁香属	落叶灌木
博落迴	*Macleaya cordata*	罂粟科	博落迴属	草本
薄荷	*Mentha haplocalyx*	唇形科	薄荷属	草本
薄皮木	*Leptodermis oblonga*	茜草科	野丁香属	落叶小灌木
补血草	*Limonium sinense*	蓝雪科	补血草属	草本
布朗忍冬花	*Lonicera × brownii*	忍冬科	忍冬属	落叶或半常绿藤本
C				
彩虹千年木	*Dracaena marginata* 'Tricolor Rainbow'	龙舌兰科	龙血树属	常绿灌木
彩纹千年木	*Dracaena marginata* 'Tricolor'	龙舌兰科	龙血树属	常绿灌木
彩叶草	*Coleus blumei*	唇形科	彩叶草属	草本
彩叶红桑	*Acalypha wikesiana* 'Musaica'	大戟科	铁苋菜属	常绿灌木
彩叶朱蕉	*Cordyline fruticosa* 'Amabilis'	龙舌兰科	朱蕉属	常绿灌木
彩叶紫露草	*Tradescantia fluminensis* 'Tricolor'	鸭跖草科	鸭跖草属	草本
彩晕香水月季	*Rosa odorata* 'Hume's Blush Tea-scented China'	蔷薇科	蔷薇属	落叶灌木
菜豆	*Phaseolus vulgaris*	蝶形花科	菜豆属	缠绕草本
菜豆树	*Radermachera sinica*	紫葳科	菜豆树属	落叶乔木
菜蕨	*Callipteris esculenta*	蹄盖蕨科	菜蕨属	蕨类
苍山冷杉	*Abies delavayi*	松科	冷杉属	常绿乔木
苍术	*Atractylodes lancea*	菊科	苍术属	草本
草豆蔻	*Alpinia katsumadai*	姜科	山姜属	草本
草果	*Amomum tsaoko*	姜科	豆蔻属	草本
草海桐	*Scaevola sericea*	草海桐科	草海桐属	直立或铺散灌木
草麻黄	*Ephedra sinica*	麻黄科	麻黄属	草木状灌木
草莓树	*Arbutus unedo*	杜鹃花科	草莓树属	灌木
草珊瑚	*Sarcandra glabra*	金粟兰科	草珊瑚属	常绿半灌木
草芍药	*Paeonia obovata*	芍药科	芍药属	草本
草乌	*Aconitum kusnezoffii*	毛茛科	乌头属	草本
侧柏	*Platycladus orientalis*	柏科	侧柏属	常绿乔木
梣叶槭（复叶槭）	*Acer negundo*	槭树科	槭树属	落叶乔木
叉叶木（十字架树）	*Crescentia alata*	紫葳科	炮弹果属	常绿小乔木
茶	*Camellia sinensis*	山茶科	山茶属	常绿灌木
茶藨子（醋栗）	*Ribes burejense*	茶藨子科	茶藨子属	落叶灌木
茶槁楠	*Phoebe hainanensis*	樟科	楠属	常绿乔木
茶梅	*Camellia sasanqua*	山茶科	山茶属	常绿灌木
茶条槭	*Acer ginnala*	槭树科	槭属	落叶小乔木
菖蒲	*Acorus calamus*	天南星科	菖蒲属	草本（水生）
长白虎耳草	*Saxifraga laciniata*	虎耳草科	虎耳草属	草本
长白耧斗菜	*Aquilegia amurensis*	毛茛科	耧斗菜属	草本
长白米努草	*Minuartia macrocarpa*	石竹科	米努草属	草本
长白山龙胆	*Gentiana jamesii*	龙胆科	龙胆属	草本
长柄矮生栒子	*Cotoneaster dammeri* var. *radicans*	蔷薇科	栒子属	常绿灌木
长柄扁桃	*Prunus pedunculata*	蔷薇科	李属	灌木
长柄冬青	*Ilex dolichopoda*	冬青科	冬青属	常绿乔木
长柄豆蔻	*Amomum longipetiolatum*	姜科	豆蔻属	草本
长柄合果芋	*Syngonium podophyllum*	天南星科	合果芋属	草本

植物名称	拉丁学名	科名	属名	性状
长柄琼楠	*Beilschmiedia longipetiolata*	樟科	琼楠属	常绿乔木
长柄卫矛	*Euonymum longipedicellatus*	卫矛科	卫矛属	灌木
长柄银叶树	*Heritiera angustata*	梧桐科	银叶树属	常绿乔木
长春花	*Catharanthus roseus*	夹竹桃科	长春花属	草本
长隔木（希茉莉）	*Hamelia patens*	茜草科	长隔木属	常绿灌木
长梗葱	*Allium neriniflorum*	百合科	葱属	草本
长芒杜英	*Elaeocarpus apiculatus*	杜英科	杜英属	常绿乔木
长毛杜鹃	*Rhododendron trichanthum*	杜鹃花科	杜鹃属	灌木
长序厚壳桂	*Cryptocarya metcalfiana*	樟科	厚壳桂属	常绿乔木
长叶垂枝暗罗（印度塔树）	*Polyalthia longifolia* 'Pendula'	番荔枝科	暗罗属	常绿乔木
长叶刺葵（加那利海枣）	*Phoenix canariensis*	棕榈科	刺葵属	棕榈类
长叶哥纳香	*Goniothalamus gardneri*	番荔枝科	哥纳香属	常绿灌木或小乔木
长叶木兰	*Magnolia paenetalauma*	木兰科	木兰属	常绿小乔木
长叶球子草（簇花球子草）	*Peliosanthes teta*	百合科	球子草属	草本
长圆叶新木姜子	*Neolitsea oblongifolia*	樟科	新木姜子属	常绿大灌木
巢蕨	*Neottopteris nidus*	铁角蕨科	巢蕨属	蕨类
朝雾草（银叶草）	*Artemisia schmidtiana*	菊科	蒿属	草本
朝鲜小檗	*Berberis koreana*	小檗科	小檗属	落叶灌木
朝鲜崖柏	*Thuja koraiensis*	柏科	崖柏属	常绿乔木
车轮梅（石斑木）	*Raphiolepis indica*	蔷薇科	石斑木属	常绿灌木
柽柳	*Tamarix chinensis*	柽柳科	柽柳属	落叶灌木
赪桐	*Clerodendrum japonicum*	马鞭草科	赪桐属	落叶灌木
橙	*Citrus sinensis*	芸香科	柑橘属	常绿小乔木
秤锤树	*Sinojackia xylocarpa*	安息香科	秤锤树属	落叶小乔木
池杉	*Taxodium ascendens*	杉科	落羽杉属	落叶乔木
齿叶报春	*Primula serratifolia*	报春花科	报春花属	草本
赤楠	*Syzygium buxifolium*	桃金娘科	蒲桃属	常绿灌木或小乔木
赤松	*Pinus densiflora*	松科	松属	常绿乔木
翅荚香槐	*Cladrastis platycarpa*	蝶形花科	香槐属	落叶乔木
重瓣黑心菊	*Rudbeckia × hybrida*	菊科	金光菊属	草本
重瓣萱草	*Hemerocallis fulva* var. *kwanso*	百合科	萱草属	草本
重阳木	*Bischofia polycarpa*	大戟科	秋枫属	落叶乔木
稠李	*Padus racemosa*	蔷薇科	稠李属	落叶乔木
臭椿	*Ailanthus altissima*	苦木科	臭椿属	落叶乔木
臭冷杉	*Abies nephrolepis*	松科	冷杉属	常绿乔木
臭枇杷（秀雅杜鹃）	*Rhododendron concinnum*	杜鹃花科	杜鹃属	常绿灌木
雏菊	*Bellis perennis*	菊科	雏菊属	草本
川赤芍	*Paeonia veitchii*	芍药科	芍药属	草本
川滇花楸	*Sorbus vilmorinii*	蔷薇科	花楸属	落叶灌木或小乔木
川山矾（四川山矾）	*Symplocos setchuensis*	山矾科	山矾属	常绿小乔木
川西报春（鹅黄报春）	*Primula cockburniana*	报春花科	报春花属	草本
穿心莲	*Andrographis paniculata*	爵床科	穿心莲属	草本
串果藤	*Sinofranchetia chinensis*	木通科	串果藤属	落叶木质藤本
串铃草	*Phlomis mongolica*	唇形科	糙苏属	多年生草本
吹雪柱	*Cleistocatus strausii*	仙人掌科	管花柱属	仙人掌植物
垂红布朗忍冬	*Lonicera × brownii* 'Dropmore Scarlet'	忍冬科	忍冬属	落叶或半常绿藤本
垂花报春	*Primula flaccida*	报春花科	报春花属	草本
垂花悬铃花	*Malvaviscus arboreus* var. *penduliflorus*	锦葵科	悬铃花属	落叶灌木
垂柳	*Salix babylonica*	杨柳科	柳属	落叶乔木

植物名称	拉丁学名	科名	属名	性状
垂盆草	*Sedum sarmentosum*	景天科	景天属	草本
垂丝海棠	*Malus halliana*	蔷薇科	苹果属	落叶小乔木
垂丝卫矛	*Euonymus oxyphyllus*	卫矛科	卫矛属	落叶灌木或小乔木
垂笑君子兰	*Clivia nobilis*	石蒜科	君子兰属	草本
垂叶榕	*Ficus benjamina*	桑科	榕属	常绿乔木
垂枝北非雪松	*Cedrus atlantica* 'Pendula'	松科	雪松属	常绿乔木
垂枝红千层（串钱柳）	*Callistemon viminalis*	桃金娘科	红千层属	常绿灌木或小乔
垂枝桦	*Betula pendula*	桦木科	桦木属	落叶乔木
垂枝桑（龙桑）	*Morus alba* 'Pendula'	桑科	桑属	落叶乔木
垂枝山毛榉（垂枝水青冈）	*Fagus longipetiolata* 'Pendula'	壳斗科	山毛榉属	落叶乔木
垂枝英国山楂	*Crataegus monogyna* 'Pendula'	蔷薇科	山楂属	落叶小乔木
垂枝雪松	*Cedrus deodara* 'Pendula'	松科	雪松属	常绿乔木
垂枝樱	*Prunus serrulata* 'Pendula'	蔷薇科	李属	落叶乔木
垂枝榆	*Ulmus pumila* 'Pendula'	榆科	榆属	落叶乔木
春兰	*Cymbidium goeringii*	兰科	兰属	草本
莼菜	*Brasenia schreberi*	睡莲科	莼属	水生草本
慈姑	*Sagittaria sagittifolia*	泽泻科	慈姑属	水生草本
刺柏（台湾桧）	*Juniperus formosana*	柏科	刺柏属	常绿小乔木
刺梗蔷薇	*Rosa setipoda*	蔷薇科	蔷薇属	落叶灌木
刺冠菊	*Calotis anamitica*	菊科	刺冠菊属	草本
刺槐	*Robinia pseudoacacia*	蝶形花科	刺槐属	落叶乔木
刺毛杜鹃	*Rhododendron championae*	杜鹃花科	杜鹃属	常绿灌木
刺楸	*Kalopanax septemlobus*	五加科	刺楸属	落叶乔木
刺桐	*Erythrina variegata*	蝶形花科	刺桐属	常绿乔木
刺五加	*Acanthopanax senticosus*	五加科	五加属	落叶灌木
刺叶苏铁（华南苏铁）	*Cycas rumphii*	苏铁科	苏铁属	常绿木本
刺轴榈	*Licuala spinosa*	棕榈科	轴榈属	棕榈类（灌木）
葱皮忍冬	*Lonicera ferdinandii*	忍冬科	忍冬属	落叶灌木
楤木	*Aralia chinensis*	五加科	楤木属	落叶灌木
粗榧	*Cephalotaxus sinensis*	三尖杉科	三尖杉属	常绿小乔木或灌木
粗脉紫金牛	*Ardisia crassinervosa*	紫金牛科	紫金牛属	常绿灌木
翠柏	*Calocedrus macrolepis*	柏科	翠柏属	常绿乔木
翠菊	*Callistephus chinensis*	菊科	翠菊属	草本
翠雀（大花飞燕草）	*Delphinium grandiflorum*	毛茛科	翠雀属	草本
翠玉合果芋	*Syngonium podophyllum* 'Variegata'	天南星科	合果芋属	草本
翠云草	*Selaginella uncinata*	卷柏科	卷柏属	蕨类
翠竹	*Sasa pygmaea*	禾本科	赤竹属	竹类

D

植物名称	拉丁学名	科名	属名	性状
鞑靼忍冬	*Lonicera tatarica*	忍冬科	忍冬属	落叶灌木
大白杜鹃	*Rhododendron decorum*	杜鹃花科	杜鹃属	常绿灌木
大白花地榆	*Sanguisorba sitchensis*	蔷薇科	地榆属	草本
大苞大黄（苞叶大黄）	*Rheum alexandrae*	蓼科	大黄属	草本
大茨藻（茨藻）	*Najas marina*	茨藻科	茨藻属	沉水草本
大葱（葱）	*Allium fistulosum*	百合科	葱属	草本
大豆	*Glycine max*	蝶形花科	大豆属	草本
大萼杜鹃	*Rhododendron megacalyx*	杜鹃花科	杜鹃属	常绿灌木或小乔木
大果咖啡	*Coffea liberica*	茜草科	咖啡属	小乔木
大果破布木	*Cordia dichotoma* 'Macrocarpous'	紫草科	破布木属	落叶小乔木
大果榕（木瓜榕）	*Ficus auriculata*	桑科	榕属	常绿乔木或小乔木
大花纯白鞑靼忍冬	*Lonicera tatarica* 'Grandiflora'	忍冬科	忍冬属	落叶灌木

植物名称	拉丁学名	科名	属名	性状
大花第伦桃（大花五桠果）	*Dillenia turbinata*	五桠果科（第伦桃科）	五桠果属	落叶乔木
大花粉红鞑靼忍冬	*Lonicera tatarica* 'Virginalis'	忍冬科	忍冬属	落叶灌木
大花黄牡丹	*Paeonia ludlowii*	芍药科	芍药属	落叶亚灌木
大花滇川角蒿	*Incarvillea mairei* var. *grandiflora*	紫葳科	角蒿属	草本
大花假虎刺（刺黄果）	*Carissa carandas*	夹竹桃科	假虎刺属	常绿分枝灌木
大花金鸡菊	*Coreopsis grandiflora*	菊科	金鸡菊属	草本
大花蓝盆花	*Scabiosa superba*	川续断科	蓝盆花属	草本
大花老鸭嘴	*Thunbergia grandiflora*	爵床科	山牵牛属	藤本
大花马齿苋（太阳花）	*Portulaca grandiflora*	马齿苋科	马齿苋属	草本
大花美人蕉	*Canna × generalis*	美人蕉科	美人蕉属	草本
大花溲疏	*Deutzia grandiflora*	八仙花科	溲疏属	落叶灌木
大花犀角	*Stapelia grandiflora*	萝藦科	豹皮花属	草本
大花萱草	*Hemerocallis hybridus*	百合科	萱草属	草本
大花益母草	*Leonurus macranthus*	唇形科	益母草属	草本
大花圆锥八仙花	*Hydrangea paniculata* 'Grandiflora'	八仙花科	八仙花属	落叶灌木
大花栀子	*Gardenia jasminoides* f. *grandiflora*	茜草科	栀子属	常绿灌木
大花紫薇	*Lagerstroemia speciosa*	千屈菜科	紫薇属	落叶乔木
大戟	*Euphorbia pekinensis*	大戟科	大戟属	草本
大鳞肖楠（台湾翠柏）	*Calocedrus macrolepis* var. *formosana*	柏科	柏木属	常绿乔木
大树杜鹃	*Rhododendron giganteum*	杜鹃花科	杜鹃属	常绿乔木
大头茶	*Gordonia axillaris*	山茶科	山茶属	常绿乔木
大王龙船花	*Ixora duffii* 'Super King'	茜草科	龙船花属	常绿灌木或小乔木
大王椰子（王棕）	*Roystonea regia*	棕榈科	王棕属	棕榈类（乔木）
大卫落新妇	*Astilbe davidii*	虎耳草科	落新妇属	草本
大吴风草	*Farfugium japonicum*	菊科	大吴风草属	草本
大叶白蜡（花曲柳）	*Fraxinus rhynchophylla*	木犀科	白蜡属	落叶乔木
大叶冬青	*Ilex latifolia*	冬青科	冬青属	常绿乔木
大叶黄杨	*Euonymus japonicus*	卫矛科	卫矛属	常绿灌木或小乔木
大叶井口边草（大叶凤尾蕨）	*Pteris cretica*	凤尾蕨科	凤尾蕨属	蕨类
大叶柳（河柳、腺柳）	*Salix chaenomeloides*	杨柳科	柳属	灌木或小乔木
大叶榕（黄葛树）	*Ficus virens* var. *sublanceosata*	桑科	榕属	常绿乔木
大叶仙茅	*Curculigo capitulata*	石蒜科	仙茅属	草本
大叶橡胶榕	*Ficus elastica* 'Robusta'	桑科	榕属	常绿乔木
大叶杨	*Populus lasiocarpa*	杨柳科	杨属	落叶乔木
大叶蚁塔	*Gunnera manicata*	小二仙草科	根乃拉草属	草本
大叶油草（地毯草）	*Axonopus compressus*	禾本科	地毯草属	草本
大叶竹芋（肖竹芋）	*Calathea ornata*	竹芋科	竹芋属	草本
大叶醉鱼草	*Buddleja davidii*	醉鱼草科	醉鱼草属	落叶灌木
大羽铁角蕨	*Asplenium neolaserpitiifolium*	铁角蕨科	铁角蕨属	蕨类
带叶报春	*Primula vittata*	报春花科	报春花属	草本
丹桂	*Osmanthus fragrans* 'Aurantiacus'	木犀科	木犀属	常绿乔木
丹参	*Salvia miltiorrhiza*	唇形科	鼠尾草属	草本
单花山矾	*Symplocos ovatilobata*	山矾科	山矾属	常绿小乔木
单花山竹子	*Garcinia oligantha*	藤黄科	藤黄属	常绿灌木
蛋黄果	*Lucuma nervosa*	山榄科	蛋黄果属	常绿小乔木
当归	*Angelica sinensis*	伞形科	当归属	草本
倒挂金钟忍冬花	*Lonicera × brownii* 'Fuchsioides'	忍冬科	忍冬属	落叶或半常绿藤本
倒卵叶石楠	*Photinia lasiogyna*	蔷薇科	石楠属	常绿灌木或小乔木
道格拉斯鸢尾	*Iris douglasiana*	鸢尾科	鸢尾属	草本
灯心草	*Juncus effusus*	灯心草科	灯心草属	草本

植物名称	拉丁学名	科名	属名	性状
荻	*Triarrhena sacchariflora*	禾本科	荻属	草本
地锦	*Parthenocissus tricuspidata*	葡萄科	地锦属	落叶木质藤本
地锦槭（五角枫）	*Acer mono*	槭树科	槭属	落叶乔木
地菍（铺地锦）	*Melastoma dodecandrum*	野牡丹科	野牡丹属	小灌木
地涌金莲	*Musella lasiocarpa*	芭蕉科	地涌金莲属	草本
地榆	*Sanguisorba officinalis*	蔷薇科	地榆属	草本
棣棠	*Kerria japonica*	蔷薇科	棣棠属	落叶灌木
滇柏（干香柏）	*Cupressus duclouxiana*	柏科	福建柏属	常绿乔木
滇杨	*Populus yunnanensis*	杨柳科	杨属	落叶乔木
滇藏木兰	*Magnolia campbellii*	木兰科	木兰属	落叶乔木
滇藏槭	*Acer wardii*	槭树科	槭属	落叶乔木
点纹十二卷（珍珠十二卷）	*Haworthia margaritifera*	百合科	十二卷属	草本
吊瓜木（吊瓜树）	*Kigelia pinnata*	紫葳科	吊灯树属	乔木
吊兰	*Chlorophytum comosum*	百合科	吊兰属	草本
吊罗山萝芙木	*Rauvolfia tiaolushanensis*	夹竹桃科	萝芙木属	常绿灌木
吊钟花	*Enkianthus quinqueflorus*	杜鹃花科	吊钟花属	落叶或半常绿灌木
吊钟山矾	*Symplocos punctulata*	山矾科	山矾属	常绿灌木或小乔木
吊竹梅	*Zebrina pendula*	鸭跖草科	吊竹梅属	草本
蝶豆	*Clitoria ternatea*	蝶形花科	蝶豆属	攀缘草质藤本
蝶花荚蒾	*Viburnum hanceanum*	忍冬科	荚蒾属	常绿灌木
丁葵草	*Zornia diphylla*	蝶形花科	丁葵草属	草本
钉头果	*Gomphocarpus fruticosus*	萝藦科	钉头果属	灌木
东北茶藨子	*Ribes mandshuricum*	虎耳草科	茶藨子属	落叶灌木
东方瓜馥木	*Fissistigma tungfangense*	番荔枝科	瓜馥木属	常绿攀缘灌木
东方琼楠	*Beilschmiedia tungfangensis*	樟科	琼楠属	常绿乔木
东方水青冈	*Fagus orientalis*	壳斗科	水青冈属	落叶乔木
东方肖榄（小叶肖榄）	*Platea parvifolia*	茶茱萸科	肖榄属	常绿乔木
东风菜	*Doellingeria scaber*	菊科	东风菜属	草本
东京樱花	*Prunus × yedoensis*	蔷薇科	李属	落叶乔木
东陵八仙花	*Hydrangea bretschneideri*	八仙花科	八仙花属	落叶灌木或小乔木
东兴金花茶	*Camellia tunghinensis*	山茶科	山茶属	灌木
东亚唐松草	*Thalictrum minus* var. *hypoleucum*	毛茛科	唐松草属	草本
冬红	*Holmskioldia sanguinea*	马鞭草科	冬红属	常绿灌木
冬青	*Ilex chinensis*	冬青科	冬青属	常绿乔木
董棕	*Caryota urens*	棕榈科	鱼尾葵属	棕榈类（乔木）
豆瓣绿	*Peperomia tetraphylla*	胡椒科	草胡椒属	草本
独花兰	*Changnienia amoena*	兰科	独花兰属	草本
独活	*Heracleum hemsleyanum*	伞形科	独活属	草本
独蒜兰	*Pleione bulbocodioides*	兰科	独蒜兰属	草本
杜衡	*Asarum forbesii*	马兜铃科	细辛属	草本
杜茎山	*Maesa japonica*	紫金牛科	杜茎山属	常绿灌木
杜鹃花（映山红）	*Rhododendron simsii*	杜鹃花科	杜鹃属	落叶或半常绿灌木
杜梨	*Pyrus betulifolia*	蔷薇科	梨属	落叶乔木
杜松	*Juniperus rigida*	柏科	刺柏属	常绿乔木
杜英	*Elaeocarpus decipiens*	杜英科	杜英属	常绿乔木
杜仲	*Eucommia ulmoides*	杜仲科	杜仲属	落叶乔木
短穗鱼尾葵	*Caryota mitis*	棕榈科	鱼尾葵属	棕榈类（灌木）
短尾铁线莲	*Clematis brevicaudata*	毛茛科	铁线莲属	落叶木质藤本
短叶虎尾兰	*Sansevieria trifasciata* 'Hanhnii'	龙舌兰科	虎尾兰属	草本
短叶水石榕	*Elaeocarpus hainanensis* var. *brachyphyllus*	杜英科	杜英属	常绿小乔木
短枝鱼藤	*Derris breviramosa*	蝶形花科	鱼藤属	攀缘灌木

(续)

植物名称	拉丁学名	科名	属名	性状
椴树	*Tilia tuan*	椴树科	椴树属	落叶乔木
对叶榕	*Ficus hispida*	桑科	榕属	常绿灌木或小乔木
盾叶天竺葵	*Pelargonium peltatum*	牻牛儿苗科	天竺葵属	攀缘或缠绕草本
盾柱木（双翼豆）	*Peltophorum pterocarpum*	苏木科	盾柱木属	落叶乔木
钝叶厚壳桂	*Cryptocarya impressinervia*	樟科	厚壳桂属	常绿乔木
钝叶榕	*Ficus curtipes*	桑科	榕属	常绿乔木
多瓣核果茶	*Parapyrenaria multisepala*	山茶科	多瓣核果茶属	乔木
多果猕猴桃（阔叶猕猴桃）	*Actinidia latifolia*	猕猴桃科	猕猴桃属	落叶木质藤本
多核果	*Pyrenocarpa hainanensis*	桃金娘科	多核果属	常绿乔木
多花胡枝子	*Lespedeza floribunda*	蝶形花科	胡枝子属	落叶灌木
多花素馨	*Jasminum polyanthum*	木犀科	茉莉花属	常绿藤本
多花五月茶	*Antidesma maclurei*	大戟科	五月茶属	乔木
多花栒子（水栒子）	*Cotoneaster multiflorus*	蔷薇科	栒子属	落叶灌木
多花野牡丹	*Melastoma affine*	野牡丹科	野牡丹属	常绿灌木
多花紫藤	*Wisteria floribunda*	蝶形花科	紫藤属	落叶木质藤本
多脉紫金牛	*Ardisia nervosa*	紫金牛科	紫金牛属	常绿灌木
多头苦荬菜	*Ixeris polycephala*	菊科	苦荬菜属	草本
夺目杜鹃	*Rhododendron arizelum*	杜鹃花科	杜鹃属	常绿灌木或小乔木
E				
峨眉蔷薇	*Rosa omeiensis*	蔷薇科	蔷薇属	落叶灌木
莪术	*Curcuma zedoaria*	姜科	姜黄属	草本
鹅耳枥	*Carpinus turczaninowii*	桦木科	鹅耳枥属	落叶乔木
鹅掌柴（鸭脚木）	*Schefflera octophylla*	五加科	鹅掌柴属	常绿灌木
鹅掌楸（马褂木）	*Liriodendron chinense*	木兰科	鹅掌楸属	落叶乔木
鹅掌藤	*Schefflera arboricola*	五加科	鹅掌柴属	常绿藤木或蔓性灌木
鄂西红豆树（红豆树）	*Ormosia hosiei*	蝶形花科	红豆属	常绿乔木
萼距花	*Cuphea ignea*	千屈菜科	萼距花属	灌木或亚灌木状
二乔玉兰（朱砂玉兰）	*Magnolia × soulangeana*	木兰科	木兰属	落叶乔木
二色胡枝子（胡枝子）	*Lespedeza bicolor*	蝶形花科	胡枝子属	落叶灌木
二色溲疏	*Deutzia bicolor*	八仙花科	溲疏属	灌木
二月蓝（诸葛菜）	*Orychophragmus violaceus*	十字花科	诸葛菜属	草本
F				
法国蔷薇	*Rosa gallica*	蔷薇科	蔷薇属	常绿灌木
番木瓜	*Carica papaya*	番木瓜科	番木瓜属	落叶或半常绿小乔木
返顾马先蒿	*Pedicularis resupinata*	玄参科	马先蒿属	草本
方枝蒲桃	*Syzygium tephrodes*	桃金娘科	蒲桃属	常绿灌木或小乔木
防风	*Saposhnikovia divaricata*	伞形科	防风属	草本
非洲菊	*Gerbera jamesonii*	菊科	大丁草属	草本
非洲紫罗兰	*Saintpaulia ionantha*	苦苣苔科	非洲苦苣苔属（非洲紫罗兰属）	草本
菲白竹	*Sasa fortunei*	禾本科	赤竹属	竹类
菲黄竹	*Sasa auricoma*	禾本科	赤竹属	竹类
榧树	*Torreya grandis*	红豆杉科	榧树属	常绿乔木
翡翠椒草	*Peperomia magnoliaefolia*	胡椒科	草胡椒属	草本
翡翠朱蕉	*Cordyline fruticosa* 'Crystal'	龙舌兰科	朱蕉属	常绿灌木
费菜	*Sedum aizoon*	景天科	景天属	草本
粉单竹	*Bambusa chungii*	禾本科	孝顺竹属（刺竹属）	竹类
粉红杜鹃	*Rhododendron fargesii*	杜鹃花科	杜鹃属	灌木
粉花凌霄	*Pandorea jasminoides*	紫葳科	粉花凌霄属	常绿木质藤本
粉扑花	*Calliandra surinamensis*	含羞草科	朱缨花属	落叶灌木

植物名称	拉丁学名	科名	属名	性状
粉团蔷薇	*Rosa multiflora* var. *cathayensis*	蔷薇科	蔷薇属	落叶灌木
粉紫杜鹃	*Rhododendron impeditum*	杜鹃花科	杜鹃属	常绿灌木
风箱果	*Physocarpus amurensis*	蔷薇科	风箱果属	落叶灌木
枫香	*Liquidambar formosana*	金缕梅科	枫香树属	落叶乔木
枫杨	*Pterocarya stenoptera*	胡桃科	枫杨属	落叶乔木
蜂腰变叶木	*Codiaeum variegatum* var. *pictum*	大戟科	变叶木属	常绿灌木
凤凰杜鹃	*Rhododendron pulchrum* var. *phoeniceum*	杜鹃花科	杜鹃属	灌木
凤凰木	*Delonix regia*	苏木科	凤凰木属	落叶乔木
凤梨（菠萝）	*Ananas comosus*	凤梨科	凤梨属	草本
凤尾柏	*Chamaecyparis obtusa* 'Filicoides'	柏科	扁柏属	常绿灌木
凤尾兰	*Yucca gloriosa*	龙舌兰科	丝兰属	常绿灌木
凤仙花	*Impatiens balsamina*	凤仙花科	凤仙花属	草本
凤丫蕨	*Coniogramme japonica*	裸子蕨科	凤丫蕨属	蕨类
凤眼莲（凤眼蓝，水葫芦）	*Eichhornia crassipes*	雨久花科	凤眼蓝属（凤眼莲属）	草本（水生）
佛肚树	*Jatropha podagrica*	梧桐科	麻风树属	多肉落叶灌木
佛肚竹	*Bambusa ventricosa*	禾本科	簕竹属	竹类
佛甲草	*Sedum lineare*	景天科	景天属	草本
佛手	*Citrus medica* var. *sarcodactylis*	芸香科	柑橘属	草本
扶芳藤	*Euonymus fortunei*	卫矛科	卫矛属	常绿木质藤本
扶桑	*Hibiscus rosa-sinensis*	锦葵科	木槿属	常绿灌木
浮萍	*Lemna minor*	浮萍科	浮萍属	草本（水生）
幅叶鹅掌柴（澳洲鸭脚木）	*Schefflera actinophylla*	五加科	鹅掌柴属	常绿小乔木
福建柏	*Fokienia hodginsii*	柏科	福建柏属	常绿乔木
福建茶（基及树）	*Carmona microphylla*	紫草科	基及树属	常绿灌木
附生美丁花	*Medinilla arboricola*	野牡丹科	酸脚杆属	常绿攀缘灌木
复叶槭（梣叶槭）	*Acer negundo*	槭树科	槭属	落叶乔木
复羽叶栾树	*Koelreuteria bipinnata*	无患子科	栾树属	落叶乔木
富贵竹	*Dracaena sanderiana*	龙舌兰科	龙血树属	常绿灌木
G				
甘草	*Glycyrrhiza uralensis*	蝶形花科	甘草属	草本
甘青老鹳草	*Geranium pylzowianum*	牻牛儿苗科	老鹳草属	草本
柑橘（柑桔）	*Citrus reticulata*	芸香科	柑橘属	常绿灌小乔木
橄榄	*Canarium album*	橄榄科	橄榄属	常绿乔木
橄榄槭	*Acer olivaceum*	槭树科	槭属	落叶乔木
橄榄山矾	*Symplocos atriolivacea*	山矾科	山矾属	灌木
高良姜	*Alpinia officinarum*	姜科	山姜属	草本
高山报春（杂色钟报春）	*Primula alpicola*	报春花科	报春花属	草本
高山杜鹃	*Rhododendron lapponicum*	杜鹃花科	杜鹃属	常绿小灌木
高山榕（大青树）	*Ficus altissima*	桑科	榕属	常绿乔木
高山乌头	*Aconitum monanthum*	毛茛科	乌头属	草本
高山紫菀	*Aster alpinus*	菊科	紫菀属	草本
高穗报春	*Primula vialii*	报春花科	报春花属	草本
葛藤	*Pueraria lobata*	蝶形花科	葛属	木质藤本
宫粉龙船花	*Ixora × westii*	茜草科	龙船花属	常绿灌木
拱手花篮（吊灯花）	*Hibiscus schizopetalus*	锦葵科	木槿属	灌木
珙桐	*Davidia involucrata*	蓝果树科（珙桐科）	珙桐属	落叶乔木
钩吻（断肠草）	*Gelsemium elegans*	马钱科	钩吻属	常绿木质藤本
狗脊	*Woodwardia japonica*	乌毛蕨科	狗脊属	蕨类
狗娃花	*Heteropappus hispidus*	菊科	狗娃花属	草本

（续）

植物名称	拉丁学名	科名	属名	性状
狗尾红（红穗铁苋）	*Acalypha hispida*	大戟科	铁苋菜属	草本
狗枣猕猴桃（深山木天蓼）	*Actinidia kolomikta*	猕猴桃科	猕猴桃属	常绿木质藤本
枸骨	*Ilex cornuta*	冬青科	冬青属	常绿灌木
枸杞	*Lycium chinense*	茄科	枸杞属	落叶灌木
构树	*Broussonetia papyrifera*	桑科	构属	落叶乔木
瓜尔豆	*Cyamopsis tetragonoloba*	蝶形花科	瓜尔豆属	草本
关东丁香	*Syringa patula*	木犀科	丁香属	落叶灌木
观光木	*Tsoongiodendron odorum*	木兰科	观光木属	常绿乔木
观赏南瓜	*Cucurbita pepo* var. *ovifera*	葫芦科	南瓜属	草本
冠盖藤	*Pileostegia viburnoides*	虎耳草科	冠盖藤属	常绿攀缘灌木
贯月忍冬花	*Lonicera sempervirens*	忍冬科	忍冬属	常绿藤本
贯众	*Cyrtomium fortunei*	鳞毛蕨科	贯众属	蕨类
光棍树	*Euphorbia tirucalli*	大戟科	大戟属	常绿灌木或小乔木
光皮梾木	*Cornus wilsoniana*	山茱萸科	梾木属	落叶乔木
光叶珙桐	*Davidia involucrata* var. *vilmoriniana*	蓝果树科（珙桐科）	珙桐属	落叶乔木
光叶决明	*Cassia floribunda*	苏木科	决明属	落叶灌木
光叶蔷薇	*Rosa wichuraiana*	蔷薇科	蔷薇属	半常绿蔓性灌木
桃椰（砂糖椰子）	*Arenga pinnata*	棕榈科	桃椰属	棕榈类（乔木）
广布野豌豆	*Vicia cracca*	蝶形花科	野豌豆属	草本
广东万年青	*Aglaonema modestum*	天南星科	广东万年青属	草本
广宁红花油茶	*Camellia semiserrata*	山茶科	山茶属	常绿小乔木
广叶虎尾兰（伞花虎尾兰）	*Sansevieria thyrsiflora*	龙舌兰科	虎尾兰属	草本
广玉兰	*Magnolia grandiflora*	木兰科	木兰属	常绿乔木
龟背竹	*Monstera deliciosa*	天南星科	龟背竹属	草本
龟甲竹	*Phyllostachys heterocycla* 'Heterocycla'	禾本科	刚竹属	竹类
桂花（木犀）	*Osmanthus fragrans*	木犀科	木犀属	常绿小乔木或灌木
桂林紫薇	*Lagerstroemia guilinensis*	千屈菜科	紫薇属	灌木
桂香柳	*Elaeagnus angustifolia*	胡颓子科	胡颓子属	落叶灌木或小乔木
桂叶虎尾兰（圆叶虎尾兰或棒叶虎尾兰）	*Sansevieria cylindrica*	龙舌兰科	虎尾兰属	草本
国槐（槐树）	*Sophora japonica*	蝶形花科	槐属	落叶乔木
过江龙（榼藤、眼睛豆）	*Entada phaseoloides*	含羞草科	榼藤属	常绿木质藤本
过路黄	*Lysimachia christinae*	报春花科	珍珠菜属	草本
H				
海菜花	*Ottelia yunnanensis*	水鳖科	水车前属	草本（水生）
海红豆（孔雀豆）	*Adenanthera pavonina* var. *microsperma*	含羞草科	海红豆属	落叶乔木
海金沙	*Lygodium japonicum*	海金沙科	海金沙属	蕨类
海南暗罗	*Polyalthia laui*	番荔枝科	暗罗属	常绿乔木
海南菜豆树	*Radermachera hainanensis*	紫葳科	菜豆树属	常绿乔木
海南草珊瑚	*Sarcandra hainanensis*	金粟兰科	草珊瑚属	常绿半灌木
海南叉柱花	*Staurogyne hainanensis*	爵床科	叉柱花属	草本
海南常山	*Dichroa mollissima*	虎耳草科	常山属	常绿灌木
海南粗榧	*Cephalotaxus hainanensis*	三尖杉科	三尖杉属	常绿乔木
海南大头茶	*Gordonia hainanensis*	山茶科	大头茶属	常绿乔木
海南地不容	*Stephania hainanensis*	防己科	千金藤属	木质藤本
海南耳草	*Hedyotis hainanensis*	茜草科	耳草属	常绿灌木
海南风吹楠	*Horsfieldia hainanensis*	肉豆蔻科	风吹楠属	常绿乔木
海南凤仙花	*Impatiens hainanensis*	凤仙花科	凤仙花属	草本

植物名称	拉丁学名	科名	属名	性状
海南凤丫蕨	*Coniogramme merrillii*	裸子蕨科	凤丫蕨属	蕨类
海南核果木	*Drypetes hainanensis*	大戟科	核果木属	乔木
海南红豆	*Ormosia pinnata*	蝶形花科	红豆属	常绿乔木或灌木
海南厚壳树	*Ehretia hainanensis*	紫草科	厚壳树属	乔木
海南虎刺	*Damnacanthus hainanensis*	茜草科	虎刺属	灌木
海南黄皮	*Clausena hainanensis*	芸香科	黄皮属	灌木或小乔木
海南黄芩	*Scutellaria hainanensis*	唇形科	黄芩属	草本
海南假韶子	*Paranephelium hainanensis*	无患子科	假韶子属	常绿乔木
海南金锦香	*Osbeckia hainanensis*	野牡丹科	金锦香属	灌木
海南鳞花草	*Lepidagathis hainanensis*	爵床科	鳞花草属	草本
海南柃	*Eurya hainanensis*	山茶科	柃木属	常绿灌木或小乔木
海南龙船花	*Ixora hainanensis*	茜草科	龙船花属	常绿灌木
海南美丁花	*Medinilla hainanensis*	野牡丹科	酸脚杆属	灌木
海南木姜子	*Litsea litseaefolia*	樟科	木姜子属	灌木或小乔木
海南木莲	*Manglietia hainanensis*	木兰科	木莲属	常绿乔木
海南蒲桃	*Syzygium hainanense*	桃金娘科	蒲桃属	常绿小乔木
海南槭	*Acer hainanense*	槭树科	槭属	常绿乔木
海南千年健	*Homalomena hainanensis*	天南星科	千年健属	草本
海南秋海棠	*Begonia hainanensis*	秋海棠科	秋海棠属	草本
海南赛爵床（海南杜根藤）	*Calophanoides hainanensis*	爵床科	杜根藤属	草本
海南砂仁	*Amomum longiligulare*	姜科	豆蔻属	草本
海南山矾	*Symplocos hainanensis*	山矾科	山矾属	乔木
海南山胡椒	*Lindera robusta*	樟科	山胡椒属	常绿乔木
海南蛇根草	*Ophiorrhiza hainanensis*	茜草科	蛇根草属	草本
海南柿	*Diospyros hainanensis*	柿科	柿属	乔木
海南水虎尾	*Dysophylla stellata* var. *hainanensis*	唇形科	水蜡烛属	草本
海南卫矛	*Euonymus hainanensis*	卫矛科	卫矛属	常绿灌木
海南梧桐	*Firmiana hainanensis*	梧桐科	梧桐属	落叶乔木
海南线果兜铃	*Thottea hainanensis*	马兜铃科	线果兜铃属	亚灌木
海南新木姜子	*Neolitsea hainanensis*	樟科	新木姜子属	常绿乔木或小乔木
海南雪花	*Argostemma hainanicum*	茜草科	雪花属	草本
海南崖爬藤	*Tetrastigma papillatum*	葡萄科	崖爬藤属	木质藤本
海南羊蹄甲	*Bauhinia hainanensis*	苏木科	羊蹄甲属	常绿木质藤本
海南鱼藤	*Derris hainanensis*	蝶形花科	鱼藤属	木质藤本
海南玉叶金花	*Mussaenda hainanensis*	茜草科	玉叶金花属	攀缘灌木
海南蜘蛛抱蛋	*Aspidistra hainanensis*	百合科	蜘蛛抱蛋属	草本
海南柊叶	*Phrynium hainanense*	竹芋科	柊叶属	草本
海南锥花	*Gomphostemma hainanense*	唇形科	锥花属	草本
海南紫荆（海南紫荆木）	*Madhuca hainanensis*	山榄科	紫荆木属	乔木
海棠果	*Malus prunifolia*	蔷薇科	苹果属	落叶小乔木
海棠花	*Malus spectabilis*	蔷薇科	苹果属	落叶小乔木
海桐	*Pittosporum tobira*	海桐科	海桐属	常绿灌木
海仙报春	*Primula poissonii*	报春花科	报春花属	草本
海仙花	*Weigela coraeensis*	忍冬科	锦带花属	落叶灌木
海芋	*Alocasia macrorrhiza*	天南星科	海芋属	大型常绿草本
海州常山	*Clerodendrum trichotomum*	马鞭草科	赪桐属	落叶灌木或小乔木
含笑	*Michelia figo*	木兰科	含笑属	常绿灌木
含羞草	*Mimosa pudica*	含羞草科	含羞草属	草本
旱冬瓜（西南桤木）	*Alnus nepalensis*	桦木科	赤杨属（桤木属）	落叶乔木
旱金莲	*Tropaeolum majus*	旱金莲科	旱金莲属	草本
旱柳	*Salix matsudana*	杨柳科	柳属	落叶乔木

植物名称	拉丁学名	科名	属名	性状
旱伞草	*Cyperus alternifolius*	莎草科	莎草属	草本（水生）
杭白菊	*Dendranthema parthenium*	菊科	菊属	草本
蒿柳	*Salix viminalis*	杨柳科	柳属	落叶灌木或小乔木
合欢	*Albizia julibrissin*	含羞草科	合欢属	落叶乔木
何首乌	*Fallopia multiflora*	蓼科	何首乌属	草质藤本
河芥	*Brassica alboglabra*	十字花科	花薹属	草本
河柳	*Salix chaenomeloides*	杨柳科	柳属	落叶小乔木
核桃（胡桃）	*Juglans regia*	胡桃科	胡桃属	落叶乔木
核桃楸	*Juglans mandshurica*	胡桃科	胡桃属	落叶乔木
荷花	*Nelumbo nucifera*	睡莲科	莲属	草本（水生）
鹤望兰	*Strelitzia reginae*	芭蕉科	鹤望兰属	草本
黑红杜鹃（花）	*Rhododendron didymum*	杜鹃花科	杜鹃属	常绿小灌木
黑胡桃	*Juglans nigra*	胡桃科	胡桃属	落叶乔木
黑松	*Pinus thunbergii*	松科	松属	常绿乔木
黑藻	*Hydrilla verticillata*	水鳖科	黑藻属	草本（水生）
红白忍冬（红金银花）	*Lonicera japonica* var. *chinensis*	忍冬科	忍冬属	半常绿木质藤本
红背桂	*Excoecaria cochinchinensis*	大戟科	海漆属	常绿灌木
红边朱蕉	*Cordyline fruticosa* 'Red Edge'	龙舌兰科	朱蕉属	常绿灌木或小乔木
红点草	*Hypoestes phyllostachya*	爵床科	枪刀药属	草本
红丁香	*Syringa villosa*	木犀科	丁香属	落叶灌木
红豆蔻	*Alpinia galanga*	姜科	山姜属	草本
红豆杉	*Taxus chinensis*	红豆杉科	红豆杉属	常绿乔木
红枫（紫红鸡爪槭）	*Acer palmatum* 'Atropurpureum'	槭树科	槭属	落叶灌木或小乔木
红凤菜（紫三七）	*Gynura bicolor*	菊科	菊三七属	草本
红果树	*Stranvaesia davidiana*	蔷薇科	红果树属	灌木或小乔木
红果仔（毕当茄）	*Eugenia uniflora*	桃金娘科	番樱桃属	灌木
红厚壳（海棠果）	*Calophyllum inophyllum*	藤黄科	红厚壳属	落叶小乔木
红花刺槐	*Robinia pseudoacacia* 'Decaisneana'	蝶形花科	刺槐属	落叶乔木
红花酢浆草	*Oxalis rubra*	酢浆草科	酢浆草属	草本
红花荷（红苞木）	*Rhodoleia championii*	金缕梅科	红花荷属	常绿小乔木
红花檵木	*Loropetalum chinense* 'Rubrum'	金缕梅科	檵木属	常绿灌木或小乔木
红花木莲	*Manglietia insignis*	木兰科	木莲属	常绿乔木
红花青藤	*Illigera rhodantha*	莲叶桐科（青藤科）	青藤属	木质藤本
红花天料木	*Homalium hainanense*	刺篱木科	天料木属	乔木
红花五味子（华中五味子）	*Schisandra sphenanthera*	五味子科	五味子属	落叶木质藤本
红花羊蹄甲（艳紫荆）	*Bauhinia blakeana*	苏木科	羊蹄甲属	常绿小乔木
红桦	*Betula albo-sinensis*	桦木科	桦木属	落叶乔木
红茴香	*Illicium henryi*	八角科	八角属	常绿小乔木
红蕉	*Musa coccinea*	芭蕉科	芭蕉属	草本
红蓼	*Polygonum orientale*	蓼科	蓼属	草本
红龙草	*Alternanthera dentata* 'Rubiginosa'	苋科	莲子草属	草本
红楼花（红苞花）	*Odontonema strictum*	爵床科	红楼花属	常绿灌木
红毛丹	*Nephelium lappaceum*	无患子科	韶子属	常绿乔木
红楠	*Machilus thunbergii*	樟科	润楠属	常绿乔木
红皮云杉	*Picea koraiensis*	松科	云杉属	常绿乔木
红槭（红色槭、台湾红榨槭）	*Acer rubescens*	槭树科	槭属	落叶乔木
红千层	*Callistemon rigidus*	桃金娘科	红千层属	常绿灌木
红球姜	*Zingiber zerumbet*	姜科	姜属	草本
红瑞木	*Cornus alba*	山茱萸科	梾木属	落叶灌木

植物名称	拉丁学名	科名	属名	性状
红桑	*Acalypha wilkesiana*	大戟科	铁苋菜属	常绿灌木
红杉	*Larix potaninii*	松科	落叶松属	落叶乔木
红睡莲	*Nymphaea alba* var. *rubra*	睡莲科	睡莲属	水生植物
红松	*Pinus koraiensis*	松科	松属	常绿乔木
红素馨（红茉莉）	*Jasminum beesianum*	木犀科	素馨属	常绿灌木
红苋草	*Alternanthera paronychioides* 'Picta'	苋科	莲子草属	草本
红腺紫珠（红点紫珠）	*Callicarpa erythrosticta*	马鞭草科	紫珠属	落叶灌木
红血藤	*Spatholobus sinensis*	蝶形花科	密花豆属	常绿攀缘藤本
红叶李（紫叶李）	*Prunus cerasifera* 'Pissardii'	蔷薇科	李属	落叶小乔木
红叶青皮槭	*Acer cappadocicum* 'Rubrum'	槭树科	槭树属	落叶乔木
红叶石楠	*Photinia* × *fraseri* 'Red Robin'	蔷薇科	石楠属	常绿灌木
红叶藤（红叶下珠）	*Rourea minor*	牛栓藤科	红叶藤属	木质藤本或攀缘灌木
红掌	*Anthurium andraeanum*	天南星科	花烛属	草本
厚皮香	*Ternstroemia gymnanthera*	山茶科	厚皮香属	常绿灌木或小乔木
厚朴	*Magnolia officinalis*	木兰科	木兰属	落叶乔木
忽地笑	*Lycoris aurea*	石蒜科	石蒜属	草本
狐尾天门冬	*Asparagus densiflorus* 'Myers'	百合科	天门冬属	草本
狐尾椰子	*Wodyetia bifurcata*	棕榈科	狐尾椰子属	棕榈类
胡椒	*Piper nigrum*	胡椒科	胡椒属	木质藤本
胡桃	*Juglans regia*	胡桃科	胡桃属	落叶乔木
胡杨	*Populus euphratica*	杨柳科	杨属	落叶乔木
胡枝子	*Lespedeza bicolor*	蝶形花科	胡枝子属	落叶灌木
湖北海棠	*Malus hupehensis*	蔷薇科	苹果属	落叶小乔木
蝴蝶兰	*Phalaenopsis amabilis*	兰科	蝴蝶兰属	草本
蝴蝶树（小叶银叶树）	*Heritiera parvifolia*	梧桐科	银叶树属	常绿乔木
蝴蝶戏珠花	*Viburnum plicatum* 'Tomentosum'	忍冬科	荚蒾属	落叶灌木
蝴蝶绣球	*Vinurnum plicatum*	忍冬科	荚蒾属	落叶灌木
虎刺	*Damnacanthus indicus*	茜草科	虎刺属	常绿小灌木
虎耳草	*Saxifraga stolonifera*	虎耳草科	虎耳草属	草本
虎尾兰	*Sansevieria trifasciata*	龙舌兰科	虎尾兰属	草本
花柏（日本花柏）	*Chamaecyparis pisifera*	柏科	扁柏属	常绿乔木
花斑复叶槭（火烈鸟复叶槭）	*Acer negundo* 'Flamingo'	槭树科	槭属	落叶乔木
花菖蒲	*Iris ensata* var. *hortensis*	鸢尾科	鸢尾属	草本
花红	*Malus asiatica*	蔷薇科	苹果属	落叶小乔木
花环菊	*Chrysanthemum carinatum*	菊科	菊属	草本
花椒	*Zanthoxylum bungeanum*	芸香科	花椒属	落叶灌木或小乔木
花锚	*Halenia corniculata*	龙胆科	花锚属	草本
花旗藤	*Rosa* 'America Pilla'	蔷薇科	蔷薇属	攀缘灌木
花楸（百花花楸）	*Sorbus pohuashanensis*	蔷薇科	花楸属	落叶乔木
花叶垂叶榕	*Ficus benjamina* 'Variegata'	桑科	榕属	常绿乔木
花叶灯台树	*Cornus controversa* 'Variegata'	山茱萸科	灯台树属	落叶乔木
花叶凤尾兰	*Yucca gloriosa* 'Variegata'	龙舌兰科	丝兰属	常绿灌木
花叶复叶槭（宽银边复叶槭）	*Acer negundo* 'Variegatum'	槭树科	槭属	落叶乔木
花叶红瑞木	*Cornus alba* 'Sibiriva Variegata'	山茱萸科	梾木属	落叶灌木
花叶假连翘	*Duranta repens* 'Variegata'	马鞭草科	假连翘属	常绿灌木或小乔木
花叶苦栎	*Quercus cerries* 'Variegata'	壳斗科	栎属	乔木
花叶马拉巴栗	*Pachira macrocarpa* 'Variegata'	木棉科	瓜栗属	常绿小乔木
花叶木薯	*Manihot esculenta* var. *variegata*	大戟科	木薯属	灌木
花叶冷水花	*Pilea cadierei*	荨麻科	冷水花属	草本
花叶水葱	*Scirpus validus* 'Zebrinus'	莎草科	蔗草属	水生植物

（续）

植物名称	拉丁学名	科名	属名	性状
花叶艳山姜	*Alpinia zerumbet* 'Variegata'	姜科	山姜属	草本
华北景天	*Sedum tatarinowii*	景天科	景天属	草本
华北蓝盆花	*Scabiosa tschiliensis*	川续断科	蓝盆花属	草本
华北落叶松	*Larix principis-rupprechtii*	松科	落叶松属	落叶乔木
华北忍冬花	*Lonicera tatarinowii*	忍冬科	忍冬属	落叶灌木
华北香薷（木本香薷）	*Elsholtzia stauntonii*	唇形科	香薷属	落叶灌木
华北紫丁香（紫丁香）	*Syringa oblata*	木犀科	丁香属	落叶灌木
华东黄杉	*Pseudotsuga gaussenii*	松科	黄杉属	常绿乔木
华南珊瑚树（早禾树）	*Viburnum odoratissimum*	忍冬科	荚蒾属	常绿灌木
华山松	*Pinus armandii*	松科	松属	常绿乔木
华西蔷薇	*Rosa moyesii*	蔷薇科	蔷薇属	灌木
华杨栌（水马桑）	*Weigela japonica* var. *sinica*	忍冬科	锦带花属	落叶灌木
滑桃树	*Trewia nudiflora*	大戟科	滑桃树属	乔木
桦叶荚蒾	*Viburnum betulifolium*	忍冬科	荚蒾属	落叶灌木或小乔木
槐（国槐、槐树）	*Sophora japonica*	蝶形花科	槐属	落叶乔木
槐叶萍	*Salvinia natans*	槐叶蓣科	槐叶蓣科	草本（水生）
换锦花	*Lycoris sprengeri*	石蒜科	石蒜属	草本
皇后葵（金山葵）	*Arecastrum romanzoffiana*	棕榈科	金山葵属	棕榈类
黄斑南洋参（黄斑福禄桐）	*Polyscias balfouriana* 'Pennockii'	五加科	福禄桐属	常绿灌木
黄边短叶竹蕉（黄边百合竹）	*Dracaena reflexa* 'Variegata'	龙舌兰科	龙血树属	常绿灌木
黄边万年麻	*Furcraea selloa* 'Marginata'	龙舌兰科	万年兰属	常绿灌木
黄檗	*Phellodendron amurense*	芸香科	黄檗属	落叶乔木
黄菖蒲	*Iris pseudacorus*	鸢尾科	鸢尾属	草本（水生）
黄刺玫	*Rosa xanthina*	蔷薇科	蔷薇属	落叶灌木
黄瓜（胡瓜）	*Cucumis sativus*	葫芦科	香瓜属（甜瓜属）	落叶草质藤本
黄花杜鹃	*Rhododendron lutescens*	杜鹃花科	杜鹃属	常绿灌木
黄花蔺	*Limnocharis flava*	花蔺科	黄花蔺属	草本（水生）
黄花柳	*Salix caprea*	杨柳科	柳属	落叶灌木或小乔木
黄花落叶松	*Larix olgensis*	松科	落叶松属	落叶乔木
黄花石蒜（忽地笑）	*Lycoris aurea*	石蒜科	石蒜属	草本
黄花夜香树	*Cestrum aurantiacum*	茄科	夜香树属	灌木
黄花鸢尾	*Iris wilsonii*	鸢尾科	鸢尾属	草本
黄槐（黄槐决明）	*Cassia surattensis*	苏木科	决明属	落叶小乔木
黄姜花	*Hedychium flavum*	姜科	姜花属	草本
黄金葛	*Scindapsus aureum*	天南星科	藤芋属	常绿草质藤本
黄金间碧玉竹	*Phyllostachys bambusoides* 'Castilloni'	禾本科	刚竹属	竹类
黄槿	*Hibiscus tiliaceus*	锦葵科	木槿属	常绿小乔木
黄精	*Polygonatum sibiricum*	百合科	黄精属	草本
黄兰（黄缅桂）	*Michelia champaca*	木兰科	含笑属	常绿乔木
黄连木	*Pistacia chinensis*	漆树科	黄连木属	落叶乔木
黄栌	*Cotinus coggygria* var. *cinerea*	漆树科	黄栌属	落叶灌木或小乔木
黄脉洋苋	*Iresine herbstii* 'Aureo-reticulata'	苋科	红苋属	草本
黄牡丹	*Paeonia lutea*	芍药科	芍药属	落叶亚灌木
黄鸟赫蕉（鹦鹉蝎尾蕉）	*Heliconia psittacorum*	旅人蕉科	蝎尾蕉属	多年生草本
黄牛木	*Cratoxylum cochinchinense*	藤黄科	黄牛木属	落叶灌木或乔木
黄蔷薇	*Rosa hugonis*	蔷薇科	蔷薇属	落叶灌木
黄芩	*Scutellaria baicalensis*	唇形科	黄芩属	草本
黄山杜鹃	*Rhododendron maculiferum* subsp. *anhweiense*	杜鹃花科	杜鹃属	常绿灌木
黄山木兰	*Magnolia cylindrica*	木兰科	木兰属	落叶小乔木

植物名称	拉丁学名	科名	属名	性状
黄藤	*Daemonorops margaritae*	棕榈科	黄藤属	棕榈类（藤木）
黄纹万年麻	*Furcraea foetida* 'Striata'	龙舌兰科	万年兰属	常绿灌木
黄馨	*Jasminum mesnyi*	木犀科	素馨属	常绿亚灌木
黄叶红栎	*Quercus rubra* 'Aureaata'	壳斗科	栎属	落叶乔木
黄叶加拿大接骨木	*Sambucus canadensis* 'Aurea'	忍冬科	接骨木属	落叶灌木
黄叶欧洲紫杉	*Taxus baccata* 'Aurea'	红豆杉科	红豆杉属	常绿乔木
黄叶青皮槭	*Acer cappadocicum* 'Aureum'	槭树科	槭属	落叶乔木
黄叶山梅花	*Philadelphus coronarius* 'Aureus'	山梅花科	山梅花属	落叶灌木
黄钟花	*Tecoma stans*	紫葳科	黄钟花属	常绿灌木或小乔木
灰被杜鹃	*Rhododendron tephropeplum*	杜鹃花科	杜鹃属	常绿小灌木
灰毛杜英	*Elaeocarpus limitaneus*	杜英科	杜英属	常绿小乔木
活血丹	*Glechoma longituba*	唇形科	活血丹属	草本
火鹤花	*Arisaema scherzerianum*	天南星科	天南星属	草本
火红杜鹃	*Rhododendron neriiflorum*	杜鹃花科	杜鹃属	常绿灌木
火棘	*Pyracantha fortuneana*	蔷薇科	火棘属	常绿灌木
火炬树	*Rhus typhina*	漆树科	盐肤木属	落叶小乔木
火力楠（醉香含笑）	*Michelia macclurei*	木兰科	含笑属	常绿乔木
火龙果	*Hylocereus undulatus*	仙人掌科	量天尺属	仙人掌植物
火烧树（火烧花）	*Mayodendron igneum*	紫葳科	火烧花属	落叶乔木
火炭母	*Polygonum chinense*	蓼科	蓼属	草本
火焰树（火焰木）	*Spathodea campanulata*	紫葳科	火焰树属	常绿乔木
火殃勒	*Euphorbia antiquorum*	大戟科	大戟属	肉质灌木
J				
鸡蛋果	*Passiflora edulis*	西番莲科	西番莲属	常绿木质藤本
鸡蛋花	*Plumeria rubra* 'Acutifolia'	夹竹桃科	鸡蛋花属	落叶小乔木
鸡冠刺桐	*Erythrina crista-galli*	蝶形花科	刺桐属	落叶灌木或小乔木
鸡麻	*Rhodotypos scandens*	蔷薇科	鸡麻属	落叶灌木
鸡爪槭	*Acer palmatum*	槭树科	槭属	落叶小乔木
姬凤梨	*Cryptanthus acaulis*	凤梨科	姬凤梨属	草本
基及树	*Carmona microphylla*	紫草科	基及树属	常绿灌木
吉祥草	*Reineckia carnea*	百合科	吉祥草属	草本
戟叶变叶木	*Codiaeum variegatum* 'Excellent'	大戟科	变叶木属	常绿灌木
伽蓝菜	*Kalanchoe laciniata*	景天科	伽蓝菜属	草本
夹竹桃	*Nerium indicum*	夹竹桃科	夹竹桃属	常绿灌木
荚果蕨	*Matteuccia struthiopteris*	球子蕨科	荚果蕨属	蕨类
荚蒾	*Viburnum dilatatum*	忍冬科	荚蒾属	落叶灌木
假报春	*Cortusa matthioli*	报春花科	假报春属	草本
假槟榔	*Archontophoenix alexandrae*	棕榈科	槟榔属	棕榈类
假单花杜鹃	*Rhododendron pemakoense*	杜鹃花科	杜鹃属	常绿灌木
假海芋（尖尾芋）	*Alocasia cucullata*	天南星科	海芋属	草本
假连翘	*Duranta repens*	马鞭草科	假连翘属	常绿灌木或小乔木
假茉莉（苦郎树）	*Clerodendrum inerme*	马鞭草科	赪桐属（大青属、臭牡丹属）	灌木
假苹婆	*Sterculia lanceolata*	梧桐科	萍婆属	常绿乔木
假乳黄杜鹃	*Rhododendron rex* subsp. *fictolacteum*	杜鹃花科	杜鹃属	常绿小乔木
假雪委陵菜（雪白委陵菜）	*Potentilla nivea*	蔷薇科	委陵菜属	草本
假叶树	*Ruscus aculeatus*	百合科	假叶树属	常绿灌木
假益智	*Alpinia maclurei*	姜科	山姜属	草本
假鹰爪	*Desmos chinensis*	番荔枝科	假鹰爪属	直立或攀缘灌木
尖峰蒲桃	*Syzygium jienfunicum*	桃金娘科	蒲桃属	乔木

植物名称	拉丁学名	科名	属名	性状
尖峰润楠	*Machilus monticola*	樟科	润楠属	常绿乔木
尖叶木犀榄	*Olea ferruginea*	木犀科	木犀榄属	常绿灌木或小乔木
尖叶槭	*Acer kawakamii*	槭树科	槭属	落叶乔木
箭毒木（见血封喉）	*Antiaris toxicaria*	桑科	见血封喉属	常绿乔木
箭竹	*Fargesia spathacea*	禾本科	箭竹属	竹类
江南星蕨	*Microsorum fortunei*	水龙骨科	星蕨属	草本
姜	*Zingiber officinale*	姜科	姜属	草本
姜花	*Hedychium coronarium*	姜科	姜花属	草本
姜黄（郁金）	*Curcuma longa*	姜科	姜黄属	草本
胶东卫矛（胶州卫矛）	*Euonymus kiautschovicus*	卫矛科	卫矛属	直立或蔓性半常绿灌木
角蒿	*Incarvillea sinensis*	紫葳科	角蒿属	草本
绞股蓝	*Gynostemma pentaphyllum*	葫芦科	绞股蓝属	草质藤本
接骨草	*Sambucus chinensis*	忍冬科	接骨木属	落叶灌木
结缕草	*Zoysia japonica*	禾本科	结缕草属	草本
结香	*Edgeworthia chrysantha*	瑞香科	结香属	落叶灌木
睫毛萼杜鹃	*Rhododendron ciliicalyx*	杜鹃花科	杜鹃属	灌木
金边大叶黄杨	*Euonymus japonicus* 'Aureo-marginatus'	卫矛科	卫矛属	常绿灌木
金边鹅掌藤	*Schefflera arboricola* 'Golden Marginata'	五加科	鹅掌藤属	蔓性常绿灌木
金边富贵竹（黄金万年竹）	*Dracaena sanderiana* 'Golden Edge'	龙舌兰科	龙血树属	常绿灌木
金边虎尾兰	*Sansevieria trifasciata* 'Laurentii'	龙舌兰科	虎尾兰属	草本
金边锦熟黄杨	*Buxus sempervirens* 'Aureo-marginatus'	黄杨科	黄杨属	常绿灌木
金边龙舌兰	*Agave americana* 'Marginata'	龙舌兰科	龙舌兰属	常绿灌木
金边露兜	*Pandanus pygmaeus* 'Golden Pygmy'	露兜树科	露兜树属	常绿分枝灌木或小乔木
金边千手兰	*Yucca aloifolia* 'Marginata'	百合科	丝兰属	常绿灌木
金边山菅兰	*Dianella ensifoli* 'Yellow stripe'	百合科	山菅兰属	草本
金边铁苋	*Acalypha hamiltoniame* 'Marginata'	大戟科	铁苋菜属	灌木
金边云片柏	*Chamaecyparis obtusa* 'Breviramea Aurea'	柏科	扁柏属	常绿灌木
金凤花（洋金凤）	*Caesalpinia pulcherrima*	苏木科	云实属	落叶灌木或小乔木
金刚纂	*Euphorbia neriifolia*	大戟科	大戟属	肉质灌木
金桂	*Osmanthus fragrans* 'Thunbergii'	木犀科	木犀属	常绿小乔木
金合欢	*Acacia farnesiana*	含羞草科	金合欢属	落叶乔木
金红久忍冬花	*Lonicera heckrottii*	忍冬科	忍冬属	落叶藤本
金花茶	*Camellia chrysantha*	山茶科	山茶属	常绿灌木或小乔木
金花小檗（小黄连刺）	*Berberis wilsonae*	小檗科	小檗属	常绿或半常绿灌木
金黄钟花	*Tabebuia chrysotricha*	紫葳科	黄钟木属	小乔木
金黄朱蕉（金叶朱蕉）	*Cordyline fruticosa* 'Golden'	龙舌兰科	朱蕉属	常绿灌木
金鸡菊	*Coreopsis drummondii*	菊科	金鸡菊属	草本
金锦香	*Osbeckia chinensis*	野牡丹科	金锦香属	直立草本或亚灌木
金莲木	*Ochna integerrima*	金莲木科	金莲木薯	落叶灌木或小乔木
金链花	*Laburnum anagyroides*	蝶形花科	毒豆属	落叶灌木或小乔木
金铃木（风铃花）	*Abutilon striatum*	锦葵科	苘麻属	常绿灌木
金露梅	*Potentilla fruticosa*	蔷薇科	委陵菜属	落叶灌木
金缕梅	*Hamamelis mollis*	金缕梅科	金缕梅属	落叶灌木或小乔木
金脉刺桐	*Erythrina variegata* 'Aurea Marginata'	豆科	刺桐属	乔木

植物名称	拉丁学名	科名	属名	性状
金脉爵床	*Sanchezia nobilis*	爵床科	黄脉爵床属	直立灌木状
金毛狗	*Cibotium barometz*	蚌壳蕨科	金毛狗属	蕨类
金鸟赫蕉（垂花蝎尾蕉）	*Heliconia rostrata*	旅人蕉科	蝎尾蕉属	多年生草本
金钱蚌花（斑叶紫背万年青）	*Rhoeo discolor* 'Vittata'	鸭跖草科	紫背万年青属	草本
金钱松	*Pseudolarix amabilis (Pseudolarix kaempferi)*	松科	金钱松属	落叶乔木
金雀儿	*Cytisus scoparius*	蝶形花科	金雀儿属	落叶灌木
金容常春藤	*Hedera helix* 'Schester'	五加科	常春藤属	常绿木质藤本
金山绣线菊	*Spiraea × bumalda* 'Gold Mound'	蔷薇科	绣线菊属	落叶灌木
金丝柳（金丝垂柳）	*Salix alba* 'Tristis'	杨柳科	柳属	落叶乔木
金松	*Sciadopitys verticillata*	杉科	金松属	常绿乔木
金粟兰（珠兰）	*Chloranthus spicatus*	金粟兰科	金粟兰属	常绿灌木或小乔木
金线草（金线蓼）	*Antenoron filiforme*	蓼科	金线草属	草本
金心巴西铁（中斑香龙血树）	*Dracaena fragrans* 'Massangeana'	龙舌兰科	龙血树属	常绿灌木
金心大叶黄杨	*Euonymas japonicus* 'Aureo-pictus'	卫矛科	卫矛属	常绿灌木
金叶白蜡	*Fraxinus chinensis* 'Aurea'	木犀科	白蜡属	落叶乔木
金叶北美花柏	*Chamaecyparis lawsoniana* 'Aurea'	柏科	扁柏属	常绿乔木
金叶垂叶榕	*Ficus benjamina* 'Golden leaves'	桑科	榕属	常绿乔木
金叶刺槐	*Robinia pseudoacacia* 'Frisia'	蝶形花科	刺槐属	落叶乔木
金叶风箱果	*Physocarpus opulifolius* 'Luteus'	蔷薇科	风箱果属	落叶灌木
金叶葛	*Scindapsus aureum* 'All Gold'	天南星科	崖角藤属	多年生草本
金叶国槐（金叶槐）	*Sophora japonica* 'Chrysophylla'	蝶形花科	槐属	落叶乔木
金叶含笑	*Michelia foveolata*	木兰科	含笑属	乔木
金叶花柏	*Chamaecyparis pisifera* 'Aurea'	柏科	扁柏属	常绿灌木
金叶黄栌	*Cotinus coggygria* 'Aurea'	漆树科	黄栌属	落叶小乔木
金叶假连翘	*Duranta repens* 'Golden Leaves'	马鞭草科	假连翘属	常绿灌木或小乔木
金叶锦熟黄杨	*Buxus sempervirens* 'Aurea'	黄杨科	黄杨属	常绿灌木或小乔木
金叶连翘	*Forsythia suspensa* 'Aurea'	木犀科	连翘属	落叶灌木
金叶露兜	*Pandanus pygmaeus* 'Golden leaves'	露兜树科	露兜树属	常绿灌木或小乔木
金叶栾	*Koelreuteria paniculata* 'Aurea'	无患子科	栾树属	落叶乔木
金叶美国三齿皂荚	*Gleditsia tricanthos* 'Sunburst'	苏木科	皂荚属	落叶乔木
金叶拟美花	*Pseuderanthemum carruthersii* var. *reticulatum*	爵床科	钩粉草属	半常绿灌木
金叶薯	*Ipomoea batatas* 'Aurea'	旋花科	番薯属	藤本
金叶小檗	*Berberis thunbergii* 'Aurea'	小檗科	小檗属	落叶灌木
金叶小叶榕（黄金榕）	*Ficus microcarpa* 'Golden leaves'	桑科	榕属	常绿乔木
金叶莸	*Caryopteris × clandonensis* 'Worcester Gold'	马鞭草科	莸属	落叶灌木
金叶榆	*Ulmus pumila* 'Aurea'	榆科	榆属	落叶乔木
金叶紫露草	*Tradescantia fluminensis* 'Rim'	鸭跖草科	紫露草属	草本
金银花	*Lonicera japonica*	忍冬科	忍冬属	常绿或半常绿木质藤本
金银木	*Lonicera maackii*	忍冬科	忍冬属	落叶灌木
金英	*Thryallis glauca*	金虎尾科	金英属	常绿灌木
金鱼藻	*Ceratophyllum demersum*	金鱼藻科	金鱼藻属	沉水草本
金盏菊	*Calendula officinalis*	菊科	金盏菊属	草本
金枝槐	*Sophora japonica* 'Chrysoclada'	豆科	槐属	落叶乔木
金钟花	*Forsythia viridissima*	木犀科	连翘属	落叶灌木
筋头竹（棕竹）	*Rhapis excelsa*	棕榈科	棕竹属	棕榈类
锦带花	*Weigela florida*	忍冬科	锦带花属	落叶灌木
锦鸡儿	*Caragana sinica*	蝶形花科	锦鸡儿属	落叶灌木

（续）

植物名称	拉丁学名	科名	属名	性状
锦鸡尾（条纹十二卷）	*Haworthia fasciata*	百合科	十二卷属	草本
锦熟黄杨	*Buxus sempervirens*	黄杨科	黄杨属	常绿灌木或小乔木
锦绣杜鹃	*Rhododendron pulchrum*	杜鹃花科	杜鹃属	半常绿灌木
锦叶印度橡胶榕	*Ficus elastica* 'Doescheri'	桑科	榕属	常绿乔木
荆芥	*Nepeta cataria*	唇形科	荆芥属	草本
荆条	*Vitex negundo* var. *heterophylla*	马鞭草科	牡荆属	落叶灌木
井口边草（井栏边草、凤尾蕨）	*Pteris multifida*	凤尾蕨科	凤尾蕨属	草本
九管血（矮茎紫金牛、血党）	*Ardisia brevicaulis*	紫金牛科	紫金牛属	灌木
九里香	*Murraya paniculata*	芸香科	九里香属	常绿灌木或小乔木
九头狮子草	*Peristrophe japonica*	爵床科	观音草属	草本
韭菜	*Allium tuberosum*	百合科	葱属	草本
酒瓶椰	*Hyophorbe lagenicaulis*	棕榈科	酒瓶椰属	棕榈类
桔梗	*Platycodon grandiflorus*	桔梗科	桔梗属	草本
橘红灯台报春	*Primula bulleyana*	报春花科	报春花属	草本
菊花	*Dendranthema* × *grandiflora*	菊科	菊属	草本
榉树	*Zelkova schneideriana*	榆科	榉属	落叶乔木
巨花蔷薇	*Rosa gigantea*	蔷薇科	蔷薇属	攀缘灌木
巨魔芋	*Amorphophallus titanium*	天南星科	魔芋属	大型草本
距花山姜	*Alpinia calcarata*	姜科	山姜属	草本
聚草（穗状狐尾藻）	*Myriophyllum spicatum*	小二仙草科	狐尾藻属	沉水草本
卷边十二卷	*Haworthia mirabilis*	百合科	十二卷属	草本
绢毛杜鹃	*Rhododendron chaetomallum*	杜鹃花科	杜鹃属	常绿小灌木
绢毛木兰	*Magnolia albosericea*	木兰科	木兰属	常绿小乔木
君迁子	*Diospyros lotus*	柿科	柿属	落叶乔木
君子兰	*Clivia miniata*	石蒜科	君子兰属	草本

K

卡特兰	*Cattleya hybrida*	兰科	卡特兰属	草本
可可	*Theobroma cacao*	梧桐科	可可属	常绿乔木
孔雀草	*Tagetes patula*	菊科	万寿菊属	草本
孔雀竹芋	*Calathea makoyana*	竹芋科	肖竹芋属	草本
苦草	*Vallisneria spiralis*	水鳖科	苦草属	水生（草本）
苦丁茶（大叶冬青）	*Ilex latifolia*	冬青科	冬青属	常绿乔木
苦楝（楝树）	*Melia azedarach*	楝科	楝属	落叶乔木
苦梓（海南石梓）	*Gmelina hainanensis*	马鞭草科	石梓属	落叶乔木
桧柏	*Sabina chinensis*	柏科	圆柏属	常绿乔木
块根紫金牛	*Ardisia corymbifera* var. *tuberifera*	紫金牛科	紫金牛属	灌木
宽叶麦冬	*Liriope platyphylla*	百合科	山麦冬属	草本
昆明山海棠	*Tripterygium hypoglaucum*	卫矛科	雷公藤属	落叶木质藤本
阔荚合欢（大叶合欢）	*Albizia lebbeck*	含羞草科	合欢属	落叶乔木
阔叶十大功劳	*Mahonia bealei*	小檗科	十大功劳属	常绿灌木

L

喇叭杜鹃	*Rhododendron discolor*	杜鹃花科	杜鹃属	常绿灌木或小乔木
腊肠树	*Cassia fistula*	苏木科	决明属	落叶乔木
蜡瓣花	*Corylopsis sinensis*	金缕梅科	蜡瓣花属	落叶灌木
蜡梅	*Chimonanthus praecox*	蜡梅科	蜡梅属	落叶灌木
兰花蕉	*Orchidantha chinensis*	兰花蕉属	兰花蕉属	草本
蓝桉	*Eucalyptus globulus*	桃金娘科	桉属	常绿乔木
蓝刺头	*Echinops latifolius*	菊科	蓝刺头属	草本
蓝葱（棱叶韭，新疆韭）	*Allium caeruleum*	百合科	葱属	草本
蓝靛果忍冬	*Lonicera caerulea* var. *edulis*	忍冬科	忍冬属	落叶灌木

植物名称	拉丁学名	科名	属名	性状
蓝丁香	*Syringa meyeri*	木犀科	丁香属	落叶灌木
蓝果树	*Nyssa sinensis*	蓝果树科	蓝果树属	落叶乔木
蓝花鼠尾草（一串兰）	*Salvia farinacea*	唇形科	鼠尾草属	草本
蓝花藤	*Petrea volubilis*	马鞭草科	蓝花藤属	木质藤本
蓝灰北美花柏	*Chamaecyparis lawsoniana* 'Chilworth Silver'	柏科	柏属	常绿乔木
蓝睡莲	*Nymphaea coerulea*	睡莲科	睡莲属	草本（水生）
蓝雪花	*Plumbago auriculata*	蓝雪科（白花丹科）	蓝雪花属	常绿蔓性亚灌木
蓝羊茅	*Festuca glauca*	禾本科	羊茅属	草本
榄仁树	*Terminalia catappa*	使君子科	榄仁树属	落叶或半常绿乔木
郎伞木（美丽紫金牛）	*Ardisia elegans*	紫金牛科	紫金牛属	常绿灌木
狼尾花	*Lysimachia barystachys*	报春花科	珍珠菜属	草本
榔榆	*Ulmus parvifolia*	榆科	榆属	落叶乔木
老人葵	*Washingtonia filifera*	棕榈科	丝葵属	棕榈类
老鼠矢	*Symplocos stellaris*	山矾科	山矾属	常绿乔木
老鸦柿	*Diospyros rhombifolia*	柿科	柿属	落叶灌木
涝峪苔草	*Carex giraldiana*	莎草科	苔草属	草本
乐昌含笑	*Michelia chapensis*	木兰科	含笑属	常绿乔木
乐东拟单性木兰	*Parakmeria lotungensis*	木兰科	拟单性木兰属	常绿乔木
乐东卫矛（钟元卫矛）	*Euonymus fengii*	卫矛科	卫矛属	灌木
乐东玉叶金花	*Mussaenda lotungensis*	茜草科	玉叶金花属	常绿攀缘灌木
乐会润楠	*Machilus lohuiensis*	樟科	润楠属	常绿乔木或灌木
雷公藤	*Tripterygium wilfordii*	卫矛科	雷公藤属	落叶木质藤本
棱果蒲桃（红果仔）	*Eugenia uniflora*	桃金娘科	番樱桃属	常绿灌木、小乔木
棱枝冬青	*Ilex angulata*	冬青科	冬青属	常绿灌木或小乔木
冷杉	*Abies fabri*	松科	冷杉属	常绿乔木
冷水花	*Pilea notata*	荨麻科	冷水花属	草本
梨（白梨）	*Pyrus bretschneideri*	蔷薇科	梨属	落叶乔木
梨茶	*Camellia octopetala*	山茶科	山茶属	灌木或小乔木
藜芦	*Veratrum nigrum*	百合科	藜芦属	草本
李	*Prunus salicina*	蔷薇科	李属	落叶乔木
丽江云杉	*Picea likiangensis*	松科	云杉属	常绿乔木
丽叶朱蕉（三色朱蕉）	*Cordyline fruticosa* 'Tricolor'	龙舌兰科	朱蕉属	常绿灌木
麻栎	*Quercus acutissima*	壳斗科	栎属	落叶乔木
荔枝	*Litchi chinensis*	无患子科	荔枝属	常绿乔木
荔枝叶红豆	*Ormosia semicastrata* f. *litchifolia*	蝶形花科	红豆属	常绿乔木
栗	*Castanea mollissima*	壳斗科	栗属	落叶乔木
连理藤	*Clytostoma callistegioides*	紫葳科	连理藤属	木质藤本
连钱草（活血丹）	*Glechoma longituba*	唇形科	活血丹属	草本
连翘	*Forsythia suspensa*	木犀科	连翘属	落叶灌木
连蕊茶（毛花连蕊茶）	*Camellia fraterna*	山茶科	山茶属	常绿灌木
连香树	*Cercidiphyllum japonicum*	连香树科	连香树属	落叶乔木
莲桂	*Dehaasia hainanensis*	樟科	莲桂属	常绿灌木或小乔木
镰果杜鹃	*Rhododendron fulvum*	杜鹃花科	杜鹃属	常绿灌木或小乔木
两面针	*Zanthoxylum nitidum*	芸香科	花椒属	常绿木质藤本
两色杜鹃	*Rhododendron dichroanthum*	杜鹃花科	杜鹃属	常绿灌木
亮叶含笑	*Michelia fulgens*	木兰科	含笑属	常绿乔木
亮叶朱蕉	*Cordyline fruticosa* 'Aichiaka'	龙舌兰科	朱蕉属	常绿灌木
辽东丁香	*Syringa wolfii*	木犀科	丁香属	落叶灌木
辽东冷杉	*Abies holophylla*	松科	冷杉属	常绿乔木

植物名称	拉丁学名	科名	属名	性状
辽东栎	*Quercus wutaishanica*	壳斗科	栎属	落叶乔木
辽东桤木（水冬瓜）	*Alnus sibirica*	桦木科	赤杨属（桤木属）	落叶乔木
辽杨	*Populus maximowiczii*	杨柳科	杨属	落叶乔木
裂叶丁香	*Syringa laciniata*	木犀科	丁香属	落叶灌木
鳞花木	*Lepisanthes hainanensis*	无患子科	鳞花木属	乔木
鳞腺杜鹃	*Rhododendron lepidotum*	杜鹃花科	杜鹃属	常绿小乔木
岭南酸枣	*Spondias lakonensis*	漆树科	槟榔青属	落叶乔木
柃木	*Eurya japonica*	山茶科	柃木属	常绿灌木
柃叶山矾	*Symplocos euryoides*	山矾科	山矾属	常绿灌木
凌霄	*Campsis grandiflora*	紫葳科	凌霄属	落叶木质藤本
铃兰	*Convallaria majalis*	百合科	铃兰属	草本
菱	*Trapa bispinosa*	菱科	菱属	草本（水生）
菱叶白粉藤	*Cissus rhombifolia*	葡萄科	白粉藤属	落叶乔木
菱叶绣线菊	*Spiraea × vanhouttei*	蔷薇科	绣线菊属	落叶灌木
流苏树	*Chionanthus retusus*	木犀科	流苏属	落叶乔木
留兰香	*Mentha spicata*	唇形科	薄荷属	草本
榴莲	*Durio zibethinus*	木棉科	榴莲属	常绿乔木
柳穿鱼叶白千层	*Melaleuca linariifolia*	桃金娘科	白千层属	常绿乔木
柳杉	*Cryptomeria fortunei*	杉科	柳杉属	常绿乔木
柳叶红千层	*Callistemon salignus*	桃金娘科	红千层属	常绿大灌木或小乔木
柳叶榕（竹叶榕）	*Ficus stenophylla*	桑科	榕属	常绿乔木
柳叶绣线菊	*Spiraea salicifolia*	蔷薇科	绣线菊属	落叶灌木
柳叶栒子	*Cotoneaster salicifolius*	蔷薇科	栒子属	半常绿或常绿灌木
六道木	*Abelia biflora*	忍冬科	六道木属	落叶灌木
六月雪	*Serissa japonica*	茜草科	六月雪属	常绿或半常绿小灌木
龙柏	*Sabina chinensis* 'Kaizuca'	柏科	圆柏属	常绿乔木
龙船花	*Ixora chinensis*	茜草科	龙船花属	常绿灌木
龙胆	*Gentiana scabra*	龙胆科	龙胆属	草本
龙桑	*Morus alba* 'Tortuosa'	桑科	桑属	落叶乔木
龙舌兰	*Agave americana*	龙舌兰科	龙舌兰属	常绿灌木
龙吐珠	*Clerodendron thomsonae*	马鞭草科	大青属	常绿柔弱木质藤本
龙须藤	*Bauhinia championii*	苏木科	羊蹄甲属	常绿木质藤本
龙血树	*Dracaena draco*	龙舌兰科	龙血树属	常绿灌木
龙芽草	*Agrimonia pilosa*	蔷薇科	龙芽草属	草本
龙牙花	*Erythrina corallodendron*	蝶形花科	刺桐属	落叶小乔木
龙眼（桂圆）	*Dimocarpus longan*	无患子科	龙眼属	常绿乔木
龙游梅	*Prunus mume* var. *tortuosa*	蔷薇科	李属	落叶小乔木
龙爪槐	*Sophora japonica* 'Pendula'	蝶形花科	槐属	常绿乔木
龙爪柳	*Salix matsudana* 'Tortuosa'	杨柳科	柳属	落叶乔木
龙爪桑	*Morus alba* 'Tortuosa'	桑科	桑属	落叶乔木
龙爪枣	*Ziziphus jujuba* 'Tortuosa'	鼠李科	枣属	落叶乔木
耧斗菜	*Aquilegia viridiflora*	毛茛科	耧斗菜属	草本
露兜	*Pandanus tectorius*	露兜树科	露兜树属	常绿分枝灌木或小乔木
露兜草	*Pandanus austrosinensis*	露兜树科	露兜树属	常绿草本
露珠杜鹃	*Rhododendron irroratum*	杜鹃花科	杜鹃属	常绿灌木或小乔木
芦荟	*Aloe vera* var. *chinensis*	百合科	芦荟属	草本
芦竹	*Arundo donax*	禾本科	芦竹属	草本
鹿葱	*Lycoris squamigera*	石蒜科	石蒜属	草本
鹿角杜鹃	*Rhododendron latoucheae*	杜鹃花科	杜鹃属	常绿灌木至小乔木
鹿角蕨	*Platycerium wallichii*	鹿角蕨科	鹿角蕨属	蕨类

植物名称	拉丁学名	科名	属名	性状
鹿角桧（鹿角柏）	*Sabina chinensis* 'Pfitzeriana'	柏科	圆柏属	常绿灌木
鹿蹄草	*Pyrola rotundifolia* subsp. *chinensis*	鹿蹄草科	鹿蹄草属	草本
鹭鸶草（土洋参）	*Diuranthera major*	百合科	鹭鸶草属	草本
驴蹄草	*Caltha palustris*	毛茛科	驴蹄草属	草本
旅人蕉	*Ravenala madagascariensis*	芭蕉科	旅人蕉属	常绿乔木状
绿柄白鹃梅	*Exochorda giraldii* var. *wilsonii*	蔷薇科	白鹃梅属	落叶灌木
绿点杜鹃（红点杜鹃）	*Rhododendron searsiae*	杜鹃花科	杜鹃属	灌木
绿萝（黄金葛、魔鬼藤）	*Scindapsus aureus*	天南星科	绿萝属	常绿草质藤本
绿苋草	*Alternanthera paronychioides*	苋科	莲子草属	草本
栾树	*Koelreuteria paniculata*	无患子科	栾树属	落叶乔木
卵果蔷薇	*Rosa helenae*	蔷薇科	蔷薇属	铺散灌木
卵叶椒草（圆叶椒草）	*Peperomia obtusifolia*	胡椒科	草胡椒属	草本
卵叶石笔木	*Tutcheria ovalifolia*	山茶科	石笔木属	常绿乔木
轮叶马先蒿	*Pedicularis verticillata*	玄参科	马先蒿属	草本
轮叶沙参	*Adenophora tetraphylla*	桔梗科	沙参属	草本
轮叶紫金牛	*Ardisia ordinata*	紫金牛科	紫金牛属	常绿亚灌木或小灌木
罗汉柏	*Thujopsis dolabrata*	柏科	罗汉柏属	常绿乔木
罗汉松	*Podocarpus macrophyllus*	罗汉松科	罗汉松属	常绿乔木
罗勒	*Ocimum basilicum*	唇形科	罗勒属	草本
罗伞树	*Ardisia quinquegona*	紫金牛科	紫金牛属	灌木或灌木状小乔木
萝卜	*Raphanus sativus*	十字花科	萝卜属	草本
萝卜根老鹳草	*Geranium napuligerum*	牻牛儿苗科	老鹳草属	草本
萝芙木	*Rauvolfia verticillata*	夹竹桃科	萝芙木属	灌木
络石	*Trachelospermum jasminoides*	夹竹桃科	络石属	常绿木质藤本
落新妇	*Astilbe chinensis*	虎耳草科	落新妇属	草本
落叶松	*Larix gmelinii*	松科	落叶松属	落叶乔木
落羽杉	*Taxodium distichum*	杉科	落羽杉属	落叶乔木
M				
麻栎	*Quercus acutissima*	壳斗科	栎属	落叶乔木
麻楝	*Chukrasia tabularis*	楝科	麻楝属	落叶乔木
麻叶绣球	*Spiraea cantoniensis*	蔷薇科	绣线菊属	落叶灌木
蟆叶秋海棠	*Begonia rex*	秋海棠科	秋海棠属	多年生草本
马鞍藤	*Ipomoea pes-caprae*	旋花科	番薯属	缠绕草本
马齿苋	*Portulaca oleracea*	马齿苋科	马齿苋属	草本
马褂木	*Liriodendron chinense*	木兰科	鹅掌楸属	落叶乔木
马兰	*Kalimeris indica*	菊科	马兰属	草本
马蓝	*Baphicacanthus cusia*	爵床科	马蓝属	草本
马利筋	*Asclepias curassavica*	萝藦科	马利筋属	多年生直立灌木状草本
马蹄金	*Dichondra repens*	旋花科	马蹄金属	匍匐性草本
马蹄莲	*Zantedeschia aethiopica*	天南星科	马蹄莲属	草本
马尾松	*Pinus massoniana*	松科	松属	常绿乔木
马银花	*Rhododendron ovatum*	杜鹃花科	杜鹃属	常绿灌木或小乔木
马缨丹（五色梅）	*Lantana camara*	马鞭草科	马缨丹属	常绿半藤状灌木
马占相思	*Acacia mangium*	含羞草科	金合欢属	常绿乔木
马醉木	*Pieris japonica*	杜鹃花科	马醉木属	常绿灌木
蚂蚱腿子	*Myripnois dioica*	菊科	蚂蚱腿子属	落叶灌木
麦冬	*Liriope spicata*	百合科	麦冬属	草本
麦瓶草	*Silene conoidea*	石竹科	蝇子草属	草本
馒头柳	*Salix matsudana* 'Umbraculifera'	杨柳科	柳属	落叶乔木
满山红	*Rhododendron mariesii*	杜鹃花科	杜鹃属	落叶灌木

（续）

植物名称	拉丁学名	科名	属名	性状
曼陀罗	*Datura stramonium*	茄科	曼陀罗属	落叶灌木（亚灌木）
蔓花生（长喙花生）	*Arachis duranensis*	豆科	落花生属	草本
蔓马缨丹	*Lantana montevidensis*	马鞭草科	马缨丹属	常绿半藤状灌木
芒	*Miscanthus sinensis*	禾本科	芒属	草本
杧果（芒果）	*Mangifera indica*	漆树科	杧果属	常绿乔木
牻牛儿苗	*Erodium stephanianum*	牻牛儿苗科	牻牛儿苗属	草本
猫儿屎	*Decaisnea insignis* (*Decaisnea fargesii*)	木通科	猫儿屎属	落叶灌木
猫尾木	*Dolichandrone cauda-felina*	紫葳科	猫尾木属	常绿乔木
毛白杜鹃	*Rhododendron mucronatum*	杜鹃花科	杜鹃属	半常绿灌木
毛白杨	*Populus tomentosa*	杨柳科	杨属	落叶乔木
毛刺槐	*Robinia hispida*	蝶形花科	刺槐属	落叶灌木
毛萼紫薇	*Lagerstroemia balansae*	千屈菜科	紫薇属	落叶灌木
毛茛	*Ranunculus japonicus*	毛茛科	毛茛属	草本
毛黄栌	*Cotinus coggygria* var. *pubescens*	漆树科	黄栌属	落叶小乔木
毛鸡爪槭	*Acer pubipalmatum*	槭树科	槭属	落叶小乔木
毛姜	*Zingiber kawagoii*	姜科	姜属	草本
毛茉莉	*Jasminum multiflorum*	木犀科	茉莉属	常绿灌木
毛泡桐（紫花泡桐）	*Paulownia tomentosa*	玄参科	泡桐属	落叶乔木
毛叶丁香	*Syringa pubescens*	木犀科	丁香属	落叶灌木
毛樱桃	*Prunus tomentosa*	蔷薇科	李属（樱属）	落叶灌木
毛榛	*Corylus mandshurica*	桦木科	榛属	落叶灌木
毛枝常绿荚蒾	*Viburnum sempervirens* var. *trichophorum*	忍冬科	荚蒾属	常绿灌木
毛柱杜鹃（腥红杜鹃）	*Rhododendron venator*	杜鹃花科	杜鹃属	常绿灌木
茂汶杜鹃	*Rhododendron maowenense*	杜鹃花科	杜鹃属	直立灌木
玫瑰	*Rosa rugosa*	蔷薇科	蔷薇属	落叶灌木
梅	*Prunus mume*	蔷薇科	李属	落叶小乔木
梅花草	*Parnassia palustris*	虎耳草科	梅花草属	草本
美斑常春藤	*Hedera helix* 'Little Diamond'	五加科	常春藤属	常绿木质藤本
美被杜鹃	*Rhododendron calostrotum*	杜鹃花科	杜鹃属	灌木
美国地锦（五叶地锦）	*Parthenocissus quinquefolia*	葡萄科	爬山虎属	落叶藤本
美国鹅掌楸	*Liriodendron tulipifera*	木兰科	鹅掌楸属	落叶乔木
美国红栌	*Cotinus coggygria* 'Royal purple'	漆树科	黄栌属	落叶灌木或小乔木
美国黄松（西黄松）	*Pinus ponderosa*	松科	松属	常绿乔木
美国凌霄	*Campsis radicans*	紫葳科	凌霄属	落叶藤本
美国香柏	*Thuja occidentalis*	柏科	崖柏属	常绿乔木
美丽赪桐（爪哇赪桐）	*Clerodendrum speciosum*	马鞭草科	赪桐属	常绿灌木
美丽马兜铃	*Aristolochia elegans*	马兜铃科	马兜铃属	草质藤本
美丽枕果榕	*Ficus drupacea* var. *glabrata*	桑科	榕属	常绿乔木
美女樱	*Verbena hybrida*	马鞭草科	马鞭草属	草本
美蔷薇	*Rosa bella*	蔷薇科	蔷薇属	灌木
美人茶	*Camelia uraku*	山茶科	山茶属	常绿小乔木
美人蕉	*Canna indica*	美人蕉科	美人蕉属	草本（可以水生）
美人松（长白松）	*Pinus sylvestris* var. *sylvestriformis*	松科	松属	常绿乔木
美容杜鹃	*Rhododendron calophytum*	杜鹃花科	杜鹃属	常绿灌木或小乔木
美蕊花（朱缨花）	*Calliandra surinamensis*	含羞草科	朱缨花属	落叶灌木或小乔木
美叶印度橡胶榕	*Ficus elastica* 'Decora Tricolor'	桑科	榕属	常绿乔木
蒙椴	*Tilia mongolica*	椴树科	椴树属	落叶乔木
蒙古栎	*Quercus mongolica*	壳斗科	栎属	落叶乔木
蒙古莸	*Caryopteris mongolica*	马鞭草科	莸属	落叶灌木

植物名称	拉丁学名	科名	属名	性状
迷迭香	*Rosmarinus officinalis*	唇形科	迷迭香属	常绿灌木（亚灌木）
猕猴桃	*Actinidia chinensis*	猕猴桃科	猕猴桃属	落叶木质藤本
米饭花（米饭树）	*Vaccinium sprengelii*	杜鹃花科	越橘属	常绿灌木
米仔兰	*Aglaia odorata*	楝科	米仔兰属	常绿灌木或小乔木
密刺苦草	*Vallisneria denseserrulata*	水鳖科	苦草属	草本（水生）
密花核果木	*Drypetes congestiflora*	大戟科	核果木属	灌木
密鳞紫金牛	*Ardisia densilepidotula*	紫金牛科	紫金牛属	常绿小乔木
密枝杜鹃	*Rhododendron fastgiatum*	杜鹃花科	杜鹃属	常绿灌木
绵毛杜鹃	*Rhododendron floccigerum*	杜鹃花科	杜鹃属	常绿灌木
绵毛荚蒾（黑果绣球）	*Viburnum lantana*	忍冬科	荚蒾属	灌木
绵毛水苏	*Stachys lanata*	唇形科	水苏属	草本
绵枣儿	*Scilla scilloides*	百合科	绵枣儿属	草本
棉刺	*Potaninia mongolica*	蔷薇科	绵刺属	小灌木
棉团铁线莲	*Clematis hexapetala*	毛茛科	铁线莲属	直立草本
缅甸报春花	*Primula burmanica*	报春花科	报春花属	草本
茉莉	*Jasminum sambac*	木犀科	茉莉属	常绿灌木
墨石榴	*Punica granatum* 'Nigra'	石榴科	石榴属	落叶小乔木
墨西哥黄睡莲	*Nymphaea tetragona* 'Mexicana'	睡莲科	睡莲属	水生植物
墨西哥落羽杉	*Taxodium mucronatum*	杉科	落羽杉属	常绿乔木
牡丹	*Paeonia suffruticosa*	芍药科	芍药属	落叶灌木
木本曼陀罗	*Datura arborea*	茄科	曼陀罗属	小乔木
木本香薷（华北香薷）	*Elsholtzia stauntonii*	唇形科	香薷属	落叶亚灌木
木本绣球	*Viburnum macrocephalum*	忍冬科	荚蒾属	落叶灌木
木波罗	*Artocarpus heterophyllus*	桑科	波罗蜜属	常绿乔木
木防己	*Cocculus orbiculatus*	防己科	木防己属	缠绕性木质藤本
木芙蓉	*Hibiscus mutabilis*	锦葵科	木槿属	落叶灌木或小乔木
木瓜	*Chaenomeles sinensis*	蔷薇科	木瓜属	落叶小乔木
木荷	*Schima superba*	山茶科	木荷属	常绿乔木
木蝴蝶（千张纸）	*Oroxylum indicum*	紫葳科	木蝴蝶属	乔木
木槿	*Hibiscus syriacus*	锦葵科	木槿属	落叶灌木或小乔木
木兰（紫玉兰）	*Magnolia liliflora*	木兰科	木兰属	落叶灌木
木里杜鹃	*Rhododendron muliense*	杜鹃花科	杜鹃属	灌木
木莲	*Manglietia fordiana*	木兰科	木莲属	常绿乔木
木麻黄	*Casuarina equisetifolia*	木麻黄科	木麻黄属	常绿乔木
木棉	*Bombax malabaricum*	木棉科	木棉属	落叶乔木
木通	*Akebia quinata*	木通科	木通属	落叶木质藤本
木犀（桂花）	*Osmanthus fragrans*	木犀科	木犀属	常绿小乔木
木香	*Rosa banksiae*	蔷薇科	蔷薇属	落叶或半常绿攀缘灌木
木贼	*Equisetum hyemale*	木贼科	木贼属	蕨类
木贼麻黄	*Ephedra equisetina*	麻黄科	麻黄属	灌木
木帚栒子	*Cotoneaster dielsianus*	蔷薇科	栒子属	落叶灌木
N				
南方红豆杉（美丽红豆杉）	*Taxus mairei*	红豆杉科	红豆杉属	常绿乔木
南极白粉藤	*Cissus antarctica*	葡萄科	白粉藤属	木质藤本
南美稔（费约果）	*Feijoa sellowiana*	桃金娘科	南美稔属	常绿小乔木
南蛇藤	*Celastrus orbiculatus*	卫矛科	南蛇藤属	落叶木质藤本
南酸枣	*Choerospondias axillaria*	漆树科	南酸枣属	落叶乔木
南天竹	*Nandina domestica*	小檗科	南天竹属	常绿灌木
南洋杉	*Araucaria heterophylla*	南洋杉科	南洋杉属	常绿乔木
南洋楹	*Albizia falcataria*	含羞草科	合欢属	常绿乔木

(续)

植物名称	拉丁学名	科名	属名	性状
南迎春（云南黄馨）	*Jasminum mesnyi*	木犀科	茉莉属	半常绿藤本
楠木	*Phoebe zhennan*	樟科	楠属	常绿乔木
闹羊花（黄杜鹃，羊踯躅）	*Rhododendron molle*	杜鹃花科	杜鹃属	落叶灌木
尼古拉鹤望兰（大鹤望兰）	*Strelitzia nicolai*	旅人蕉科	鹤望兰属	草本
茑萝	*Quamoclit pennata*	旋花科	茑萝属	一年生草质藤本
宁夏枸杞	*Lycium barbarum*	茄科	枸杞属	落叶灌木
柠檬桉	*Eucalyptus citriodora*	桃金娘科	桉属	常绿乔木
牛扁	*Aconitum barbatum* var. *puberulum*	毛茛科	乌头属	草本
牛迭肚（山楂叶悬钩子）	*Rubus crataegifolius*	蔷薇科	悬钩子属	落叶灌木
牛皮杜鹃	*Rhododendron chrysanthum*	杜鹃花科	杜鹃属	常绿矮小灌木
牛舌草	*Anchusa italica*	紫草科	牛舌草属	草本
牛膝	*Achyranthes bidentata*	苋科	牛膝属	草本
浓香探春	*Jasminum odoratissimum*	木犀科	素馨属	常绿灌木
怒江红山茶	*Camellia saluenensis*	山茶科	山茶属	灌木至小乔木
女娄（女娄菜）	*Silene aprica*	石竹科	蝇子草属	草本
女贞	*Ligustrum lucidum*	木犀科	女贞属	常绿乔木
暖木条荚蒾	*Viburnum burejaeticum*	忍冬科	荚蒾属	落叶灌木
糯米条	*Abelia chinensis*	忍冬科	六道木属	落叶灌木
O				
欧李	*Prunus humilis*	蔷薇科	李属	落叶灌木
欧亚旋覆花	*Inula britanica*	菊科	旋覆花属	草本
欧洲丁香	*Syringa vulgaris*	木犀科	丁香属	落叶灌木或小乔木
欧洲琼花	*Viburnum opulus*	忍冬科	荚蒾属	落叶灌木
欧洲雪球	*Viburnum opulus* ‘Roseum’	忍冬科	荚蒾属	落叶灌木
欧洲紫杉	*Taxus baccata*	红豆杉科	红豆杉属	常绿乔木
P				
爬山虎	*Parthenocissus tricuspidata*	葡萄科	地锦属	落叶木质藤本
爬行卫矛	*Euonymus fortunei* var. *radicans*	卫矛科	卫矛属	常绿木质藤本
盘叶忍冬	*Lonicera tragophylla*	忍冬科	忍冬属	落叶藤本
膀胱果	*Staphylea holocarpa*	省沽油科	省沽油属	落叶灌木
炮仗花	*Pyrostegia venusta*	紫葳科	炮仗藤属	常绿木质藤本
泡桐（白花泡桐）	*Paulownia fortunei*	玄参科	泡桐属	落叶乔木
佩兰	*Eupatorium fortunei*	菊科	泽兰属	草本
蓬子菜	*Galium verum*	茜草科	蓬子菜属	草本
枇杷	*Eriobotrya japonica*	蔷薇科	枇杷属	常绿小乔木
啤酒花	*Humulus lupulus*	桑科	葎草属	落叶草质藤本
偏翅唐松草	*Thalictrum delavayi*	毛茛科	唐松草属	草本
偏花报春	*Primula secundiflora*	报春花科	报春花属	草本
平基槭（元宝枫、华北五角枫）	*Acer truncatum*	槭树科	槭属	落叶小乔木
平头赤松（千头赤松）	*Pinus densiflora* ‘Umbraculifera’	松科	松属	常绿乔木
平榛	*Corylus heterophylla*	桦木科	榛属	落叶灌木或小乔木
平枝栒子	*Cotoneaster horizontalis*	蔷薇科	栒子属	半常绿匍匐灌木
苹（蘋）	*Marsilea quadrifolia*	蘋科	蘋属	蕨类（水生）
苹果	*Malus pumila*	蔷薇科	苹果属	落叶乔木
瓶儿花	*Cestrum fasciculatum* var. *newellii*	茄科	夜香树属	灌木
瓶干树	*Brachychiton rupestris*	梧桐科	瓶树属	乔木
瓶兰（金弹子）	*Diospyros armata*	柿科	柿属	半常绿灌木或小乔木
萍蓬草	*Nuphar pumilum*	睡莲科	萍蓬草属	草本（水生）
坡垒	*Hopea hainanensis*	龙脑香科	坡垒属	常绿乔木

植物名称	拉丁学名	科名	属名	性状
婆婆纳	*Veronica polita*	玄参科	婆婆纳属	草本
铺地柏	*Sabina procumbens*	柏科	圆柏属	常绿灌木
匍匐栒子	*Cotoneaster adpressa*	蔷薇科	栒子属	落叶匍匐灌木
菩提树	*Ficus religiosa*	桑科	榕属	常绿乔木
葡萄	*Vitis vinifera*	葡萄科	葡萄属	落叶木质藤本
蒲包花	*Calceolaria crenatiflora*	玄参科	蒲包花属	草本
蒲儿根	*Sinosenecio oldhamianus*	菊科	蒲儿根属	草本
蒲葵	*Livistona chinensis*	棕榈科	蒲葵属	棕榈类
蒲桃（水蒲桃）	*Syzygium jambos*	桃金娘科	蒲桃属	常绿乔木
蒲苇	*Cortaderia selloana*	禾本科	蒲苇属	草本
朴树	*Celtis sinensis*	榆科	朴属	落叶乔木
普陀鹅耳枥	*Carpinus putoensis*	桦木科	鹅耳枥属	落叶乔木
Q				
七筋姑	*Clintonia udensis*	百合科	七筋姑属	草本
七叶树	*Aesculus chinensis*	七叶树科	七叶树属	落叶乔木
七叶一枝花	*Paris polyphylla*	百合科	重楼属	草本
七姊妹（十姊妹）	*Rosa multiflora* 'Platyphylla'	蔷薇科	蔷薇属	落叶灌木
桤木	*Alnus cremastogyne*	桦木科	桤木属	落叶乔木
千瓣月季石榴	*Punica granatum* 'Nana Plena'	石榴科	石榴属	落叶小乔木
千里光	*Senecio scandens*	菊科	千里光属	草本
千年健	*Homalomena occulta*	天南星科	千年健属	亚灌木状草本
千屈菜	*Lythrum salicaria*	千屈菜科	千屈菜属	草本
千日红	*Gomphrena globosa*	苋科	千日红属	草本
千岁兰（虎尾兰）	*Sansevieria trifasciata*	龙舌兰科	虎尾兰属	草本
千头柏	*Platycladus orientalis* 'Sieboldii'	柏科	侧柏属	常绿灌木
千头椿（千头臭椿）	*Ailanthus altissima* 'Qiantou'	苦木科	臭椿属	落叶乔木
铅笔柏（北美圆柏）	*Sabina virginiana*	柏科	圆柏属	常绿乔木
浅粉鞑靼忍冬	*Lonicera tatarica* 'Albo-rosea'	忍冬科	忍冬属	落叶灌木
浅红婆罗双	*Shorea leprosula*	龙脑香科	娑罗属	常绿乔木
芡实	*Euryale ferox*	睡莲科	芡属	草本（水生）
蔷薇（野蔷薇）	*Rosa multiflora*	蔷薇科	蔷薇属	落叶灌木
乔松	*Pinus griffithii*	松科	松属	常绿乔木
秦氏莓	*Rubus chungii*	蔷薇科	悬钩子属	灌木
琴叶榕	*Ficus pandurata*	桑科	榕属	常绿灌木
青冈（青冈栎）	*Cyclobalanopsis glauca*	壳斗科	青冈属	常绿乔木
青荚叶	*Helwingia japonica*	山茱萸科	青荚叶属	灌木
青梅	*Vatica mangachapoi*	龙脑香科	青梅属	常绿乔木
青皮槭	*Acer cappadocium*	槭树科	槭属	落叶乔木
青杆	*Picea wilsonii*	松科	云杉属	常绿乔木
青檀	*Pteroceltis tatarinowii*	榆科	青檀属	落叶乔木
青桐（梧桐）	*Firmiana simplex*	梧桐科	梧桐属	落叶乔木
青杨	*Populus cathayana*	杨柳科	杨属	落叶乔木
青榨槭	*Acer davidii*	槭树科	槭属	落叶乔木
青紫葛	*Cissus javana*	葡萄科	白粉藤属	草质藤本
琼刺榄	*Xantolis longispinosa*	山榄科	刺榄属	常绿灌木或乔木
琼岛柿	*Diospyros maclurei*	柿科	柿属	乔木
琼花	*Viburnum macrocephalum* f. *keteleeri*	忍冬科	荚蒾属	落叶灌木
琼崖柯（红柯）	*Lithocarpus fenzelianus*	壳斗科	柯属	乔木
琼崖蛇根草	*Ophiorrhiza aureolina*	茜草科	蛇根草属	草本
琼紫叶	*Graptophyllum viriduliflorum*	爵床科	紫叶属	灌木

（续）

植物名称	拉丁学名	科名	属名	性状
琼棕	*Chuniophoenix hainanensis*	棕榈科	琼棕属	棕榈类
秋枫	*Bischofia javanica*	大戟科	秋枫属	常绿乔木
秋海棠	*Begonia evansiana*	秋海棠科	秋海棠属	草本
秋胡颓子（牛奶子）	*Elaeagnus umbellata*	胡颓子科	胡颓子属	落叶灌木
秋茄（水笔仔）	*Kandelia candel*	红树科	秋茄树属	常绿
球桧	*Sabina chinensis* 'Globosa'	柏科	圆柏属	常绿灌木
球兰	*Hoya carnosa*	萝藦科	球兰属	常绿攀缘灌木
瞿麦	*Dianthus superbus*	石竹科	石竹属	草本
拳参	*Polygonum bistorta*	蓼科	蓼属	草本
缺裂报春	*Primula souliei*	报春花科	报春花属	草本
雀舌黄杨	*Buxus bodinieri*	黄杨科	黄杨属	常绿灌木
R				
人参	*Panax ginseng*	五加科	人参属	草本
人面竹（罗汉竹）	*Phyllostachys aurea*	禾本科	刚竹属	竹类
人面子	*Dracontomelon duperreanum*	漆树科	人面子属	常绿乔木
人心果	*Manilkara zapota*	山榄科	铁线子属	常绿乔木
忍冬	*Lonicera japonica*	忍冬科	忍冬属	常绿或半常绿缠绕藤本
日本扁柏	*Chamaecyparis obtusa*	柏科	扁柏属	常绿乔木
日本榧树	*Torreya nucifera*	红豆杉科	榧树属	常绿乔木或灌木
日本花柏	*Chamaecyparis pisifera*	柏科	扁柏属	常绿乔木
日本冷杉	*Abies firma*	松科	冷杉属	常绿乔木
日本柳杉	*Cryptomeria japonica*	柏科	柳杉属	常绿乔木
日本落叶松	*Larix kaempferi*	松科	落叶松属	落叶乔木
日本晚樱	*Prunus lannesiana*	蔷薇科	李属	落叶小乔木
日本五针松	*Pinus parviflora*	松科	松属	常绿灌木状小乔木（原产地乔木）
日本辛夷	*Magnolia kobus*	木兰科	木兰属	落叶乔木
绒毛山核桃	*Carya tomentosa*	胡桃科	山胡桃属	落叶乔木
茸茸椰子（荷威棕）	*Howea forsterana*	棕榈科	荷威椰属	棕榈类
榕树	*Ficus microcarpa*	桑科	榕属	常绿乔木
柔毛杜鹃	*Rhododendron pubescens*	杜鹃花科	杜鹃属	常绿灌木
柔毛绣线菊	*Spiraea pubescens*	蔷薇科	绣线菊属	落叶灌木
肉苁蓉（苁蓉）	*Cistanche deserticola*	列当科	肉苁蓉属	寄生草本
肉桂	*Cinnamomum cassia*	樟科	樟属	常绿乔木
肉花卫矛	*Euonymus carnosus*	卫矛科	卫矛属	半常绿灌木或乔木
乳黄杜鹃	*Rhododendron lacteum*	杜鹃花科	杜鹃属	常绿灌木或小乔木
乳茄	*Solanum mammosum*	茄科	茄属	草本
软叶刺葵	*Phoenix roebelenii*	棕榈科	刺葵属	棕榈类（灌木）
软枝黄蝉	*Allemanda cathartica*	夹竹桃科	黄蝉属	常绿灌状藤木
瑞香	*Daphne odora*	瑞香科	瑞香属	常绿灌木
箬竹	*Indocalamus tessellatus*	禾本科	箬竹属	竹类
S				
洒金侧柏	*Platycladus orientalis* 'Aurea Nana'	柏科	侧柏属	常绿灌木
洒金东瀛珊瑚	*Aucuba japonica* 'Variegata'	山茱萸科	桃叶珊瑚属	常绿灌木
洒金榕（变叶木）	*Codiaeum variegatum*	大戟科	变叶木属	常绿灌木或小乔木
洒金铁苋（撒金铁苋、撒金红桑）	*Acalypha wikesiana* 'Java White'	大戟科	红桑属	常绿小灌木
萨氏小檗	*Berberis sargentii*	小檗科	小檗属	灌木
萨氏绣球	*Hydrangea sargentii*	八仙花科	绣球属	灌木
赛黑桦	*Betula schmidtii*	桦木科	桦木属	落叶乔木

植物名称	拉丁学名	科名	属名	性状
赛木患	*Aphania oligophylla*	无患子科	滇赤才属	常绿灌木或小乔木
三叉凤尾蕨	*Pteris tripartita*	凤尾蕨科	凤尾蕨属	蕨类
三尖杉	*Cephalotaxus fortunei*	三尖杉科	三尖杉属	常绿乔木
三角枫（三角槭）	*Acer buergerianum*	槭树科	槭属	落叶乔木
三角花（叶子花）	*Bougainvillea spectabilis*	紫茉莉科	叶子花属	常绿攀缘灌木
三角榕	*Ficus triangularis*	桑科	榕属	常绿灌木或小乔木
三裂绣线菊	*Spiraea trilobata*	蔷薇科	绣线菊属	落叶灌木
三七	*Panax pseudo-ginseng* var. *notoginseng*	五加科	人参属	草本
三色堇	*Viola tricolor*	堇菜科	堇菜属	草本
三药槟榔	*Areca triandra*	棕榈科	槟榔属	棕榈类（灌木）
三叶木通	*Akebia trifoliata*	木通科	木通属	落叶木质藤本
伞房荚蒾	*Viburnum corymbiflorum*	忍冬科	荚蒾属	灌木或小乔木
伞形八仙花（中华八仙花）	*Hydrangea chinensis*	八仙花科	八仙花属	落叶灌木
散沫花（指甲花）	*Lawsonia inermis*	千屈菜科	散沫花属	多枝大灌木
散生栒子	*Cotoneaster divaricatus*	蔷薇科	栒子属	落叶直立灌木
散尾葵	*Chrysalidocarpus lutescens*	棕榈科	散尾葵属	棕榈类
桑	*Morus alba*	桑科	桑属	落叶乔木
沙地柏（砂地柏）	*Sabina vulgalis*	柏科	圆柏属	常绿灌木
沙蒿	*Artemisia desertorum*	菊科	蒿属	草本（木质或半木质）
沙棘	*Hippophae rhamnoides*	胡颓子科	沙棘属	落叶灌木或小乔木
沙梾	*Cornus bretschneideri*	山茱萸科	梾木属	落叶灌木或小乔木
沙枣	*Elaeagnus angustifolia*	胡颓子科	胡颓子属	落叶乔木
砂仁	*Amomum villosum*	姜科	豆蔻属	草本
山白菊（三脉紫菀）	*Aster ageratoides*	菊科	紫菀属	草本
山茶	*Camellia japonica*	山茶科	山茶属	常绿灌木或小乔木
山桃榔（山棕）	*Arenga engleri*	棕榈科	桃榔属	常绿灌木
山核桃	*Carya cathayensis*	胡桃科	山核桃属	落叶乔木
山荷叶（南方山荷叶）	*Diphylleia sinensis*	小檗科	山荷叶属	草本
山苦荬	*Ixeris chinensis*	菊科	苦荬菜属	草本
山里红	*Crataegus pinnatifida* var. *major*	蔷薇科	山楂属	落叶小乔木
山毛榉（水青冈）	*Fagus longipetiolata*	壳斗科	水青冈属	落叶乔木
山枇杷（皱叶荚蒾）	*Viburnum rhytidophyllum*	忍冬科	荚蒾属	常绿灌木或小乔木
山荞麦（木藤蓼）	*Polygonum aubertii*	蓼科	蓼属	落叶木质藤本
山桃	*Prunus davidiana*	蔷薇科	李属	落叶小乔木
山杏	*Prunus sibirica*	蔷薇科	李属	落叶小乔木
山羊角树	*Carrierea calycina*	刺篱木科	山羊角树属	落叶乔木
山杨	*Populus davidiana*	杨柳科	杨属	落叶乔木
山玉兰	*Magnolia delavayi*	木兰科	木兰属	常绿小乔木
山楂	*Crataegus pinnatifida*	蔷薇科	山楂属	落叶小乔木
山楂叶悬钩子（牛叠肚）	*Rubus crataegifolius*	蔷薇科	悬钩子属	落叶灌木
山竹子（倒捻子）	*Garcinia mangostana*	藤黄科	藤黄属	灌木
珊瑚姜	*Zingiber corallinum*	姜科	姜属	草本
珊瑚朴	*Celtis julianae*	榆科	朴属	落叶乔木
珊瑚树（法国冬青）	*Viburnum odoratissimum* var. *awabuki*	忍冬科	荚蒾属	常绿小乔木
珊瑚藤	*Antigonon leptopus*	蓼科	珊瑚藤属	半木质藤本
陕西荚蒾	*Viburnum schensianum*	忍冬科	荚蒾属	落叶灌木
芍药	*Paeonia lactiflora*	芍药科	芍药属	草本
少叶野木瓜	*Stauntonia oligophylla*	木通科	野木瓜属	常绿木质藤本
蛇皮果	*Salacca zalacca*	棕榈科	蛇皮果属	棕榈类

（续）

植物名称	拉丁学名	科名	属名	性状
蛇葡萄	*Ampelopsis glandulosa*	葡萄科	蛇葡萄属	木质藤本
射干	*Belamcanda chinensis*	鸢尾科	射干属	草本
麝香蔷薇	*Rosa moschata*	蔷薇科	蔷薇属	灌木
深粉鞑靼忍冬	*Lonicera tatarica* 'Sibirica'	忍冬科	忍冬属	落叶灌木
深红鞑靼忍冬	*Lonicera tatarica* 'Arnold Red'	忍冬科	忍冬属	落叶灌木
深红挪威槭	*Acer platanoides* 'Crimson King'	槭树科	槭属	落叶乔木
深裂花烛	*Anthurium variabille*	天南星科	花烛属	草本
深山含笑	*Michelia maudiae*	木兰科	含笑属	常绿乔木
深山木天蓼（狗枣猕猴桃）	*Actinidia kolomikta*	猕猴桃科	猕猴桃属	落叶灌木
神秘果	*Synsepalum dulcificum*	山榄科	神秘果属	灌木
神香草	*Hyssopus officinalis*	唇形科	神香草属	草本
肾茶	*Clerodendranthus spicatus*	唇形科	肾茶属	草本
肾蕨	*Nephrolepis auriculata*	肾蕨科	肾蕨属	蕨类
升麻	*Cimicifuga foetida*	毛茛科	升麻属	草本
省藤（宽刺省藤）	*Calamus platyacanthoides*	棕榈科	省藤属	棕榈类
圣诞耳蕨	*Polystichum acrostichoides*	鳞毛蕨科	耳蕨属	蕨类
施氏蔷薇（扁刺蔷薇）	*Rosa sweginzowii*	蔷薇科	蔷薇属	灌木
蓍草	*Achillea millefolium*	菊科	蓍属	草本
十大功劳	*Mahonia fortunei*	小檗科	十大功劳属	常绿灌木
什锦丁香	*Syringa × chinensis*	木犀科	丁香属	落叶灌木
石笔木	*Tutcheria championi*	山茶科	石笔木属	常绿乔木
石菖蒲	*Acorus gramineus*	天南星科	菖蒲属	草本
石海椒	*Reinwardtia indica*	亚麻科	石海椒属	常绿灌木（亚灌木）
石灰花楸（石灰树）	*Sorbus folgneri*	蔷薇科	花楸属	落叶乔木
石栗	*Aleurites moluccana*	大戟科	石栗属	常绿乔木
石莲花	*Echeveria glauca*	景天科	石莲花属	草本
石榴	*Punica granatum*	石榴科	石榴属	落叶灌木或小乔木
石碌含笑	*Michelia shiluensis*	木兰科	含笑属	常绿乔木
石枚冬青	*Ilex shimeica*	冬青科	冬青属	常绿乔木
石楠	*Photinia serrulata*	蔷薇科	石楠属	常绿灌木或小乔木
石山巴豆	*Croton calcareus*	大戟科	巴豆属	灌木
石山桂花	*Osmanthus fordii*	木犀科	木犀属	常绿灌木
石山棕	*Guihaia argyrata*	棕榈科	石山棕属	棕榈类（灌木）
石蒜	*Lycoris radiata*	石蒜科	石蒜属	草本
石韦	*Pyrrosia lingua*	水龙骨科	石韦属	蕨类
石岩杜鹃	*Rhododendron obtusum*	杜鹃花科	杜鹃属	常绿或半常绿灌木
石竹	*Dianthus chinensis*	石竹科	石竹属	草本
使君子	*Quisqualis indica*	使君子科	使君子属	落叶木质藤本
柿树	*Diospyros kaki*	柿科	柿属	落叶乔木
手参	*Gymnadenia conopsea*	兰科	手参属	草本
寿星桃	*Prunus persica* 'Densa'	蔷薇科	李属	落叶灌木
书带蕨	*Vittaria flexuosa*	书带蕨科	书带蕨属	蕨类
疏花槭	*Acer laxiflorum*	槭树科	槭属	落叶乔木
鼠曲草	*Gnaphalium affine*	菊科	鼠曲草属	草本
鼠尾草	*Salvia japonica*	唇形科	鼠尾草属	草本
蜀桧（蜀柏）	*Sabina komarovii*	柏科	圆柏属	常绿小乔木
双盾木	*Dipelta floribunda*	忍冬科	双盾木属	落叶灌木或小乔木
双荚决明	*Cassia bicapsularis*	苏木科	决明属	落叶蔓性灌木
双扇蕨	*Dipteris conjugata*	双扇蕨科	双扇蕨属	蕨类
水鳖	*Hydrocharis dubia*	水鳖科	水鳖属	浮水草本

植物名称	拉丁学名	科名	属名	性状
水葱	*Scirpus validus*	莎草科	藨草属	草本（水生）
水冬哥（米花树）	*Saurauia tristyla*	猕猴桃科	水冬哥属	灌木或小乔木
水禾	*Hygroryza aristata*	禾本科	水禾属	草本（水生）
水华束丝藻	*Aphanizomenon flos-aquae*	念珠藻科	束丝藻属	草本（水生）
水金凤	*Impatiens noli-tangere*	凤仙花科	凤仙花属	草本
水蕨	*Ceratopteris thalictroides*	水蕨科	水蕨属	蕨类
水苦荬	*Veronica undulata*	玄参科	婆婆纳属	草本
水芹	*Oenanthe javanica*	伞形科	水芹属	草本
水青冈	*Fagus longipetiolata*	壳斗科	水青冈属	落叶乔木
水曲柳	*Fraxinus mandshurica*	木犀科	白蜡树属	落叶乔木
水杉	*Metasequoia glyptostroboides*	杉科	水杉属	落叶乔木
水石榕	*Elaeocarpus hainanensis*	杜英科	杜英属	常绿小乔木
水松	*Glyptostrobus pensilis*	杉科	水松属	落叶或半落叶乔木
水塔花	*Billbergia pyramidalis*	凤梨科	水塔花属	草本
水翁	*Cleistocalyx operculatus*	桃金娘科	水翁属	常绿乔木
水仙	*Narcissus tazetta* var. *chinensis*	石蒜科	水仙属	草本
水芋	*Calla palustris*	天南星科	水芋属	草本（水生）
水栀子	*Gardenia jasminoides* var. *radicans*	茜草科	栀子属	常绿灌木
水烛	*Typha angustifolia*	香蒲科	香蒲属	草本（水生）
睡莲	*Nymphaea tetragona*	睡莲科	睡莲属	草本（水生）
丝柏（意大利柏木）	*Cupressus sempervirens*	柏科	柏木属	常绿乔木
丝兰	*Yucca smalliana*	龙舌兰科	丝兰属	常绿灌木
丝绵木	*Euonymus maackii*	卫矛科	卫矛属	落叶乔木
四川杜鹃	*Rhododendron sutchuenense*	杜鹃花科	杜鹃属	常绿灌木或小乔木
四季桂	*Osmanthus fragrans* 'Semperflorens'	木犀科	木犀属	常绿灌木
四季秋海棠	*Begonia* × *semperflorens*	秋海棠科	秋海棠属	草本
四块瓦（银线草）	*Chloranthus japonicus*	金粟兰科	金粟兰属	草本
四数木	*Tetrameles nudiflora*	四数木科	四数木属	落叶乔木
四照花	*Dendrobenthamia japonica* var. *chinensis*	山茱萸科	四照花属	落叶小乔木
似血杜鹃	*Rhododendron haematodes*	杜鹃花科	杜鹃属	常绿灌木
松毛翠	*Phyllodoce caerulea*	杜鹃花科	松毛翠属	常绿灌木
松叶菊（龙须海棠）	*Lampranthus tenuifolius*	番杏科	松叶菊属	草本
溲疏	*Deutzia scabra*	八仙花科	溲疏属	落叶灌木
苏氏豹子花	*Nomocharis souliei*	百合科	豹子花属	草本
苏氏杜鹃（白碗杜鹃）	*Rhododendron souliei*	杜鹃花科	杜鹃属	常绿灌木
苏铁	*Cycas revoluta*	苏铁科	苏铁属	常绿木本
苏铁蕨	*Brainea insignis*	乌毛蕨科	苏铁蕨属	蕨类
素方花	*Jasminum officinale*	木犀科	素馨属	常绿木质藤本
素馨花	*Jasminum grandiflorum*	木犀科	素馨属	常绿亚灌木
酸枣	*Ziziphus jujuba* var. *spinosa*	鼠李科	枣属	落叶灌木
蒜	*Allium sativum*	百合科	葱属	草本
蒜香藤	*Saritaea magnifica*	紫葳科	蒜香藤属	常绿攀缘灌木
穗花报春	*Primula deflexa*	报春花科	报春属	草本
穗花杉	*Amentotaxus argotaenia*	红豆杉科	穗花杉属	常绿灌木或小乔木
娑罗树	*Shorea robusta*	龙脑香科	娑罗树属	常绿乔木
桫椤（刺桫椤）	*Alsophila spinulosa*	桫椤科	桫椤属	蕨类
梭鱼草	*Pontederia cordata*	雨久花科	梭鱼草属	草本（水生）

植物名称	拉丁学名	科名	属名	性状
锁阳	*Cynomorium songaricum*	锁阳科	锁阳属	寄生草本
T				
塔柏	*Sabina chinensis* 'Pyramidalis'	柏科	圆柏属	常绿乔木
塔形柏木（塔形光皮柏木）	*Cupressus glabra* 'Pyramidalis'	柏科	柏木属	常绿乔木
塔形欧洲七叶树	*Aesculus hippocastanum* 'Pyramidalis'	七叶树科	七叶树属	落叶乔木
塔形欧洲云杉	*Picea abies* 'Pyramidalis'	松科	云杉属	常绿乔木
塔形铅笔柏	*Juniperus virginiana* 'Pyramidiformis'	柏科	刺柏属	常绿乔木
塔形西洋接骨木	*Sambucus nigra* 'Pyramidalis'	忍冬科	接骨木属	落叶灌木
塔形银槭	*Acer saccharinum* 'Pyramidalis'	槭树科	槭属	落叶乔木
胎生狗脊蕨	*Woodwardia prolifera*	乌毛蕨科	狗脊蕨属	蕨类
台尔曼忍冬花	*Lonicera* × *tellmanniana*	忍冬科	忍冬属	落叶藤本
台湾百合	*Lilium formosanum*	百合科	百合属	草本
台湾翠柏（大鳞肖楠）	*Calocedrus macrolepis* var. *formosana*	柏科	柏木属	常绿乔木
台湾桧（刺柏）	*Juniperus formosana*	柏科	刺柏属	常绿乔木
台湾轮叶龙胆	*Gentiana yakushimensis*	龙胆科	龙胆属	草本
台湾马醉木（美丽马醉木）	*Pieris taiwanensis* (*P. formasa*)	杜鹃花科	马醉木属	常绿灌木或小乔木
台湾相思（相思树）	*Acacia confusa*	含羞草科	金合欢属	常绿乔木
台湾追果藤（台湾山柑）	*Capparis formosana*	山柑科	山柑属	常绿木质藤本
太平花	*Philadelphus pekinensis*	八仙花科	山梅花属	落叶灌木
太平莓	*Rubus pacificus*	蔷薇科	悬钩子属	常绿灌木
檀香	*Santalum album*	檀香科	檀香属	常绿小乔木
探春	*Jasminum floridum*	木犀科	素馨属	常绿灌木
唐古特瑞香	*Daphne tangutica*	瑞香科	瑞香属	常绿灌木
唐松草	*Thalictrum aquilegifolium* var. *sibiricum*	毛茛科	唐松草属	草本
棠叶山绿绒蒿	*Meconopsis zoardii*	罂粟科	绿绒蒿属	草本
糖胶树	*Alstonia scholaris*	夹竹桃科	鸡骨常山属	乔木
糖芥	*Erysimum bungei*	十字花科	糖芥属	草本
糖槭	*Acer saccharum*	槭树科	槭属	落叶乔木
绦柳	*Salix matsudana* 'Pendula'	杨柳科	柳属	落叶乔木
桃	*Prunus persica*	蔷薇科	李属	落叶小乔木
桃儿七	*Sinopodophyllum hexandrum*	小檗科	桃儿七属	草本
桃花心木	*Swietenia mahagoni*	楝科	桃花心木属	常绿乔木
桃金娘	*Rhodomyrtus tomentosa*	桃金娘科	桃金娘属	常绿灌木
桃叶珊瑚	*Aucuba chinensis*	山茱萸科	桃叶珊瑚属	常绿灌木
藤绣球	*Hydrangea petiolaris*	八仙花科	八仙花属	木质藤本
天蓝韭	*Allium cyaneum*	百合科	葱属	草本
天门冬	*Asparagus sprengeri*	百合科	天门冬属	草本
天目木姜子	*Litsea auriculata*	樟科	木姜子属	落叶乔木
天目木兰	*Magnolia amoena*	木兰科	木兰属	落叶乔木
天目槭	*Acer sinopurpurascens*	槭树科	槭属	落叶乔木
天目琼花	*Viburnum sargentii*	忍冬科	荚蒾属	落叶灌木
天目紫茎（紫茎）	*Stewartia gemmata*	山茶科	紫茎属	落叶乔木
天南星	*Arisaema heterophyllum*	天南星科	天南星属	草本
天女木兰（天女花）	*Magnolia sieboldii*	木兰科	木兰属	落叶小乔木
天竺桂	*Cinnamomum japonicum*	樟科	樟属	常绿乔木
甜高粱	*Sorghum dochna*	禾本科	高粱属	草本

植物名称	拉丁学名	科名	属名	性状
条纹白粉藤	*Cissus striata*	葡萄科	白粉藤属	木质藤本
贴梗海棠（皱皮木瓜）	*Chaenomeles speciosa*	蔷薇科	木瓜属	落叶灌木
铁刀木（黑心树）	*Cassia siamea*	苏木科	决明属	常绿乔木
铁坚油杉	*Keteleeria davidiana*	松科	油杉属	常绿乔木
铁角蕨	*Asplenium trichomanes*	铁角蕨科	铁角蕨属	蕨类
铁杉	*Tsuga chinensis*	松科	铁杉属	常绿乔木
铁线蕨	*Adiantum capillus-veneris*	铁线蕨科	铁线蕨属	蕨类
通脱木	*Tetrapanax papyrifer*	五加科	通脱木属	落叶灌木或小乔木
同色扁担杆	*Grewia concolor*	椴树科	扁担杆属	落叶灌木
桐状槭（挪威槭）	*Acer platanoides*	槭树科	槭属	落叶乔木
透茎冷水花	*Pilea pumila*	荨麻科	冷水花属	草本
秃杉	*Taiwania flousiana*	杉科	台湾杉属	常绿乔木
突厥蔷薇	*Rosa damascena*	蔷薇科	蔷薇属	灌木
兔儿伞	*Syneilesis aconitifolia*	菊科	兔儿伞属	草本
橐吾	*Ligularia sibirica*	菊科	橐吾属	草本
椭圆叶乌口树	*Tarenna tsangii* f. *elliptica*	茜草科	乌口树属	灌木
W				
洼皮冬青（洞果冬青）	*Ilex nuculicana*	冬青科	冬青属	常绿乔木
瓦松	*Orostachys fimbriatus*	景天科	瓦松属	草本
歪头菜	*Vicia unijuga*	蝶形花科	野豌豆属	草本
弯梗紫金牛	*Ardisia retroflexa*	紫金牛科	紫金牛属	灌木
豌豆	*Pisum satium*	蝶形花科	豌豆属	草本
宛田红花油茶	*Camellia polyodonta*	山茶科	山茶属	常绿灌木或小乔木
万年青	*Rohdea japonica*	百合科	万年青属	草本
万寿菊	*Tagetes erecta*	菊科	万寿菊属	草本
王莲	*Victoria amazonica*	睡莲科	王莲属	草本（水生）
网纹草	*Fittonia verschaffeltii*	爵床科	网纹草属	草本
望春玉兰	*Magnolia biondii*	木兰科	木兰属	落叶乔木
威茉百合（威氏百合）	*Lilium davidii* var. *willmottiae*	百合科	百合属	草本
围裙水仙	*Narcissus bulbocodium*	石蒜科	水仙属	草本
栀子	*Gardenia jasminoides*	茜草科	栀子属	常绿灌木
维氏报春花	*Primula wilsonii*	报春花科	报春花属	草本
维氏玉兰	*Magnolia* × *veitchii*	木兰科	木兰属	落叶乔木
尾叶山茶	*Camellia caudata*	山茶科	山茶属	常绿灌木或小乔木
卫矛	*Euonymus alatus*	卫矛科	卫矛属	落叶灌木
猬实	*Kolkwitzia amabilis*	忍冬科	猬实属	落叶灌木
文昌锥	*Castanopsis wenchangensis*	壳斗科	锥属	常绿乔木
文冠果	*Xanthoceras sorbifolia*	无患子科	文冠果属	落叶灌木或小乔木
文殊兰	*Crinum asiaticum* var. *sinicum*	石蒜科	文殊兰属	草本
文雅杜鹃（花）	*Rhododendron facetum*	杜鹃花科	杜鹃属	灌木
文竹	*Asparagus plumosus*	百合科	天门冬属	草本
蚊母树	*Distylium racemosum*	金缕梅科	蚊母树属	常绿灌木
问荆	*Equisetum arvense*	木贼科	木贼属	草本
问客杜鹃	*Rhododendron ambiguum*	杜鹃花科	杜鹃属	灌木
翁柱	*Cephalocereus senilis*	仙人掌科	翁柱属	盆栽花卉（原产地高达15m）
蕹菜	*Ipomoea aquatica*	旋花科	番薯属	草本
乌桕	*Sapium sebiferum*	大戟科	乌桕属	落叶乔木
乌毛蕨	*Blechnum orientale*	乌毛蕨科	乌毛蕨属	蕨类

植物名称	拉丁学名	科名	属名	性状
乌头	*Aconitum carmichaeli*	毛茛科	乌头属	草本
乌头叶蛇葡萄	*Ampelopsis aconitifolia*	葡萄科	蛇葡萄属	落叶木质藤本
无花果	*Ficus carica*	桑科	榕属	常绿灌木
无患子	*Sapindus mukorossi*	无患子科	无患子属	落叶乔木
无腺杨桐	*Adinandra epunctata*	山茶科	杨桐属	常绿乔木
无忧花	*Saraca dives*	豆科	无忧花属	常绿乔木
梧桐	*Firmiana simplex*	梧桐科	梧桐属	落叶乔木
五蒂柿	*Diospyros corallina*	柿科	柿属	常绿乔木
五加	*Acanthopanax gracilistylus*	五加科	五加属	落叶灌木
五角枫	*Acer mono*	槭树科	槭属	落叶乔木
五裂槭	*Acer oliverianum*	槭树科	槭属	落叶小乔木
五脉绿绒蒿	*Meconopsis quintuplinervia*	罂粟科	绿绒蒿属	草本
五味子	*Schisandra chinensis*	五味子科	五味子属	落叶木质藤本
五叶地锦	*Parthenocissus quinquefolia*	葡萄科	地锦属	落叶木质藤本
五月茶	*Antidesma bunius*	大戟科	五月茶属	乔木
五针松（日本五针松）	*Pinus parviflora*	松科	松属	常绿灌木状小乔木（原产地高达 30m）
五柱柃	*Eurya pentagyna*	山茶科	柃木属	灌木或小乔木
五爪金龙	*Ipomoea cairica*	旋花科	番薯属	多年生缠绕草本
武当木兰	*Magnolia sprengeri*	木兰科	木兰属	落叶乔木
舞鹤草	*Maianthemum bifolium*	百合科	舞鹤草属	草本
勿忘草	*Myosotis sylvatica*	紫草科	勿忘草属	草本
X				
西伯利亚红松（新疆五针松）	*Pinus sibirica*	松科	松属	常绿乔木
西伯利亚冷杉	*Abies sibirica*	松科	冷杉属	常绿乔木
西番莲	*Passiflora coerulea*	西番莲科	西番莲属	常绿木质藤本
西瓜皮椒草	*Peperomia sandersii*	胡椒科	豆瓣绿属	草本
西红柿	*Lycopersicon eseulentum*	茄科	番茄属	草本
西康木兰（龙女花）	*Magnolia wilsonii*	木兰科	木兰属	常绿乔木
西南荚蒾	*Viburnum wilsonii*	忍冬科	荚蒾属	灌木
西洋杜鹃（杂种杜鹃）	*Rhododendron hybrida*	杜鹃花科	杜鹃属	常绿灌木
希陶山茶（云南连蕊茶）	*Camellia tsaii*	山茶科	山茶属	常绿灌木至小乔木
溪荪	*Iris sanguinea*	鸢尾科	鸢尾属	草本（水生）
喜光花	*Actephila merrilliana*	大戟科	喜光花属	常绿灌木
喜树	*Camptotheca acuminata*	蓝果树科	喜树属	落叶乔木
细花短蕊茶	*Camellia parviflora*	山茶科	山茶属	常绿灌木
细孔紫金牛	*Ardisia porifera*	紫金牛科	紫金牛属	常绿灌木（亚灌木）
细辛	*Asarum sieboldii*	马兜铃科	细辛属	草本
细叶桉	*Eucalyptus tereticornis*	桃金娘科	桉属	常绿乔木
细叶萼距花	*Cuphea hyssopifolia*	千屈菜科	萼距花属	常绿灌木
细叶谷木（羊角扭）	*Memecylon scutellatum*	野牡丹科	谷木属	常绿灌木（稀为小乔木）
细叶美女樱	*Verbena tenera*	马鞭草科	马鞭草属	多年生草本常作一二年生栽培
细叶婆婆纳	*Veronica linariifolia*	玄参科	婆婆纳属	草本
细叶沙参（紫沙参）	*Adenophora paniculata*	桔梗科	沙参属	草本
细叶鸢尾	*Iris tenuifolia*	鸢尾科	鸢尾属	草本
细紫叶朱蕉	*Cordyline fruticosa* 'Bella'	龙舌兰科	朱蕉属	常绿灌木
虾脊兰类	*Calanthe* spp.	兰科	虾脊兰属	草本
虾夷花	*Callispidia guttata*	爵床科	虾夷花属	常绿灌木

植物名称	拉丁学名	科名	属名	性状
虾子花	*Woodfordia fruticosa*	千屈菜科	虾子花属	灌木
狭叶水塔花	*Billbergia nutans*	凤梨科	水塔花属	草本
狭叶栀子	*Gardenia stenophylla*	茜草科	栀子属	常绿灌木
霞红灯台报春	*Primula beesiana*	报春花科	报春花属	草本
夏菊	*Dendranthema × grandiflora*	菊科	菊属	草本
夏蜡梅	*Sinocalycanthus chinensis*	蜡梅科	夏蜡梅属	落叶灌木
仙鹤草（龙芽草）	*Agrimonia pilosa*	蔷薇科	龙芽草属	草本
仙客来	*Cyclamen persicum*	报春花科	仙客来属	草本
仙茅	*Curculigo orchioides*	石蒜科	仙茅属	草本
仙人笔	*Senecio articulatus*	菊科	千里光属	草本
线柏	*Chamaecyparis pisifera* 'Filifera'	柏科	扁柏属	常绿灌木或小乔木
线叶龙胆	*Gentiana farreri*	龙胆科	龙胆属	草本
腺果杜鹃	*Rhododendron davidii*	杜鹃花科	杜鹃属	常绿灌木或小乔木
腺叶荚蒾	*Viburnum lobophyllum* var. *silvestrii*	忍冬科	荚蒾属	落叶或半常绿灌木
相思红豆（榄绿红豆）	*Ormosia olivacea*	蝶形花科	红豆树属	乔木
香柏（小果香柏）	*Sabina pingii* var. *wilsonii*	柏科	圆柏属	常绿灌木
香茶藨子	*Ribes odoratum*	茶藨子科	茶藨子属	落叶灌木
香茶菜	*Rabdosia amethystoides*	唇形科	香茶菜属	草本
香椿	*Toona sinensis*	楝科	香椿属	落叶乔木
香榧	*Torreya grandis* 'Merrillii'	红豆杉科	榧树属	常绿乔木
香菇草（普通天胡荽）	*Hydrocotyle vulgaris*	伞形科	天胡荽属	草本
香果树	*Emmenopterys henryi*	茜草科	香果树属	落叶乔木
香花芥	*Hesperis trichosepala*	十字花科	香花芥属	草本
香荚蒾	*Viburnum farreri*	忍冬科	荚蒾属	落叶灌木
香蕉	*Musa nana*	芭蕉科	芭蕉属	草本
香梨（番荔枝）	*Annona squamosa*	番荔枝科	番荔枝属	落叶小乔木
香蒲	*Typha orientalis*	香蒲科	香蒲属	草本（水生）
香薷	*Elsholtzia ciliata*	唇形科	香薷属	草本
香水月季	*Rosa odorata*	蔷薇科	蔷薇属	落叶灌木
香桃木	*Myrtus communis*	桃金娘科	香桃木属	常绿灌木
香杨	*Populus koreana*	杨柳科	杨属	落叶乔木
香叶天竺葵	*Pelargonium graveolens*	牻牛儿苗科	天竺葵属	草本
香樟	*Cinnamomum camphora*	樟科	樟属	常绿乔木
香子兰	*Vanilla planifolia*	兰科	香子兰属	草本
橡胶	*Hevea brasiliensis*	大戟科	橡胶树属	常绿乔木
橡皮树	*Ficus elastica*	桑科	榕属	常绿乔木
小蚌花	*Rhoeo discolor* 'Compacta'	鸭跖草科	紫露草属	草本
小报春	*Primula forbesii*	报春花科	报春花属	草本
小驳骨丹	*Gendarussa vulgaris*	爵床科	驳骨草属	常绿灌木
小檗	*Berberis thunbergii*	小檗科	小檗属	落叶灌木
小丛红景天	*Rhodiola dumulosa*	景天科	红景天属	草本
小冠花（绣球小冠花、多变小冠花）	*Coronilla varia*	豆科	小冠花属	草本
小果海棠（西府海棠）	*Malus micromalus*	蔷薇科	苹果属	落叶小乔木
小果咖啡	*Coffea arabica*	茜草科	咖啡属	小乔木
小果南烛（小果珍珠花）	*Lyonia ovalifolia* var. *elliptica*	杜鹃花科	珍珠花属	落叶灌木
小花溲疏	*Deutzia parviflora*	八仙花科	溲疏属	落叶灌木
小花五桠果	*Dillenia pentagyna*	五桠果科	五桠果属	落叶乔木
小黄花菜	*Hemerocallis minor*	百合科	萱草属	草本

（续）

植物名称	拉丁学名	科名	属名	性状
小黄馨（矮探春）	*Jasminum humile*	木犀科	素馨属	常绿或半常绿灌木
小鸡爪槭	*Acer palmatum* var. *thunbergii*	槭树科	槭属	落叶小乔木
小蜡	*Ligustrum sinense*	木犀科	女贞属	半常绿灌木或小乔木
小木通	*Clematis armandii*	毛茛科	铁线莲属	木质藤本
小叶丁香	*Syringa microphylla*	木犀科	丁香属	落叶灌木
小叶黄杨	*Buxus microphylla*	黄杨科	黄杨属	常绿灌木
小叶黄杨叶栒子	*Cotoneaster buxifolius* var. *vellaeus*	蔷薇科	栒子属	常绿至半常绿灌木
小叶九里香	*Murraya microphylla*	芸香科	九里香属	常绿灌木或小乔木
小叶榕	*Ficus microcarpa*	桑科	榕属	常绿乔木
小叶鼠李	*Rhamnus parvifolia*	鼠李科	鼠李属	落叶灌木
小叶喜林芋（攀缘喜林芋）	*Philodendron scandens*	天南星科	喜林芋属	攀缘植物
小叶栒子	*Cotoneaster microphyllus*	蔷薇科	栒子属	落叶灌木
小叶杨	*Populus simonii*	杨柳科	杨属	落叶乔木
孝顺竹	*Bambusa multiplex*	禾本科	簕竹属	竹类
肖黄栌（紫锦木）	*Euphorbia cotinifolia*	大戟科	大戟属	常绿灌木
肖槿（白脚桐棉）	*Thespesia lampas*	锦葵科	桐棉属	常绿灌木
笑靥花	*Spiraea prunifolia*	蔷薇科	绣线菊属	落叶灌木
斜叶榕	*Ficus gibbosa*	桑科	榕属	常绿乔木
蟹爪兰	*Zygocactus truncatus*	仙人掌科	蟹爪兰属	草本
心叶地榆	*Sanguisorba officinalis* var. *cordifolia*	蔷薇科	地榆属	草本
心叶喜林芋（圆叶蔓绿绒）	*Philodendron oxycardium*	天南星科	喜林芋属	攀缘植物
新疆杨	*Populus bolleana*	杨柳科	杨属	落叶乔木
兴安落叶松（落叶松）	*Larix gmelini*	松科	落叶松属	落叶乔木
星点木	*Dracaena godseffiana*	龙舌兰科	龙血树属	常绿灌木状植物
星点藤（藤三七）	*Scindapsus pictus* 'Argyraeus'	天南星科	藤芋属	草质藤本
星点一叶兰（洒金蜘蛛抱蛋）	*Aspidistra elatior* 'Punctata'	百合科	蜘蛛抱蛋属	草本
星萼杜鹃（黄杯杜鹃）	*Rhododendron astrocalyx*	杜鹃花科	杜鹃属	常绿灌木
星花木兰	*Magnolia stellata*	木兰科	木兰属	落叶灌木或小乔木
星蕨	*Microsorum punctatum*	水龙骨科	星蕨属	蕨类
杏	*Prunus armeniaca*	蔷薇科	李属	落叶小乔木
杏叶沙参（宽裂沙参）	*Adenophora hunanensis*	桔梗科	沙参属	草本
荇菜	*Nymphoides peltatum*	睡菜科	荇菜属	草本（水生）
熊掌木	*Fatshedera lizei*	五加科	熊掌木属	常绿蔓性灌木
秀丽槭	*Acer elegantulum*	槭树科	槭属	落叶乔木
绣球（阴绣球）	*Hydrangea macrophylla*	八仙花科	绣球属	落叶灌木
绣线菊（柳叶绣线菊）	*Spiraea salicifolia*	蔷薇科	绣线菊属	落叶灌木
袖珍椰子	*Chamaedorea elegans*	棕榈科	袖珍椰子属	棕榈类（灌木）
锈叶琼楠	*Beilschmiedia obconica*	樟科	琼楠属	常绿乔木
萱草	*Hemerocallis fulva*	百合科	萱草属	草本
雪果	*Symphoricarpus albus*	忍冬科	雪果属	落叶灌木
雪柳	*Fontanesia fortunei*	木犀科	雪柳属	落叶灌木
雪松	*Cedrus deodara*	松科	雪松属	常绿乔木
雪叶菊	*Senecio cineraria* 'Silver Dust'	菊科	千里光属	草本
雪钟花	*Galanthus nivalis*	石蒜科	雪钟花属	草本
血皮槭	*Acer griseum*	槭科	槭树属	落叶乔木
血桐	*Macaranga tanarius*	大戟科	血桐属	常绿乔木
血苋	*Iresine herbstii*	苋科	血苋属	草本
薰衣草	*Lavandula angustifolia*	唇形科	薰衣草属	草本

植物名称	拉丁学名	科名	属名	性状
枸子（枸子木、水枸子）	*Cotoneaster multiflorus*	蔷薇科	枸子属	落叶灌木
Y				
鸦胆子	*Brucea javanica*	苦木科	鸦胆子属	常绿灌木
鸭脚木（澳洲鸭脚木）	*Schefflera actinophylla*	五加科	鹅掌柴属	常绿乔木或灌木状
鸭跖草	*Commelina communis*	鸭跖草科	鸭跖草属	草本
崖花海桐	*Pittosporum illicioides*	海桐科	海桐属	常绿灌木
崖姜	*Pseudodrynaria coronans*	槲蕨科	崖姜蕨属	蕨类
崖县扁担杆	*Grewia chuniana*	椴树科	扁担杆属	灌木
胭脂花	*Primula maximowiczii*	报春花科	报春花属	草本
延胡索	*Corydalis yanhusuo*	罂粟科	紫堇属	草本
岩白菜	*Bergenia purpurascens*	虎耳草科	岩白菜属	草本
岩青兰（毛建草）	*Dracocephalum rupestre*	唇形科	青兰属	草本
沿阶草	*Ophiopogon japonicus*	百合科	沿阶草属	草本
偃松	*Pinus pumila*	松科	松属	常绿偃伏状灌木
眼镜豆（榼藤）	*Entada phaseoloides*	含羞草科	榼藤属	常绿木质藤本
眼子菜（鸭子草）	*Potamogeton distinctus*	眼子菜科	眼子菜属	草本（水生）
艳凤梨（金边凤梨）	*Ananas comosus* var. *variegata*	凤梨科	凤梨属	草本
艳山姜	*Alpinia zerumbet*	姜科	山姜属	草本
燕尾叉蕨	*Tectaria simonsii*	叉蕨科	叉蕨属	蕨类
燕尾棕（变色山槟榔）	*Pinanga discolor*	棕榈科	山槟榔属	棕榈类
燕子花	*Iris laevigata*	鸢尾科	鸢尾属	草本
羊胡子草	*Carex filipes*	莎草科	苔草属	草本
羊毛杜鹃	*Rhododendron mallotum*	杜鹃花科	杜鹃属	常绿灌木或小乔木
羊蹄甲	*Bauhinia purpurea*	苏木科	羊蹄甲属	常绿乔木
羊踯躅	*Rhododendron molle*	杜鹃花科	杜鹃属	落叶灌木
阳桃	*Averrhoa carambola*	酢浆草科	阳桃属	常绿小乔木
杨梅	*Myrica rubra*	杨梅科	杨梅属	常绿乔木
杨桐（黄瑞木）	*Adinandra millettii*	山茶科	杨桐属	常绿灌木或小乔木
洋白蜡	*Fraxinus pennsylvanica*	木犀科	白蜡属	落叶乔木
洋常春藤	*Hedera helix*	五加科	常春藤属	常绿木质藤本
洋葱	*Allium cepa*	百合科	葱属	草本
洋金凤	*Caesalpinia pulcherrima*	苏木科	云实属	落叶灌木或小乔木
洋蒲桃	*Syzygium samarangense*	桃金娘科	蒲桃属	常绿乔木
椰子	*Cocos nucifera*	棕榈科	椰子属	棕榈类（乔木）
野黄菊	*Dendranthema indicum*	菊科	菊属	草本
野韭菜	*Allium ramosum*	百合科	葱属	草本
野决明	*Thermopsis lupinoides*	蝶形花科	野决明属	草本
野棉花	*Anemone vitifolia*	毛茛科	银莲花属	草本（根状茎木质）
野茉莉	*Styrax japonicus*	野茉莉科（安息香科）	野茉莉属（安息香属）	落叶小乔木
野牡丹	*Melastoma candidum*	野牡丹科	野牡丹属	常绿灌木
野葡萄	*Vitis longii*	葡萄科	葡萄属	落叶木质藤本
野漆树	*Toxicodendron succedaneum*	漆树科	漆树属	落叶小乔木
野蔷薇	*Rosa multiflora*	蔷薇科	蔷薇属	落叶灌木
野鸦椿	*Euscaphis japonica*	省沽油科	野鸦椿属	落叶灌木或小乔木
野珠兰	*Stephanandra chinensis*	蔷薇科	小米空木属	落叶灌木
夜合	*Magnolia coco*	木兰科	含笑属	常绿灌木或小乔木
夜香树	*Cestrum nocturnum*	茄科	夜香树属	常绿灌木
腋花杜鹃	*Rhododendron racemosum*	杜鹃花科	杜鹃属	常绿灌木

（续）

植物名称	拉丁学名	科名	属名	性状
腋花瑞香	*Daphne axillaris*	瑞香科	瑞香属	灌木
一把伞南星	*Arisaema erubescens*	天南星科	天南星属	草本
一串红	*Salvia splendens*	唇形科	鼠尾草属	亚灌木状草本
一串蓝（蓝花鼠尾草）	*Salvia farinacea*	唇形科	鼠尾草属	亚灌木状草本
一品红	*Euphorbia pulcherrima*	大戟科	大戟属	落叶灌木
一球悬铃木	*Platanus occidentalis*	悬铃木科	悬铃木属	落叶乔木
一叶兰（蜘蛛抱蛋）	*Aspidistra elatior*	百合科	蜘蛛抱蛋属	草本
一枝黄花	*Solidago decurrens*	菊科	一枝黄花属	草本
伊兰香	*Cananga odorata*	番荔枝科	伊兰属	常绿乔木
伊乐藻	*Anacharis canadensis*	水鳖科	伊乐藻属	草本（水生）
仪花	*Lysidice rhodostegia*	苏木科	仪花属	灌木或小乔木
异色雪花	*Argostemma discolor*	茜草科	雪花属	草本
异叶南洋杉	*Araucaria heterophylla*	南洋杉科	南洋杉属	常绿乔木
异叶三宝木	*Trigonostemon heterophyllus*	大戟科	三宝木属	灌木
益母草	*Leonurus artemisia*	唇形科	益母草属	草本
益智	*Alpinia oxyphylla*	姜科	山姜属	草本
薏苡	*Coix chinensis*	禾本科	薏苡属	草本
阴地堇菜	*Viola yezoensis*	堇菜科	堇菜属	草本
阴香	*Cinnamomum burmannii*	樟科	樟属	常绿乔木
银边菠萝麻（狭叶银边剑麻）	*Agave angustifolia* 'Marginata'	龙舌兰科	龙舌兰属	常绿灌木
银边吊兰	*Chlorophytum capense* 'Marginata'	百合科	吊兰属	草本
银边复叶槭	*Acer negundo* 'Variegatum'	槭树科	槭属	落叶乔木
银边富贵竹（白边万年竹蕉）	*Dracaena sanderiana*	百合科	龙血树属	常绿灌木
银边黄杨（银边冬青卫矛）	*Euonymus japonicus* 'Alba-marginata'	卫矛科	卫矛属	常绿灌木
银边孔雀木	*Schefflera elegantissima* 'Castor Variegata'	五加科	孔雀木属	常绿小乔木
银边山菅兰	*Dianella ensifolia* 'Silvery stripe'	百合科	山菅兰属	草本
银边香根鸢尾	*Iris pallida* 'Variegata'	鸢尾科	鸢尾属	草本
银边旋叶铁苋（镶边旋叶铁苋）	*Acalypha wikesiana* 'Hoffmanii'	大戟科	铁苋属	常绿灌木
银边洋常春藤	*Hedera helix* 'Silver Queen' (*Hedera helix* 'Marginata')	五加科	常春藤属	常绿木质藤本
银桂	*Osmanthus fragrans* 'Odoratus'	木犀科	木犀属	常绿灌木
银蒿	*Artemisia austriaca*	菊科	蒿属	草本（半灌木状）
银桦	*Grevillea robusta*	山龙眼科	银桦属	常绿乔木
银蓝北美花柏	*Chamaecyparis lawsoniana* 'Pembury Blue'	柏科	柏属	常绿乔木
银毛野牡丹（银毛丹）	*Tibouchina aspera* var. *asperrima*	野牡丹科	野牡丹属	常绿灌木
银杉	*Cathaya argyrophylla*	松科	银杉属	常绿乔木
银薇	*Lagerstroemia indica* 'Alba'	千屈菜科	紫薇属	落叶灌木或小乔木
银纹沿阶草	*Ophiopogon intermedius* 'Argenteo-marginatus'	百合科	沿阶草属	草本
银杏	*Ginkgo biloba*	银杏科	银杏属	落叶乔木
银芽柳	*Salix leucopithecia*	杨柳科	柳属	落叶灌木
银叶常春藤	*Hedera helix* 'Glacier'	五加科	常春藤属	常绿木质藤本
银叶杜鹃	*Rhododendron argyrophyllum*	杜鹃花科	杜鹃属	常绿小乔木或灌木
银叶树	*Heritiera littoralis*	梧桐科	银叶树属	常绿乔木
隐蕊杜鹃	*Rhododendron intricatum*	杜鹃花科	杜鹃属	常绿灌木
印度紫檀	*Pterocarpus indicus*	蝶形花科	紫檀属	落叶乔木
樱花	*Prunus serrulata*	蔷薇科	李属	落叶小乔木

植物名称	拉丁学名	科名	属名	性状
樱桃	*Prunus pseudocerasus*	蔷薇科	李属	落叶小乔木
鹰爪花	*Artabotrys hexapetalus*	番荔枝科	鹰爪花属	常绿攀缘灌木
迎春花	*Jasminum nudiflorum*	木犀科	素馨属	落叶灌木
迎红杜鹃	*Rhododendron mucronulatum*	杜鹃花科	杜鹃属	落叶或半常绿灌木
楹树	*Albizia chinensis*	含羞草科	合欢属	落叶乔木
硬骨凌霄	*Tecomaria capensis*	紫葳科	硬骨凌霄属	常绿半攀缘性灌木
硬枝老鸦嘴（直立山牵牛）	*Thunbergia erecta*	爵床科	老鸭嘴属	直立灌木
优昙花（山玉兰）	*Magnolia delavayi*	木兰科	木兰属	常绿小乔木
油茶	*Camellia oleifera*	山茶科	山茶属	常绿小乔木
油橄榄	*Olea europaea*	木犀科	木犀榄属	常绿小乔木
油麻藤	*Mucuna cochinchinensis*	蝶形花科	黧豆属	常绿木质藤本
油杉	*Keteleeria fortunei*	松科	油杉属	常绿乔木
油柿	*Diospyros oleifera*	柿科	柿属	落叶乔木
油松	*Pinus tabulaeformis*	松科	松属	常绿乔木
油桐	*Vernicia fordii*	大戟科	油桐属	落叶小乔木
油棕	*Elaeis gunieensis*	棕榈科	油棕属	棕榈类
柚	*Citrus maxima*	芸香科	柑橘属	常绿小乔木
柚木	*Tectona grandis*	马鞭草科	柚木属	落叶乔木
疣桦（垂枝桦）	*Betula pendula*	桦木科	桦木属	乔木
莸	*Caryopteris incana*	马鞭草科	莸属	落叶灌木
鱼木	*Crateva religiosa*	山柑科	鱼木属	乔木或灌木
鱼尾葵	*Caryota ochlandra*	棕榈科	鱼尾葵属	棕榈类（乔木）
鱼腥草（蕺菜）	*Houttuynia cordata*	三白草科	蕺菜属	草本
榆树	*Ulmus pumila*	榆科	榆属	落叶乔木
榆叶梅	*Prunus triloba*	蔷薇科	李属	落叶灌木
虞美人	*Papaver rhoeas*	罂粟科	罂粟属	草本
雨久花	*Monochoria korsakowii*	雨久花科	雨久花属	草本（水生）
雨树	*Samanea saman*	含羞草科	雨树属	落叶乔木
玉景天（翡翠景天）	*Sedum marganianum*	景天科	景天属	草本
玉兰	*Magnolia denudata*	木兰科	木兰属	落叶乔木
玉叶金花	*Mussaenda pubescens*	茜草科	玉叶金花属	攀缘灌木
玉簪	*Hosta plantaginea*	百合科	玉簪属	草本
玉竹	*Polygonatum odoratum*	百合科	黄精属	草本
郁金	*Curcuma aromatica*	姜科	姜黄属	草本
郁李	*Prunus japonica*	蔷薇科	李属	落叶灌木
郁香忍冬	*Lonicera fragrantissima*	忍冬科	忍冬属	半常绿灌木
鸢尾	*Iris tectorum*	鸢尾科	鸢尾属	草本
鸳鸯茉莉（二色茉莉）	*Brunfelsia latifolia*	茄科	鸳鸯茉莉属	常绿灌木
元宝枫（平基槭）	*Acer truncatum*	槭树科	槭属	落叶乔木
圆柏	*Sabina chinensis*	柏科	圆柏属	常绿乔木
圆萼柿（海南柿）	*Diospyros metcalfii*	柿科	柿属	乔木
圆盖阴石蕨	*Humata tyermanni*	骨碎补科	阴石蕨属	蕨类
圆叶杜鹃	*Rhododendron williamsianum*	杜鹃花科	杜鹃属	常绿灌木
圆叶景天（圆叶佛甲草）	*Sedum makinoi*	景天科	景天属	草本
圆叶牵牛	*Pharbitis purpurea*	旋花科	牵牛属	草质藤本
圆叶玉兰	*Magnolia sinensis*	木兰科	木兰属	落叶灌木
圆锥八仙花（水亚木）	*Hydrangea paniculata*	八仙花科	八仙花属	落叶灌木或小乔木
圆锥根老鹳草	*Geranium farreri*	牻牛儿苗科	老鹳草属	草本
圆锥绣球（大花水亚木）	*Hydrangea paniculata* 'Grandiflora'	八仙花科	绣球属	落叶灌木

（续）

植物名称	拉丁学名	科名	属名	性状
缘毛红豆	*Ormosia howii*	蝶形花科	红豆属	常绿乔木
月桂	*Laurus nobilis*	樟科	月桂属	常绿小乔木
月季	*Rosa chinensis*	蔷薇科	蔷薇属	落叶灌木
月季石榴	*Punica granatum* 'Nana'	石榴科	石榴属	落叶灌木或小乔木
月见草	*Oenothera biennis*	柳叶菜科	月见草属	草本
岳桦	*Betula ermanii*	桦木科	桦木属	落叶乔木
越橘	*Vaccinium vitis-idaea*	杜鹃花科	越橘属	常绿或半常绿灌木
云锦杜鹃	*Rhododendron fortunei*	杜鹃花科	杜鹃属	常绿灌木或小乔木
云南丁香	*Syringa yunnanensis*	木犀科	木犀属	灌木
云南含笑	*Michelia yunnanensis*	木兰科	含笑属	常绿灌木
云南黄馨（南迎春）	*Jasminum mesnyi*	木犀科	茉莉属	半常绿灌木
云南山茶	*Camellia reticulata*	山茶科	山茶属	常绿乔木
云南松	*Pinus yunnanensis*	松科	松属	常绿乔木
云南铁杉	*Tsuga dumosa*	松科	铁杉属	常绿乔木
云南土沉香	*Excoecaria acerifolia*	大戟科	海漆属	灌木
云南油杉	*Keteleeria evelyniana*	松科	油杉属	常绿乔木
云杉	*Picea asperata*	松科	云杉属	常绿乔木
云实	*Caesalpinia decapetala*	苏木科	云实属	落叶攀缘灌木
筠竹	*Phyllostachys glauca* f. 'yunzhu'	禾本科	刚竹属	竹类
Z				
杂种鹅掌楸	*Liriodendron tulipifera* × *L. chinense*	木兰科	鹅掌楸属	落叶乔木
杂种荚蒾	*Viburnum* × *bodnantense* 'Dawn'	忍冬科	荚蒾属	灌木
再力花	*Thalia dealbata*	竹芋科	再力花属	草本（水生）
早园竹	*Phyllostachys propinqua*	禾本科	刚竹属	竹类
枣	*Ziziphus jujuba*	鼠李科	枣属	落叶乔木
枣椰子（伊拉克蜜枣）	*Phoenix dactylifera*	棕榈科	刺葵属	棕榈类
蚤缀	*Arenaria seropyllifolia*	石竹科	蚤缀属	草本
皂荚	*Gleditsia sinensis*	苏木科	皂荚属	落叶乔木
皂帽花	*Dasymaschalon trichophorum*	番荔枝科	皂帽花属	直立灌木
泽米	*Zamia furfuracea*	苏铁科	美洲苏铁属	常绿木本
泽苔草	*Caldesia reriformis*	泽泻科	泽苔草属	草本（水生）
泽泻	*Alisma orientale*	泽泻科	泽泻属	草本（水生）
展毛野牡丹	*Melastoma normale*	野牡丹科	野牡丹属	灌木
展枝沙参	*Adenophora divaricata*	桔梗科	沙参属	草本
獐牙菜	*Swertia bimaculata*	龙胆科	獐牙菜属	草本
樟子松	*Pinus sylvestris* var. *mongolica*	松科	松属	常绿乔木
掌叶大黄	*Rheum palmatum*	蓼科	大黄属	草本
照山白	*Rhododendron micranthum*	杜鹃花科	杜鹃属	常绿灌木
折角杜鹃	*Rhododendron simiarum*	杜鹃花科	杜鹃属	灌木
浙江红花油茶	*Camellia chekiangoleosa*	山茶科	山茶属	常绿灌木或小乔木
珍珠花	*Spiraea thunbergii*	蔷薇科	绣线菊属	落叶灌木
珍珠梅	*Sorbaria sorbifolia*	蔷薇科	珍珠梅属	落叶灌木
榛子（平榛）	*Corylus heterophylla*	桦木科	榛属	落叶灌木或小乔木
栀子	*Gardenia jasminoides*	茜草科	栀子属	常绿灌木
直立欧洲紫杉	*Taxus baccata* 'Standishii'	红豆杉科	红豆杉属	常绿乔木
纸莎草	*Cyperus papyrus*	莎草科	莎草属	草本（水生）
指状报春（泽地灯台报春）	*Primula helodoxa*	报春花科	报春花属	草本
中甸报春	*Primula chungensis*	报春花科	报春花属	草本

植物名称	拉丁学名	科名	属名	性状
中甸刺玫	*Rosa praelucens*	蔷薇科	蔷薇属	落叶灌木
中甸独花报春	*Omphalogramma forrestii*	报春花科	独花报春属	草本
中甸角蒿	*Incarvillea zhongdianensis*	紫葳科	角蒿属	草本
中甸山楂	*Crataegus chungtienensis*	蔷薇科	山楂属	落叶灌木或小乔木
中甸乌头	*Aconitum piepunense*	毛茛科	乌头属	草本
中国马先蒿	*Pedicularis chinensis*	玄参科	马先蒿属	草本
中国无忧花（中国无忧树）	*Saraca dives*	苏木科	无忧花属	常绿乔木
中果咖啡	*Coffea canephora*	茜草科	咖啡属	小乔木
中华叉柱花	*Staurogyne sinica*	爵床科	叉柱花属	草本
中华常春藤	*Hedera nepalensis* var. *sinensis*	五加科	常春藤属	常绿木质藤本
中华石楠	*Photinia beauverdiana*	蔷薇科	石楠属	落叶灌木或小乔木
柊叶	*Phrynium capitatum*	竹芋科	柊叶属	草本
钟萼木（伯乐树）	*Bretschneidera sinensis*	伯乐树科	伯乐树属	落叶乔木
轴榈	*Licuala fortunei*	棕榈科	轴榈属	棕榈类
皱皮油丹	*Alseodaphne rugosa*	樟科	油丹属	常绿乔木
皱纹竹芋（白腺竹芋）	*Maranta leuconeura*	竹芋科	竹芋属	草本
皱叶留兰香（绿薄荷）	*Mentha spicata* 'Crispata'	唇形科	薄荷属	草本
皱叶椒草	*Peperomia caperata*	胡椒科	草胡椒属	草本
朱顶红	*Hippeastrum vittatum*	石蒜科	朱顶红属	草本
朱红大杜鹃	*Rhododendron griersonianum*	杜鹃花科	杜鹃属	常绿灌木
朱蕉	*Cordyline fruticosa*	龙舌兰科	朱蕉属	常绿灌木
朱砂根	*Ardisia crenata*	紫金牛科	紫金牛属	常绿灌木
朱砂玉兰（二乔玉兰）	*Magnolia* × *soulangeana*	木兰科	木兰属	落叶乔木
珠芽蓼	*Polygonum viviparum*	蓼科	蓼属	草本
猪笼草	*Nepenthes mirabilis*	猪笼草科	猪笼草属	草本
竹柏	*Podocarpus nagi*	罗汉松科	罗汉松属	常绿乔木
竹叶椒	*Zanthoxylum armatum*	芸香科	花椒属	落叶灌木或小乔木
竹芋	*Maranta arundinacea*	竹芋科	竹芋属	草本
柱形红花槭	*Acer rubrum* 'Columnare'	槭树科	槭属	落叶小乔木
柱形美洲花柏	*Chamaecyparis lawsoniana* 'Columnaris'	柏科	扁柏属	常绿乔木
柱形欧洲鹅耳枥	*Carpinus betulus* 'Columnaris'	桦木科	鹅耳枥属	落叶乔木
柱形无梗花栎	*Quercus petraea* 'Columnaris'	壳斗科	栎属	乔木
梓树	*Catalpa ovata*	紫葳科	梓树属	落叶乔木
紫杯苋	*Cyathula prostrata* 'Blood-red leaves'	苋科	杯苋属	草本
紫背竹芋	*Stromanthe sanguinea*	竹芋科	紫背竹芋属	草本
紫蝉	*Allemanda blanchetii*	夹竹桃科	黄蝉属	常绿灌木
紫丁香	*Syringa oblata*	木犀科	丁香属	落叶灌木或小乔木
紫鹅绒	*Gynura aurantiaca*	菊科	菊三七属	草本
紫萼	*Hosta ventricosa*	百合科	玉簪属	草本
紫花报春	*Primula amethystina*	报春花科	报春花属	草本
紫花地丁	*Viola philippica*	堇菜科	堇菜属	草本
紫花香薷	*Elsholtzia argyi*	唇形科	香薷属	草本
紫花雪山报春（玉葶报春，华兰报春花）	*Primula sinopurpurea*	报春花科	报春花属	草本
紫花夜香树（瓶儿花）	*Cestrum purpurea*	茄科	夜香树属	常绿蔓性灌木
紫萁	*Osmunda japonica*	紫萁科	紫萁属	蕨类
紫金牛	*Ardisia japonica*	紫金牛科	紫金牛属	常绿小灌木

（续）

植物名称	拉丁学名	科名	属名	性状
紫堇	*Corydalis edulis*	罂粟科	紫堇属	草本
紫茎	*Stewartia sinensis*	山茶科	紫茎属	落叶灌木或小乔木
紫荆	*Cercis chinensis*	苏木科	紫荆属	落叶灌木
紫荆叶甘橿	*Lindera cercidlifolia*	樟科	山胡椒属	乔木或灌木
紫绢苋	*Aerva sanguinolenta* 'Songuinea'	苋科	白花苋属	草本
紫牡丹	*Paeonia delavayi*	芍药科	芍药属	落叶灌木
紫萍	*Spirodela polyrrhiza*	浮萍科	紫萍属	草本（水生）
紫青葛	*Cissus discolor*	葡萄科	白粉藤属	木质藤本
紫杉	*Taxus cuspidata*	红豆杉科	红豆杉属	常绿草本
紫树（蓝果树）	*Nyssa sinensis*	蓝果树科	紫树属（蓝果树属）	落叶乔木
紫苏	*Perilla frutescens*	唇形科	紫苏属	草本
紫穗槐	*Amorpha fruticosa*	蝶形花科	紫穗槐属	落叶灌木或小乔木
紫藤	*Wisteria sinensis*	蝶形花科	紫藤属	落叶木质藤本
紫菀	*Aster tataricus*	菊科	紫菀属	草本
紫薇	*Lagerstroemia indica*	千屈菜科	紫薇属	落叶灌木或小乔木
紫雪茄花（香膏菜）	*Cuphea articulata*	千屈菜科	萼距花属	常绿小灌木
紫鸭跖草（紫锦草、紫竹梅）	*Setcreasea purpurea*	鸭跖草科	紫竹梅属	草本
紫羊蹄甲	*Bauhinia purpurea*	苏木科	羊蹄甲属	常绿乔木
紫叶矮樱	*Prunus × cistena*	蔷薇科	李属	落叶灌木
紫叶黄栌	*Cotinus coggygria* 'Purpureus'	漆树科	黄栌属	落叶灌木或小乔木
紫叶李	*Prunus cerasifera* 'Pissardii'	蔷薇科	李属	落叶小乔木
紫叶美国木豆树	*Catalpa bignonioides* 'Purpurea'	紫葳科	梓树属	落叶乔木
紫叶欧洲山毛榉	*Fagus sylvatica* 'Atropurpurea'	壳斗科	水青冈属	落叶乔木
紫叶四季秋海棠	*Begonia semperflorens*	秋海棠科	秋海棠属	草本
紫叶桃	*Prunus persica* 'Atropurpurea'	蔷薇科	李属	落叶小乔木
紫叶小檗	*Berberis thunbergii* 'Atropurpurea'	小檗科	小檗属	落叶灌木
紫叶英国栎	*Quercus rober* 'Purpurea'	壳斗科	栎属	落叶乔木
紫叶榛	*Corylus maxima* 'Purpurea'	桦木科	榛属	落叶灌木或小乔木
紫玉兰	*Magnolia liliflora*	木兰科	木兰属	落叶大灌木
紫玉盘	*Uvaria microcarpa*	番荔枝科	紫玉盘属	直立灌木
紫玉盘杜鹃	*Rhododendron uvarifolium*	杜鹃花科	杜鹃属	常绿灌木或乔木
紫珠	*Callicarpa bodinieri*	马鞭草科	紫珠属	落叶灌木
紫竹	*Phyllostachys nigra*	禾本科	刚竹属	竹类
棕榈	*Trachycarpus fortunei*	棕榈科	棕榈属	棕榈类（乔木）
棕竹	*Rhapis humilis*	棕榈科	棕竹属	棕榈类（灌木）
菹草	*Potamogeton crispus*	眼子菜科	眼子菜属	草本（水生）
钻地风	*Schizophragma integrifolium*	八仙花科	钻地风属	落叶木质藤本或藤状灌木
钻天杨	*Populus nigra* 'Italica'	杨柳科	杨属	落叶乔木
醉香含笑（火力楠）	*Michelia macclurei*	木兰科	含笑属	常绿乔木
醉鱼草	*Buddleja lindleyana*	醉鱼草科	醉鱼草属	落叶灌木